U0324104

国家自然科学基金项目(51179189,51909260)
中国博士后科学基金资助项目(2021M693424)

含缺陷岩石材料
裂纹演化机理离散元模拟研究

田文岭　杨圣奇　黄彦华　著

中国矿业大学出版社
·徐州·

图书在版编目(CIP)数据

含缺陷岩石材料裂纹演化机理离散元模拟研究/田文岭,杨圣奇,黄彦华著.—徐州:中国矿业大学出版社,2022.9

ISBN 978-7-5646-5454-2

Ⅰ.①含… Ⅱ.①田… ②杨… ③黄… Ⅲ.①岩石破裂—裂纹扩展—演化—数值模拟—研究 Ⅳ.①TU452

中国版本图书馆CIP数据核字(2022)第112239号

书　　名 含缺陷岩石材料裂纹演化机理离散元模拟研究
著　　者 田文岭　杨圣奇　黄彦华
责任编辑 吴学兵
出版发行 中国矿业大学出版社有限责任公司
(江苏省徐州市解放南路　邮编221008)
营销热线 (0516)83885370　83884103
出版服务 (0516)83995789　83884920
网　　址 http://www.cumtp.com　**E-mail**:cumtpvip@cumtp.com
印　　刷 苏州市古得堡数码印刷有限公司
开　　本 787 mm×1092 mm　1/16　**印张** 23.25　**字数** 595千字
版次印次 2022年9月第1版　2022年9月第1次印刷
定　　价 98.00元

前　言

岩体在经历了漫长的地质构造作用后，内部产生了较大的内应力，同时具有不同规模的不连续面(如节理、裂隙、断层等)。随着岩体尺度的增加，岩体从完整岩石向节理裂隙化岩石转化。断续裂隙岩石是矿山、水利水电、石油等各类岩石工程中经常遇到的一种复杂介质，缺陷(包括裂隙和孔洞等)会降低岩石缺陷处的抗压和抗拉强度甚至无抗拉强度。大量工程实践表明，岩石工程的失稳破坏通常是由于内部裂隙的张开、闭合、扩展以及贯通而产生新的剪切滑动面所引起的。因此，研究岩石中缺陷分布及外载作用对裂隙岩石力学特性和裂纹张开、闭合、扩展和贯通模式的影响规律具有重要的理论价值和实践意义。

国内外学者对节理裂隙岩石进行了大量室内试验和数值模拟研究工作。室内试验主要有类岩石材料试验和真实岩石试验。其中，类岩石材料试验通常采用石膏或水泥砂浆等材料模拟岩石，进而开展含不同裂隙组合形式下的裂纹扩展试验；真实岩石试验采用岩石(如砂岩、大理岩和花岗岩等)进行单轴、双轴及三轴压缩裂纹扩展试验。数值模拟也是研究岩石裂纹扩展机理的一种广泛而有效的方法，常用的数值分析软件有 RFPA、PFC、DDA 等。但是，由于裂隙岩体介质结构、地质环境所具有的不确定性和复杂性，有关断续裂隙岩石裂纹的扩展机理仍须加强以下几方面研究：① 现阶段对断续裂隙岩石裂纹扩展特征取得了很多成果，但研究对象通常为平行分布裂隙(包括共面和非共面分布)，而岩石工程中裂隙往往是不平行分布的，不平行分布裂隙岩石的强度变形特征和裂纹扩展规律的研究成果较少；② 目前取得了大量单轴条件下断续裂隙岩石裂纹扩展特征的研究成果，但是实际工程岩体往往处于三向应力状态，特别是深部地下工程，研究围压作用下断续裂隙岩石裂纹贯通机制尤为重要，因此岩石裂纹扩展规律的围压效应研究还有待加强；③ 现有研究通常采用平板状试样为试验对象，将裂纹简化为二维裂纹，实际上裂纹往往是三维状态的，岩石三维裂纹扩展特征更为复杂，有关岩石三维裂纹类型、裂纹贯通模式需要进一步研究；④ 已有文献对裂隙或孔洞单一缺陷影响岩石裂纹扩展规律有大量成果报道，然而对于岩石中同时存在裂隙和孔洞组合缺陷的研究还涉及较少。当岩石中同时分布有裂隙和孔洞时，两者相互作用共同影响岩石裂纹扩展行为，其影响规律有待深入研究；⑤ 室内试验仅分析断续裂隙岩石的宏观力学响应，需借助相应设备和分析软件才能够获得裂隙岩石的应力场和位移场，因此从室内试验分析岩石裂纹扩展机制较为困难。数值模拟不仅能够再现室内试验现象，还能够在细观层面分析裂纹演化机理。因此，应充分利用数值模拟技术深入探究岩石裂纹演化细观机理。

针对上述问题，本书以揭示含缺陷岩石裂纹扩展机理为研究目标，选取含预制裂隙、孔洞以及裂隙-孔洞组合缺陷(类)岩石为研究对象，采用岩石力学伺服系统、声发射系统、数字散斑系统、视频显微及 CT 扫描系统等试验设备，开展单轴压缩、巴西劈裂和常规三轴压缩试验，并利用 PFC^{2D} 和 PFC^{3D} 平台构建含预制缺陷岩石数值模型，再现室内试验结果并探讨不同条件下岩石裂纹演化细观机理。

本书共分为 8 章。第 1 章详细阐述了国内外岩石裂纹扩展室内试验和数值模拟研究现状，同时简要介绍了颗粒流程序(PFC)。第 2 章着重探究了单轴压缩条件下预制裂隙岩样裂纹演化特征，通过配制类砂岩材料并预制断续不平行双裂隙试样，分析了裂隙倾角对裂隙岩样强度和变形参数的影响，建立了裂纹扩展过程中声发射与应力跌落之间的关系。在此基础上，使用 PFC 开展了含不同裂隙倾角断续不平行双裂隙试样单轴压缩数值模拟，从应力场和位移场演化特征揭示裂纹扩展细观机理，同时还探讨了三裂隙和四裂隙几何分布参数对砂岩裂纹扩展特征的影响。第 3 章重点研究了巴西劈裂条件下预制裂隙岩样裂纹演化特征，从室内试验和 PFC 模拟两方面详细分析了裂隙几何参数(包括裂隙数量、裂隙倾角、岩桥倾角、裂隙长度和岩桥长度)和裂隙状态(充填与非充填)对(类)岩石圆盘试样抗拉力学特性及裂纹演化特征的影响规律。第 4 章主要考虑裂隙岩石的围压效应，分析了单裂隙、共面双裂隙、非共面双裂隙、不平行双裂隙和交叉节理(闭合裂隙)岩(煤)样在不同围压三轴压缩下的力学特性及裂纹扩展规律，探讨了卸围压下砂岩力学特性及细观机制颗粒流和煤样三轴循环加卸载力学特性。第 5 章着重探讨了预制孔洞对岩样裂纹扩展特征的影响，分别分析了单轴压缩和巴西劈裂条件下含孔试样强度变形及裂纹扩展过程。第 6 章重点研究了孔洞-裂隙组合缺陷对岩样裂纹扩展特征的影响，分析了单孔洞-双裂隙以及双孔洞-单裂隙组合缺陷砂岩试样单轴压缩下力学特性及破坏特征，揭示了孔槽式圆盘试样裂纹扩展细观机理。第 7 章主要考虑了预制裂隙岩样在滚刀作用下的破裂特征，分析了 TBM 滚刀破岩过程和细观机理。第 8 章对主要结论进行了总结，提出研究展望。

本书是作者多年来在中国矿业大学学习及工作期间通过主持的国家自然科学基金项目（51179189，51909260）和中国博士后科学基金资助项目（2021M693424）等所取得的研究成果。

本书的完成，需要感谢莫纳什大学P. G. Ranjith教授、赵坚教授，重庆大学周小平教授，中国矿业大学鞠杨教授、高峰教授、蔚立元教授、李玉寿高级工程师，以及滕尚永、董晋鹏、张鹏超、李斌、李尧、李庆森、曾卫、刘相如、方刚等论文合作者的指导与帮助。

由于作者水平有限，书中难免有疏漏和不妥之处，恳请广大读者批评指正。

著者

2021年12月23日

目　录

第1章　绪　　论

1.1　研究意义

岩石力学性质是采矿工程、隧道工程、水利工程、边坡工程、石油开采和核废料地下深埋工程等岩土工程中，必须考虑的重要问题。岩体在经历了漫长的地质构造作用后，内部产生了较大的内应力，具有不同规模的不连续面（如节理、裂隙和断层等）。随着岩体尺度的增加，岩体从完整岩石向节理裂隙化岩石转化[1]，如图1-1(a)所示。因此，裂隙岩石是各类岩石工程中经常遇到的一种复杂介质，图1-1(b)为岩体中分布的裂隙、孔洞等不同形状的缺陷[2-3]。

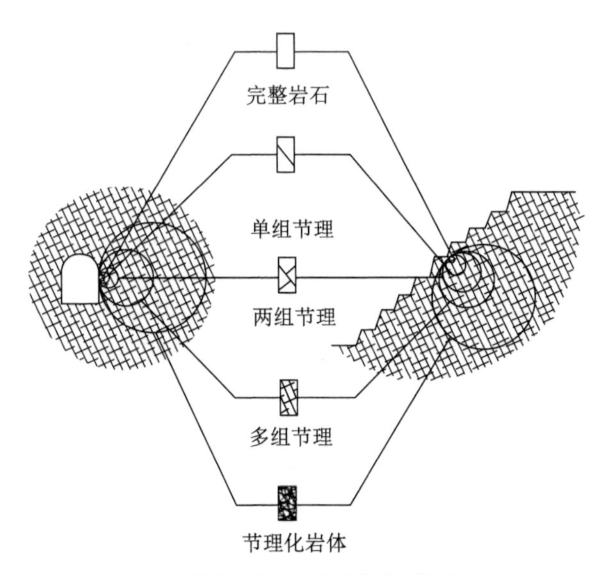

(a) 完整岩石向节理裂隙化岩石转化

(b) 岩体中分布的缺陷

图1-1　工程岩体中分布的不同形状缺陷[1-3]

断续裂隙导致岩石在缺陷处的抗拉强度降低甚至没有抗拉强度，而抗压强度也只有完整岩石的10%～50%[4-5]。大量工程实践表明，岩石工程的失稳破坏通常是由于内部裂隙的张开、起裂、扩展以及贯通而产生新的剪切滑动面所引起的[6]。如图1-2所示，岩体中裂纹张开、扩展和贯通导致矿柱、岩质边坡失稳破坏[7-9]。为评价节理裂隙岩体工程的稳定性与安全性，需要对断续裂隙岩石的强度、变形破坏以及裂纹扩展特征进行研究。因此，研究预制缺陷对岩石力学特性的影响规律和裂纹起裂、扩展和贯通模式具有重要的理论价值和实践意义。

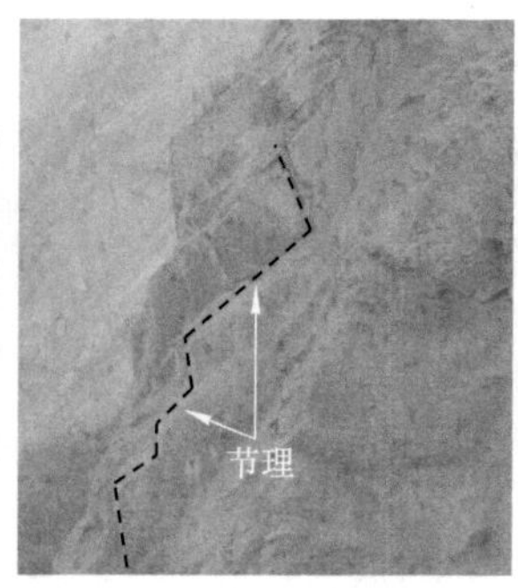

图 1-2 裂纹起裂、扩展和贯通导致的岩体工程失稳破坏[7-9]

1.2 国内外研究现状

国内外学者对节理裂隙岩石进行了大量室内试验和数值模拟研究工作。室内试验主要有类岩石材料试验和真实岩石试验。其中,类岩石材料试验通常采用石膏或水泥砂浆等材料模拟岩石,进而开展含不同裂隙组合形式下的裂纹扩展试验;真实岩石试验采用岩石(如砂岩、大理岩和花岗岩等)进行单轴、双轴及三轴压缩等不同加载条件下裂纹扩展试验。数值模拟也是研究岩石裂纹扩展机理的一种行之有效的方法,常用的数值软件有 RFPA、PFC、DDA 等。本节分别从类岩石材料试验、真实岩石试验和数值模拟三方面对裂隙岩石裂纹演化特征的研究现状进行阐述。

1.2.1 类岩石材料试验

为研究断续裂隙岩石中裂纹的起裂、扩展和贯通过程,往往通过在试样中预制人工裂隙来模拟天然节理裂隙。在真实岩石材料中预制断续裂隙较为困难,因此通过石膏、水泥、石英砂等材料配制类岩石试样。预制断续裂隙成为探究岩石裂纹扩展规律的重要手段,也取得了大量的研究成果,根据类岩石材料中分布的预制裂隙数量多少,可将其分为单裂隙试样、双裂隙试样、三裂隙试样及多裂隙试样。

(1) 单裂隙试样

Lajtai 等[10]采用石膏材料制成 76 mm×152 mm×152 mm 试样,试验设计固定裂隙的宽度为 0.5 mm,改变裂隙的长度以及裂隙倾角,在单轴压缩试验中观察到拉伸裂纹、法向剪切裂纹和倾斜剪切裂纹等几类裂纹。Wong 等[11]采用石膏材料制成 76 mm×152 mm×32 mm 试样,预制长度为 12.5 mm 不同倾角的单条裂隙,在单轴压缩试验中可以观察到由裂隙尖端起裂的多种拉伸裂纹和剪切裂纹。含倾斜单裂隙类岩石试样单轴压缩裂纹扩展的研究成果较多,而含水平单裂隙类岩石试样的裂纹扩展特征的研究较少。蒲成志等[12]采用白水泥、细砂和水等制成类岩石模型试样,预制水平单裂隙,引入相对张开度,定义为裂隙张开度与裂隙长度的比值。通过单轴压缩试验,分析认为以相对张开度 0.005 为分界点,裂隙体呈现出裂隙尖端屈服破坏和裂隙中部受拉破坏 2 种不同的破坏模式。此外,Wasantha 等[13]对含单条闭合裂隙岩样进行了研究,采用水泥砂浆制成 ϕ84 mm×168 mm 圆柱形试样,通过高压水射流切割并填充石膏预制单条闭合裂隙,分析单轴压缩下裂隙位置、裂隙方向和裂隙长度对类岩石强度及破坏特征的影响规律。Fujii 等[14]采用水泥、石英砂和水配制类岩石材料,预制一端在岩样边界的单条倾斜裂隙,单轴压缩试验结果表明:倾斜裂隙萌生的裂纹近似平行于预制裂隙方向。肖桃李等[15]采用高强硅粉砂浆材料制作了含不同倾角(0°、30°、60°和 90°)单条裂隙试样,开展了不同围压(7 MPa、14 MPa 和 21 MPa)三轴压缩试验。试验发现,Ⅱ型(滑移型)和Ⅲ型(撕开型)裂纹在三轴试验中普遍存在,Ⅰ型(拉伸型)裂纹仅在部分试样中出现,观察到三轴压缩下试样的破裂模式有 3 种,即拉剪复合破坏、X 型的剪切破坏和沿裂隙面的剪切破坏。付金伟等[16]用一种新型非饱和树脂材料,其在较低温度下呈现良好的脆性断裂特性,并具有较好的透明特性。含不同倾角椭圆形三维内置单裂隙试样的单轴压缩试验表明,三维裂隙试样的断裂情况比二维裂隙复杂得多,试验观察到花斑形裂纹、花瓣形裂纹和鱼鳍状裂纹等多种不同形态的裂纹。

通过以上研究,可得到关于岩石裂纹起裂类型的基本认识。单裂隙试样在压缩破坏过程中主要包含两种裂纹:翼裂纹和次生裂纹。翼裂纹一般萌生在裂隙的尖端并沿轴向最大主应力方向扩展。次生裂纹也在裂隙尖端萌生,扩展方向主要有两种,分别为:① 沿着预制裂隙方向(次生共面裂纹);② 垂直于预制裂隙方向,但与翼裂纹方向相反(次生倾斜裂纹),如图 1-3(a)所示。当裂隙水平分布或倾角较小时,裂纹起裂可能发生在距裂隙尖端一定距离或在裂隙中部位置,如图 1-3(b)所示。

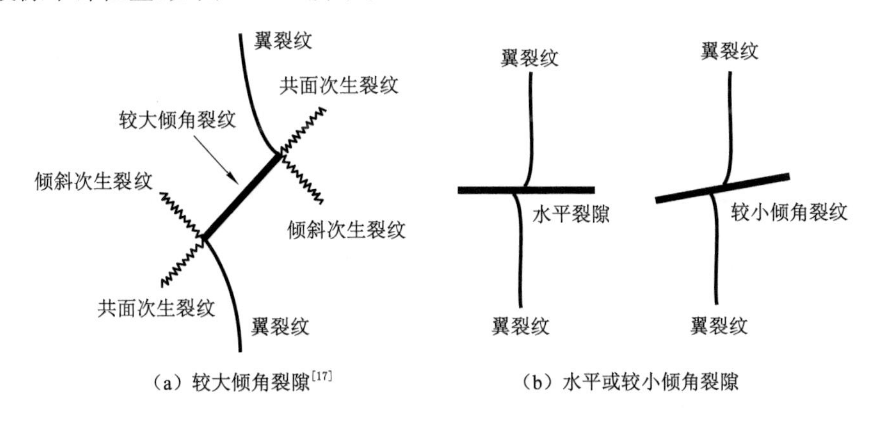

图 1-3 单轴压缩下含单条预制裂隙试样裂纹模式

(2) 双裂隙试样

对于两条及两条以上裂隙试样除了关注裂纹的起裂和扩展外,预制裂隙之间的贯通模式也是研究的重点内容。裂纹贯通是指两条裂隙之间由于裂纹萌生和扩展引起的连接。Wong 和 Chau[18]通过配制砂岩相似材料并预制两条平行裂隙,观察到三种主要裂纹贯通模式:拉伸裂纹贯通模式、剪切裂纹贯通模式和拉伸、剪切混合贯通模式等。Bobet 和 Einstein[19]采用石膏类岩石材料制成含两条不同几何分布裂隙试样,在单轴及双轴压缩条件下主要观察到两种裂纹:翼裂纹和次生裂纹。翼裂纹一般为拉伸裂纹,在单轴或低围压双轴压缩条件下翼裂纹主要在裂隙尖端萌生,而在较高围压作用下翼裂纹首先在裂隙中部位置出现随后不久就消失了。单轴压缩条件下裂隙间的贯通模式有5种,但在双轴作用下裂纹贯通模式只有单轴压缩贯通模式中的其中两种。随后,Bobet[20]重点探究了断续裂隙类岩石试样中次生裂纹的起裂和扩展过程。分析试验结果发现,压缩作用下次生裂纹在岩石裂纹扩展中起主要作用,裂纹的贯通很多时候都是次生裂纹发展形成的,特别是在双轴及高围压作用下只有次生裂纹的起裂。Wong 和 Einstein[21-22]进一步探讨了双裂隙类岩石试样单轴压缩裂纹扩展特征,总结了其在试验过程中观察到的裂纹贯通模式,指出裂隙倾角、岩桥倾角和岩桥长度对类岩石材料试样的裂纹贯通模式有不同程度的影响。Lee 和 Jeon[23]采用了PMMA和石膏材料预制两条不平行裂隙试样,分析了试样中裂纹萌生、扩展和贯通过程,PMMA试样中拉伸裂纹在裂隙尖端萌生并向另外一条裂隙的尖端扩展,而石膏试样中拉伸裂纹在剪切裂纹之后出现。此外,张平等[24]通过含两条断续裂隙类岩石材料试样动静载试验,对比分析静、动荷载下预制裂隙试样贯通模式的差异。研究表明,动载下预制裂隙尖翼裂纹及次生共面裂纹起裂后易朝原起裂方向快速发展,动载下易在两预制裂隙内端部产生直接贯通。由此可见,两条裂隙按几何位置可以分为重叠和非重叠两种组合方式:当两条裂隙重叠时一般通过翼裂纹贯通;当两条裂隙不重叠时一般通过剪切裂纹贯通,如图1-4所示。

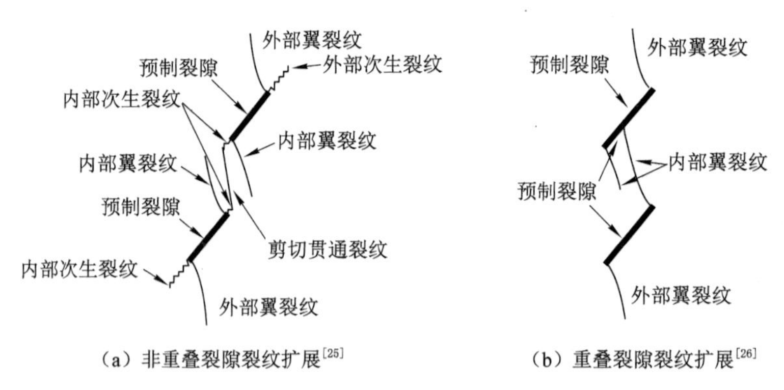

(a) 非重叠裂隙裂纹扩展[25]　　(b) 重叠裂隙裂纹扩展[26]

图1-4　非重叠和重叠分布裂隙试样裂纹贯通模式

(3) 三裂隙试样

上述研究有助于认识含单、双裂隙类岩石试样的强度及变形破坏特征,但工程岩体中可能随机分布多组裂隙,因此有必要对含三裂隙和多裂隙试样展开研究,深入认识复杂裂隙岩石力学行为。车法星等[27]采用白水泥与水配制类岩石材料,制作三条平行规则分布裂隙。在单轴及不同侧压双轴试验中,观察到裂纹在裂隙尖端萌生,次生裂纹造成相邻裂隙之间贯通。Wong 等[28]采用重晶石、砂、石膏和水等配制类岩石材料,预制断续三裂隙类岩石试样。试验结果表明,裂纹贯通机制由裂隙分布和裂隙摩擦系数决定,并得到了三裂隙类岩石试样破坏特征:一是较低贯通应力的那组裂隙决定试样的贯通模式;二是若两组裂隙的贯通应力相近(相差5%以内),试样主要发生混合和拉伸破裂模式。在单轴作用下贯通的预制裂隙只有1组,裂纹的贯通只产生在①～③或①～②之间,而②～③没有贯通发生。随后,黄凯珠等[29]进一步分析了在双轴条件下含三条预制裂隙试样裂纹起裂、扩展和贯通模式。双轴压缩下裂隙贯通模式包括拉贯通、剪贯通、压贯通和混合贯通。另外,随着侧压力的增大，预制裂隙闭合程度增大，裂隙之间摩擦力增大，裂纹的扩展方向改变并趋向于最大主剪应力方向。Sagong 和 Bobet[17]采用石膏模型材料，预制含三裂隙试样，裂隙分布形式与 Wong 等[28]研究类似，分析单轴压缩试验结果发现，三条裂隙试样裂纹扩展路径与两条裂隙试样相似。Park 和 Bobet[30-31]采用石膏模型材料，预制含三条断续分布裂隙试样，分析了闭合裂隙试样裂纹起裂、扩展和贯通过程。在单轴压缩下含三裂隙试样中可观察到三类裂纹：翼裂纹、共面剪切裂纹和倾斜剪切裂纹。闭合裂隙与张开裂隙最大的区别在于闭合裂隙试样的起裂和贯通应力均高于张开裂隙，这是因为闭合裂隙之间存在摩擦力，裂纹起裂前需克服摩擦力。总体而言，三裂隙的分布形式可以分为两类。一类为三条裂隙平行分布；另外一类为其中两条裂隙共面，第三条裂隙非共面分布。

(4) 多裂隙试样

一般把含三条裂隙以上的断续裂隙试样称为多裂隙试样。Sagong 和 Bobet 在文献[17]中对含 16 条断续裂隙进行了研究。在单轴压缩下，含 16 条裂隙试样的贯通一般只发生在某一排序列的裂隙之间，称之为“柱状贯通”。Prudencio 和 Jan[32]采用砂、普通水泥和蒸馏水等配制类岩石材料，预制了多裂隙试样，总结了三种基本破裂模式：表面平面破坏、阶梯状破坏以及块状滑移破坏。另外，蒲成志等[12,33]采用白水泥、细砂和水等配制类岩石材料制成多裂隙试样，通过对不同裂隙倾角和分布密度试样的单轴压缩试验结果分析，指出裂隙倾角是影响多裂隙试样破坏模式的主要因素。破坏强度和破坏模式受裂隙分布密度影响显著，且影响程度与裂隙倾角有关，但随着裂隙倾角的增大，影响越来越弱。陈新等[34-36]采用石膏材料预制大尺寸(150 mm×300 mm×50 mm)多裂隙试样，系统研究了裂隙倾角、裂隙连通率对多裂隙试样强度变形特征与裂纹起裂、扩展和贯通模式的影响规律。

1.2.2 真实岩石试验

采用类岩石材料研究岩石裂纹扩展特征，虽然能够方便预制断续裂隙，但由于岩石存在显著的非均质性，矿物颗粒、边界效应以及胶结程度不同的影响难以在类岩石材料中真正体现，因此在真实岩石材料中预制断续裂隙并进行裂纹扩展试验成为探讨断续裂隙岩石力学特性和裂纹扩展特征不可或缺的方法。本节分别从单轴压缩试验、双轴及三轴压缩试验、拉伸试验和其他试验(如剪切和弯曲等)等方面展开，论述真实岩石裂纹扩展特征研究现状。

(1) 单轴压缩试验

Yang 和 Jing[37]在 60 mm× 120 mm×30 mm 的长方体砂岩试样中加工了单条张开裂隙，在单轴压缩试验中采用声发射技术获得了整个加载过程中声发射参数，建立了声发射演化规律与裂隙分布之间的关系。在试验过程中还采用数字照相量测技术，对裂纹起裂、扩展、贯通及最终失稳破坏过程进行了全程记录，基于试验结果将裂纹类型分为：拉伸、剪切、水平裂纹、远场裂纹和表面剥落等五类。Huang 等[38]对含椭圆缺陷砂岩试样进行了单轴压缩试验，在试验中他们改变椭圆长径比使缺陷从圆形孔过渡至扁平状椭圆孔，探讨了不同形状缺陷分布试样的裂纹扩展特征，详细分析了裂纹扩展过程与应力-应变曲线的对应关系。

对于含两条预制裂隙真实岩石材料裂纹扩展特征，李银平等[39-40]对含两条裂隙砂岩进行单轴压缩试验，重点分析了试验过程中声发射特征。受到加工方法的影响，李银平等[39-40]预制的裂隙中间含有一个相对于裂隙较大的圆孔，可能会在一定程度上影响裂纹周围的应力场和位移场。为此，在试验过程中采用了不同的预制裂隙加工方法，通过采用高压水射流切割裂隙，得到的直裂隙基本上消除了机械孔的影响。杨圣奇等[41-42]对含裂隙大理岩试样进行了单轴压缩试验，详细分析了岩桥倾角、裂隙间距、裂隙长度、裂隙数目与裂隙倾角等裂隙几何参数对断续预制大理岩试样强度及变形破坏特征的影响。试验中观察到拉贯通、剪贯通、压贯通以及混合贯通（拉剪、拉压和拉剪压）等 4 种贯通模式。随后，Yang 等[43-44]对双裂隙红砂岩也进行了单轴压缩试验，对于共面分布双裂隙砂岩[43]，分析了不同裂隙倾角对裂隙岩样强度及变形破坏的影响，借助视频显微系统观察裂隙尖端裂纹扩展路径，由于真实材料的非均质性，裂纹扩展的路径并不是光滑的。对于不平行双裂隙砂岩[44]，探究了不同裂隙组合方式对裂纹扩展和贯通模式的影响，结合声发射监测技术揭示了裂纹扩展过程中声发射特征。

Wong 和 Einstein 在文献[21-22]中对双裂隙大理岩单轴压缩试验结果分析，发现在加载初期，试样中裂纹产生前先出现白色斑迹，随着荷载的增大，初始裂纹在这些白色斑迹位置萌生。Lee 和 Jeon[23]在对含不平行双裂隙 Hwangdeung 花岗岩进行单轴压缩试验时也发现了类似的现象。受岩样尺寸限制，在真实岩石材料中预制三条及多条裂隙较为困难，含三条及三条以上裂隙真实岩石材料试样的试验成果报道还较少。杨圣奇等[45-46]通过在 80 mm×160 mm×30 mm 的长方体红砂岩试样中预制三条平行分布的断续裂隙，详细分析了裂隙参数对裂隙红砂岩强度破坏和裂纹扩展特征的影响，结果表明断续三裂隙砂岩试样是由许多从裂隙尖端产生的裂纹扩展与汇合导致的变形破坏。

此外，鲁祖德等[47]对红砂岩预制断续双裂隙进行了不同化学溶液、相同流速作用下单轴压缩试验，研究表明浸泡流速和化学溶液对宏观裂纹贯通模式影响不大。丁梧秀和冯夏庭[48]对小尺寸(15 mm×30 mm×3 mm)灰岩预制两条和三条断续分布裂隙，主要研究化学溶液对裂隙岩石的腐蚀作用，引入了应力放大系数，建立了化学腐蚀下裂纹体的断裂准则，给出了考虑化学溶液作用的裂隙岩石断裂准则的研究思路。任建喜等[49]进行了含单条裂隙砂岩试样单轴压缩试验 CT 实时观察，获取了裂纹起裂、发展和贯通等过程的 CT 图像。朱明礼等[50]采用 SEM 技术，对预制裂隙大理岩破坏过程全程跟踪观察，获取细观损伤演化图像，结果表明在初始阶段微裂纹与预制裂隙方向垂直，随着荷载的增加，大量拉裂纹和分叉裂纹产生，且裂纹的方向逐渐向加载方向转动。

（2）双轴及三轴压缩试验

上述研究结果对于认识单轴压缩下断续裂隙岩石裂纹扩展及贯通机制有很大的帮助，但工程岩体往往处于三向应力状态下，所以探讨不同围压作用下断续裂隙岩石裂纹扩展机理尤为重要。杨圣奇等[51-53]对含两条断续预制裂隙大理岩进行了不同围压三轴压缩试验，分析了断续裂隙大理岩强度变形特征和贯通模式，结果表明：随着围压的增大，断续双裂隙大理岩峰后应力-应变曲线由应变软化转为理想塑性，且环向应变对围压的敏感程度大于轴向应变。裂纹损伤阈值会随着围压的增大近似线性增大，且对围压的敏感性大于峰值强度。在单轴及较低围压作用下，断续双裂隙大理岩呈拉贯通、剪贯通和混合贯通模式。而在高围压作用下，粗晶大理岩预制裂隙之间没有发现翼裂纹和次生裂纹，中晶大理岩破裂模式和变形行为与裂纹贯通模式密切相关。丁梧秀等[54]和任建喜等[55]通过 CT 扫描对含单一裂隙砂岩三轴压缩过程实时扫描，获得了裂纹起裂、扩展、宏观裂纹形成、破坏等各阶段的 CT 图像。

（3）拉伸试验

岩石拉伸试验可分为直接拉伸和间接拉伸试验。由于在直接拉伸试验中,试样需加工成特定的形状[56],试样与夹具之间的黏结力要求足够大,且拉力必须与试件中心轴线重合,试验的操作难度大,因而在实际操作中较少使用。而巴西劈裂试验(Brazilian test)采用圆盘试样径向加载,操作简单、易行。裂隙岩石巴西圆盘试样主要有中心直切槽圆盘(CSTBD)、人字形切槽巴西圆盘(CCNBD)和孔槽式巴西圆盘(HCBD)试样等。Krishnan 等[57]对含中心直切槽砂岩试样进行了巴西试验,结果表明:裂纹从切槽尖端起裂和扩展,这符合失稳断裂理论。张志强等[58]利用线弹性断裂力学的柔度法标定技术,对直切槽巴西圆盘试样进行柔度测定试验,较准确地获得了岩石的拉伸弹性模量。Al-Shayea[59]将现场采集的灰岩加工成中心直切槽巴西圆盘试样,采用不同切槽倾角巴西劈裂试验进行研究,认为判别切槽尖端应力是拉力或压力与切槽倾角有关。当切槽与加载方向之间的倾角较大时,裂纹并不是从切槽尖端起裂,而是从试样的中心起裂,类似于完整巴西试样劈裂破坏。这意味着拉伸失稳比断裂失稳更严重,因此对于较大倾角中心直切槽巴西圆盘试样不适用于确定断裂韧度。Erarslan 和 Williams[60]对含中心人字形切槽试样进行了巴西圆盘试验,试验结果显示,当切槽倾角大于 30°时,裂纹才会从裂隙尖端起裂。当切槽倾角大于 33°时,随着倾角的增大,裂纹起裂位置会从切槽尖端向中间移动。另外,他们还发现裂纹起裂角受切槽倾角的影响,随着切槽倾角的增大而增大。Chen 等[61]将采自台湾花莲大理岩预制成孔槽式圆盘试样,通过改变半径比和裂隙倾角,分析了裂隙几何参数对孔槽式试样断裂韧度、裂纹扩展和破坏模式的影响。

(4) 其他试验

Lim 等[62-63]对中心直切槽半圆形试样进行三点弯曲试验,研究表明中心直切槽半圆形试样适用于分析在拉力和剪力共同作用下岩石的脆性断裂。Zhang 和 Zhao[64]对中心直切槽半圆形试样进行了动荷载试验,通过高速摄像机和扫描电镜(SEM)等观察到房山大理岩中心直切槽半圆形试样在动荷载作用下,裂纹在切槽尖端起裂并沿着切槽方向加速扩展。左建平等[65]对含偏置切口玄武岩进行了三点弯曲试验,结合 SEM 观察裂纹的起裂和扩展。

1.2.3 数值模拟

采用类岩石材料或真实岩石进行裂纹扩展室内试验,虽然能较为直观地获取裂纹起裂、扩展和贯通过程,但存在操作复杂、费用高和周期长等缺点。随着计算机技术和数值计算方法的发展,数值模拟可重复性强、精确等优点,使得数值模拟越来越受到重视。数值模拟提供了从细观层面研究断续裂隙岩石力学特性的思路,数值分析方法可以分为连续介质法、非连续介质法以及其他数值方法等。

(1) 连续介质法

连续介质法主要有有限单元法(FEM)、有限差分法(FDM)、边界单元法(BEM)和岩石破裂过程分析法(RFPA)等,下面将分别对这几种方法在断续裂隙岩石模拟中的应用进行简要介绍。

① 有限单元法

李宁等[66]采用 ABAQUS 中 CPS4R(四节点缩减积分)单元对分析区域进行网格剖分,建立了含双裂隙有限元模型试样,在单轴压缩下裂纹的起裂、岩样破坏与贯通模式与试验结果吻合的基础上,进一步探讨了裂隙摩擦系数和侧向压力的影响,获得了裂隙摩擦系数和侧压对裂隙试样主应力场、峰值强度和裂纹贯通模式的影响规律。张波等[67]针对单轴压缩下裂隙含充填物与否对裂隙岩石力学行为的影响，采用 ABAQUS 对数值试样进行断裂及损伤模拟分析，通过引入损伤因子来描述岩石材料的破坏过程。Tutluoglu 和 Keles 等[68]采用 ABAQUS 对人字形切槽巴西圆盘试验、中心切槽三点弯曲试验和中心切槽半圆形弯曲试验进行了模拟分析。另外，Chen 等[69]对含两条边缘裂隙圆盘试样进行了有限元分析，Surendra 和 Simha[70]对含单条边缘裂隙半圆形试样进行了有限元模拟。

Ouinas 等[71]、Erarslan 和 Williams[72]采用 FRANC^{2D}分别对中心直切槽圆盘试样、中心人字形切槽圆盘试样进行了模拟，模拟的裂纹起裂和扩展过程均与试验结果较为吻合。

张振南等[73-74]为避免有限元方法中的网格重构，利用有限元中的三结点三角单元在几何上独特的优点，提出了二维单元劈裂法，以增强虚内键(AVIB)[75-78]为本构模型，用于模拟节理或其他裂纹的扩展问题。单元劈裂法改进了有限元法在模拟裂纹扩展过程中要改变原网格划分方案的不足，因此单元劈裂法网格不需要重新划分便可以模拟裂隙节理的扩展和汇合。杨帆和张振南[79]以单元劈裂法为基础，将摩尔-库仑准则作为破坏准则，使得单元劈裂法更为准确地模拟岩石材料，模拟结果表明该方法可以再现不同围压下多裂纹扩展汇合的基本过程和特征。之后，黄恺和王德咏等[80-81]将二维单元破裂法拓展为三维单元劈裂法，使其应用前景更为广阔。

② 有限差分法

吕海波[82]采用 FLAC 内置 null 模型模拟裂隙，以摩尔-库仑准则为岩石破裂判据，模拟了含单条和双条裂隙岩石试样单轴压缩试验，获得试样损伤演化过程与裂隙扩展规律。蒲成志等在文献[12,33]中采用 FLAC 应变软化模型，对多裂隙数值试样进行了模拟分析。付金伟等[16,83]将 FLAC 原有的本构关系改造为弹脆性本构，并采用了超细单元划分法，模拟分析了含单条和两条裂隙岩石数值试样在单轴和双轴压缩作用下的破裂过程，其模拟结果与试验结果有较好的一致性。

③ 边界单元法

Chen 等[84]对中心直切槽圆盘试样进行了边界元模拟，模拟结果显示裂纹的起裂和扩展与试验结果表现出良好的一致性。

④ 岩石破裂过程分析法

Tang 和 Kou[85]采用二维岩石破裂过程分析方法(RFPA^{2D})对多裂隙脆性材料压缩过程进行了模拟，模拟结果显示裂隙尖端萌生翼裂纹，裂纹贯通模式有拉贯通、剪贯通或混合贯通，围压对裂纹扩展的影响规律与试验结果相吻合。随后，Tang 等[86-91]对含单条裂隙、双条裂隙、三条裂隙以及多裂隙岩样单轴压缩和双轴压缩均进行了系统的模拟研究工作。朱万成等[92]采用 RFPA^{2D}模拟了中心直切槽圆盘试样径向加载，再现了不同裂隙倾角中心直切槽圆盘裂纹产生、扩展和贯通过程，模拟获得的最终破裂模式与试验结果相吻合，同时还结合声发射分析了中心直切槽圆盘破裂机制。随后，朱万成等[93]模拟动荷载条件下中心直切槽圆盘试样破坏过程。而 Tham 等[94]利用 RFPA^{2D}模拟了含单缺口和两条缺口试样直接拉伸，分析了微观断裂的产生、汇合和贯通等过程。张后全等[95]对两条、三条及多裂隙岩石试样进行了剪切试验模拟，分析认为在相同围压下裂纹贯通模式主要受裂隙几何参数控制。梁正召等[96-98]将二维 RFPA 拓展到三维 RFPA，对含单条三维表面裂隙长方体试样进行了模拟，获得表面裂隙内部扩展和贯通过程，指出反翼型裂纹并不一定萌生于预制裂纹端部，新发现了一种由壳体裂纹萌生出的次生裂纹会引起整体失稳，该研究对于探讨三维裂隙扩展过程和机理都具有参考意义。Wang 等[99]采用三维岩石破裂过程分析方法(RFPA^{3D})对 Yang 等[52]的断续双裂隙大理岩试验结果进行了模拟验证，模拟结果与试验结果具有较好的一致性。

(2) 非连续介质法

非连续介质法主要有离散单元法(DEM)、非连续变形分析(DDA)、数值流形法(NMM)和块体单元法等。

① 离散单元法

Zhang 和 Wong[100-103]采用二维颗粒流程序(PFC^{2D})对裂隙岩石裂纹扩展特征开展了一系列研究工作。他们对单条裂隙类岩石试样和两条裂隙类岩石试样进行了模拟，还对裂隙类岩石试样的尺寸效应和加载速率等进行了分析，利用 PFC 中平行黏结模型(P-BPM)模拟岩石材料，模拟得到的裂纹起裂位置、起裂角和贯通模式以及破坏模式等均能与室内试验相吻合，同时通过对裂纹产生前后细观力场和位移场的变化情况，探究断续裂隙类岩石试样裂纹演化机制，研究表明 PFC 能够很好地应用于岩石裂纹扩展过程的模拟和扩展机理的分析。Yang 等[104-105]对含非共面双裂隙砂岩及含孔洞花岗岩试样进行了模拟研究，探析了岩石裂纹扩展细观机理。Huang 等[106]基于室内完整类岩石试样单轴压缩试验结果进行细观参数校准，分析了加载速率对含不平行双裂隙类岩石材料试样力学参数及裂纹扩展特征的影响，从平行黏结力场探讨了双孔洞裂隙试样裂纹扩展细观机制：裂隙岩样首先在裂隙尖端形成应力集中区，当应力提高到一定程度之后颗粒间黏结断裂，产生微裂纹，微裂纹汇集形成宏观裂纹。Huang 等[107]采用 PFC^{3D} 建立了不平行双裂隙砂岩试样三维数值模型，获得了裂隙岩样内部三维裂纹扩展全过程，探究了岩桥倾角对裂隙岩样宏观力学参数的影响。Manouchehrian 等[108-109]对单裂隙试样进行了双轴压缩模拟，分析了围压作用对裂纹起裂和扩展的影响以及细观位移场的变化。Jauffrès 等[110]进行了含单裂隙拉伸试验的 PFC 模拟研究，模拟结果与试验结果有较好的一致性。

② 非连续变形分析

焦玉勇和张秀丽等[111-114]在非连续变形分析(DDA)的基础上，自行编制了裂纹开裂程序模块，在保留 DDA 原有功能的同时，还可以模拟裂纹的扩展、贯通以及碎裂、坍塌的全过程，适用于模拟连续岩体、断续岩体和完全不连续岩体，称为 DDARF。他们在文献[113]中对单条裂隙和两条雁形分布裂隙岩石试样压缩过程进行了模拟，模拟结果与室内试验结果、其他数值模拟结果吻合较好。王文等[115]和虞松等[116]也采用 DDARF 对断续裂隙岩石力学特性及裂纹扩展特征进行了模拟分析。

③ 数值流形法

数值流形方法在模拟裂纹扩展时，由于其具有双重网格特点，可以保持数学网格不变，较有限元方法更为方便和适合模拟裂纹扩展[117]。Wu 和 Wong[118]以摩尔-库仑准则为裂纹起裂判据，结合数值流形法对含单条裂隙试样进行了模拟，同时还分析了围压、裂隙倾角和摩擦角等对岩石破裂特征的影响规律。Wu 和 Wong[119]对 Yang 等[52]含两条断续闭合裂隙大理岩室内试验方案进行了模拟，裂纹起裂、扩展和贯通过程与室内试验结果较为吻合。

(3) 其他数值方法

其他数值方法主要有弹塑性细胞自动机模拟系统、有限元/离散元耦合方法、有限单元法/非线性动力耦合方法。

① 弹塑性细胞自动机模拟系统

Zhou 等[120-127]通过定义细胞自动机的基本组件，综合运用岩石力学理论、弹塑性理论、细胞自动机自组织演化理论以及统计原理等，建立了模拟岩石破裂过程的细胞自动机模型，并相应开发了二维格构细胞自动机（$EPCA^{2D}$）和三维格构细胞自动机数值模拟软件（$EPCA^{3D}$）。Li 等[128]利用格构细胞自动机模型模拟了双裂隙岩石试样单轴压缩过程，模拟结果与前人试验结果较为一致，同时还分析了岩桥倾角、岩桥长度和裂隙长度对双裂隙试样裂纹扩展的影响规律。潘鹏志和丁梧秀等[129-130]对含两条和三条裂隙岩石试样单轴压缩试验进行了模拟研究，采用弱化元胞单元表示试样中存在的预制裂隙，模拟再现了裂纹起裂、扩展和贯通全过程。

② 有限元/离散元耦合方法

Rockfield Software Ltd 开发的 ELFEN 是一种有限元/离散元耦合方法程序。结合有限元和离散元方法，当完整岩石试样（有限元方法）达到破裂判据时，裂纹（离散元方法）将会产生。通过合理的有限元方法网格重新划分，断裂过程路径得以捕捉。Cai 和 Kaiser[131-132]利用 ELFEN 模拟了直切槽圆盘试样巴西劈裂试验下裂纹扩展过程，同时还分析了切槽摩擦系数对破裂模式的影响，结果表明当没有摩擦或摩擦较小时，裂纹从切槽尖端起裂；当摩擦较大时，裂纹起裂位置由切槽尖端向中间移动。次生裂纹从试样边界起裂，且只有当切槽足够长时才有次生裂纹产生。

③ 有限单元法/非线性动力耦合方法

Li 和 Wong[133-135]结合有限元方法（FEM）和非线性动力方法（AUTODYN）对含单条和双条裂隙岩石试样进行了模拟分析，模拟结果与试验结果相吻合，同时还研究了加载条件和裂隙几何参数对裂纹起裂、扩展和贯通的影响。

综上所述，对于岩石裂纹扩展特征的研究，实验室试验（包括类岩石材料试验和真实岩石试验）较多的是分析裂隙岩石的宏观响应，裂隙岩石的应力场和位移场难以在实验室中获得，导致了从室内试验分析裂隙岩石裂纹扩展机制较为困难。而数值模拟方法为从细观层面解释裂纹扩展过程开辟了广阔的前景，数值模拟不仅能够再现室内试验现象，而且还能够为细观层面分析岩石的强度变形特征的机制提供便利。目前已经有很多模拟裂纹扩展的数值方法和相应的计算机程序，而且模拟结果也越来越被研究者所接受。但是，数值方法在模拟裂纹扩展时有一定的局限性，如有限元法在裂隙尖端网格细观化不易实现，而扩展有限元虽然避免了网格重划这类麻烦，但特殊插值法会增加计算量。因此，应选择合适的数值分析方法以及合理的细观力学参数模拟岩石裂纹扩展，并揭示裂隙岩石裂纹演化细观机理。

1.3 PFC 简介[136]

随着计算机技术和数值计算方法的发展，数值模拟由于具有可重复性强、精确等优点使得数值模拟分析越来越受到重视，模拟结果也越来越被人们接受。在离散元理论基础上提出的颗粒流法（PFC），在处理岩土材料方面具有连续介质方法不具备的显著优点，以及在细观力学方面的独到优势，已被广泛应用于岩石力学与工程方面的研究。为此，本书将采用

PFC对断续不平行双裂隙试样进行系统的数值模拟研究。在进行相应的模拟工作前，需要构建PFC数值模型。构建的数值模型中含有各种内部细观参数，因此应当明确PFC模型细观参数对试样宏观力学特征的影响。为此，本节首先对PFC进行简单介绍。

PFC是颗粒流程序Particle Flow Code的简称，是由Cundall和Strack[137]提出的，用于模拟圆形或者球形颗粒运动与相互作用的一种离散单元法。

1.3.1 基本假设

PFC在计算过程中有以下几个基本假设：

(1) 颗粒单元为刚性体，二维条件下为圆盘形，三维条件下为球体。

(2) 颗粒之间的接触发生在很小的范围内。

(3) 接触特性为柔性接触，允许有一定的重叠，重叠量与接触力大小相关。

(4) 颗粒间接触处有黏结强度。

1.3.2 基本法则

PFC中循环计算采用时间步算法，包括颗粒间运动法则、接触间力-位移法则和墙位置的更新。接触可能存在于颗粒与颗粒之间或颗粒与墙之间，在模拟过程中自动形成和破裂。PFC计算流程如图1-5所示。在每一时步的开始，颗粒和墙进行接触更新；然后接触根据力-位移法则进行更新；最后颗粒根据运动法则更新速度和位置，同时墙的位置也会根据指定的速度进行更新。

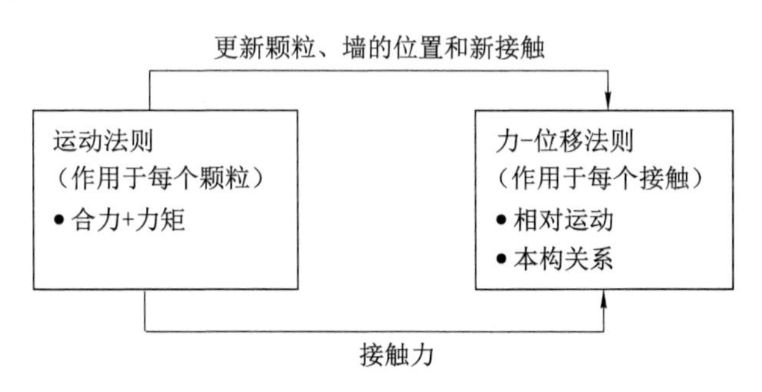

图1-5 PFC计算流程

(1) 力-位移法则

力-位移法则源于两个实体之间的相对位移和相互作用接触力之间的关系。球-球接触和球-墙接触均为点接触。对于球-球接触，力和运动产生于用平行黏结代替的胶结材料的变形。图1-6为两种接触的示意图，球-球接触中用球A和球B示意，球-墙接触中用球b和墙W示意。

对于球-球接触，单位法向向量$\boldsymbol{n}_i$定义为：

$$\boldsymbol{n}_i = \frac{\boldsymbol{x}_i^{[B]} - \boldsymbol{x}_i^{[A]}}{d} \tag{1-1}$$

其中，$\boldsymbol{x}_i^{[A]}$、$\boldsymbol{x}_i^{[B]}$为球A和球B的位置矢量；d为两球心之间的距离。

对于球-墙接触，单位法向向量$\boldsymbol{n}_i$定义为球心与墙之间最大的直线方向。

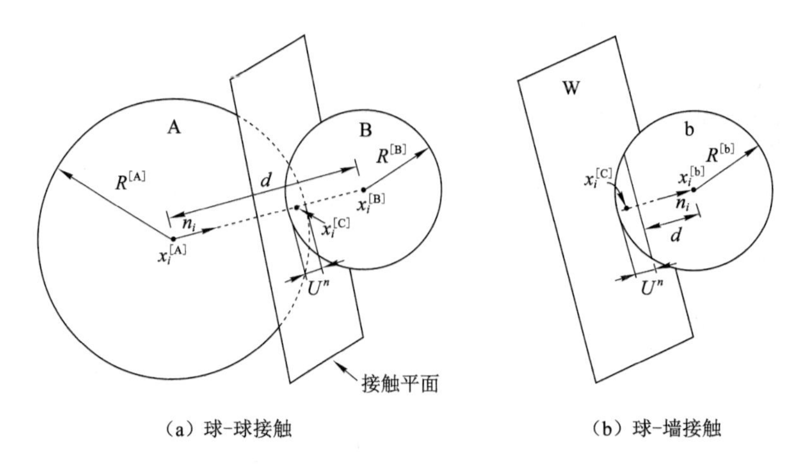

图 1-6　接触类型示意图[136]

接触之间的重叠量 $\boldsymbol{U}^{\mathrm{n}}$ 定义为：

$$\boldsymbol{U}^{\mathrm{n}}=\begin{cases}R^{[A]}+R^{[B]}-d & (球-球)\\ R^{[b]}-d & (球-墙)\end{cases}\tag{1-2}$$

接触点的位置由下式求得：

$$\boldsymbol{x}_i^{[C]}=\begin{cases}\boldsymbol{x}_i^{[A]}+(\boldsymbol{R}^{[A]}-\dfrac{1}{2}\boldsymbol{U}^{\mathrm{n}})\boldsymbol{n}_i & (球-球)\\ \boldsymbol{x}_i^{[b]}+(\boldsymbol{R}^{[b]}-\dfrac{1}{2}\boldsymbol{U}^{\mathrm{n}})\boldsymbol{n}_i & (球-墙)\end{cases}\tag{1-3}$$

接触力矢量 $\boldsymbol{F}_i$、法向接触力矢量 $\boldsymbol{F}_i^{\mathrm{n}}$，切向接触力矢量 $\boldsymbol{F}_i^{\mathrm{s}}$ 的关系为：

$$\begin{aligned}\boldsymbol{F}_i&=\boldsymbol{F}_i^{\mathrm{n}}+\boldsymbol{F}_i^{\mathrm{s}}\\ \boldsymbol{F}_i^{\mathrm{n}}&=\boldsymbol{K}^{\mathrm{n}}\boldsymbol{U}^{\mathrm{n}}\boldsymbol{n}_i\\ \boldsymbol{F}_i^{\mathrm{s}}&=\{\boldsymbol{F}_i^{\mathrm{s}}\}_{\mathrm{rot},2}+\Delta\boldsymbol{F}_i^{\mathrm{s}}\end{aligned}\tag{1-4}$$

(2) 运动法则

一个刚性颗粒的运动是由作用在它上面的合理力矩决定的，可以描述为颗粒的平动和转动。颗粒的平动可以由它的位置 x_i，速度 $\dot{x}_i$，以及加速度 $\ddot{x}_i$ 来描述，而转动可以由角速度 $\dot{w}_i$ 和角加速度 $\ddot{w}_i$ 来描述。

运动方程可以表达为两个方程，一个为合力与平动的方程，一个为合力矩与转动的方程。其中合力与平动方程表达式如下：

$$\boldsymbol{F}_i=m(\ddot{x}_i-g_i)\tag{1-5}$$

其中，$\boldsymbol{F}_i$ 为合力；m 为颗粒质量；g_i 为加速度。而合力矩与转动方程表达式如下：

$$\boldsymbol{M}_i=\boldsymbol{I}\dot{w}_i=(\frac{2}{5}mR^2)\dot{w}_i\tag{1-6}$$

1.3.3　基本模型

(1) 接触刚度模型

接触刚度把法向、切向的接触力和相对位移相联系在一起。其中法向刚度为割线刚度，表达式如下：

$$F_i^{n} = K_n U^{n} n_i \tag{1-7}$$

即总的法向力和总的法向位移之间的关系。

而切向刚度为切线刚度，表达式如下：

$$\Delta F_i^{s} = - k^{s} \Delta U_i^{s} \tag{1-8}$$

即切向力增量和切向位移增量之间的关系。

在 PFC 中，式(1-7)和式(1-8)中参数的值要根据接触刚度模型而定。在 PFC 中有两种接触刚度模型，一是线性接触刚度模型，二是简化的 Hertz-Mindlin 接触刚度模型。但值得注意的是，两个颗粒不允许使用不同类型的接触刚度模型，而且 Hertz-Mindlin 接触模型与其他黏结模型不兼容。

(2) 滑动模型

滑动模型是球-球或球-墙两个实体的固有特性，它提供了拉伸时无方向强度和有限的剪切力作用下允许滑动发生的可能。滑动模型总是被激活的，除非使用的是接触黏结模型。若使用接触黏结模型，则由黏结模型替代滑动模型。对于滑动模型，由最大容许剪切力的方法判别接触。判别条件是：

$$F_{\max}^{s} = \mu \left| F_i^{n} \right| \tag{1-9}$$

当切向力达到最大切向接触力

$$\left| F_i^{s} \right| > F_{\max}^{s} \tag{1-10}$$

时，滑动可能发生，并在下一个循环计算中设定

$$\left| F_i^{s} \right| \leftarrow F_i^{s} (F_{\max}^{s} / \left| F_i^{s} \right|) \tag{1-11}$$

反复迭代，直到确定滑动发生的临界值。

(3) 黏结模型

PFC 中允许颗粒通过接触黏结在一起，有两种基本的黏结模型，一是接触黏结模型，二是平行黏结模型。这两种黏结模型可以想象为一种胶结将两个颗粒连接在一起。接触黏结胶结只有很小的尺寸，只在接触点起作用，而平行黏结可以在胶结颗粒间圆形或矩形截面有限范围内起作用。此外，接触黏结只能传递力的作用，而平行黏结能够传递力和力矩。这两种接触可以同时存在，一旦两个颗粒之间形成黏结，则将一直保持到断裂。需要注意的是，黏结只发生在球-球之间，不能发生在球-墙之间。

① 接触黏结模型：可以想象成一副弹簧或者胶结物作用在接触点，其法向和切向刚度为常量，有指定的法向剪切和拉伸强度。接触黏结使颗粒不会滑动，剪切接触力由剪切黏结强度来限定，不允许大于容许最大值。接触黏结允许在接触点的拉伸力方向发展。法向接触拉伸力限定在法向接触强度范围。当最大法向拉伸接触力大于等于法向接触强度时，黏结断裂，法向和切向接触力设为零。当最大剪切接触力大于等于剪切接触强度时，黏结断裂，接触力保持不变，但前提是假设法向力为压力且剪切力没有超过摩擦极限。点接触本构关系反映的是法向和切向接触力以及相对位移，具体如图 1-7 所示。其中，F^{n} 表示法向接触力，当 $F^{n}>0$ 表示拉伸；U^{n} 表示相对法向位移，当 $U^{n}>0$ 表示重叠；F^{s} 表示总剪切接触力；U^{s} 表示相对剪切位移。

② 平行黏结模型：描述的是两个颗粒之间有限尺寸的水泥胶结材料的本构关系，颗粒可以是球形或圆柱形的。平行黏结模型不允许滑动，同时平行黏结模型能够传递力和力矩。

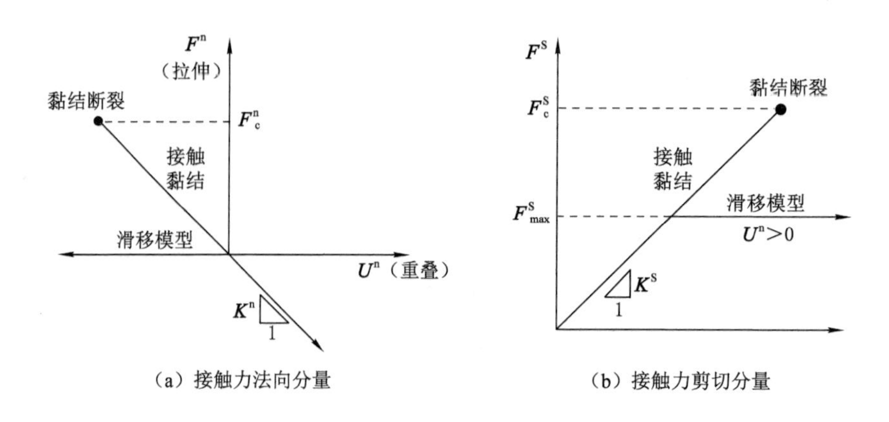

(a) 接触力法向分量　　(b) 接触力剪切分量

图 1-7　点接触本构关系[136]

可以将平行黏结模型想象为一系列弹簧,其法向和切向刚度为常量。接触处的相对运动引起胶结材料产生力和力矩,力和力矩作用在两个黏结的颗粒上,同时最大法向和切向力作用在胶结材料的周围。当最大法向或切向力超过对应的黏结强度时,黏结断裂。

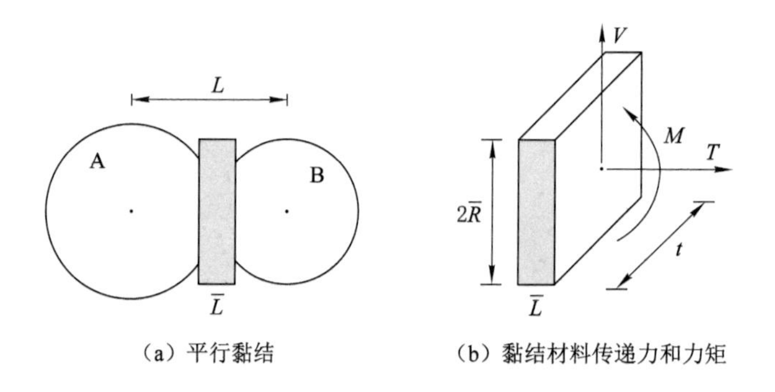

(a) 平行黏结　　(b) 黏结材料传递力和力矩

图 1-8　平行黏结模型示意图[136]

如图 1-8 所示,平行黏结模型中总的力和力矩分别用$\overline{\boldsymbol{F}_i}$和$\overline{\boldsymbol{M}_3}$表示,力矢量可以分解为法向和切向力矢量,如下式:

$$\overline{\boldsymbol{F}_i} = \overline{\boldsymbol{F}_i^n} + \overline{\boldsymbol{F}_i^s} \tag{1-12}$$

1.3.4　解决程序

首先要生成颗粒的集合,并赋予模型和材料细观特征参数以及设定边界和初始条件。程序运行至初始平衡状态,然后检查模型的响应,即在正式计算之前先对模型进行试运行,可根据模型特定参数的试验结果或者理论计算来检验模型预算结果的合理性,当确定模型运行正确时,再进行后续的计算工作。图 1-9 给出了 PFC 中解决问题的一般程序。

1.3.5　构建数值模型

PFC 中通过以下四步生成颗粒集合。

(1) 初始集合压密

一个由任意位置颗粒组成的矩形试样限定在四个无摩擦的边界墙内。墙的法向刚度设

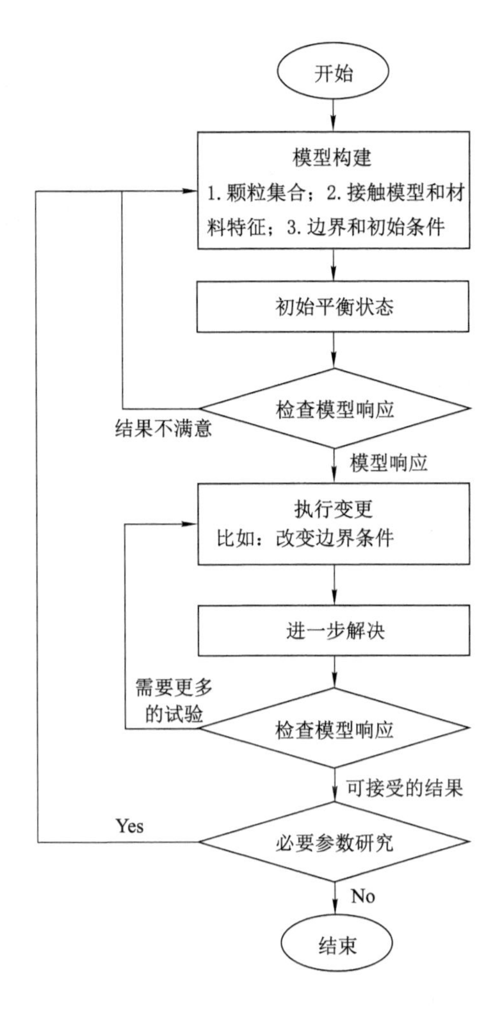

图 1-9 PDF 解决问题一般程序

定为颗粒法向刚度的 β 倍。颗粒的尺寸在指定的最小和最大半径范围内随机分布。为了保证黏结集合能够密集，颗粒数目按 16%孔隙率生成。同时，为了保证 Generate 命令不出错，随机生成的颗粒是不会重叠的，将最初生成的颗粒尺寸设定为最终尺寸的一半。颗粒扩大一定倍数到需要的孔隙率，最终颗粒的半径将增大到指定尺寸，系统允许在零摩擦下的静态平衡。

(2) 设置指定的各向同性应力

调整颗粒的半径获得指定的应力 σ_0。σ_0 一般设定为低于材料的强度，为了约束锁紧力可设定低于单轴压缩强度的 1%。

(3) 消除"悬浮"颗粒

"悬浮"颗粒指的是与其他颗粒或墙接触少于三个的颗粒。一个由非均匀半径、任意位置和物理压密颗粒组成的试样，可能会包含一定数目的悬浮颗粒。减小悬浮颗粒的数目是为了获得更加密集的黏结网络。

(4) 最终试样

通过设定接触黏结或平行黏结开关，设定为接触黏结模型或平行黏结模型。然后设定颗粒的摩擦系数，形成最终试样。如图 1-10 所示，在 PFC 中生成宽 50 mm、高 100 mm 的类岩石材料模型。

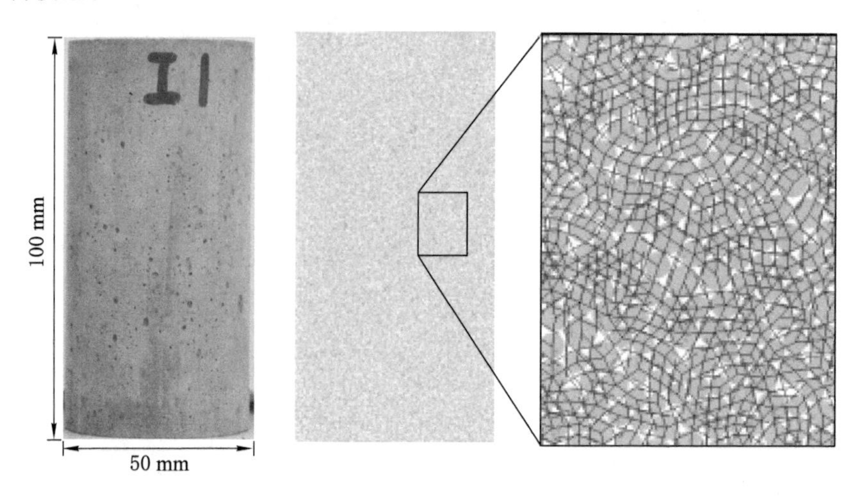

图 1-10 生成的 PFC^{2D}类岩石材料模型

1.4 主要研究内容

本书依托国家自然科学基金面上项目“深部断续裂隙岩石强度特性及其变形破裂机理研究”(No. 51179189)、国家自然科学基金青年基金项目“水岩作用下断续裂隙岩石强度劣化及三维裂纹扩展机理研究”(No. 51909260)和中国博士后科学基金资助项目“裂隙岩石卸荷力学特性及三维裂纹扩展机理研究”(No. 2021M693424),以含预制缺陷岩石材料为研究对象,利用室内试验和数值模拟相结合的研究方法,主要进行以下几个方面的研究。

(1) 第 1 章详细阐述了国内外岩石裂纹扩展室内试验和数值模拟研究现状,同时简要介绍了颗粒流程序。

(2) 第 2 章着重探究了单轴压缩条件下预制裂隙岩样裂纹演化特征,通过配制类砂岩材料并预制断续不平行双裂隙试样,分析了裂隙倾角对裂隙岩样强度和变形参数的影响,建立了裂纹扩展过程中声发射事件与应力跌落之间的关系。在此基础上,进行了不同裂隙倾角断续不平行双裂隙试样 PFC 模拟,从应力场和位移场演化特征揭示裂纹扩展细观机理,同时还探讨了三裂隙和四裂隙几何分布参数对砂岩裂纹扩展特征的影响。

(3) 第 3 章重点研究了巴西劈裂条件下预制裂隙岩样裂纹演化特征,从室内试验和 PFC 模拟两方面详细分析了裂隙几何参数(包括裂隙数量、裂隙倾角、岩桥倾角、裂隙长度和岩桥长度)和裂隙状态(充填与非充填)对(类)岩石圆盘试样抗拉力学特性及裂纹演化特征的影响。

(4) 第 4 章主要考虑裂隙岩石的围压效应,分析了单裂隙、共面双裂隙、非共面双裂隙、不平行双裂隙和交叉节理(闭合裂隙)岩样在不同围压常规三轴压缩下的力学特性及裂纹扩展规律,探讨了卸围压下砂岩力学特性及细观机制颗粒流和煤样三轴循环加卸载力学特性。

(5) 第 5 章着重探讨了预制孔洞对岩样裂纹扩展特征的影响,分别分析了单轴压缩和巴西劈裂条件下含孔试样强度变形及裂纹扩展过程。

(6) 第6章重点研究了孔洞-裂隙组合缺陷对岩样裂纹扩展特征的影响,分析了单孔洞-双裂隙以及双孔洞-单裂隙组合缺陷砂岩试样单轴压缩下力学特性及破坏特征,揭示了孔槽式圆盘试样裂纹扩展细观机理。

(7) 第7章主要考虑了预制裂隙岩样在滚刀作用下的破裂特征,分析了TBM滚刀破岩过程和细观机理。

(8) 第8章对主要结论进行了总结,提出研究展望。

参考文献

[1] HOEK E,BROWN E T. Practical estimates of rock mass strength[J]. International journal of rock mechanics and mining sciences,1997,34(8):1165-1186.

[2] LAJTAI E Z,CARTER B J,DUNCAN E J S. En echelon crack-arrays in potash salt rock[J]. Rock mechanics and rock engineering,1994,27(2):89-111.

[3] YANG S Q, HUANG Y H, TIAN W L, et al. An experimental investigation on strength,deformation and crack evolution behavior of sandstone containing two oval flaws under uniaxial compression[J]. Engineering geology,2017,217:35-48.

[4] PALMSTRÖM A. RMi -a rock mass characterization system for rock engineering purposes[D]. Norway:Oslo University,1995.

[5] GOODMAN R. Introduction to rock mechanics[M]. New York:Wiley,1989.

[6] 蔡美峰,何满潮,刘东燕. 岩石力学与工程[M]. 北京:科学出版社,2004.

[7] ESTERHUIZEN G S,DOLINAR D R,ELLENBERGER J L. Pillar strength in underground stone mines in the United States[J]. International journal of rock mechanics and mining sciences,2011,48(1):42-50.

[8] HUANG D A,CEN D F,MA G W,et al. Step-path failure of rock slopes with intermittent joints[J]. Landslides,2015,12(5):911-926.

[9] YANG S Q,HUANG Y H. An experimental study on deformation and failure mechanical behavior of granite containing a single fissure under different confining pressures[J]. Environmental earth sciences,2017,76(10):1-22.

[10] LAJTAI E Z. Brittle fracture in compression[J]. International journal of fracture,1974,10(4):525-536.

[11] WONG L N Y,EINSTEIN H H. Systematic evaluation of cracking behavior in specimens containing single flaws under uniaxial compression[J]. International journal of rock mechanics and mining sciences,2009,46(2):239-249.

[12] 蒲成志,曹平,陈瑜,等. 不同裂隙相对张开度下类岩石材料断裂试验与破坏机理[J]. 中南大学学报(自然科学版),2011,42(8):2394-2399.

[13] WASANTHA P,RANJITH P,VIETE D,et al. Influence of the geometry of partially-spanning joints on the uniaxial compressive strength of rock[J]. International jour-

nal of rock mechanics and mining sciences,2012,50:140-146.

[14] FUJII Y,ISHIJIMA Y. Consideration of fracture growth from an inclined slit and inclined initial fracture at the surface of rock and mortar in compression[J]. International journal of rock mechanics and mining sciences,2004,41(6):1035-1041.

[15] 肖桃李,李新平,郭运华. 三轴压缩条件下单裂隙岩石的破坏特性研究[J]. 岩土力学,2012,33(11):3251-3256.

[16] 付金伟,朱维申,曹冠华,等. 岩石中三维单裂隙扩展过程的试验研究和数值模拟[J]. 煤炭学报,2013,38(3):411-417.

[17] SAGONG M,BOBET A. Coalescence of multiple flaws in a rock-model material in uniaxial compression[J]. International journal of rock mechanics and mining sciences,2002,39(2):229-241.

[18] WONG R H C,CHAU K T. Crack coalescence in a rock-like material containing two cracks[J]. International journal of rock mechanics and mining sciences,1998,35(2):147-164.

[19] BOBET A,EINSTEIN H H. Fracture coalescence in rock-type materials under uniaxial and biaxial compression[J]. International fournal of rock mechanics and mining sciences,1998,35(7):863-888.

[20] BOBET A. The initiation of secondary cracks in compression[J]. Engineering fracture mechanics,2000,66(2):187-219.

[21] WONG L N Y,EINSTEIN H H. Crack coalescence in molded gypsum and Carrara marble:part 1—macroscopic observations and interpretation[J]. Rock mechanics and rock engineering,2009,42(3):475-511.

[22] WONG L N Y,EINSTEIN H H. Crack coalescence in molded gypsum and Carrara marble:part 2—microscopic observations and interpretation[J]. Rock mechanics and rock engineering,2009,42(3):513-545.

[23] LEE H,JEON S. An experimental and numerical study of fracture coalescence in pre-cracked specimens under uniaxial compression[J]. International journal of solids and structures,2011,48(6):979-999.

[24] 张平,李宁,贺若兰,等. 动载下两条断续预制裂隙贯通机制研究[J]. 岩石力学与工程学报,2006,25(6):1210-1217.

[25] REYES O,EINSTEIN H H. Failure mechanisms of fractured rock:a fracture coalescence model[C]//7th ISRM Congress,1991,1:333-340.

[26] SHEN B T,STEPHANSSON O,EINSTEIN H H,et al. Coalescence of fractures under shear stresses in experiments[J]. Journal of geophysical research: solid earth,1995,100(B4):5975-5990.

[27] 车法星,黎立云,刘大安. 类岩材料多裂纹体断裂破坏试验及有限元分析[J]. 岩石力学与工程学报,2000,19(3):295-298.

[28] WONG R H C,CHAU K T,TANG C A,et al. Analysis of crack coalescence in rock-like materials containing three flaws—Part Ⅰ: experimental approach[J]. Interna-

tional journal of rock mechanics and mining sciences,2001,38(7):909-924.

[29] 黄凯珠,林鹏,唐春安,等.双轴加载下断续预置裂纹贯通机制的研究[J].岩石力学与工程学报,2002,21(6):808-816.

[30] PARK C H,BOBET A. Crack coalescence in specimens with open and closed flaws:a comparison[J]. International journal of rock mechanics and mining sciences,2009,46(5):819-829.

[31] PARK C H,BOBET A. Crack initiation,propagation and coalescence from frictional flaws in uniaxial compression[J]. Engineering fracture mechanics,2010,77(14):2727-2748.

[32] PRUDENCIO M,JAN M V S. Strength and failure modes of rock mass models with non-persistent joints[J]. International journal of rock mechanics and mining sciences,2007,44(6):890-902.

[33] PU C Z,CAO P. Failure characteristics and its influencing factors of rock-like material with multi-fissures under uniaxial compression[J]. Transactions of nonferrous metals society of China,2012,22(1):185-191.

[34] 陈新,廖志红,李德建.节理倾角及连通率对岩体强度、变形影响的单轴压缩试验研究[J].岩石力学与工程学报,2011,30(4):781-789.

[35] CHEN X,LIAO Z H,PENG X. Deformability characteristics of jointed rock masses under uniaxial compression[J]. International journal of mining science and technology,2012,22(2):213-221.

[36] CHEN X,LIAO Z H,PENG X. Cracking process of rock mass models under uniaxial compression[J]. Journal of Central South University,2013,20(6):1661-1678.

[37] YANG S Q,JING H W. Strength failure and crack coalescence behavior of brittle sandstone samples containing a single fissure under uniaxial compression[J]. International journal of fracture,2011,168(2):227-250.

[38] HUANG Y H,YANG S Q,HALL M R,et al. Experimental study on uniaxial mechanical properties and crack propagation in sandstone containing a single oval cavity[J]. Archives of civil and mechanical engineering,2018,18(4):1359-1373.

[39] 李银平,曾静,陈龙珠,等.含预制裂隙大理岩破坏过程声发射特征研究[J].地下空间,2004(3):290-293.

[40] LI Y P,CHEN L Z,WANG Y H. Experimental research on pre-cracked marble under compression[J]. International journal of solids and structures,2005,42(9/10):2505-2516.

[41] YANG S Q,DAI Y H,HAN L J,et al. Experimental study on mechanical behavior of brittle marble samples containing different flaws under uniaxial compression[J]. Engineering fracture mechanics,2009,76(12):1833-1845.

[42] 杨圣奇,戴永浩,韩立军,等.断续预制裂隙脆性大理岩变形破坏特性单轴压缩试验研究[J].岩石力学与工程学报,2009,28(12):2391-2404.

[43] YANG S Q. Crack coalescence behavior of brittle sandstone samples containing two

coplanar fissures in the process of deformation failure[J]. Engineering fracture mechanics,2011,78(17):3059-3081.

[44] YANG S Q,LIU X R,JING H W. Experimental investigation on fracture coalescence behavior of red sandstone containing two unparallel fissures under uniaxial compression[J]. International journal of rock mechanics and mining sciences,2013,63:82-92.

[45] YANG S Q,YANG D S,JING H W,et al. An experimental study of the fracture coalescence behaviour of brittle sandstone specimens containing three fissures[J]. Rock mechanics and rock engineering,2012,45(4):563-582.

[46] 杨圣奇. 断续三裂隙砂岩强度破坏和裂纹扩展特征研究[J]. 岩土力学,2013,34(1):31-39.

[47] 鲁祖德,丁梧秀,冯夏庭,等. 裂隙岩石的应力-水流-化学耦合作用试验研究[J]. 岩石力学与工程学报,2008,27(4):796-804.

[48] 丁梧秀,冯夏庭. 化学腐蚀下裂隙岩石的损伤效应及断裂准则研究[J]. 岩土工程学报,2009,31(6):899-904.

[49] 任建喜,惠兴田. 裂隙岩石单轴压缩损伤扩展细观机理 CT 分析初探[J]. 岩土力学,2005,26(增刊 1):48-52.

[50] 朱明礼,唐胡丹,朱珍德,等. 大理岩预制裂纹试样细观损伤试验研究与分析[J]. 河南理工大学学报(自然科学版),2012,31(2):212-216.

[51] 杨圣奇,温森,李良权. 不同围压下断续预制裂纹粗晶大理岩变形和强度特性的试验研究[J]. 岩石力学与工程学报,2007,26(8):1572-1587.

[52] YANG S Q,JIANG Y Z,XU W Y,et al. Experimental investigation on strength and failure behavior of pre-cracked marble under conventional triaxial compression[J]. International journal of solids and structures,2008,45(17):4796-4819.

[53] 杨圣奇,刘相如. 不同围压下断续预制裂隙大理岩扩容特性试验研究[J]. 岩土工程学报,2012,34(12):2188-2197.

[54] 丁梧秀,冯夏庭. 渗透环境下化学腐蚀裂隙岩石破坏过程的 CT 试验研究[J]. 岩石力学与工程学报,2008,27(9):1865-1873.

[55] 任建喜,冯晓光,刘慧. 三轴压缩单一裂隙砂岩细观损伤破坏特性 CT 分析[J]. 西安科技大学学报,2009,29(3):300-304.

[56] 彭瑞东,翁炜,左建平,等. 数字散斑相关法在 SEM 观测岩石变形时的应用[J]. 中国矿业大学学报,2012,41(4):650-656.

[57] KRISHNAN G R,ZHAO X L,ZAMAN M,et al. Fracture toughness of a soft sandstone[J]. International journal of rock mechanics and mining sciences,1998,35(6):695-710.

[58] 张志强,关宝树,郑道访. 用直切槽巴西圆盘试样柔度法确定岩石的弹性模量[J]. 岩石力学与工程学报,1998,17(4):372-378.

[59] AL-SHAYEA N A. Crack propagation trajectories for rocks under mixed mode Ⅰ-Ⅱ fracture[J]. Engineering geology,2005,81(1):84-97.

[60] ERARSLAN N,WILLIAMS D J. Mixed-mode fracturing of rocks under static and cy-

clic loading[J]. Rock mechanics and rock engineering,2013,46(5):1035-1052.

[61] CHEN C H,CHEN C S,WU J H. Fracture toughness analysis on cracked ring disks of anisotropic rock[J]. Rock mechanics and rock engineering,2008,41(4):539-562.

[62] LIM I L,JOHNSTON I W,CHOI S K,et al. Fracture testing of a soft rock with semi-circular specimens under three-point bending. Part 1—mode Ⅰ[J]. International journal of rock mechanics and mining sciences & geomechanics abstracts,1994,31(3):185-197.

[63] LIM I L,JOHNSTON I W,CHOI S K,et al. Fracture testing of a soft rock with semi-circular specimens under three-point bending. Part 2—mixed-mode[J]. International journal of rock mechanics and mining sciences & geomechanics abstracts,1994,31(3):199-212.

[64] ZHANG Q B,ZHAO J. Effect of loading rate on fracture toughness and failure micromechanisms in marble[J]. Engineering fracture mechanics,2013,102:288-309.

[65] 左建平,黄亚明,刘连峰. 含偏置缺口玄武岩原位三点弯曲细观断裂研究[J]. 岩石力学与工程学报,2013,32(4):740-746.

[66] 李宁,张志强,张平,等. 裂隙岩样力学特性细观数值试验方法探讨[J]. 岩石力学与工程学报,2008,27(增刊 1):2848-2854.

[67] 张波,李术才,张敦福,等. 含充填节理岩体相似材料试件单轴压缩试验及断裂损伤研究[J]. 岩土力学,2012,33(6):1647-1652.

[68] TUTLUOGLU L,KELES C. Mode Ⅰ fracture toughness determination with straight notched disk bending method[J]. International journal of rock mechanics and mining sciences,2011,48(8):1248-1261.

[69] CHEN F,SUN Z,XU J. Mode Ⅰ fracture analysis of the double edge cracked Brazilian disk using a weight function method[J]. International journal of rock mechanics and mining sciences,2001,38(3):475-479.

[70] SURENDRA K V N,SIMHA K R Y. Design and analysis of novel compression fracture specimen with constant form factor:edge cracked semicircular disk (ECSD)[J]. Engineering fracture mechanics,2013,102:235-248.

[71] OUINAS D,BOUIADJRA B B,SERIER B,et al. Numerical analysis of Brazilian bioceramic discs under diametrical compression loading[J]. Computational materials science,2009,45(2):443-448.

[72] ERARSLAN N,WILLIAMS D J. Mixed-mode fracturing of rocks under static and cyclic loading[J]. Rock mechanics and rock engineering,2013,46(5):1035-1052.

[73] 张振南,陈永泉. 一种模拟节理岩体破坏的新方法:单元劈裂法[J]. 岩土工程学报,2009,31(12):1858-1865.

[74] ZHANG Z N,CHEN Y Q. Simulation of fracture propagation subjected to compressive and shear stress field using virtual multidimensional internal bonds[J]. International journal of rock mechanics and mining sciences,2009,46(6):1010-1022.

[75] ZHANG Z N. Numerical simulation of crack propagation with equivalent cohesive

zone method based on virtual internal bond theory[J]. International journal of rock mechanics and mining sciences,2009,46(2):307-314.

[76] ZHANG Z N,HUANG K. A simple J-integral governed bilinear constitutive relation for simulating fracture propagation in quasi-brittle material[J]. International journal of rock mechanics and mining sciences,2011,48(2):294-304.

[77] 戚靖骅,张振南,葛修润,等. 无厚度三节点节理单元在裂纹扩展模拟中的应用[J]. 岩石力学与工程学报,2010,29(9):1799-1806.

[78] ZHANG Z N. Discretized virtual internal bond model for nonlinear elasticity[J]. International journal of solids and structures,2013,50(22/23):3618-3625.

[79] 杨帆,张振南. 包含摩尔-库仑准则的单元劈裂法模拟围压下节理扩展[J]. 上海大学学报(自然科学版),2012,18(1):104-110.

[80] 黄恺,张振南. 三维单元劈裂法与压剪裂纹数值模拟[J]. 工程力学,2010,27(12):51-58.

[81] 王德咏,张振南,葛修润. 应用单元劈裂法模拟三维内嵌裂纹扩展[J]. 岩石力学与工程学报,2012,31(10):2082-2087.

[82] 吕海波. 岩石三维内部裂隙扩展过程的数值模拟研究[D]. 青岛:山东科技大学,2010.

[83] 付金伟,朱维申,王向刚,等. 节理岩体裂隙扩展过程一种新改进的弹脆性模拟方法及应用[J]. 岩石力学与工程学报,2012,31(10):2088-2095.

[84] CHEN C S,PAN E N,AMADEI B. Fracture mechanics analysis of cracked discs of anisotropic rock using the boundary element method[J]. International journal of rock mechanics and mining sciences,1998,35(2):195-218.

[85] TANG C A,KOU S Q. Crack propagation and coalescence in brittle materials under compression[J]. Engineering fracture mechanics,1998,61(3/4):311-324.

[86] TANG C A,LIN P,WONG R H C,et al. Analysis of crack coalescence in rock-like materials containing three flaws—Part Ⅱ:numerical approach[J]. International journal of rock mechanics and mining sciences,2001,38(7):925-939.

[87] WONG R H C,TANG C A,CHAU K T,et al. Splitting failure in brittle rocks containing pre-existing flaws under uniaxial compression[J]. Engineering fracture mechanics,2002,69(17):1853-1871.

[88] 王元汉,苗雨,李银平. 预制裂纹岩石压剪试验的数值模拟分析[J]. 岩石力学与工程学报,2004,23(18):3113-3116.

[89] TANG C A,WONG R H C,CHAU K T,et al. Modeling of compression-induced splitting failure in heterogeneous brittle porous solids[J]. Engineering fracture mechanics,2005,72(4):597-615.

[90] 黄明利. 非均匀岩石裂纹扩展机制的数值分析[J]. 青岛理工大学学报,2006,27(4):34-37.

[91] XU T,RANJITH P G,WASANTHA P L P,et al. Influence of the geometry of partially-spanning joints on mechanical properties of rock in uniaxial compression[J]. Engineering geology,2013,167:134-147.

[92] 朱万成,黄志平,唐春安,等.含预制裂纹巴西盘试样破裂模式的数值模拟[J].岩土力学,2004,25(10):1609-1612.

[93] 朱万成,逄铭璋,唐春安,等.含预制裂纹岩石试样在动载荷作用下破裂模式的数值模拟[J].地下空间与工程学报,2005,1(6):856-858.

[94] THAM L G,LIU H,TANG C A,et al. On tension failure of 2-D rock specimens and associated acoustic emission[J]. Rock mechanics and rock engineering,2005,38(1):1-19.

[95] 张后全,常旭,唐春安,等.岩石多裂纹剪切断裂数值试验研究[J].岩石力学与工程学报,2005,24(增刊1):5136-5140.

[96] 梁正召,杨天鸿,唐春安,等.非均匀性岩石破坏过程的三维损伤软化模型与数值模拟[J].岩土工程学报,2005,27(12):1447-1452.

[97] 梁正召,李连崇,唐世斌,等.岩石三维表面裂纹扩展机理数值模拟研究[J].岩土工程学报,2011,33(10):1615-1622.

[98] LIANG Z Z,XING H,WANG S Y,et al. A three-dimensional numerical investigation of the fracture of rock specimens containing a pre-existing surface flaw[J]. Computers and geotechnics,2012,45:19-33.

[99] WANG S Y,SLOAN S W,SHENG D C,et al. Numerical study of failure behaviour of pre-cracked rock specimens under conventional triaxial compression[J]. International journal of solids and structures,2014,51(5):1132-1148.

[100] ZHANG X P,WONG L N Y. Cracking processes in rock-like material containing a single flaw under uniaxial compression:a numerical study based on parallel bonded-particle model approach[J]. Rock mechanics and rock engineering,2012,45(5):711-737.

[101] ZHANG X P,WONG L N Y. Crack initiation,propagation and coalescence in rock-like material containing two flaws:a numerical study based on bonded-particle model approach[J]. Rock mechanics and rock engineering,2013,46(5):1001-1021.

[102] WONG L N Y,ZHANG X P. Size effects on cracking behavior of flaw-containing specimens under compressive loading[J]. Rock mchanics and rock engineering,2014,47(5):1921-1930.

[103] ZHANG X P,WONG L N Y. Loading rate effects on cracking behavior of flaw-contained specimens under uniaxial compression[J]. International journal of fracture,2013,180(1):93-110.

[104] YANG S Q,TIAN W L,HUANG Y H,et al. An experimental and numerical study on cracking behavior of brittle sandstone containing two non-coplanar fissures under uniaxial compression[J]. Rock mechanics and rock engineering,2016,49(4):1497-1515.

[105] YANG S Q,TIAN W L,HUANG Y H. Failure mechanical behavior of pre-holed granite specimens after elevated temperature treatment by particle flow code[J]. Geothermics,2018,72:124-137.

[106] HUANG Y H,YANG S Q,ZENG W. Experimental and numerical study on loading rate effects of rock-like material specimens containing two unparallel fissures[J]. Journal of Central South University,2016,23(6):1474-1485.

[107] HUANG Y H,YANG S Q,CHEN G Q,et al. Fracture behavior of cylindrical sandstone specimens with two pre-existing flaws:experimental investigation and PFC3D simulation[J]. Geosciences journal,2022,26(1):151-165.

[108] MANOUCHEHRIAN A,MARJI M F. Numerical analysis of confinement effect on crack propagation mechanism from a flaw in a pre-cracked rock under compression [J]. Acta mechanica sinica,2012,28(5):1389-1397.

[109] MANOUCHEHRIAN A,SHARIFZADEH M,MARJI M F,et al. A bonded particle model for analysis of the flaw orientation effect on crack propagation mechanism in brittle materials under compression[J]. Archives of civil and mechanical engineering,2014,14(1):40-52.

[110] JAUFFRÈS D,LIU X X,MARTIN C L. Tensile strength and toughness of partially sintered ceramics using discrete element simulations [J]. Engineering fracture mechanics,2013,103:132-140.

[111] 焦玉勇,张秀丽,刘泉声,等.用非连续变形分析方法模拟岩石裂纹扩展[J].岩石力学与工程学报,2007,26(4):682-691.

[112] 张秀丽.断续节理岩体破坏过程的数值分析方法研究[D].武汉:中国科学院武汉岩土力学研究所,2007.

[113] 焦玉勇,张秀丽,李廷春.模拟节理岩体破坏全过程的 DDARF 方法[M].北京:科学出版社,2010.

[114] ZHANG X L,JIAO Y Y,ZHAO J. Simulation of failure process of jointed rock[J]. Journal of Central South University of Technology,2008,15(6):888-894.

[115] 王文,朱维申,马海萍,等.不同倾角节理组和锚固效应对岩体特性的影响[J].岩土力学,2013,34(3):887-893.

[116] 虞松,朱维申,马海萍,等.平行节理岩体的围岩稳定性 DDARF 分析[J].防灾减灾工程学报,2013,33(2):214-217.

[117] 李树忱,程玉民.数值流形方法及其在岩石力学中的应用[J].力学进展,2004,34(4):446-454.

[118] WU Z J,WONG L N Y. Frictional crack initiation and propagation analysis using the numerical manifold method[J]. Computers and geotechnics,2012,39:38-53.

[119] WU Z J,WONG L N Y. Elastic-plastic cracking analysis for brittle-ductile rocks using manifold method[J]. International journal of fracture,2013,180(1):71-91.

[120] ZHOU H,FENG X T,LI M T,et al. A new meso-mechanical approach for modeling the rock fracturing process[J]. International journal of rock mechanics and mining sciences,2004,41:329-335.

[121] 李明田.岩石破裂过程数值模拟的格构细胞自动机方法研究[D].武汉:中国科学院武汉岩土力学研究所,2004.

[122] FENG X T,PAN P Z,ZHOU H. Simulation of the rock microfracturing process under uniaxial compression using an elasto-plastic cellular automaton[J]. International journal of rock mechanics and mining sciences,2006,43(7):1091-1108.

[123] 潘鹏志. 岩石破裂过程及其渗流—应力耦合特性研究的弹塑性细胞自动机模型[D]. 武汉:中国科学院武汉岩土力学研究所,2006.

[124] 潘鹏志,冯夏庭,周辉. 脆性岩石破裂演化过程的三维细胞自动机模拟[J]. 岩土力学,2009,30(5):1471-1476.

[125] PAN P Z,FENG X T,XU D P,et al. Modelling fluid flow through a single fracture with different contacts using cellular automata[J]. Computers and geotechnics,2011,38(8):959-969.

[126] PAN P Z,FENG X T,ZHOU H. Development and applications of the elasto-plastic cellular automaton[J]. Acta mechanica solida sinica,2012,25(2):126-143.

[127] YAN F,FENG X T,PAN P Z,et al. Discontinuous cellular automaton method for crack growth analysis without remeshing[J]. Applied mathematical modelling,2014,38(1):291-307.

[128] LI M T,FENG X T,ZHOU H. Cellular automata simulation of the interaction mechanism of two cracks in rock under uniaxial compression[J]. International journal of rock mechanics and mining sciences,2004,41:484-489.

[129] 潘鹏志,丁梧秀,冯夏庭,等. 预制裂纹几何与材料属性对岩石裂纹扩展的影响研究[J]. 岩石力学与工程学报,2008,27(9):1882-1889.

[130] 丁梧秀. 水化学作用下岩石变形破裂全过程实验与理论分析[D]. 武汉:中国科学院武汉岩土力学研究所,2005.

[131] CAI M,KAISER P K. Numerical simulation of the Brazilian test and the tensile strength of anisotropic rocks and rocks with pre-existing cracks[J]. International journal of rock mechanics and mining sciences,2004,41:478-483.

[132] CAI M. Fracture initiation and propagation in a Brazilian disc with a plane interface: a numerical study[J]. Rock mechanics and rock engineering,2013,46(2):289-302.

[133] LI H Q,WONG L N Y. Influence of flaw inclination angle and loading condition on crack initiation and propagation[J]. International journal of solids and structures,2012,49(18):2482-2499.

[134] WONG L N Y,LI H Q. Numerical study on coalescence of two pre-existing coplanar flaws in rock[J]. International journal of solids and structures,2013,50(22/23):3685-3706.

[135] LI H Q,WONG L N Y. Numerical study on coalescence of pre-existing flaw pairs in rock-like material[J]. Rock mechanics and rock engineering,2014,47(6):2087-2105.

[136] ITASCA CONSULTING GROUP INC.. PFC2D (Particle flow code in 2D),Version 4.0[R]. 2008.

[137] CUNDALL P A,STRACK O D L. A discrete numerical model for granular assemblies[J]. Géotechnique,1979,29(1):47-65.

第2章　裂隙岩石单轴压缩力学特性及裂纹扩展特征离散元模拟研究

对于断续裂隙岩石强度变形及裂纹扩展规律的研究，学者们从类岩石材料试验、真实岩石试验和数值模拟等方面进行了大量卓有成效的研究工作，取得的研究成果能够很好地帮助我们认识裂隙岩石力学特性、裂纹起裂和贯通模式等，但还存在以下几方面的不足：

（1）已有的成果多是针对平行分布裂隙（包括共面和非共面分布）进行的，然而实际岩石工程中裂隙往往是不平行分布的。含不平行分布裂隙岩石的强度变形特征和裂纹扩展规律的研究成果还较少报道，因此有必要对含不平行裂隙岩石强度特性和裂纹扩展特征展开研究。

（2）通过石膏、水泥、石英砂等材料配制的类岩石材料在很大程度上能反映岩石的力学行为，但由于真实岩石材料存在显著的非均质性，矿物颗粒、边界效应以及胶结程度不同等因素难以在类岩石材料中真正体现。因此有必要对类岩石材料的配合比进一步研究，以期找到能够更好地模拟真实岩石的材料和配合比。

（3）含预制裂隙类岩石材料和真实岩石室内试验主要用于分析断续裂隙岩石的宏观力学响应，如果不借助相关检测仪器，加载过程中岩样的应力场和位移场难以获得，因而从室内试验分析裂隙岩石裂纹扩展细观机制较困难。数值模拟方法为从细观层面解释裂纹扩展过程开辟了广阔的前景。数值模拟不仅能够再现室内试验宏观力学现象，而且为分析岩石的强度变形特征的细观机制提供便利。目前已有很多模拟岩石裂纹扩展的数值方法和相应的计算程序，模拟结果也越来越被研究者所接受。但是，有些数值方法在模拟岩石裂纹扩展时有一定的局限性。因此，在研究岩石裂纹扩展特征时，应选择合适的数值分析方法，并利用其优势进一步分析裂纹演化细观机理。

2.1　不平行双裂隙类岩石材料破裂力学行为试验

室内试验是研究断续裂隙岩石裂纹扩展特征最直接和最有效的方法之一，理论模型和数值模拟结果的合理性也需要室内试验结果加以验证。断续裂隙岩石裂纹扩展试验成功的关键因素之一是在完整岩样中预制裂隙。在类岩石材料中预制裂隙技术成熟且简单、易行，因此本节以类岩石材料为研究对象，分析不平行双裂隙对岩样强度及破裂特征的影响规律。本节首先进行岩石类脆性材料配比试验[1]，在合理的配合比基础上制作断续不平行双裂隙类岩石材料试样，并进行单轴压缩试验。基于试验结果，分析断续不平行双裂隙类岩石材料试样应力-应变曲线、强度变形参数及裂纹扩展过程[2]。

2.1.1　类岩石材料配合比试验

为获得能够和天然岩石(如脆性砂岩)力学参数和破裂特征都接近的材料配比,本节进行了一系列类岩石材料配合比试验,以明确模型材料如水泥、石英砂以及水灰比等对类岩石材料力学参数的影响,从而为后续断续裂隙岩石裂纹扩展试验提供基础。根据已有研究结果,水泥砂浆材料力学性质与岩石比较相近,强度及弹性模量的调节范围比较大,材料来源丰富,价格低廉,且制作简单易成型,成为国内外应用广泛的一种类岩石材料。

经过多次配合比试验,最终获得了一组较为理想的水泥砂浆材料配合比。限于篇幅,本节仅仅给出了最终选用的配合比试验结果,模型材料选用 42.5 级标准水泥、140～170 目石英砂以及水,配比为水泥∶石英砂∶水＝1.0∶0.8∶0.35。为了使该配比下的完整试样(即不含预制裂隙)可以作为断续裂隙试样结果的对照组,在获得最佳配合比后,在制备断续裂隙类岩石材料试样的同时浇筑了一批完整试样,采用的试验系统与后续裂隙试样试验相同(即均为 MTS815 伺服试验机和 AE21C-06 声发射系统,后文将详细介绍),本节给出的试验结果为该组完整试样结果。

对该配合比下类岩石材料进行透射光下薄片偏光显微观察,结果如图 2-1 所示。在偏光显微镜下可以清楚地区分水泥胶结和石英砂颗粒。在单偏光下,石英砂呈无规则排布,颗粒棱角分明,总体上排布较为紧凑,无明显的孔洞、微裂隙等缺陷。在正交偏光下,石英砂呈颗粒状,呈现白色、黑色或灰色,水泥则起到黏结作用,填充在石英砂颗粒之间。

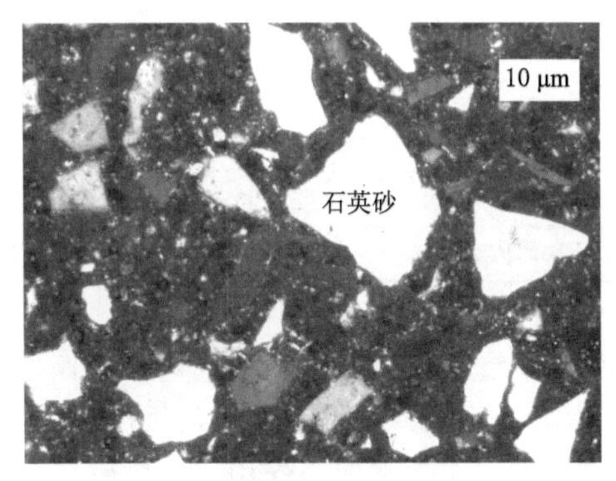

图 2-1　类岩石材料偏光显微结果

对配制的完整圆柱状类岩石材料试样进行单轴及三轴压缩试验,以明确类岩石材料基本力学特性。图 2-2 给出了 3 个完整类岩石材料试样单轴压缩应力-应变曲线及巴西劈裂破裂模式,以评价类岩石材料试样之间的离散程度。3 个试样的单轴压缩应力-应变曲线之间的差异很小,而且 3 个试样在单轴压缩下也均表现为脆性轴向拉伸破坏[图 2-2(a)]。由巴西劈裂试验测得类岩石材料试样的拉伸强度约为 6.31 MPa,2 个试样呈现为沿加载方向劈裂破坏[图 2-2(b)]。

为进一步评价各试样力学参数之间的差异程度,表 2-1 给出了 3 个完整试样单轴压缩下峰值强度 σ_c、弹性模量 E_S、变形模量 E_{50} 和峰值应变 ε_{1c} 等力学参数以及对应的离散程度。其中,峰值强度和峰值应变根据轴向应力-应变曲线峰值点取值,弹性模量取应力-应变曲线峰前近似直线段的平均斜率,变形模量取 50％峰值强度与原点间的割线模量,离散系数定

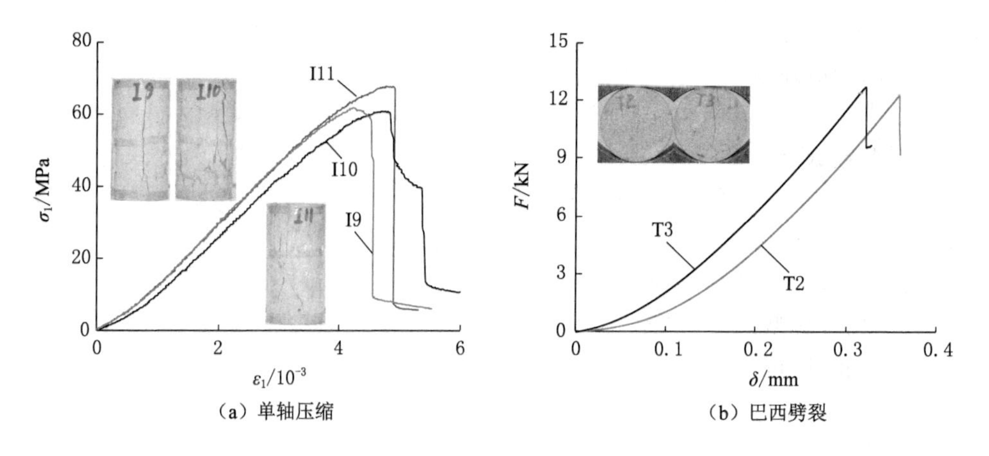

(a) 单轴压缩　　(b) 巴西劈裂

图 2-2　完整类岩石材料单轴压缩及巴西试验结果

义为该试验值和平均值之差与平均值的比值,离散系数平均值取 3 个离散系数绝对值的平均值。由表 2-1 可见,类岩石材料峰值强度、弹性模量、变形模量和峰值应变平均离散系数分别为 4.61%、1.87%、4.90%和 5.27%,说明本节配制的类岩石材料试样之间的差异较小。

表 2-1　类岩石材料单轴压缩强度及变形参数

试样编号	σ_c/MPa	$\eta_{\sigma c}$/%	E_S/GPa	η_{ES}/%	E_{50}/GPa	η_{E50}/%	$\varepsilon_{1c}/10^{-3}$	$\eta_{\varepsilon 1c}$/%
I9	61.30	−2.99	17.36	2.24	15.21	4.43	4.225	−7.90
I10	60.71	−3.93	16.51	−2.77	13.48	−7.39	4.761	3.78
I11	67.56	6.92	17.08	0.58	14.98	2.88	4.776	4.12
平均值	63.19	4.61	16.98	1.87	14.56	4.90	4.587	5.27

图 2-3 给出了完整岩样在不同围压作用下应力-应变曲线以及峰值强度与围压之间的关系。由图 2-3(a)可见,在单轴压缩下试样到达峰值强度之后应力迅速跌落,表现为显著的脆性破坏特征。而在围压作用下试样跌落到一定程度后,应力在一定范围内基本保持不变,

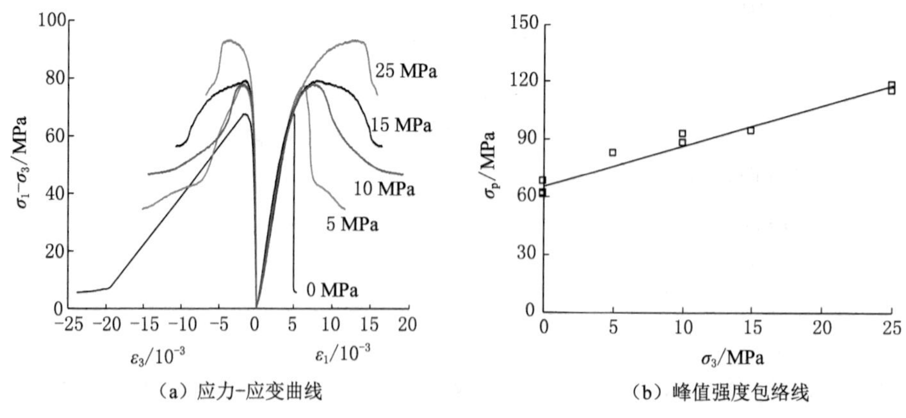

(a) 应力-应变曲线　　(b) 峰值强度包络线

图 2-3　三轴压缩下类岩石材料应力-应变曲线及强度包络线

即有一定的残余强度。类岩石材料表现出的变形特征与脆性砂岩相似。由图 2-3(b)可见，类岩石材料的峰值强度包络线随着围压的增大近似线性增大，可用关系式

$$\sigma_P = 2.0777\sigma_3 + 65.813 \tag{2-1}$$

表征。相关系数 $R^2=0.9621$，表明该类岩石材料符合摩尔-库仑准则，从而求得类岩石材料内摩擦角为 20.50°，黏聚力为 22.83 MPa。

通过压汞试验测得类岩石材料的孔隙率约为 13.15%。通过上述单轴及三轴压缩试验、巴西劈裂试验等得出该配比下类岩石材料的物理力学参数，如表 2-2 所示。为方便比较，表中还给出了典型脆性砂岩的基本力学参数。由表 2-2 可见，本书配制的类岩石材料与脆性砂岩性质相近，可以用于后续岩石类脆性材料裂纹扩展规律的相关研究。

表 2-2　类岩石材料与砂岩物理力学参数对比

参数	ρ/(g/cm³)	σ_c/MPa	E_s/GPa	υ	C/MPa	φ/(°)	σ_t/MPa
本书材料	2.12	63.19	16.98	0.181	22.83	20.50	6.31
砂岩[3-4]	2.20～2.71	20～170	4～68	0.1～0.3	4～40	25～60	4～25

2.1.2　裂隙试样制备及试验程序

断续裂隙试样的制备过程与完整类岩石材料相比，主要区别在于裂隙的制作方法。在类岩石材料试样中预制节理裂隙广泛采用的方法有插入裂纹片、预埋金属条或聚合物薄条。本次试验预制裂隙制作过程为：浇筑类岩石材料前，在模具中对应位置插入薄钢片，然后浇筑模型材料再充分振捣，使得钢片周围与模型材料紧密接触，在混合料完全凝固前拔出预埋钢片。为了更容易抽出钢片，浇筑前可在钢片上涂抹一层润滑油。通过几次尝试发现，该方法能够制作出较为理想的张开裂隙。薄钢片的外形尺寸为 100 mm×12 mm，厚度为 0.8 mm。本节试验制作的是张开裂隙，即在裂隙中不充填材料。为研究裂隙试样的强度变形特征和裂纹扩展规律，设计了含两条不平行裂隙分布方案，如图 2-4(a)所示。裂隙①水平布置，长度为 $2a=12$ mm；裂隙②倾斜布置，长度为 $2a=12$ mm，裂隙②与水平方向的夹角为 α；设岩桥为裂隙①中部与裂隙②上尖端之间的连线，岩桥长度 $2b=16$ mm，岩桥倾角 $\beta=90°$。试验方案为多次改变裂隙②倾角 α，分别为 0°、15°、30°、45°、60°和 75°。

为一次浇筑成型得到圆柱型断续裂隙试样，加工了一批制样模具。模具侧向为两片刚性模具、上下为两块刚性垫块，并用螺栓拼接和固定在一起，如图 2-4(b)所示。模具组装和脱模均很简单、便捷，成型的试样为标准圆柱体。在模具特定位置上预先加工了矩形宽槽，用于插入和固定薄钢片，保证振捣过程钢片不会错位，从而得到预设裂隙。试样制作的主要工序包括：称重、搅拌、浇筑、振捣、脱模、养护以及端面打磨等，详细制样步骤为：首先按设计的配合比称取相应的水泥、石英砂以及水，将水泥和石英砂在混合容器内经人工初步搅拌，然后在搅拌机上缓慢加入称好的水并慢速搅拌 60 s 接着快速搅拌 60 s。将搅拌均匀的混合材料分层倒入组装完成的模具内，并在振动台上振动 120 s，自然静置约 24 h 后拔出薄钢片并拆模。在标准水泥试件养护箱内水养护 28 d 后，采用双端面磨石机将试样上下端面打磨光滑，得到了断续裂隙标准圆柱类岩石材料试样。图 2-4(c)给出了养护完成的断续不平行双裂隙类岩石材料试样。可见，本次浇筑的断续不平行双裂隙类岩石材料试样表面较为

平整。仔细观察预制裂隙可见,裂隙面较为光滑,而且裂隙尖端附近没有明显的缺陷。

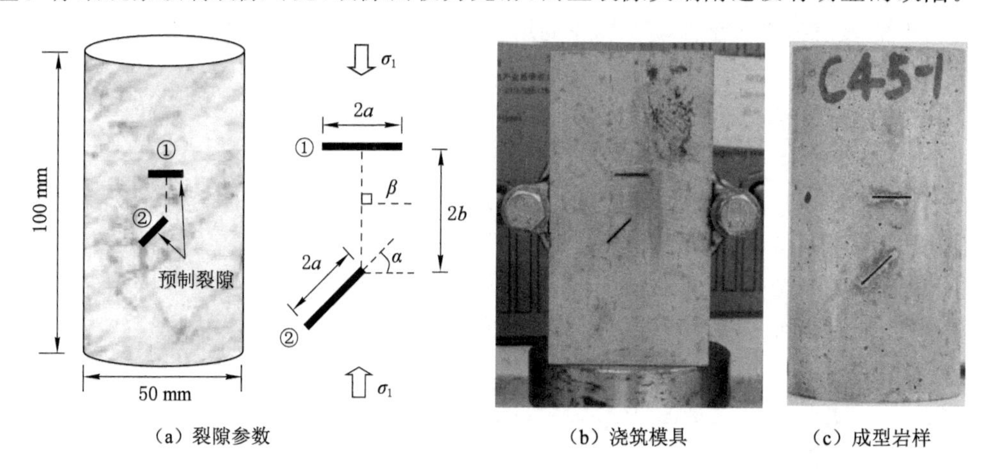

(a) 裂隙参数　(b) 浇筑模具　(c) 成型岩样

图 2-4　断续不平行双裂隙试样几何参数及浇筑模具和成型岩样

类岩石材料试样在标准水泥试件养护箱中浸水养护 28 d 后,内部含有大量的水。试验前需要对试样进行干燥,所有试样均放置在室内环境中自然干燥。为评价类岩石材料自然干燥情况,在干燥过程中对试样定期称重。结果显示,在室内自然环境下试样的质量下降速度随时间增长呈减小趋势,放置约 240 h 后试样的质量基本稳定,本次试验认为该试样基本达到自然干燥状态。

完整及含断续不平行双裂隙类岩石材料试验均是在中国矿业大学深部岩土力学与地下工程国家重点实验室 MTS815.02 型电液伺服岩石力学试验系统上进行的,如图 2-5(a)所示。该试验系统由美国 MTS 公司生产,在同类产品中处于领先水平。通过三套独立的控制加载技术,可以分别实现轴向压力、围压以及水压加载。该试验系统最大轴向压力为 2 700 kN,最大轴向位移为 25 mm,最大围压为 50 MPa,最大渗透压为 2.0 MPa。该试验系统通过计算机全程控制,可采用位移、力或者轴向应变等多种方式加载。该试验机刚度大,通过配套的轴向和环向的力、位移传感器可以实时采集试验过程中的轴向力、轴向位移和环向位移等数据。在试验过程中,采用声发射监测系统采集试样的声发射信息,所用的声发射系统型号为 AE21C-06[图 2-5(b)]。该声发射系统可全自动采集和记录声发射信息,可直接统计单位时间内的声发射振铃计数率和能量计数率等声发射指标。该声发射系统频率为 5 kHz～1 MHz,声发射数据采集频率为 0.1 s。摄像机可以清晰捕捉试样变形破裂的全过程。为了不影响正面拍摄试样裂纹扩展过程,将声发射传感器耦合在试样的背面。对于断续裂隙试样,将声发射传感器贴在裂隙附近,用液体胶耦合在试样上,并用胶带加以固定。单轴压缩试验程序如下:① 将制备好的完整或断续不平行双裂隙试样端面均匀涂抹凡士林后,以减小端部摩擦的影响;② 在试样的两端加上与试样端部尺寸相匹配的刚性垫块;③ 在岩样轴向上施加力,使岩样失去承载能力而发生破坏。本次试验统一采用位移控制准静态加载方式,加载速率为 0.002 mm/s。表 2-3 给出了不同裂隙倾角断续不平行双裂隙类岩石材料试样的基本几何尺寸和测试内容。

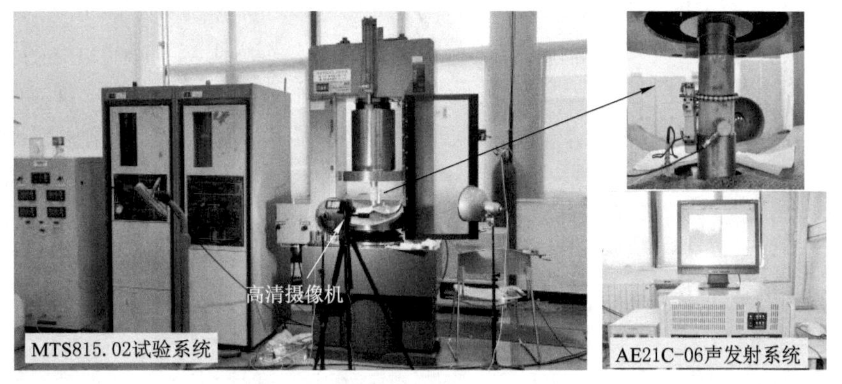

（a）岩石力学试验系统　　（b）声发射监测系统

图 2-5　岩石力学试验系统及声发射监测系统

表 2-3　断续不平行双裂隙类岩石试样几何尺寸和试验测试内容

编号	D/mm	H/mm	m/g	ρ/(g/cm^3)	α/(°)	测试内容
C0-3	50.04	99.16	415.37	2.130	0	AE+裂纹扩展
C0-4	50.14	100.06	421.38	2.133	0	AE+裂纹扩展
C0-5	50.16	99.79	419.10	2.126	0	AE+裂纹扩展
C0-6	50.28	99.67	419.31	2.119	0	AE+裂纹扩展
C0-8	50.31	100.18	420.61	2.112	0	AE+裂纹扩展
C15-3	50.29	99.04	416.01	2.115	15	AE+裂纹扩展
C15-4	50.05	100.60	420.71	2.126	15	AE+裂纹扩展
C30-8	50.19	100.12	417.20	2.106	30	AE+裂纹扩展
C30-9	50.29	99.67	415.70	2.100	30	AE+裂纹扩展
C30-10	50.16	100.24	420.16	2.121	30	AE+裂纹扩展+环向变形
C45-6	50.29	100.25	423.42	2.127	45	AE+裂纹扩展
C45-7	50.12	100.24	423.08	2.140	45	AE+裂纹扩展
C45-8	50.02	100.28	419.00	2.127	45	AE+裂纹扩展+环向变形
C60-7	50.22	100.12	419.42	2.115	60	AE+裂纹扩展
C60-8	50.12	100.21	419.43	2.122	60	AE+裂纹扩展+环向变形
C75-2	50.12	99.39	414.68	2.115	75	AE+裂纹扩展

注：AE 表示声发射。

2.1.3　裂隙试样强度及变形特性

为了避免由于试样离散性掩盖裂隙倾角对断续不平行双裂隙类岩石材料力学参数的影响规律，对每种倾角下类岩石材料试样进行了多次重复试验。本节以裂隙倾角为 0°时的5 个试样为例，分析同组断续不平行双裂隙类岩石材料试样之间的离散程度。C0-3、C0-4、C0-5、C0-6 和 C0-8 断续不平行双裂隙试样单轴压缩下峰值强度分别为 29.80 MPa、29.36 MPa、

33.47 MPa、32.64 MPa 和 29.87 MPa，平均值约为 31.03 MPa，离散系数为 3.96%～7.87%；5 个断续不平行双裂隙试样弹性模量分别为 13.21 GPa、10.48 GPa、13.90 GPa、14.67 GPa 和 14.83 GPa，平均值约为 13.42 GPa，离散系数为 1.58%～21.91%；5 个断续不平行双裂隙试样变形模量分别为 10.31 GPa、9.53 GPa、10.31 GPa、12.90 GPa 和 12.89 GPa，平均值约为 11.19 GPa，离散系数为 7.82%～15.22%；5 个断续不平行双裂隙试样峰值应变分别为 2.973×10^{-3}、3.176×10^{-3}、2.948×10^{-3}、2.439×10^{-3} 和 2.263×10^{-3}，平均值约为 2.760×10^{-3}，离散系数为 6.80%～17.99%。由此可见，断续不平行双裂隙类岩石材料具有较好的一致性，非均质性对裂隙试样力学参数的影响较小，可用于裂隙倾角以及裂纹扩展特征的试验研究。

图 2-6 给出了不同裂隙倾角断续不平行双裂隙类岩石试样应力-应变曲线。由图 2-6 可见，断续不平行双裂隙试样的应力-应变曲线呈多次应力跌落，这与裂纹起裂和扩展活动有关，将在后文加以分析。不同裂隙倾角双裂隙试样的应力-应变曲线之间有较大的不同，主要体现在应力-应变曲线的峰值和峰前曲线斜率不同，结果表明裂隙倾角对断续不平行双裂隙试样的强度和变形参数具有较为明显的影响。

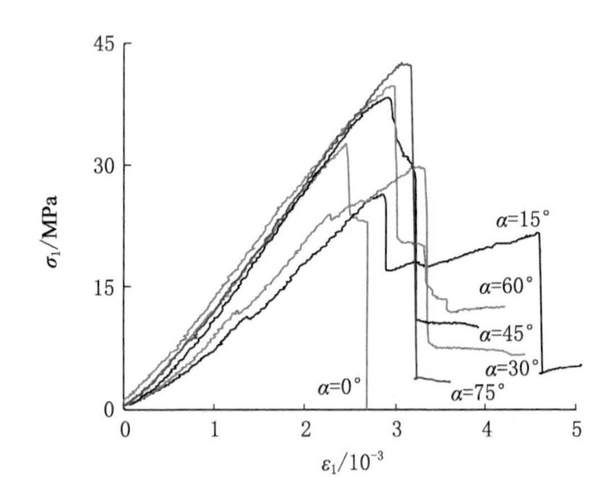

图 2-6　断续不平行双裂隙试样单轴压缩应力-应变曲线

图 2-7 给出了单轴压缩下断续不平行双裂隙类岩石材料试样宏观力学参数。由图 2-7(a)可见，断续不平行双裂隙试样峰值强度随着裂隙倾角的增大呈先减小后增大趋势，当裂隙倾角为 75°时有最大值。当裂隙倾角由 0°增大至 15°时，峰值强度由 31.03 MPa(平均值，下同)减小至 24.45 MPa；当裂隙倾角由 15°增大至 75°时，峰值强度由 24.45 MPa 增大至 42.58 MPa，且在倾角 15°～45°范围内涨幅明显高于 45°～75°范围。

由图 2-7(b)可见，当裂隙倾角由 0°增大至 45°时，峰值应变与裂隙倾角之间无明显相关性，峰值应变介于 2.760×10^{-3}～3.478×10^{-3}之间；而当裂隙倾角由 45°增大至 75°时，峰值应变呈降低趋势，由 3.478×10^{-3}减小至 2.943×10^{-3}。由图 2-7(c)和(d)可见，弹性模量、变形模量变化趋势总体上与峰值强度相似，即在 0°～15°之间弹性模量和变形模量随裂隙倾角增大而减小；而在 15°～75°之间弹性模量和变形模量随裂隙倾角增大而增大，当裂隙倾角为 75°时有最大值。

此外，断续不平行双裂隙试样的强度和变形参数均显著小于完整类岩石材料试样，说明

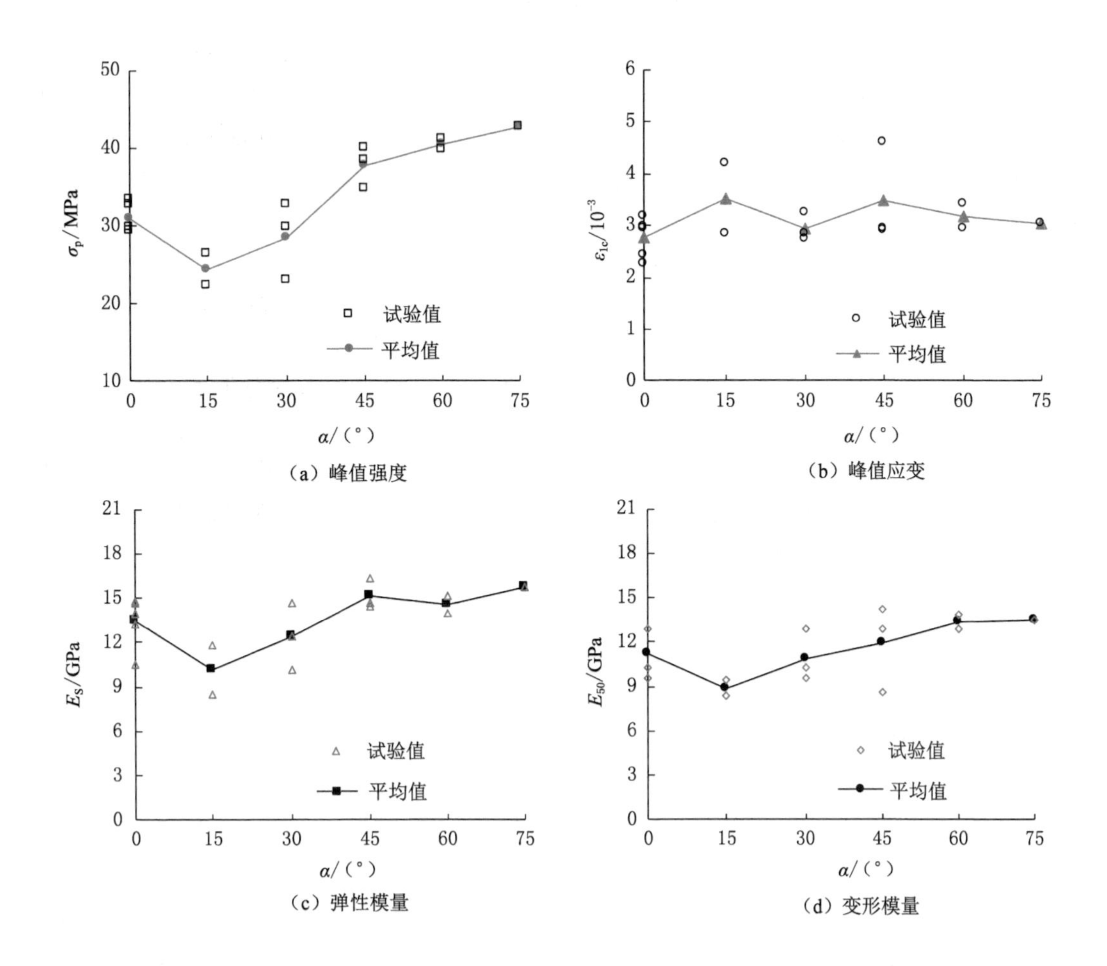

(a) 峰值强度
(b) 峰值应变
(c) 弹性模量
(d) 变形模量

图 2-7　裂隙倾角对断续不平行双裂隙类岩石试样强度和变形参数的影响

预制张开裂隙的存在对试样的损伤较大。与完整试样强度(63.19 MPa)相比,断续不平行双裂隙试样峰值强度明显降低,降低幅度为 32.6%($\alpha=75°$)～107.0%($\alpha=15°$);与完整试样弹性模量(16.98 GPa)相比,断续不平行双裂隙试样弹性模量明显降低,降低幅度为 7.6%($\alpha=75°$)～39.9%($\alpha=15°$);与完整试样峰值应变(4.587×10^{-3})相比,断续不平行双裂隙试样峰值应变明显降低,降低幅度为 24.2%($\alpha=45°$)～39.8%($\alpha=0°$)。这不仅说明了断续不平行双裂隙类岩石材料试样峰值强度受预制张开裂隙的影响最为显著,也说明了不同倾角预制裂隙对强度的影响程度不同,表现为 15°倾角的预制裂隙对断续裂隙试样的峰值强度影响最大,而 75°倾角的预制裂隙对断续裂隙试样的峰值强度影响最小。

2.1.4　裂隙试样破裂行为

声发射监测是一种有效的无损探测方法,可以对完整和断续不平行双裂隙试样单轴压缩过程进行实时监测,分析变形破裂过程中声发射特征,进一步认识单轴压缩下断续不平行双裂隙类岩石材料试样裂纹起裂、扩展和贯通行为。图 2-8 给出了单轴压缩下完整类岩石材料试样声发射演化曲线及裂纹扩展过程,而图 2-9～图 2-14 给出了不同裂隙倾角断续不平行双裂隙类岩石材料试样声发射演化曲线及裂纹扩展过程(α 为 0°、15°、30°、45°、60°、75°)。图中标注的数字表示裂纹扩展顺序,而数字上方的字母表示同一时刻在不同位置产生的裂纹,其中字母 P 表示峰值强度,字母 C 表示试样发生裂纹贯通,字母 U 表示最终破裂。根据应力-时间-声发射曲线可知,断续不平行双裂隙试样单轴压缩破裂过程可分为裂隙压密、弹性变形、非线性变形、峰后破坏及残余强度等 5 个阶段。在这 5 个阶段中,声发射累计数不断演化,具体为:① 裂隙压密阶段。试样内部天然缺陷(如微裂纹、微孔洞等)在外部荷载的作用下被压密,内部缺陷发生闭合,并没有产生新的裂纹,因此,该阶段几乎没有明显的声发射事件发生,该阶段的声发射特征与裂隙倾角之间无明显的相关性。② 线弹性变形阶段。应力随着变形的增大近似呈线性增大,试样在外部荷载作用下继续被压缩,内部孔隙被进一步压密。当应力到达一定程度之后,试样内部开始萌生微裂纹,体现在声发射累计曲线上为持续上升。③ 非线性变形阶段。试样内部不断有微裂隙的萌生和贯通,声发射事件频繁,声发射累计曲线继续上升,而且累计声发射事件数随时间的增长速率也高于弹性变形阶段。④ 峰后破坏阶段。应力随着变形的增大而减小,在该阶段已经有宏观裂纹形成,并且还有新的宏观裂纹产生,声发射事件在该阶段表现最为活跃、频繁,累计声发射事件数随时间的增长速率显著高于其他阶段。⑤ 残余强度阶段。应力随着应变的增大基本保持不变,在该阶段试样宏观破裂模式已经形成,试样内几乎不产生新的裂纹,因此该阶段内声发射较为平静。

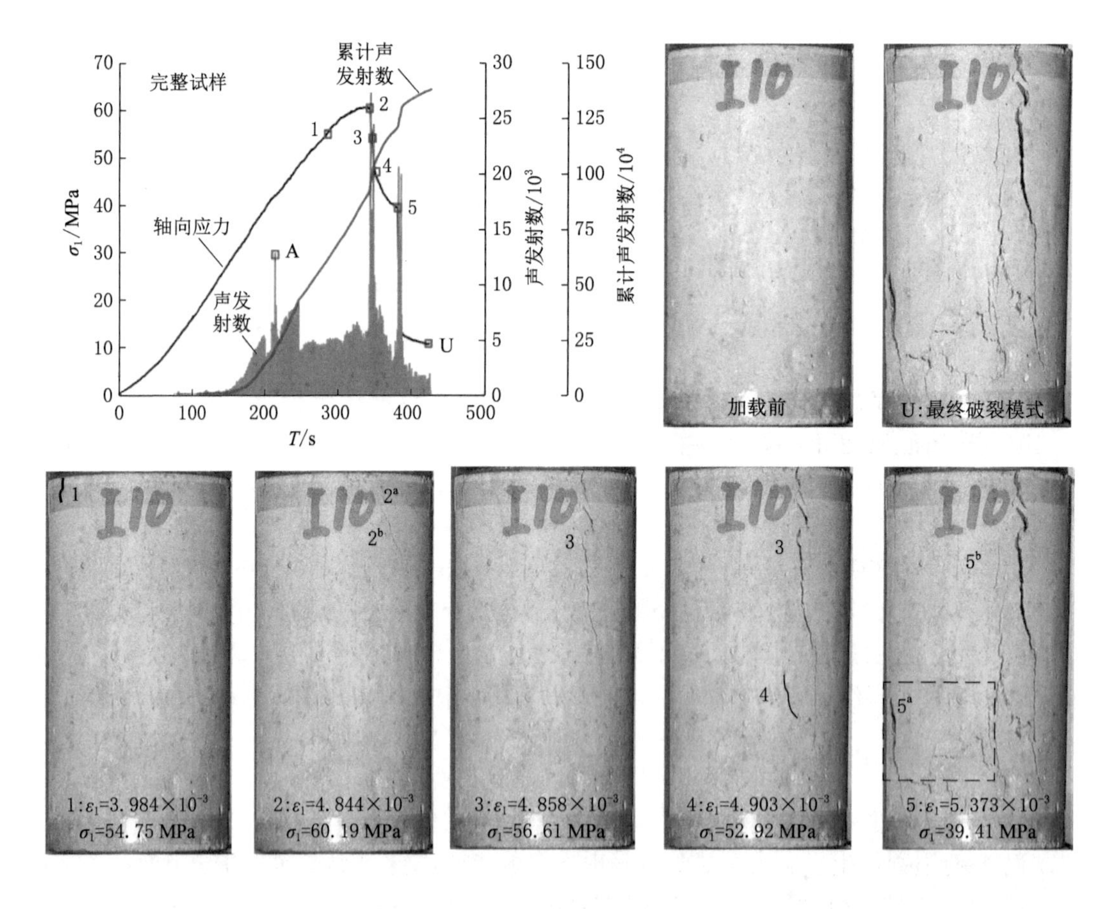

图 2-8　单轴压缩下完整类岩石试样声发射演化曲线及裂纹扩展过程

根据绘制的应力-时间-声发射曲线以及对应的裂纹扩展过程，可分析试样变形破裂发展过程中对应的应力和声发射演化特征。对于完整试样，由图2-8可见，当应力水平低于54.75 MPa时，试样中没有明显的裂纹萌生。当应力增大至54.75MPa时（约为90.2%σ_p，σ_p表示峰值强度），在试样正面产生轴向拉伸裂纹1，该裂纹在岩样上端部产生并向下扩展。当应力增大至峰值强度60.71 MPa后，应力开始减小。当轴向应力减小至60.19 MPa时，试样中产生裂纹2^a和2^b，同样是在试样的上端产生并向下扩展，裂纹2^a和2^b的萌生对应发生了一次大的声发射事件，而应力也由此跌落至56.61 MPa。当应力为56.61 MPa时，试样中产生裂纹3。紧接着裂纹3，试样中产生了裂纹4，裂纹4在试样中部产生，分别向上和向下端扩展，裂纹4的萌生与扩展对应一次大的声发射事件。在此之后，应力以较慢的速率减小。当应力减小至39.41 MPa时，对应发生大的声发射事件，应力也由此骤跌至29.08 MPa，此时在试样中产生了多处破坏，如试样左下部区域裂纹群5^a以及裂纹5^b。

对于断续不平行双裂隙类岩石材料试样，采用同样的方法分析应力-时间-声发射曲线以及裂纹扩展过程之间的联系。与完整类岩石试样相比，断续不平行双裂隙试样声发射曲线在峰值强度之前就有较大的声发射事件数，这体现了断续不平行双裂隙试样在峰值强度前裂纹的萌生和扩展对声发射的影响。对于裂隙倾角为0°试样，如图2-9所示，在较低的应力水平下试样中没有宏观裂纹萌生。当应力增大至22.37 MPa（即73.2%σ_p）时，在距预制裂隙②左右尖端一定距离处分别产生了裂纹1^a和1^b。接着，当应力增大至24.92 MPa时，在裂隙①中部上下表面分别产生了裂纹2^a和2^b。当应力为峰后29.89 MPa时，在裂隙②左尖端产生了裂纹3^a，在3^a的下方产生了轴向拉伸裂纹3^b。随后产生的裂纹4连接了3^a和3^b。而在应力为20.83 MPa时，裂纹1^a和2^a的充分扩展使预制裂隙两端均发生贯通，同时也产生了裂纹5^a、5^b和5^c。但注意到产生裂纹1和裂纹2时，均没有明显的声发射事件发生，也没有较大的应力跌落。而在随后产生的裂纹3～5，均能观察到每产生一条宏观裂纹，对应发生一次应力跌落和一次较大的声发射事件。

对于裂隙倾角15°试样，如图2-10所示，首先在水平裂隙和倾斜裂隙尖端附近产生了裂纹1^a、1^b和1^c，导致应力由9.58 MPa减小至8.48 MPa，同时可以观察到此时有大的声发射事件。跌落之后，应力继续增大，在线弹性变形阶段2点（σ_1=16.60 MPa），此时在裂隙②左尖端萌生了裂纹2^a和2^b，应力也发生了小幅跌落，同时可以观察到较大的声发射事件。随着变形的持续增加，当试样加载至3点，在裂纹2^a附近萌生了轴向拉伸裂纹3，并逐渐沿着加载方向朝试样下端部扩展。与此同时，可观察到一次较大的声发射事件。产生裂纹3之后，轴向应力继续增大，在经历一个较大的应力降之后，当应力水平为19.29 MPa时，在倾斜裂隙左端附近产生了裂纹4^a并向下扩展，在试样右上端产生拉伸裂纹4^b并向下延伸，而此时可观察到最大的一次声发射事件。当轴向应力达到峰值强度22.42 MPa时，可以发现试样中萌生了裂纹5^a、5^b和5^c，对应也产生了一次大的声发射事件。当轴向应力降落至6点（σ_1=9.30 MPa）时，在裂纹4^c和4^b处发生小的剥落破坏，同样产生了一次大的声发射事件。

对于裂隙倾角30°试样，如图2-11所示，当应力为10.74 MPa时，在倾斜裂隙上尖端萌生了初始裂纹1^a，在倾斜裂隙下尖端附近萌生了裂纹1^b，应力发生一次较为明显的跌落，体现在声发射上则产生一次较大的声发射事件。从试样中可以观察到裂纹1^b并不是萌生在倾斜裂纹的尖端，这可能是因为试样在养护过程中倾斜裂隙左尖端产生了一条初始裂纹。产生裂纹1^a和1^b之后，紧接着在水平裂隙中部产生裂纹2^a，距水平裂隙右尖端一定距离处

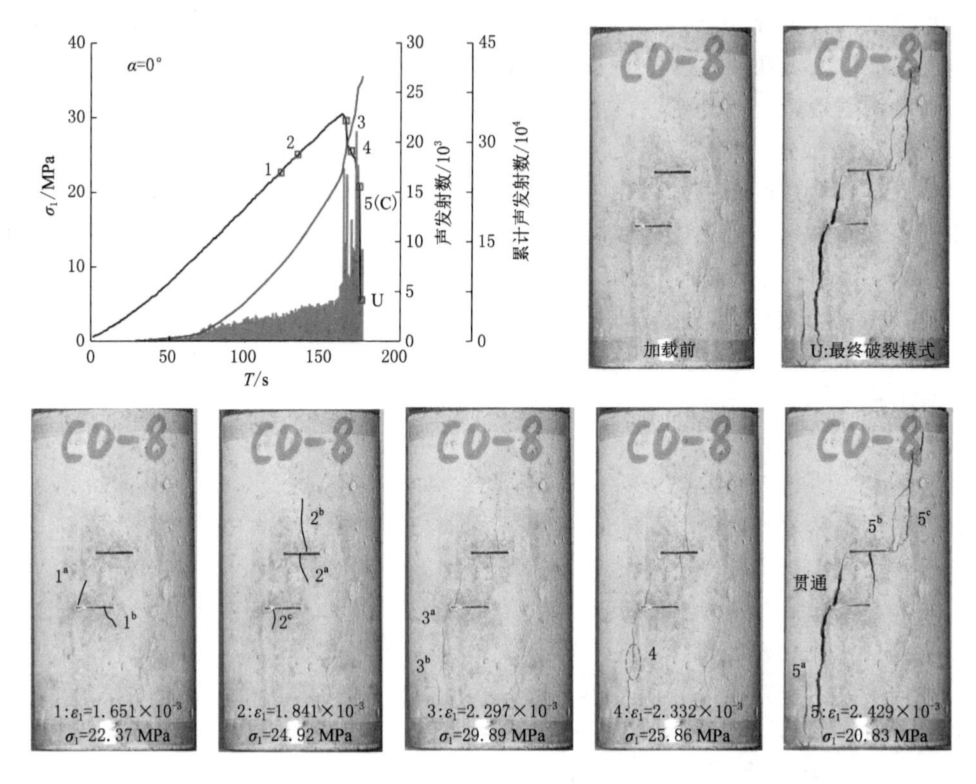

图 2-9 断续不平行双裂隙类岩石试样声发射演化曲线及裂纹扩展过程($\alpha=0°$)

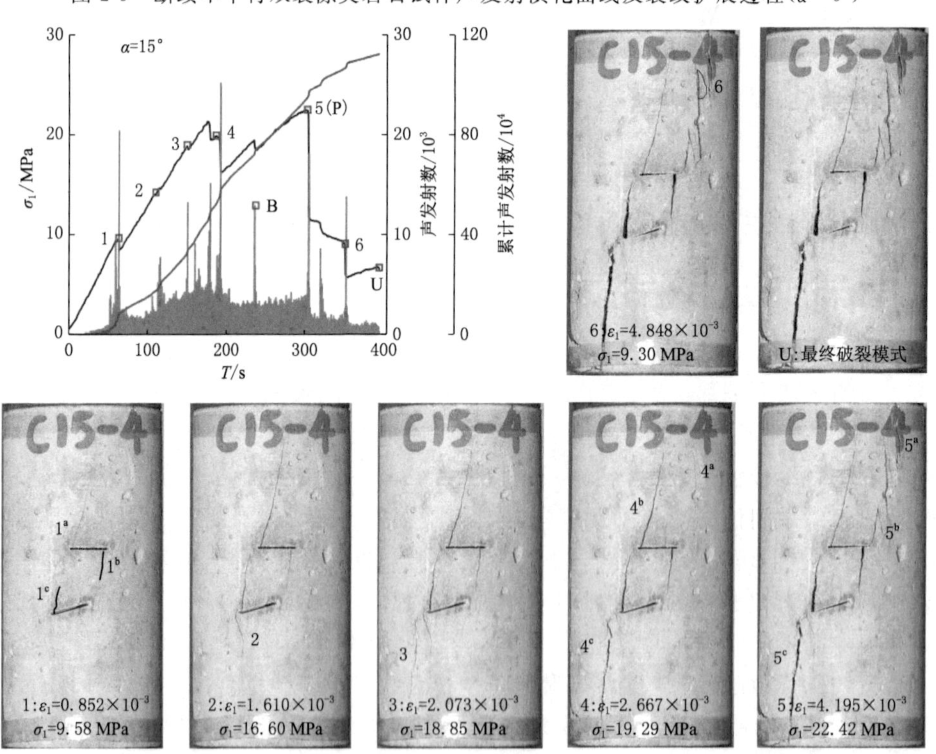

图 2-10 断续不平行双裂隙类岩石试样声发射演化曲线及裂纹扩展过程($\alpha=15°$)

萌生了裂纹 2^b，此时对应发生了一次较大的声发射事件。产生裂纹 2^a 和 2^b 之后，在较长的一段时间内没有宏观裂纹萌生，直到应力升至 22.33 MPa，即应力-时间曲线上的 3 点，在倾斜裂隙左尖端附近产生了裂纹 3。之后，在应力-时间曲线上的 4 点（$\sigma_1 = 22.44$ MPa）和 5 点（$\sigma_1 = 21.47$ MPa），分别萌生了裂纹 4^a、4^b 和裂纹 5^a、5^b，产生裂纹 3～5 时均可观察到较大的声发射事件。在产生裂纹 5^a、5^b 的同时，裂隙之间首次发生贯通。最后，在应力降低至 6.91 MPa 即应力-时间曲线上的 6 点时，倾斜裂隙中部产生裂纹 6，裂隙之间再次发生贯通，同时可以观察到一次显著的声发射事件。

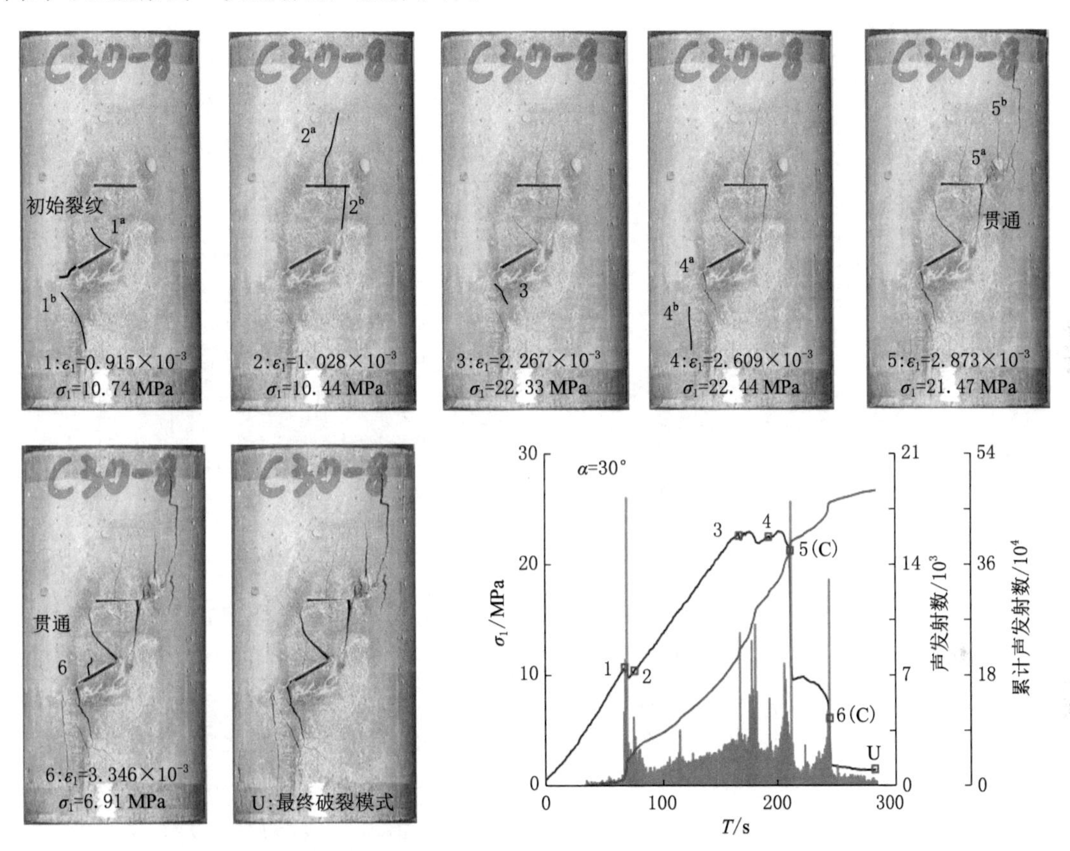

图 2-11　断续不平行双裂隙类岩石试样声发射演化曲线及裂纹扩展过程（$\alpha=30°$）

由图 2-12 可见，裂隙倾角 45°试样首先在水平裂隙左尖端萌生了一条向上延伸的裂纹 1，可以观察到一次较大的声发射事件，对应应力水平为弹性变形阶段的 20.60 MPa。接着在水平裂隙近似中间位置下表面萌生了向下延伸的裂纹 2^a，同时在倾斜裂隙两个尖端分别产生了翼裂纹 2^b 和 2^c。随着变形的持续增加，应力很快到达峰值强度 38.35 MPa，应力的跌落导致试样中产生了轴向拉伸裂纹 3，同时可以观察到一次大的声发射事件。当应力继续跌落至 4 点（$\sigma_1 = 37.99$ MPa）时，在倾斜裂隙左尖端萌生了反向翼裂纹 4^a，其扩展方向为向上，在两条预制裂隙之间区域萌生了拉伸裂纹 4^b。在产生裂纹 4^a、4^b 之后，应力持续跌落。当应力跌落至 21.47 MPa 时，裂纹 2^b 的扩展导致两条预制裂隙之间发生贯通，由此产生了一次大的声发射事件，应力也发生骤跌。当跌落至 10.10 MPa 时，在试样右上端产生了远场拉伸裂纹 5。

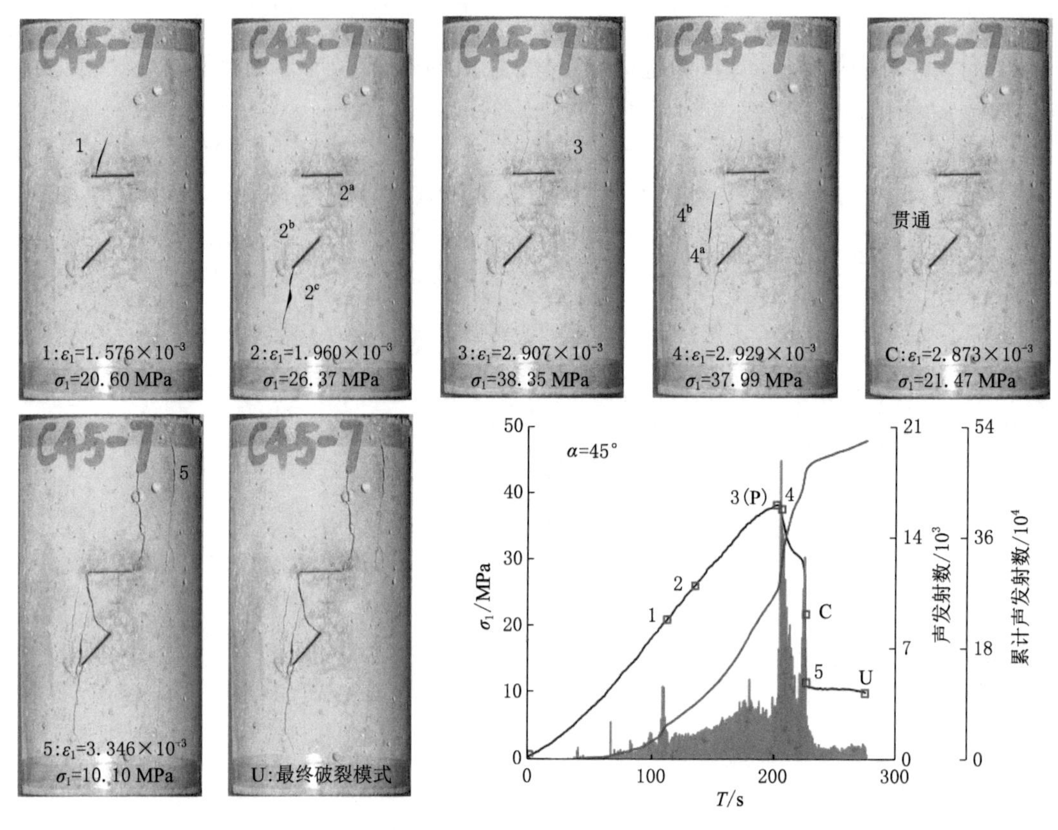

图 2-12　断续不平行双裂隙类岩石试样声发射演化曲线及裂纹扩展过程($\alpha=45°$)

如图 2-13 所示，对于裂隙倾角 60°试样，当应力增大至弹性变形阶段的 26.36 MPa 时，在水平裂隙的中部分别产生了向上扩展的裂纹 1^a 和向下扩展的裂纹 1^b，对应有一次较大的声发射事件，但没有明显的应力跌落发生。在试样中萌生了裂纹 1^a 和 1^b 之后，轴向应力随着变形发展继续增大。当应力增大至应力-时间曲线上的 2 点($\sigma_1=33.24$ MPa)时，试样中萌生了远场拉伸裂纹 2，但此时没有显著的声发射事件和明显的应力跌落发生。随着变形的持续增加，应力快速增大至峰值强度附近，而在达到峰值强度前的短时间内，试样中分别产生了裂纹 4～6，在此之间也发生了一次裂纹贯通，而裂纹的萌生、扩展与贯通也导致了较大的声发射事件。峰值强度之后，应力有多次明显的跌落，当应力跌落至 28.78 MPa 时，试样中产生了拉伸裂纹 7，可以观察到最大的声发射事件。在应力-时间曲线上的 8 点($\sigma_1=17.25$ MPa)，试样中萌生了拉伸裂纹 8，且对应发生了一次较大的声发射事件。

对于裂隙倾角 75°试样，如图 2-14 所示，当轴向应变达到 1.738×10^{-3} 时，对应轴向应力为 23.44 MPa ($55.0\%\sigma_p$)，在水平裂隙的左端萌生了裂纹 1^a 和 1^b，它们分别向上和向下扩展。当应力增加至 34.60 MPa 时，裂纹 1^b 的扩展使得裂隙之间首次发生贯通，对应观察到一次突出的声发射事件。变形的持续增大，应力很快到达峰值强度 42.58 MPa，此时产生了远场拉伸裂纹 2^a 和在水平裂隙右尖端萌生的裂纹 2^b。当应力为峰后 98.7%强度(42.06 MPa)时，两条预制裂隙之间再次发生贯通，而且还萌生了多条拉伸裂纹 3^a、3^b、3^c 和 3^d。此次贯通及多条裂纹的萌生对试样的强度有较大的损伤，因此能观察到应力的骤跌(应力跌落至3.81 MPa)，可以观察到最大的声发射事件。

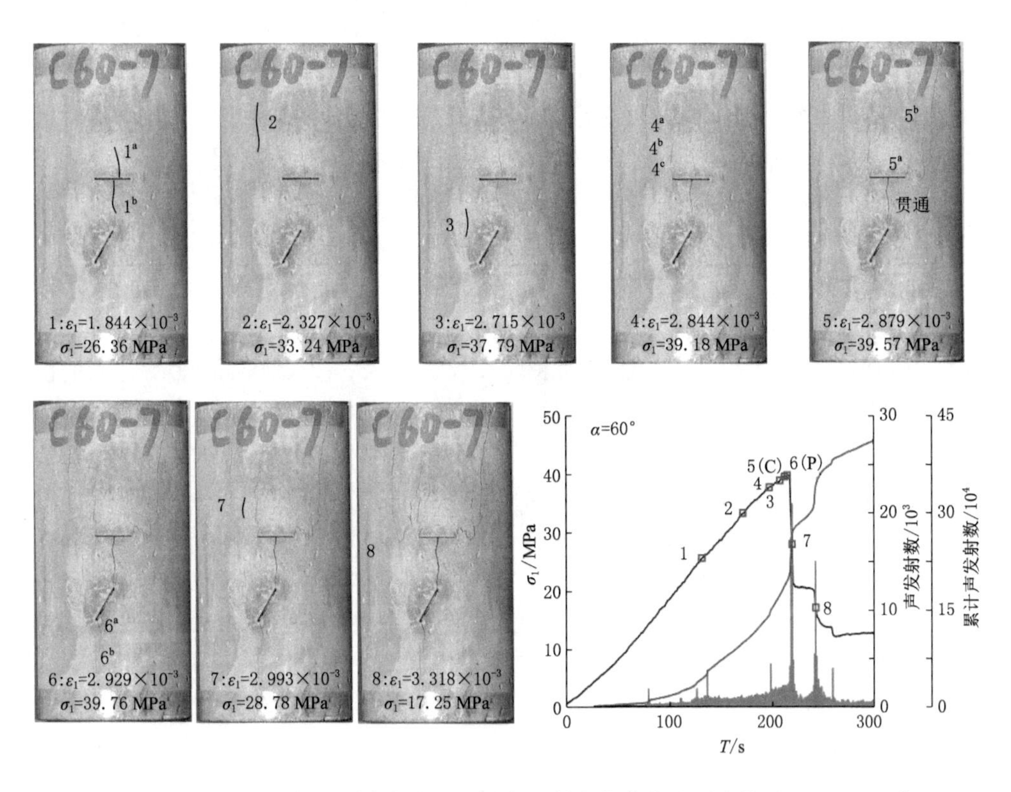

图 2-13　断续不平行双裂隙类岩石试样声发射演化曲线及裂纹扩展过程(α=60°)

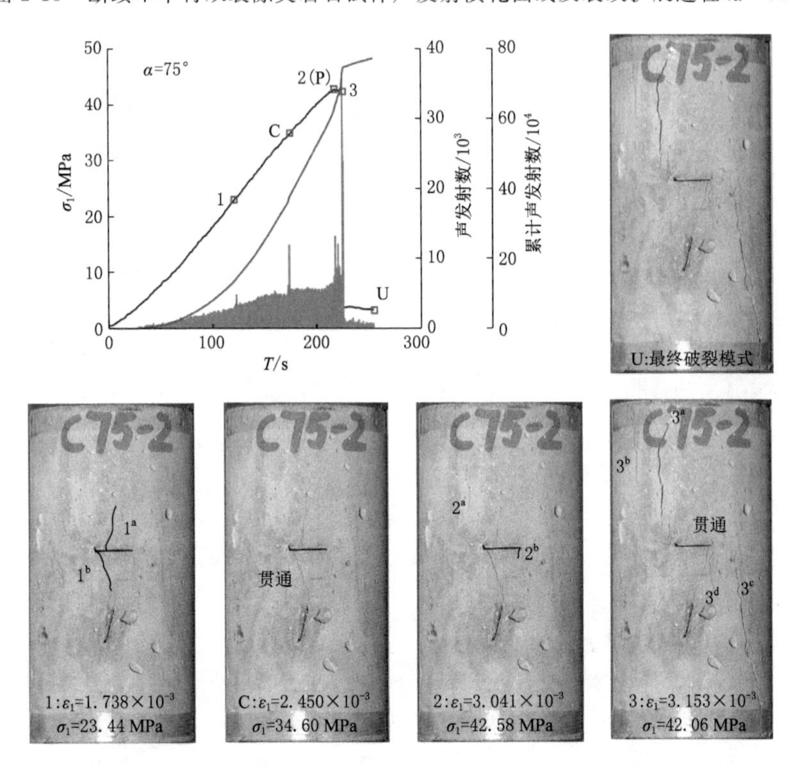

图 2-14　断续不平行双裂隙类岩石试样声发射演化曲线及裂纹扩展过程(α=75°)

基于上述裂纹扩展过程与声发射曲线关系分析，完整及断续不平行双裂隙类岩石材料试样中裂纹的萌生与贯通对应的应力和声发射特征可以归纳如下：完整及断续不平行双裂隙试样应力-时间曲线上的应力跌落与声发射事件次数突变有良好的一致性，试样中产生一条较为明显的宏观裂纹，对应有一次较为明显的应力跌落，体现在声发射事件上为声发射次数发生一次突变。需要注意的是，某些试样可以观察到产生宏观裂纹，但没有明显的声发射事件数，如C0-8试样(图2-9)萌生裂纹 1^a、1^b、2^a、2^b、2^c 时，均没有观察到大的声发射事件数，这可能是因为产生裂纹 1^a、1^b、2^a、2^b、2^c 是一个持续缓慢的过程，在这个过程中不断有声发射事件发生，即能量在不断释放，可从产生裂纹1和2的前一段时间内均有持续的声发射事件发生得到验证，而对应于产生观察到表面裂纹 1^a、1^b、2^a、2^b、2^c 瞬间就没有大的能量的突然释放，也就没有特别显著的声发射事件；而对于另外一些试样可以观察到显著的声发射事件，却没有宏观裂纹产生，如完整试样中的A点(图2-8)和C15-4试样中的B点(图2-10)，这可能因为A和B点对应时刻在试样的内部产生了较大的裂纹，而摄像机拍摄只能观察到试样的表面宏观裂纹。

断续不平行双裂隙试样裂纹的萌生、扩展与贯通不仅会引起轴向应力的跌落和较大的声发射事件，对试样的杨氏模量也有不同程度的影响，以裂隙倾角15°试样(C15-4)为例分析。图2-15给出了裂纹扩展对断续不平行双裂隙类岩石材料试样杨氏模量的影响。当断续不平行双裂隙试样C15-4轴向应力以初始模量11.1 GPa增大至应力-应变曲线上的1点($\sigma_1=9.58$ MPa)时，试样中产生裂纹1。此时，轴向应力跌落至8.48 MPa，此时模量为8.9 GPa，较初始值11.1 GPa有所减小。当应力增大至应力-时间曲线上的2点($\sigma_1=14.60$ MPa)时，产生裂纹2，应力有一个小幅的跌落。在此之后，当轴向应力以8.7 GPa的速率增大至应力-应变曲线上的3点($\sigma_1=18.85$ MPa)时，试样中产生裂纹3，轴向应力再次增大，此阶段的杨氏模量约为8.1 GPa。产生裂纹4之前的杨氏模量约为6.0 GPa，在应力-应变曲线上的4点($\sigma_1=19.85$ MPa)之后，轴向应力发生了一次显著的跌落，然后轴向应力再次提高，而此时轴向应力仅以5.6 GPa的速率增大，轴向应力跌落之后，再次以4.6 GPa的速率增大至峰值强度。由此可见，在试样未完全丧失承载能力之前，每次产生宏观裂纹之后，轴向应力在跌落后会继续增大，但是增大的速率会逐渐减小，体现了裂纹萌生、扩展和贯通活动对断续裂隙试样刚度的影响。

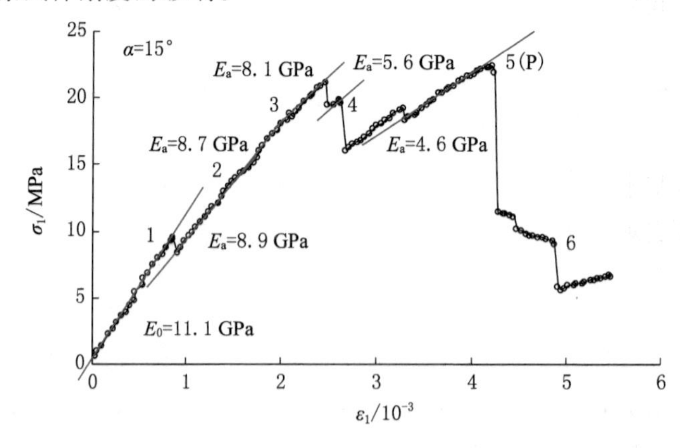

图2-15 裂纹扩展对断续不平行双裂隙试样杨氏模量的影响($\alpha=15°$)

根据上述试验结果，可以获得不同裂隙倾角断续不平行双裂隙类岩石材料试样的起裂应力和贯通应力，见图 2-16。根据文献[5]，起裂应力定义为试样出现初始裂纹时的轴向应力，因某些试样出现多次的裂纹贯通，因此贯通应力定义为试样中出现第一次裂纹贯通时的轴向应力。由图 2-16 (a)可见，断续不平行双裂隙类岩石材料试样起裂应力随着裂隙倾角的增大呈先减小后增大再减小趋势，其变化趋势与峰值强度相似。将起裂应力除以对应裂隙倾角试样的峰值强度可以得到归一化起裂应力(即起裂应力水平)，归一化起裂应力基本在 0.4～0.7 之间，其中裂隙倾角为 15°时有最小值 0.42，说明裂隙倾角 15°断续不平行双裂隙试样中最容易发生裂纹起裂，而裂隙倾角为 60°时有最大值 0.73，这也意味着在水平裂隙与 60°倾斜裂隙组合下，裂纹较难以起裂。

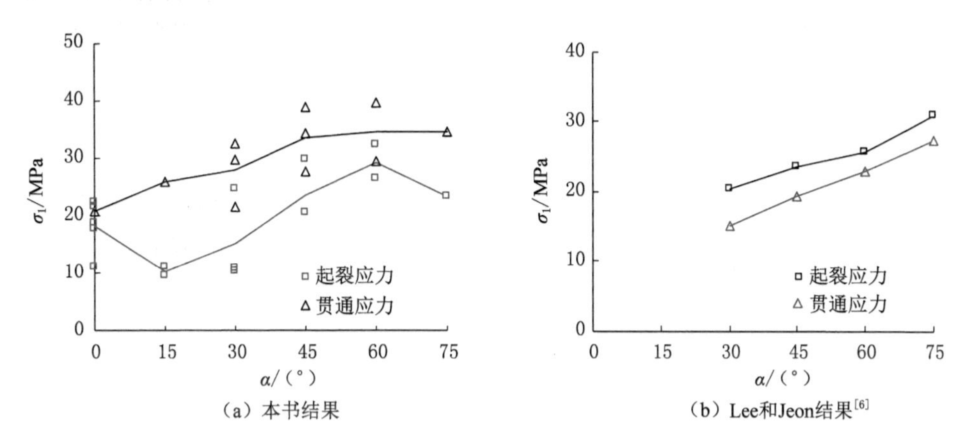

图 2-16　断续不平行双裂隙试样起裂应力、贯通应力与裂隙倾角之间的关系

由图 2-16(a)可见，贯通应力随着裂隙倾角的增大呈先增大后减小规律，总体规律与峰值强度相似。同样将贯通应力除以对应裂隙倾角试样的峰值强度可以得到归一化贯通应力，归一化贯通应力基本在 0.8～1.0 之间。虽然贯通应力小于或等于峰值强度，但并不意味着试样均在峰值强度之前发生贯通，如 C0-8 试样在峰值强度之后贯通，因此不能简单从归一化贯通应力值的大小上判别其发生贯通的难易程度。如图 2-16(b)所示，断续不平行双裂隙试样的裂纹起裂和贯通应力的变化趋势与 Lee 和 Joen[6] 的试验结果相近，反映了本试验结果的可靠性。本书特征应力的变化趋势与 Lee 和 Joen 的试验结果[6]有所不同，可能是由于两者配制的类岩石材料所用的模型材料及配比不同，其中文献[6]中 Diastone 试样是采用 Diastone 粉末与水按质量 1∶0.26 比例混合制成的。

基于上述分析基本了解了断续不平行双裂隙类岩石材料试样的裂纹扩展过程，下面将分析断续裂隙试样宏观裂纹和微观裂纹特征。图 2-17 给出了不同倾角断续不平行双裂隙类岩石材料试样的最终破裂模式以及对应的素描图。当裂隙倾角为 0°时，5 个裂隙试样的最终破裂模式基本相同。当裂隙倾角为 0°时，两条裂隙平行，试样呈对称结构，仅分析其中一条裂隙，以裂隙①为例，在裂隙尖端或距尖端较近处产生的向上扩展的裂纹，其扩展路径基本沿着最大主应力方向，而在岩桥区域扩展的裂纹，其扩展路径则为朝着另一条裂隙的尖端延伸，最终有可能贯通。裂隙倾角为 0°的裂隙试样，裂隙之间的贯通均发生在裂隙①右尖端萌生的裂纹与裂隙②右尖端，以及裂隙①左边产生的裂纹与裂隙①左端之间的贯通。

裂隙倾角为 15°试样的裂纹贯通模式与裂隙倾角 0°相同，均为两条裂隙相同方向尖端贯通。

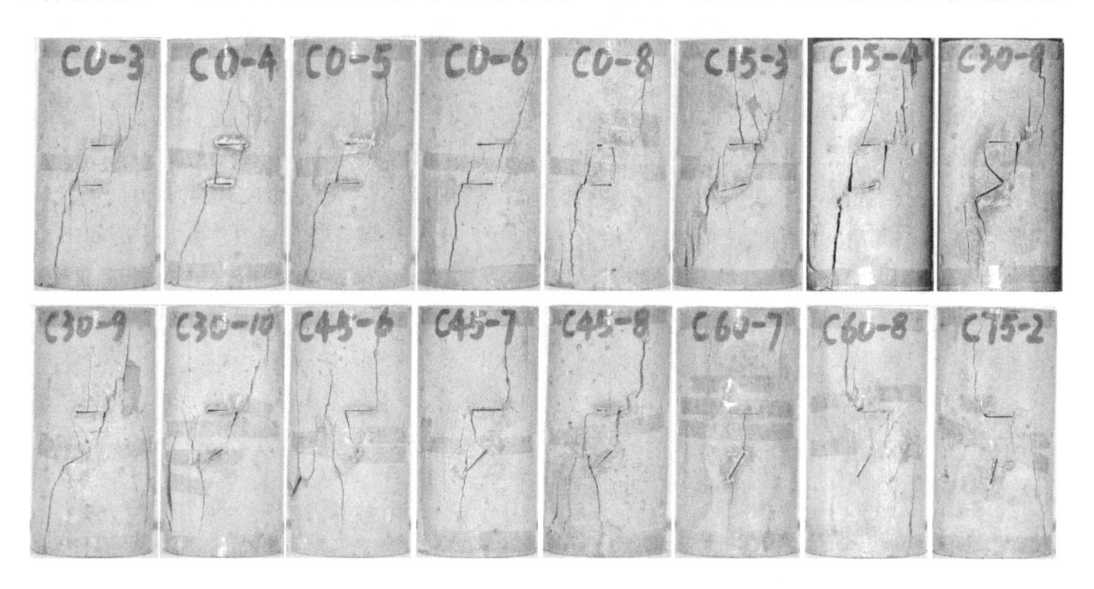

图 2-17　不同裂隙倾角断续不平行双裂隙类岩石试样最终破裂模式

当裂隙倾角为 30°时，3 个裂隙试样破裂模式相近，但受到浇筑过程中的人为影响，试样之间仍然存在微小差别。拉伸裂纹分别在水平裂隙的中部及尖端产生，其中在右尖端下方产生的裂纹逐步向倾斜裂隙上尖端扩展，最终在预制裂隙之间产生贯通。在倾斜裂隙上下尖端附近分别产生翼裂纹，其中上尖端萌生的裂纹向上扩展，最终与水平裂隙左尖端发生贯通。而 C30-10 裂隙试样倾斜裂隙下尖端萌生的反向翼裂纹与轴向拉伸裂纹之间的连接，使得两条裂隙的左端也发生了贯通。

对于裂隙倾角为 45°裂隙试样，裂纹在水平裂隙的尖端和中部产生，但是部分裂纹产生之后并没有得到充分的扩展，而在水平裂隙下表面产生的裂纹成为裂隙贯通的关键裂纹，从图 2-17 中可以看出，三个试样均是由于该裂纹的扩展导致的贯通。三个裂隙试样的倾斜裂隙下尖端均萌生了反向翼裂纹，其中 C45-7 和 C45-8 试样的反向翼裂纹均与其他裂纹交汇，使得这两个裂隙试样发生第二次贯通。

当裂隙倾角为 60°和 75°时，断续裂隙试样的贯通模式相近。当裂隙倾角为 60°时，由水平裂隙尖端产生向上扩展的裂纹均在裂隙的尖端位置萌生的，而在水平裂隙下表面中部萌生的裂纹朝着倾斜裂隙上尖端扩展，最终与该尖端连接，试样发生贯通。倾斜裂隙下尖端萌生翼裂纹。裂隙倾角为 75°试样，两条预制裂隙之间发生了两次贯通，均是由于水平裂隙下表面萌生的裂纹向倾斜裂隙上尖端扩展造成的，但在倾斜裂隙下尖端没有观察到宏观裂纹产生。

总之，裂纹的萌生位置与裂隙倾角之间有密切的相关性：当裂隙倾角较小(0～30°)时，裂纹易萌生在距裂隙尖端一定距离处；而当裂隙倾角较大(45°～75°)时，裂纹主要在裂隙尖端萌生。贯通模式也受到裂隙倾角的影响，表现为：当裂隙倾角为 0～15°时，裂隙之间的贯通是裂隙在同一个方向尖端之间的两处贯通；而裂隙倾角 30°试样则发生水平裂隙的两个尖端与倾斜裂隙上尖端之间的两处贯通；裂隙倾角为 45°试样为倾斜裂隙两个尖端与水平裂隙一端之间的两处贯通；当倾角为 60°和 75°时主要发生在裂隙上尖端与水平裂隙之间的贯通。

采用 KH3000VD 数字式三维视频显微系统，对试样中裂纹进行显微观察，分析裂纹的微观特征，下面以 C15-3 试样为例。图 2-18 给出了 C15-3 裂隙试样水平和倾斜预制裂隙附近裂纹萌生前后对比。由图 2-18 可以观察到裂隙尖端附近裂纹萌生前后的几个特征：① 在萌生裂纹之前，预制裂隙首先会被压缩，而且随着加载过程中裂纹的扩展，裂隙压缩程度也会随之发生变化；② 并不是所有的裂隙尖端均会有裂纹萌生，而且部分裂纹会在裂隙中间部位或者距裂隙尖端一定距离位置处萌生，而对于有些裂隙尖端会同时萌生多条较小的裂纹；③ 不同的裂纹有不同的宽度和不同的扩展角度；④ 在裂隙尖端经常会萌生反向裂纹，反向裂纹的扩展方向与翼裂纹相反。

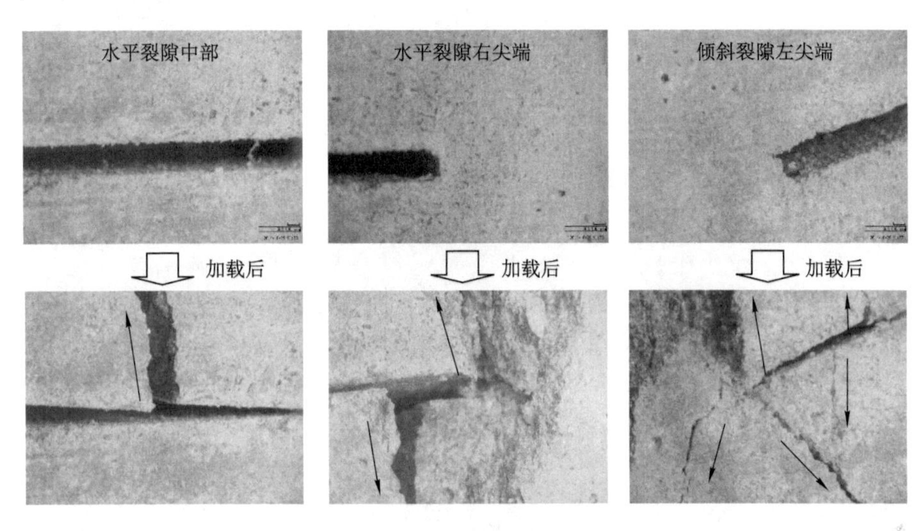

图 2-18　裂隙周边裂纹起裂前后局部放大($\alpha=15°$)

图 2-19 给出了断续不平行双裂隙试样岩桥区域外裂纹扩展路径，图 2-20 给出了断续不平行双裂隙试样岩桥内裂纹扩展路径。可见，岩桥内外的裂纹扩展特征明显不同，这主要与最大主应力和裂隙尖端有关。由图 2-19 可见，对于岩桥区域外的翼裂纹，裂纹萌生时与最大主应力之间的夹角约为 38.7°，裂纹以该角度扩展了约 7.2 mm 后到达 A 点，此时裂纹扩展角发生变化，减小至 20.1°并以该角度继续延伸，当裂纹延伸了约 9.4 mm 后到达 B 点。裂纹扩展至 B 点后，扩展角再次改变，减小至 10.9°，当裂纹以 10.9°扩展至 C 点后，裂纹的扩展角逐渐减小到 5.9°。随后，裂纹以 5.9°的扩展角扩展至 D 点后，此时的裂纹已近似沿着轴向方向扩展。由此可见，在翼裂纹不断扩展的过程中，扩展方向会逐渐趋向于最大主应力方向，并最终近似平行于最大主应力方向。

由图 2-20 可见，岩桥区域内的翼裂纹和反向翼裂纹起裂时与最大主应力方向之间呈一定的夹角，在裂纹初始扩展过程中，该扩展角并没有明显的变化，即裂纹已扩展至一定长度，在靠近水平裂隙左尖端的时候，该翼裂纹和反向翼裂纹逐渐改变方向，朝着预制裂隙尖端扩展，最终与预制尖端连接。由此可见，预制裂隙尖端不仅有助于裂纹的起裂，而且还起到了引导裂纹扩展的作用。比较岩桥区域内和区域外的裂纹扩展路径可见，在岩桥区域外裂纹的扩展方向主要受到最大主应力的影响，而在岩桥区域内的裂纹扩展方向则主要受预制裂隙尖端的影响。

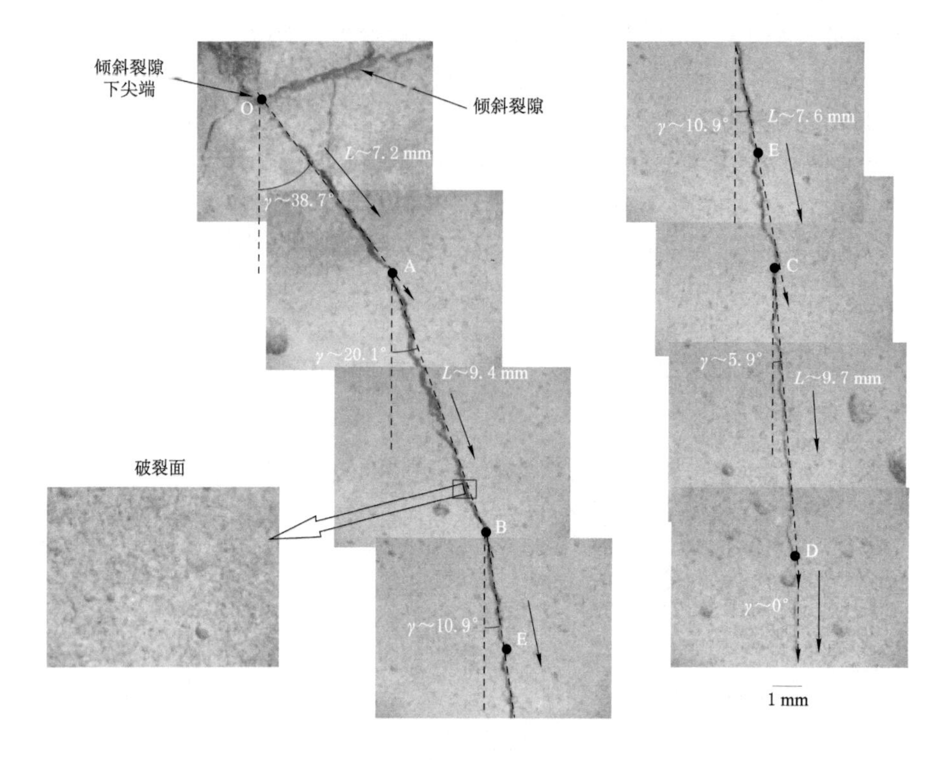

图 2-19　断续不平行双裂隙类岩石材料试样岩桥区域外裂纹扩展($\alpha=15°$)

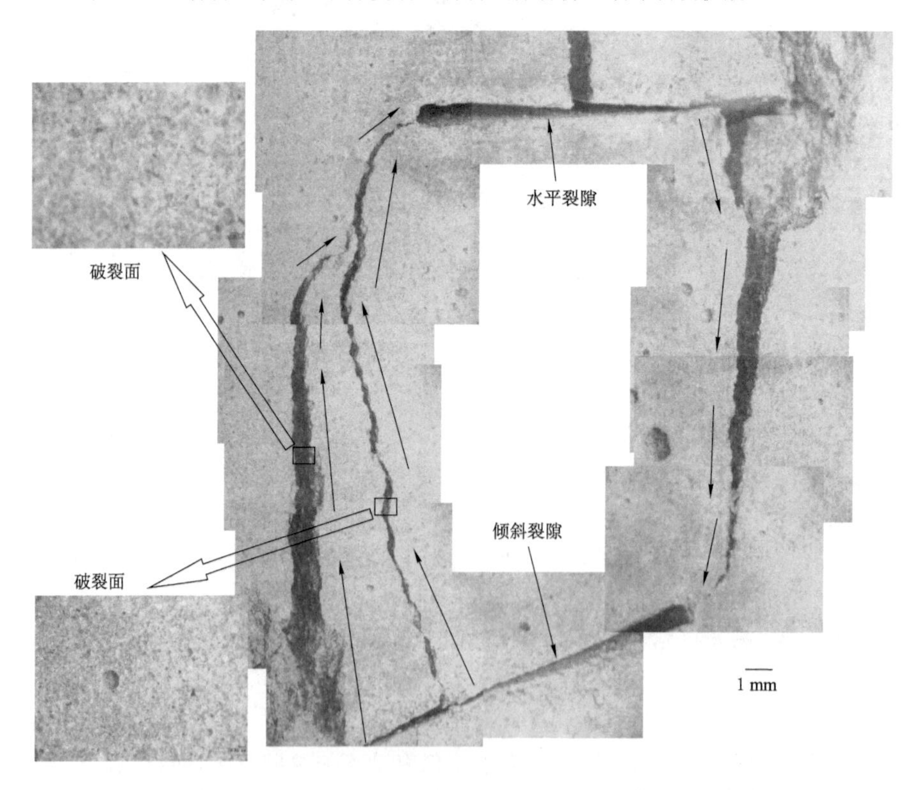

图 2-20　断续不平行双裂隙类岩石材料试样岩桥区域内裂纹扩展($\alpha=15°$)

此外，根据图 2-19 和图 2-20 可见，裂纹扩展路径出现局部波动，即扩展路径不光滑，这是因为在扩展的方向上有较大的颗粒，即石英砂阻碍了裂纹的扩展。通过对翼裂纹和反向翼裂纹破裂面显微观察可以发现，在破裂面上颗粒表面光滑，无明显棱角和摩擦痕迹，无微裂隙发育，断面颗粒保持较为完整，这意味着翼裂纹和反向翼裂纹在微观上表现为拉伸破裂。

2.1.5 本节小结

采用水泥、石英砂和水配制类岩石材料试样，通过配合比试验获得了一组较为理想的配合比。设计和加工了一批用于制作断续不平行双裂隙试样的模具，该模具具有裂隙定位准确、组合和拆装简便等优点。对制得的断续不平行双裂隙类岩石材料试样进行单轴压缩试验，并进行声发射监测和全程照相量测，分析了裂隙倾角对断续裂隙试样的强度和变形参数的影响，建立了裂纹扩展过程中声发射事件与应力跌落之间的关系。最后，对破裂后的试样断口进行显微观察，讨论了裂纹扩展微观机制，主要获得了以下结论：

(1) 采用水泥∶石英砂∶水＝1∶0.8∶0.35 的比例配制的类岩石材料，其各项基本参数与砂岩性质均很接近，可以用于后续岩石类脆性材料相关研究。

(2) 断续不平行双裂隙类岩石材料试样的峰值强度、杨氏模量(弹性模量和变形模量)、起裂应力和贯通应力与裂隙倾角之间有密切关系，即随着裂隙倾角的增大，峰值强度和杨氏模量呈先减小后增大变化，起裂应力呈先减小后增大再减小变化趋势，而贯通应力则为先增大后减小趋势。断续不平行双裂隙类岩石材料试样的峰值应变与裂隙倾角之间无明显相关性。

(3) 完整及断续不平行双裂隙类岩石材料试样应力-时间曲线上的应力跌落与声发射次数突变以及裂纹扩展过程有良好的一致性：试样中产生一条较为明显的宏观裂纹或者发生一次裂纹贯通，对应有一次较为明显的应力跌落，体现在声发射事件上为声发射次数发生一次突变。

(4) 裂纹的萌生和贯通模式与裂隙倾角密切相关。对于裂纹起裂模式：当裂隙倾角较小(0～30°)时裂纹易萌生在距裂隙尖端一定距离处，而裂隙倾角足够大(45°～75°)时，裂纹主要在裂隙尖端萌生。而裂纹贯通模式表现为：当裂隙倾角为 0～15°时，裂隙之间的贯通是裂隙在同一个方向尖端之间的两处贯通；裂隙倾角为 30°试样则发生水平裂隙的两个尖端与倾斜裂隙上尖端之间的两处贯通；裂隙倾角为 45°时，倾斜裂隙两个尖端与水平裂隙一端之间的两处贯通；裂隙倾角为 60°和 75°时，主要发生裂隙上尖端与水平裂隙之间的贯通。

(5) 裂纹初始萌生时与最大主应力之间呈一定夹角，在扩展的过程中会逐渐趋向于最大主应力方向，并最终会近似平行于最大主应力方向。破裂面表面光滑，无明显摩擦痕迹，微观上表现为拉伸破裂。

2.2 不平行双裂隙类岩石材料破裂力学行为模拟研究

室内试验虽然能较为直观地观察单轴加载条件下岩石裂纹起裂、扩展和贯通过程，但是岩石破裂内在机制却难以获得。借助数值模拟在细观力学分析上的优势，本节将采用 PFC 对断续不平行双裂隙类岩石材料试样进行单轴压缩数值模拟。通过与完整类岩石材料试样单轴及三轴压缩室内试验结果对比,获得一组能够反映类岩石材料宏观力学行为的 PFC 细观参数。在此基础上,构建与室内试验相同几何尺寸和裂隙参数的断续不平行双裂隙数值试样,进行单轴压缩模拟。基于数值模拟结果,分析裂隙倾角对断续不平行双裂隙数值试样强度破裂特征的影响规律,并与室内试验结果对比分析。最后,在 PFC 中通过监测颗粒的应力场和位移场演化,从细观层面揭示断续不平行双裂隙类岩石材料试样裂纹扩展机制[7]。

2.2.1 数值试样及模拟程序

PFC 中内置有平行黏结和接触黏结两种黏结模型。其中,接触黏结模型(Contact Bonded Model,CBM)可以传递作用在接触上的力,而平行黏结模型(Parallel Bonded Model,PBM)可以传递力和力矩。在接触黏结模型中,只要颗粒保持接触黏结断裂可能不会严重影响宏观刚度,而在平行黏结模型中黏结断裂会导致宏观刚度衰减,因为刚度是由接触刚度和黏结刚度共同作用的[8]。由于平行黏结模型颗粒能更好地模拟岩石材料的力学行为[6],本书 PFC 模型选用平行黏结模型。

完整类岩石材料模型由颗粒和墙体组成。颗粒为刚性体,一定数量不同尺度的圆形颗粒组成的集合作为类岩石材料试样。墙体既作为生成颗粒的容器,又作为后续模拟的加载板,给定最小半径及半径比的圆盘颗粒在墙体围成的矩形区域内随机生成。

本书在 PFC 中生成与室内试验相同尺寸的试样,即 50 mm×100 mm 的矩形。根据试样的颗粒尺寸分布,数值模型中颗粒的最小半径为 0.25 mm,最大半径为 0.415 mm,即颗粒最大半径与最小半径比为 1.66。完整类岩石材料数值模型共产生 12 502 个不同尺度的圆形颗粒,含 32 039 个接触,24 971 个平行黏结。在完整数值试样的基础上,通过删除特定区域内的颗粒,形成张开裂隙。该裂隙生成方法在 PFC 中得到普遍应用,如文献[9-18]均是采用这种方法制作张开裂隙。图 2-21 为 PFC 中生成的断续不平行双裂隙数值模型。从预制张开裂隙的放大图可以看出,数值模型中生成的裂隙表面并不是非常光滑,这是因为 PFC 中的刚性圆盘颗粒不能再进一步划分[9],但这种不光滑的裂隙也恰好能够更加真实地反映室内类岩石材料预制的裂隙。另外,数值模型内圆盘颗粒在进行应力加载之前就已经处于接触状态。

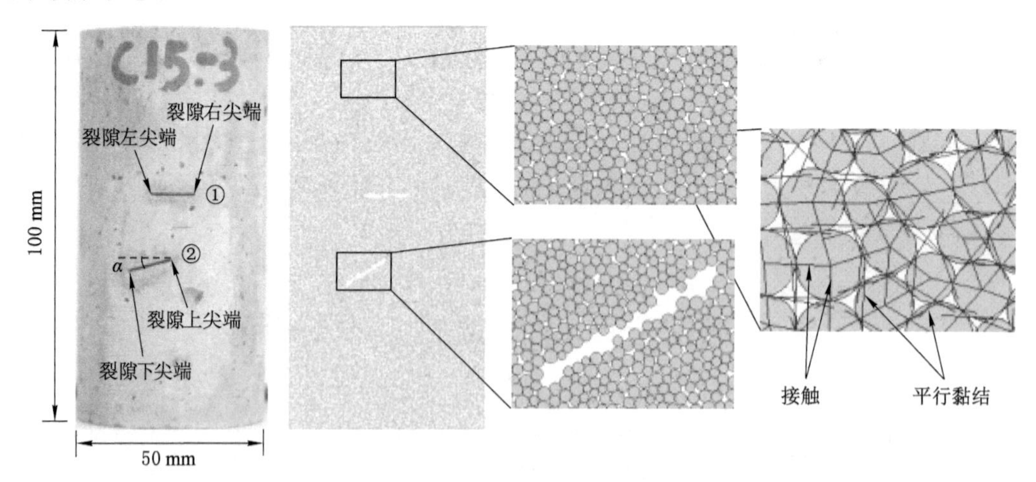

图 2-21　断续不平行双裂隙类岩石材料 PFC 数值模型

试样几何参数分布如下：裂隙①水平布置，长度为 $2a=12$ mm；裂隙②倾斜布置，长度为 $2a=12$ mm，裂隙②与水平方向的夹角为 α；岩桥为裂隙①中部与裂隙②上尖端之间的连线，岩桥长度 $2b=16$ mm，岩桥倾角 $\beta=90°$，即与室内试验中预制裂隙分布形式相同。为探究裂隙倾角对断续不平行双裂隙试样的强度、变形和裂纹扩展特征的影响，裂隙倾角 α 分别为 0°、15°、30°、45°、60°和 75°。

PFC 中的墙为刚体，可以用来模拟室内试验的加载板。上下方向的墙体作为加载板，可以对生成的数值试样施加速度；左右方向的两边墙通过伺服控制可对试样施加围压，以模拟双轴压缩。在单轴压缩加载模拟中左右两面墙删去，即不施加侧向压力。本书的模拟采用位移加载方式，上下加载板以 0.05 m/s 的速率进行轴向加载，直至试样发生破坏。需要注意的是，PFC 中的加载速率不同于室内试验物理速率。在本书 PFC 模拟中，时步为 4.2×10^{-8} s/step，因而 0.05 m/s 可换算为 2.1×10^{-9} m/step，加载板移动 1 mm 需要约 476 190步。注意到，文献[8]研究表明 0.2 m/s 的加载速率可以使岩样处于准静态加载，本书的加载速率 0.05 m/s 小于 0.2 m/s，可以认为本书设定的加载速率足够低，即可以认为该速率属于静态加载范围。模拟停止条件设定为：当试样的轴向应力加载至峰值强度之后某一应力水平（本次模拟设定为 40％峰值强度）时，一次模拟结束。

2.2.2　类岩石材料细观参数标定

PFC 参数的选取不同于有限元方法，它不能直接赋予数值试样宏观力学参数，而是需要通过给定数值模型的细观力学参数来模拟类岩石材料试样。PFC 模型细观参数标定过程一般为：在生成的完整数值模型基础上，首先赋予其一组细观参数并进行模拟计算；将每一次细观参数赋值模拟计算得到的结果与室内试验结果进行对比；通过不断调整细观参数，直至模拟结果与试验结果相近时，可认为该细观参数合理，该细观参数标定方法即为“试错法”[6]。本书细观参数标定选用的对比标准是完整类岩石材料室内三轴试验结果。

经过一系列细观参数调试，最终选用的细观参数如下：颗粒和平行黏结模量均设定为 12.3 GPa，颗粒和平行黏结的刚度比均设定为 2.0，颗粒摩擦系数设定为 0.35，颗粒的密度设定为与试样密度相同，即 2 120 kg/m³，平行黏结半径乘子设为 1.0。平行黏结法向平均强度和切向平行黏结强度分别为 43.0 MPa 和 90.0 MPa，即法向与切向强度比为 0.48，平行黏结法向强度标准差和切向黏结强度标准差分别为 14％和 15％。具体细观参数如表 2-4 所示。

表 2-4　类岩石材料 PFC^{2D} 细观参数

参数	取值	参数	取值
颗粒最小半径/mm	0.25	摩擦系数	0.35
颗粒半径比	0.415	平行黏结模量/GPa	12.3
密度/(kg/m³)	2 120	平行黏结刚度比	2.0
颗粒接触模量/GPa	12.3	平行黏结法向强度/MPa	43.0±6.0
颗粒刚度比	2.0	平行黏结切向强度/MPa	90.0±9.0

为评价表 2-4 所示细观参数的合理性，需要将数值模拟结果与室内试验结果进行对比。

本书选用完整类岩石材料试样室内试验获得的应力-应变曲线、力学参数和最终破裂模式等进行比较。图 2-22 给出了单轴压缩和不同围压下常规三轴压缩完整类岩石材料试样模拟与室内试验获得的轴向应力-轴向应变和轴向应力-环向应变曲线的比较。由图 2-22 可见，不管是单轴还是三轴压缩下，采用表 2-4 所示细观参数模拟获得的应力-应变曲线均与试验曲线相似：单轴压缩下应力-应变曲线峰后呈脆性破坏特征，而在三轴压缩下随着围压的增大峰后曲线的斜率变缓，表现为延性破坏特征。在三轴压缩下，数值模拟和室内试验获得的应力-应变曲线峰后还有一定的残余强度值，而且残余强度随着围压的增大而增大。但是需要注意的是，由于模拟采用的是圆形颗粒，与室内类岩石材料中不规则颗粒有所区别，使得模拟结果和试验结果之间会有些区别。总体而言，本书选择的模型细观参数可以反映完整类岩石材料试样单轴及三轴压缩下变形特征。

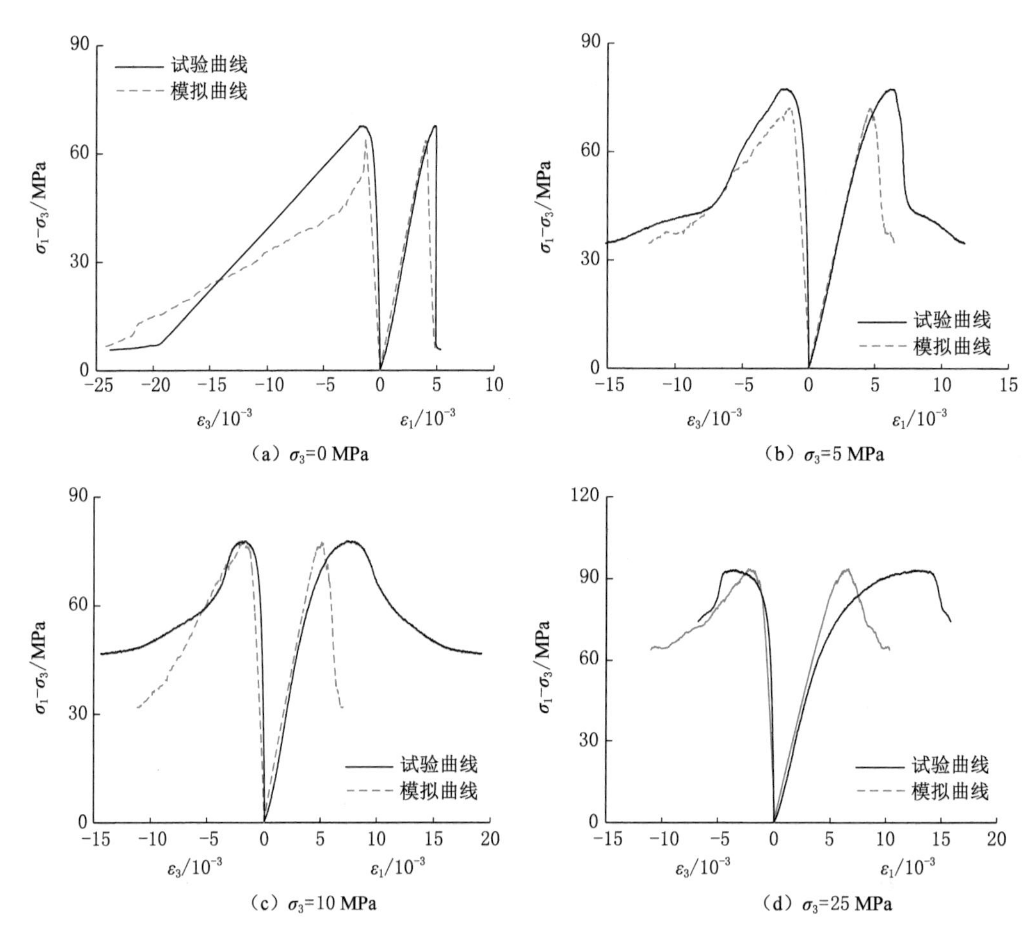

图 2-22　单轴及三轴压缩下完整试样模拟及试验应力-应变曲线比较

从应力-应变曲线上只能定性比较数值模拟和室内试验结果。为进一步评价数值模拟获得的力学参数与试验值之间的接近程度，表 2-5 给出了模拟得到的单轴压缩峰值强度、峰值应变、弹性模量以及黏聚力和内摩擦角等基本参数与试验值的比较。由表 2-5 可见，数值模拟获得的力学参数与试验值接近，其中峰值强度、峰值应变、弹性模量以及黏聚力和内摩擦角与试验值差异（定义为模拟值与试验值之差的绝对值与两者平均值的百分比）分别为

0.82%、3.96%、13.22%、5.12%和 7.56%。注意到模拟的峰值应变与试验值的差异较大，这是因为 PFC 数值模型在加载之前颗粒之间就已经处于接触状态(如图 2-21 中颗粒局部放大图所示)，因此导致了 PFC 模拟不能反映试样的初始变形。

表 2-5 完整试样单轴压缩力学参数模拟与试验结果对比

参数	σ_c/MPa	E_S/GPa	$\varepsilon_{1c}/10^{-3}$	c/MPa	φ/(°)
试验值	63.19	16.98	4.587	22.83	20.50
模拟值	63.71	16.32	4.018	21.69	22.11

注：试验值为 3 个平行试验结果平均值。

图 2-23 给出了模拟得到的最终破裂模式与试验结果的比较。由图 2-23 可见，单轴压缩下试样呈轴向拉伸破裂，而在围压作用下试样呈斜向剪切破坏。总体上，数值模拟和室内试验的破裂模式表现较为相近。

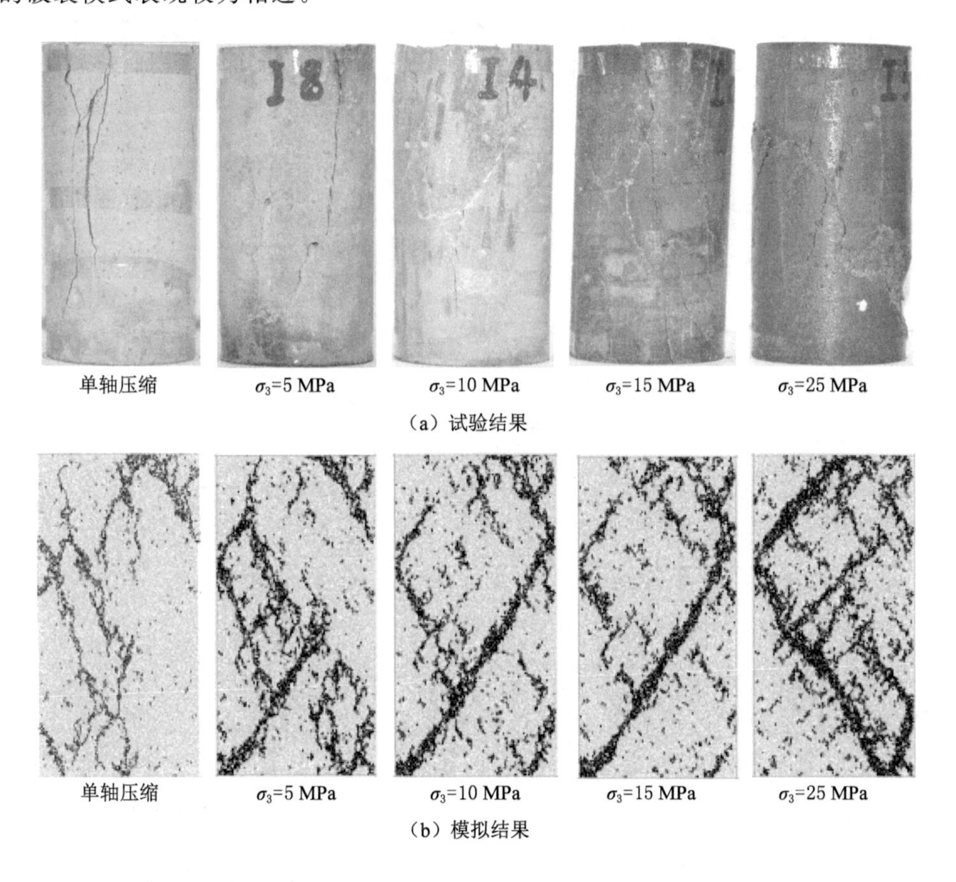

图 2-23 模拟与试验的完整试样单轴及三轴压缩破裂模式比较

综上所述，根据应力-应变曲线、基本力学参数和最终破裂模式的比较可知，表 2-4 所示细观参数可以反映室内类岩石材料试验结果。因此，可以采用颗粒流 PFC 进行后续断续不平行双裂隙类岩石材料单轴压缩下裂纹扩展行为的研究，而且不必再对裂隙岩样进行细观参数标定，裂隙试样采用与完整试样相同的细观参数[9,19]。

2.2.3 模拟结果与分析

本节进行系统的断续不平行双裂隙试样的单轴压缩模拟研究，并对模拟结果与试验结果进行对比分析，从数值模拟角度验证室内试验结果，同时结合应力场和位移场从细观层面揭示断续不平行双裂隙试样强度特征和裂纹扩展机理。

（1）强度和变形参数

图 2-24 给出了断续不平行双裂隙数值试样强度及变形参数与裂隙倾角之间的关系曲线。为方便对比，图中还给出了断续不平行双裂隙类岩石材料试样室内试验值。由图 2-24(a)可见，模拟的峰值强度虽然与试验值大小之间存在差异，但是两者的变化趋势相同，均为随着裂隙倾角的增大呈先减小后增大规律，裂隙倾角为 75°时有最大值。由图 2-24(b)可见，模拟的弹性模量总体上与试验值接近。其中，裂隙倾角 0°、45°、60°和 75°倾角试样模拟值与试验值基本上相等，而当裂隙倾角为 15°和 30°时，模拟值与试验值之间的差异较大，这可以解释如下：在室内试验中裂隙倾角为 15°和 30°的试样，初始裂纹的产生对裂隙试样造成较大的损伤，导致该裂隙试样的杨氏模量减小，这可以从这些倾角裂隙试样试验应力-应变曲线上看出。

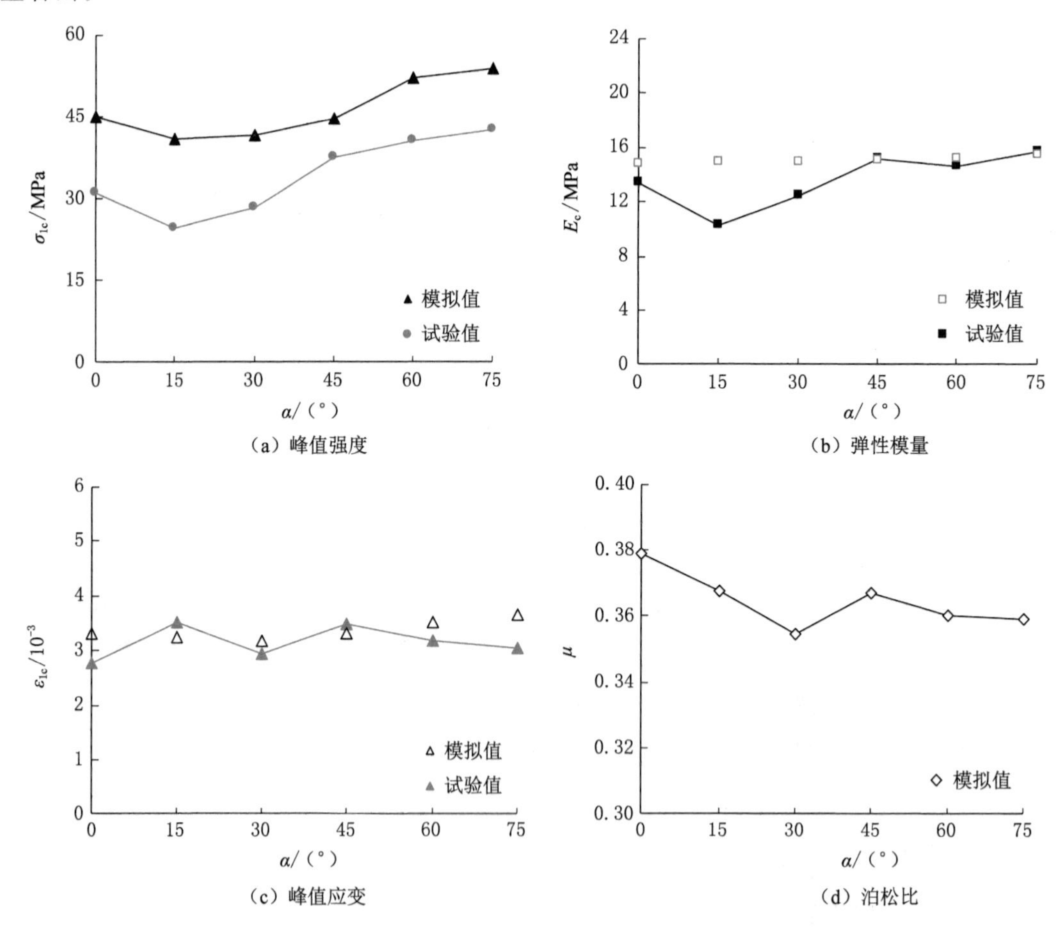

图 2-24 断续不平行双裂隙试样峰值应变、泊松比与裂隙倾角的关系

由图 2-24(c)可见，峰值应变总体上表现为模拟值与试验值接近。但是由于 PFC 模拟不能体现初始压密阶段的变形，因此峰值应变模拟值与试验值之间有所差异。在单轴压缩试验中安装环向变形传感器会阻碍裂纹扩展活动的观察，因此本次试验中多数断续不平行双裂隙类岩石材料试样没有量测环向变形，因此图 2-24(d)中只给出了裂隙试样 PFC 模拟得到的泊松比与裂隙倾角的关系曲线。泊松比受裂隙倾角的影响显著，当裂隙倾角为 0°～30°范围时，泊松比有明显的降低趋势，而裂隙倾角在 30°～75°范围时，泊松比出现先增大后减小的变化趋势。

(2) 裂纹演化过程

图 2-25 给出了不同裂隙倾角断续不平行双裂隙试样单轴压缩模拟最终破裂模式与试验结果的比较。由图可见，采用 PFC 模拟获得的最终破裂模式总体上与试验结果相吻合。模拟与试验结果之间存在一些微小差异，这可能是因为二维 PFC 模拟不能完全反映三维试验结果[6]。

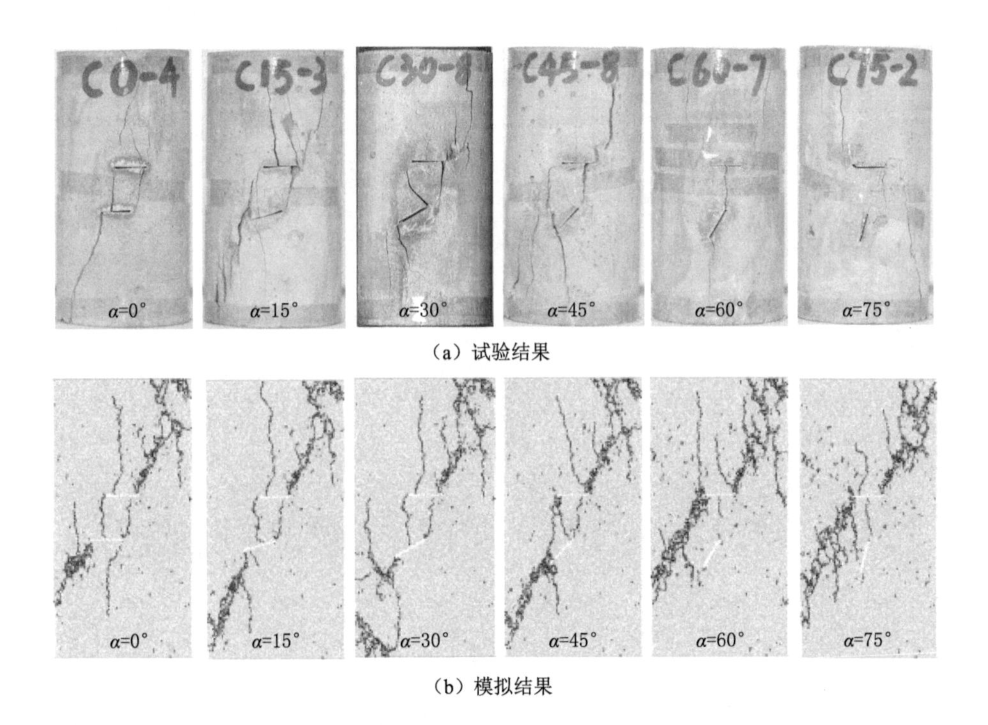

(a) 试验结果

(b) 模拟结果

图 2-25　单轴压缩下断续不平行双裂隙试样破裂模式模拟和试验结果比较

图 2-26 和图 2-27 给出了完整及断续不平行双裂隙试样应力-应变曲线与微裂纹数演化曲线。由图可知，完整及断续不平行双裂隙数值试样单轴压缩应力-应变曲线可以分为线弹性变形、非线性变形、峰后破坏等 3 个阶段。在这 3 个阶段中，微裂纹数不断演化，具体为：① 线弹性变形阶段，在外部荷载作用下，裂隙试样内部孔隙被压密，当应力水平较低时没有明显的裂纹产生，因此该阶段几乎没有明显的微裂纹数。只有当应力到达一定程度之后，试样中开始萌生微裂纹，并不断扩展、连接形成初始宏观裂纹，而体现在微裂纹数曲线上为曲线出现小幅增长；② 非线性变形阶段，裂隙试样中微裂纹经历稳定扩展和非稳定扩展，试样

中不断有微裂隙的萌生和贯通，微裂纹曲线继续上升；③ 峰后破坏阶段，应力随着应变的增大而减小，在该阶段前裂隙试样内已经形成了宏观裂纹，而且还会有新的宏观裂纹产生，微裂纹数明显增加，而且微裂纹增长速率显著高于前两个阶段。

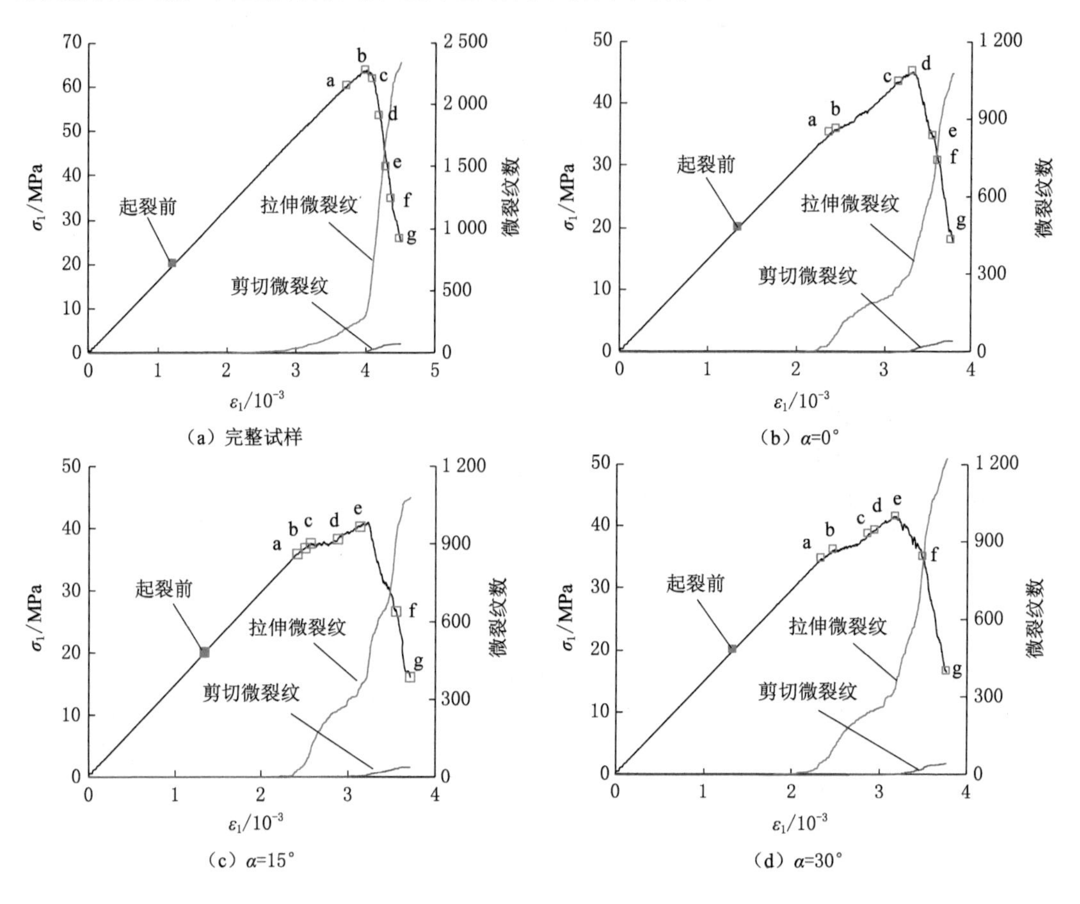

图 2-26　完整与裂隙试样（α＝0°、15°和 30°）应力-应变曲线与微裂纹数演化曲线

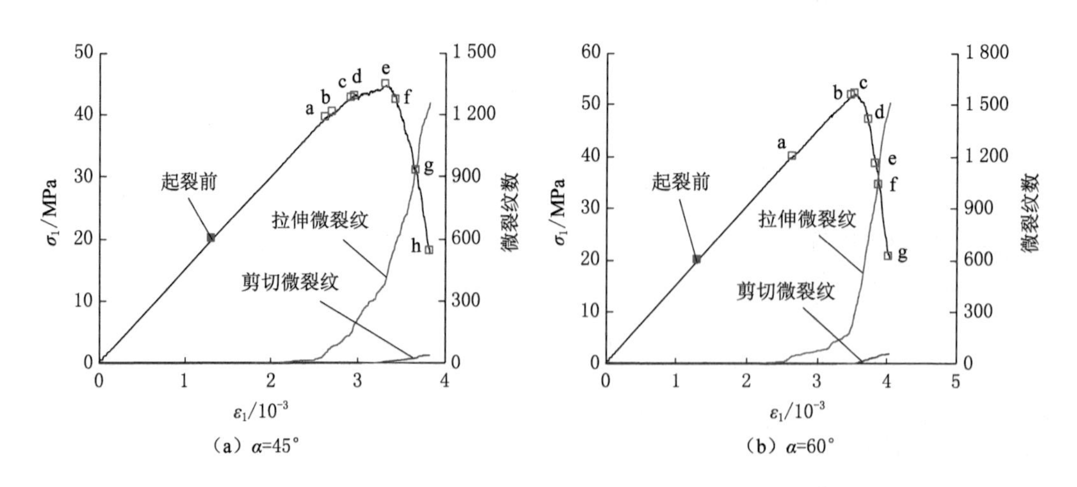

图 2-27　裂隙试样（α＝45°、60°和 75°）应力-应变曲线与微裂纹数演化曲线

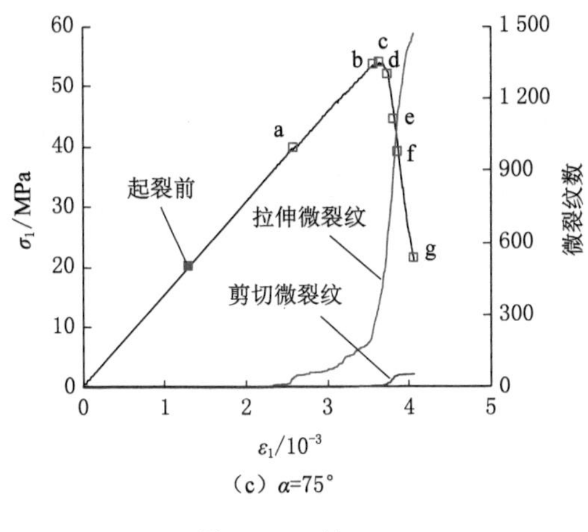

(c) α=75°

图 2-27 （续）

图 2-28～图 2-29 给出了完整及断续不平行双裂隙试样单轴压缩模拟裂纹扩展过程。图中标注的字母对应于图 2-26～图 2-27 中应力-应变曲线上的标注，表示试样的裂纹扩展顺序。由图 2-28(a)可见，完整试样刚开始萌生的裂纹随机散乱地分布在试样中，这种随机裂纹直至应力达到峰值强度时也没有汇聚成明显的宏观裂纹。在室内试验中，完整类岩石材料试样在峰值强度前也没有明显的裂纹扩展，模拟结果与试验结果相近。直至应力在峰后 c 点(σ_1＝61.36 MPa)时，试样中微裂纹逐渐汇聚形成了几条初始裂纹，并且随着变形的增大，该宏观裂纹也得以不断扩展。从峰后 e 点(σ_1＝41.65 MPa)可以看到，试样中已经形成了几条明显的拉伸裂纹。从最终破裂模式中可见拉伸裂纹的扩展方向近似平行于最大主应力方向。

对于断续不平行双裂隙试样，由于裂隙的存在导致裂纹萌生、扩展和贯通过程与完整试样有较明显的不同，而且裂纹扩展行为与裂隙倾角密切相关。首先分析断续不平行双裂隙试样的裂纹起裂模式。相比于完整试样初始宏观裂纹随机分布特征，断续不平行双裂隙试样则表现为在预制裂隙附近首先集中出现微裂纹并汇集形成初始宏观裂纹。如图 2-26～图 2-29 所示，当应力增大至 35.13 MPa，即点 a 时，裂隙倾角 0°试样在预制裂隙②中部上表面萌生向上扩展的裂纹，扩展方向平行于最大主应力方向，而在预制裂隙②右尖端萌生向下扩展的裂纹，扩展方向与最大主应力方向夹角约 30°。当裂隙倾角为 15°时，在倾斜裂隙距裂隙尖端一定距离处分别萌生了向上及向下扩展的裂纹，这两条裂纹萌生时均与最大主应力方向呈约 45°角，但扩展过程中均向主应力方向偏移。当裂隙倾角为 30°时，在倾斜裂隙的下尖端以及中部分别萌生初始裂纹，中部萌生的裂纹扩展方向与最大主应力方向平行，而下尖端萌生的裂纹则近似平行于倾斜裂纹。当裂隙倾角增大至 45°时，分别在水平裂隙右尖端和倾斜裂隙上尖端萌生初始裂纹，两条裂纹的扩展方向与最大主应力方向分别约为 30°和 45°。然而，对于裂隙倾角 60°和 75°试样，当应力分别增大至各自的点 a 时，试样中均首先在水平裂隙的尖端或者中部位置萌生初始裂纹，而且这些裂纹的扩展方向均近似平行于最大主应力方向。通过分析可知，对于本书进行的断续不平行双裂隙组合形式，当水平裂隙与较小倾角倾斜裂隙(0～30°)组合时，裂纹首先在倾斜裂隙附近萌生；而当水平裂隙与 45°倾斜裂隙组合时，水平裂隙和倾斜裂隙同时萌生初始裂纹；当水平裂隙与较大倾角倾斜裂隙(60°～75°)组合时，裂纹首先在水平裂隙附近萌生。

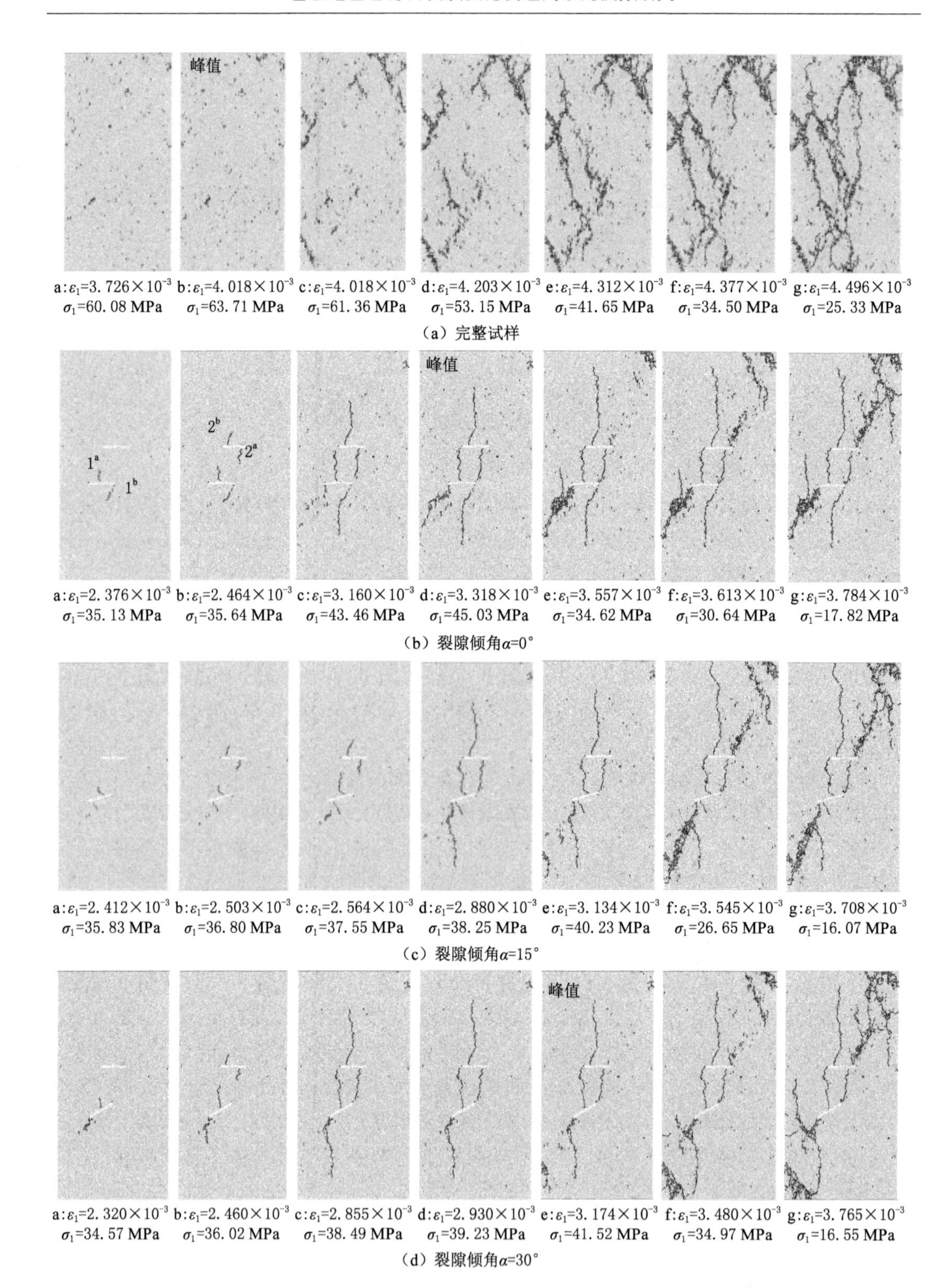

图 2-28 PFC^{2D}模拟完整及裂隙试样($\alpha=0°$、15°和 30°)裂纹扩展过程

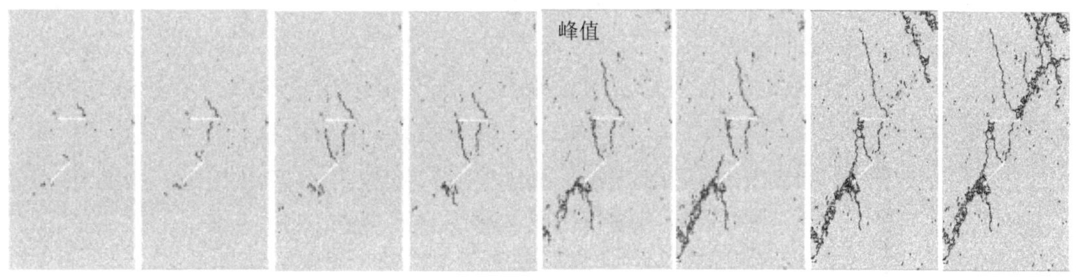

a:ε_1=2. 625×10^{-3} σ_1=39. 45 MPa　b:ε_1=2. 704×10^{-3} σ_1=40. 22 MPa　c:ε_1=2. 921×10^{-3} σ_1=42. 63 MPa　d:ε_1=2. 958×10^{-3} σ_1=42. 95 MPa　e:ε_1=3. 316×10^{-3} σ_1=44. 70 MPa　f:ε_1=3. 436×10^{-3} σ_1=72. 37 MPa　g:ε_1=3. 667×10^{-3} σ_1=31. 07 MPa　g:ε_1=3. 825×10^{-3} σ_1=17. 83 MPa

（a）裂隙倾角α=45°

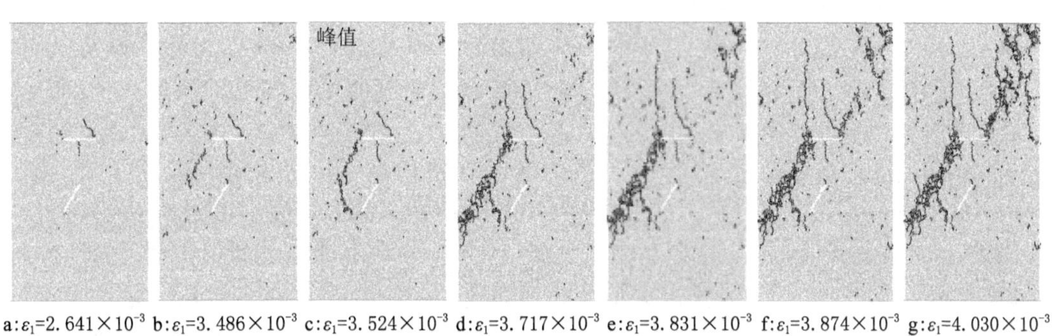

a:ε_1=2. 641×10^{-3} σ_1=39. 91 MPa　b:ε_1=3. 486×10^{-3} σ_1=51. 71 MPa　c:ε_1=3. 524×10^{-3} σ_1=52. 06 MPa　d:ε_1=3. 717×10^{-3} σ_1=46. 85 MPa　e:ε_1=3. 831×10^{-3} σ_1=38. 50 MPa　f:ε_1=3. 874×10^{-3} σ_1=34. 50 MPa　g:ε_1=4. 030×10^{-3} σ_1=20. 47 MPa

（b）裂隙倾角α=60°

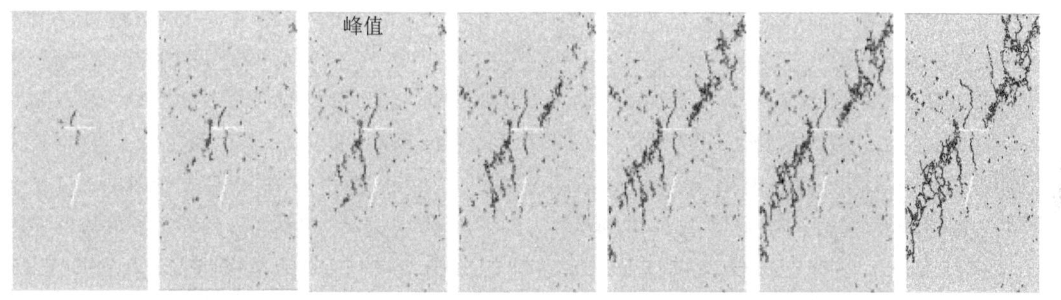

a:ε_1=2. 584×10^{-3} σ_1=39. 53 MPa　b:ε_1=3. 568×10^{-3} σ_1=53. 48 MPa　c:ε_1=3. 645×10^{-3} σ_1=53. 90 MPa　d:ε_1=3. 755×10^{-3} σ_1=51. 76 MPa　e:ε_1=3. 827×10^{-3} σ_1=44. 41 MPa　f:ε_1=3. 88×10^{-3} σ_1=38. 99 MPa　g:ε_1=4. 06×10^{-3} σ_1=21. 15 MPa

（c）裂隙倾角α=75°

图 2-29　PFC^{2D}模拟断续不平行双裂隙试样(α＝45°、60°和 75°)裂纹扩展过程

断续不平行双裂隙试样萌生初始裂纹以后，在变形不断增加的过程中，不仅已经萌生的裂纹会不断地扩展，而且在预制裂隙的其他位置或者远离裂隙的地方也有裂纹萌生。裂纹刚产生时可能与最大主应力呈一定的夹角，但是在扩展的过程会不断调整延伸方向。引起裂纹扩展方向改变的诱因主要有两个：一个是裂隙尖端，另一个是最大主应力，以裂隙倾角0°试样的裂纹扩展过程为例说明。在裂隙②上表面萌生的裂纹 1^a，萌生时近似沿着最大主应力方向扩展，在扩展的过程中虽然路径不是完全光滑，但裂纹 1^a 的扩展方向总体上平行于最大主应力方向，而当裂纹 1^a 扩展至裂隙①左尖端附近（峰值强度时点 d）时，裂纹 1^a 改为朝着裂隙尖端扩展，并最终延伸至裂隙①的左尖端。在距裂隙①右尖端一定距离产生的裂

纹 2^a 的情况与裂纹 1^a 基本相同，裂纹 2^a 也是沿着最大主应力方向扩展直至到点 c 时，也即扩展至裂隙②右尖端附近时，裂纹 2^a 改变扩展方向，逐渐朝裂隙尖端方向扩展，并最终与裂隙尖端汇合。而对于在裂隙②右尖端萌生的裂纹 1^b 和距裂隙①左尖端一定距离萌生的裂纹 2^b，它们在萌生时均与最大主应力方向成一定的夹角，而它们均在扩展的过程中不断向最大主应力方向偏移，到点 c 时裂纹 1^b 和 2^b 均近似平行于最大主应力方向。因此，断续不平行双裂隙试样中产生的拉伸裂纹在远离裂隙尖端时主要受最大主应力的影响，以近似平行于最大主应力方向扩展；而当裂纹扩展至裂隙尖端附近时，裂纹会改变扩展路径，并朝着裂隙尖端方向扩展。裂纹扩展过程与室内试验类似，在此不再详细分析断续不平行双裂隙数值试样裂纹扩展过程。

在断续不平行双裂隙试样萌生的裂纹充分扩展后，两条预制裂隙之间可能会发生裂纹贯通。由图 2-28～图 2-29 可见，断续不平行双裂隙试样的裂纹贯通模式与裂隙倾角密切相关。当裂隙倾角为 0°、15°和 30°时，裂隙试样内两条预制裂隙之间发生了两次贯通，均是由于裂隙①右尖端附近萌生的翼裂纹向下扩展以及裂隙②（即倾斜裂隙）中间位置萌生的裂纹向上扩展导致的。当裂隙倾角增大至 45°时，预制裂隙之间发生了三处贯通，除了由裂隙①右尖端附近萌生的翼裂纹向下扩展以及裂隙②上尖端萌生的裂纹向上扩展导致的两处贯通外，还有一处为倾斜裂隙下尖端萌生的反向翼裂纹向上扩展与水平裂隙左尖端之间的贯通。而当裂隙倾角为 60°和 75°时，预制裂隙之间的裂纹均没有完全扩展至裂隙尖端，也就是裂隙之间并未发生完全贯通。整体上，PFC 模拟得到的裂纹贯通模式与室内试验结果相吻合。

图 2-30 给出了完整及断续不平行双裂隙试样单轴压缩最终破裂时剪切微裂纹数、拉伸微裂纹数和裂纹总数。需要说明的是，在平行黏结模型中，当相邻颗粒之间黏结破裂时产生一个微裂纹，微裂纹均是用一个直线段表示。拉伸微裂纹是根据裂纹受力方向是否与法向平行判断，而剪切微裂纹则是根据受力方向与切向平行判断，不同于宏观意义上的拉伸和剪切裂纹。由图 2-30 可见，断续不平行双裂隙试样中微裂纹数明显少于完整试样，而且微裂纹数与裂隙倾角相关。随着裂隙倾角的增大，微裂纹数呈先增大后减小趋势，当裂隙倾角为 60°时有最大值。试样中拉伸微裂纹明显多于剪切微裂纹，这说明完整及断续不平行双裂隙试样在细观上表现为拉伸破裂为主。

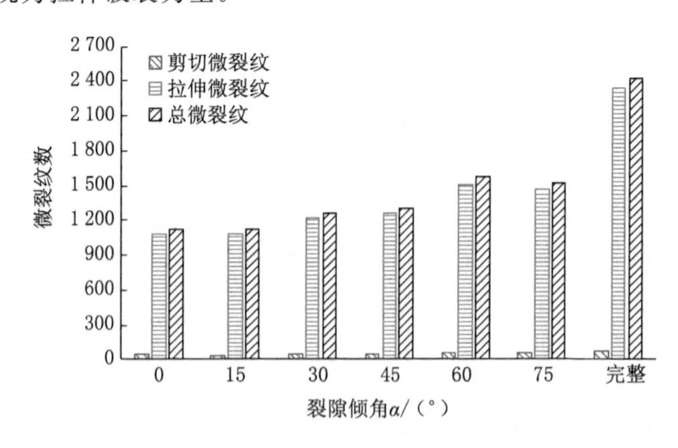

图 2-30　断续不平行双裂隙试样最终破裂时裂纹数与裂隙倾角的关系

2.2.4　裂隙试样能量特征分析

在模拟过程中，可以对试样中的各种能量进行追踪记录，以分析完整及断续不平行双裂隙试样单轴压缩过程中能量演化特征。统计的能量主要包括：边界能 E_w，为墙体对试样做的总功，即总输入能；应变能 E_c，为接触中存储的应变能；黏结能 E_{pb}，是克服颗粒间黏结所做的功；摩擦能 E_f，为裂纹摩擦作用总和；动能 E_k，为颗粒运动产生的能量。各种能量的监测机制如下[19]：

（1）墙体对颗粒集合体所做功 E_w 为：

$$E_w = \sum_{N_w}(F_i \Delta U_i + M_3 \Delta\theta_3) \tag{2-2}$$

式中，N_w，F_i，M_3，ΔU_i，$\Delta\theta_3$ 分别指墙体数目、墙体总受力、墙体总受力矩、计算位移增量和计算旋转增量。

（2）接触中存储的总应变能 E_c 为：

$$E_c = \frac{1}{2}\sum_{N_c}(|F_i^n|^2/k^n + |F_i^s|^2/k^s) \tag{2-3}$$

式中，N_c，F_i^n，F_i^s，k^n，k^s 分别为接触总数、接触间法向接触力和切向接触力、接触间法向刚度和切向刚度。

（3）平行黏结中存储的总黏结能 E_{pb} 为：

$$E_{pb} = \frac{1}{2}\sum_{N_c}[|\bar{F}_i^n|^2/(A\bar{k}^n) + |\bar{F}_i^s|^2/(A\bar{k}^s) + |\bar{M}_3|^2/(I\bar{k}^n)] \tag{2-4}$$

式中，E_{pb}，$\bar{F}_i^n$，$\bar{F}_i^s$，$\bar{k}^n$，$\bar{k}^s$ 分别为平行黏结总数、平行黏结法向接触力和切向接触力、平行黏结法向刚度和切向刚度，且有 $A=2\bar{R}$，$I=\frac{2}{3}\bar{R}$。

（4）颗粒集合体接触间摩擦总耗能 E_f 为：

$$E_f = \sum_{N_c}[\overline{F_i^s}(\Delta U_i^s)^{slip}] \tag{2-5}$$

式中，$\overline{F_i^s}$，$(\Delta U_i^s)^{slip}$ 分别为平均建立和滑动位移增量。

（5）颗粒集合的总动能 E_k 为：

$$E_k = \frac{1}{2}\sum_{N_b}(m_i^i v_i^2 + I_i w_i^2) \tag{2-6}$$

式中，m_i，I_i，v_i，w_i 分别为单个颗粒的质量、惯性矩、平均速度和转动速度。

图 2-31 给出了完整及部分断续不平行双裂隙试样能量演化曲线。由图 2-31 可见，单轴压缩下完整及断续不平行双裂隙试样边界能在加载的过程中持续增长，但其增长率会随着应变的增大而变化：在加载初期，边界能较小且其增长速率较低，说明加载初期所需要的总能量较小。随着变形的增大，边界能出现较大幅度的增长，这是因为裂纹萌生和扩展均需要消耗较大的能量，在最后破裂阶段，边界能增长速率有所减缓；黏结能是克服颗粒间黏结所做的功，裂纹产生之后在应变能的作用下扩展。摩擦能在加载到一定程度之后才有数值，这是因为摩擦能为裂纹摩擦作用总和，在试样内萌生微裂纹之后，摩擦能才起作用，摩擦能随着裂纹的扩展逐渐增大。动能数值很小，几乎贴着轴线，意味着颗粒的运动程度低，单轴压缩下试样的破裂不剧烈。

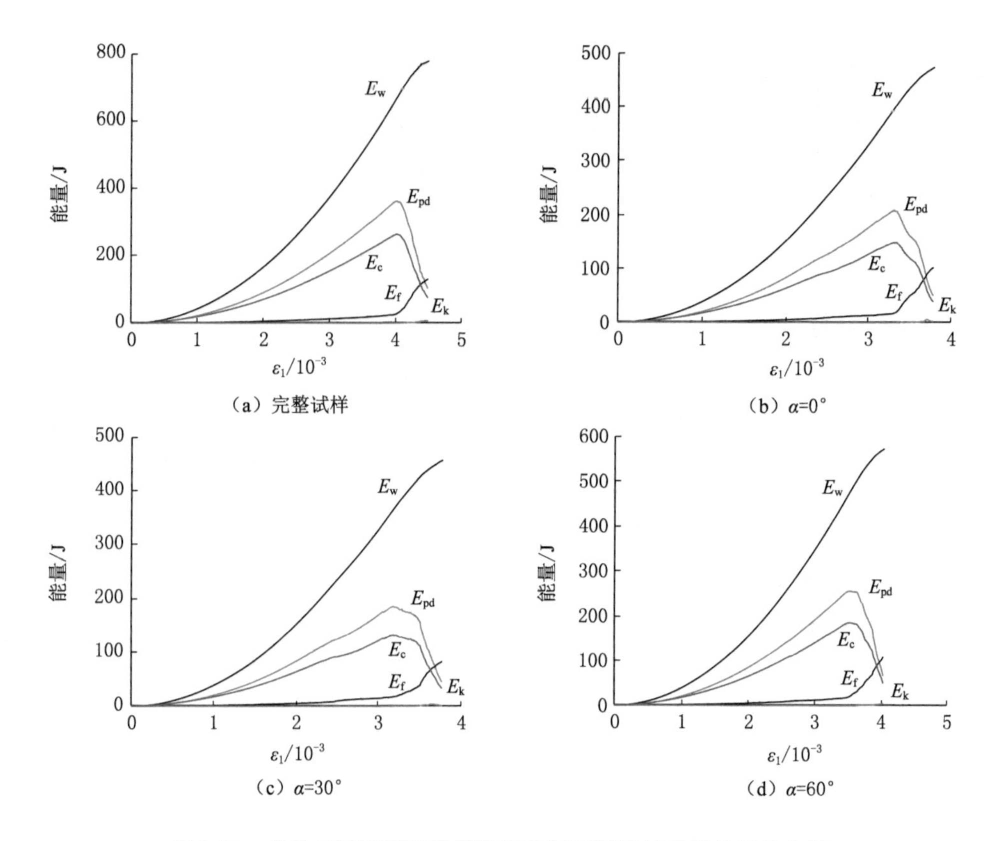

图 2-31 单轴压缩下完整及断续不平行双裂隙试样能量演化曲线

表 2-6 给出了完整及断续不平行双裂隙试样在起裂前(20 MPa 应力水平)、峰值强度以及峰后(40%峰值强度)时各种能量参数。由表 2-6 可见,在裂纹起裂前的相同应力水平下,完整试样的边界能、黏结能、摩擦能、动能和应变能略大于断续不平行双裂隙试样,这是因为 20 MPa 应力水平仅为完整岩样峰值强度的 30%,而 20 MPa 应力水平约为断续不平行双裂隙试样的 40%。而在峰值强度和峰后阶段,断续不平行双裂隙试样的边界能、黏结能、摩擦能、动能和应变能均明显小于断续不平行双裂隙试样。

表 2-6 完整及断续不平行双裂隙试样能量参数

试样	α/(°)	边界能 E_w/J	黏结能 E_{pb}/J	摩擦能 E_f/J	动能 E_k/J	应变能 E_c/J	备注
NRL	完整	63.0	33.2	2.4	0.003 7	27.9	峰前
N00	0	69.1	37.0	2.5	0.004 0	30.0	峰前
N15	15	68.9	36.9	2.5	0.004 0	30.0	峰前
N30	30	68.7	36.8	2.5	0.004 0	29.9	峰前
N45	45	68.0	36.3	2.5	0.003 9	29.6	峰前
N60	60	67.3	35.9	2.5	0.003 9	29.4	峰前
N75	75	66.7	35.5	2.5	0.003 9	29.2	峰前
NRL	完整	669.7	362.2	27.3	0.060 0	263.3	峰值
N00	0	400.5	207.1	18.3	0.052 1	148.4	峰值
N15	15	375.1	180.6	20.3	0.168 0	129.0	峰值

表 2-6(续)

试样	α/(°)	边界能 E_w/J	黏结能 E_{pb}/J	摩擦能 E_f/J	动能 E_k/J	应变能 E_c/J	备注
N30	30	380.2	185.1	17.3	0.149 7	132.2	峰值
N45	45	410.1	205.7	21.5	0.068 4	147.4	峰值
N60	60	477.9	254.9	20.5	0.122 6	185.1	峰值
N75	75	515.7	274.2	21.8	0.104 9	197.4	峰值
NRL	完整	777.7	103.1	130.5	7.392 8	75.6	峰后
N00	0	473.3	50.9	101.7	2.817 9	39.3	峰后
N15	15	437.1	47.9	80.4	5.372 7	36.3	峰后
N30	30	457.0	45.8	82.6	1.654 4	33.9	峰后
N45	45	494.2	56.2	89.2	3.749 8	41.1	峰后
N60	60	571.9	66.5	108.9	4.556 1	50.0	峰后
N75	75	591.0	67.8	117.7	5.077 6	51.7	峰后

根据表 2-6，绘制了断续不平行双裂隙试样在峰前($\sigma_1=20$ MPa)、峰值和峰后(40%峰值强度)时刻边界能、黏结能、摩擦能、动能和应变能与裂隙倾角之间的关系，如图 2-32 所示。由图 2-32 可见，在峰前阶段，随着裂隙倾角的增大，边界能、黏结能、摩擦能、动能和应

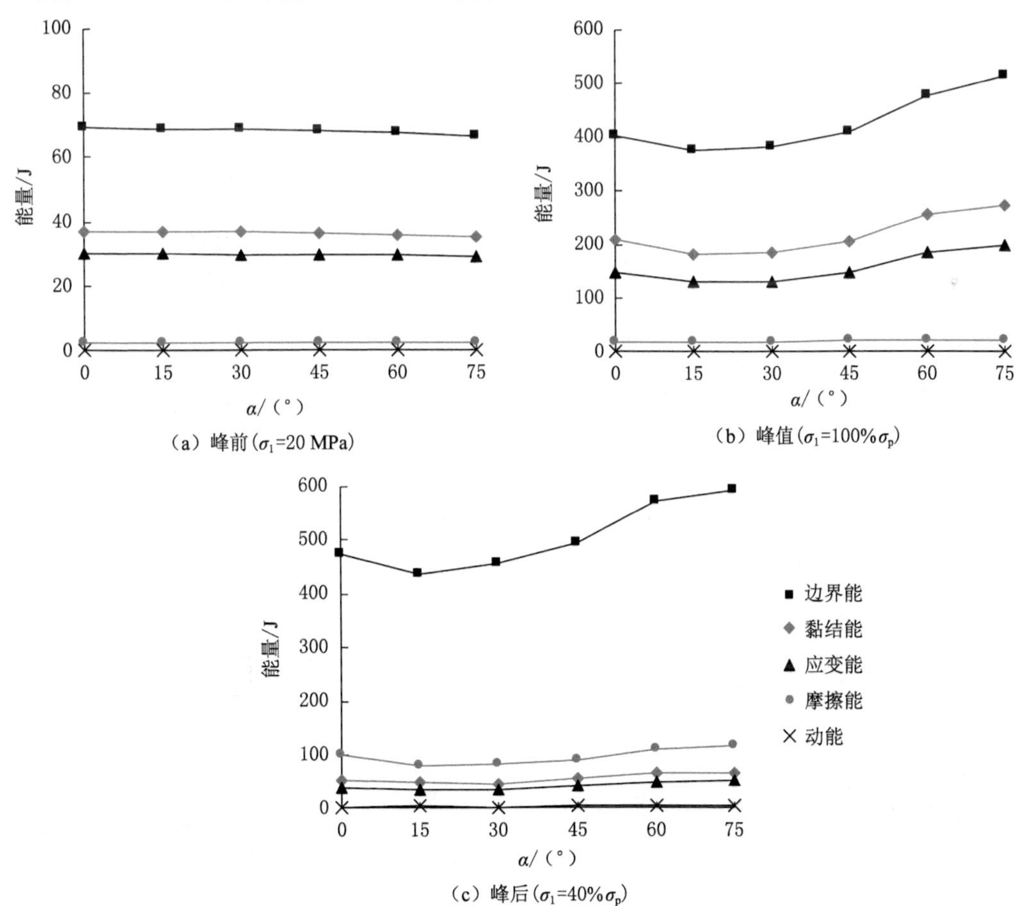

(a) 峰前(σ_1=20 MPa)

(b) 峰值(σ_1=100%σ_p)

(c) 峰后(σ_1=40%σ_p)

图 2-32　单轴压缩下断续不平行双裂隙试样能量与裂隙倾角的关系曲线

变能均没有明显的变化，意味着边界能、黏结能、摩擦能、动能和应变能在峰前与裂隙倾角没有明显相关性，而在峰值及峰后阶段，边界能、黏结能、摩擦能、动能和应变能均随着裂隙倾角的增大呈先减小后增大变化规律，该变化趋势与断续不平行双裂隙试样的峰值强度(见图 2-24)变化规律相同，这也从能量演化角度验证了断续不平行双裂隙试样峰值强度变化规律。

2.2.5 裂纹扩展细观机理分析

对断续不平行双裂隙数值试样裂纹萌生、扩展和贯通过程中应力场和位移场分布特征进行分析，可揭示岩石裂纹演化细观机理[9,20-21]。本小节着重分析数值试样裂纹起裂前对应的应力场以及裂纹扩展过程中应力场分布规律。在数值模拟中，应力场的获取可通过设置监测圆实时监测试样内部的应力值，基于监测得到的应力数据绘制应力分布图。

图 2-33 给出了完整及断续不平行双裂隙试样裂纹起裂之前(轴向应力统一取值 20 MPa应力水平)的应力分布，图中正号表示拉应力，负号表示压应力。由图 2-33 可见，完整数值试样在萌生初始裂纹前，最大拉应力或压应力集中区处于随机分布状态，与初始裂纹也是在试样中随机产生的相一致。与完整数值试样相比，断续不平行双裂隙数值试样的应力分布明显不同，这说明预制张开裂隙对应力分布有明显的改变作用：断续不平行双裂隙试

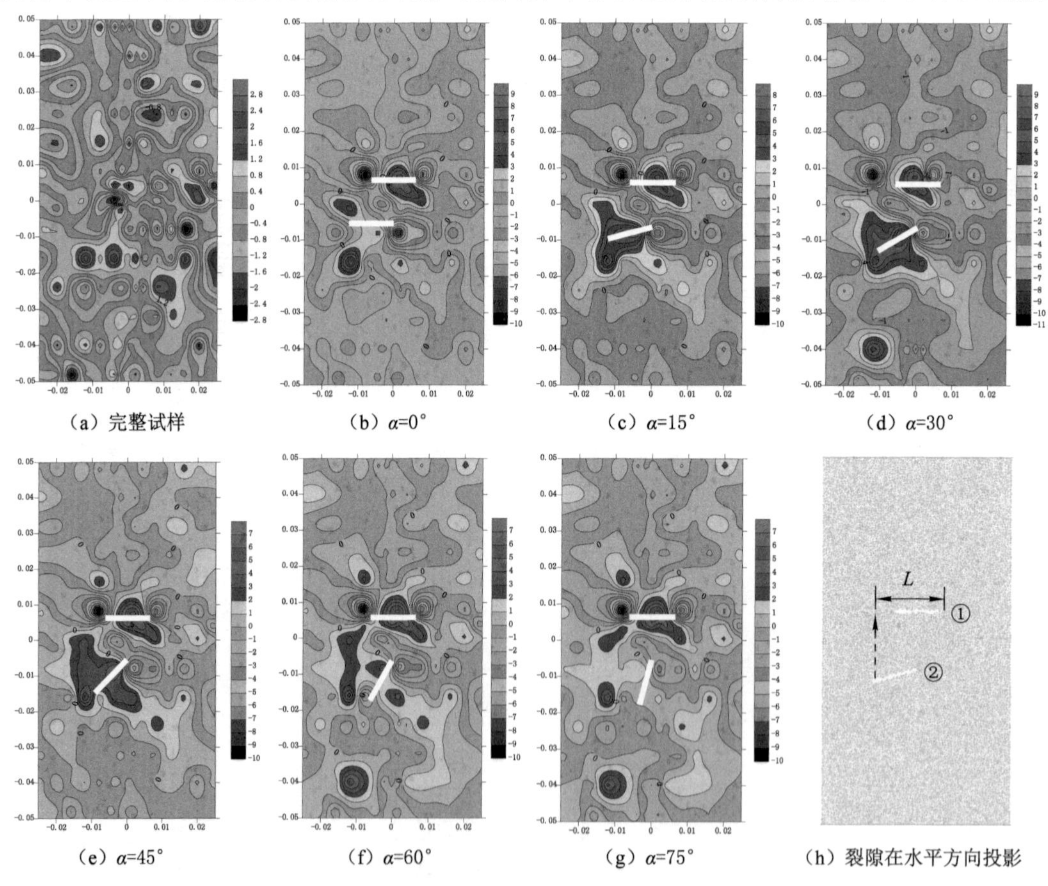

(a) 完整试样　(b) α=0°　(c) α=15°　(d) α=30°

(e) α=45°　(f) α=60°　(g) α=75°　(h) 裂隙在水平方向投影

图 2-33　完整及断续不平行双裂隙试样裂纹起裂前应力场分布(σ_1 = 20 MPa)

样预制裂隙周围(不单指裂隙尖端,还包括裂隙附近区域)为拉应力集中区的主要分布区域。从细观应力值大小上可见,断续不平行双裂隙试样最大拉应力显著大于完整试样的最大拉应力,表明预制张开裂隙造成的裂隙尖端拉应力集中程度明显大于完整试样。另外,可以从细观应力角度对断续裂隙岩样的峰值强度变化趋势(图 2-24)进行解释。当裂隙倾角分布在 0°～15°范围时,对于裂隙倾角 0°试样,裂隙②(即倾斜裂隙)在水平投影区域主要为压应力区,而对于裂隙倾角 15°试样,投影区域主要为拉应力区,断续不平行双裂隙试样峰值强度呈减小趋势;当裂隙倾角分布在 15°～75°范围时,随着裂隙倾角的增大,裂隙②在水平投影区域的面积逐渐减小,断续不平行双裂隙试样峰值强度逐渐增大。

为进一步明确裂隙周围的应力分布情况,绘制了裂隙周围局部放大应力云图,如图 2-34所示。为方便比较,图中也给出了完整岩样相同位置的应力分布。注意到图 2-34 中应力值较图 2-33 有所不同,这是因为此时在裂隙周围布置了更多的监测圆,其监测结果比图 2-33 更接近于试样实际受力状态。由图 2-33 可见,相比于完整试样,断续不平行双裂隙试样应力集中区面积更大,集中程度更高,同时还可以发现断续不平行双裂隙试样的应力场分布与裂隙倾角密切相关。当裂隙倾角为 0°时,水平裂隙①的中间位置上下表面为拉应力集中区,裂隙尖端为压应力集中区;水平裂隙②周围的应力分布规律与裂隙①基本相同,试样中最大拉应力集中区分布在水平裂隙②的中间位置,这也意味着该位置可能最先达到试样的应力极限,即裂纹将首先在裂隙②的上下表面起裂,这可从裂纹起裂结果(图 2-28)得以验证。根据拉应力的数值可知,当裂隙倾角为 0°时,其应力集中程度最高。当裂隙倾角为 15°时,最大拉应力集中区分布在水平裂隙上表面及倾斜裂隙的上下表面,水平裂隙及倾斜裂隙的尖

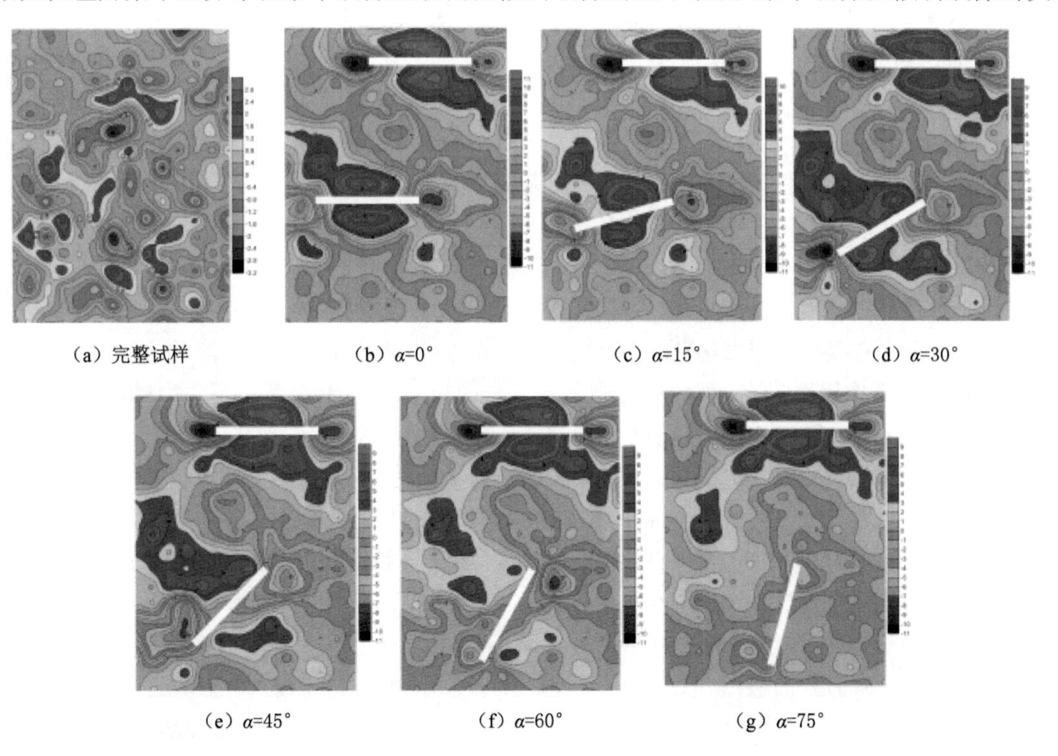

(a) 完整试样　(b) α=0°　(c) α=15°　(d) α=30°

(e) α=45°　(f) α=60°　(g) α=75°

图 2-34　断续不平行双裂隙试样裂纹起裂前(σ_1 = 20 MPa)裂隙周围应力场分布

端均为压应力集中区。当裂隙倾角为 30°时，拉应力集中区分布在水平裂隙和倾斜裂隙附近，水平裂隙及倾斜裂隙的尖端均为压应力集中区，而且相比较于裂隙倾角 0°及 15°试样，裂隙②附近的拉应力集中区面积有所减小，而且集中区的位置更接近于裂隙尖端。

当裂隙倾角等于 45°时，试样的拉应力集中区主要分布在水平裂隙的上下表面以及倾斜裂隙尖端附近，这也意味着在此之后裂纹有可能首先在水平裂隙中部位置以及倾斜裂隙的尖端附近萌生。而对于裂隙倾角 60°和 75°试样，水平裂隙的尖端均为压应力集中区，而水平裂隙的中部上下表面均为拉应力集中区，而对于倾斜裂隙周围既没有明显的拉应力集中区，也没有明显的压应力集中区，特别是对于裂隙倾角 75°试样。这反映了当裂隙倾角足够大时，倾斜裂隙对断续不平行双裂隙试样起裂之前的应力分布没有明显的影响，这可能是因为当裂隙倾角增大时，倾斜裂隙与最大主应力方向之间的夹角在减小，因此最大主应力对倾斜裂隙的作用减弱。再者，随着裂隙倾角的增大，倾斜裂隙在轴线方向上与水平裂隙之间的重叠部分增多，当裂隙倾角足够大时，倾斜裂隙在轴向方向上的投影完全处于水平裂隙之内，导致了倾斜裂隙的作用减弱。

根据上述分析，完整及断续不平行双裂隙试样起裂前的应力分布规律如下：结合完整及断续不平行双裂隙试样的裂纹起裂模式，最大拉应力集中区的位置即为随之而来的裂纹起裂位置，而最大压应力集中区的位置却不是裂纹萌生的位置，这主要是因为岩石试样抵抗拉伸作用的能力显著低于抵抗压缩作用的能力。水平裂隙及较小倾角(15°和 30°)拉应力集中区的位置主要分布在裂隙的中部位置。当裂隙倾角由 0°增大至 45°时，倾斜裂隙随着裂隙倾角的增大，拉应力集中区逐渐向裂隙尖端转移，该应力分布转化与裂隙倾角之间的关系，解释了水平及较小倾角裂隙的初始裂纹主要萌生于裂隙中部位置而非裂隙尖端，而较大倾角裂隙的初始裂纹产生于裂隙尖端的模拟结果。

通过应力场分析已经知道断续不平行双裂隙试样的应力分布状态和裂纹的起裂模式受到裂隙倾角的影响，为了明确裂纹扩展过程中断续不平行双裂隙试样的应力演化特征，以 15°(较小倾角)、45°(中等倾角)和 60°(较大倾角)为例说明，分别如图 2-35、图 2-36 和图 2-37所示。

由图 2-35 可见，对于裂隙倾角 15°试样，当轴向应力增大至 35.83 MPa 时，在倾斜裂隙中间位置萌生裂纹。萌生初始裂纹之后，与图 2-34 相比，裂隙周围的应力分布有所改变，最为明显的变化是倾斜裂隙上下表面的应力集中区消失了，转移至已经产生的裂纹的尖端，倾斜裂隙尖端的压应力集中程度提高，而水平裂隙上下表面的拉应力集中程度提高。当轴向应力提高至 36.80 MPa 时，水平裂隙中间位置的上下表面分别萌生了裂纹，而观察该裂纹萌生的位置正好对应为轴向应力 35.83 MPa 时水平裂隙表面拉应力集中区的位置[图 2-35(a)]。在水平裂隙上下表面产生裂纹之后，原来位置的拉应力集中消失了，转移至裂纹的尖端。当轴向应力增大至 37.55 MPa 即应力-应变曲线上的点 c 时，在倾斜裂隙下尖端下方萌生了裂纹，而对应于该裂纹位置的拉应力集中区也发生了转移，而此时的其他裂纹也得到了扩展，且对应的拉应力集中区也转移至扩展裂纹的尖端。当轴向应力为 38.25 MPa 时，倾斜裂隙的右端发生贯通，倾斜裂隙下方的裂纹也扩展至倾斜裂隙下尖端，而水平裂隙的左尖端也即将贯通。当轴向应力为 39.22 MPa 时，水平裂隙的左尖端也发生贯通。在此之后，裂隙周围并没有明显的裂纹扩展发生，因此裂隙周围的应力场也基本保持不变，裂隙之间呈明显的拉伸作用，而水平和倾斜裂隙尖端的压应力集中自始至终也没有发生明显的转移或消失。

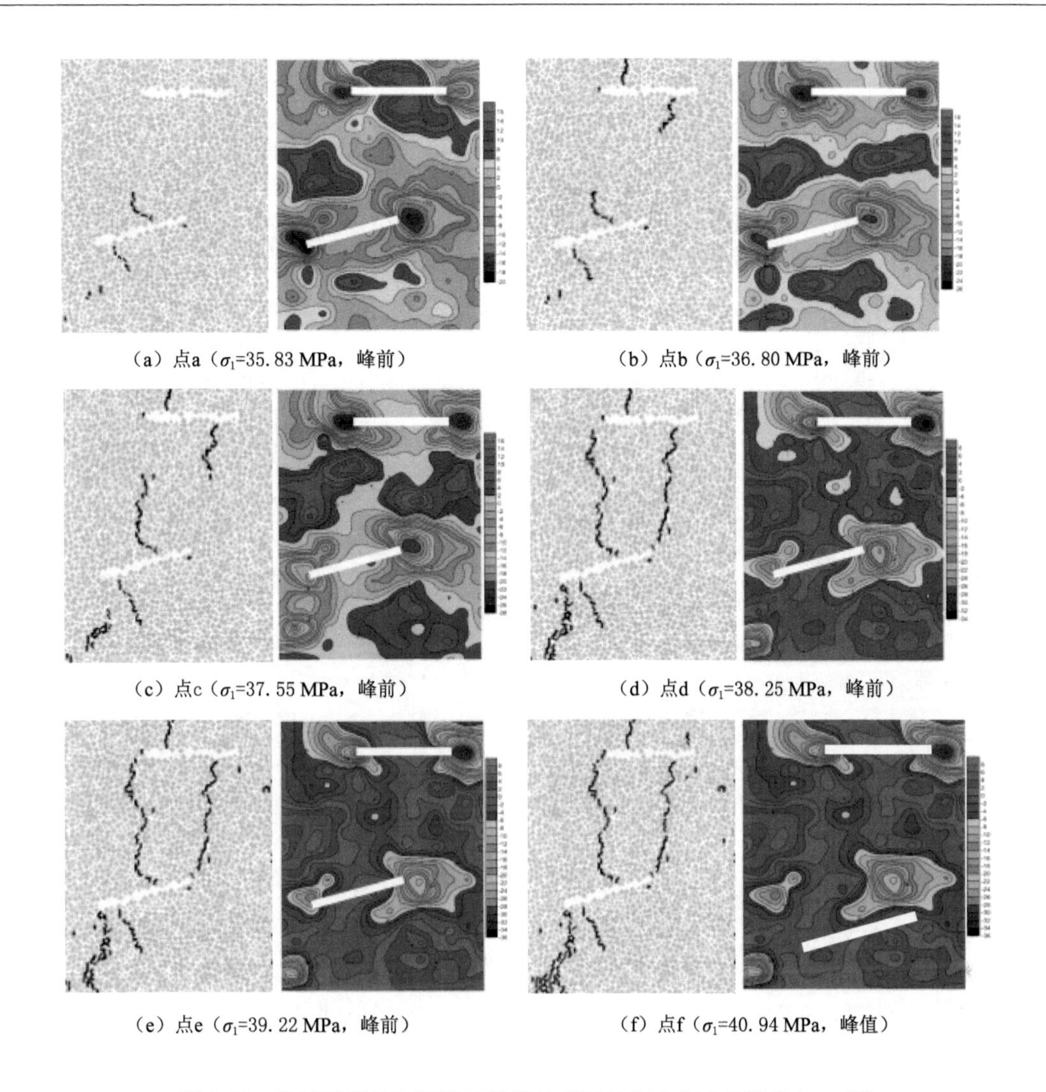

(a) 点a（σ_1=35.83 MPa，峰前）　(b) 点b（σ_1=36.80 MPa，峰前）

(c) 点c（σ_1=37.55 MPa，峰前）　(d) 点d（σ_1=38.25 MPa，峰前）

(e) 点e（σ_1=39.22 MPa，峰前）　(f) 点f（σ_1=40.94 MPa，峰值）

图 2-35　断续不平行双裂隙试样裂纹扩展过程中应力场演化(α＝15°)

如图 2-36 所示，当裂隙倾角为 45°时，断续不平行双裂隙试样首先在水平裂隙的右尖端和倾斜裂隙的上尖端萌生裂纹。与裂纹萌生前的应力场相比，此时的应力场发生了较大的改变：水平裂隙上下表面的拉应力集中区已经发生转移，倾斜裂隙上尖端附近的拉应力集中区转移至裂纹尖端。当轴向应力为 40.22 MPa 时，在水平裂隙下表面靠近裂隙右尖端位置萌生了裂纹，而对应的拉应力集中区也转移至裂纹的尖端。当轴向应力为 42.95 MPa 时，两条预制裂隙之间发生贯通，在此之后裂隙之间并没有明显的裂纹扩展行为，观察其应力场也可以发现，应力场在此之后没有发生显著的变化。当轴向应力为 44.70 MPa 时，在倾斜裂隙的下尖端产生了一些裂纹，而该位置原有的拉应力集中区也发生了转移。当轴向应力减小至 42.37 MPa(应力-应变曲线上的点 f)时，在倾斜裂隙下尖端上部产生了一条反向翼裂纹，裂隙之间呈明显的拉伸作用。

图 2-37 给出了裂隙倾角 75°断续不平行双裂隙试样裂隙周围裂纹扩展过程中应力场演化。虽然裂隙倾角 75°试样的裂纹扩展过程与裂隙倾角为 15°和 45°试样之间存在差异，但

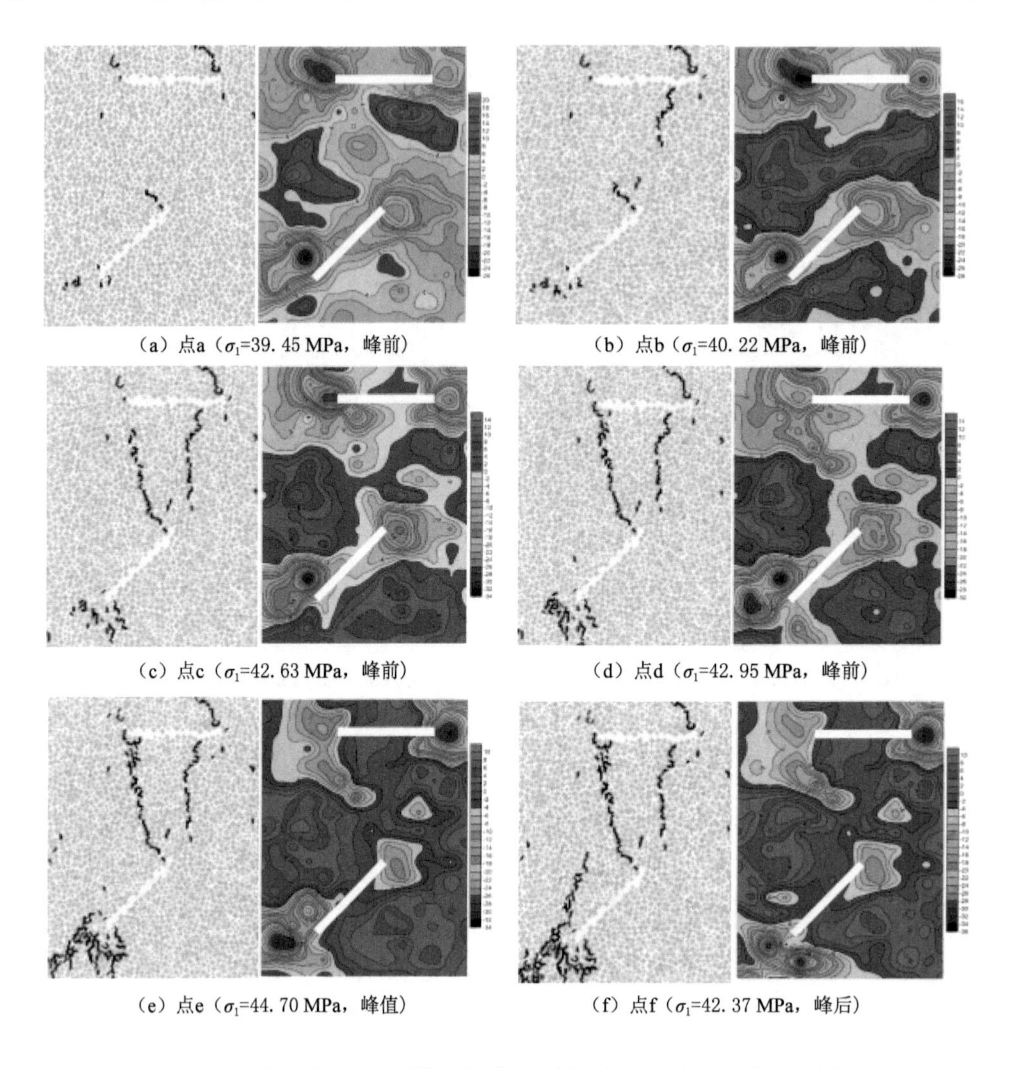

(a) 点a（σ_1=39.45 MPa，峰前） (b) 点b（σ_1=40.22 MPa，峰前）

(c) 点c（σ_1=42.63 MPa，峰前） (d) 点d（σ_1=42.95 MPa，峰前）

(e) 点e（σ_1=44.70 MPa，峰值） (f) 点f（σ_1=42.37 MPa，峰后）

图 2-36 断续不平行双裂隙试样裂纹扩展过程中应力场演化(α=45°)

是其应力场演化特征与裂纹扩展之间的对应关系相似，因此不再具体分析裂隙倾角为75°试样的应力场演化过程。需要注意的是，对于裂隙之间的应力场，拉应力集中程度随着变形的增大逐渐减小，当应力为峰后51.76 MPa(应力-应变曲线上点d)时，拉应力已经显著减小。这种变化明显不同于裂隙倾角15°和45°试样，这体现了裂纹扩展过程中应力场与裂隙倾角相关性，即当裂隙倾角较小时，裂隙之间拉应力随着变形的增大而逐渐增大，而当裂隙倾角较大时，裂隙之间拉应力随着变形的增大而逐渐减小。

根据上述裂纹萌生前应力场以及裂纹扩展过程中应力场分布特征的分析，可将断续不平行双裂隙数值试样裂纹萌生和扩展对应的应力场演化规律归纳如下：① 断续不平行双裂隙试样应力集中区主要分布在预制裂隙周围。当在预制裂隙周围萌生初始裂纹后，对应于该位置的拉应力集中区会发生转移，而裂隙尖端的压应力集中区却没有发生明显的改变，也就是说裂纹初始扩展沿着裂隙周围拉应力达到最大的方向，当这个方向上的拉应力最大值达到材料的极限时，裂纹就开始起裂。② 随着裂纹扩展，拉应力集中会转移到裂纹的尖端

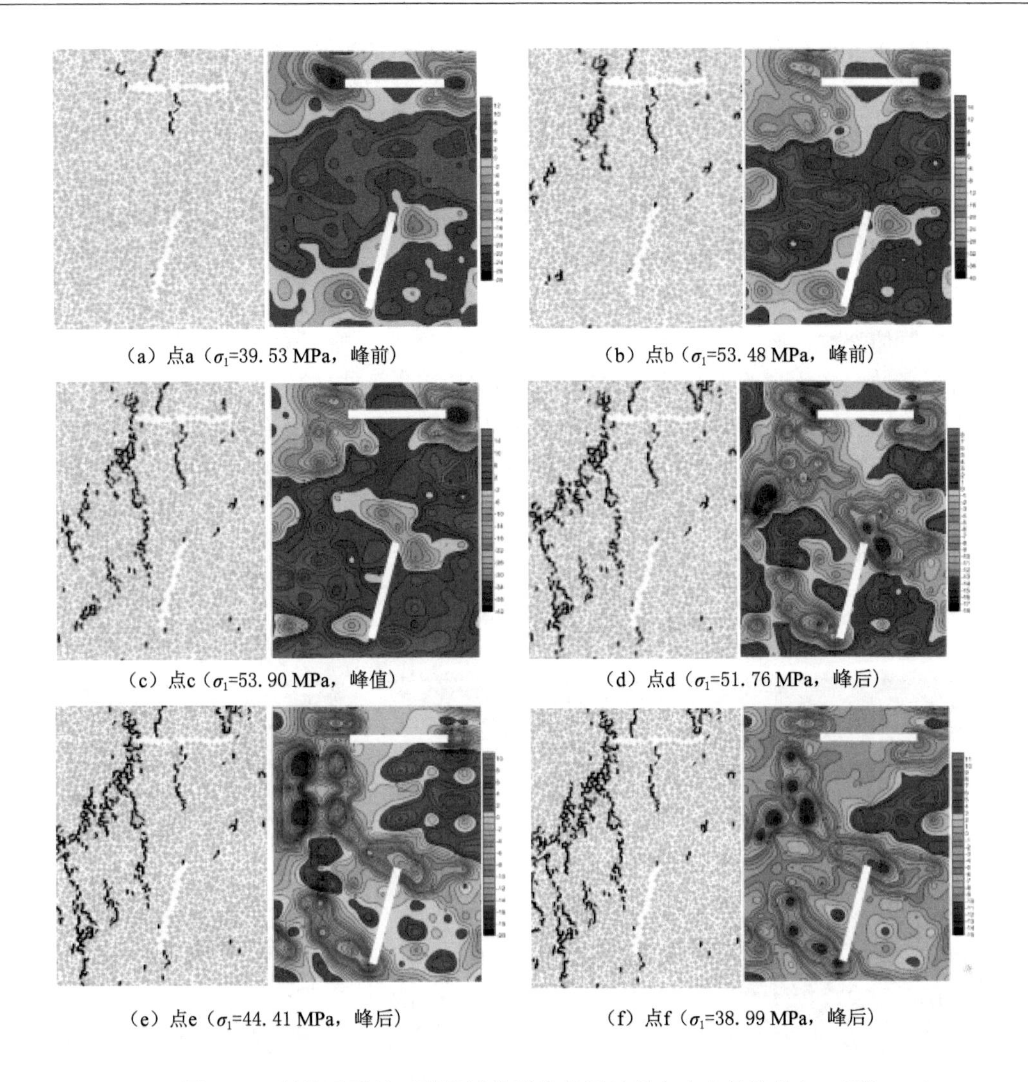

（a）点a（σ_1=39. 53 MPa，峰前）　（b）点b（σ_1=53. 48 MPa，峰前）

（c）点c（σ_1=53. 90 MPa，峰值）　（d）点d（σ_1=51. 76 MPa，峰后）

（e）点e（σ_1=44. 41 MPa，峰后）　（f）点f（σ_1=38. 99 MPa，峰后）

图 2-37　断续不平行双裂隙试样裂纹扩展过程中应力场演化（α＝75°）

位置。当应力集中达到一定程度时，在该区域会萌生新的微裂纹，而拉应力集中区再次发生转移。在拉应力集中区不断转移的过程中，新的微裂纹不断萌生、汇集形成宏观裂纹。③ 在预制裂隙之间的裂纹不断扩展后，预制裂隙之间最终可能贯通，而在裂隙之间发生贯通之后，裂隙之间不再发生明显的裂纹萌生和扩展行为，也就是说应力分布状态不会有显著的变化。④ 在变形不断增大的过程中，宏观平均应力在峰值前不断增大，而在峰后则不断减小。但是对应的局部最大拉应力和最大压应力的大小并没有与宏观平均应力相一致，这是因为内部局部拉应力和压应力的大小与裂纹扩展过程紧密相关。⑤ 对于裂隙倾角 0°和 45°试样，在裂隙之间发生裂纹萌生、扩展直至贯通的过程中，裂隙之间的应力场逐渐由压缩状态向拉伸状态转移，而且拉应力随着变形的增大而逐渐增大，而对于裂隙倾角 75°试样的预制裂隙之间的应力场则相反，表现为由拉伸状态逐渐向压缩状态转移，而且预制裂隙之间拉应力随着变形的增大而逐渐减小，这也说明了裂隙之间应力场分布的不同导致了预制裂隙之间最终贯通模式的不同。

本小节着重分析数值试样裂纹扩展过程中位移场分布规律。在数值模拟中，通过监测裂纹扩展过程中颗粒的位移矢量分布，获得断续不平行双裂隙试样细观位移演化特征，以裂隙倾角15°和75°试样为例。图2-38给出了裂隙倾角15°断续不平行双裂隙试样裂纹扩展过程中颗粒位移分布，图中箭头表示颗粒的运动方向，线段表示微裂纹。由图2-38可见，当轴向应力为35.83 MPa时，总体上裂隙附近的位移矢量更加密集，预制裂隙之间位移矢量分布较为稀疏，而此时在倾斜裂隙附近萌生裂纹，对应于倾斜裂隙附近的位移箭线方向发生了错动。当轴向应力增大至36.80 MPa时，水平裂隙附近的位移箭线发生了错动，对应在该位置萌生了拉伸裂纹。当轴向应力为37.55 MPa时，倾斜裂隙下尖端附近颗粒运动方向发生了变化。当轴向应力增大至应力-应变曲线上的点d($\sigma_1=38.25$ MPa)时，位移矢量变化更加明显，而且此时在两条预制裂隙范围内位移箭线的分布逐渐变得均匀，即裂隙周围的位移箭线密集程度减小，而裂隙之间的位移箭线密集程度有所增大。当应力增大至应力-应变曲线上的点e($\sigma_1=39.22$ MPa)和点g($\sigma_1=40.94$ MPa)时，两条预制裂隙周围范围内并没有明显的裂纹扩展行为，因此其位移分布状态也没有显著的改变。当轴向应力为应力-应变曲线上的点g($\sigma_1=40.94$ MPa)时，在两条裂隙周围范围内位移箭线密集程度已经相当，仅在裂隙之间最中间位置的位移稍微疏一些。

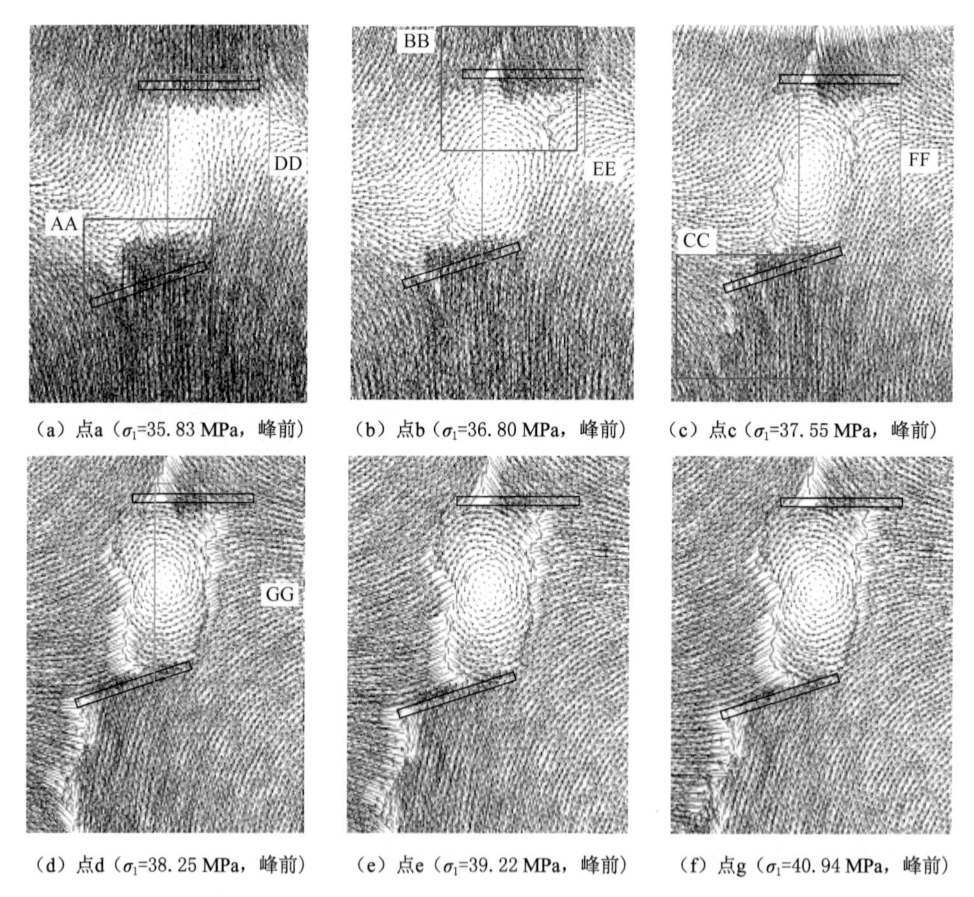

(a) 点a (σ_1=35.83 MPa，峰前)　(b) 点b (σ_1=36.80 MPa，峰前)　(c) 点c (σ_1=37.55 MPa，峰前)

(d) 点d (σ_1=38.25 MPa，峰前)　(e) 点e (σ_1=39.22 MPa，峰前)　(f) 点g (σ_1=40.94 MPa，峰前)

图2-38　断续不平行双裂隙试样裂纹扩展过程位移场分布($\alpha=15°$)

图 2-39 给出了裂隙倾角 75°断续不平行双裂隙试样裂纹扩展过程中颗粒位移分布特征。在应力-应变曲线上的点 a($\sigma_1=39.53$MPa)处，水平裂隙萌生初始裂纹导致了该位置的位移箭线方向发生改变，而其他地方的位移箭线均没有受到影响，还保持着相同的方向运动。之后，在水平裂隙中间及右部下方位置并没有明显的裂纹扩展，因此该区域的位移场基本上不发生改变，位移场的变化主要集中在图中的左半部分。随着裂纹的萌生和扩展，对应位置的位移箭线会发生变化，总体上与裂隙倾角 15°试样相似。在应力-应变曲线上的点 d ($\sigma_1=51.76$ MPa)位置，可以发现图中所示区域内位移箭线的密集程度明显高于点 a 时密集程度，而在应力-应变曲线上的点 e($\sigma_1=44.41$ MPa)和点 f($\sigma_1=38.99$ MPa)时位移箭线的密集程度更高，这说明了裂隙倾角 75°试样在峰值强度之后阶段颗粒的运动程度大于峰值强度前阶段。

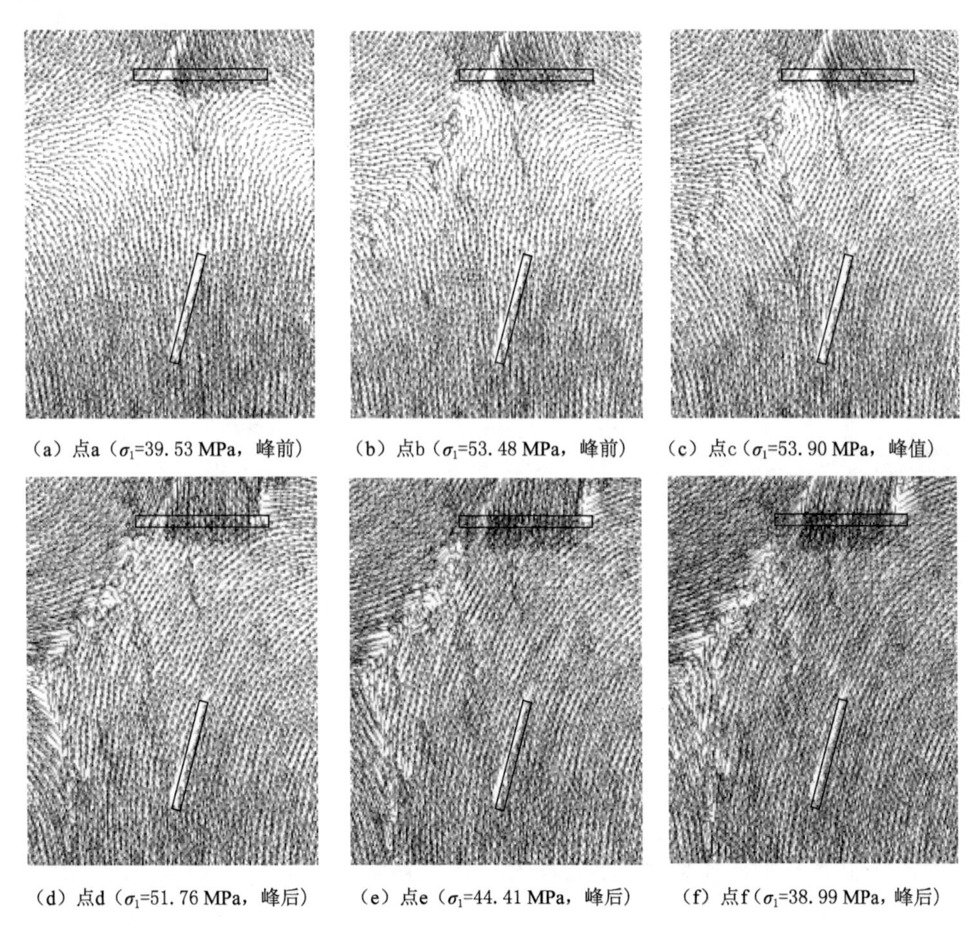

(a) 点a (σ_1=39.53 MPa，峰前)　(b) 点b (σ_1=53.48 MPa，峰前)　(c) 点c (σ_1=53.90 MPa，峰值)

(d) 点d (σ_1=51.76 MPa，峰后)　(e) 点e (σ_1=44.41 MPa，峰后)　(f) 点f (σ_1=38.99 MPa，峰后)

图 2-39　断续不平行双裂隙试样裂纹扩展过程位移场分布($\alpha=75°$)

通过上述分析，对裂纹起裂、扩展和贯通过程中颗粒位移演化特征有了一定了解。将预制裂隙周围局部位移分布放大，进一步分析断续不平行双裂隙试样裂纹扩展过程中位移演化特征，如图 2-40 所示。图 2-40 中的 AA、BB、CC、DD、EE、FF 和 GG 分别对应于图 2-38 中的标注。首先分析断续裂隙试样中翼裂纹对应的位移模式。如图 2-40(a)所示，在倾斜裂隙初始翼裂纹萌生前，预制裂隙上部附近颗粒均表现为向下运动趋势，随着变形的增加，该区域内的颗粒分别向两个方向分离运动，并由此萌生了向上扩展的翼裂纹，而此时分离的颗粒运动方向近似呈 90°角，而在裂隙下方的区域颗粒运动虽然也发生了变化，但位移模式与裂隙上端裂纹的位移模式却有所不同，它是由于裂纹右侧的颗粒运动发生改变，而左侧颗粒的运动方向却保持不变。如图 2-40(b)所示，水平裂隙上部裂纹的位移模式与倾斜裂隙下尖端附近裂纹的模式相同，而水平裂隙下部裂纹的位移模式与倾斜裂隙上部裂纹的位移模式相同。在图 2-40(c)中，次生翼裂纹的位移模式与初始翼裂纹的位移模式相同。由此，可以总结出两种典型的位移模式，第一种(称为 T1)：颗粒先以相同方向运动，随后颗粒分别向两个方向分离运动，从而产生微裂纹；第二种(称为 T2)：颗粒先以相同方向运动，然后其中一部分改变运动方向，由此产生微裂纹，这与 Zhang 和 Wong[9] 研究结论相似。

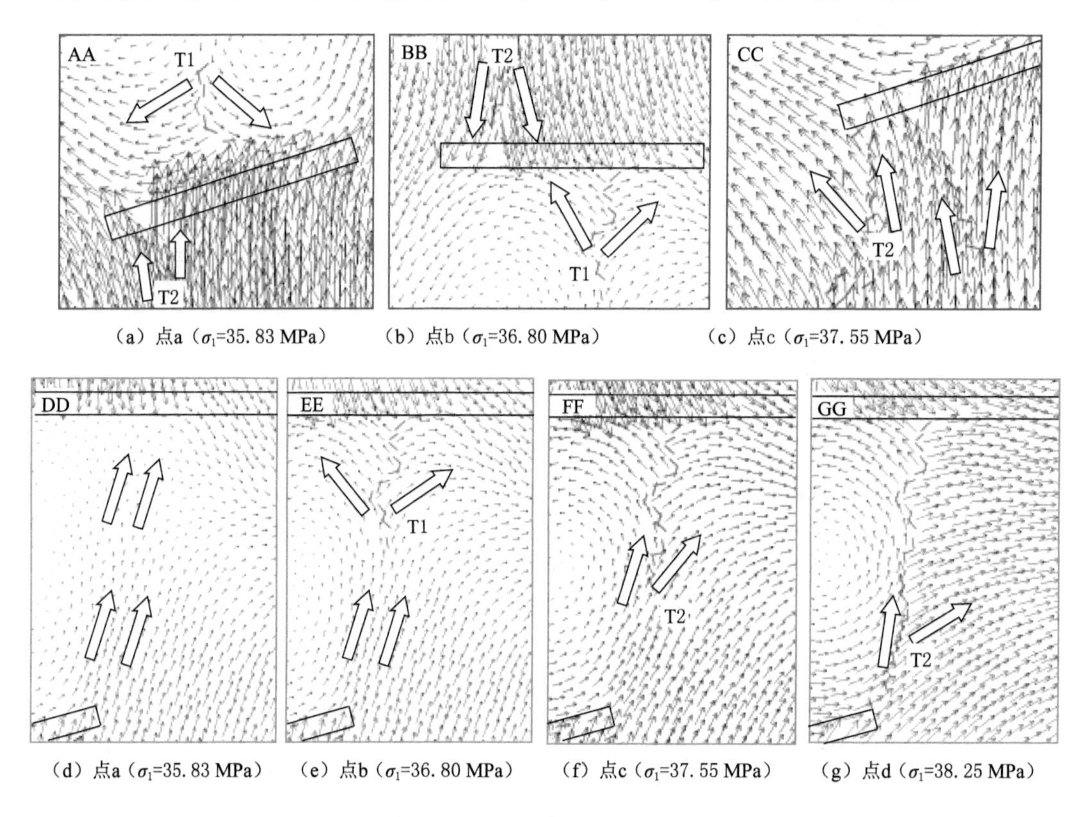

(a) 点a (σ_1=35.83 MPa)　(b) 点b (σ_1=36.80 MPa)　(c) 点c (σ_1=37.55 MPa)

(d) 点a (σ_1=35.83 MPa)　(e) 点b (σ_1=36.80 MPa)　(f) 点c (σ_1=37.55 MPa)　(g) 点d (σ_1=38.25 MPa)

图 2-40　断续不平行双裂隙试样裂纹扩展过程位移场局部放大图(α=15°)

其次分析断续裂隙试样裂纹扩展过程对应的位移演化特征。图 2-40(d)～(g)为两条预制裂隙右端贯通过程的位移场放大图。当应力水平为 35.83 MPa 时，预制裂隙之间颗粒运动方向相同，均为倾斜向上运动，但是靠近水平裂隙下表面附近颗粒的运动较慢(表现为箭头更短更稀，局部放大图 DD)。当应力水平为 36.80 MPa 时，水平裂隙中部下表面萌生了向下扩展的拉伸裂纹，对应的位移模式为 T1。而且颗粒位移方向发生变化的范围仅在该拉伸裂纹长度范围内，裂纹尖端下方的颗粒运动方向还基本保持着倾斜向上。当轴向应力增大至 37.55 MPa 时，裂纹已经扩展至岩桥区域中间位置，而运动方向受影响的范围也延伸至裂纹尖端处，而且裂纹右边的颗粒向水平方向偏移的趋势更加明显，此处对应的位移模式为 T2。在裂纹尖端下方的颗粒还是保持着原来的倾斜向上运动。当应力增大至

38.25 MPa时，两条预制裂隙之间最终发生贯通。从此时的颗粒运动情况可以发现，受影响较大的为裂纹右边的颗粒，其运动方向已经近似于水平向右了，此时的位移模式也为 T2。为此，裂纹扩展过程位移场的分布规律可归纳为：在预制裂隙试样中萌生裂纹前，在一定范围内颗粒的运动方向基本相同，当变形达到一定程度后，裂隙周围颗粒某区域的颗粒运动方向发生错动，并萌生微裂纹。在裂纹扩展的过程中，该类型的错动仅体现在裂隙的尖端，并随着裂纹的扩展过程向前转移。在裂纹的扩展过程中，即使是同一条裂纹对应的位移模式也可能会发生改变。

2.2.6 本节小结

在 PFC 中构建了类岩石材料数值模型，基于室内完整试样试验结果，标定了一组能够反映类岩石材料力学特性的细观参数，进行了不同裂隙倾角断续不平行双裂隙试样单轴压缩模拟，详细分析了断续不平行双裂隙试样强度和变形参数以及裂纹扩展特征，从应力场和位移场演化特征揭示了裂纹扩展细观机理，主要得到如下结论：

(1) 采用 PFC 构建了完整类岩石材料数值模型并进行了单轴压缩和三轴压缩模拟。通过模拟获得的单轴压缩强度、峰值应变、弹性模量、黏聚力和内摩擦角等力学参数均与室内试验结果接近，破裂模式也与试验结果相吻合，即模拟结果能够反映类岩石材料的力学特性。

(2) 断续不平行双裂隙试样的单轴压缩峰值强度和泊松比与裂隙倾角密切相关。峰值强度随裂隙倾角的增大呈先减小后增大规律，而泊松比与裂隙倾角之间呈非线性变化。弹性模量和峰值应变模拟值与裂隙倾角之间无明显相关性。

(3) 断续不平行双裂隙试样的裂纹起裂、扩展和贯通特征均与裂隙倾角相关。当水平裂隙与较小倾角(0～30°)倾斜裂隙组合时，裂纹首先在倾斜裂隙附近萌生；而水平裂隙与45°倾斜裂隙组合时，水平裂隙和倾斜裂隙同时萌生初始裂纹；水平裂隙与较大倾角(60°～75°)倾斜裂隙时，裂纹首先在水平裂隙附近萌生。断续不平行双裂隙试样中产生的拉伸裂纹在远离裂隙尖端时主要受最大主应力的影响，以平行于最大主应力的方向不断扩展，而当裂纹延伸至裂隙尖端附近时，裂纹会改变扩展路径，并朝着裂隙尖端方向扩展。当裂隙倾角为 0°、15°和 30°时，预制裂隙之间发生两次贯通，而且均是由于裂隙尖端附近萌生的翼裂纹扩展导致的；当裂隙倾角增大至 45°时，预制裂隙之间发生了三处贯通，除了由裂隙尖端或距尖端一定距离萌生的翼裂纹扩展导致的两处贯通外，还有一处为倾斜裂隙下尖端萌生的反向翼裂纹向上扩展并最终与水平裂隙左尖端之间的贯通；而当裂隙倾角为 60°和 75°时，裂隙之间未发生完全贯通。

(4) 单轴压缩下边界能在加载的过程中持续增长，但其增长率会随着应变的增大而变化；黏结能是克服颗粒间黏结所做的功，裂纹产生之后在应变能的作用下扩展。在试样内萌生微裂纹之后，摩擦能才起作用，摩擦能随着裂纹的扩展逐渐增大。动能数值很小，说明试样的破裂不剧烈。

(5) 完整试样最大拉应力集中区处于随机分布状态，在试样上体现为随机分布的初始裂纹，而断续裂隙对应力分布有明显的改变作用，裂隙周围为拉应力集中区。最大拉应力集中区的位置即为随之而来的裂纹起裂位置，而最大压应力集中区的位置却不是裂纹萌生的位置。水平裂隙及较小倾角(15°和 30°)拉应力集中区主要分布在裂隙的中部位置，倾斜裂隙随着裂隙倾角的增大，拉应力集中区逐渐向裂隙尖端转移。

(6) 在试样中萌生裂纹前，局部颗粒的运动方向基本相同。当变形达到一定程度后，裂隙周围某区域的颗粒运动方向发生错动，并萌生微裂纹。在裂纹扩展过程中，该类型的错动仅体现在裂隙的尖端，并随着裂纹的扩展过程向前转移。

2.3 断续三裂隙砂岩裂纹扩展特征数值模拟

上述研究有助于认识含不平行双裂隙试样强度变形特征及裂纹扩展规律，但工程岩体中可能分布多组裂隙，因此有必要对三裂隙或多裂隙岩石强度破坏特征展开研究，以深入认识复杂裂隙岩石的力学行为。Sagong 和 Bobet[22]采用石膏模型材料制得含 3 条和 16 条裂隙岩样并进行单轴压缩试验，观察到裂纹扩展路径与双裂隙试样类似，不同裂隙组合岩样有不同的裂纹贯通模式。Yang 等[23]通过在长方体砂岩试样中预制 3 条裂隙，分析了单轴压缩下三裂隙砂岩强度和变形规律，借助照相量测详细分析了裂纹的萌生、扩展和贯通过程。蒲成志等[24]通过浇筑多裂隙类岩石材料，结合 $FLAC^{3D}$ 对含不同裂隙倾角和裂隙密度试样进行了研究，分析指出裂隙倾角对破坏模式起主要作用。陈新等[25]进行了含不同倾角和裂隙率模型试样单轴压缩试验，探讨了裂隙参数对应力-应变曲线、强度和弹性模量等的影响。Zhou 等[26]在模型材料上预制了 4 条裂隙，分析了四裂隙试样在单轴压缩下的裂纹扩展特征，总结了试验中出现的 5 种裂纹形式和 10 种裂纹贯通模式。Jing 等[27]采用相似理论配制了含多裂隙模型材料试样并进行了室内试验，研究了锚杆对裂隙试样强度变形特征的影响规律。在裂隙岩石中，岩桥(即预制裂隙之间的完整岩石)使岩体受力和变形特征发生改变[25]。因此，有必要研究岩桥参数对含三裂隙或多裂隙岩石强度和变形特征的影响。同时，考虑颗粒流 PFC 在细观力学分析上的优势，本节采用 PFC 对含断续三裂隙砂岩试样进行单轴压缩模拟。首先构建了断续三裂隙砂岩数值试样，通过断续裂隙砂岩室内单轴压缩试验结果标定了一组较为合理的 PFC 细观参数，在此基础上开展了断续三裂隙岩样单轴压缩模拟，详细分析断续三裂隙数值试样的强度变形特征以及裂纹扩展规律[28]。

2.3.1 细观参数及模拟方案

本节 PFC 细观模型选择平行黏结模型。在进行数值模拟之前，首先应进行模型的细观参数标定。在平行黏结模型中，主要包含了摩擦系数、接触模量、刚度比以及黏结强度等细观参数。通过不断调整细观参数，直到模拟结果与试验结果尽量相近。通过反复调试，最终获得一组能够反映室内脆性砂岩宏观力学特性的细观参数，这组细观参数模拟的应力-应变曲线、强度和弹性模量、裂纹扩展过程以及破坏模式都与砂岩室内试验结果[29]相接近。表 2-7为本节采用的脆性砂岩颗粒流细观参数。单轴压缩模拟采用位移加载，加载速率为 0.2 m/s。

表 2-7 脆性砂岩 PFC 细观参数

参数	取值	参数	取值
颗粒最小半径/mm	0.3	摩擦系数	0.35
颗粒半径比	1.6	平行黏结模量/GPa	24.25

表 2-7(续)

参数	取值	参数	取值
密度/(kg/m³)	2 650	平行黏结刚度比	1.3
颗粒接触模量/GPa	24.25	平行黏结法向强度/MPa	113.0±18.08
颗粒刚度比	1.3	平行黏结切向强度/MPa	180.08±29.93

为进一步验证细观参数的合理性，采用该细观参数模拟室内断续三裂隙砂岩单轴压缩试验。图 2-41 给出了 PFC 模拟得到的最终破坏模式与室内试验结果的比较。由图 2-41 可见，在室内试验中断续三裂隙砂岩的最终破坏是由许多从裂隙尖端产生的裂纹扩展与汇合导致的，且随着岩桥倾角的变化最终破坏模式随之发生改变。在 PFC 中，断续三裂隙数值试样在单轴压缩下最终破坏模式与试验结果较为吻合，这表明了选用细观参数较合理、准确，能够反映室内断续裂隙砂岩试验结果。

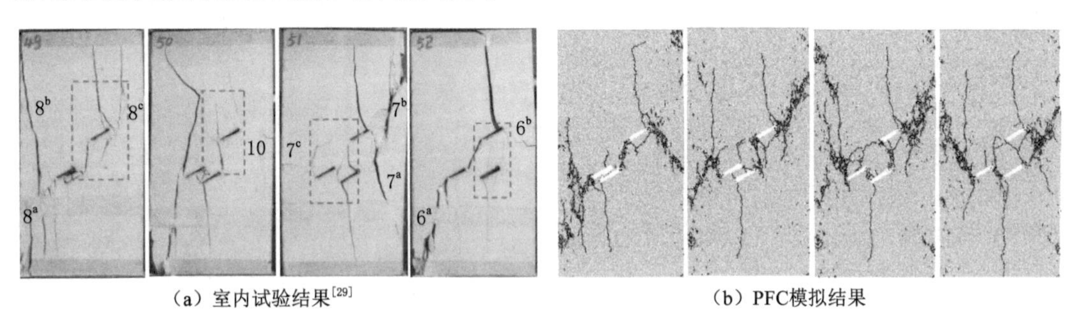

(a) 室内试验结果[29]　　(b) PFC模拟结果

图 2-41　断续三裂隙砂岩试验与 PFC 模拟最终破坏模式对比

为探究岩桥倾角对断续裂隙试样强度破裂特征的影响，设计了如图 2-42 所示 3 条裂隙组合分布形式。试样尺寸为 80 mm×160 mm，裂隙长度 $2a$ 均为 15 mm，裂隙①、②和③平行分布，裂隙倾角 α 均为 45°，裂隙①、③之间的岩桥长度 $2b$ 为 40 mm，岩桥倾角 β 分别为 0°、30°、60°、90°、120°和 150°。

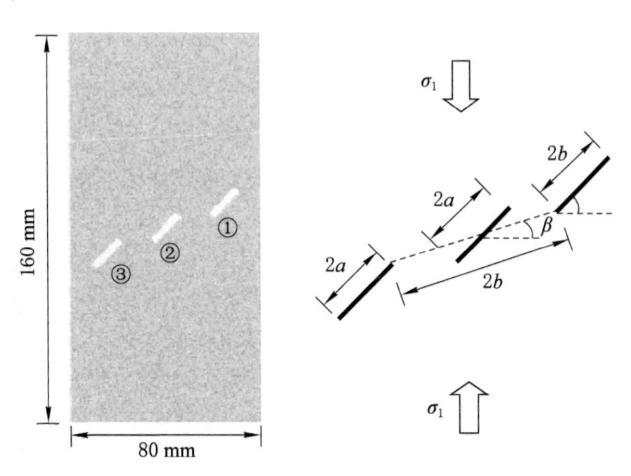

图 2-42　断续三裂隙数值试样裂隙几何参数

2.3.2 强度及变形特征分析

(1) 应力-应变响应

图 2-43 给出了 PFC 模拟的断续三裂隙数值试样轴向应力-应变曲线。断续三裂隙砂岩数值试样曲线呈现出较多的应力跌落，意味着断续三裂隙砂岩数值试样为渐进破坏过程。应力跌落主要集中在峰值强度附近，说明该阶段是新裂纹萌生与扩展的活跃期。不同岩桥倾角裂隙岩样的应力-应变曲线具有不同的响应特征，主要体现在曲线的峰值和斜率上。

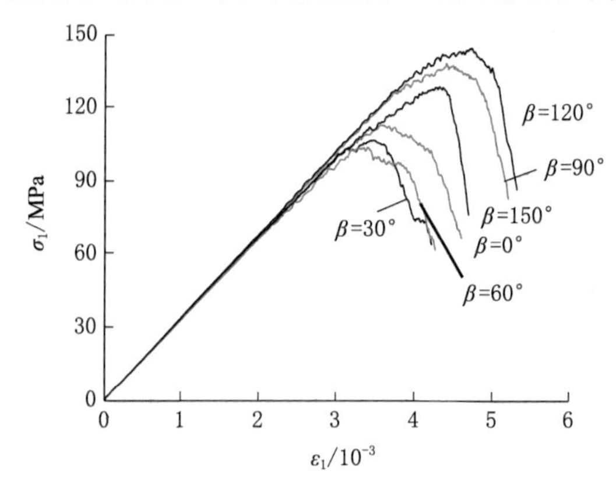

图 2-43 单轴压缩下断续三裂隙数值试样应力-应变曲线

(2) 强度及变形参数

根据图 2-43 所示轴向应力-应变曲线，可以获得断续三裂隙砂岩数值试样峰值强度 σ_p、弹性模量 E_S 和峰值应变 ε_p 等力学参数，列于表 2-8 中。表中还给出了断续三裂隙砂岩数值试样裂纹损伤阈值 σ_{cd}。σ_{cd}是失稳裂纹开始出现的特征应力，作为压缩与趋向于扩容的临界值，在轴向应力-体积应变曲线上体现为体积压缩最大值对应的轴向应力。由表 2-7 可见，断续三裂隙砂岩数值试样峰值强度、弹性模量、峰值应变和裂纹损伤阈值等力学参数均显著低于完整砂岩数值试样。断续三裂隙砂岩数值试样峰值强度最大降幅为 45.9%(β=60°)，弹性模量最大降幅为 9.8%(β=60°)，峰值应变最大降幅为 37.0%(β=60°)和裂纹损伤阈值最大降幅为 66.9%(β=150°)。可见，当岩桥倾角为 60°时，断续三裂隙砂岩数值试样的承载能力和刚度相对较弱。

表 2-8 完整和断续三裂隙数值试样单轴压缩力学参数

β	σ_p/MPa	E_S/GPa	$\varepsilon_p/10^{-3}$	σ_{cd}/MPa
完整	191.21	36.40	5.394	175.19
0°	112.46	33.10	3.578	85.98
30°	106.37	33.08	3.468	100.41
60°	103.44	32.84	3.396	68.44
90°	138.00	33.53	4.397	113.45
120°	144.17	33.84	4.711	102.27
150°	128.19	33.50	4.312	57.91

为了进一步分析岩桥倾角对断续三裂隙砂岩数值试样力学参数的影响，图 2-44 给出了断续三裂隙砂岩数值试样峰值强度、裂纹损伤阈值、弹性模量和峰值应变等力学参数与岩桥倾角之间的关系曲线。随着岩桥倾角的改变，断续三裂隙砂岩数值试样峰值强度、裂纹损伤阈值、弹性模量和峰值应变均呈现非线性变化规律。由图 2-44(a)可见，随着岩桥倾角的增大，断续三裂隙砂岩数值试样峰值强度呈先减小后增大再减小的变化趋势，60°时有最小值，120°时有最大值。具体为：当岩桥倾角由 0°增大到 60°时，峰值强度由 112.46 MPa 减小到 103.44 MPa；岩桥倾角由 60°增大到 120°时，峰值强度由 103.44 MPa 增大到 144.17 MPa，而当岩桥倾角由 120°增大到 150°时，峰值强度由 144.17 MPa 减小到 128.19 MPa。改变岩桥倾角时，断续三裂隙砂岩数值试样裂纹损伤阈值与峰值强度的比值除 30°(比值 94.4%)和 150°(比值 45.2%)外，其余比值均在 60%～80%左右。总体而言，断续三裂隙砂岩数值试样的裂纹损伤阈值与岩桥倾角之间没有明显相关性。由图 2-44(b)可见，随着岩桥倾角的增大，断续三裂隙砂岩数值试样弹性模量和峰值应变均表现出与峰值强度相同的变化趋势，即呈先减小后增大再减小的非线性变化规律，60°时有最小值，而 120°时有最大值。

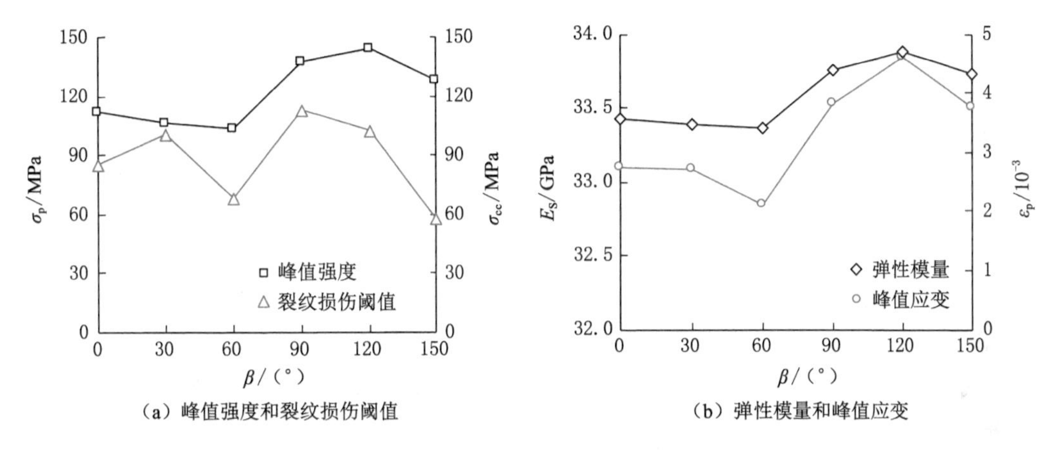

图 2-44　岩桥倾角对断续三裂隙砂岩数值试样力学参数的影响

2.3.3　裂纹扩展特征分析

在 PFC 中，能够记录模拟过程中微裂纹的位置以及对应的应力值，这有助于分析断续三裂隙砂岩数值试样裂纹起裂模式和贯通模式以及相应的应力水平。

(1) 裂纹起裂模式

本节将裂纹起裂模式定义为在预制裂隙尖端产生初始裂纹时的裂纹形态，并把对应的轴向应力称为裂纹起裂应力[30]。需要注意的是，在 PFC 中宏观裂纹是由微裂纹组成的，当大于等于 3 个微裂纹连接在一起时为宏观裂纹[9]。

图 2-45 为单轴压缩下断续三裂隙砂岩数值试样裂纹起裂模式。由图 2-45 可见，初始裂纹一般在预制裂隙尖端附近萌生。在图 2-45 中，岩桥倾角变化对预制裂隙①和预制裂隙③尖端附近裂纹的萌生影响不大，除了岩桥倾角为 90°外，其他岩桥倾角试样中预制裂隙①和预制裂隙③右尖端附近萌生向上的翼裂纹，预制裂隙①和预制裂隙③左尖端附近萌生向下的翼裂纹。而预制裂隙②尖端附近萌生的裂纹与岩桥倾角密切相关。当岩桥倾角为 0°

时，预制裂隙②尖端还没有产生裂纹，而其他较大岩桥倾角下预制裂隙②尖端均有裂纹产生。具体表现为当岩桥倾角为30°和90°时，仅在预制裂隙②右尖端产生了初始裂纹；当岩桥倾角为60°、120°和150°时，预制裂隙②右尖端附近萌生向上的翼裂纹，预制裂隙②左尖端附近萌生向下的翼裂纹。由此可见，当岩桥倾角较小时中间预制裂隙②尖端裂纹较难起裂，这可能是因为当岩桥倾角较小时对预制裂隙②尖端的抑制作用造成的。

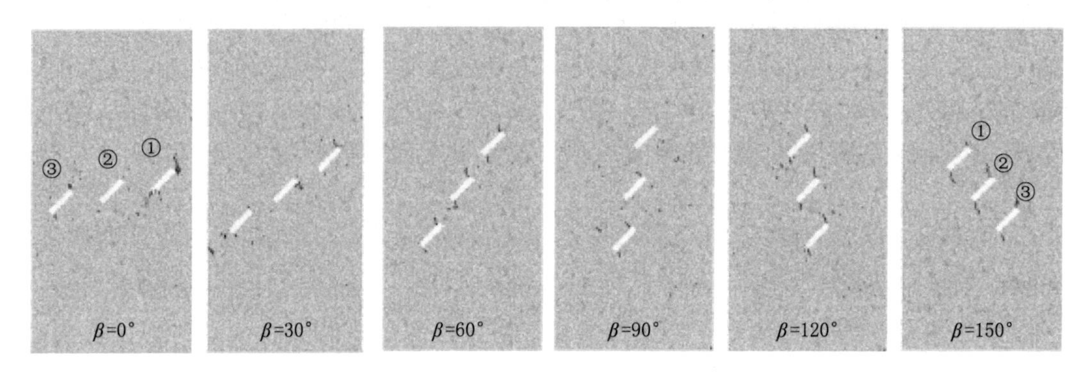

图 2-45　断续三裂隙砂岩数值试样单轴压缩初始裂纹起裂模式

根据断续三裂隙砂岩数值试样初始裂纹对应的轴向应力可统计得到裂纹起裂应力。将各岩桥倾角断续三裂隙砂岩试样起裂应力与对应的峰值强度的比值定义为起裂应力水平K[31]。图2-46给出了断续三裂隙砂岩数值试样裂纹起裂应力、起裂应力水平与岩桥倾角之间的关系曲线。由图可见，裂纹起裂应力随岩桥倾角的增大呈非线性变化，其变化趋势与峰值强度相同。然而起裂应力水平与岩桥倾角之间并没有明显的对应关系。断续三裂隙砂岩数值试样裂纹起裂应力均低于峰值强度，起裂应力水平分布在0.62(β=150°)和0.93(β=30°)范围内，仅从裂纹起裂应力水平而言，岩桥倾角30°试样最难起裂，而岩桥倾角150°试样最容易起裂。

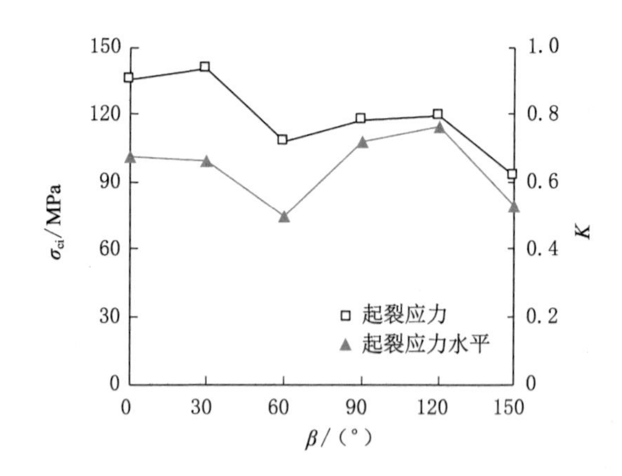

图 2-46　岩桥倾角对断续三裂隙砂岩数值试样起裂应力的影响

(2) 裂纹贯通模式

图2-47为单轴压缩下断续三裂隙砂岩数值试样最终破坏模式。由于裂纹的扩展导致预制裂隙之间发生的连接，称为裂纹贯通，并且把预制裂隙之间首次发生贯通时的轴向应力

定义为裂纹贯通应力。由图 2-47 可见，当岩桥倾角不同时，断续三裂隙砂岩数值试样呈现出不同的贯通模式。为了分析裂隙之间的贯通模式，应首先明确试样中的裂纹类型，本次模拟观察到的裂纹主要可以分为：裂隙尖端萌生的翼裂纹和反向翼裂纹、裂隙尖端产生的次生共面裂纹、岩桥区域萌生的拉伸裂纹和远场拉伸裂纹，有关这些裂纹的定义可见 Bobet 和 Einstein[32]、Bobet[33] 以及 Sagong 和 Bobet[22] 等人研究成果。对引起裂隙之间贯通的裂纹类型、贯通发生的位置以及贯通的数量加以分析，不同岩桥倾角试样分别描述如下：当岩桥倾角为 0°时，裂隙①和②之间发生一处贯通，它是由于裂隙①左尖端萌生的翼裂纹扩展过程与裂隙②右尖端产生的反向翼裂纹在岩桥区外汇合而成；而裂隙②和③情况与裂隙①和②相似，也是翼裂纹与反向翼裂纹连接贯通。当岩桥倾角为 30°时，裂隙①和②以及裂隙②和③之间均只有一处贯通。其中裂隙①和②之间的贯通是由于裂隙①左尖端产生的次生共面裂纹与裂隙②右尖端产生的反向翼裂纹连接造成的；而②和③之间的贯通是由于裂隙③右尖端产生的次生共面裂纹与裂隙②左尖端产生的反向翼裂纹连接造成的。由此可见两处裂纹贯通的形式相同，均是由于次生裂纹与反向翼裂纹在岩桥区域内连接。

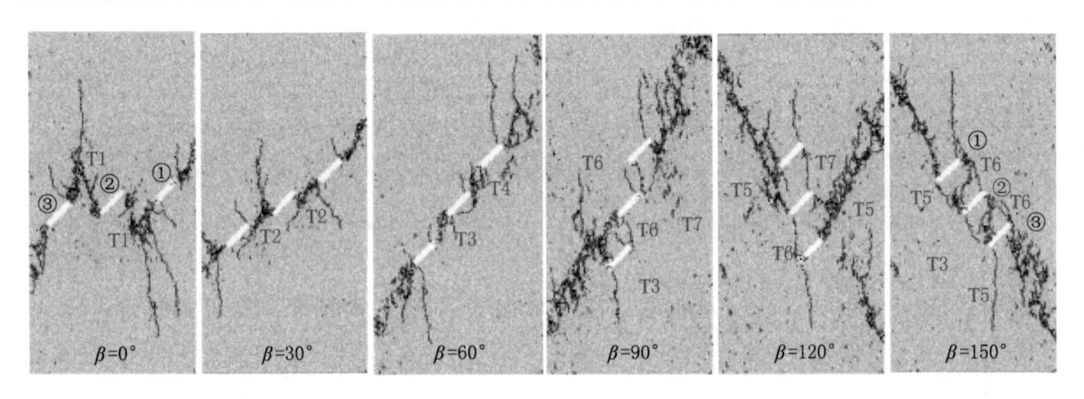

图 2-47　断续三裂隙砂岩数值试样单轴压缩最终破坏模式

当岩桥倾角为 60°时，裂隙①和②以及裂隙②和③之间均只有一处贯通，但是两处贯通形式却不尽相同。首先，对于裂隙①和②之间的贯通，是由于裂隙中间萌生的拉伸裂纹分别向两条裂隙尖端扩展，拉伸裂纹的下端直接与裂隙②上尖端连接，而拉伸裂纹的上部与裂隙①左尖端产生的翼裂纹相连接形成的。其次，对于裂隙②和③之间的贯通却是由于裂隙中间萌生的拉伸裂纹扩展过程中分别与裂隙②下尖端和裂隙③上尖端连接形成的。当岩桥倾角增大到 90°时，裂隙①和②之间发生两处贯通，分别由裂隙①左尖端萌生的翼裂纹和裂隙①右尖端萌生的反向翼裂纹向裂隙②右尖端扩展形成的，而裂隙②和③之间除了由裂隙②左尖端产生的翼裂纹扩展形成的贯通外，在裂隙②和③之间产生的拉伸裂纹向两条裂隙尖端扩展过程中也形成了一处贯通。

当岩桥倾角为 120°时，裂隙①左尖端和②左尖端贯通是由于裂隙②左尖端萌生的反向翼裂纹与裂隙①左尖端翼裂纹连接形成的，而裂隙①右尖端和裂隙②右尖端贯通是由于裂隙①右尖端萌生的反向翼裂纹向裂隙②右尖端扩展形成的。另外，裂隙②左尖端和裂隙③左尖端贯通是因为裂隙②左尖端萌生的翼裂纹扩展至裂隙③左尖端造成的，然而，裂隙②右尖端和裂隙③右尖端贯通却是因为裂隙③右尖端萌生的翼裂纹向上扩展过程中与裂隙②右尖端产生的反向翼裂纹连接造成的。当岩桥倾角为 150°时,裂纹贯通形式分别为:在裂隙①左尖端和裂隙②左尖端是因为裂隙②左尖端反向翼裂纹与裂隙①左尖端翼裂纹汇合形成的,裂隙①右尖端与裂隙②左尖端贯通是因为裂隙中间拉伸裂纹分别向两个尖端扩展造成的,裂隙①右尖端与裂隙②右尖端是由于裂隙②右尖端翼裂纹向下扩展形成的。而对于裂隙②右尖端与裂隙③左尖端是裂隙③左尖端反向翼裂纹向上扩展与裂隙②右尖端翼裂纹连接造成的,裂隙②右尖端与裂隙③右尖端贯通是因为裂隙③右尖端翼裂纹向上扩展至裂隙②右尖端形成的。

根据上述裂纹贯通模式的分析可知,断续三裂隙砂岩数值试样预制裂隙之间的贯通程度不同,具体为:当岩桥倾角为 0°、30°和 60°时,均只有 2 处贯通,而当岩桥倾角为 90°和 120°时发生 4 处贯通,而当岩桥倾角为 150°时发生 5 处贯通。本次模拟的断续三裂隙砂岩数值试样的裂纹贯通模式分为 7 类,具体如表 2-9 所示,并且在图 2-47 按表 2-9 中的裂纹贯通形式分别予以了标注。不同岩桥倾角断续三裂隙砂岩数值试样有不同的裂纹贯通模式,它可能是 7 种形式中的一种,如岩桥倾角为 0°试样的 2 处贯通均为 T1;或者可能是多种裂纹贯通形式的组合,如岩桥倾角为 150°试样的 5 处贯通是 T3、T5 和 T6 的组合。

表 2-9 断续三裂隙砂岩数值试样裂纹贯通形式分类

类型	Type 1 (T1)	Type 2 (T2)	Type 3 (T3)	Type 4 (T4)
形式				
特点	翼裂纹与反向翼裂纹在岩桥外区域贯通	次生共面裂纹与反向翼裂纹在岩桥内贯通	岩桥内萌生拉伸裂纹分别向两个裂隙尖端扩展	岩桥内萌生裂纹分别与裂隙尖端和翼裂纹连接
类型	Type 5 (T5)	Type 6 (T6)	Type 7 (T7)	
形式				
特点	反向翼裂纹与翼裂纹连接	翼裂纹向裂隙尖端扩展	反向翼裂纹向裂隙尖端扩展	

图 2-48 给出了断续三裂隙砂岩数值试样裂纹贯通应力与岩桥倾角之间的关系曲线。为方便比较,图中还给出了断续三裂隙砂岩数值试样峰值强度。由图 2-48 可见,断续三裂隙砂岩数值试样裂纹贯通应力与峰值强度接近,说明了裂隙之间贯通需要较大的强度,即使是裂隙之间首次贯通也发生在峰值强度附近或者峰值强度之后。随着岩桥倾角的增大,断续三裂隙砂岩数值试样裂纹贯通应力呈非线性变化,其变化趋势与峰值强度相同。

(3) 裂纹扩展过程

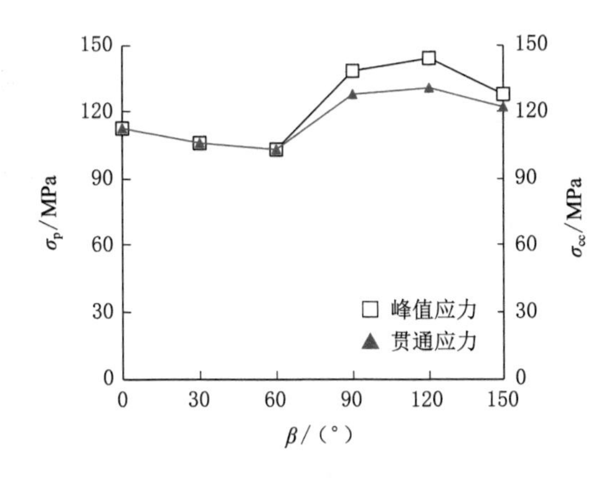

图 2-48　岩桥倾角对断续三裂隙砂岩数值试样贯通应力的影响

为研究不同岩桥倾角断续三裂隙砂岩数值试样拉伸微裂纹和剪切微裂纹的发育规律，在单轴压缩过程中对微裂纹产生的位置、裂纹类型及发育数目等信息进行了动态跟踪和记录，以岩桥倾角 60°和 150°试样为例详细分析裂纹起裂、扩展和贯通全过程。图 2-49 给出了断续三裂隙砂岩数值试样微裂纹随轴向应变增长的变化曲线，其中，黑色线段表示拉伸微裂纹，绿色线段表示剪切微裂纹。图 2-50 给出了断续三裂隙砂岩数值试样微裂纹分布情况。

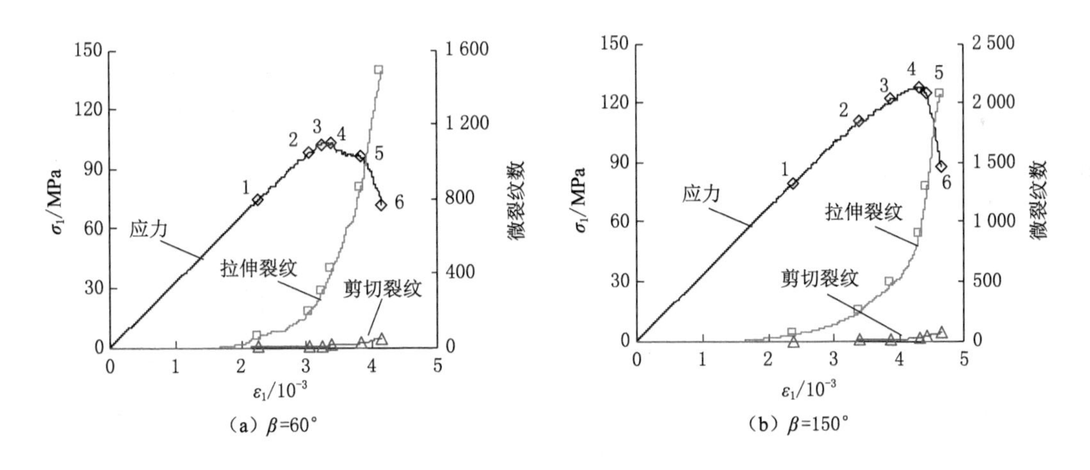

图 2-49　断续三裂隙砂岩数值试样微裂纹数演化曲线

由图 2-49(a)所示的微裂纹发育数目与应变关系曲线可以看出，在轴向应变达到一定值(2.267×10^{-3})之后，微裂纹才开始产生。微裂纹发育数目随轴向应变的增长呈非线性变化规律，即先缓慢增长，接着快速增长，最后再缓慢增长，微裂纹发育最快的阶段在峰后破裂阶段。此外，试样内张拉裂纹的数目远大于剪切裂纹数目，由此可见，断续三裂隙砂岩数值试样颗粒之间主要发生张拉破坏。由图 2-50(a)可见，当轴向应力增大到 74.45 MPa 时，预制裂隙尖端萌生裂纹，此时共产生 54 个微裂纹，其中拉伸微裂纹 53 个，剪切微裂纹 1 个。当轴向应力增大至 98.23 MPa 时，在预制裂隙①和裂隙②之间产生裂纹 2，裂纹 2 向裂隙尖端扩展。此时，试样中微裂纹数日达到 189 个。当轴向应力增大到 102.60 MPa 时，在预制裂隙②和③之间产生了裂纹 3，裂纹 3 也向裂隙尖端扩展。此时，试样中共产生 299 个微裂纹，其中拉伸微裂纹 295 个。当轴向应力到达峰值强度(103.44 MPa)时，微裂纹数目增大到 433 个。在峰值强度之后，微裂纹发育速率增大。如峰后 5 点($\sigma_1=96.17$ MPa)，试样内连续萌生裂纹 $5^a\sim5^c$。此时，试样中微裂纹由 433 个迅速增加到 875 个，含拉伸微裂纹 853 个，剪切微裂纹 22 个。当轴向应力跌落至峰后 6 点($\sigma_1=71.94$ MPa)时，试样内多条裂纹 $6^a\sim6^c$产生、扩展和汇合导致试样最终破坏。断续三裂隙砂岩数值试样内共产生了 1 538 个微裂纹，其中拉伸微裂纹占 96.75%，而剪切微裂纹仅占 3.25%。

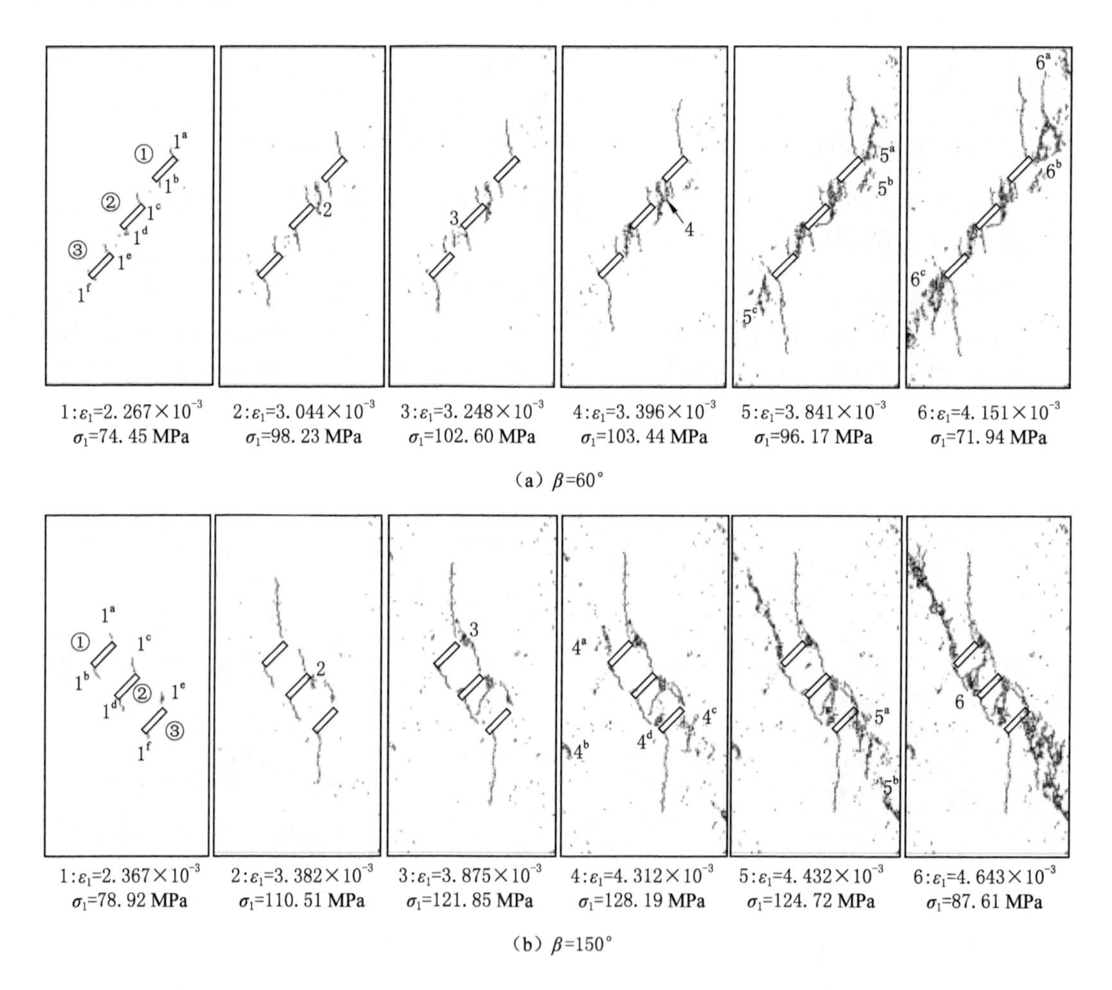

图 2-50 断续三裂隙砂岩数值试样裂纹扩展过程

由图 2-49(b)和图 2-50(b)可见，当轴向应变达到 2.236×10^{-3}时，首先在三条预制裂隙的尖端萌生裂纹。当轴向应变增大到 3.382×10^{-3}时，除了初始裂纹得以扩展外，在预制裂隙②上尖端也产生了一条反向翼裂纹，此时裂纹数已经增至 241 个，其中拉伸微裂纹 239 个。当轴向应变增大到 3.875×10^{-3}时，裂隙①右尖端和裂隙②右尖端首次发生贯通，此时共产生微裂纹 493 个，其中拉伸微裂纹 483 个，剪切微裂纹 10 个。当轴向应变达到 4.312×10^{-3}时，试样内产生多条裂纹 $4^a\sim4^d$，微裂纹总数达到 922 个。峰值应变之后，微裂纹增长速率提高。当轴向应变为 4.432×10^{-3}时，在试样的右下端产生裂纹 5^a和 5^b，微裂纹总数由 922 个迅速增加到 1 328 个。当轴向应变为 4.643×10^{-3}时，除了萌生裂纹 6 之外，其他裂纹的宽度也增大，因此微裂纹数也增长较快，此时微裂纹总数为 2 139 个，其中拉伸微裂纹 2 074个，占 96.96%，剪切微裂纹 65 个，仅占 3.04%。

2.3.4 讨论

在 PFC 中能够非常方便地获取试样细观力学特征，如内部黏结力分布和颗粒位移情况等。在预制裂隙尖端会产生应力集中区，所以在裂隙尖端附近一般会优先产生裂纹。由前面裂纹起裂模式分析已知，当岩桥倾角为 0°时，裂隙②尖端的裂纹是在裂隙①和③尖端萌生裂纹以后才开始产生的，而其他较大倾角下裂隙②尖端均有裂纹起裂。为此，增加了岩桥倾角 5°、10°、15°和 20°断续三裂隙砂岩数值试样单轴压缩模拟，分析其他小于 30°岩桥倾角情况下是否也会出现相同的情况。图 2-51 给出了单轴压缩下岩桥倾角 5°、10°、15°和 20°断续三裂隙砂岩数值试样初始裂纹情况。模拟结果显示：岩桥为 5°、10°、15°和 20°等较小倾角时，裂隙②尖端的裂纹与岩桥倾角为 0°时类似，即在裂隙①和③尖端萌生裂纹以后裂隙②尖端才开始产生裂纹。下面将通过裂纹扩展过程的细观应力场和位移场分布进一步探讨岩桥倾角较小时抑制裂隙②尖端裂纹产生的原因。

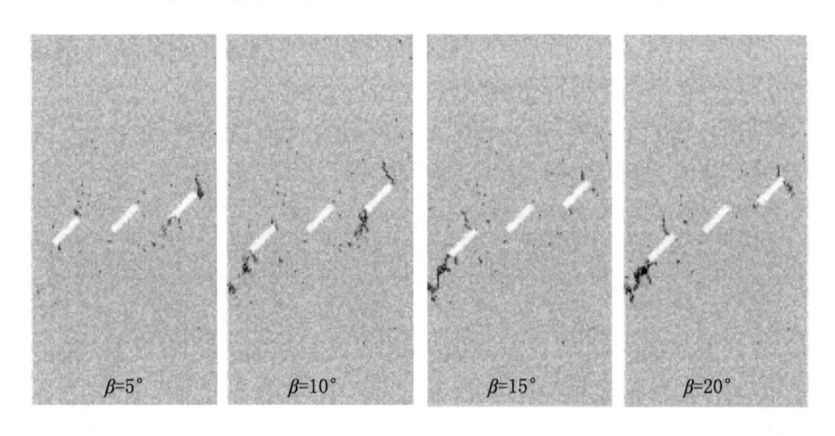

图 2-51　岩桥倾角较小时断续三裂隙砂岩数值试样初始裂纹形态

图 2-52 给出了岩桥倾角 0°时断续三裂隙砂岩数值试样在裂隙尖端附近裂纹萌生和扩展过程中平行黏结力场的演化过程。其中平行黏结力中蓝色表示压力，红色表示拉力，线段的粗细与黏结力的大小呈正比，线段的疏密程度与黏结力集中程度呈正比。在产生裂纹之前，应力集中区主要分布在裂隙周围特别是裂隙尖端附近，可以预测在裂隙尖端附近首先产生裂纹。在裂隙①附近首先产生拉伸裂纹并向下扩展，产生裂纹之后拉应力集中区也随之消失并转移至裂纹的尖端。此外，随着裂纹的萌生应力场也发生改变，裂隙①右尖端和裂隙③左右尖端出现显著的拉应力集中区，裂隙②尖端的拉应力集中程度略小于裂隙①右尖端和裂隙③左右尖端，这说明了裂隙①和③对裂隙②周围的应力场起到了一定的抑制作用，因此在裂隙①和③的尖端分别产生裂纹以后才在裂隙②的尖端萌生裂纹。

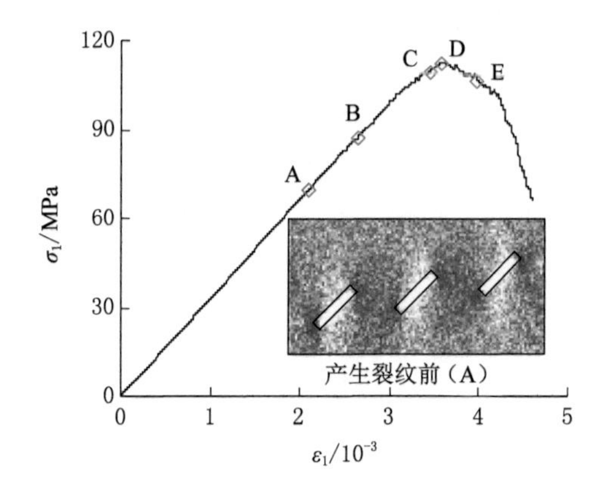

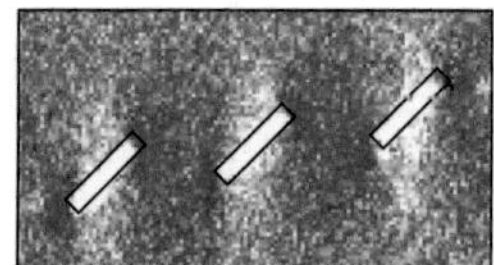
裂隙①附近产生裂纹（点B）

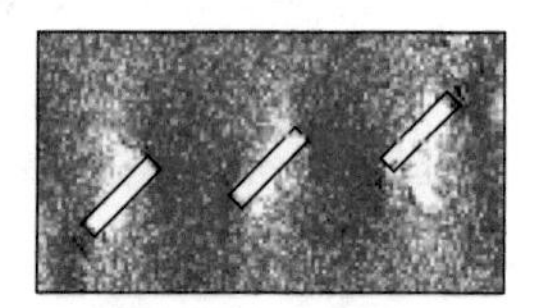
裂隙③附近产生裂纹（C）

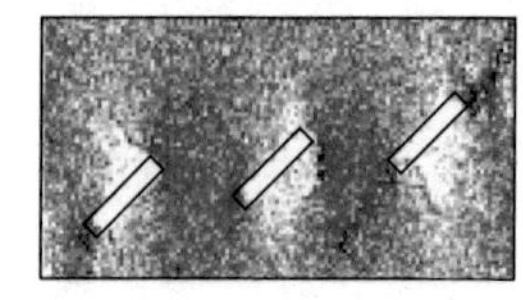
裂隙②右尖端产生裂纹（D）

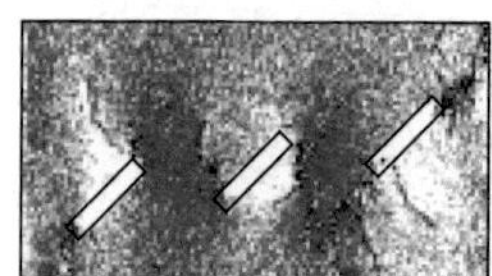
裂隙①附近产生裂纹（E）

图 2-52　裂隙倾角 0°试样裂隙周围平行黏结力场演化过程

图 2-53 为岩桥倾角 0°断续三裂隙砂岩数值试样裂纹扩展过程中裂隙周围位移场演化过程，主要分析产生裂纹前、预制裂隙①和③尖端产生裂纹时以及预制裂隙②尖端产生裂纹时裂隙②周围颗粒运动情况。如图 2-53(a)所示，在裂纹产生之前，裂隙②周围颗粒位移量相当，在裂隙①与②及裂隙③与②之间的颗粒位移量较小。随着轴向加载的增大，裂隙③尖端及裂隙①尖端附近相继产生裂纹，如图 2-53(b)所示。而此时裂隙②周围颗粒的位移量与图 2-53(a)相比，反而有所减小，这可能是因为裂隙①和③周边颗粒在运动过程中对裂隙②周围颗粒形成挤压作用，限制了裂隙②周围颗粒的运动，因此裂隙②周围还没有裂纹产生。直到应力达到 112.46 MPa(峰值强度)时，裂隙②右尖端颗粒的位移量开始增大，颗粒发生错动，并开始萌生裂纹，如图 2-53(c)所示。随着变形的继续增大，裂隙②左尖端的颗粒也发生错动，并开始产生裂纹，如图 2-53(d)所示。

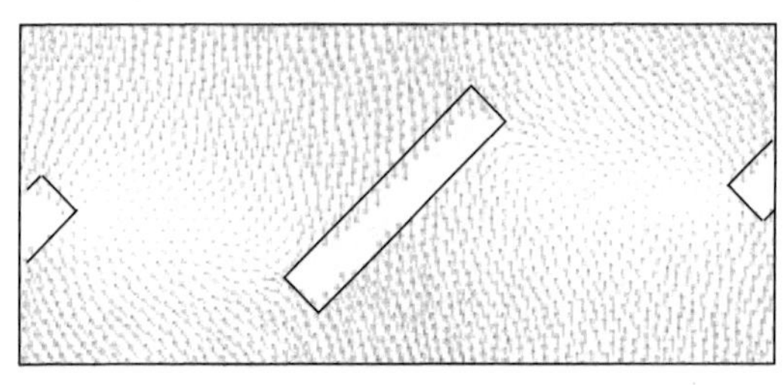
(a) 产生裂纹前（图2-52中点A）

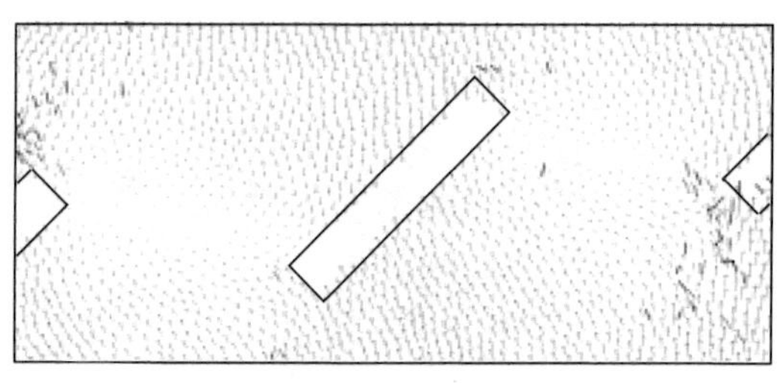
(b) 裂隙①和③尖端产生裂纹（图2-52中点C）

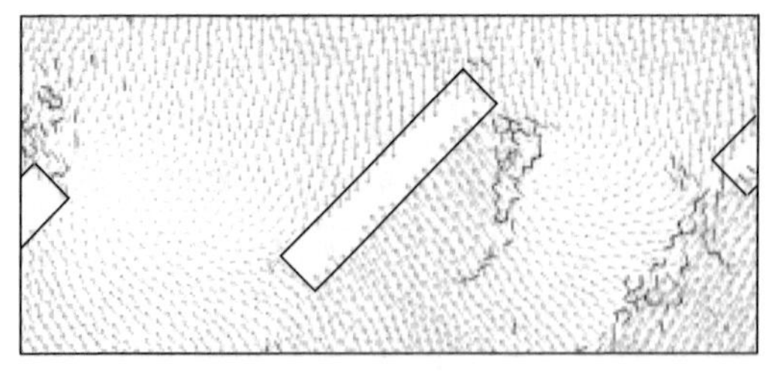
(c) 裂隙②右尖端产生裂纹（图2-52中点D）

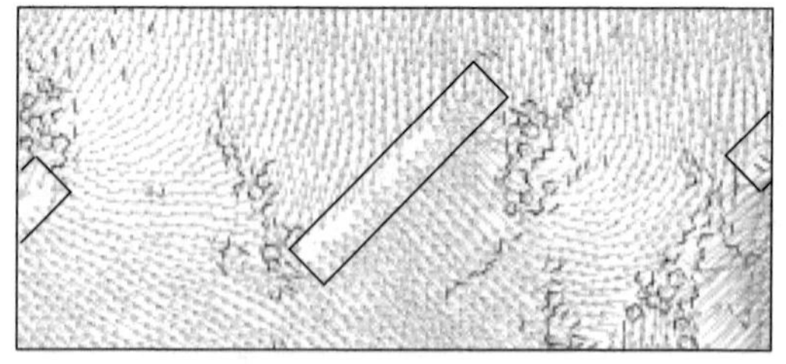
(d) 裂隙②左尖端产生裂纹（图2-52中点E）

图 2-53　岩桥倾角 0°试样裂隙周围位移场演化过程

2.3.5　本节小结

(1) 断续三裂隙砂岩数值试样的峰值强度、裂纹损伤阈值、弹性模量和峰值应变均显著低于完整试样。断续三裂隙砂岩数值试样的峰值强度、弹性模量和峰值应变变化规律相同，均为随着岩桥倾角的增大，呈先减小后增大再减小变化。而裂纹损伤阈值与裂隙倾角之间无明显相关性。

(2) 岩桥倾角对裂隙①和裂隙③尖端附近裂纹的萌生影响不大，而裂隙②尖端附近萌生的裂纹与岩桥倾角密切相关。对于岩桥倾角较小(0°～20°)时，裂隙②尖端还没有产生裂纹，而较大岩桥倾角下裂隙②尖端均有裂纹起裂。裂纹起裂应力随着岩桥倾角的变化趋势与峰值强度相似。

(3) 岩桥倾角不同，断续三裂隙砂岩数值试样裂隙之间的贯通程度不同，当岩桥倾角为0°、30°和 60°时，均只有 2 处贯通，而岩桥倾角为 90°和 120°时发生 4 处贯通，而岩桥倾角为150°时发生 5 处贯通。裂纹贯通形式可以总结为 7 类，不同岩桥倾角岩样有不同的裂隙贯通形式，而且还可能是多种裂纹贯通形式的组合。裂纹贯通应力随着岩桥倾角的变化趋势与峰值强度相似。

(4) 结合应力场和位移场对岩桥倾角较小时裂隙②尖端裂纹较难起裂的原因进行了讨论。裂隙①和③对裂隙②周围的应力场起到了一定的抑制作用，而且裂隙①和③周边颗粒在运动过程中对裂隙②周围颗粒形成挤压作用，限制了裂隙②周围颗粒的运动，因此在裂隙①和③的尖端分别产生裂纹以后才在裂隙②尖端萌生裂纹。

2.4　张开与充填四裂隙脆性砂岩强度和贯通模式试验

关于充填与张开裂隙试样的力学行为的研究也有报道，Park 等[34]使用石膏在不同时间抽取薄片的方式，研究了 2 条、3 条张开与充填裂隙试样单轴压缩状态下的宏观力学行为及破裂模式。Zhuang 等[4]通过在预制裂隙中充填石膏的方式，研究了不同倾角单条充填与张开裂隙试样的宏观力学行为及破裂模式。Shen 等[35]研究充填和张开预制双裂隙试样的裂纹贯通模式，结果表明当裂隙重合较多时，岩桥的贯通模式受到预制裂隙的充填状态影响。张波等[36]使用试验和数值模拟的方法分析了含充填与张开单裂隙试样的宏观力学行为和应力场分布。上述研究主要关注了裂隙数量小于等于 3 条时裂隙尖端裂纹萌生、预制裂隙之间的裂纹贯通问题，然而自然界中的节理、裂隙往往是无序的，同时节理、裂隙之间可能被杂质充填。本节在前人研究基础上，对 4 条非平行预制裂隙砂岩试样进行单轴压缩试验，研究不同预制裂隙分布和充填状态(石膏代表充填杂质)对含多裂隙试样应力-应变曲线、峰值强度、破裂过程及破裂模式的影响规律[37]。

2.4.1　试样制作与试验过程

试验砂岩取自山东省临沂市，与文献[23]使用的砂岩相同，但取自不同的岩块。主要成分为长石和石英，平均密度为 2 650 kg/m^3。首先将大的岩块切割为宽度(W)×高度(H)×厚度(T)为 80 mm×160 mm×30 mm 长方体。在此基础上，使用高压水射流切割预制裂隙。设计如图 2-54 所示的四裂隙分布形式。裂隙 1、4 相互平行，长度 $2a_1$ 为 25 mm，与加载轴的夹角 $\alpha_1=60°$，裂隙尖端距离 L_1 为 80 mm，裂隙连线与加载轴向角度 β_1 分别为 0°、20°、40°。裂隙 2、3 同样为平行布置，且沿加载轴方向重叠，与加载轴方向夹角 $\alpha_2=135°$，长度为 $2a_2=18$ mm，两裂隙之间的距离恒定为 $L_2=20$ mm。同时为了研究裂隙充填对其力学行为的影响，将石膏∶水＝1∶0.6 的石膏浆注入预制裂隙中，待石膏完全凝固、干燥后进行单轴压缩试验。该批试样的裂隙宽度固定，均为 2.5 mm。

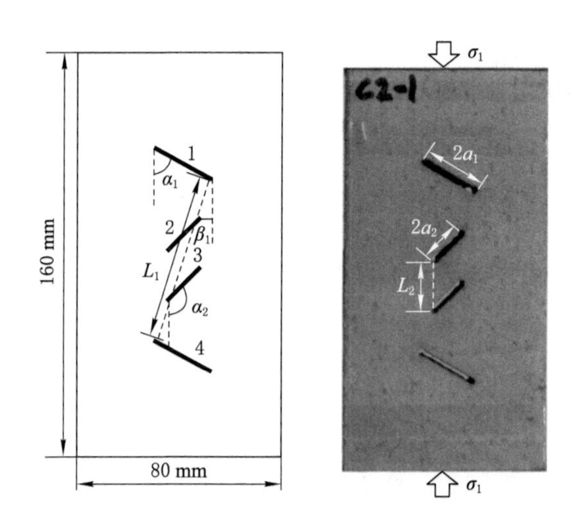

图 2-54　试验砂岩四裂隙分布

本次试验在中国矿业大学深部岩土力学与地下工程国家重点实验室的 MTS816 岩石力学伺服控制试验机上完成。为了减小端部摩擦对试验结果的影响，加载前在试样的两端加上与之相匹配的刚性垫块。采用轴向位移的控制方式进行加载，加载速率为 0.12 mm/min。试验过程中使用 DS2 全波形记录仪记录声发射信息，同时采用数码相机记录试样破裂全过程。

2.4.2　试验结果及分析

图 2-55 为完整试样及四裂隙砂岩试样应力-应变曲线。从图 2-55(b)可以看出不同倾角 β_1 张开四裂隙试样应力-应变曲线较完整试样应力-应变曲线含有更多的应力跌落，说明含预制裂隙试样的破裂过程为逐渐破坏。同时可以看出不同倾角 β_1 试样的应力-应变曲线存在较大的区别，说明倾角 β_1 会对断续张开四裂隙砂岩的力学行为产生影响。图 2-55(c)为不同倾角 β_1 充填四裂隙砂岩应力-应变曲线，从图中可以看出倾角 β_1 同样会对断续充填四裂隙砂岩力学行为产生影响。与图 2-55(b)对比，可以看出充填裂隙砂岩应力-应变曲线应力跌落相对较少，而峰后一般表现为脆性破坏。

图 2-56 为四裂隙砂岩试样峰值强度随倾角 β_1 的变化，该峰值强度为重复试验平均值。从图中可以看出张开裂隙试样的峰值强度随倾角 β_1 的增大呈现先减小后增大的趋势，在 $\beta_1=0°$ 时，峰值强度为 56.84 MPa，当倾角 β_1 为 20°时，峰值强度为 45.82 MPa，而当 $\beta_1=40°$时，对应的峰值强度为 47.55 MPa。裂隙被充填后试样峰值强度明显较张开时高，但随倾角 β_1 的变化规

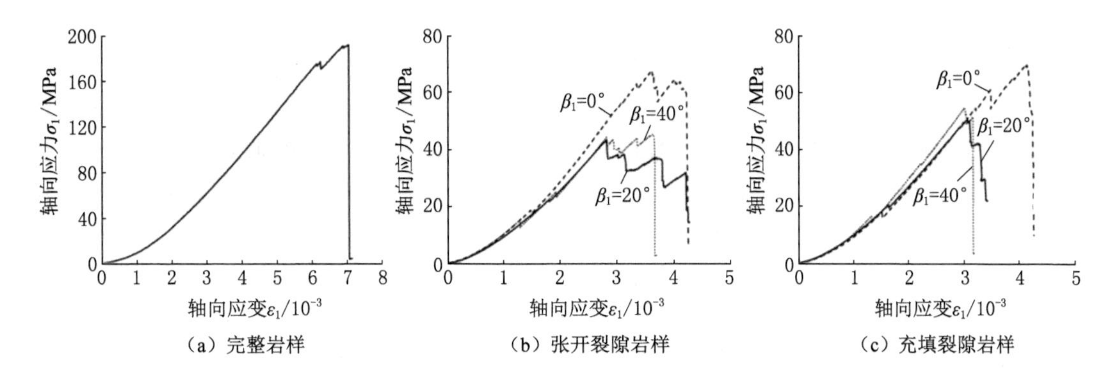

图 2-55　不同倾角 β_1 四裂隙砂岩应力-应变曲线

律并未发生改变，随 $\beta_1=0°$增加到 20°，峰值强度由 67.03 MPa 降低至 50.70 MPa，而 β_1 上升至 40°时，峰值强度升高至 55.00 MPa。

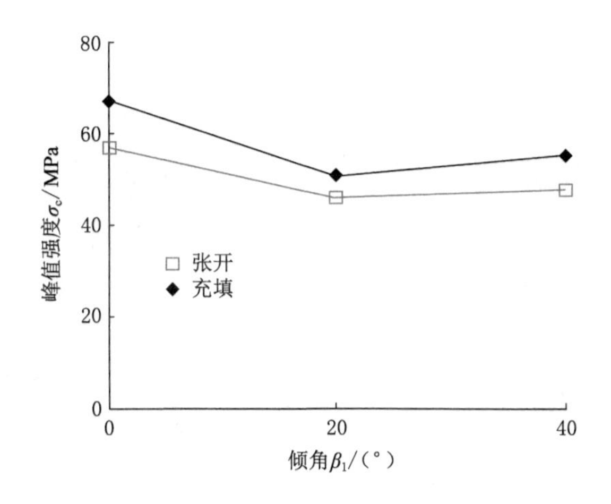

图 2-56　倾角 β_1 对试样峰值强度的影响

2.4.3　裂纹扩展过程分析

通过分析裂纹的扩展过程可以较清楚地了解裂隙试样的破裂机理，为后续的分析提供基础。限于篇幅，本节只对 $\beta=0°$张开裂隙试样和充填裂隙试样的破裂过程进行分析。图 2-57为 $\beta_1=0°$张开四裂隙试样破裂过程及声发射特征曲线，裂纹序号与声发射特征曲线上的点相对应。加载前期裂隙尖端的应力集中未达到材料的极限强度，所以试样中未产生裂纹，同时声发射现象不明显。当轴向应力加载至 1 点($\varepsilon_1=1.48\times10^{-3}$，$\sigma_1=17.27$ MPa)时声发射数目突增，对应翼裂纹 $1^{a\sim d}$在裂隙的尖端萌生[图 2-57(a)]，同时由于裂纹的萌生导致轴向应力产生波动。翼裂纹的萌生并未对试样的承载能力产生较大的影响，随后轴向应力依然稳定增加。当试样加载至 2 点($\varepsilon_1=2.28\times10^{-3}$，$\sigma_1=35.50$ MPa)时，裂纹 $2^{a\sim c}$在裂隙尖端萌生，同时裂纹 2^{b}的扩展导致裂隙 2 与裂隙 3 在左端贯通[图 2-57(b)]，对应声发射事件的突增。当加载至 3 点($\varepsilon_1=2.68\times10^{-3}$，$\sigma_1=45.94$ MPa)时，裂纹 3 在裂隙 3 的右尖端萌生[图 2-57(c)]，对应声发射事件的突增。其后轴向应力随加载的进行不断增加，随后的加载会有较大的声发射事件，但裂纹为平面外裂纹，此处不做讨论。当加载至4点（$\varepsilon_1=3.36\times10^{-3}$，$\sigma_1=60.84$ MPa）时，轴向应力产生较大的波动，对应声发射事件突增。此时次生裂纹4^a在裂隙4的右尖端萌生并迅速扩展，同时反向翼裂纹4^b也在此处萌生扩展[图2-57(d)]。裂纹$4^{a\sim b}$的萌生扩展导致轴向应力随加载的斜率降低，轴向应力加载至峰值点后产生较小的波动，至点5（$\varepsilon_1=3.63\times10^{-3}$，$\sigma_1=65.83$ MPa）时声发射事件数突增，对应反向翼裂纹在裂隙1的左尖端萌生并迅速扩展。其后轴向应力降低至6点（$\varepsilon_1=3.65\times10^{-3}$，$\sigma_1=61.56$ MPa），次生裂纹6萌生并迅速导致裂隙1的右尖端与裂隙2的左尖端贯通。此时轴向应力并未稳定，继续降低至7点（$\varepsilon_1=3.72\times10^{-3}$，$\sigma_1=56.67$MPa），对应裂纹7在裂隙4的左尖端萌生并迅速与裂纹1^c贯通[图2-57(e)]。裂隙之间的贯通并未导致试样的彻底失稳，其后轴向应力随加载的进行不断增加，但斜率明显减小。当加载至8点（$\varepsilon_1=4.04\times10^{-3}$，$\sigma_1=62.76$ MPa）时远场裂纹8在试样的右半部分萌生扩展[图2-57(f)]，对应声发射数目的突增. 其后轴向应力开始波动，最终降低至9点（$\varepsilon_1=4.26\times10^{-3}$，$\sigma_1=6.59$ MPa），对应裂纹4^b的继续扩展及裂纹$9^{a\sim b}$的萌生扩展，导致试样彻底破坏[图2-57(g)]。

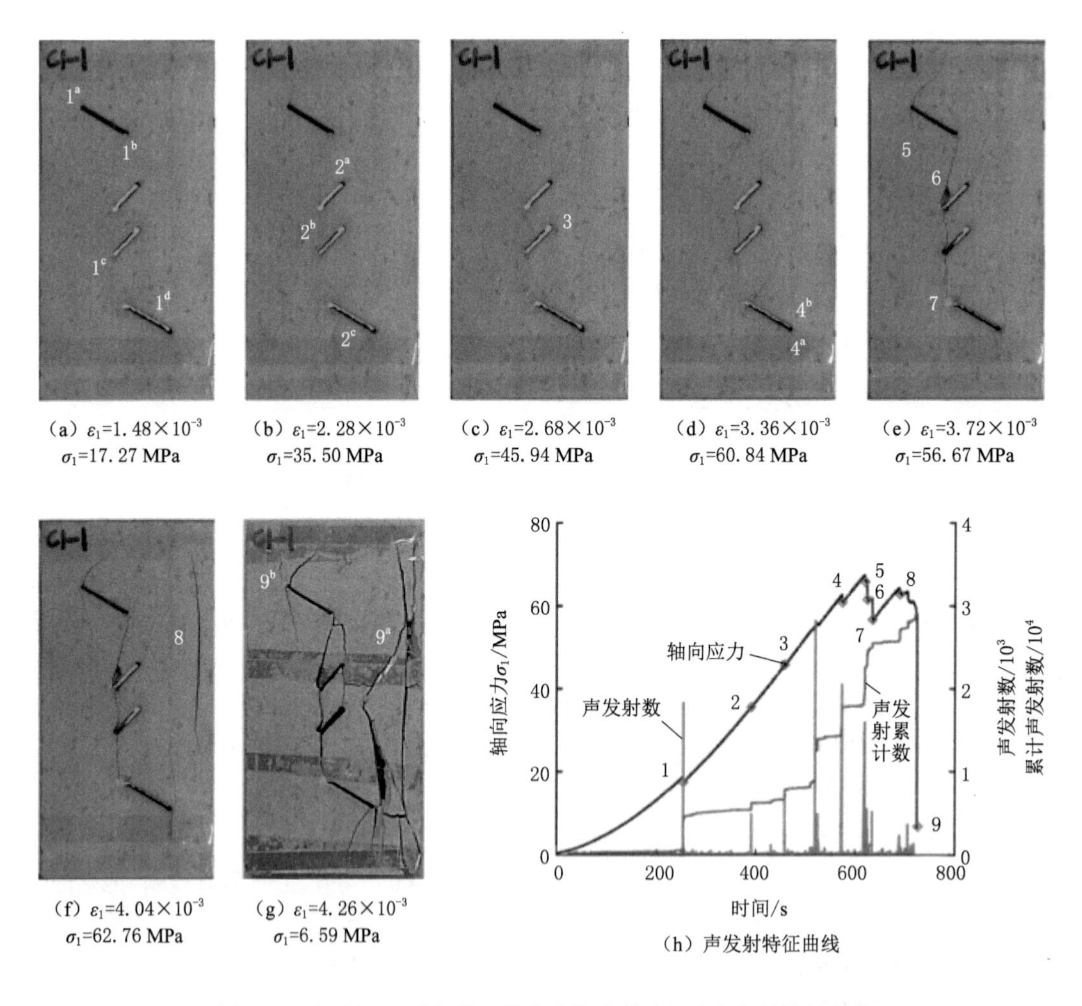

(a) ε_1=1.48×10^{-3} σ_1=17.27 MPa
(b) ε_1=2.28×10^{-3} σ_1=35.50 MPa
(c) ε_1=2.68×10^{-3} σ_1=45.94 MPa
(d) ε_1=3.36×10^{-3} σ_1=60.84 MPa
(e) ε_1=3.72×10^{-3} σ_1=56.67 MPa
(f) ε_1=4.04×10^{-3} σ_1=62.76 MPa
(g) ε_1=4.26×10^{-3} σ_1=6.59 MPa
(h) 声发射特征曲线

图2-57 倾角$\beta_1=0°$张开四裂隙试样破裂过程及声发射特征曲线

图 2-58 为 $\beta_1=0°$充填四裂隙试样破裂过程及声发射特征曲线。从图中可以看出当轴向应力加载至 1 点($\varepsilon_1=1.50\times10^{-3}$,$\sigma_1=15.80$ MPa)时，翼裂纹 $1^{a\sim g}$在裂隙的尖端萌生[图 2-58(a)]，同时伴随较大的声发射事件。其后轴向应力随加载的进行稳定增加，当增加至 2 点($\varepsilon_1=2.16\times10^{-3}$,$\sigma_1=47.85$ MPa)时翼裂纹 2 在裂隙 3 的右端萌生[图 2-58(b)]。翼裂纹的萌生扩展对试样的承载能力影响不大，当加载至 3 点($\varepsilon_1=2.92\times10^{-3}$,$\sigma_1=47.85$ MPa)时，对应声发射事件突增，裂纹 1^c 扩展导致裂隙 1 和裂隙 2 右端产生贯通，裂纹 2 扩展导致裂隙 3 的右端与裂隙 2 的中部贯通，同时裂纹 1^f 扩展但未发生贯通[图 2-58(c)]。加载至 4 点($\varepsilon_1=3.48\times10^{-3}$,$\sigma_1=56.15$ MPa)时，轴向应力产生突降，声发射事件突增。裂纹 1^f继续扩展导致裂隙 3 的右端和裂隙 4 的左端产生贯通，同时反向翼裂纹 4^a在裂隙 1 左端、次生裂纹 4^b在裂隙 4 右端萌生，裂纹 1^b也有所扩展[图 2-58(d)]。同样裂隙的贯通并未导致试样失稳，轴向应力随加载的进行继续增加，但增加斜率明显降低。加载至峰值后，轴向应力开始快速跌落，当跌落至 5 点($\varepsilon_1=4.17\times10^{-3}$,$\sigma_1=67.02$ MPa)时，远场裂纹 5 在试样的左上端萌生扩展[图 2-58(e)]，导致声发射数目的突增。随后轴向应力继续快速下降，伴随着试样的失稳，裂纹 $6^{a\sim b}$萌生扩展[图 2-58(f)]，导致试样的最终破坏。声发射是裂纹的萌生和扩展过程中快速释放能量产生的瞬态弹性波，声发射事件一般会对应裂隙的萌生和扩展。比较非充填和充填裂隙试样的破裂过程可以看出，非充填裂隙试样最终破坏前产生的裂纹较多，每次产生裂纹都会对应轴向应力的跌落和声发射事件数突增，而充填裂隙试样破坏前裂纹相对较少。造成张开与充填裂隙试样应力-应变曲线特征、声发射特征及破裂过程不同的原因是充填石膏在一定程度上减少了试样弹性应变能释放面，导致充填裂隙在峰前加载过程中出现较少的能量释放(即应力跌落)。弹性应变能在充填裂隙试样内更易积聚，所以也会导致试样最终破裂较为剧烈(根据能量耗散与释放原理[38]，弹性应变能越大会对试样产生更大的损伤)，峰后轴向应力会突然下降。通过比较声发射累计数目可以看出，在接近破坏点张开裂隙(点 8)声发射累计数为 2.61×10^4，充填裂隙(点 5)声发射累计数为 2.54×10^4，而最终破坏时张开裂隙声发射累计数为 2.90×10^4，充填裂隙声发射累计数为 4.39×10^4。累计声发射数目的变化也能验证上述假设的合理性。

2.4.4　试样最终破裂模式

图 2-59 为不同倾角 β_1试样的贯通模式素描图，图中 W 代表翼裂纹，AW 代表反向翼裂纹。从图中可以看出倾角 β_1对裂隙间的贯通模式影响较大，而充填石膏对贯通模式产生影响不大。图 2-59 中试样的贯通模式可分为以下两种:2、3 裂隙之间的贯通和裂隙 2、3 与外端裂隙 1、4 之间的贯通。

图 2-60 给出了中间裂隙 2、3 的两种主要贯通模式:Type a 为裂隙尖端萌生翼裂纹并最终在另一条裂隙的尖端贯通;Type b 为裂隙尖端萌生翼裂纹，并最终在另一条裂隙的中部贯通。Type a 主要发生在 $\beta_1=0°$的试样内，而 Type b 主要发生在 $\beta_1=20°$和 40°的试样内。文献[39]结果表明平行双裂隙在加载轴方向重叠时较容易发生 Type a 贯通，而当两条裂隙之间重叠量较小时才会出现 Type b 贯通模式。综合分析可以看出平行双裂隙的贯通模式不仅受到两条裂隙空间分布的影响，而且由于裂隙 1、4 的空间分布使得平行双裂隙的受力状态发生变化，导致翼裂纹的萌生倾角及扩展方向发生变化，例如，当 $\beta_1=0°$时(图 2-59,C1-1)，翼裂纹萌生倾角明显大于 90°，而当 $\beta_1=20°$(图 2-59,C2-1)和 40°(图 2-59,C3-2)翼裂纹萌生倾角接近 90°。

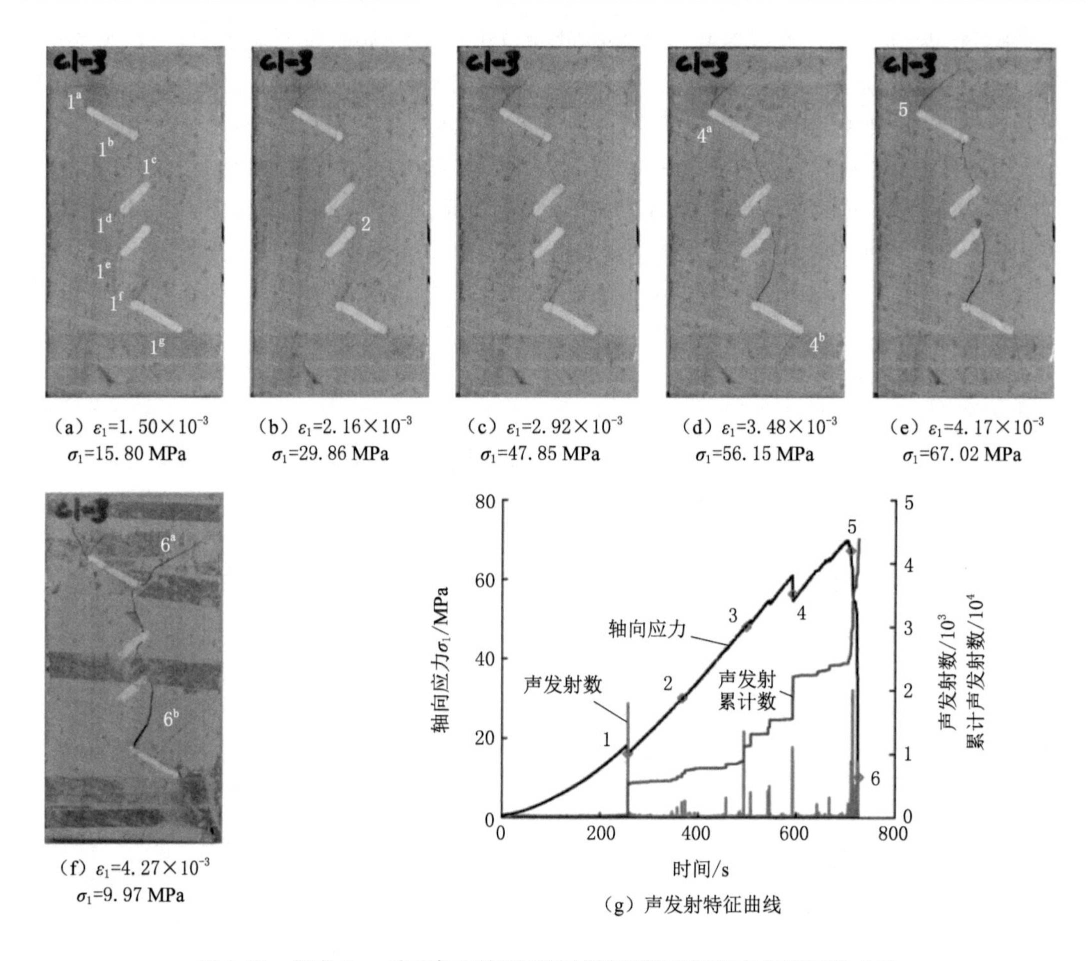

(a) ε_1=1.50×10^{-3} σ_1=15.80 MPa

(b) ε_1=2.16×10^{-3} σ_1=29.86 MPa

(c) ε_1=2.92×10^{-3} σ_1=47.85 MPa

(d) ε_1=3.48×10^{-3} σ_1=56.15 MPa

(e) ε_1=4.17×10^{-3} σ_1=67.02 MPa

(f) ε_1=4.27×10^{-3} σ_1=9.97 MPa

(g) 声发射特征曲线

图 2-58 倾角 β_1 =0°石膏充填四裂隙试样破裂过程及声发射特征曲线

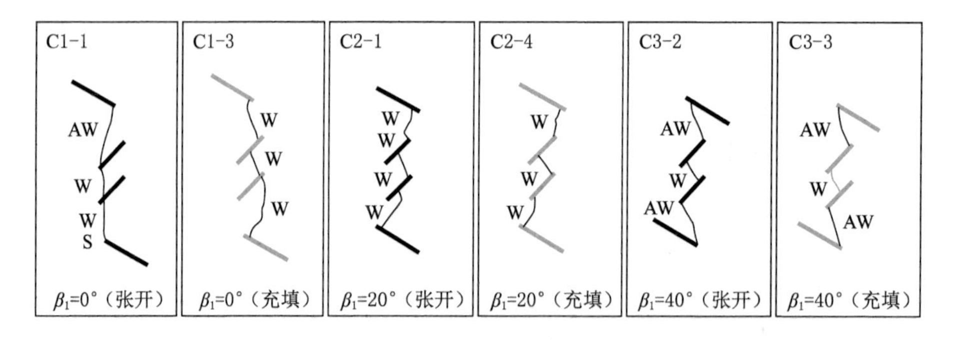

图 2-59 四裂隙砂岩单轴压缩贯通模式素描

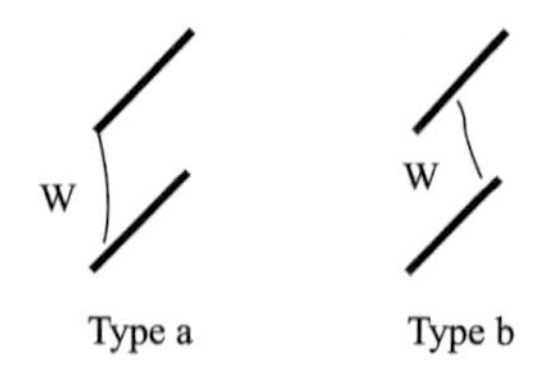

图 2-60 四裂隙砂岩中间裂隙贯通模式

根据裂纹性质和贯通的位置，可将中间裂隙与外端裂隙的贯通模式分为如图 2-61 所示的 5 类，从中可看出一个试样内可能发生 2 种贯通模式。Type Ⅰ为中间裂隙产生反向翼裂纹并与外端裂隙的内尖端产生贯通，该贯通过程发生较迅速，裂纹的萌生和贯通几乎同时发生，这种贯通模式主要发生在 $\beta_1=0°$张开裂隙试样内。Type Ⅱ为中间裂隙萌生翼裂纹，随后翼裂纹扩展导致中间裂隙与外端内裂隙的贯通，这种贯通模式主要发生在 $\beta_1=0°$和 20°试样内，且该贯通模式为 $\beta_1=0°$充填裂隙的主要贯通模式。Type Ⅲ为中间裂隙萌生翼裂纹，扩展在外端裂隙的中部发生贯通，这种贯通模式主要发生在 $\beta_1=20°$时中间裂隙尖端距外端裂隙中部较近的情况。Type Ⅳ为中间裂隙尖端萌生翼裂纹，扩展至外端裂隙的外尖端并产生贯通，主要发生在 $\beta_1=40°$试样内，该贯通模式一般会伴随第 5 种贯通模式同时发生。Type Ⅴ所示外端裂隙的外尖端萌生反向翼裂纹并迅速导致与中间裂隙尖端的贯通。综合分析可以看出，裂纹初始萌生阶段主要是以翼裂纹为主，翼裂纹萌生扩展到一定距离后就会停止，如果翼裂纹扩展位置与预制裂隙的位置较为接近，则会产生翼裂纹的贯通。当翼裂纹与预制裂隙距离较远无法完成贯通时，反向翼裂纹则会迅速萌生和扩展，导致预制裂隙之间的贯通。当一端裂隙贯通后势必导致试样内的受力状态发生改变，在同一试样内可能出现两种不同的贯通模式。

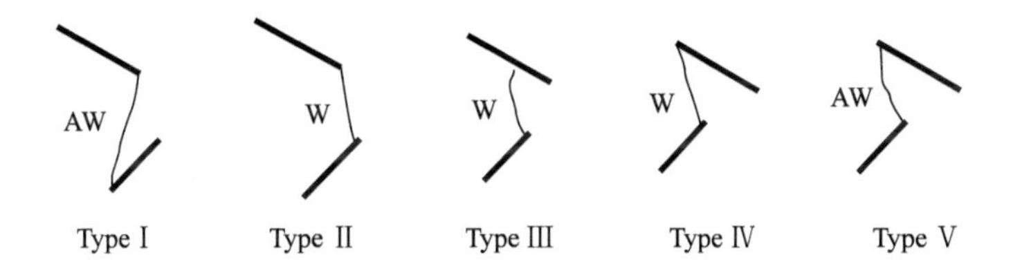

图 2-61　四裂隙砂岩中间裂隙与两端裂隙贯通模式

2.4.5　本节小结

为了研究岩桥倾角 β_1 及充填石膏对含四裂隙砂岩试样力学行为的影响，本节开展了 3 种不同倾角 β_1 试样试验，通过分析应力-应变曲线、峰值强度、破裂过程及最终破裂模式，主要得到如下结论：

(1) 倾角 β_1 对试样的应力-应变曲线及峰值强度产生较大的影响，充填石膏会使得应力-应变曲线的波动较小，同时在一定程度上增加了试样的峰值强度，但不会改变峰值强度随倾角 β_1 的变化规律。

(2) 张开裂隙试样的破裂过程中会伴随较多的裂纹扩展和应力跌落，而充填裂隙试样的应力跌落相对较小，说明充填石膏会限制破裂试样过程中的弹性应变能的释放。

(3) 将中间贯通模式分为 2 类，说明裂隙的贯通模式不仅受到裂隙空间分布的影响，同时受力状态在一定程度上影响裂隙之间的贯通模式。根据裂纹的性质和贯通的位置将中间和外端两裂隙之间的贯通模式分为 5 类。综合分析可以看出裂隙之间的贯通模式受裂隙的空间分布影响较大，而充填石膏几乎不影响裂隙的贯通模式。

参考文献

[1] 黄彦华,杨圣奇,刘相如.类岩石材料力学特性的试验及数值模拟研究[J].实验力学,2014,29(2):239-249.

[2] HUANG Y H,YANG S Q,TIAN W L,et al. An experimental study on fracture mechanical behavior of rock-like materials containing two unparallel fissures under uniaxial compression[J]. Acta mechanica sinica,2016,32(3):442-455.

[3] 李树忱,汪雷,李术才,等.不同倾角贯穿节理类岩石试件峰后变形破坏试验研究[J].岩石力学与工程学报,2013,32(增刊 2):3391-3395.

[4] ZHUANG X Y,CHUN J W,ZHU H H. A comparative study on unfilled and filled crack propagation for rock-like brittle material[J]. Theoretical and applied fracture mechanics,2014,72:110-120.

[5] YANG S Q,JING H W. Strength failure and crack coalescence behavior of brittle sandstone samples containing a single fissure under uniaxial compression[J]. International journal of fracture,2011,168(2):227-250.

[6] LEE H,JEON S. An experimental and numerical study of fracture coalescence in pre-cracked specimens under uniaxial compression[J]. International journal of solids and structures,2011,48(6):979-999.

[7] YANG S Q,HUANG Y H. Failure behaviour of rock-like materials containing two pre-existing unparallel flaws: an insight from particle flow modeling[J]. European journal of environmental and civil engineering,2018,22(增刊 1):s57-s78.

[8] CHO N,MARTIN C D,SEGO D C. A clumped particle model for rock[J]. International journal of rock mechanic and mining science,2007,44(7):997-1010.

[9] ZHANG X P,WONG L N Y. Cracking processes in rock-like material containing a single flaw under uniaxial compression:a numerical study based on parallel bonded-particle model approach[J]. Rock mechanics and rock engineering,2012,45(5):711-737.

[10] ZHANG X P,WONG L N Y. Crack initiation,propagation and coalescence in rock-like material containing two flaws:a numerical study based on bonded-particle model approach[J]. Rock mechanics and rock engineering,2013,46(5):1001-1021.

[11] WONG L N Y,ZHANG X P. Size effects on cracking behavior of flaw-containing specimens under compressive loading[J]. Rock mechanics and rock engineering,2014,47(5):1921-1930.

[12] ZHANG X P,WONG L N Y. Loading rate effects on cracking behavior of flaw-contained specimens under uniaxial compression[J]. International journal of fracture,2013,180(1):93-110.

[13] YANG S Q,TIAN W L,HUANG Y H,et al. An experimental and numerical study on cracking behavior of brittle sandstone containing two non-coplanar fissures under

uniaxial compression [J]. Rock mechanics and rock engineering, 2016, 49 (4): 1497-1515.

[14] YANG S Q, TIAN W L, HUANG Y H. Failure mechanical behavior of pre-holed granite specimens after elevated temperature treatment by particle flow code[J]. Geothermics, 2018, 72: 124-137.

[15] HUANG Y H, YANG S Q, ZENG W. Experimental and numerical study on loading rate effects of rock-like material specimens containing two unparallel fissures[J]. Journal of Central South University, 2016, 23(6): 1474-1485.

[16] HUANG Y H, YANG S Q, CHEN G Q, et al. Fracture behavior of cylindrical sandstone specimens with two pre-existing flaws: experimental investigation and PFC3D simulation[J]. Geosciences journal, 2022, 26(1): 151-165.

[17] MANOUCHEHRIAN A, MARJI M F. Numerical analysis of confinement effect on crack propagation mechanism from a flaw in a pre-cracked rock under compression [J]. Acta mechanica sinica, 2012, 28(5): 1389-1397.

[18] MANOUCHEHRIAN A, SHARIFZADEH M, MARJI M F, et al. A bonded particle model for analysis of the flaw orientation effect on crack propagation mechanism in brittle materials under compression[J]. Archives of civil and mechanical engineering, 2014, 14(1): 40-52.

[19] 曹文卓，李夕兵，周子龙，等. 高应力硬岩开挖扰动的能量耗散规律[J]. 中南大学学报（自然科学版），2014，45(8)：2759-2767.

[20] YANG S Q, HUANG Y H, JING H W, et al. Discrete element modeling on fracture coalescence behavior of red sandstone containing two unparallel fissures under uniaxial compression[J]. Engineering geology, 2014, 178: 28-48.

[21] YANG S Q, HUANG Y H. Particle flow study on strength and meso-mechanism of Brazilian splitting test for jointed rock mass[J]. Acta mechanica sinica, 2014, 30(4): 547-558.

[22] SAGONG M, BOBET A. Coalescence of multiple flaws in a rock-model material in uniaxial compression[J]. International journal of rock mechanics and mining sciences, 2002, 39(2): 229-241.

[23] YANG S Q, YANG D S, JING H W, et al. An experimental study of the fracture coalescence behaviour of brittle sandstone specimens containing three fissures[J]. Rock mechanics and rock engineering, 2012, 45(4): 563-582.

[24] 蒲成志，曹平，赵延林，等. 单轴压缩下多裂隙类岩石材料强度试验与数值分析[J]. 岩土力学，2010，31(11)：3661-3666.

[25] 陈新，廖志红，李德建. 节理倾角及连通率对岩体强度、变形影响的单轴压缩试验研究[J]. 岩石力学与工程学报，2011，30(4)：781-789.

[26] ZHOU X P, CHENG H, FENG Y F. An experimental study of crack coalescence behaviour in rock-like materials containing multiple flaws under uniaxial compression [J]. Rock mechanics and rock engineering, 2014, 47(6): 1961-1986.

[27] JING H W,YANG S Q,ZHANG M L,et al. An experimental study on anchorage strength and deformation behavior of large-scale jointed rock mass[J]. Tunnelling and underground space technology,2014,43:184-197.
[28] 黄彦华,杨圣奇. 断续三裂隙砂岩单轴压缩裂纹扩展特征颗粒流分析[J]. 应用基础与工程科学学报,2016,24(6):1232-1247.
[29] 杨圣奇. 断续三裂隙砂岩强度破坏和裂纹扩展特征研究[J]. 岩土力学,2013,34(1):31-39.
[30] YANG S Q. Crack coalescence behavior of brittle sandstone samples containing two coplanar fissures in the process of deformation failure[J]. Engineering fracture mechanics,2011,78(17):3059-3081.
[31] 王宇,李晓,武艳芳,等. 脆性岩石起裂应力水平与脆性指标关系探讨[J]. 岩石力学与工程学报,2014,33(2):264-275.
[32] BOBET A,EINSTEIN H H. Fracture coalescence in rock-type materials under uniaxial and biaxial compression[J]. International journal of rock mechanics and mining sciences,1998,35(7):863-888.
[33] BOBET A. The initiation of secondary cracks in compression[J]. Engineering fracture mechanics,2000,66(2):187-219.
[34] PARK C H,BOBET A. Crack coalescence in specimens with open and closed flaws:a comparison[J]. International journal of rock mechanics and mining sciences,2009,46(5):819-829.
[35] SHEN B T,STEPHANSSON O,EINSTEIN H H,et al. Coalescence of fractures under shear stresses in experiments[J]. Journal of geophysical research:solid earth,1995,100(B4):5975-5990.
[36] 张波,李术才,张敦福,等. 含充填节理岩体相似材料试件单轴压缩试验及断裂损伤研究[J]. 岩土力学,2012,33(6):1647-1652.
[37] 田文岭,杨圣奇,殷鹏飞. 张开与充填四裂隙脆性砂岩强度和贯通模式研究[J]. 应用基础与工程科学学报,2018,26(5):1005-1015.
[38] 谢和平,鞠杨,黎立云. 基于能量耗散与释放原理的岩石强度与整体破坏准则[J]. 岩石力学与工程学报,2005,24(17):3003-3010.
[39] LI H Q,WONG L N Y. Numerical study on coalescence of pre-existing flaw pairs in rock-like material[J]. Rock mechanics and rock engineering,2014,47(6):2087-2105.

第 3 章　裂隙岩石拉伸力学特性及裂纹扩展特征离散元模拟研究

巴西试验通常是在圆盘试样径向施加荷载，使试样发生劈裂破坏，可用于测量脆性岩石的断裂韧度、抗拉强度等力学参数。该试验由于操作简单、容易实施等优点，被国际岩石力学学会(ISRM)列为推荐方法[1]。

研究者广泛采用巴西试验进行相关力学参数的测试[2-5]。随着对巴西试验研究的深入，已经发展形成了多种改进形式的圆盘试样，如中心直切槽圆盘、人字形切槽圆盘、平台圆盘、中心孔圆盘、半圆形盘以及孔槽式圆盘等。Chen 等[6]通过在台湾 Hualien 大理岩预制孔洞制成含中心孔圆盘试样，结合边界元方法分析了岩石间接拉伸强度，同时还研究了层理倾角和孔径大小对大理岩拉伸强度的影响；Wang 等[7-8]根据理论分析和数值模拟结果认为，平台圆盘试样可以获取脆性岩石的弹性模量、拉伸强度和断裂韧度等，并结合大理岩室内试验验证了改进的平台圆盘试样的可行性；Ayatollahi 等[9-10]认为利用中心直切槽圆盘试样得到的断裂韧度比($K_{\mathrm{II}c}/K_{\mathrm{I}c}$)显著高于理论值，提出用切向应力准则能够更加准确地预测Ⅱ型断裂韧度；Tutluoglu 等[11]利用有限元模拟改进的圆环试样(在中心孔试样中引入平台)，分析了边界条件和几何尺寸对应力强度因子的影响；苟小平等[12]将人字形切槽试样的切槽尖端再稍加切削制成直裂纹前沿的试样，采用 SHPB 压杆对预裂的人字形切槽巴西圆盘砂岩试样进行径向冲击，分析认为，动态起裂韧度有显著的加载率效应。上述研究[6-12]主要是采用各种改进的圆盘试样测量脆性岩石的拉伸强度、断裂韧度和弹性模量等力学参数。对于裂纹扩展和贯通过程的研究主要借助照相量测、扫描电镜等工具，或者通过数值模拟的方法。Cai 等[13-14]利用 Elfen 数值软件，模拟了完整圆盘试样和直切槽圆盘试样在巴西试验下的裂纹扩展过程，同时还分析了直切槽摩擦系数对破裂模式的影响，模拟结果表明，在裂纹起裂位置会随着摩擦系数变化而改变；Zhu 等[15]利用 RFPA^{2D}模拟了完整圆盘试样在静荷载和动荷载作用下裂纹扩展全过程，指出在动荷载作用下圆盘失稳机制与应力波的演化密切相关；朱万成等[16]采用 RFPA^{2D}模拟中心直切槽圆盘巴西试验，模拟结果与试验结果相吻合，同时还再现了不同裂隙倾角试样裂纹的产生、扩展和贯通过程；杨圣奇等[17]采用 PFC^{2D}再现了中心直切槽圆盘室内巴西试验破裂模式，进一步模拟了断续双裂隙圆盘巴西试验，详细分析了裂隙参数对抗拉强度和裂纹扩展特征的影响；Erarslan 等[18]采用试验与 FRANC^{2D}模拟相结合的方式研究了人字形切槽圆盘试样巴西试验，分析表明，裂纹起裂角与切槽倾角密切相关；Zhang 等[19]通过高速摄像和 SEM 等观察到，Fangshan 大理岩中心直切槽半圆形试样在动荷载作用下，裂纹在切槽尖端起裂并沿着切槽方向加速扩展。

3.1 张开单裂隙圆盘试样拉伸强度与裂纹扩展颗粒尺寸效应

众所周知，岩石作为一种非连续和非均质颗粒材料，不同的岩石材料具有不同的颗粒尺寸分布。研究表明，颗粒尺寸对拉伸强度的影响远大于压缩强度，因此有必要进一步分析拉伸作用下颗粒尺寸效应，以明确颗粒尺寸对拉伸强度及裂纹扩展的影响规律。对颗粒尺寸效应的研究除了进行相应室内试验外，数值模拟也是一种可行的方法。颗粒流法（PFC）在处理岩土材料方面具有连续介质方法不具备的显著优点，以及在细观力学方面的独到优势，已被广泛应用于岩石力学与工程方面的研究。因此，本节采用颗粒流程序建立中心直切槽圆（central straight notched Brazilian disc，CSNBD）盘试样巴西试验模型，分析颗粒尺寸大小对拉伸强度的影响以及裂纹扩展过程中细观力场、微裂纹以及能量的演化规律[20]。

3.1.1 数值模型构建

室内试验采用 C42.5 水泥、200 目石英砂、石膏粉和水等材料，配制岩石类脆性材料[21]。其中，水泥∶石膏（质量比）=0.9∶0.1，水灰比=0.5，石英砂约 30%，采用制样尺寸为 ϕ50 mm×25 mm 的模具，经搅拌、浇筑、脱模和养护等，制得圆盘试样。巴西试验在中国矿业大学 YNS-2000 电液伺服液压万能试验机上进行。试验加载采用位移控制，速率为 0.05 mm/min。

当采用 PFC 模拟巴西试验时，首先是生成视为刚性体的一定数量不同尺寸的圆形颗粒集合来模拟圆盘试样。试样的上下两面墙以相同的速率相向运动来模拟物理试验中的加载板。当达到设定停止条件（比如力或位移达到一定值），墙停止运动，1 次模拟结束。图 3-1 为室内和 PFC 模拟巴西试验。注意到两者在加载方式上有一定区别，后续可改进 PFC 巴西试验模拟程序形成弧形加载。

（a）室内试验

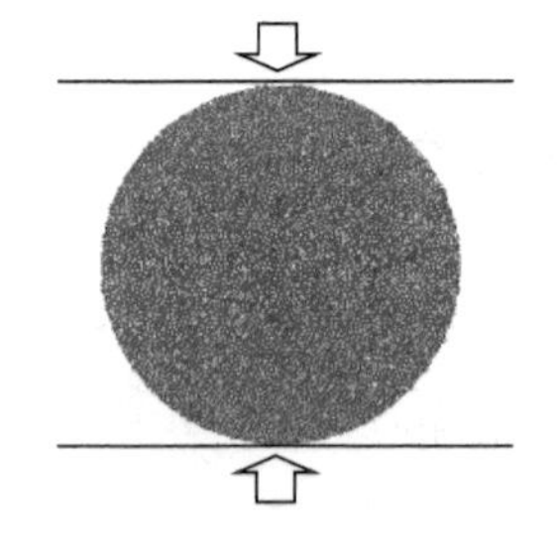

（b）PFC模拟

图 3-1　室内和 PFC 模拟巴西试验

（1）细观参数验证

首先进行细观参数标定。平行黏结主要包含以下几个细观参数：颗粒接触模量 E_c、颗粒刚度比 k_n/k_s、平行黏结模量 $\bar{E}_c$、平行黏结刚度比 $\bar{k}_n/\bar{k}_s$、平行黏结法向强度 σ_c 和平行黏结

切向强度 τ_c 等。经过“试错法”反复调试，得到一组细观参数如表3-1所示。

表3-1 完整圆盘试样细观参数

参数	取值	参数	取值
颗粒最小半径/mm	0.25	摩擦系数	0.45
颗粒半径比	1.6	平行黏结模量/GPa	2.3
密度/(g/cm³)	1.85	平行黏结刚度比	2.0
颗粒接触模量/GPa	2.3	平行黏结法向强度/MPa	11.0±1.5
颗粒刚度比	2.0	平行黏结切向强度/MPa	15.0±2.5

为评价表3-1所示细观参数的准确性，应进行模拟与室内试验结果的对比。首先给出模拟和试验应力-应变曲线对比情况，如图3-2所示。从图中可见，试验曲线开始呈上凹型非线性变形，进入弹性变形阶段后曲线呈近似线性增长，而到达峰值点后应力迅速跌落，表现为典型的脆性特征。由图3-2不难看出，模拟曲线与试验曲线较为吻合。类岩石材料圆盘试样拉伸强度 σ_t 采用式(3-1)计算。

$$\sigma_t = 2P/(\pi Dt) \tag{3-1}$$

式中，P 为劈裂荷载；D 为圆盘的直径；t 为圆盘厚度。通过计算，数值模拟获得的抗拉强度(3.38 MPa)与试验值(3.37 MPa)近似相等。

图3-3给出了数值模拟和室内试验获得的类岩石材料圆盘试样宏观破裂模式对比。在室内巴西试验中，圆盘试样沿加载方向劈裂破坏。数值模拟获得宏观破裂模式与试验破裂模式较为相近。通过应力-应变曲线、力学参数和宏观破裂模式的对比可知，PFC能够较好地模拟室内巴西试验。因此，可采用表3-1细观参数模拟类岩石试样巴西试验，并在此基础上进行孔槽式圆盘试样巴西试验的力学特性和裂纹扩展规律数值模拟分析。

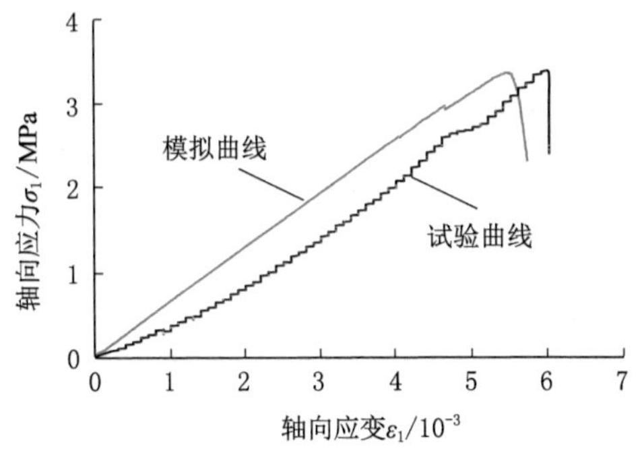

图3-2 完整圆盘试样应力-应变曲线对比

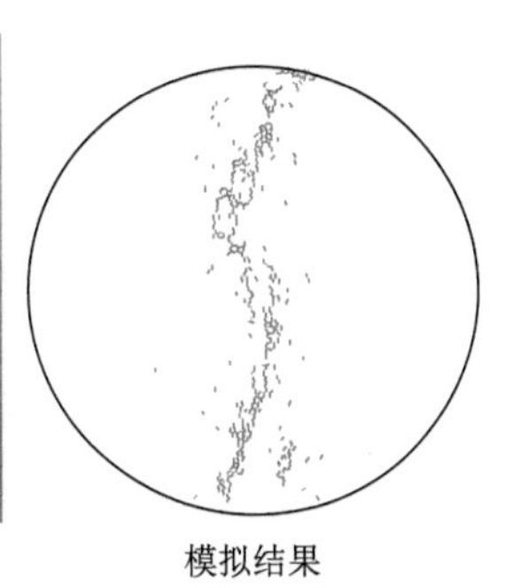

图3-3 完整圆盘试样宏观破裂模式对比

(2) 模拟方案设计

在本节中，中心直切槽圆盘直径 D 为50 mm，切槽长度 $2a$ 设计为15 mm，即 $a/R=0.3$，如图3-4所示。Atkinson等[22]分析认为中心直切槽圆盘试样的断裂韧度可由下式求得：

$$K_{\mathrm{I}} = \frac{P_Q\sqrt{a}}{\sqrt{\pi}RB}N_{\mathrm{I}} \tag{3-2}$$

$$K_{\mathrm{II}} = \frac{P_{\mathrm{Q}}\sqrt{a}}{\sqrt{\pi}RB}N_{\mathrm{II}} \tag{3-3}$$

式中，K_{I} 和 K_{II} 分别为Ⅰ型和Ⅱ型断裂韧度；a 为切槽半长；R 和 B 分别为圆盘半径和厚度；P_{Q} 为破坏荷载；N_{I} 和 N_{II} 为无量纲系数。当中心切槽长度相对于圆盘半径较小时（$a/R \leqslant 0.3$），可将它当作无限介质中的小裂隙处理，并推导了 N_{I} 和 N_{II} 的计算公式[22]：

$$N_{\mathrm{I}} = 1 - 4\sin^2\beta + 4\sin^2\beta(1 - 4\cos^2\beta)\left(\frac{a}{R}\right)^2 \tag{3-4}$$

$$N_{\mathrm{II}} = \left[2 + (8\cos^2\beta - 5)\left(\frac{a}{R}\right)^2\right]\sin 2\beta \tag{3-5}$$

基于此，本书设计 3 种切槽倾角 β 值，分别为 0°，27.2°和 45.0°，对应Ⅰ型加载、Ⅱ型加载和混合型加载。

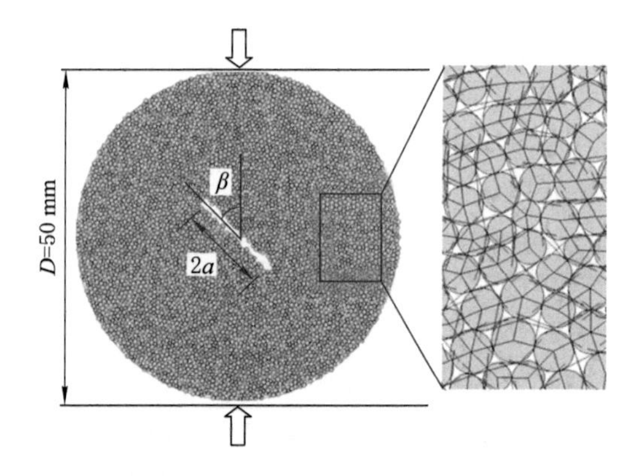

图 3-4　PFC 构建的中心直切槽圆盘试样

为研究颗粒尺寸对中心直切槽圆盘强度和裂纹扩展特征的影响，模拟方案如表 3-2 所示。$R_{\min}$ 为颗粒最小半径；$R_{\max}/R_{\min}$ 为颗粒最大与最小半径的比值；R_{ave} 为颗粒平均半径。

表 3-2　中心直切槽圆盘试样几何参数

序号	$R_{\min}$/mm	$R_{\max}/R_{\min}$	R_{ave}/mm
1	0.15	1.60	0.195
2	0.20	1.60	0.260
3	0.25	1.60	0.325
4	0.30	1.60	0.390
5	0.35	1.60	0.455
6	0.40	1.60	0.520
7	0.45	1.60	0.585

3.1.2　力学特性分析

（1）荷载-位移曲线

图 3-5 所示为模拟获得的不同颗粒尺寸圆盘试样巴西试验荷载-位移曲线。从图 3-5 可

见，中心直切槽圆盘试样荷载-位移曲线可以分为线性变形阶段、裂纹萌生及扩展阶段和峰后破坏阶段；β 为 27.2°和 45°试样荷载-位移曲线与 β 为 0°试样的荷载-位移曲线相比，呈现更多的跌落。不同倾角圆盘试样对比可见，荷载-位移曲线可以分为典型的 3 类：Type Ⅰ，为单峰值曲线，其特征在于曲线仅有 1 个明显的峰值荷载 F，如图 3-5(a)所示；Type Ⅱ，为峰值之后软化曲线，其特征在于曲线有 2 个明显的峰值荷载 F_1 和 F_2，且 F_2 小于 F_1，如图 3-5(b)所示；Type Ⅲ，为峰值后强化曲线，其特征在于曲线有 2 个明显的峰值荷载 F_1 和 F_2，且 F_2 大于 F_1，如图 3-5(c)所示。表 3-3 所示为中心直切槽圆盘试样荷载-位移曲线类型。

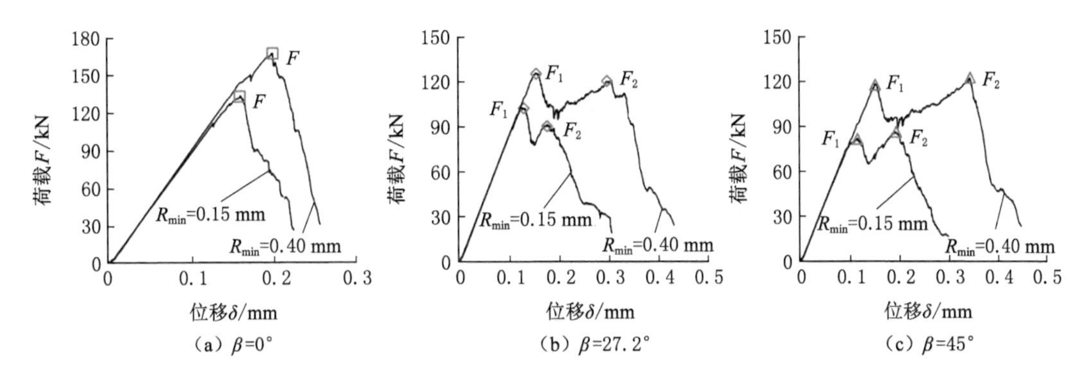

图 3-5　中心直切槽圆盘巴西试验荷载-位移曲线

表 3-3　中心直切槽圆盘荷载-位移曲线类型

序号	R_{min}/mm	β=0°	β=27.2°	β=45°
1	0.15	Ⅰ	Ⅱ	Ⅲ
2	0.20	Ⅰ	Ⅱ	Ⅱ
3	0.25	Ⅰ	Ⅲ	Ⅲ
4	0.3	Ⅱ	Ⅲ	Ⅲ
5	0.35	Ⅱ	Ⅲ	Ⅲ
6	0.40	Ⅰ	Ⅱ	Ⅲ
7	0.45	Ⅲ	Ⅱ	Ⅱ

① Type Ⅰ曲线。在线性变形阶段，荷载随着位移的增大呈近似线性增大，该阶段一般不产生裂纹。当进入裂纹萌生及扩展阶段后，荷载随着位移的增大呈非线性增大，该阶段裂纹产生裂纹和裂纹不断扩展，但试样还未破坏。峰值荷载之后，次生裂纹的产生和扩展导致试样承载能力降低，试样最终失稳破坏。

② Type Ⅱ曲线。荷载首先随着位移的增大近似呈线性增大到峰值荷载，荷载达到峰值之后，开始跌落。当跌落至一定程度后，由于试样还未完全破裂，还具有较高的承载能力，因此，荷载继续上升，但第 2 次上升曲线的斜率与初次上升曲线相比较低，这是因为试样内部已经出现了较大损伤。曲线到达第 2 次峰值后，荷载逐渐降低，试样最终破裂。

③ Type Ⅲ曲线。与 TypeⅡ曲线相比，两者最大的区别在于 Type Ⅲ曲线第 2 次峰值大于第 1 次峰值。

(2) 拉伸强度

从图 3-5 还可以看出：颗粒尺寸对荷载-位移曲线线性变形阶段的斜率无明显影响，而对峰值荷载的影响较为明显。表 3-4 所示为颗粒最小半径对中心直切槽圆盘间接拉伸强度的影响。由完整圆盘拉伸强度式(3-1)计算得到，中心直切槽圆盘强度也采用式(3-1)计算，但该值并非其真实拉伸强度，本节仅用于比较目的。强度衰减系数 δ 由下式计算：

$$\delta = (1 - \sigma_t/\sigma_{tI}) \times 100\% \tag{3-6}$$

式中，σ_t 和 σ_{tI} 分别为中心直切槽圆盘和完整圆盘试样的拉伸强度。从表 3-4 可见：当倾角 β 为 0°时，拉伸强度分布在 1.540 MPa(R_{min}=0.20 mm)～2.477 MPa(R_{min}=0.45 mm)之间，最小强度衰减系数为 32.30%(R_{min}=0.30 mm)，最大强度衰减系数为 47.46%(R_{min}=0.20 mm)；当倾角 β 为 27.2°时，强度分布在 1.308 MPa(R_{min}=0.15 mm)～1.970 MPa(R_{min}=0.45 mm)之间，最小强度衰减系数为 37.59%(R_{min}=0.30 mm)，最大强度衰减系数为 54.46%(R_{min}=0.15 mm)；当倾角 β 为 45°时，强度分布在 1.104 MPa(R_{min}=0.15 mm)～2.058 MPa(R_{min}=0.45 mm)之间，最小强度衰减系数为 38.89%(R_{min}=0.30 mm)，最大强度衰减系数为 61.56%(R_{min}=0.15 mm)。

表 3-4　完整及中心直切槽圆盘试样拉伸强度

R_{min}/mm	σ_{tI}/MPa	σ_t(β=0°)/MPa	σ_t(β=27.2°)/MPa	σ_t(β=45°)/MPa
0.15	2.872	1.699(40.84%)	1.308(54.46%)	1.104(61.56%)
0.20	2.931	1.540(47.46%)	1.442(50.80%)	1.191(59.37%)
0.25	3.374	2.080(38.35%)	1.843(45.38%)	1.496(55.66%)
0.30	2.836	1.920(32.30%)	1.770(37.59%)	1.733(38.89%)
0.35	3.150	2.017(35.97%)	1.850(41.27%)	1.406(55.37%)
0.40	3.256	2.134(34.46%)	1.599(50.89%)	1.560(52.09%)
0.45	3.678	2.447(33.47%)	1.970(46.44%)	2.058(44.05%)

注：括号内的数值为强度衰减系数；括号外数值为拉伸强度值，单位 MPa。

图 3-6 所示为圆盘试样拉伸强度与颗粒最小半径之间的关系曲线。从图 3-6 可见：中心直切槽圆盘试样拉伸强度显著低于完整圆盘试样，且降幅与切槽倾角密切相关；当切槽倾角不变时，拉伸强度总体上随着颗粒最小半径的增大而增大；而当颗粒最小半径不变时，拉伸强度随着切槽倾角的增大而减小。

3.1.3　裂纹扩展细观机理

(1) 宏观破裂模式分析

图 3-7 所示为颗粒最小半径对中心直切槽圆盘最终破裂模式的影响，仅以颗粒最小半径为 0.15、0.30、0.45 mm 为例说明。从图 3-7(a)可见：当颗粒最小半径为 0.15 mm，倾角 β 为 0°时，中心直切槽圆盘试样主要发生轴向劈裂破坏，最终破裂为两半，是由切槽两端起裂的 2 条拉伸裂纹造成的；当倾角 β 为27.2°时，试样内除了 2 条从裂隙尖端萌生的翼形裂纹外，还有 2 条由试样端部萌生的次生裂纹；当倾角 β 为 45°时，破裂模式与倾角 β 为 27.2°试样相似，由翼形裂纹和次生裂纹共同作用导致破坏。从图 3-7(b)可见：当颗粒最小半径增大为 0.30 mm，倾角 β 为 0°时，中心直切槽圆盘试样除了裂隙尖端萌生的主裂纹外，还有 1

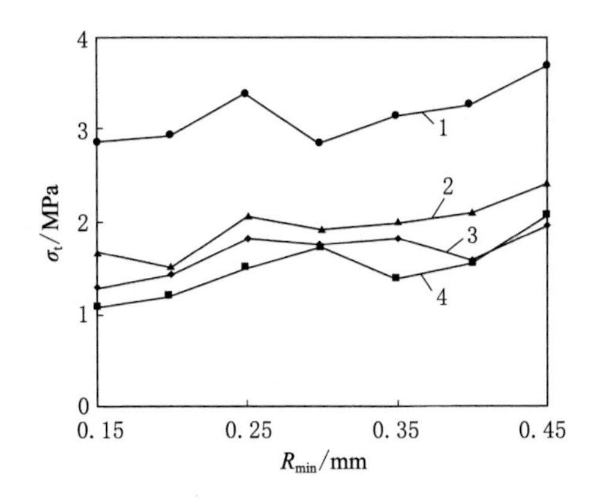

1—完整圆盘；2—β=0°；3—β=27.2°；4—β=45°。

图 3-6　圆盘试样拉伸强度与颗粒尺寸之间的关系

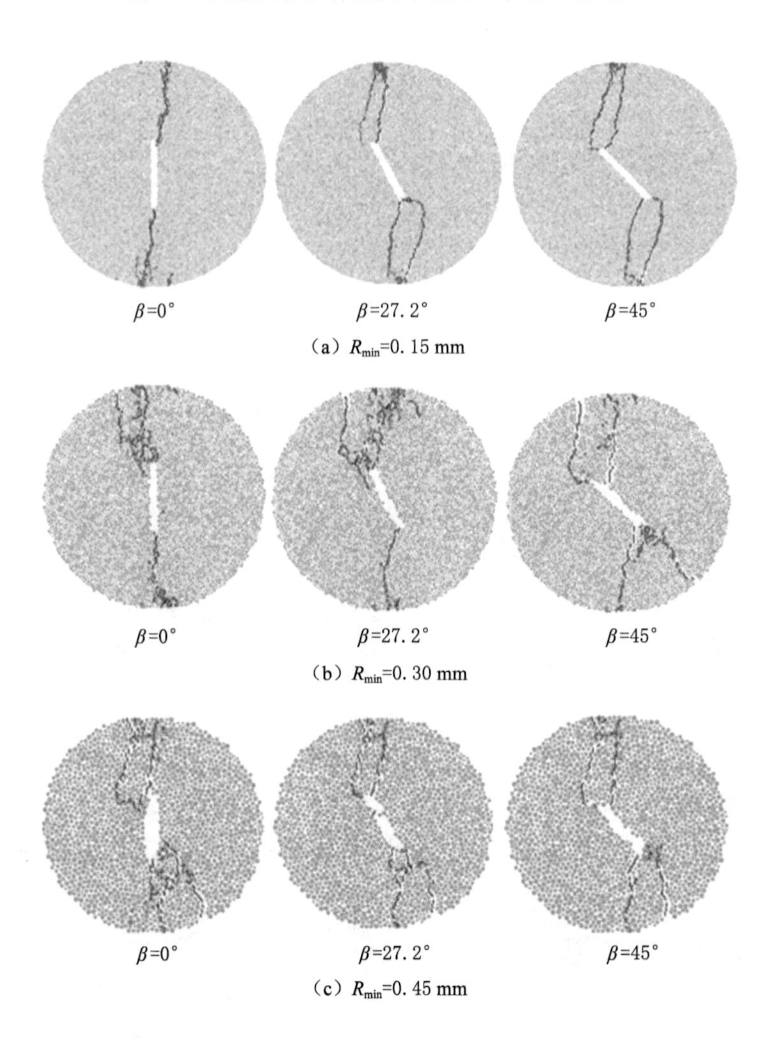

图 3-7　颗粒尺寸对中心直切槽圆盘破裂模式的影响

条次生裂纹；而当倾角 β 为 27.2°时，试样内有 2 条翼形裂纹和 1 条次生裂纹；倾角 β 为 45°时，由 2 条翼形裂纹和 2 条次生裂纹作用造成试样破裂。需特别注意的是：上部翼形裂纹并非萌生于切槽尖端而是萌生于距切槽尖端一定距离处。从图 3-7(c)可见：当颗粒最小半径增大为 0.45 mm，倾角 β 为 0°时，中心直切槽圆盘试样含有 2 条切槽尖端萌生的主裂纹和 3 条试样端部萌生的次生裂纹，切槽下尖端萌生的主裂纹并未扩展至试样的边缘；倾角 β 为 27.2°和 45°中心直切槽圆盘试样破裂模式相似，均为翼形裂纹和次生裂纹共同作用导致试样破裂。对比图 3-7(a)、图 3-7(b)和图 3-7(c)可知：颗粒半径和切槽倾角对中心直切槽圆盘试样的破裂模式均有较大的影响，且当切槽倾角相同时，颗粒最小半径主要影响中心直切槽圆盘中次生裂纹的萌生和扩展。

(2) 裂纹扩展过程细观力场演化

为分析中心直切槽圆盘试样裂纹萌生及扩展过程以及对应阶段试样内部细观力场的演化规律，对巴西试验模拟过程进行裂纹及细观力场跟踪监测。图 3-8 给出了颗粒最小半径为 0.15 mm，切槽倾角为 27.2°中心直切槽圆盘试样裂纹扩展过程以及各裂纹扩展对应的颗粒间接触力场和平行黏结力场的演化。在接触力场中，黑色线段表示压力，线段粗细表示力的大小，标注数值为最大接触力；在平行黏结力场中，深色表示压力，浅色表示拉力，线段越粗表示平行黏结力越大，标注数值为最大平行黏结力。

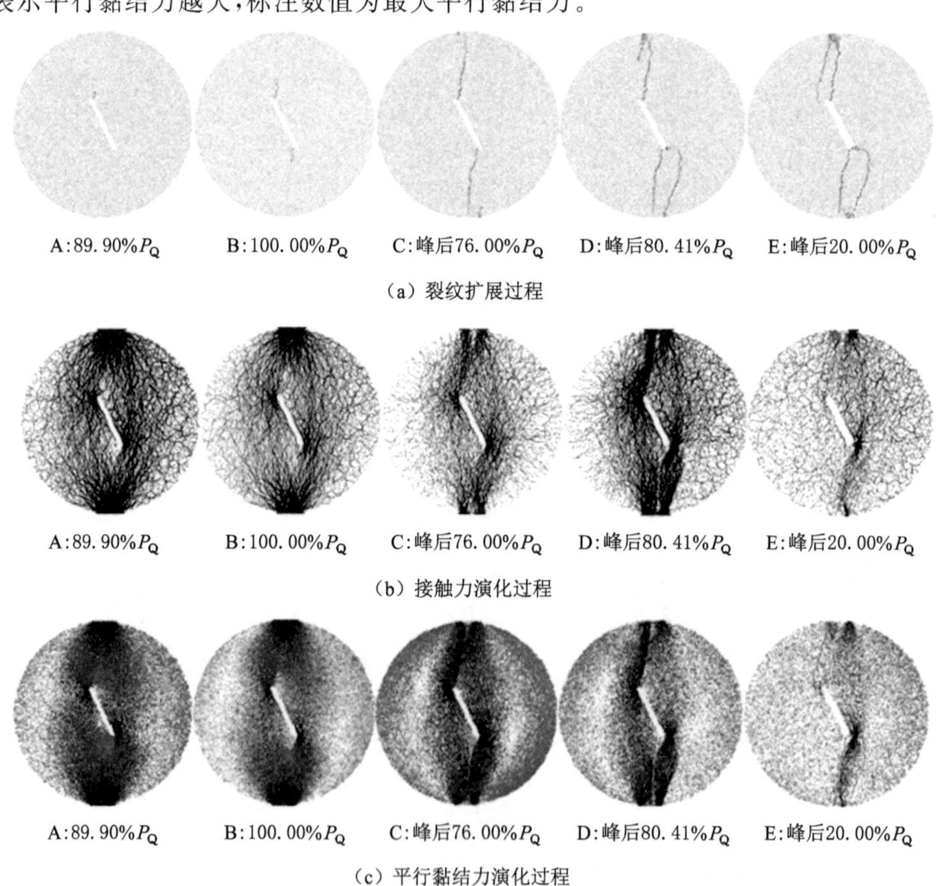

图 3-8 中心直切槽圆盘裂纹扩展过程与细观力场演化(β=27.2°，R_{min}=0.15 mm)

从图 3-8 可见：对于倾角 β 为 27.2°的圆盘试样，当荷载为 92.34 kN(89.90%P_Q)时，首先是切槽上尖端萌生裂纹。从接触力分布图可以看出：在切槽尖端出现应力集中。从平行黏结力分布图可见：平行黏结力拉应力集中区分布在切槽尖端与试样端部之间区域，平行黏结压应力集中区分布在切槽尖端。试样端部出现应力集中现象是由于加载板与试样接触形成的；当荷载继续增大至 102.72 kN 即劈裂荷载时，切槽下尖端也开始萌生裂纹。观察此时的平行黏结力分布可以发现：切槽阶段的压应力集中没有消失，而拉应力集中会随着裂纹的扩展不断地转移；劈裂荷载之后荷载逐渐降低；当荷载降至 78.06 kN(峰后 76.00%P_Q)时，2 条翼形裂纹已经扩展至试样端部。从平行黏结力分布图可见：随着裂纹充分扩展至试样端部，平行黏结拉应力集中区已经消失，而且在翼形裂纹周围平行黏结压应力占绝对优势。从翼形裂纹扩展路径可见：翼形裂纹最初与加载方向呈夹角，裂纹扩展至一定长度后逐渐平行于加载方向；与此同时，在试样下端部萌生第 1 条次生裂纹。而后，在荷载水平为 78.06 kN(峰后 76.00%P_Q)时，在试样上端部也萌生了 1 条次生裂纹。由最终破裂模式可见：次生裂纹逐渐向着切槽尖端方向扩展，且次生裂纹的扩展路径并不光滑。试样最终破裂后，试样内颗粒间接触力和平行黏结力均相对均匀分布，这也意味着在裂纹起裂、扩展至最终破裂的过程中，试样内部细观力场也逐渐由切槽阶段应力集中向整体均匀分布转变。

图 3-9 给出了最小半径为 0.40 mm，切槽倾角为 27.2°圆盘试样裂纹扩展过程及相应的接触力、平行黏结力场演化。从图 3-9 可见：对于切槽倾角 β 为 27.2°圆盘试样，当荷载为 120.0 kN(95.93%P_Q)时，首先在切槽上尖端萌生初始裂纹，接着在切槽下尖端产生裂纹(对应荷载水平为劈裂荷载 125.61 kN)；翼形裂纹扩展路径逐渐平行于加载方向；当荷载到达 113.92 kN(峰后 90.69%P_Q)时，在试样上端部萌生次生裂纹，次生裂纹逐渐扩展至切槽下尖端；当荷载水平为 105.74 kN(峰后 84.18%P_Q)时，在试样的左上边缘产生第 2 条次生裂纹，并扩展至切槽上尖端。在裂纹扩展过程中接触力和平行黏结力的演化与图 3-8 的类似。

结合图 3-8 及图 3-9 可见：在切槽倾角相同时，含不同颗粒尺寸中心直切槽圆盘试样裂纹萌生的位置及顺序不同。由以上分析可知颗粒尺寸对次生裂纹的萌生及扩展影响更为显著。此外，对比图 3-8、图 3-9 所示细观力场，可见：图 3-8 中接触力和平行黏结力的线段明显比图 3-9 中的细，但图 3-8 中密集程度比图 3-9 中的高，这意味着当颗粒最小半径较小(0.15 mm)时，细观应力较低，但应力集中程度较高；当颗粒最小半径较大(0.40 mm)时，细观应力较大，但应力集中程度较低。由此可见，可以借助细观力场值分析中心直切槽圆盘试样拉伸强度随颗粒尺寸的变化规律。

图 3-10 所示为不同加载方式下拉伸强度与劈裂荷载时圆盘试样内最大平行黏结力的关系曲线。从图 3-10 可见：最大平行黏结力与抗拉强度总体上呈正比关系，即最大平行黏结力越大，则拉伸强度越大。

(3) 裂纹扩展过程中微裂纹发育

为揭示中心直切槽圆盘试样裂纹扩展过程中微裂纹发育特征，在模拟过程中对微裂纹数目进行统计，以期建立裂纹扩展过程微裂纹与宏观裂纹扩展之间的关系。图 3-11 所示为中心直切槽圆盘裂纹扩展过程中微裂纹发育情况，其中，图 3-11(a)和图 3-11(b)中标注的裂纹产生顺序分别见图 3-8 和图 3-9。从图 3-11 可见：在加载初期，试样内基本无微裂纹产生；当加载至一定荷载后，试样内才开始逐渐有微裂纹萌生。根据荷载-位移-微裂纹曲线之

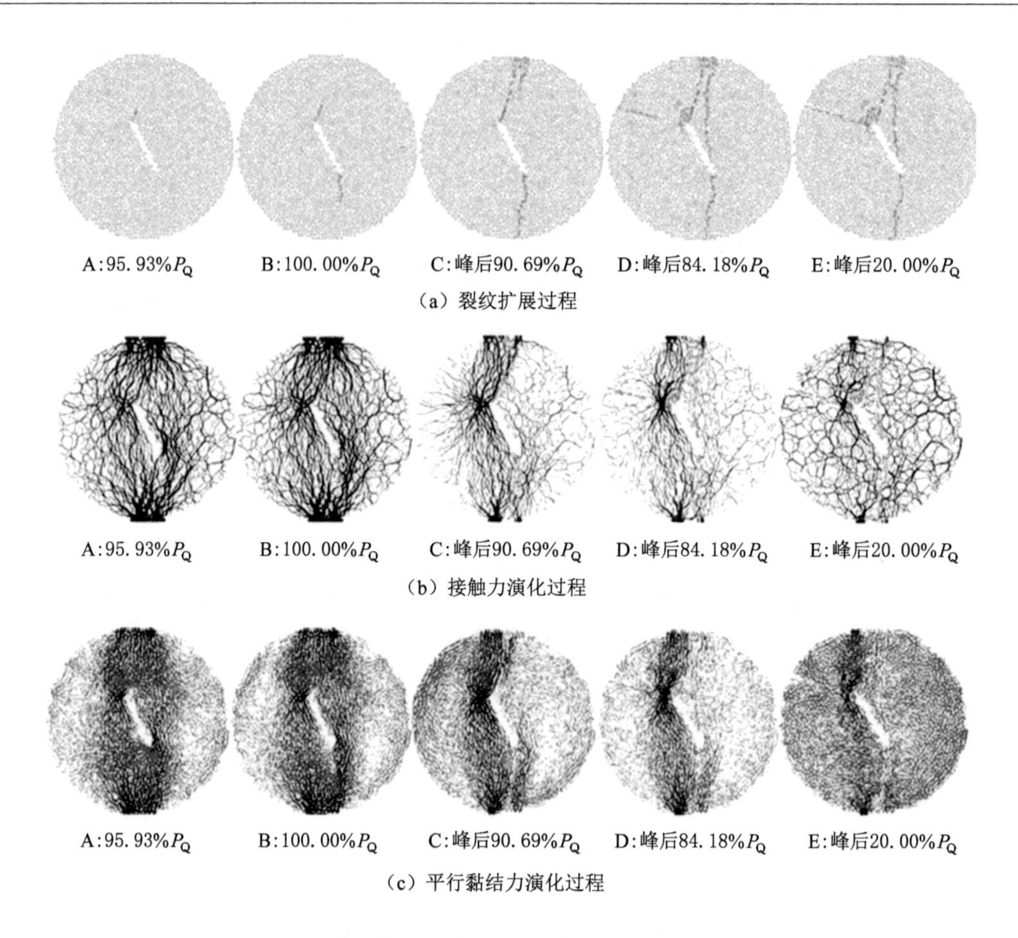

图 3-9 中心直切槽圆盘裂纹扩展过程与细观力场演化($\beta=27.2°$,$R_{min}=0.40$ mm)

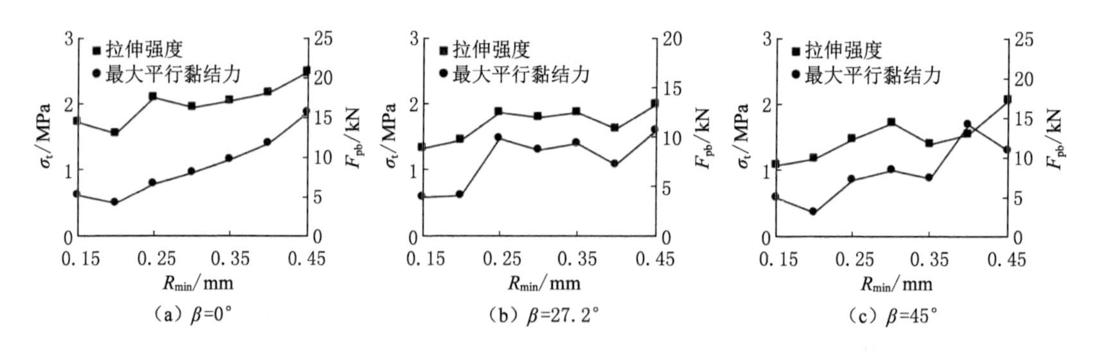

图 3-10 中心直切槽圆盘拉伸强度与最大平行黏结力之间的关系

间的关系可知:当荷载曲线发生 1 个较显著的跌落,对应 1 次较显著的微裂纹数目,在微裂纹累计曲线上相应产生 1 次陡增现象,这意味着试样内快速产生了较多的微裂纹。另外,观察宏观裂纹与微裂纹增长速率之间的关系可知,当试样中产生 1 条显著的宏观裂纹时对应的微裂纹增长速率明显较大。需要注意到的是:图 3-11(a)中产生裂纹 1 时对应的微裂纹增长速率近似为 0。这是因为标注的裂纹 1 为一定数量的微裂纹聚合在一起形成的肉眼可见的宏观裂纹[见图 3-8(a)],标注时间稍滞后于其真正萌生时间。

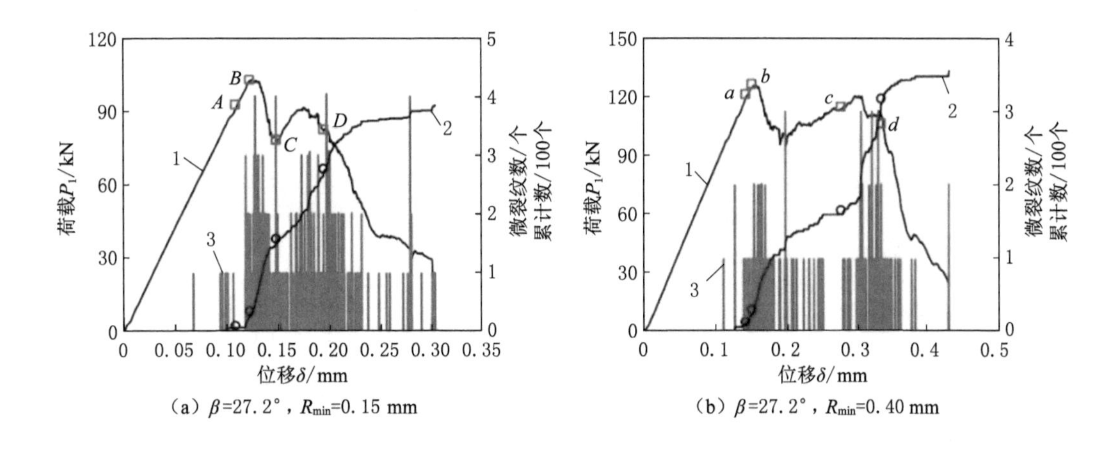

(a) β=27.2°，R_{min}=0.15 mm (b) β=27.2°，R_{min}=0.40 mm

1—荷载；2—累计数；3—微裂纹数。

图 3-11 中心直切槽圆盘裂纹扩展过程微裂纹演化

图 3-12 所示为中心直切槽圆盘试样最终破裂时微裂纹总数柱状图，以探究微裂纹总数与颗粒尺寸之间的关系。从图 3-12 可见：当切槽倾角 β 为 0°和 27.2°时，裂纹总数总体上随着颗粒尺寸的增大呈减小趋势；而当切槽倾角 β 为 45.0°时，微裂纹总数与颗粒最小半径之间无明显关系。此外，微裂纹总数虽然有一定的差异，但总体上还保持在 1 个数量级内(100～400 之间)。由此可见：在本次模拟范围内，颗粒最小半径变化时对破裂程度不会产生非常明显的改变。

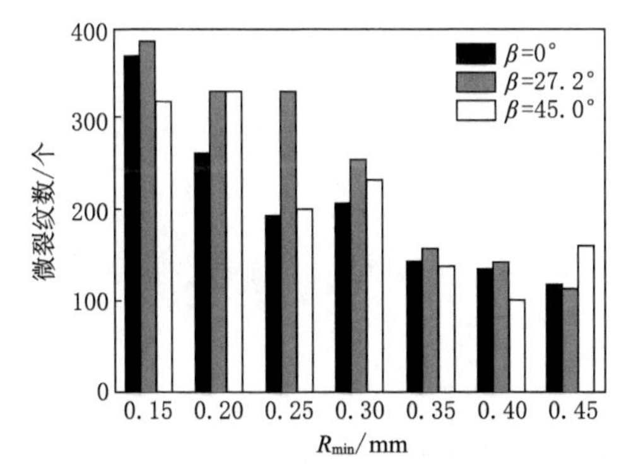

图 3-12 中心直切槽圆盘裂纹总数与颗粒尺寸之间的关系

(4) 裂纹扩展过程能量演化

在模拟过程中，对各种能量进行追踪，以探讨裂纹扩展过程中能量演化规律，进一步加深对裂纹扩展机制的认识。图 3-13 所示为中心直切槽圆盘试样加载过程中能量演化。其中，边界能为边界所做的功即总输入能。从图 3-13 可见：边界能在加载过程中持续增长，但其增大的速率会随着加载阶段的不同有所区别。在加载初期，边界能较小且其增长速率较低，这是因为加载初期所需要的能量较低。随着荷载的持续增大，边界能增长速率较快，这是因为该阶段试样克服颗粒之间的黏结，不断有裂纹的产生和扩展，在最后破裂阶段之前，边界能增长速率有所减缓。黏结能是克服颗粒间黏结所做的功，裂纹产生之后在应变能的作用下扩展。摩擦能在加载到一定程度之后才出现，这是因为摩擦能为裂纹摩擦作用总和，在试样内萌生微裂纹之后，摩擦能才起作用，摩擦能随着裂纹的扩展逐渐增大。动能很小，几乎贴着轴线，意味着颗粒的运动程度低，试样的破裂不剧烈。

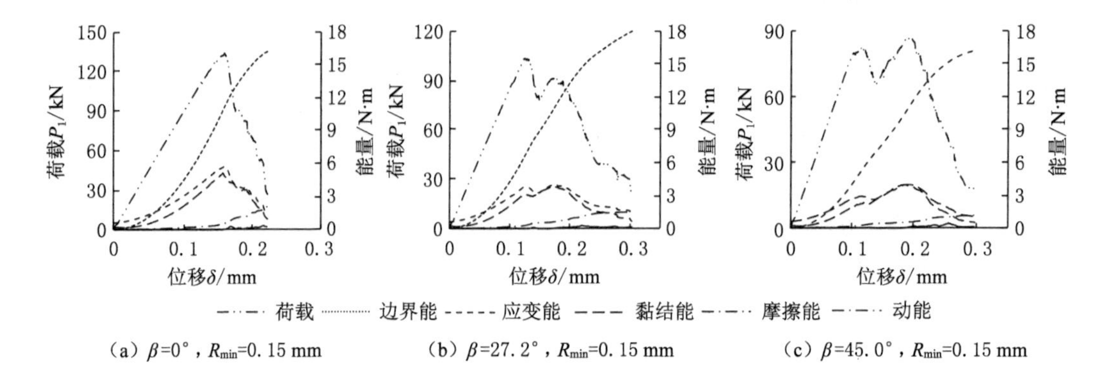

图 3-13　中心直切槽圆盘裂纹扩展过程能量演化

为分析中心直切槽圆盘试样拉伸强度与总输入能之间的关系，绘制边界能与拉伸强度关系曲线，如图 3-14 所示。从图 3-14 可见：中心直切槽圆盘试样中边界能与抗拉强度总体上呈现为正比关系，即边界能越大，则拉伸强度越大。

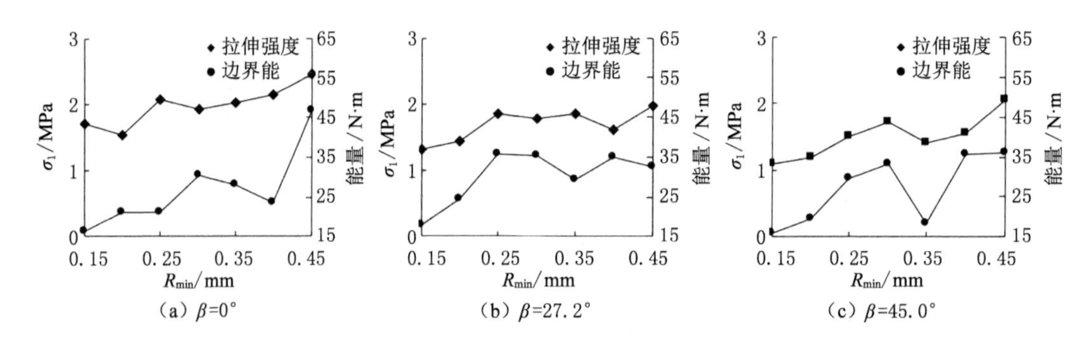

图 3-14　抗拉强度与边界能之间的关系

3.1.4　本节小结

(1) 含不同切槽倾角和颗粒半径中心直切槽圆盘试样的荷载-位移曲线可分为 3 种形式，分别为单峰值曲线（Type Ⅰ），首次峰值之后软化曲线（Type Ⅱ）以及首次峰值之后强化曲线（Type Ⅲ）。

(2) 中心直切槽圆盘试样拉伸强度显著比完整圆盘试样的低，且降幅与切槽倾角密切相关。当切槽倾角不变时，拉伸强度总体上随着颗粒最小半径的增大而增大；而当颗粒最小半径不变时，拉伸强度总体上随着切槽倾角的增大而减小。

(3) 当切槽倾角相同时，不同颗粒半径中心直切槽圆盘试样破裂模式显著不同。模拟结果显示，颗粒尺寸主要影响中心直切槽圆盘试样中次生裂纹的萌生和扩展。

(4) 边界对圆盘试样做功，首先克服颗粒之间的黏结以产生裂纹，裂纹在应变能的作用下不断扩展。在裂纹产生之后，摩擦才开始起作用。颗粒的运动程度很低，因此，动能很小。边界能与抗拉强度总体上呈正比关系，即边界能越大，则抗拉强度越大。

3.2 张开双裂隙圆盘试样抗拉强度与裂纹扩展特征颗粒流分析

巴西试验是沿着圆盘试样的直径方向施加荷载，使之发生劈裂破坏，可用于测量脆性岩石的断裂韧度、抗拉强度和弹性模量等力学参数。巴西试验法于 1978 年被国际岩石力学学会(ISRM)列为推荐方法，后来被美国、中国等国写入相关规范当中，成为国际上测量岩石抗拉强度的通行方法。但是，一些学者如喻勇[23]认为巴西圆盘试验来自二维弹性力学理论，不能满足要求的平面应力或平面应变条件，且试样会由于应力集中而从端面加载点处起裂破坏，不能满足要求的中心起裂条件，故认为巴西试验方法不适合用于测试岩石材料的抗拉强度。研究者因此提出了多种不同形式的试样，以改进圆盘试样的缺点。张志强和鲜学福[24]提出在巴西圆盘试样中引入一个中心圆孔，利用中心圆孔的高度应力集中来帮助起裂，使试样在较低的荷载下能够诱发出裂纹。张志强等[25]采用线弹性断裂力学的柔度法标定技术，研究了含中心直裂纹圆盘试样，提出用该试样确定岩石拉伸弹性模量的方法。王启智等[26]对巴西圆盘进行了改进，在圆盘上引入 2 个相互平行的平面作为加载面，并在平台上加载均布荷载，经过试验验证平台巴西试验比圆盘巴西试验更能保证从中心起裂。喻勇和徐跃良[28]针对目前平台巴西试验的研究范围仅限于二维的问题，采用三维弹性有限元方法，研究了高径比和泊松比对平台圆盘试样应力分布的影响，并提出了基于强度理论测试平台圆盘试样抗拉强度的方法和公式。

随着研究者对巴西试验研究的深入，已经形成了多种形式的圆盘试样，如完整圆盘试样、中心直裂隙圆盘试样、平台圆盘试样、含中心孔圆盘试样以及孔槽式圆盘试样等均被用于测量岩石的断裂韧度和抗拉强度等力学参数。本节采用颗粒流(PFC)数值分析软件，在模拟含单条中心直裂隙试样巴西试验的基础上，提出含两条预制断续裂隙圆盘试样用于测量岩石抗拉强度值的方法，同时研究裂隙倾角、岩桥倾角、裂隙长度和岩桥长度等参数对断续双裂隙岩石抗拉强度特征和裂纹扩展规律的影响[29]。

3.2.1 细观参数验证

首先对含中心直裂隙圆盘试样进行模拟。设计试样直径 D 为 50 mm，裂隙长度 l 为 15 mm，裂隙倾角 β 分别取 0°、18°、36°、54°和 72°。在室内试验中裂隙的预制不易操作且缝宽不易精确控制，在数值模拟中裂隙容易制得，本次模拟缝宽 d 为 1.60 mm。试验采用位移控制加载，加载速率 v 为 0.050 m/s。采用表 3-5 所示的细观参数来模拟脆性岩石力学性质。

表 3-5　PFC 模拟细观参数

参数	取值	参数	取值
颗粒最小半径/mm	0.3	颗粒摩擦系数	0.65
颗粒粒径比	1.66	平行黏结模量/GPa	55.0
颗粒密度/(kg/m^3)	2 700	平行黏结刚度比	1.5
颗粒接触模量/GPa	30.0	法向黏结强度/MPa	70±14
颗粒刚度比	3.0	切向黏结强度/ MPa	80±16

数值模拟得到的含单条中心直裂隙圆盘试样最终破裂模式，如图 3-15 所示。图中还列出了室内试验结果[30]和 RFPA 数值模拟结果[31]，以便和本书离散元模拟结果相比较。由图 3-15 可见，PFC^{2D}模拟的不同角度裂隙试样最终破裂模式与试验结果以及 RFPA 模拟的结果吻合较好，这充分表明，用 PFC^{2D}模拟岩石巴西试验能够再现室内试验结果。为了方便描述，本节把从预制裂隙尖端起裂并沿加载方向扩展的裂纹称为翼形裂纹，把在翼形裂纹之后萌生的裂纹均称为次生裂纹。可以看出，不同裂隙倾角试样巴西试验的宏观破坏都含有翼形裂纹和次生裂纹。翼形裂纹一般从预制裂隙尖端的应力集中区萌生，沿着加载方向扩展至试样的端部，贯通整个试样，试样最终发生拉伸破坏。在翼形裂纹扩展后，次生裂纹会萌生，其扩展方向和程度受预制裂隙倾角的影响。当裂隙倾角较小（$\beta=0°$、$18°$）时，次生裂纹发育不充分，较短小；在倾角较大（$\beta\geqslant36°$）时，次生裂纹近似沿着预制裂隙方向朝岩样边界扩展并汇合，最终贯通试样。

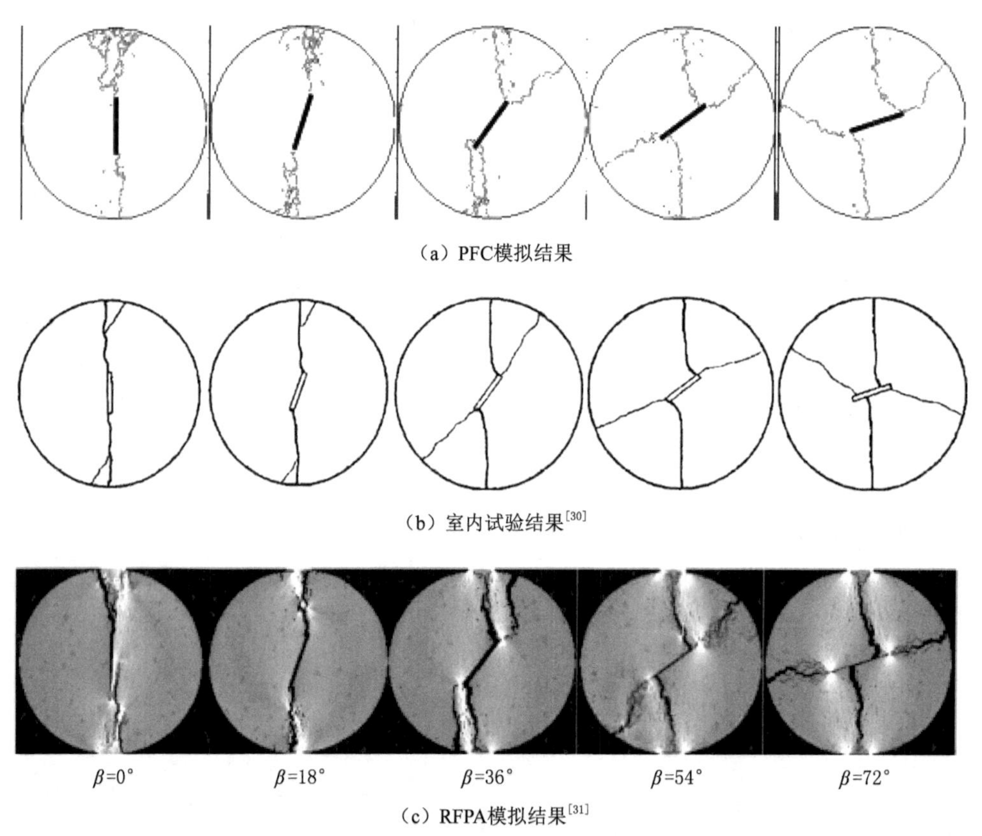

图 3-15　单裂隙试样巴西试验最终破裂模式

3.2.2　断续双裂隙试样抗拉强度分析

（1）模拟方案

为了研究断续双裂隙岩石的抗拉强度特征和裂纹扩展规律，本书进行了如图 3-16 所示的含两条断续预制裂隙试样的巴西圆盘试样试验，试样直径 D 为 50 mm，裂隙的宽度 d 为 1.60 mm，裂隙倾角为 β，岩桥倾角为 α，两条裂隙的长度均为 a，岩桥长度为 b。其中，裂隙倾角为裂隙与竖直方向的夹角，岩桥倾角为岩桥与水平方向的倾角。断续双裂隙试样的细观参数如表3-5所示。为了研究双裂隙的几何分布对脆性岩石抗拉强度和裂纹扩展特征的影响，设计了以下4种模拟方案：① 改变裂隙倾角β（0°、18°、36°、54°、72°），$\alpha=45°$，$a=b=5.0$ mm；② 改变岩桥倾角α（15°、30°、45°、60°、75°），$\beta=54°$，$a=b=5.0$ mm；③ 改变裂隙长度a（2.5、5.0、7.5、10.0、12.5 mm），$\alpha=36°$，$\beta=54°$，$b=5.0$ mm；④ 改变岩桥长度b（2.5、5.0、7.5、10.0、12.5 mm），$\alpha=36°$，$\beta=54°$，$a=5.0$ mm。

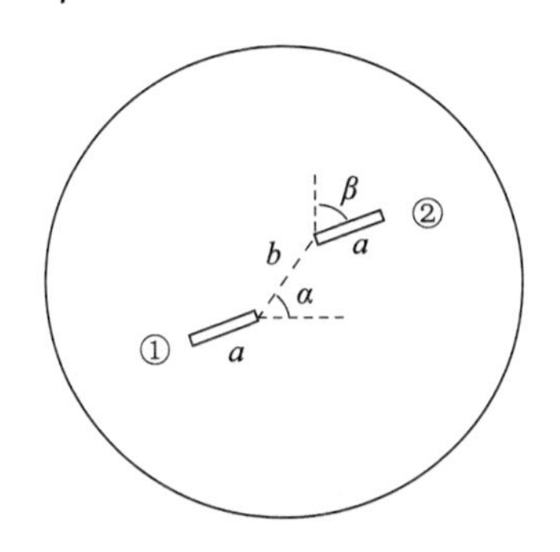

图3-16　双裂隙圆盘试样几何参数

（2）抗拉强度分析

方案①中裂隙倾角β为0°、18°、36°、54°、72°的5组试样的抗拉强度分别为11.796、12.113、11.917、12.577、12.994 MPa。可以看出，断续双裂隙岩石抗拉强度与裂隙倾角没有明显的变化规律。图3-17给出了断续双裂隙岩石抗拉强度与裂隙几何分布之间的关系。从图3-17(a)也可看到方案①中各组抗拉强度值在平均值上下波动，呈非线性变化。

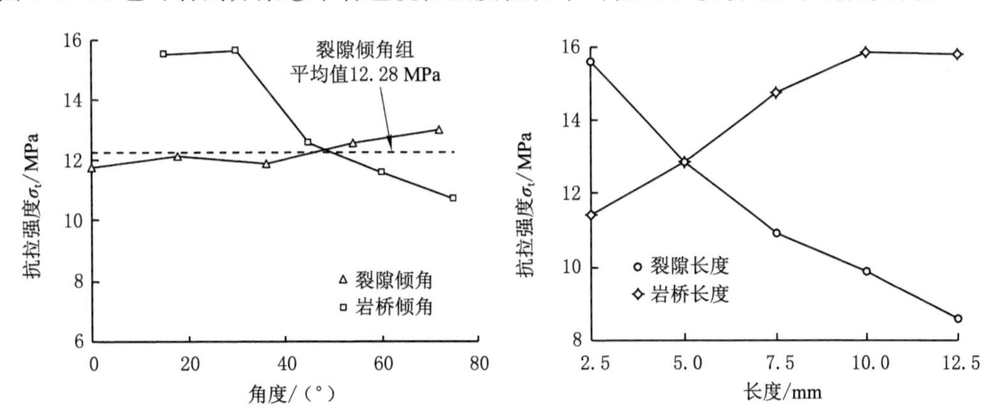

图3-17　抗拉强度与裂隙几何分布的关系

方案②中岩桥倾角α为15°、30°、45°、60°、75°的5组试样的抗拉强度分别为15.478、15.601、12.577、11.573、10.731 MPa。结合图3-17(a)可以看出，当岩桥倾角由15°增大到30°时，断续双裂隙岩石抗拉强度值变化不大；而当岩桥倾角由45°增大到75°时，抗拉强度呈减小趋势。

方案③中裂隙长度a为2.5、5.0、7.5、10.0、12.5 mm的5组试样的抗拉强度分别为15.578、12.842、10.901、9.894、8.560 MPa。可以看出，在其他条件保持不变的情况下，随着裂隙长度的增加，试样抗拉强度逐渐减小，这是由于随着裂隙长度的增长，试样内部缺陷增大，造成承载能力降低。从图 3-17(b)中也可以看出，裂隙长度越大，断续双裂隙岩石抗拉强度越小。

方案④中岩桥长度 b 为 2.5、5.0、7.5、10.0、12.5 mm 的 5 组试样的抗拉强度分别为 11.439、12.842、14.774、15.864、15.800 MPa。可以看出，在其他条件不变时，随着岩桥长度的增加，试样的抗拉强度总体呈逐渐增大趋势，结合图 3-17(b)能更清楚地看出抗拉强度与岩桥长度之间的关系：在岩桥长度较小($b\leqslant 7.5$ mm)时，抗拉强度随岩桥长度的增大而增大；而在岩桥长度较大($b\geqslant 10.0$ mm)时，抗拉强度变化幅度很小，意味着岩桥长度足够大时，预制短裂隙对断续双裂隙岩石抗拉强度影响不大。

综上所述，裂隙倾角、岩桥倾角、裂隙长度和岩桥长度均会影响岩石试样的抗拉强度。PFC 模拟结果表明，断续双裂隙岩石抗拉强度总体上随岩桥倾角、裂隙长度的增大而减小，随岩桥长度的增大而增大；而抗拉强度与裂隙倾角之间呈非线性变化规律。

3.2.3 断续双裂隙试样裂纹扩展特征分析

图 3-18 给出了裂隙倾角 β 为 72°试样巴西试验裂纹扩展过程。从图 3-18 中可以看出，与完整试样的劈裂破坏不同的是，双裂隙试样的最终破坏是由多条裂纹的扩展和交汇导致试样的最终破裂。试样最先在裂隙①外尖端一定距离处萌生裂纹 1，裂隙①内尖端一定距离处萌生裂纹 2，如图 3-18(a)所示。翼形裂纹 1 沿加载方向扩展的同时，在裂隙②的外尖端萌生了裂纹 3，距裂隙②内尖端一定距离处萌生了裂纹 4，如图 3-18(b)所示。随着外部荷载的增大，裂纹 1、3 和 4 均沿径向扩展，但裂纹 2 几乎没有扩展，此时在试样上端部萌生了裂纹 5 并沿径向扩展，如图 3-18(c)和(d)所示。在图 3-18(e)中可以清楚地看到，裂纹 5 沿着轴向荷载方向扩展并逐渐接近裂纹 2，最终和裂纹 2 汇合在一起。最后在岩桥位置处产生了裂纹 6，试样最终发生失稳破坏，如图 3-18(f)所示。

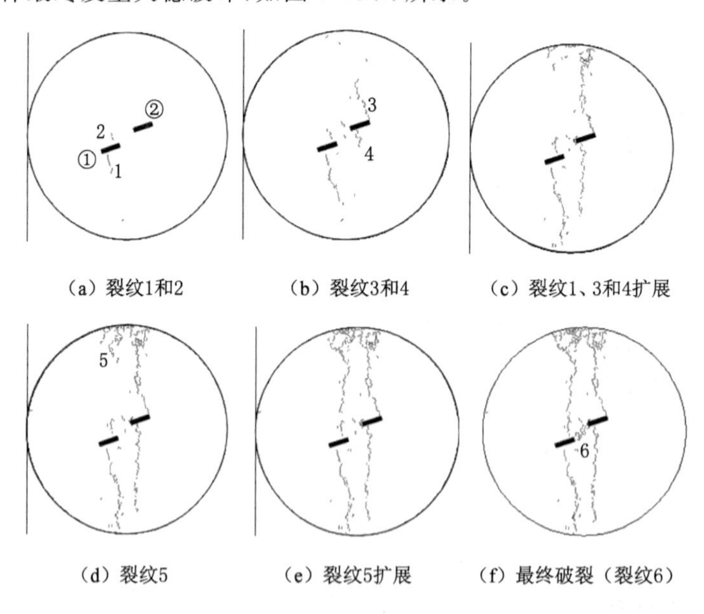

图 3-18 断续双裂隙试样巴西试验裂纹扩展过程（$\beta=72°$）

图3-19给出了试验结束后各试样的最终破裂模式，图中标注的数字表示裂纹扩展顺序。图3-19(a)为裂隙倾角变化对试样裂纹扩展和最终破裂模式的影响。由图可见，试样主要发生径向拉伸破坏，裂纹与预制裂隙连接贯通整个试样。在裂隙倾角β为0°时，试样主要发生径向拉伸破坏，翼形裂纹沿着加载方向扩展的同时在端部会产生次生裂纹5，裂纹5向裂隙方向扩展，最终裂纹5扩展至裂隙①内尖端附近。倾角β为18°的试样，裂纹扩展顺序为首先在裂隙内尖端萌生裂纹并扩展贯通预制裂隙①和②，然后在裂隙外尖端产生翼形裂纹，在翼形裂纹扩展过程中，在试样下端部萌生次生裂纹4，在裂纹4还未扩展至尖端，试样就发生了失稳破坏。倾角为36°～72°试样的次生裂纹扩展均较为充分。裂隙倾角β为36°试样的次生裂纹4和β为54°试样的次生裂纹5都已经扩展至预制裂隙的尖端附近，而裂隙倾角β为72°的试样次生裂纹5与裂纹2连接，最终破裂呈上下对称。需要特别注意的是，翼形裂纹萌生位置发生了变化。在裂隙倾角β为0°、18°、36°、54°的试样中翼形裂纹均萌生于裂隙尖端，而β为72°试样中翼形裂纹1、2、4均萌生于距裂隙尖端一定距离。

图3-19(b)为岩桥倾角变化对试样裂纹扩展和最终破裂模式的影响。由图可见，试样主要发生径向拉伸破坏，裂纹与预制裂隙汇合贯通整个试样，同时会产生一些次生裂纹。当岩桥倾角$\alpha=15°$，在裂隙②内外尖端均没有裂纹产生，只在裂隙①内尖端产生翼形裂纹1，在外尖端产生翼形裂纹2，在裂纹1和2扩展的同时，在试样上端萌生了次生裂纹3，裂纹3沿径向扩展与裂隙①内尖端汇合。倾角α为30°试样与α为15°的试样相比，在距裂隙②外尖端一定距离产生了裂纹2但没有继续扩展，而且在端部还产生了裂纹3并向裂隙②延伸。岩桥倾角α为45°的试样，在岩桥位置产生裂纹1和2，贯通裂隙①和②。在裂隙的外尖端分别产生了翼形裂纹3和4，在翼形裂纹扩展过程中左侧下边界产生了裂纹5，但该裂纹5没有扩展至裂隙①的外尖端。当岩桥倾角$\alpha=60°$时，在裂纹1和2贯通裂隙①和②后，在裂隙①外尖端产生翼形裂纹3，裂隙②中部位置产生翼形裂纹4，接着在端部产生裂纹5和6，均沿着轴向加载方向扩展。而岩桥倾角α为75°试样在裂纹1和2贯通裂隙①和②后，在裂隙①外尖端产生翼形裂纹3，接着在端部产生裂纹4和5。岩桥倾角α为60°和75°试样，两者破坏模式很相似，由此说明当倾角大到一定程度后，岩桥倾角对破坏模式的影响在减弱。需要特别注意的是，岩桥倾角15°和30°的试样在岩桥区域没有发生贯通，而倾角α为45°、60°和75°的试样在岩桥区域有裂纹并贯通裂隙①和②，说明岩桥倾角对裂隙①和②之间是否贯通也有较大影响。另外还注意到萌生的裂纹数目在变化：倾角α为15°试样产生3条裂纹，α为30°试样产生5条裂纹，α为45°、60°和75°的试样均有5～6条裂纹，由此可见岩桥倾角对试样裂纹扩展特征具有较大影响。

图3-19(c)为裂隙长度变化对试样裂纹扩展和最终破裂模式的影响。由图可以看出，试样主要发生径向拉伸破坏，翼形裂纹与预制裂隙汇合贯通整个试样，同时会产生一些次生裂纹。随着裂隙长度的改变，次生裂纹比翼形裂纹变化明显。裂隙长度a为2.5 mm时，先在裂隙②外尖端萌生裂纹1，内尖端产生裂纹2后，在端部产生了裂纹3，接着在裂隙①外尖端附近产生裂纹4，端部产生裂纹5，最后裂纹6贯通裂隙①和②，试样最终失稳破坏，共产生了6条裂纹。长度a为5.0 mm试样与2.5 mm的试样相比，在裂隙②附近没有次生裂纹，试样整体破裂较规则呈上下对称结构。长度a为7.5 mm的试样破裂模式简单，裂纹4与预制裂隙相连贯通试样破坏，在端部没有产生明显的次生裂纹。而长度a为10.0和12.5 mm的试样，首先在裂隙②尖端附近生成裂纹1和2，在裂隙①尖端生成裂纹3和4，裂

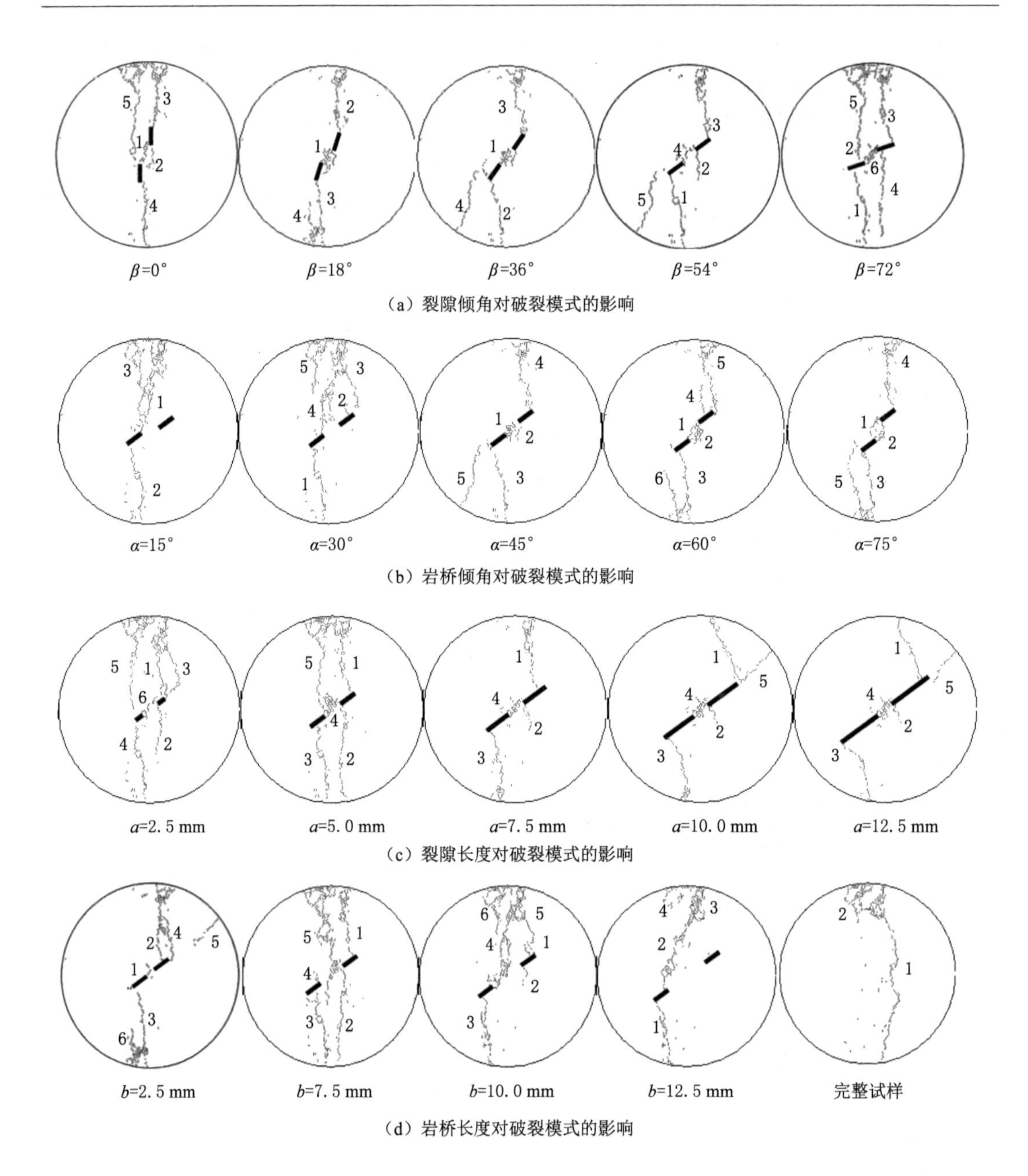

图 3-19　断续双裂隙试样巴西试验最终破裂模式与裂纹扩展过程

纹 4 贯通裂隙①和②，在试样右边缘产生次生裂纹 5。两者的破坏模式相近，由此可见裂隙长度对试样破裂模式的影响在减弱。值得注意的是，对于裂隙②内尖端萌生的裂纹 2 仅在长度 a 为 5.0 mm 试样中扩展到了端部，在其他试样中均没有充分扩展。另外还注意到翼形裂纹萌生位置有所不同：除长度 a 为 5.0 mm 试样中裂纹 3，长度 a 为 7.5 mm 试样中裂纹 1，长度 a 为 12.5 mm 试样中裂纹 1 萌生于距裂隙尖端一定距离，其余翼形裂纹萌生于裂隙尖端。

图 3-19(d)为岩桥长度变化对试样裂纹扩展和最终破裂模式的影响。由图可见，试样主要发生径向拉伸破坏，造成试样破坏失稳的有翼形裂纹和次生裂纹。整体而言，

图 3-19(d)中的试样比图 3-19(a)、(b)和(c)破坏程度较高。岩桥长度 b 为 2.5 mm 的试样产生了 6 条裂纹，试样首先产生裂纹 1，在裂隙②中部位置萌生裂纹 2，在裂隙①外尖端萌生裂纹 3，然后在裂隙②外尖端产生了裂纹 4，裂纹 2 与裂纹 4 扩展并汇合，最后生成裂纹 5 和 6。岩桥长度 b 为 5.0 mm[同图 3-34(c)中 a=5.0 mm]和 7.5 mm 的试样破裂模式相近，翼形裂纹和次生裂纹都是沿着加载方向扩展。不同的是，岩桥长度 b 为 7.5 mm 的试样岩桥位置没有产生新裂纹，而是裂纹 5 的充分扩展。对于岩桥长度 b 为 10.0 mm 的试样，在裂隙②尖端萌生裂纹 1 和 2，在裂隙①的尖端萌生裂纹 3 和 4，在端部萌生了裂纹 5 和 6，裂纹 1 和 4 向端部扩展时与裂纹 5 汇合。对于岩桥长度 b 为 12.5 mm 的试样，在裂隙②附近没有裂纹产生，只在裂隙①外尖端产生翼形裂纹 1，内尖端萌生裂纹 2，裂纹 2 扩展过程中与次生裂纹 3 汇合，试样最终破裂模式较为简单，与完整试样较为相似。由此可见当岩桥长度较大时，两条短裂隙对试样的破坏模式影响很小，也导致抗拉强度与完整试样差异不大。另外还注意到，只有岩桥长度 b 为 5.0 mm 时[同图 3-19(c)中 a=5.0 mm]裂隙①和②之间有贯通，在其他试样中裂隙①和②之间均无贯通。

综上所述，断续预制双裂隙岩石在拉伸作用下主要发生径向拉伸破坏。变形破坏过程中，会产生翼形裂纹和次生裂纹。翼形裂纹一般萌生于预制裂隙尖端的应力集中区，并沿着加载方向扩展；而次生裂纹一般萌生在试样的边界并向裂隙尖端方向扩展。裂隙倾角、岩桥倾角、裂隙长度和岩桥长度均会影响试样的裂纹扩展特征，但影响程度和侧重点不同。在本次模拟范围内结果分析表明，裂隙倾角主要影响翼形裂纹萌生位置：当倾角较小时，翼形裂纹萌生于裂隙尖端；当倾角较大时，翼形裂纹主要萌生于距裂隙尖端一定距离。岩桥倾角主要影响次生裂纹的萌生位置：当岩桥倾角较小时，次生裂纹在试样上端产生；当岩桥倾角较大时，次生裂纹主要在试样下端产生。裂隙长度主要影响试样最终破裂程度：当裂隙长度较小时，试样最终破裂较严重；当裂隙长度较大时，试样最终破裂较简单。岩桥长度主要影响翼形裂纹的扩展程度：当岩桥长度较小时，裂隙①内尖端萌生的裂纹扩展不充分，而裂隙②内尖端或一定距离处萌生的裂纹扩展充分；当岩桥长度较大时，裂隙①内尖端萌生的裂纹扩展充分，而裂隙②内尖端萌生的裂纹扩展不充分甚至不产生裂纹。

3.2.4　本节小结

本书利用颗粒流模拟了断续预制裂隙脆性岩石巴西圆盘试验。含单条中心直裂隙试样的模拟结果与岩样实际破裂情况较为吻合，基于此，模拟了含两条断续预制裂隙试样的巴西试验，并分析了裂隙倾角、岩桥倾角、裂隙长度和岩桥长度等裂隙参数对抗拉强度和裂纹扩展特征的影响，得到以下结论：

(1) 断续双裂隙试样的抗拉强度与裂隙分布有关。抗拉强度随裂隙长度、岩桥倾角的增大而减小，随岩桥长度的增大而增大，而随裂隙倾角改变呈非线性变化。

(2) 断续双裂隙试样巴西试验发生拉伸破坏，翼形裂纹一般萌生在裂隙的尖端或距一定距离处并沿加载方向扩展，次生裂纹一般萌生在试样的边界并向裂隙尖端方向扩展。裂纹的扩展与汇合导致了试样的最终失稳破坏。

(3) 断续双裂隙试样中，除裂隙倾角 β 为 54°，岩桥倾角 α 为 15°、30°以及岩桥长度 b 为 2.5 mm、7.5 mm、10.0 mm 和 12.5 mm 的试样裂隙①和裂隙②之间没有贯通，其余试样裂隙①和裂隙②之间均发生了贯通。

(4) 断续双裂隙试样的最终破裂模式与裂隙参数密切相关:裂隙倾角主要影响翼形裂纹萌生位置,岩桥倾角主要影响次生裂纹的萌生位置,裂隙长度主要影响试样的最终破裂程度,岩桥长度主要影响翼形裂纹的扩展程度。

3.3 充填非共面双裂隙圆盘试样裂纹扩展特征试验及模拟

已有研究主要针对含张开裂隙圆盘试样的力学行为,而有关含闭合裂隙圆盘试样力学行为的研究还较少。本节采用云母片模拟闭合裂隙,开展了含非共面双裂隙圆盘类岩石试样巴西劈裂试验,分析了裂隙倾角对试样抗拉强度及破裂模式的影响,同时结合颗粒流程序 PFC 探究了不同岩桥倾角试样内颗粒间黏结力的分布特征[32]。

3.3.1 试样制作

类岩石材料具有均质性好、制作方便,同时较容易添加不同形状的预制裂隙或节理等优点,已经广泛用于研究含缺陷岩石力学性质。为模拟真实岩石材料脆性特征,本节使用白水泥、石英砂和水等材料,通过不断地调整各材料的比例,最终得到一组较为理想的配合比。白水泥的标号为 32.5,石英砂筛孔尺寸为 0.11～0.21 mm 之间。按照水泥∶石英砂∶水＝1∶0.86∶0.45 等比例制作类岩石材料,将混合料倒入制样模具中,分别浇筑成型长度 100 mm、直径 50 mm 的圆柱状试样(用于单轴压缩试验)和直径 50 mm、厚度 25 mm 的圆盘试样(用于巴西劈裂试验)。试样在水中浸泡养护 28 d 后进行端面磨平,经室内自然干燥至质量不变时,分别进行单轴压缩及巴西劈裂试验。室内试验结果显示,该类岩石材料的单轴抗压强度为 43.73 MPa,抗拉强度为 3.45 MPa,压拉比为 12.7,满足岩石脆性要求。

裂隙充填材料使用厚度 0.8 mm 的云母片。首先将云母片固定在模具中,然后再进行浇筑,岩样成型后云母片不拔出,即云母片留在岩样内部,形成闭合裂隙。图 3-20 为圆盘试样中闭合裂隙,两条预制裂隙呈非共面分布。两条预制裂隙的长度均为 $2a$,两条预制裂隙与水平方向夹角均为 α,岩桥长度为 $2b$,岩桥倾角为 β。为了研究岩桥倾角对巴西圆盘试样的抗拉强度及破裂模式的影响,保持裂隙长度 $2a$ 为 12 mm,裂隙倾角 α 为 45°,岩桥长度 $2b$ 为 16 mm,岩桥倾角 β 分别设置为 30°、60°、90°和 120°。

本次试验是在中国矿业大学深部岩土力学与地下工程国家重点实验室 DNS100 试验机

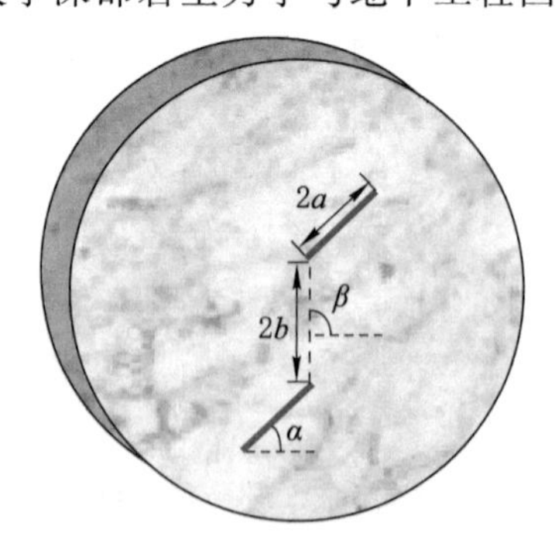

图 3-20　双裂隙圆盘试样裂隙几何参数

上完成的，该试验系统最大轴向压力为 100 kN。本次试验采用位移控制加载，试验速度为 0.1 mm/min。加载过程中同时采用数码摄像设备记录裂纹的破裂过程，每秒 25 帧，可以较好地记录裂纹的扩展过程。

3.3.2　试验结果及分析

(1) 抗拉强度

图 3-21 给出了不同岩桥倾角圆盘试样拉应力随径向应变的变化，同时给出了完整试样应力-应变曲线。从图中可以看出，巴西圆盘试样在峰前加载过程中岩桥倾角对曲线斜率影响较小，但其峰值强度随岩桥倾角的变化不断改变。

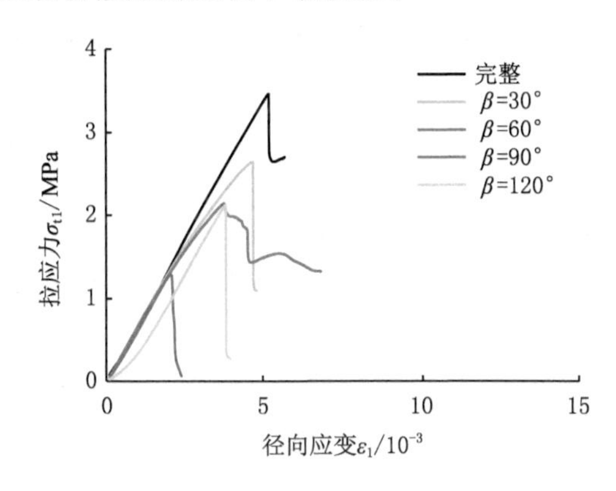

图 3-21　裂隙圆盘试样应力-应变曲线

为减小类岩石材料试样之间的差异对试验结果的影响，每组倾角试验重复三次，选取其中较为接近的两个作为本次试验的结果。图 3-22 为含两条闭合裂隙圆盘试样抗拉强度与岩桥倾角的关系曲线。从图中可以看出，相同岩桥倾角下试验结果比较相近，说明配制的类岩石材料试样的均质性较好。含非共面双裂隙圆盘试样的抗拉强度随岩桥倾角的增大呈现先增大后减小的趋势，当 $\beta=90°$ 时出现最小值(1.43 MPa)，当 $\beta=30°$ 时出现最大值(2.46 MPa)，但相较于完整试样的抗拉强度(3.45 MPa)，含闭合裂隙圆盘试样的抗拉强度明显降低，说明裂隙的存在会对试样的抗拉强产生较大的影响，且岩桥倾角在一定程度上影响非共面闭合裂隙圆盘试样的抗拉强度。

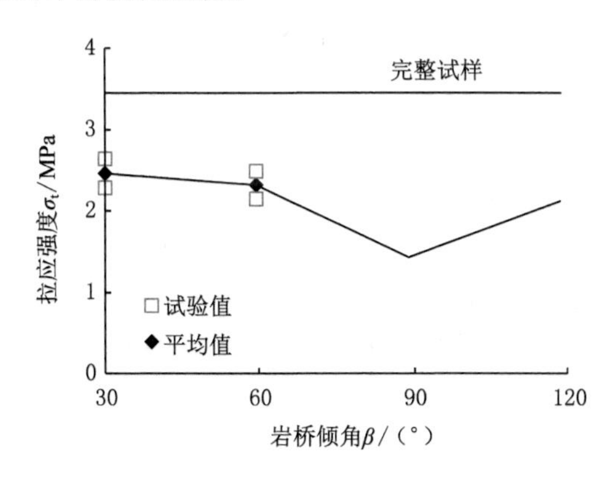

图 3-22　裂隙圆盘试样抗拉强度

(2) 破裂模式

图 3-23 为不同岩桥倾角巴西圆盘试样最终破裂模式。从图中可以看出,随着岩桥倾角的增加,试样的最终破裂模式发生变化,说明岩桥倾角不仅影响试样的抗拉强度,同时还会影响试样的破裂模式。当岩桥倾角为 30°时,其破裂模式与完整试样相似,预制双裂隙对其影响较小,所以其峰值强度变化不大。当岩桥倾角为 60°时,虽然在闭合裂隙的尖端会有裂纹的萌生和扩展,但试样在预制裂隙尖端产生的裂纹与试样中心产生的拉伸裂纹共同作用下破坏,所以其抗拉强度较岩桥倾角为 30°试样降低较少,同时峰后也会出现脆性向延性转化的现象。当岩桥倾角为 90°时,试样的最终破坏是由于闭合裂隙尖端的翼裂纹萌生与扩展所导致的,所以试样的抗拉强度会有较大的降低。当岩桥倾角为 120°时,裂纹依然在预制裂隙的尖端萌生,最终贯通模式未发生变化,此时抗拉强度又有所增加。

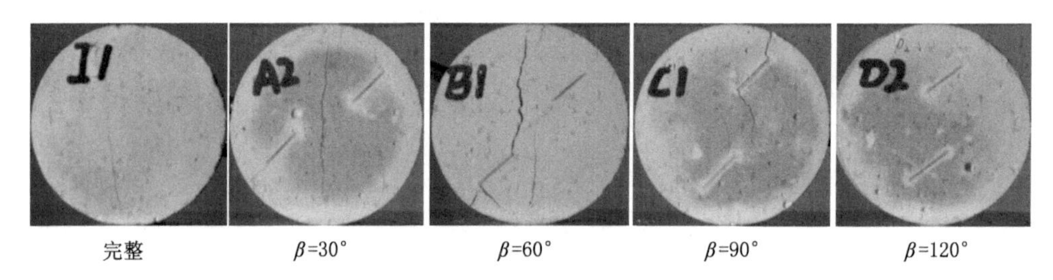

图 3-23 不同岩桥倾角巴西圆盘试样最终破裂

3.3.3 数值模拟结果及分析

虽然室内试验可以较直观认识岩桥倾角对非共面双裂隙圆盘试样抗拉强度及破裂模式的影响规律,但限于本次试验测试设备,依据现有试验数据进一步分析裂隙试样破裂机理较为困难。考虑到颗粒流程序 PFC 能够较好地模拟岩石裂纹扩展以及在细观力学分析上的优势,本节采用 PFC 进一步模拟分析非共面双裂隙圆盘试样破裂特征。首先构建与室内圆盘试样几何尺寸一致的数值模型,通过不同倾角非共面双裂隙试样巴西试验结果对模拟结果进行验证,在此基础上对不同岩桥倾角巴西试样的破裂机理进行研究。

(1) 模型建立

颗粒流程序 PFC 在计算中将球或者圆盘作为基本颗粒单元,通过颗粒之间的相互黏结实现对岩石等材料的模拟,但由于球颗粒之间缺少自锁力及旋转阻力且拉压破坏都是由抗拉强度控制,导致模拟结果的拉压比较真实岩石大[33]。针对这一现象学者对颗粒流程序进行了改进,改进方法主要分为三种方式:① 通过改变颗粒的形状,如使用 Clump 单元及 Cluster 单元[34];② 改进接触模型,如使用 Flat join 模型[35];③ 改变颗粒的接触状态,如增加颗粒的配位数[36]。本节使用平直节理(Flat joint)模型进行单轴压缩及巴西劈裂的模拟,首先选取半径为 0.25~0.4 mm 颗粒建立长度为 100 mm、宽度为 50 mm 的完整矩形试样。此试样共包含 54 514 个颗粒,其中数值模拟密度与室内试验密度同为 1 768 kg/m^3。将圆盘以外的颗粒删除,得到巴西圆盘试样,共包含 21 515 个颗粒。闭合裂隙使用光滑节理模型(Smooth joint)进行模拟,根据室内类岩石材料裂隙分布,在圆盘数值试样指定位置添加,共产生 50 430 个接触,其中光滑节理共 148 个,颗粒配位数为 4.7,如图 3-24 所示。

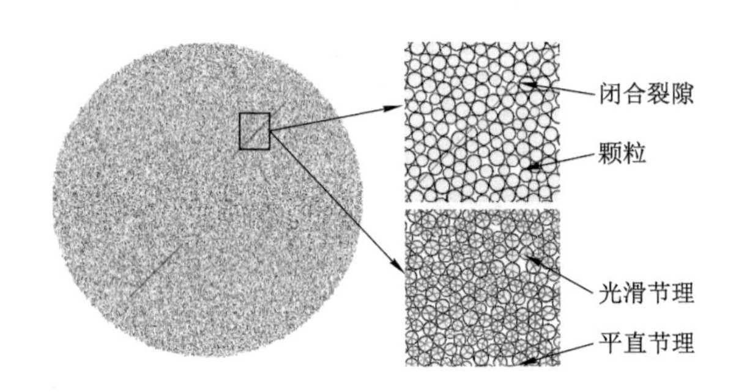

图 3-24 非共面闭合裂隙圆盘数值模型

(2) 细观参数敏感性分析

在平直节理模型中,试样的宏观力学行为主要由颗粒接触模量、刚度比、摩擦系数、配位数、抗拉强度及黏聚力等细观参数决定。由于不同细观参数对宏观参数的影响程度不同,且细观参数与宏观参数无明确的函数关系,为了使得模拟结果与试验结果吻合得较好,首先应进行细观参数敏感性分析,在此基础上使用“试错法”进行细观参数标定。由于篇幅限制,本节主要给出了颗粒接触模量及抗拉强度与黏聚力之比对抗拉和抗压强度及刚度的影响。

保持其他细观参数不变,设定颗粒接触模量为 5、9、13、17 GPa。图 3-25 为颗粒接触模量对试样强度及刚度的影响。从图 3-25(a)可以看出,随颗粒接触模量的增加,试样抗拉强度波动变化,抗压强度缓慢增加,而压拉强度比波动变化。从图 3-25(b)可以看出,随着颗粒接触模量的增加,试样抗拉刚度由 0.77 GPa 增加至 2.54 GPa,抗压刚度由 4.46 GPa 增加至 15.16 GPa,压拉刚度比由 5.79 增加至 5.97。总体上,颗粒接触模量对试样的抗拉和抗压强度影响不大,但很大程度上提高了抗拉和抗压刚度,同时一定程度上提高了压拉刚度比。

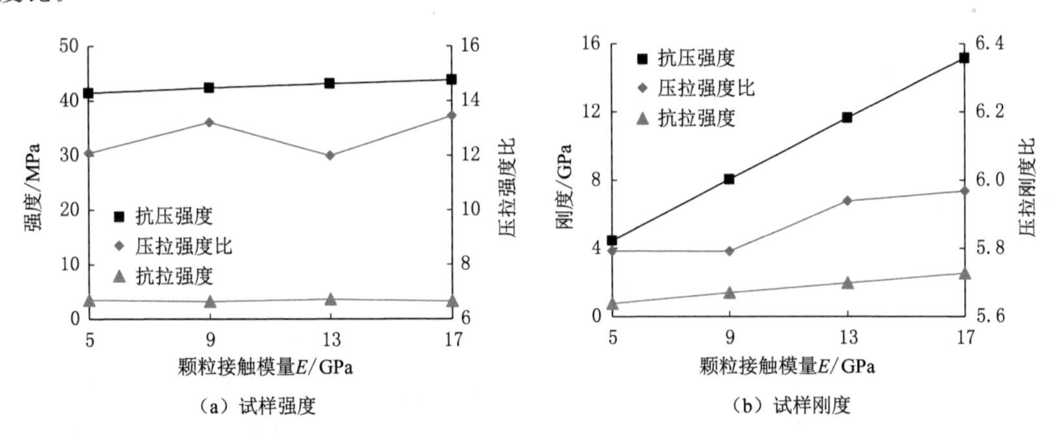

(a) 试样强度

(b) 试样刚度

图 3-25 颗粒接触模量对试样强度及刚度的影响

图 3-26 为颗粒黏聚力与抗拉强度比对试样单轴压缩强度和抗拉强度的影响。保持颗粒间抗拉强度 7.5MPa 不变,通过改变黏聚力的方式改变黏聚力与抗拉强度比。从图 3-26(a)可以看出,随着黏聚力的增加,试样抗拉强度基本不变,而单轴抗压强度随黏聚力的增加不断增加,导致压拉强度比也随黏聚力的增加而增大。从图 3-26(b)可以看出,试

样抗拉刚度随黏聚力的增加略微增加，而抗压刚度则波动变化，导致压拉刚度比整体呈现下降的趋势。总体而言，黏聚力与抗拉强度之比对试样强度比呈正相关影响，而对刚度比呈负相关影响。

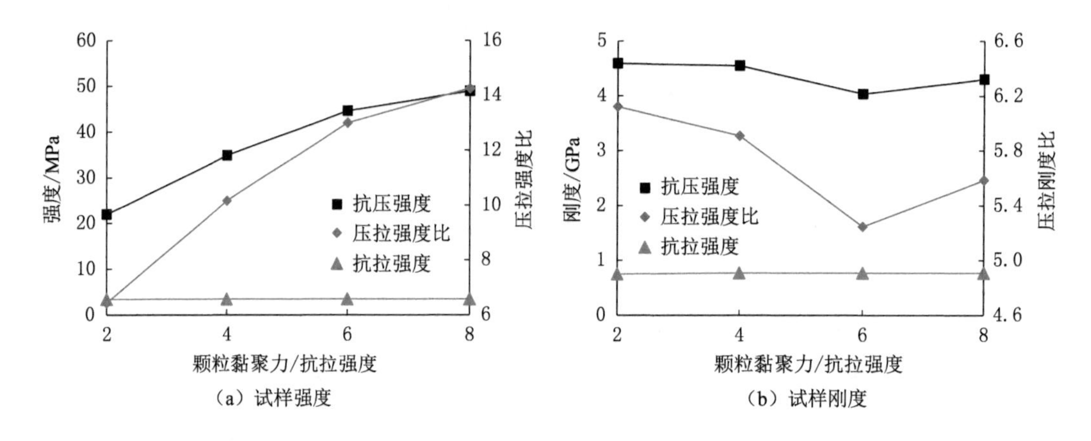

图 3-26 黏聚力与抗拉强度比对试样强度及刚度的影响

（3）细观参数验证

基于上述细观参数敏感性分析得到的结果，根据本次模拟的目的采取如下步骤进行细观参数标定。校准过程如下：① 保持其他参数不变，通过调整刚度比的方式，得到合适的压拉刚度比；② 保持刚度比不变，通过调整有效模量得到压缩刚度与试验吻合；③ 重复步骤①和步骤②得到合适的拉伸和压缩刚度；④ 调整黏聚力与抗拉强度比得到合理的压拉强度比；⑤ 保持黏聚力与抗拉强度之间的比值不变，调整黏聚力与抗拉强度得到合理的抗拉强度和抗压强度。通过不断调试，最终得到了一组细观参数，如表 3-6 所示。

表 3-6 完整试样 PFC^{2D} 细观参数

参数	取值	参数	取值
颗粒接触模量/GPa	6.0	黏结刚度比	2.0
颗粒刚度比	2.0	黏结摩擦系数	0.6
颗粒摩擦系数	0.1	黏结抗拉强度/MPa	9.0±2.0
黏结模量/GPa	6.0	黏结黏聚力/MPa	40.0±10.0

图 3-27 为完整圆盘试样模拟结果与室内试验结果对比。从图中可以看出，模拟得到的应力-应变曲线与试验曲线吻合较好，室内试验试样的抗拉强度为 3.45 MPa，数值模拟试样的抗拉强度为 3.65 MPa，相对误差为 5.8%。同时，模拟结果的破裂模式为沿加载轴线的拉伸破坏，与室内试验结果相近。

图 3-28 为完整试样单轴压缩模拟结果与室内试验结果对比。从图中可以看出，模拟得到的应力-应变曲线与试验应力-应变曲线吻合较好，室内试验试样的单轴抗压强度为 42.85 MPa，数值试样的单轴抗压强度为 41.36 MPa，相对误差为 3.5%。同时，模拟获得的破裂模式为沿加载轴线的劈裂破坏，与室内试验结果相似。

（4）模拟与试验结果对比

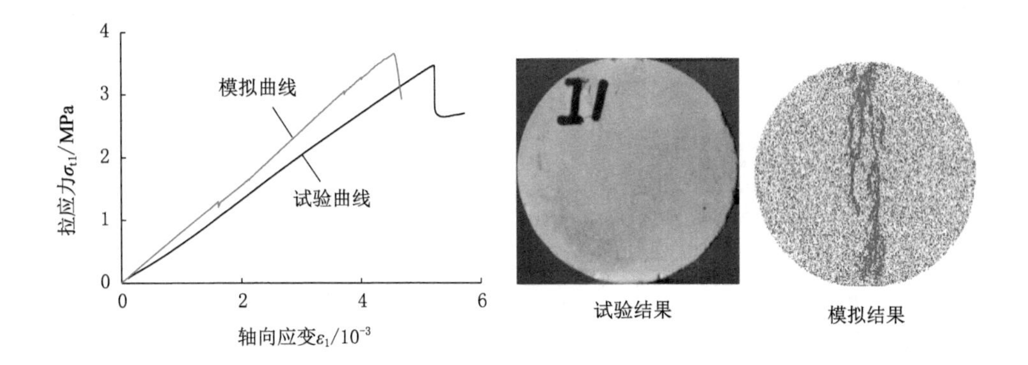

图 3-27　完整圆盘试样巴西劈裂模拟与试验结果对比

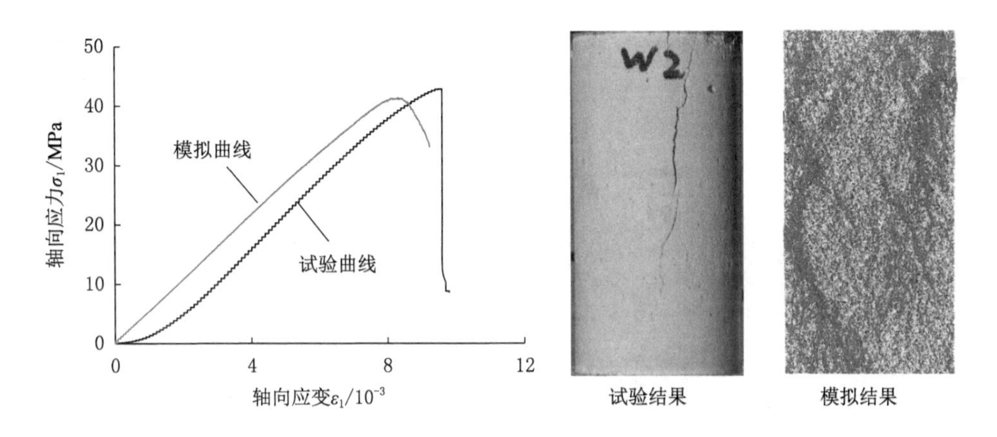

图 3-28　完整试样单轴压缩模拟与试验结果对比

光滑节理模型假设两个接触颗粒之间只能沿虚拟节理方向产生平动而不能产生旋转，所以能较好地反映节理的力学行为[37]，但使用该接触模型模拟闭合预制裂隙成果还较少。在对完整试样细观参数验证的基础上，通过在指定位置添加光滑节理的方式模拟闭合裂隙。节理的法向刚度和切向刚度分别取 20 GPa 和 10 GPa，摩擦系数取 0.1，黏结抗拉强度和黏聚力设置为 1 MPa。

图 3-29 为数值模拟得到的不同岩桥倾角闭合裂隙圆盘试样拉应力-径向应变曲线。从图中可以看出，岩桥倾角对巴西试样曲线峰前斜率影响较小，但峰值强度随岩桥倾角的改变而发生变化，同时 $\beta=60°$试样延性较大。总体上看，模拟得到的拉应力-径向应变曲线与试验结果吻合较好。

图 3-30 为不同岩桥倾角闭合裂隙圆盘试样抗拉强度模拟值与试验结果对比。由图可见，随着岩桥倾角的增大，闭合裂隙圆盘试样的抗拉强度先减小后增大，最小值(0.81 MPa)出现在倾角为 90°的试样中，最大值(2.85 MPa)出现在倾角为 30°的试样中。总体而言，模拟得到的抗拉强度随岩桥倾角的变化趋势与室内试验结果相似，且在数值上较为接近。

图 3-31 为模拟获得的不同岩桥倾角闭合裂隙圆盘试样最终破裂模式。从图中可以看出，当 $\beta=30°$时，闭合裂隙圆盘试样的破裂模式受预制闭合裂隙的影响较小，表现为沿加载

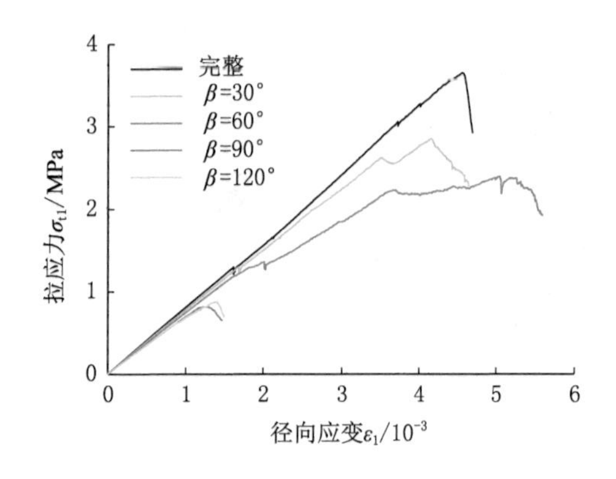

图 3-29 裂隙圆盘试样模拟的应力-应变曲线

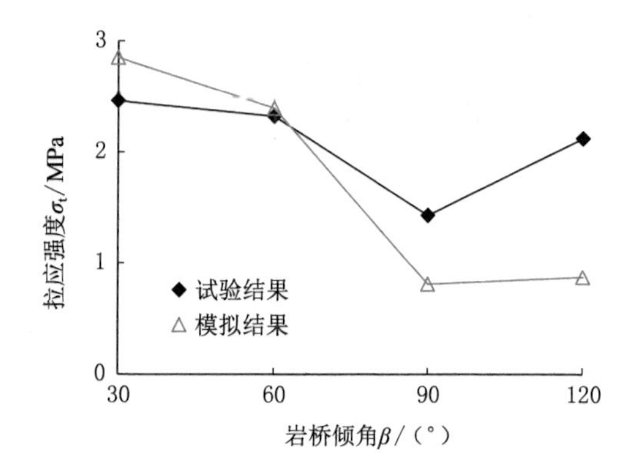

图 3-30 抗拉强度模拟值与试验结果对比

轴线的劈裂破坏。当 $\beta=60°$时,预制裂隙尖端产生翼裂纹并沿加载方向扩展,但后期在试样的加载方向依然会产生拉伸裂纹。当 $\beta=90°$时,翼裂纹在预制裂隙的尖端萌生并向相对的预制裂隙尖端扩展。当 $\beta=120°$时,翼裂纹在预制裂隙的内尖端萌生并在试样中心位置附近贯通。与图 3-23 对比可以看出,模拟结果的破裂模式与室内试验结果吻合较好。

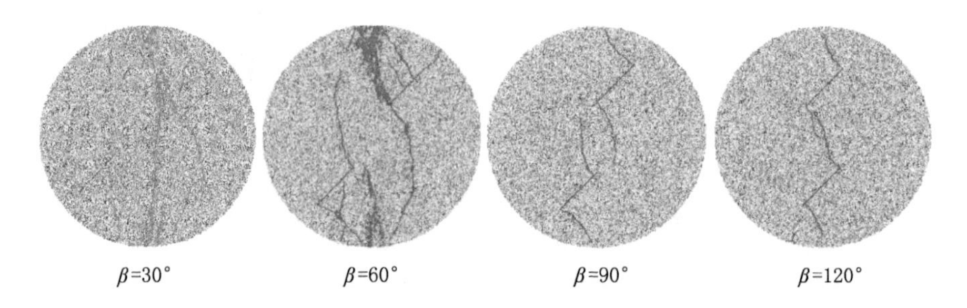

图 3-31 模拟得到的不同岩桥倾角闭合裂隙圆盘试样破裂模式

整体而言,数值模拟得到的抗拉强度变化规律、试样的最终破裂模式及对应的应力-应变曲线均与室内试验结果吻合较好。通过完整试样及含闭合裂隙圆盘试样数值模拟与相应试验结果的比较,验证了数值模型细观参数的合理性。但是,由于数值模拟的接触本构及边界条件与室内试验尚无法完全一致,所以模拟结果与试验结果之间存在一定的差异。

3.3.4 细观力学行为分析

本节在上节含闭合裂隙圆盘试样数值模拟与室内试验结果比较的基础上,对试样内的细观力场进行分析以进一步探究含闭合裂隙圆盘试样破裂机制。

(1) 峰前细观力场分布

图 3-32 为裂纹萌生前(均取值轴向压力 40 kN)不同岩桥倾角巴西试样颗粒间黏结力分布。此时试样内未产生裂纹,从图中可以看出,随着岩桥倾角的改变试样内的黏结力不断发生变化。完整圆盘试样的黏结力除上下两个加载点外,主要集中在试样的加载轴线附近;当 $\beta=30°$时,黏结力在预制裂隙尖端集中不明显,黏结力在加载轴线附近较大,受预制裂隙的影响较小;当 $\beta=60°$时,黏结力在预制裂隙尖端集中较 $\beta=30°$时明显,同时黏结力在加载

轴线附近的分布发生变化；当 $\beta=90^{\circ}$时，黏结力在预制裂隙的尖端集中更加明显；但当 $\beta=120^{\circ}$时由于两条预制裂隙相互遮蔽作用，预制裂隙尖端的黏结力集中现象有所减弱。结合图 3-30 可以看出，试样抗拉强度随岩桥倾角改变的原因是颗粒间的黏结力在预制裂隙尖端集中程度不同。

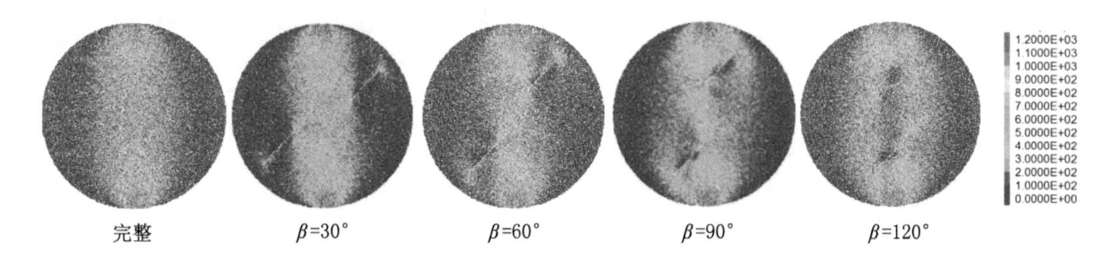

图 3-32　裂纹萌生前不同岩桥倾角圆盘试样颗粒黏结力分布

（2）破裂过程细观力场演化

为分析含非共面双闭合裂隙巴西圆盘试样破裂过程，对圆盘试样裂纹扩展过程及细观黏结力场进行跟踪分析，以岩桥倾角为 30°和 90°圆盘试样为例。

图 3-33 为 $\beta=30^{\circ}$闭合裂隙圆盘试样裂纹扩展过程及其对应的黏结力分布。从图中看出，当荷载在 a 点之前时，试样内无裂纹产生，而当加载至 a 点后荷载产生突降，同时在预制裂隙的内尖端萌生翼裂纹，此时黏结力主要分布在预制裂隙的尖端和上下端的加载点处（由于试样与加载板的接触形成）。此后，荷载随径向应变的增加稳定增加，当加载至 b 点时裂纹的外尖端萌生翼裂纹，内尖端的翼裂纹缓慢扩展，裂纹数目有个较小的突变，同时可以看出黏结力不断向试样的加载轴线附近聚集。此后翼裂纹随加载的进行缓慢扩展，裂纹数目稳定增加，当加载至 c 点时拉伸裂纹在试样的加载轴线下端萌生，上端也萌生了随机分布的裂纹，同时可以看出此时的黏结力主要集中在试样的加载轴线上下端。荷载随径向应变的增加上升一段距离后产生突降，同时裂纹数目快速增加，在试样的加载轴线下端拉伸裂纹迅速扩展，黏结力集中的区域并未发生较大的变化。其后荷载随径向应变的增加稳定增加，当加载至峰值后加载轴线上端的随机裂纹不断扩展贯通，导致宏观裂纹的形成，此时黏结力依然集中的加载轴线附近。当加载轴线上端的宏观裂纹扩展到一定程度后，试样失去承载能力，荷载开始下降，裂纹数目快速增加，导致上下端的裂纹贯通，试样发生破坏。

图 3-34 为 $\beta=90^{\circ}$闭合裂隙圆盘试样裂纹扩展过程及其对应的黏结力分布。$\beta=90^{\circ}$闭合裂隙圆盘试样裂纹扩展过程与 $\beta=30^{\circ}$结果相似。当加载至 a 点时由于黏结力在预制裂隙尖端的集中导致上端预制裂隙尖端萌生翼裂纹，裂纹数目开始增加，同时黏结力依然集中在预制裂隙的尖端附近。此后荷载随径向应变的增加不断增大，当加载至 b 点时翼裂纹在下端预制裂隙尖端萌生，从裂隙尖端的局部放大图中可以看出黏结力的集中区域随着裂纹扩展不断转移。由于翼裂纹的萌生，荷载随径向应变的增加速度明显减缓，裂纹数目快速增加，当加载至峰值强度 c 点时，翼裂纹的长度明显增加，同时观察裂纹尖端的局部放大图可以看出黏结力依然在裂纹尖端集中。由于翼裂纹的扩展导致试样失去承载能力，随着加载的进行荷载不断减小，同时翼裂纹的长度不断扩展，导致试样最终破坏。分析破裂过程可以看出，试样最终破坏是由翼裂纹的萌生和扩展导致的。

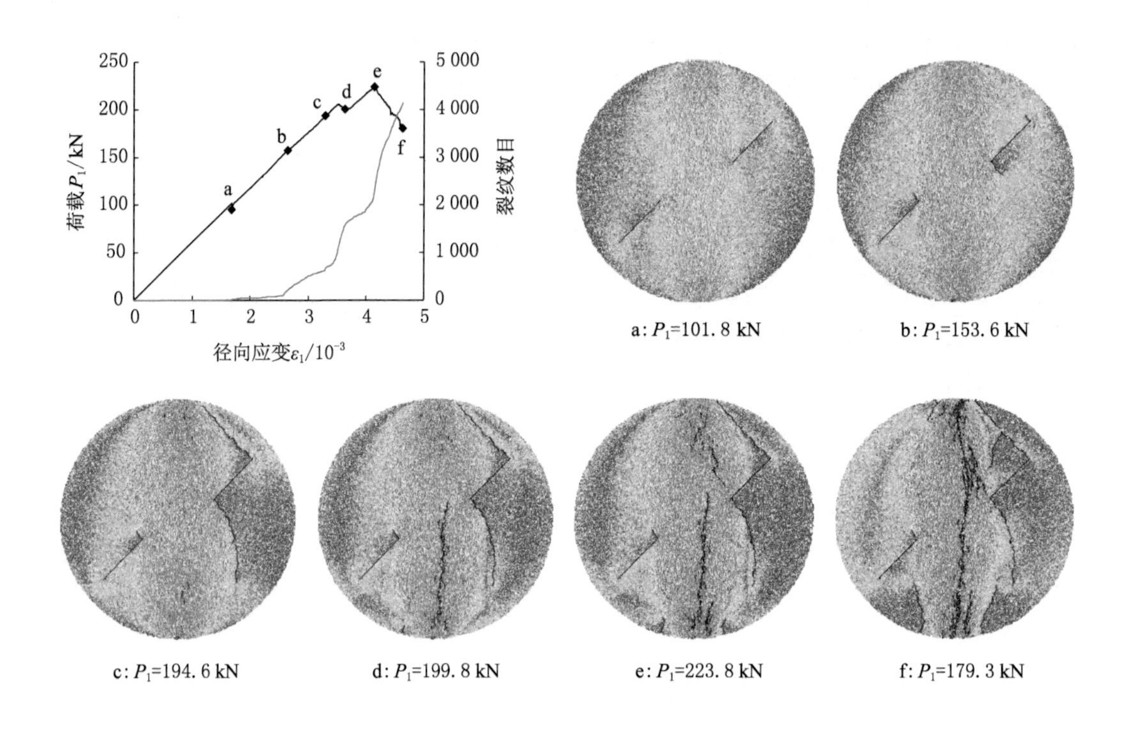

图 3-33 β=30°闭合裂隙圆盘试样裂纹扩展及黏结力分布

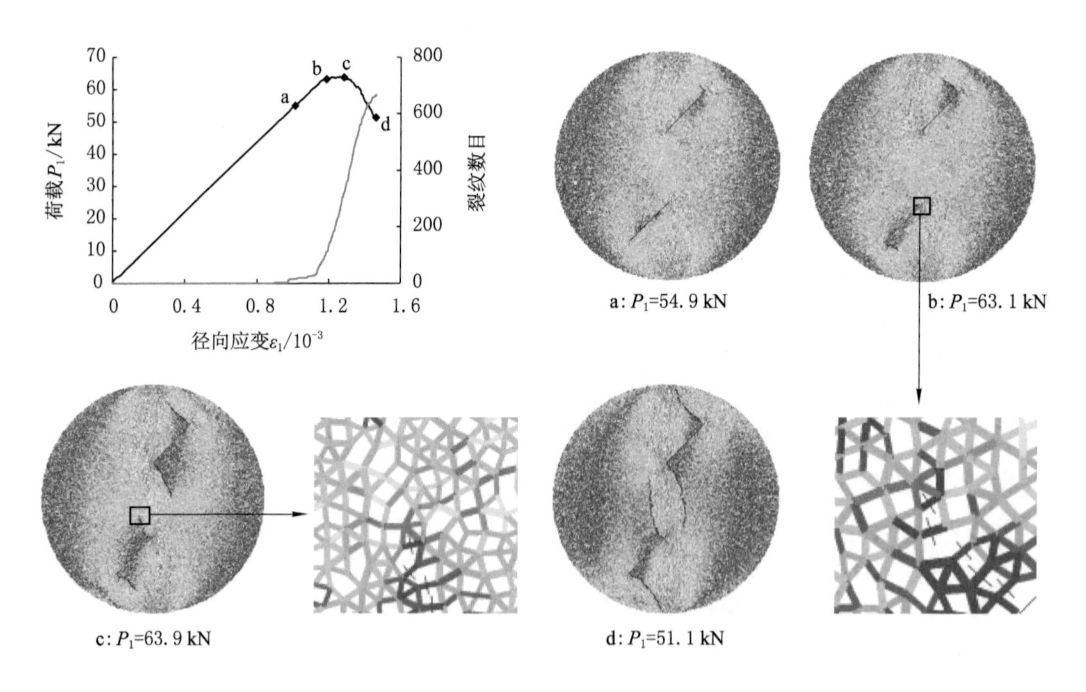

图 3-34 β=90°闭合裂隙圆盘试样裂纹扩展及黏结力分布

通过对岩桥倾角为 30°和 90°闭合裂隙圆盘试样裂纹扩展过程及黏结力分布的分析可以看出，试样最终的破裂模式改变主要是加载过程中黏结力分布变化不同导致的。比较图 3-33 和图 3-34 可以看出，岩桥倾角为 30°试样内的黏结力集中程度明显大于岩桥倾角为 90°的试样，从另一个方面说明了岩桥倾角为 30°试样的承载能力较强。岩桥倾角为 30°试样峰值强度对应的微裂纹数目明显大于倾角为 90°试样，说明当倾角较小时试样较难发生破坏。

3.3.5　本节小结

（1）通过在类岩石材料中埋入云母片的方式研究了非共面闭合双裂隙岩桥倾角对圆盘试样抗拉强度及破裂模式的影响，结果表明试样的抗拉强度随岩桥倾角的增大呈现先减小后增大的趋势，通过分析试样的破裂过程可以看出该变化主要受到试样的破裂模式影响。

（2）使用颗粒流程序中的平直节理模型构建类岩石数值模型，并对颗粒接触模量和黏聚力与抗拉强度比进行细观参数敏感性分析，提出了基于单轴压缩和巴西劈裂试验结果的细观参数标定基本步骤，得到了与试验结果吻合较好的一组类岩石材料细观参数。

（3）通过在完整试样指定位置添加光滑节理模型的方法模拟试样中的闭合预制裂隙，结果表明闭合裂隙圆盘试样的抗拉强度随岩桥倾角的变化规律与试验结果相同，且其最终破裂模式与试验结果吻合较好。

（4）在细观参数验证的基础上，分析了颗粒之间的黏结力分布规律。结果表明，不同岩桥倾角闭合裂隙圆盘试样呈现出不同破裂模式主要受到颗粒之间黏结力影响。此外，试样内黏结力分布也影响试样承受破坏的能力。

3.4　张开与充填非共面双裂隙圆盘试样抗拉强度破裂特征试验

本节利用类岩石材料，通过对充填与非充填双裂隙圆盘试样进行巴西劈裂试验，揭示充填物对双裂隙巴西圆盘试样力学特性的影响规律。考虑到云母片性质稳定且有着与岩石相似的脆性，故通过在类岩石材料中嵌入云母片的方式制作充填和非充填双裂隙圆盘试样。在试样加载的同时，利用高清数码相机、声发射监测和数字散斑应变测量系统进行全程监测，结合多种试验数据，对试样的强度变形特性和裂纹扩展特征加以分析[38]。

3.4.1　试样制作与加载

（1）试样制作

本书设计并制作了一批使用 3D 打印技术制成的模具底座，内含不同几何分布的孔槽，可将云母片固定于底座上，以制作含不同岩桥倾角的双裂隙类岩石试样。类岩石材料的配合比，是在借鉴前述研究结果的基础上充分考虑岩石脆性特征并经反复试错而得到的。配比为：水泥∶水∶石英砂＝1∶0.35∶0.85（质量比），其中水泥为标号 42.5 普通硅酸盐水泥，水为自来水，石英砂粒径 70～100 目。试样浇筑步骤如下：首先将砂浆混合物在高速搅拌机中搅拌 3～5 min，浆液均匀后，倒入预先固定好云母片的模具内（模具内壁刷涂润滑油便于后期脱模），然后开启振动台，以适当频率振动约 2 min，浆面不再冒泡后停止振动并转移至地面静置等待初凝。对充填裂隙试样(A组),保持云母片在模具内;对于非充填裂隙试样(B组),则在砂浆即将初凝前抽出云母片。初凝完成后,继续在室温下(25 ℃)静置24 h,然后脱模并转入专用的养护箱内养护28 d。养护结束后取出试样,放置于阴凉处进行干燥。最后对干燥好的圆柱状类岩石材料进行切割和打磨,得到50 mm×25 mm的充填和非充填双裂隙巴西圆盘试样。

表3-7给出了试验获得的类岩石材料力学参数,可以看出,试验所采用的类岩石材料压拉强度比约为9.5,与真实岩石材料接近,并且各力学参数的离散系数(最大值与最小值之差与平均值的比值)较低,表明材料均质性良好。本书制备的类岩石材料力学行为与真实岩石十分相似,可以用于进一步的模型试验。

表 3-7　类岩石材料基本力学参数

平均抗压强度/MPa	平均抗拉强度/MPa	弹性模量/GPa	抗压强度离散系数/%	抗拉强度离散系数/%	弹性模量离散系数/%
70.18	7.41	6.76	5.8	13.3	0.6

本试验所制双裂隙圆盘试样裂隙几何参数如图3-35所示。预制裂隙①和②的长度均为$2a$=8 mm,裂隙倾角α=30°。岩桥长度$2b$=10 mm,岩桥倾角β分别设置为0°、30°、60°、90°、120°和150°,以对不同岩桥倾角下充填物对试样力学特性的影响做对比研究。

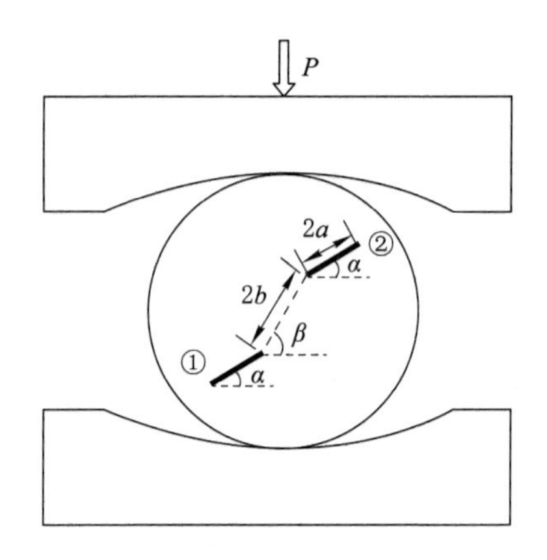

图 3-35　裂隙的几何分布

(2) 加载与数据采集

本试验在MTS电液伺服岩石试验机上进行,该试验机所能施加的最大轴向力为300 kN。采用位移控制准静态方式进行加载,加载速率恒定为0.01 mm/min。加载同时除利用数码相机记录试样表面图像外,还结合声发射监测及数字散斑应变测量系统进行数据采集。

采用DS2系列全信息声发射信号分析仪,该系统可实现信号和相关技术指标的全自动统计记录,采样频率为3 MHz,能够保证信号质量和分析精度。数字散斑应变监测技术是一种非接触、高精度的现代光学测量手段,可对各种尺度下目标物的表面应变场进行监测。本试验采用由西安交通大学研制的XTDIC系列数字散斑应变测量系统进行试样应变场监测。该系统主要通过比较每一变形状态测量区域内各点的三维坐标的变化得到物面的位移场，进一步计算得到物面应变场。在加载初期，由于试样变形不明显，故将散斑照片采样间隔设置为 2 000 ms，当试验机加载压力达到 2 kN(完整圆盘试样 15%峰值强度)时，调整采样间隔为 1 000 ms 直至最终破坏，这样做可以在保证散斑系统分析精度的同时减少数据总量，提高分析效率。

3.4.2　试验结果

(1) 拉伸力学特性

为避免试样间个体差异掩盖真实力学规律，本书对每种岩桥倾角的圆盘试样进行了 3 次重复性试验，取力学特性最相近的两个试样提取力学参数。图 3-36 为充填和非充填双裂隙圆盘试样峰值强度随 β 的变化情况。无论裂隙是否充填，含双裂隙圆盘试样的峰值强度均低于完整圆盘试样，但两组试样强度值随 β 的变化趋势基本相同：当 β 由 0°增至 90°时，峰值强度逐渐降低；当 β 为 90°～150°时，试样的峰值强度变化不大。除此之外不难发现，充填双裂隙圆盘试样峰值强度均高于相同 β 值的非充填双裂隙圆盘试样，尤其是当 β=30°时，充填物对双裂隙圆盘试样的强度提升最大，增幅达 48.1%，而随着 β 值的变化，充填与非充填双裂隙圆盘试样峰值强度差距显著缩小，这表明充填物对试样峰值强度的强化程度与岩桥倾角密切相关。

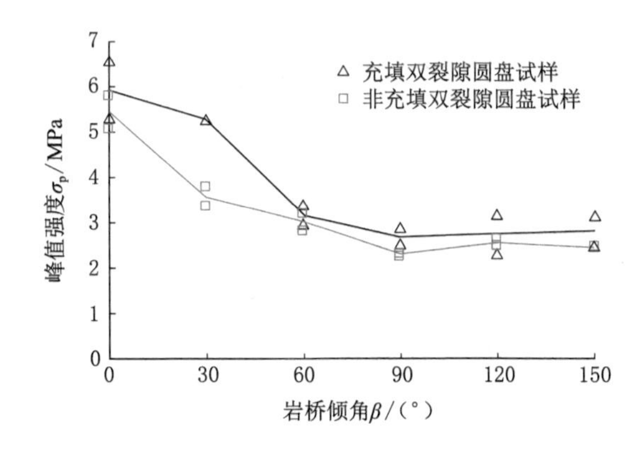

图 3-36　岩桥倾角对双裂隙圆盘试样峰值强度的影响

(2) 岩样破裂过程

单裂隙岩石试样在外界荷载作用下常在裂隙端部萌生裂纹，之后裂纹会沿着曲线路径扩展，直至与加载方向平行并延伸至试样端面导致整体贯通破坏，这种裂纹被学者们归类为翼裂纹，翼裂纹的贯通被认为是导致岩石破坏的主要形式之一。但对于双裂隙试样，不同的裂隙几何分布与加载方式下，裂纹扩展和破坏模式会发生改变。本节将根据室内试验结果，对试样的裂纹扩展过程展开分析，分析在拉伸荷载作用下双裂隙巴西圆盘试样的力学特性，总结出充填物对试样力学行为的影响规律。需要指出的是，即便是在相同条件下，试样的裂纹扩展行为也会出现差异，这种差异有时会很大，导致对裂纹扩展过程的唯象描述将可能偏离其客观规律。本书对裂纹扩展特征的描述，主要是指出其分布范围，重点在获得不同充填方式下的破裂模式差异，从而对试样强度、变形特性产生差异的原因有直观的解释。通过多次重复试验，从力学参数和破裂模式相近的结果中挑取出典型试样展开分析，可以筛除离散性过大的试样所带来的误差，使相关结论能够最大程度地反映客观规律

图 3-37 为 $\beta=0°$时充填与非充填双裂隙圆盘试样的巴西劈裂试验结果。从应力-时间曲线中可以看出，当荷载施加后，A0-1 和 B0-3 试样分别经历了压密和线弹性阶段并随之起裂，但充填双裂隙试样的起裂应力要高于非充填试样，这个现象在后面各个岩桥倾角的试验结果中都可以观察到。对比两试样的起裂模式可以看出，它们都是在裂隙①的两端分别萌生了翼裂纹 1^a 和 1^b，裂纹扩展路径比较类似，起裂时刻试样的应力-时间曲线均发生了明显的应力跌落和声发射事件计数突增，反映出应变能的突然释放。起裂后，翼裂纹在荷载作用下向试样的上下端面扩展，声发射事件也更加活跃，累计计数大幅增长，这是由于试样开裂后结构损伤加剧，微裂纹成核和贯通速度加快，导致大量弹性波不断释放。当达到峰值强度时，在裂隙①右侧尖端均产生了次生裂纹 2，此时声发射事件数又一次出现跃升。峰后阶段，应力曲线出现了小幅回升，但伴随着裂纹扩展至试样端面，而最终失稳破坏。破坏时 B0-3 试样裂隙①左侧有一道明显的次生裂纹 4 扩展至试件边缘形成较大的开口，而 A0-1 试样则无此现象，这可以解释为，充填物的存在能够降低预制裂隙尖端应力场强度，从而避免了新裂纹的产生。

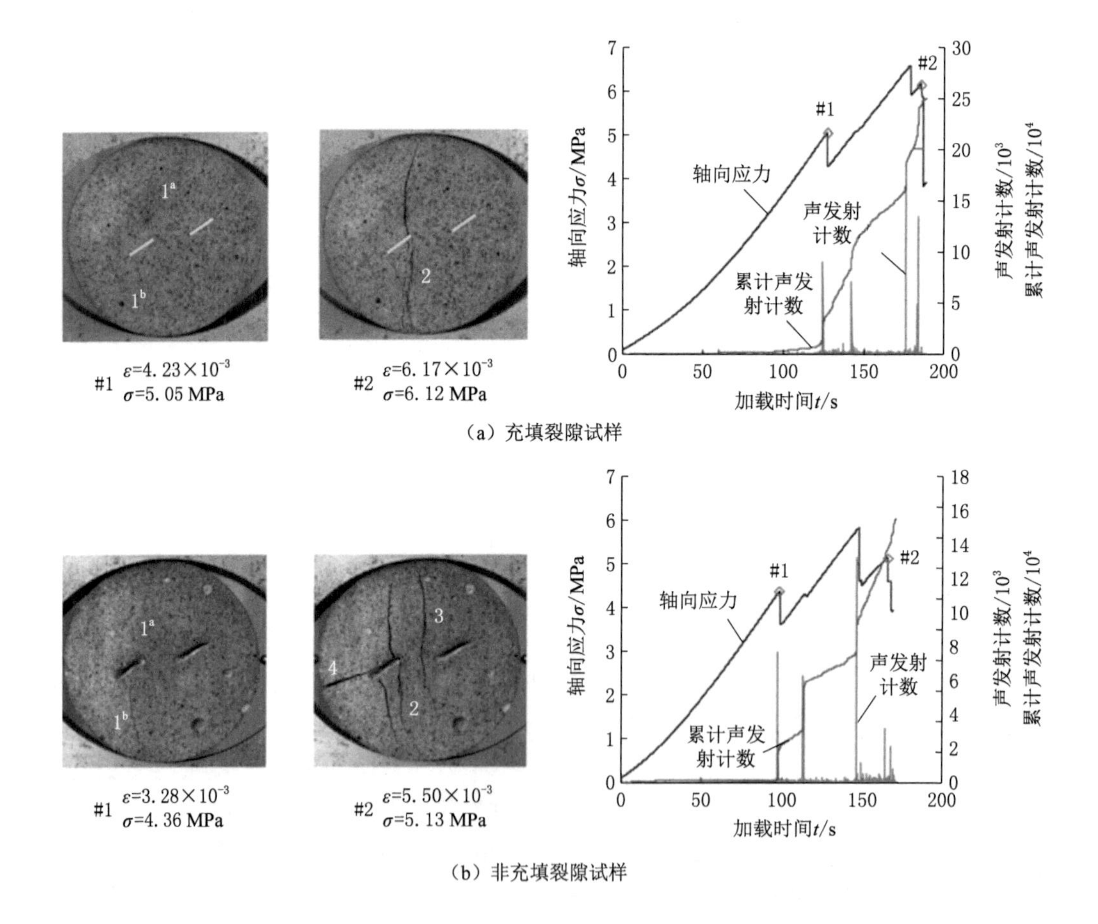

图 3-37　双裂隙圆盘试样巴西劈裂试验结果($\beta=0°$)

图 3-38 为 $\beta=30^{\circ}$时充填与非充填双裂隙圆盘试样的试验结果。起裂瞬间，两个试样预制裂隙②左右端部都萌生了翼裂纹 1^{a}、1^{b}，但 B30-1 试样翼裂纹 1^{b}的萌生位置更靠近裂隙中部，同时还产生了裂纹 1^{c}和 1^{d}，且表面裂纹比 A30-1 试样宽度更大，发育程度更高，并且起裂同时即达到峰值强度。但 A30-1 试样起裂时的应力曲线跌幅不大，并且之后仍具有承载能力，但伴随着裂纹 2 的形成，其应力曲线出现了第 2 次跌落和声发射计数突增。此后，裂纹 2 同时朝着试样顶部端面和裂隙②左端扩展，在试样达到峰值强度时，裂纹 2 和翼裂纹 1^{b}将试样上下端面贯通从而导致破坏。不难发现，由于充填物的存在，A30-1 试样的起裂应力和峰值强度均显著高于 B30-1 试样。另外，B30-1 试样起裂瞬间声发射计数约为 A30-1 试样的两倍，表明在两组试样起裂时的能量释放具有很大差异，更多的能量释放很可能意味着在临近破裂时 B30-1 试样裂隙周围应力场强度更高。

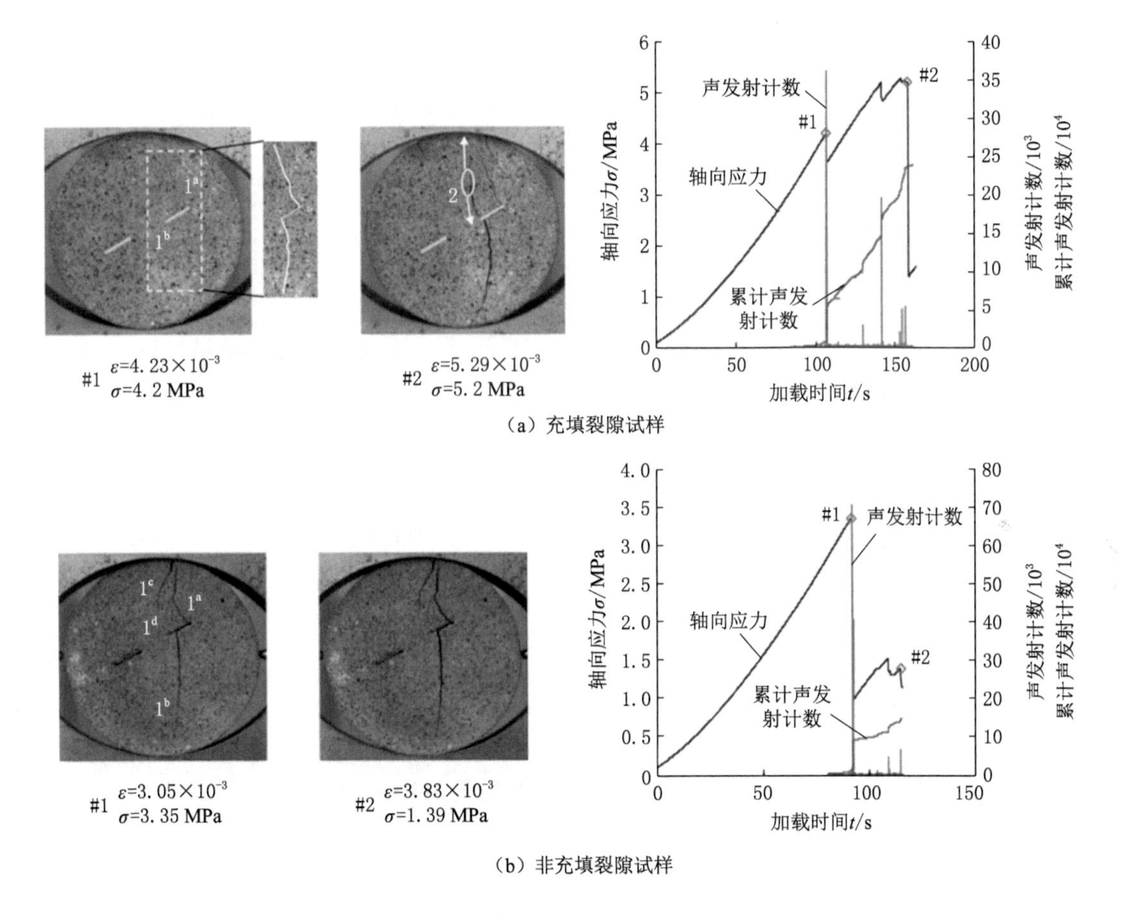

（a）充填裂隙试样

（b）非充填裂隙试样

图 3-38　双裂隙圆盘试样巴西劈裂试验结果（$\beta=30^{\circ}$）

图 3-39 为 $\beta=60^{\circ}$时充填与非充填双裂隙圆盘试样的试验结果。两个试样起裂模式的差异比较明显，A60-2 试样在裂隙②两端萌生了翼裂纹 1^{a}和 1^{b}，并在上端面产生了一条向裂隙②右端扩展的裂纹 1^{c}。而 B60-1 试样则是在裂隙①左端和裂隙②右端萌生翼裂纹。起裂后，试样的应力曲线都出现了跌落和声发射计数突增，但并未直接破坏。随着加载继续，两个试样表面都形成了新的裂纹。A60-2 试样中裂纹 2 依然是在裂隙②的端部萌生，最终试样随着翼裂纹的扩展导致破坏，破坏时预制裂隙未发生贯通。B60-1 试样则是在裂隙①和

裂隙②周围均产生了新裂纹，最终由于岩桥区域形成的次生裂纹 3^b 将预制裂隙贯通造成失稳破坏。破坏模式的差异可以归结为，充填物的存在减小了岩桥区域的应力场强度，从而充填双裂隙圆盘试样岩桥区域没有形成宏观裂纹。

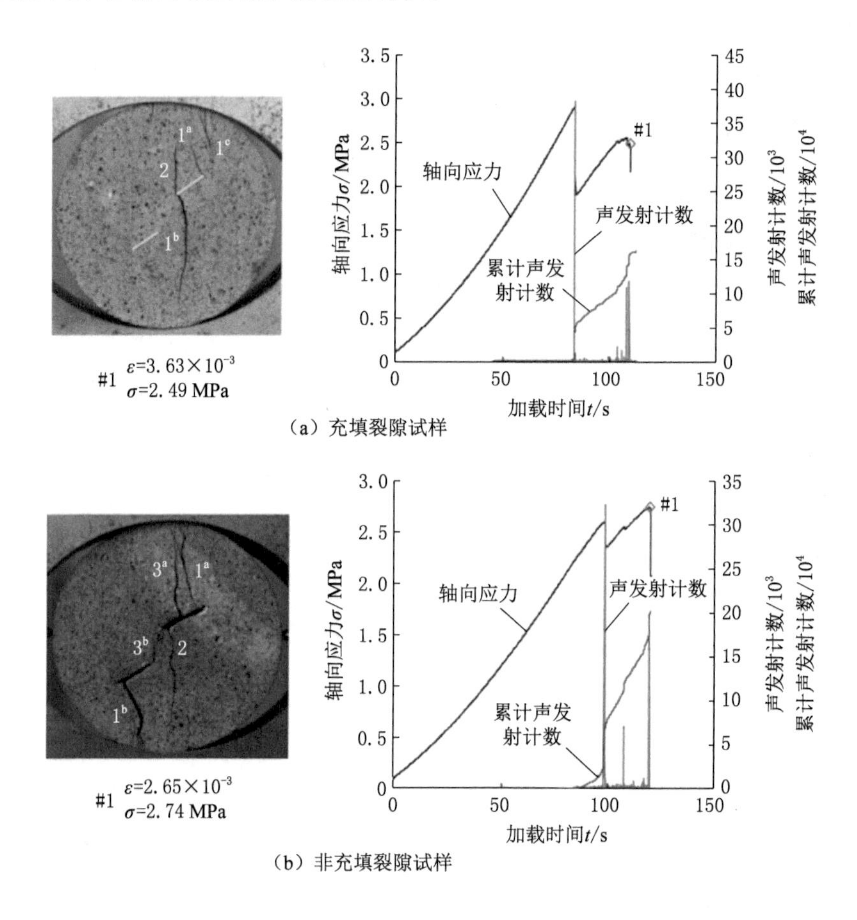

图 3-39　双裂隙圆盘试样巴西劈裂试验结果($\beta=60°$)

当 $\beta=90°$时，由图 3-40 可见，充填与非充填双裂隙圆盘试样均在峰值强度瞬间破坏，此时声发射计数突增，说明应变能在该时刻集中释放，峰值强度前试样没有形成宏观裂纹。两组试样的破裂模式比较接近，萌生于预制裂隙端部的翼裂纹 1^a、1^d 贯通了试样上下端面，岩桥部分则由萌生于裂隙①右端和裂隙②左端的翼裂纹 1^b 和 1^c 贯通。基于破坏模式和应力曲线的相似性，可以认为 $\beta=90°$时充填物对双裂隙圆盘试样的力学特性几乎没有影响。因此，在该岩桥倾角下试样间的个体差异会使力学参数产生一定离散性，导致非充填双裂隙圆盘试样的峰值应变大于充填试样。

图 3-41 和图 3-42 分别为 $\beta=120°$、$150°$时双裂隙圆盘试样破裂模式。当 $\beta=120°$ 时，A120-2 和 B120-1 试样起裂模式十分相似，仅仅是岩桥区域的贯通形式略有差别。但开裂后，A120-2 试样并未直接破坏，而是仍能够继续承受荷载，应力曲线出现回升，而 B120-1 试样则是直接在起裂的同时失稳破坏。$\beta=150°$时的情况与 $\beta=120°$十分相似，起裂时裂纹分布比较接近，但充填双裂隙圆盘试样起裂时的裂纹张开度较小，随着荷载继续施加，裂纹持续发育、扩展，从而破坏。因而可以认为，当 $\beta=120°\sim150°$时，充填物对双裂隙圆盘试样的

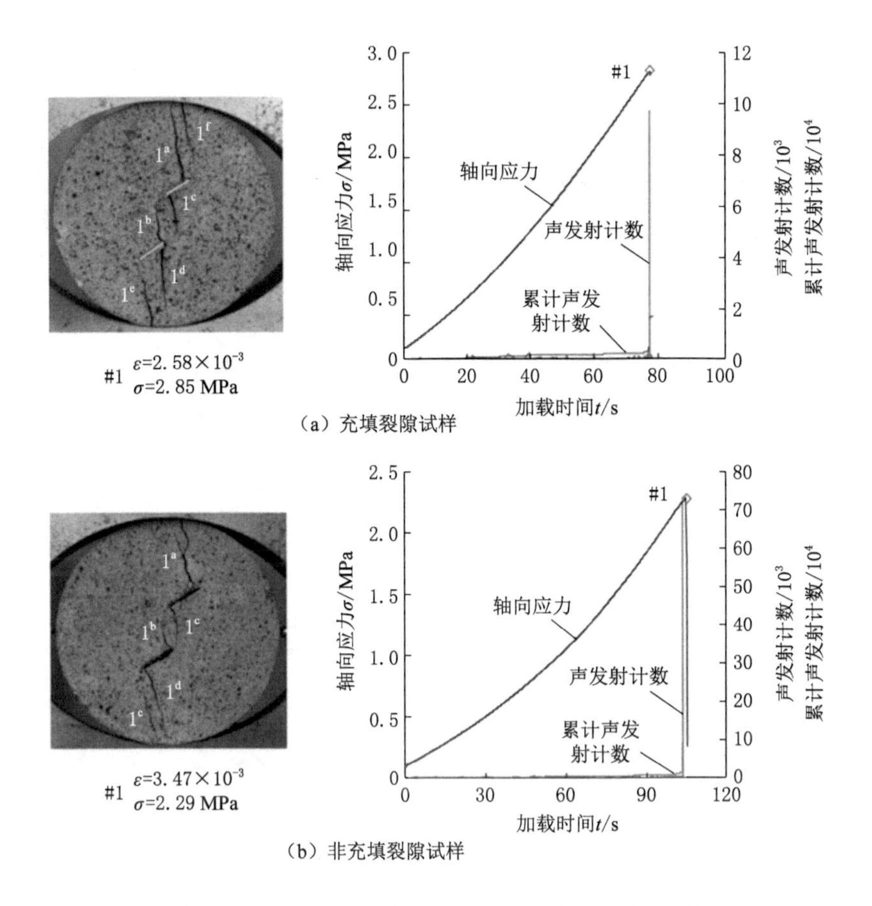

(a) 充填裂隙试样

(b) 非充填裂隙试样

图 3-40　双裂隙圆盘试样巴西劈裂试验结果($\beta=90°$)

主要影响在于，通过削弱裂隙周围应力场强度，降低了充填双裂隙圆盘试样起裂时的裂纹张开度，使得试样起裂后仍具有一定的承载能力。即充填物强化了试样的峰后强度，而对试样破裂模式的影响则十分有限。

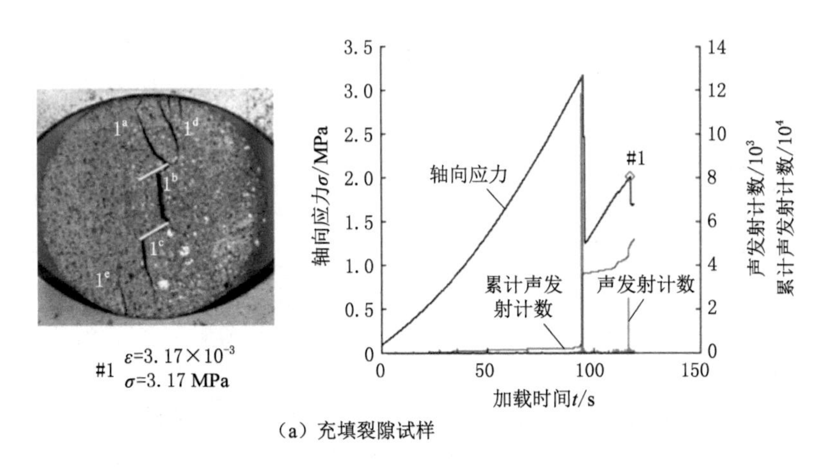

(a) 充填裂隙试样

图 3-41　双裂隙圆盘试样巴西劈裂试验结果($\beta=120°$)

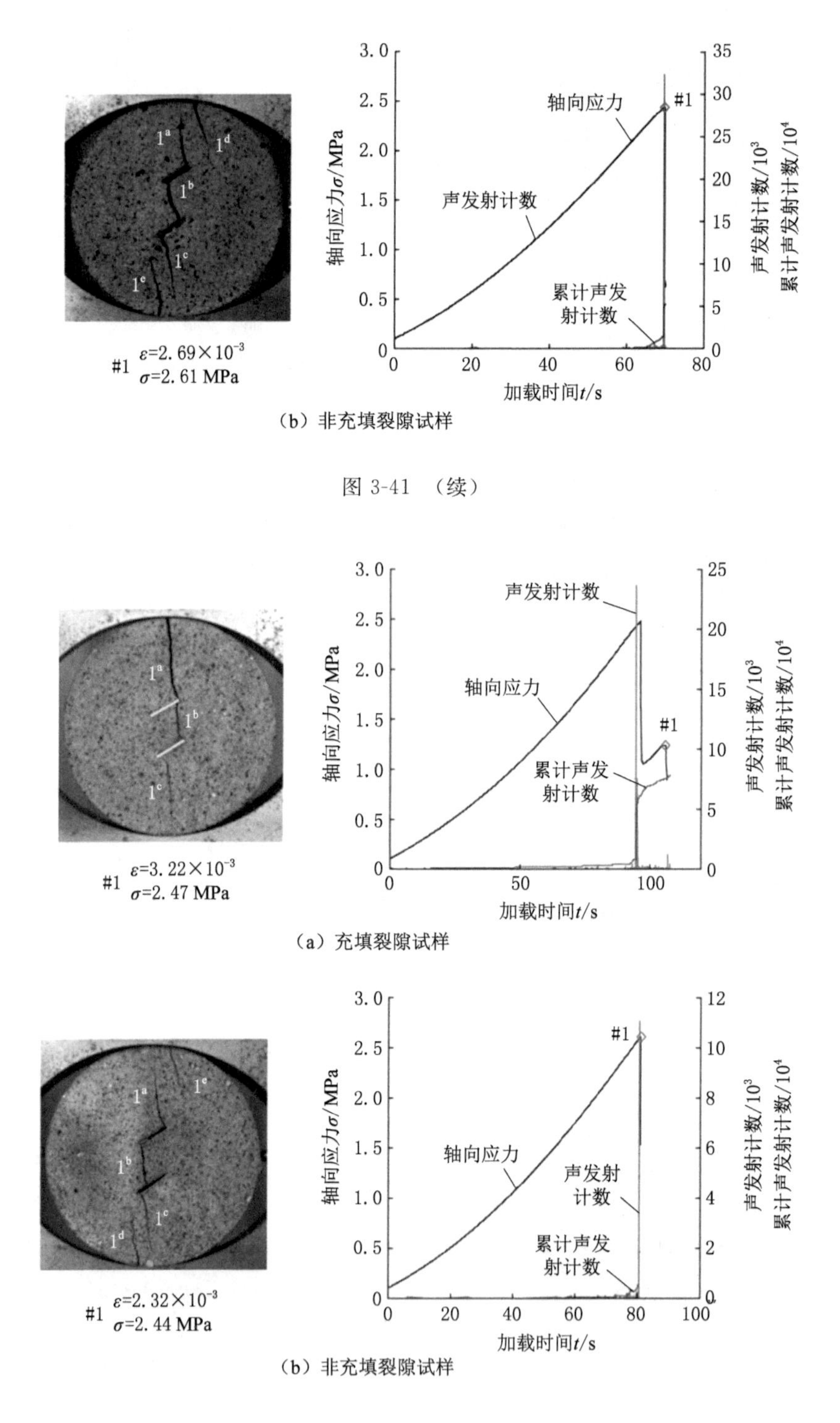

(b) 非充填裂隙试样

图 3-41 (续)

(a) 充填裂隙试样

(b) 非充填裂隙试样

图 3-42 双裂隙圆盘试样巴西劈裂试验结果($\beta=150°$)

3.4.3 数字散斑应变分析

归纳前述试样的破裂模式可发现，在岩桥倾角较小（$\beta=0^\circ\sim30^\circ$）的情况下，试样破坏时预制裂隙往往不会被裂纹贯通；而当岩桥倾角增大至 $\beta=60^\circ$时，预制裂隙是否贯通则受到充填物的影响；随着岩桥倾角进一步增加到 $\beta=90^\circ\sim150^\circ$时，无论预制裂隙是否充填，试样均为贯通性破坏。下面通过数字散斑应变测量系统的监测结果，对试样破坏模式发生改变的原因加以分析。

以 A0-1 试样代表岩桥倾角较小的情况，其表面应变场演化云图如图 3-43(a)所示（横向应变，正值为拉、负值为压）。试样临近起裂前(＃1)，首先在裂隙①端部形成了翼状拉应变集中带，并且随着荷载增大，拉应变带范围和应变幅值也随之增大，表明对应区域发生了较大程度的变形局部化。张东明等[39]认为，岩土类材料弹塑性变形的最终特征为原来均匀变形模式被一种局限在一个狭窄带状区域内的不连续变形模式所取代，随之萌生裂纹直至发生失稳破坏。＃2 时刻恰好可以观察到这一现象：两条翼裂纹出现在拉应变集中带内且扩展路径与拉应变集中带的延伸方向一致。随着荷载继续增大，裂隙①右侧端部出现了一条明显的突出区域 Z(＃3)，次生裂纹 2 随之在此区域内形成(＃4)，此时裂隙①右尖端出现的孔洞是由于该处的局部应变过大，超过了软件的计算阈值所致。随着裂纹将试样上下端面贯通，导致最终失稳破坏。可以看出，当岩桥倾角较小时，试样在加载过程中的拉应变集中带仅出现在单个预制裂隙周围，从而宏观裂纹也只在该范围内形成，所以破坏时试样的岩桥区域并不发生贯通。

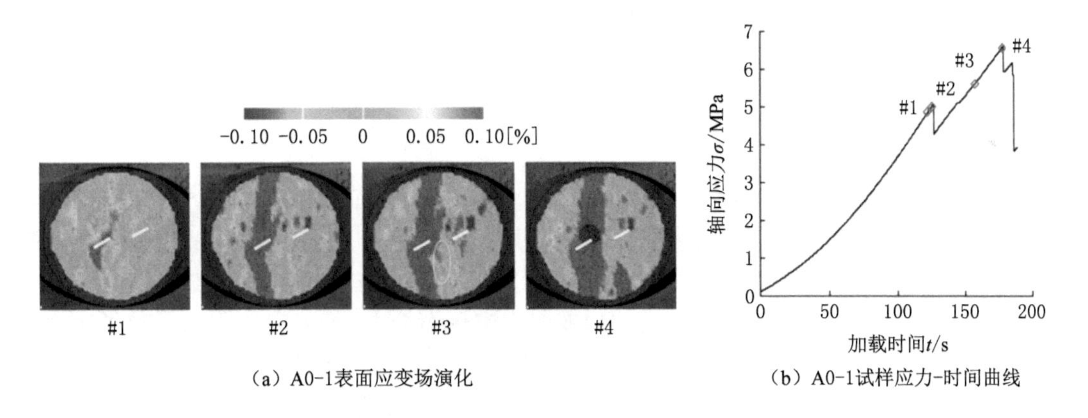

(a) A0-1表面应变场演化　　(b) A0-1试样应力-时间曲线

图 3-43　A0-1 试样表面应变场演化过程

图 3-44 为 $\beta=60^\circ$时充填和非充填双裂隙圆盘试样表面的应变场演化过程，对比发现，A60-2 试样起裂前仅在预制裂隙②的周围产生了拉应变集中带，而 B60-1 试样则在裂隙①和②周围都产生了拉应变集中带。随着荷载的施加，两试样的拉应变集中带范围和幅值不断增大，预示对应区域将要发生破裂。A60-2 和 B60-1 试样破裂模式差异最明显的地方在于，前者是非贯通破坏，而后者则是贯通破坏，这种差异也体现在两个试样加载时表面拉应变集中带的形成过程上，因而可以认为，试样的起裂和最终破坏都受到应变局部化的影响。对于 A60-2 试样，由于充填物的存在，应变局部化区域集中在单条预制裂隙周围，而当预制裂隙不充填时(B60-1)，两条预制裂隙周围会同时形成应变局部化区域。

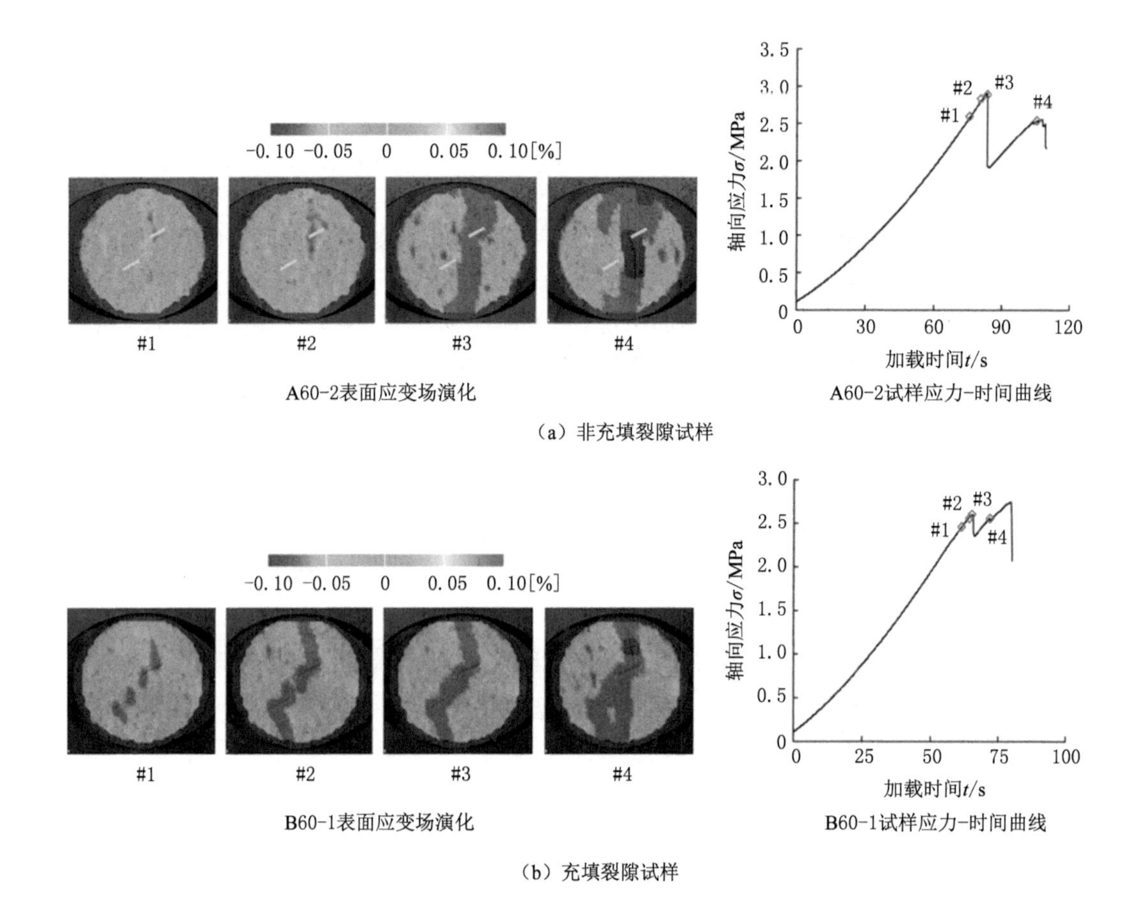

图 3-44　A60-2 和 B60-1 试样表面应变场演化过程

图 3-45 为 B90-2 试样表面应变场演化云图。试样起裂前，在预制裂隙①、②的周围逐渐形成拉应变集中区域，范围也逐渐扩大。进而在＃3 时刻可以观察到 4 条比较明显的翼状拉应变集中带出现在预制裂隙端部，但岩桥区域的 2 条拉应变集中带各自独立发育，这与 B60-1 试样明显不同，后者岩桥区域的拉应变集中带逐渐合并，最终在该区域形成了次生裂纹将预制裂隙贯通导致整体破坏。而 B90-2 试样表面的 2 条应变集中带独立扩展，从而由 2 条翼裂纹将岩桥贯通使得试样破坏。因而可以认为，试样表面应变场演化过程对判断试样裂纹扩展特征有着重要价值，而岩桥区域拉应变集中带是否合并，是影响试样破坏模式的重要原因。

图 3-46 为 B150-1 试样的局部应变演化云图，试样首先在裂隙①左端和裂隙②左右两端形成了翼状拉应变集中带(＃1)。随着荷载增大，预制裂隙①周围的拉应变集中带由左端移动到了右端(＃2)，最后，裂隙①左右两端都形成了拉应变集中带(＃3)。但可以观察到，拉应变集中带在岩桥区域没有发生合并，且裂隙②左端的应变集中带更偏向裂隙①左端扩展，最终岩桥区域由萌生于裂隙②左端的翼裂纹 1^b 扩展至裂隙①左端导致贯通(＃4)。将 B150-1 与 B90-2 试样的应变场演化过程与 B60-1 试样进行比较，可以发现，岩桥区域的拉应变集中带是否合并，与该区域的贯通形式密切相关，若应变集中带在该处合并，则岩桥区域将由斜向次生裂纹贯通，否则则由翼裂纹贯通预制裂隙，导致最终破坏。

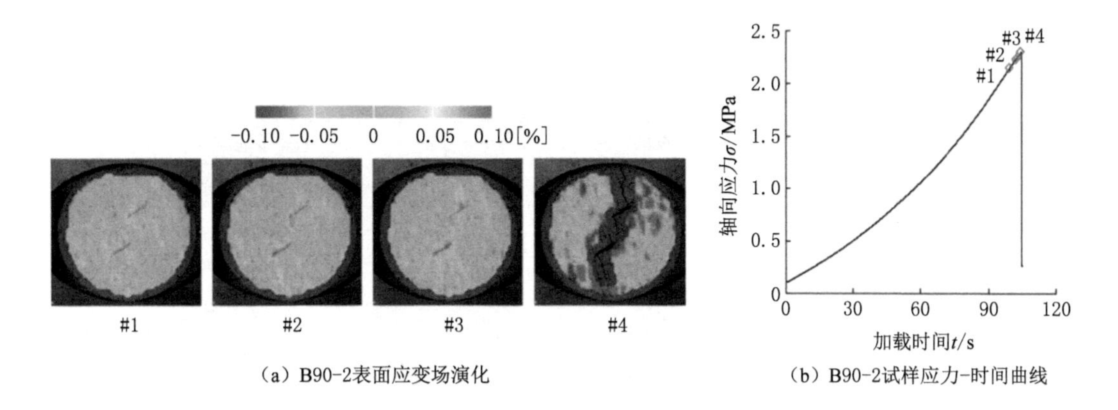

（a）B90-2表面应变场演化　　（b）B90-2试样应力-时间曲线

图 3-45　B90-2 试样表面应变场演化过程

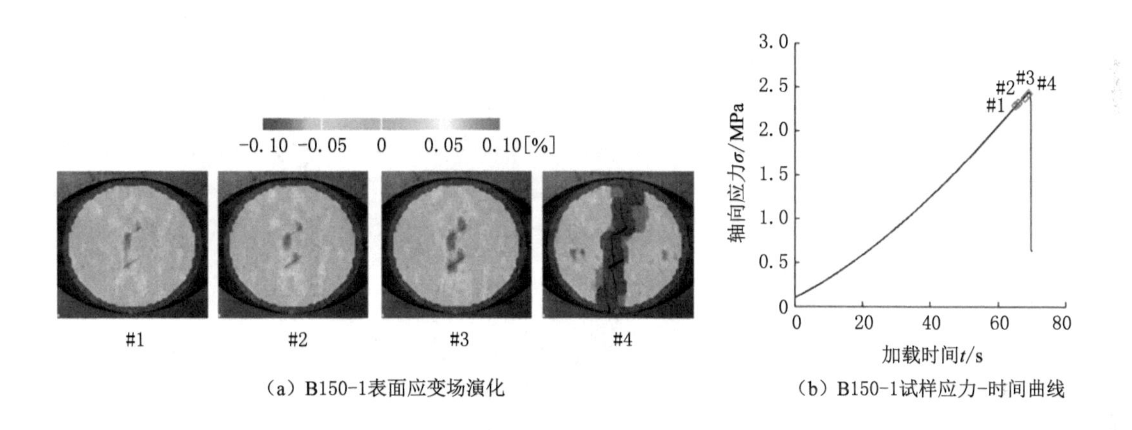

（a）B150-1表面应变场演化　　（b）B150-1试样应力-时间曲线

图 3-46　B150-1 试样表面应变场演化过程

3.4.4　充填物对双裂隙圆盘试样力学特性影响规律的讨论

从本次试验结果来看，充填物的存在对双裂隙圆盘试样的力学参数有不同程度的强化作用，这与张波等[40]的研究结果相吻合。但试验结果表明，随着岩桥倾角的改变，充填物对双裂隙圆盘试样力学特性的影响程度和侧重点有所不同，对于这种随岩桥倾角而改变的影响模式，本书讨论如下。$\beta=0°\sim60°$时，试样的两条预制裂隙在几何形式上属于非重叠裂隙，即裂隙在加载方向上没有重叠区域。本试验中$\beta=120°\sim150°$的双裂隙圆盘试样为重叠裂隙。而本试验中$\beta=90°$时的情况，为重叠与非重叠裂隙的临界状态。Reyes[41]和 Shen 等[42]对含双裂隙长方体类岩石试样进行单轴压缩试验的结果表明，对于非重叠裂隙试样，如果产生贯通破坏则贯通裂纹一般为次生裂纹，而重叠裂隙试样则由翼裂纹扩展导致岩桥区域贯通，这与本书中双裂隙圆盘巴西劈裂试验结果（表 3-8）类似，观察表 3-8 可以发现，充填物对双裂隙巴西圆盘试样破坏模式的影响与岩桥倾角密切相关。

表 3-8　试样破坏模式分类

岩桥倾角 β	充填状态	破坏模式
0°～30°	充填	非贯通破坏
	非充填	非贯通破坏
60°	充填	非贯通破坏
	非充填	次生裂纹贯通破坏
90°	充填	双翼裂纹贯通
	非充填	双翼裂纹贯通
120°～150°	充填	双翼裂纹贯通
	非充填	双翼裂纹贯通

结合前文的分析可以看出，对本试验中以云母片作为充填物的情况来说，当岩桥倾角在一定范围内，充填物对双裂隙圆盘试样力学特性的影响方式和影响程度是相似的，而当超过该范围后，充填物对试样力学特性的影响方式则会产生明显的变化。借鉴上述裂隙几何特征分类方法，可以将充填物的影响规律总结如下：当双裂隙非重叠，也就是 $\beta=0°\sim60°$时，充填物对双裂隙圆盘试样力学特性影响较大，能够通过削弱预制裂隙周围应力场强度的方式而影响试样的起裂、裂纹扩展和破坏模式从而较大幅度地提升其力学参数；当双裂隙重叠，也就是 $\beta=120°\sim150°$时，充填物主要是提升双裂隙圆盘试样峰后承载能力，而对其破裂模式的影响比较有限。当裂隙处在临界重叠状态，也就是 $\beta=90°$时，充填物对双裂隙圆盘试样破裂模式和力学参数均无明显影响。

基于试验手段，本书分析了充填物对双裂隙圆盘试样强度、变形和裂纹扩展特性的影响。然而随着岩石材料特性和裂隙几何形态的改变，相关结论的推广存在限制，需要通过建立强度理论和数值模型等方式进行补充。前人通过数值模拟的方式，从细观角度对局部应力场的变化和由此引发的裂纹萌生和扩展进行了很多研究，根据相关研究结论，数值试验克服了室内试验离散性大的问题，同时能够引入更多的变量进行模拟分析，有利于全面掌握裂隙岩体受载破坏的宏-细观力学机理，这也将作为下一步研究的重要手段，在后续工作中深入开展。

3.4.5　本节小结

本书利用云母片和类岩石材料制作了不同岩桥倾角的充填和非充填双裂隙圆盘试样，通过巴西劈裂试验，研究了充填物对双裂隙巴西圆盘试样力学行为的影响规律，主要结论如下：

（1）充填双裂隙圆盘试样的峰值强度和峰值应变一般高于非充填双裂隙圆盘试样；充填与非充填双裂隙圆盘试样的峰值强度和峰值应变随岩桥倾角的改变而变化，并且变化趋势相似：先降低再稳定；充填物对双裂隙圆盘试样力学参数的影响程度与岩桥倾角密切相关。

（2）声发射信息能够与试样的起裂-损伤加剧-破坏过程形成呼应，能够捕捉到试样破裂时应变能的释放过程。数字散斑应变测量系统对试样起裂前的表面应变演化信息有良好的分析价值，通过数据处理可以明显地观察到，双裂隙圆盘试样易在预制裂隙端部产生拉应变集中带，而拉应变集中带范围的扩大和幅值的增长预示着宏观裂纹的产生，分析认为，裂纹的形成区域、扩展方向以及贯通方式都受到拉应变集中带的影响。

（3）双裂隙圆盘试样破坏模式主要可分为非贯通破坏，次生裂纹贯通破坏和翼裂纹贯通破坏三大类，最终发生何种破坏模式，与岩桥倾角和充填方式相关；而不同的岩桥倾角下，充填物对双裂隙圆盘试样破裂模式的影响形式也存在差异。

3.5　张开与充填共面双裂隙圆盘试样抗拉强度破裂特征试验

上述试验和模拟研究考虑了不同因素对含裂隙岩样力学特性的影响，但工程岩体的断层或节理破碎带中往往存在有充填物。从理论上分析，充填物具有一定的承压能力并且会使节理裂隙附近的应力集中程度降低，然而关于裂隙充填下对岩石力学特性的研究较少。鉴于此，本节配制了两组含预制共面双裂隙的类岩石巴西圆盘试样，一组充填，一组非充填，采用岩石试验机进行巴西劈裂试验，探究充填与否对共面双裂隙巴西圆盘试样抗拉强度的影响规律，并对其裂纹扩展特征加以分析，最后通过三维光学散斑系统对部分试样的主应变演化规律进行分析[43]，以期为含节理裂隙或断层的工程建设提供参考。

3.5.1　试验准备

（1）试样制作

目前针对含裂隙岩石的研究大多以类岩石材料作为研究对象，相比于天然岩石，类岩石材料的优点在于能够精确预制裂隙，而且材料性质可控、离散性低，十分便于研究分析。鉴于此，本次试验所用试样采用水泥砂浆浇筑的类岩石材料，浇筑模具如图3-47(a)所示，其中模具底座是利用3D打印机设计并制作的。模具底座含有不同几何分布的插槽，见图3-47(b)，其上可插上云母片，用于制备不同裂隙倾角的充填与非充填共面双裂隙巴西圆盘试样。

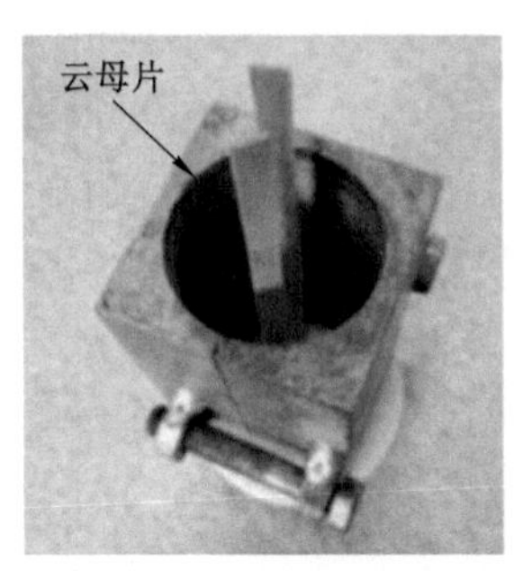

（a）浇筑模具

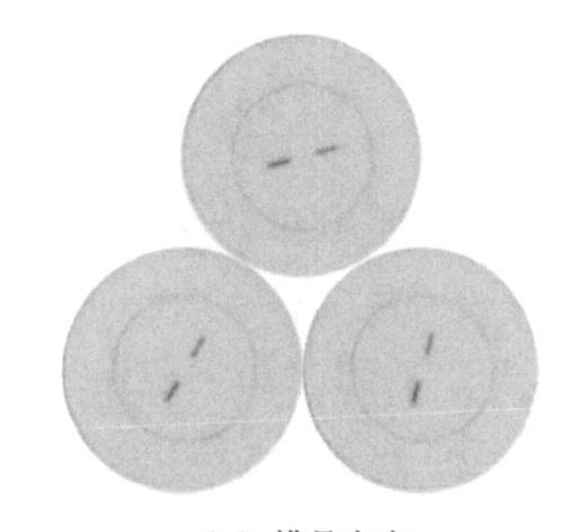

（b）模具底座

图3-47　裂隙圆盘类岩石材料试样浇筑模具

基于已有的室内配比试验，并充分考虑天然岩石拉压强度比低且质地硬脆的特性，经不断尝试最终选用水泥∶石英砂∶水＝1∶0.8∶0.35的质量比配制类岩石材料，其中水泥为C42.5普通硅酸盐水泥，石英砂粒径范围为0.106～0.212 mm。试样制作过程如下：① 搅拌：按照配合比称取原材料，混合后倒入专用搅拌机，随后搅拌3～5 min，使砂浆混合物充分均匀；② 浇筑：将砂浆混合物倒入内部尺寸为50 mm×100 mm的模具（模具内壁预先涂刷润混油便于后期脱模）后放置于振动台上以适当频率振动约2 min，浆面平滑且不再冒泡时认为振动完成。在此浇筑过程中，对于充填裂隙试样不再将云母片取出，而对于非充填裂隙试样，浇筑后待水泥浆初凝前将云母片取出；③ 脱模、养护：将模具放置于水平地面上静置 24 h，随后将试样脱模并放入专用的养护箱内养护 28 d；④ 切割、打磨：养护完成待试样完全干燥后进行切割和打磨，最终制成 $D\times t=50$ mm×25 mm 的标准巴西圆盘试样和 $D\times H=50$ mm×100 mm 的完整圆柱试样，用于岩石力学参数试验。

为评价浇筑的类岩石材料试样的离散性，对 3 个完整圆柱试样和 3 个完整圆盘试样分别进行单轴压缩试验和巴西劈裂试验，如图 3-48 所示。根据试验结果，本次试验配制的类岩石试样单轴压缩强度分别为 69.15 MPa、65.26 MPa 和 69.98 MPa，平均值为 68.13 MPa，离散系数（定义为一组数据的标准差与其平均值之比）为 3.02%；抗拉强度分别为6.09 MPa、6.79 MPa 和 6.85 MPa，平均值为 6.58 MPa，离散系数为 5.25%，可见试样具有较好的一致性，且配制的类岩石材料基本力学参数与重庆青砂岩[44]相近，因此该类岩石试样可用于后续试验研究。

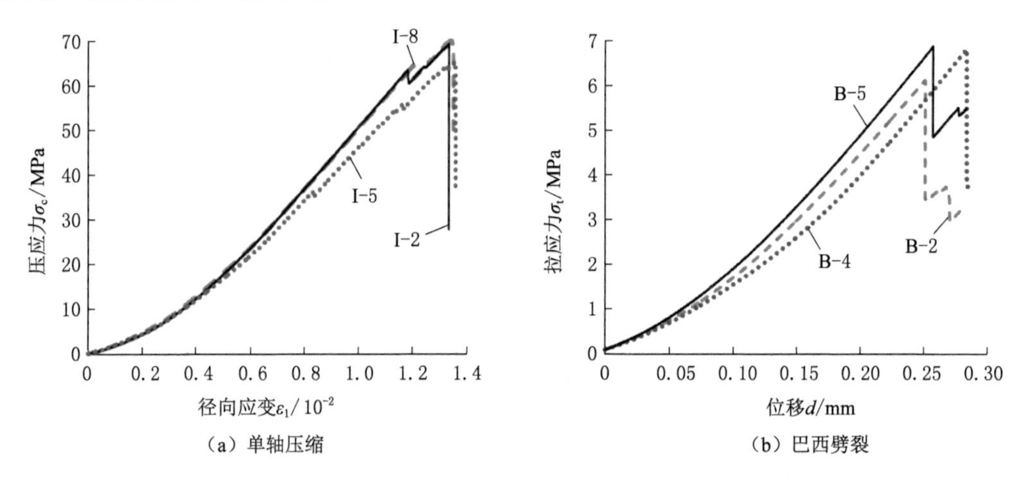

（a）单轴压缩　（b）巴西劈裂

图 3-48　完整类岩石材料应力-应变曲线

试样分别为充填与非充填双裂隙巴西圆盘，裂隙几何参数如图 3-49 所示。两条裂隙长度均为 $2a=8$ mm，岩桥长度 $2b=10$ mm，两条裂隙共面分布，即裂隙倾角 α（裂隙与水平方向的倾角）与岩桥倾角 β（裂隙内部尖端连线与水平方向的夹角）相同，本次试验中倾角 α（或倾角 β）分别为 0°、15°、30°、45°、60°、75°和 90°，共 7 组。

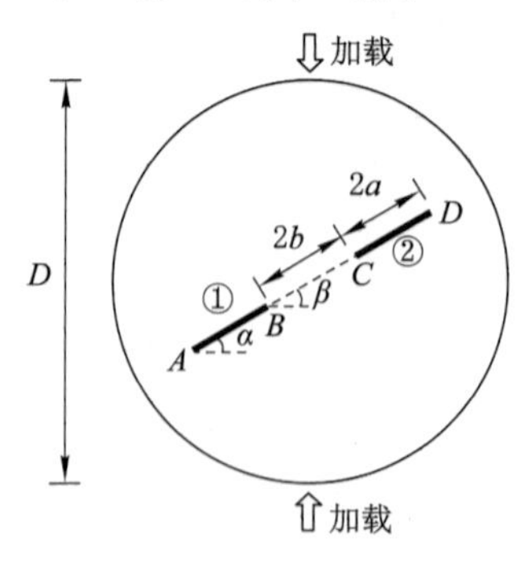

图 3-49　共面双裂隙试样裂隙几何参数及加载条件

（2）试验设备

本次试验均在中国矿业大学深部岩土力学与地下工程国家重点实验室进行，包括：① SANS 300 岩石力学试验机；② XTDIC 三维光学散斑系统；③ 高精度摄像机；④ DS2 系列声发射系统。岩石力学试验机所能施加的最大轴向力为 300 kN，采用位移控制准静态加载方式，加载速率为 0.01 mm/min。试样加载前利用热熔枪将声发射探头耦合在试样背面，以采集试样的声发射信号，利用数字照相技术对整个加载过程中岩样正面图像进行记录和信息采集，以分析试样的裂纹扩展特征和破坏模式。

3.5.2　力学响应分析

为避免试样之间的差异掩盖裂隙倾角对充填与非充填双裂隙试样强度参数的影响规律，对不同裂隙倾角充填与非充填圆盘试样进行了 3 组重复试验，取其平均值作为试样的抗拉强度。根据式(3-1)计算所得不同裂隙倾角圆盘试样的抗拉强度，如表 3-9 所示。

表 3-9　不同裂隙倾角圆盘试样抗拉强度　　单位：MPa

裂隙倾角	$\alpha=0°$	$\alpha=15°$	$\alpha=30°$	$\alpha=45°$	$\alpha=60°$	$\alpha=75°$	$\alpha=90°$
充填	6.58	6.27	3.84	4.81	3.88	1.89	3.28
	4.71	5.71	3.02	3.54	3.95	2.66	3.25
	4.64	4.52	—	3.79	3.94	2.80	3.53
平均值	5.31	5.50	3.43	4.05	3.92	2.45	3.35
非充填	3.88	4.19	3.86	3.92	2.99	3.26	3.15
	4.33	4.10	4.04	4.28	3.21	3.17	3.21
	4.19	4.24	3.69	3.62	2.62	3.27	3.09
平均值	4.13	4.18	3.86	3.94	2.94	3.23	3.15

根据表 3-9 结果绘制了充填与非充填圆盘试样抗拉强度随裂隙倾角 α 的变化曲线，如图 3-50 所示。由图 3-50(a)可见，充填试样的抗拉强度随裂隙倾角的增加总体上呈下降趋势。裂隙倾角为 0°时，试样抗拉强度为 5.31 MPa(平均值，下同)；当其增大至 15°时，抗拉强度稍有增加，但近似保持不变；而当裂隙倾角由 15°增至 30°时，抗拉强度大幅下降，由 5.50 MPa 下降至 3.43 MPa，降幅为 37.6%；随后是裂隙倾角 α 处于 30°～60°的区间，此时抗拉强度与裂隙倾角之间没有明显的相关性，但总体上变化幅度不大，介于 3.43～4.05 MPa 之间；当裂隙倾角大于 60°时，抗拉强度先减小后增大，在 75°时达到最小值 2.45 MPa。相比充填试样而言，由图 3-50(b)可见，非充填试样的抗拉强度变化幅度较小，介于 2.94～4.18 MPa 之间，大致可分为 3 个阶段：第一阶段为裂隙倾角小于 45°所对应的曲线，在此阶段内试样抗拉强度基本保持不变，总体趋于缓和；当裂隙倾角由 45°增加至 60°时，抗拉强度呈下降趋势，由 3.94 MPa 降至 2.94 MPa，降幅为 26.1%，此为第二阶段；最后裂隙倾角由 60°增加至 90°所对应的曲线为第三阶段，此阶段抗拉强度的变化趋势与第一阶段相同，总体上趋于平缓。图 3-50(c)为充填与非充填试样抗拉强度的平均值比较，可见裂隙倾角对试样抗拉强度的影响较大，除个别裂隙倾角外，总体上抗拉强度随着裂隙倾角的增大而减小。当裂隙倾角为 0°～15°时，充填试样的抗拉强度高于非充填试样，且两者相差较大。而裂隙倾角大于 30°

时，充填与非充填试样的抗拉强度相互交织，两者相差不大。由此说明当裂隙倾角小于15°时，试样抗拉强度受充填的影响较大，而裂隙倾角从30°起，试样充填与否对试样抗拉强度的影响不大。此外，从图3-50(c)不难发现，无论是充填还是非充填圆盘试样，其抗拉强度均小于完整试样的抗拉强度。

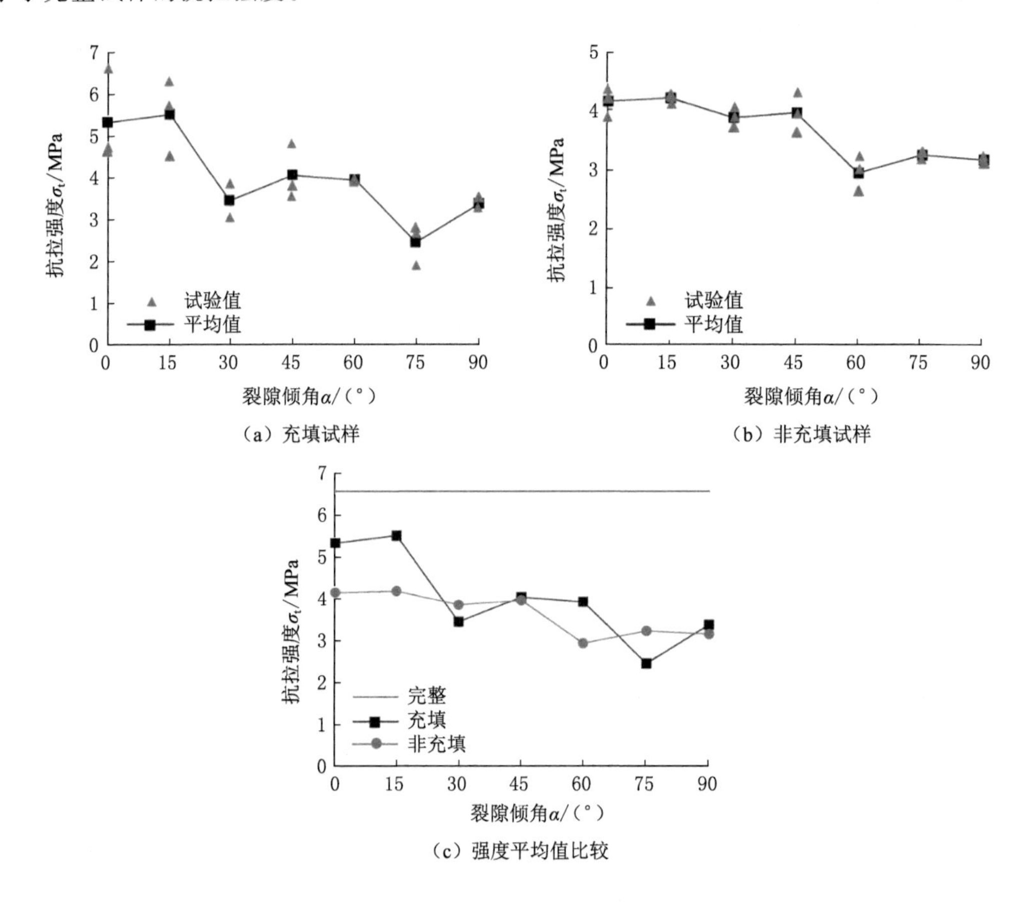

图3-50 共面双裂隙圆盘试样抗拉强度随裂隙倾角的变化

为探讨裂隙倾角及裂隙充填对圆盘试样力学特性的影响，图3-51给出了不同裂隙倾角圆盘试样应力-应变曲线。由图3-51可见，试样的拉应力-位移曲线随着裂隙倾角的改变也发生相应的变化，具体体现在抗拉强度与曲线斜率的不同。此外无论是充填试样还是非充填试样，二者达到抗拉强度后均发生脆性破坏，拉应力出现大幅度跌落，但非充填试样较充填试样发生较早的应力跌落，在位移较小时便发生破坏，可见非充填试样在相同的加载条件下更容易发生破坏。另外，初始裂隙倾角为0°时，预制裂隙与试样加载方向垂直，抗拉强度较高，且拉应力-位移曲线第一次出现应力跌落后又继续升高，原因是当试样达到第一次峰值后，随着加载的继续原先试样内部的裂纹、孔洞等被压实从而使试样仍然具有强度特征。随着裂隙倾角的增加，即充填材料与加载方向逐渐一致，充填材料逐渐失去作用，其抵抗破坏的能力逐渐减弱，因此充填试样与非充填试样的抗拉强度差距逐渐减小。由此可见，充填材料虽然一定程度上增加了试样的完整性，使得抗拉强度在一定程度上有所提高，但这种提高是有局限性的。

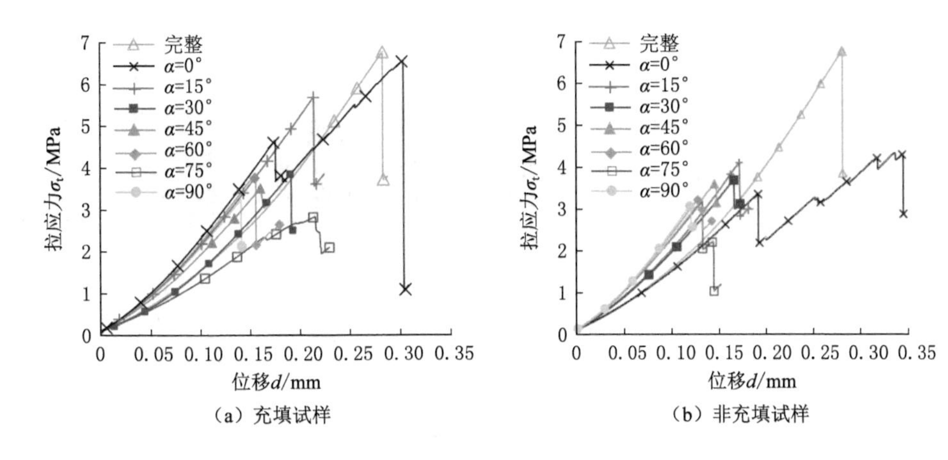

图 3-51　共面双裂隙圆盘试样拉应力-位移曲线

3.5.3　声发射特征与裂纹演化分析

声发射是指岩石等材料在受载或者高温条件下，内部集聚的应变能以瞬态弹性波的形式向外界释放的一种现象[45]。岩石的每一次损伤即产生一次声发射现象并释放弹性波，可用相应的设备进行信号采集，因此可用岩石的声发射特征对其进行裂纹演化扩展分析。通常含预制单裂隙的试样受压加载后，预制裂隙的端部往往最先产生裂纹，即发生起裂现象。伴随加载过程的持续进行，裂纹将沿某一曲线路径不断扩展，直至与加载方向平行并持续延伸到试样边缘，最终导致试样发生破坏。学者们通常称这种裂纹为翼裂纹，翼裂纹的扩展与贯通通常被认为是试样发生破坏的主要形式之一。然而对于共面双裂隙试样，裂隙的几何分布与加载方式等的不同会导致其裂纹扩展与破坏方式也发生相应的改变。值得注意的是，即便是同一类型试样在相同条件下，由于试样的离散性其裂纹扩展路径也会有所不同，使得对试样裂纹扩展的描述不具有唯一性，从而产生偏离其客观规律的可能。因此，本书对每一裂隙倾角下的充填与非充填双裂隙试样均设立了三组重复试验，比较三组试样的力学特征与破坏模式，从中挑选出一个典型试样进行裂纹扩展分析，以剔除个别试样的离散性所带来的偏差，进而最大限度保证分析结果符合其客观规律。

图 3-52 给出了 $\alpha=0°$时充填与非充填双裂隙圆盘试样的巴西劈裂试验结果。从曲线中可以看出，二者均先经历了孔隙裂隙压密阶段和线弹性阶段，随后到达起裂点 A(A#)出现初始裂纹 1 和 2(为便于对比分析，将非充填试样产生的一条裂纹近似看成两条)，并且注意到充填试样的起裂应力高于非充填试样的起裂应力，这表明裂隙充填后可以增加其强度。裂纹 1 和 2 的产生使 A 点处应力突然跌落，并伴随有声发射计数突增的现象。随着荷载的增加，裂纹扩展速度加快，裂纹 1 和 2 不断向试样边缘扩展，试样结构损伤加剧，这导致试样内部产生大量的弹性波，因此声发射事件变得异常活跃。当应力增加至峰值强度时，裂纹 1 和 2 也扩展至试样端面，最终使得试样失稳破坏，累计声发射计数也达到最高值。对比充填与非充填圆盘试样可以发现，充填试样的次生裂纹 3 在试样峰值强度附近产生，而非充填试样对应的次生裂纹在起裂时刻便已产生，但总体上看，两者产生的裂纹均为拉张裂纹，裂纹扩展路径类似，说明 $\alpha=0°$时裂隙充填情况下对试样的破裂模式几乎没有影响。

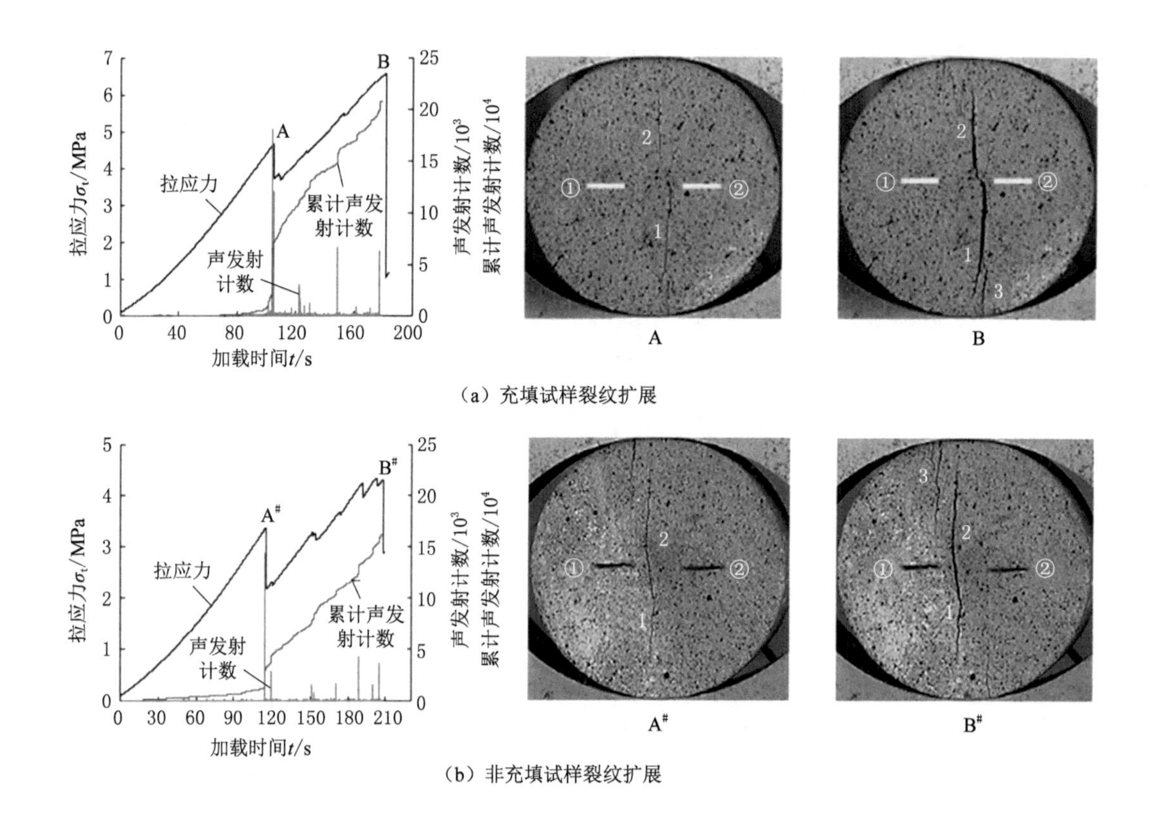

(a) 充填试样裂纹扩展

(b) 非充填试样裂纹扩展

图 3-52 共面双裂隙圆盘试样巴西劈裂试验结果($\alpha=0°$)

图 3-53 给出了 $\alpha=15°$时充填与非充填双裂隙圆盘试样的巴西劈裂试验结果。由拉应力-时间曲线可以看出，试样首先经历裂隙压密阶段，此阶段内试样内部的天然缺陷在外部荷载作用下压密闭合，试样没有新的裂纹产生，因此该阶段并无明显的声发射事件产生。随后试样经历线弹性阶段达到峰值强度后发生破坏，表现出典型的脆性破坏特征，此时应变能急剧释放，声发射计数事件随之急剧增加。其中在 A(A#)处非充填试样的声发射计数几乎是充填试样的 2 倍，可见两者在破坏时释放的能量存在很大差异，更高的能量释放表明其破坏时产生的应力场强度更高。另外，对试样的裂纹扩展进行分析可以发现，充填试样首先在 A 处产生了拉伸裂纹 1、2 和次生裂纹 3，此时出现应力跌落，随后随着应力的逐渐增加，裂纹 1 和 2 不断发育加宽，裂纹 3 向中部不断扩展，同时又萌生了次生裂纹 4。相比充填试样，非充填试样只经历一次峰值便发生破裂，在中部萌生有裂纹 1^a、1^b和 2，在边缘萌生次生裂纹 3 和 4，其裂纹形态与充填试样相近。由此可见，此时充填与否对试样的破裂模式影响不大。

图 3-54 给出了 $\alpha=30°$时充填与非充填双裂隙圆盘试样的巴西劈裂试验结果。由拉应力-时间曲线可以看出，充填试样达到峰值强度后直接发生脆性破坏，在中部产生拉张裂纹 1、2^a和 2^b，其中裂纹 2^a扩展至试样边缘，此时声发射计数和累计声发射计数都大幅增加。相比充填试样，非充填试样的拉应力-时间曲线出现两个峰值，试样首先在应力 A# 处发生起裂

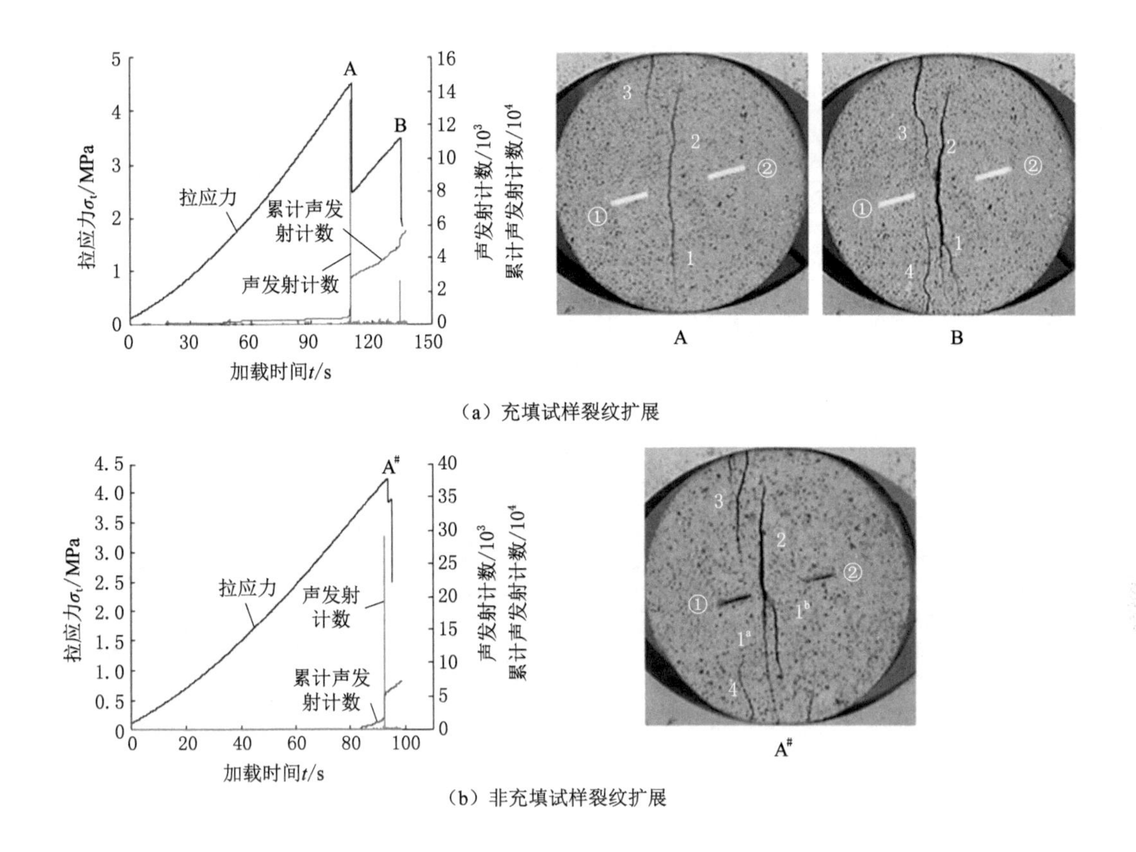

(a) 充填试样裂纹扩展

(b) 非充填试样裂纹扩展

图 3-53　共面双裂隙圆盘试样巴西劈裂试验结果($\alpha=15°$)

现象，在预制裂隙②的内尖端处产生裂纹 3 和 4，随着荷载继续增加至峰值强度 B# 时，试样又在中部产生了拉张裂纹 1 和 2，与此同时又萌生了次生裂纹 5，裂纹 3 与 4 也向试样边缘有所扩展，导致试样最终破坏，试样在 A#、B# 两处也都出现了应力跌落和明显的声发射事件。对比充填与非充填试样可以看出，两者均发生径向拉伸破坏，并且充填试样与裂隙倾角为 0°和 15°的试样破裂模式相似，而非充填试样首次在预制裂隙尖端产生了裂纹，可见当裂隙倾角由 15°增至 30°时，非充填试样预制裂隙的尖端所产生的应力场有所增强。

图 3-55 给出了 $\alpha=45°$时充填与非充填双裂隙圆盘试样的巴西劈裂试验结果。从图中可以看出，试样均发生脆性拉伸破坏，在破坏时向外界传递弹性波，因此有较集中的声发射计数事件。此外充填试样在中间部位萌生有裂纹 1 和 2，在预制裂隙②的内尖端产生了翼裂纹 4，在其外尖端产生了翼裂纹 3，并且裂纹 3 逐渐由试样端面扩展至裂隙外尖端，最终试样失稳破坏。与前述充填试样相比，此处萌生的翼裂纹 3 和 4 是前面试样所未产生的。相比而言，非充填试样在预制裂隙②处没有产生裂纹，而仅在预制裂隙①的内尖端产生翼形裂纹 1，在其外尖端产生翼形裂纹 2。在翼形裂纹 1 和 2 的扩展过程中萌生了反翼形裂纹 3，裂纹 1 和 3 在预制裂隙 1 的内尖端相交汇。总结两试样的破裂模式可知，相比 $\alpha=30°$的试样，此时的非充填试样已转变为由预制裂隙尖端完全产生翼裂纹，而充填试样正处于由中部拉张裂纹向预制裂隙尖端产生翼裂纹的过渡。

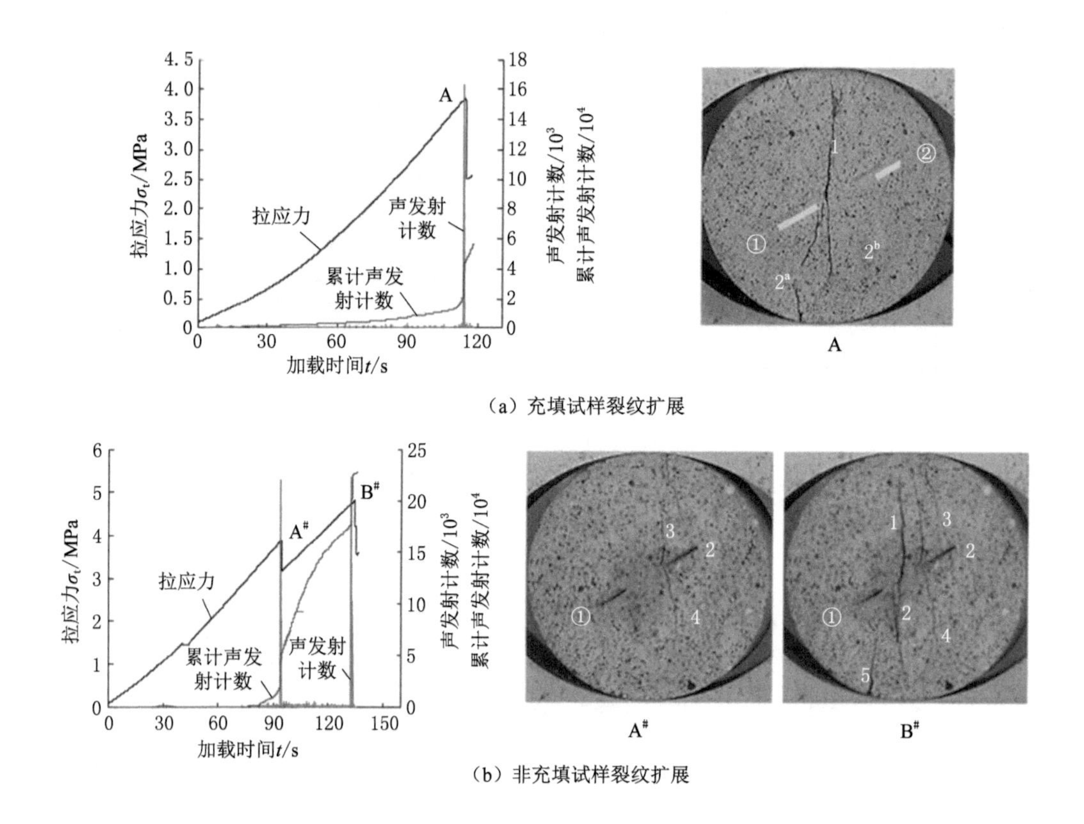

(a) 充填试样裂纹扩展

(b) 非充填试样裂纹扩展

图 3-54 共面双裂隙圆盘试样巴西劈裂试验结果($\alpha=30°$)

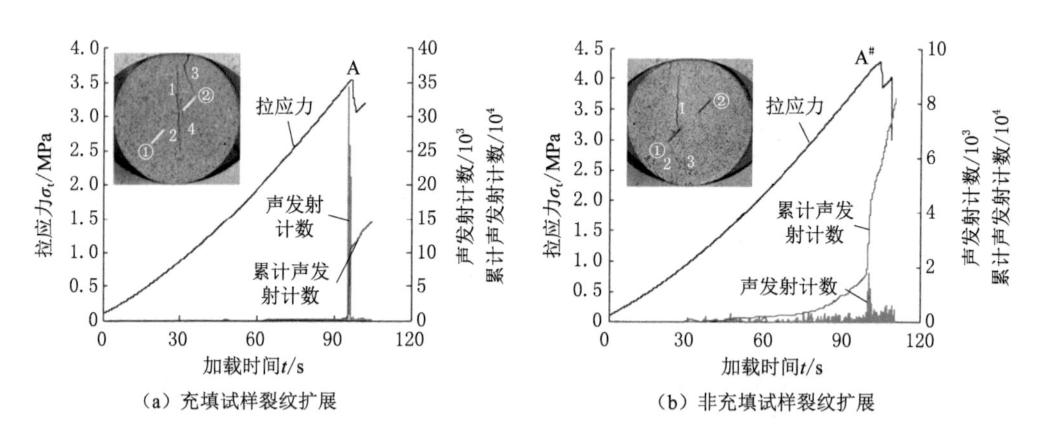

(a) 充填试样裂纹扩展　　(b) 非充填试样裂纹扩展

图 3-55 共面双裂隙圆盘试样巴西劈裂试验结果($\alpha=45°$)

图 3-56 给出了 $\alpha=60°$时充填与非充填双裂隙圆盘试样的巴西劈裂试验结果。与 $\alpha=45°$相比此时充填试样无中间的拉伸裂纹产生，而仅以预制裂隙尖端萌生的翼裂纹为主。非充填试样的裂纹扩展演化经历 4 个阶段，第一阶段为试样应力到达 A# 处发生起裂，产生翼裂纹 1、2 和次生裂纹 3，此时的裂纹尚未发育，裂纹宽度较窄；随后在到达应力 B# 的过程中，裂纹 1 与裂纹 2 分别向下、向上扩展，与此同时萌生次生裂纹 4，此为第二阶段；第三阶

段新萌生反向翼裂纹 5，应力也随即到达 C# 处；最后应力到达 D# 处时，试验过程中依稀可听到试样清脆的破裂声，虽无新裂纹萌生，但原先产生的裂纹都更加发育。此外，由非充填试样的应力-时间曲线可知，每个阶段都对应有较大的声发射计数和应力的跌落，这与裂纹的萌生、扩展与发育所释放的弹性波有关。可以看出，裂隙倾角为 60°时，充填试样与非充填试样最终破裂时都产生了翼形裂纹 1 和 2，区别在于前者在预制裂隙②的尖端产生的裂纹较宽，发育程度较高，而后者在①的尖端产生，发育程度较低。

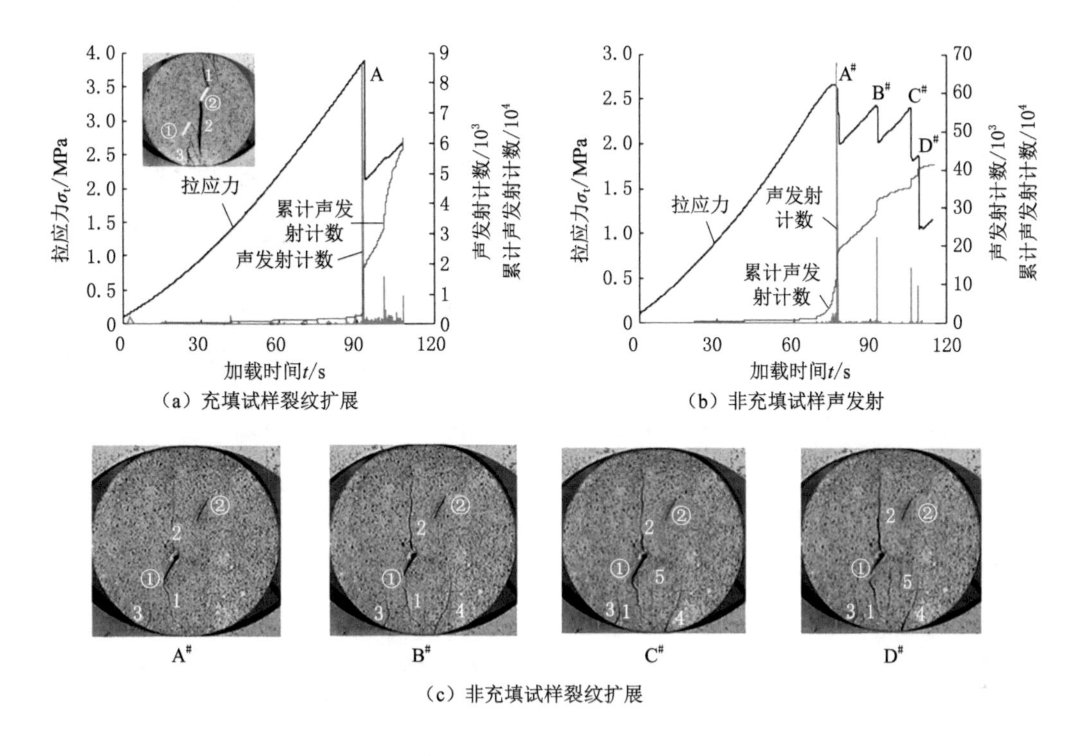

(a) 充填试样裂纹扩展　(b) 非充填试样声发射

(c) 非充填试样裂纹扩展

图 3-56　共面双裂隙圆盘试样巴西劈裂试验结果($\alpha=60°$)

图 3-57 给出了 $\alpha=75°$时充填与非充填双裂隙圆盘试样的巴西劈裂试验结果。充填试样于 A 点处发生起裂，在预制裂隙①和②的尖端分别产生细微的翼裂纹 1、2 和 3、4(图为素描后放大图)，并伴随有应力跌落与声发射事件的增加。接着在应力增加至 B 点的过程中，裂纹 1 和裂纹 2 分别向上和向下不断扩展，而裂纹 3 和裂纹 4 基本未发生扩展现象，此外在试样两端分别萌生裂纹 5 和 6。当应力达到峰值强度 C 时，裂纹 1 和 2 更加发育，裂纹宽度有所增加，裂纹 3 和 4 也明显扩展，且裂纹 3 的扩展使预制裂隙①和②之间发生贯通；另外在裂纹 6 旁又萌生了一条较大的裂纹 7。此阶段的裂纹更为发育，应力迅速跌落，相应地产生了更高的声发射计数。对于非充填试样，其起裂时刻所产生的翼裂纹与充填试样相似，而当应力到达 B# 处时，试样在端部萌生次生裂纹 7，此外新萌生的裂纹 6 贯通预制裂隙①和②，这与充填试样由原先萌生的裂纹 3 扩展导致贯通有所不同。

图 3-58 给出了 $\alpha=90°$时充填与非充填双裂隙圆盘试样的巴西劈裂试验结果。当裂隙倾角 $\alpha=90°$时，仅试样端部所产生的次生裂纹 4 位置有所不同外，充填与非充填试样的破裂模式十分相似，即试样达到抗拉强度后，试样在预制裂隙尖端产生翼裂纹，且翼裂纹在试样

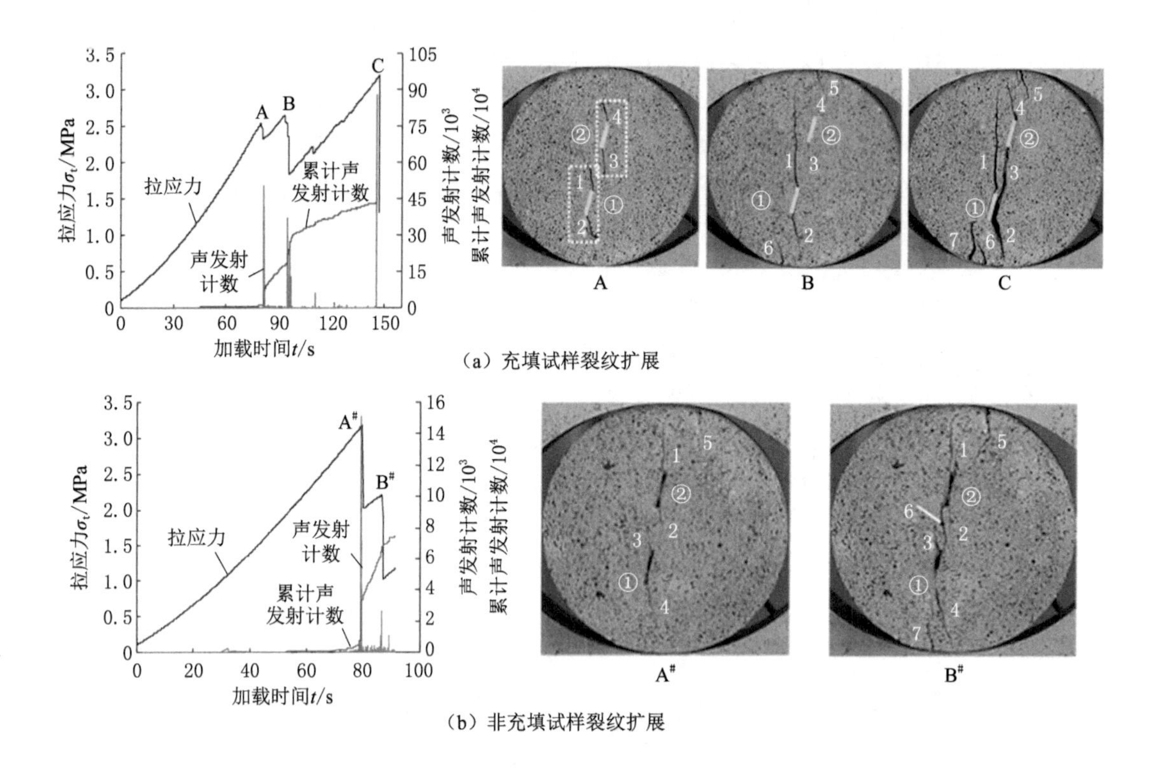

(a) 充填试样裂纹扩展

(b) 非充填试样裂纹扩展

图 3-57　共面双裂隙圆盘试样巴西劈裂试验结果($\alpha=75°$)

中部汇合成一条裂纹 2,与两个预制裂隙汇合后贯通整个试样。忽略裂隙所在位置,整体上看与裂隙倾角为 0°时的破裂模式相同,都可认为是拉伸劈裂破坏。此外两者抗拉强度也几乎相同,可见裂隙倾角为 90°时充填与否对试样的强度及破裂模式没有影响。

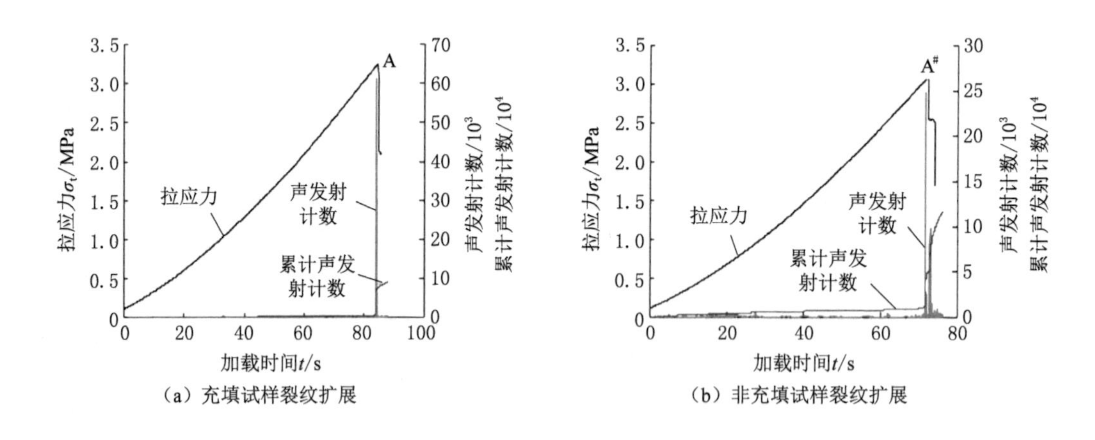

(a) 充填试样裂纹扩展　　(b) 非充填试样裂纹扩展

图 3-58　共面双裂隙圆盘试样巴西劈裂试验结果($\alpha=90°$)

为进一步认识裂隙倾角及裂隙充填对共面双裂隙圆盘试样破坏模式的影响,图 3-59 给出了充填与非充填试样最终破裂模式素描图。随着裂隙倾角的增大,充填与非充填共面双裂隙圆盘试样中主要裂纹均由在试样中部产生的拉张裂纹逐渐向在预制裂隙尖端产生的翼裂纹转变(翼裂纹指首次在预制裂隙尖端萌生的裂纹,此处仅从裂纹几何形态考虑)。当裂隙倾角为 0°时,充填与非充填试样的破裂模式相近,都以试样中部最大拉应力处产生的拉张裂纹为主,并在试样端部产生次生裂纹。裂隙倾角为 15°试样的破裂模式与 0°试样基本相同,区别在于 15°试样的次生裂纹更加发育,裂纹长度更长。当裂隙倾角为 30°时,充填试样的破裂模式基本保持不变,仍在中部产生拉张裂纹,但非充填试样除中部产生拉张裂纹外,还在预制裂隙尖端产生裂纹。当裂隙倾角为 45°时,充填试样才开始产生翼裂纹,此时非充填试样则全部在预制裂隙尖端萌生翼裂纹,而不在试样中部产生裂纹。当裂隙倾角增大至 60°时,充填与非充填试样都仅以萌生翼裂纹为主,而且非充填试样还有反向翼裂纹产生。当裂隙倾角为 75°时,充填与非充填试样的两个预制裂隙尖端则都萌生了翼裂纹,且两个预制裂隙之间出现裂纹贯通现象,区别在于充填试样的贯通裂纹由预制裂隙尖端的一条翼裂纹充当,而非充填试样则是新萌生的贯通裂纹。当裂隙倾角为 90°时,两者破裂模式基本相同,都在预制裂隙尖端产生了翼裂纹并且发生了贯通现象。由此可见,充填与否对裂隙倾角 $\alpha \leqslant 15°$ 和 $\alpha = 90°$ 试样的破裂模式基本没有影响,而对 $30° \leqslant \alpha \leqslant 75°$ 试样的破裂模式影响较大,整体上看充填试样的破裂模式相比非充填试样存在“滞后”现象。

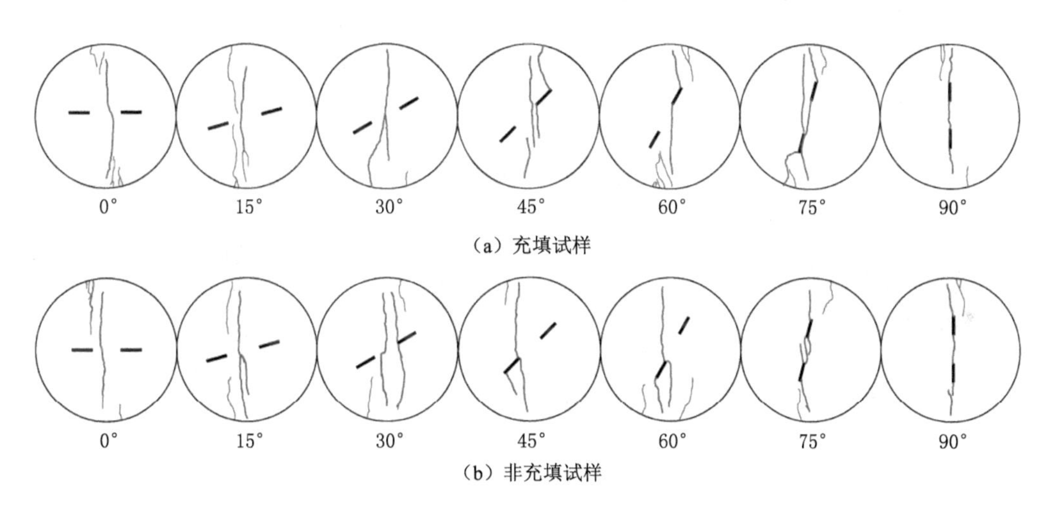

图 3-59　充填与非充填试样最终破裂模式素描图

3.5.4　光学数字散斑应变分析

XTDIC 系统是一种光学非接触式三维变形测量系统,可用于位移以及应变的测量和分析,并且所得应变场的数据结果可直观显示[46-47]。为进一步验证试样破裂过程中裂纹的演化规律及试样的变形规律,图 3-60～图 3-62 以裂隙倾角 0°、45°和 90°试样为例,给出了共面双裂隙圆盘试样在不同变形时刻下的应变场。图中均为试样加载过程中的横向应变,其中拉应变为正、压应变为负。此外,图中出现裂纹而未显示应变场云图的区域是由于该区域应变过大,超过了计算机软件的计算阈值所致,属于软件分析处理过程中的正常现象。

图 3-60 给出了 $\alpha = 0°$ 时充填与非充填共面双裂隙圆盘试样表面的应变场演化云图。从图 3-60(a)可以看出,在 t_1 时刻前试样的变形较小,至 t_2 裂纹起裂时刻试样应变场云图中部

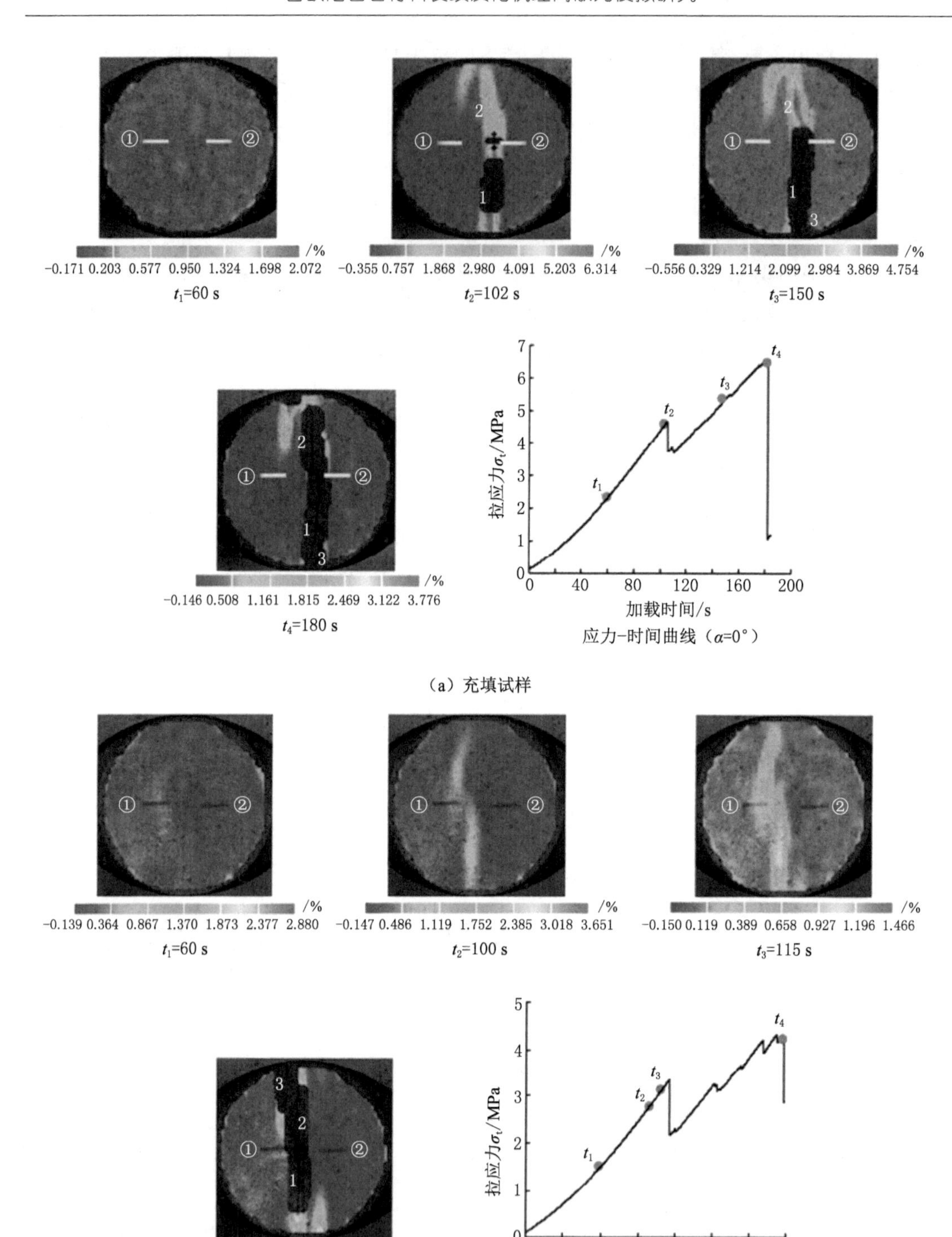

图 3-60 共面双裂隙圆盘试样应变场演化云图(α=0°)

产生明显的拉伸条带，部分区域如裂纹 1 处甚至缺失云图，表明该处局部应变过大。随后试样加载至 t_3 时刻，拉伸条带中下部云图全部缺失，上部也在裂纹 2 处出现应变近 4.757%的窄条带区域，且其周围的条带区域也有所加宽。至最后 t_4 时刻，中间拉应变带几乎全部缺失，裂纹 2 左上端区域变形也不断加大。如图 3-60(b)所示，非充填试样的应变演化云图与充填试样相类似，也由 t_1 时刻较小的变形逐渐形成 t_3 时刻拉应变集中带，在最终破裂时刻局部应变过大超过计算阈值而缺失云图，并显示出清晰的裂纹。

图 3-61 给出了 $\alpha=45°$ 时充填与非充填共面双裂隙圆盘试样表面应变场演化云图。对比可以发现，在 t_1 时刻充填与非充填共面双裂隙圆盘试样均在裂隙尖端产生翼状拉应变带，区别是其所在的裂隙位置有所不同。此外，随着荷载的增加，两者演化至最终破裂的过程也存在差异。对非充填试样，在 t_2 时刻，由 t_1 时刻预制裂隙①处产生的翼状拉应变带随荷载增加变形继续增加，最终在 t_4 时刻局部应变过大缺失云图，此外在预制裂隙②处也开始出现了明显的翼状拉应变带。而对充填试样，最大拉应变区域从 t_1 到 t_2 时刻发生了变化，由预制裂隙的外尖端上部转移至其内尖端上部(近似于试样中部的位置)，随后时刻在此处先产生拉张裂纹，最后又在裂隙②处形成翼裂纹，这与前面所分析的裂纹扩展特征相一致。

图 3-62 给出了 $\alpha=90°$ 时充填与非充填共面双裂隙圆盘试样表面应变场演化云图。由图可见，充填与非充填共面双裂隙圆盘试样都在试样中部产生拉应变集中带，表明该区域产生较大的拉应变，并且在最终时刻裂纹都沿预制裂隙发生了贯通现象。此外从非充填试样的应变场演化云图中的 t_3 时刻可以看出，试样中部云图最先缺失，表明该处应变最先超过软件计算阈值，所以试样首先在此处产生裂纹 2。对比 $\alpha=0°$ 和 $\alpha=90°$ 的试样可以看出，在不考虑预制裂隙位置的情况下，两者的应变场演化云图与破裂模式基本相同。

3.5.5 本节小结

对充填与非充填共面双裂隙类岩石材料圆盘试样进行了巴西劈裂试验，分析了裂隙倾角和裂隙充填对圆盘试样抗拉强度的影响，结合声发射和数字散斑应变监测结果，探析了共面双裂隙圆盘试样的裂纹扩展特征，可得出以下结论：

(1) 无论充填还是非充填试样，其抗拉强度都低于完整试样的抗拉强度，但相比非充填试样，充填材料一定程度上增加了试样的承载能力，降低了预制裂隙尖端应力场强度，使其抗拉强度有所提高。试样达到抗拉强度后均发生脆性破坏并伴随有明显的应力跌落和声发射事件，这与试样内部裂纹的萌发、扩展与贯通有关。

(2) 充填与非充填试样的抗拉强度受裂隙倾角的影响较大。对充填试样，其抗拉强度分别对应裂隙倾角 α 为[0°,15°]、[30°,60°]和[75°,90°]的区间，强度由 5.41 MPa(区间平均强度，下同)先降至 3.80 MPa 再降至 2.90 MPa，降幅分别为 29.8%和 23.7%；对非充填试样，其抗拉强度分别对应裂隙倾角 α 为[0°,45°]和[60°,90°]的区间，强度由 4.03 MPa 下降至 3.11 MPa，降幅为 22.8%。

(3) 裂隙充填对裂隙倾角 $\alpha\leqslant15°$ 和 $\alpha=90°$ 试样的破裂模式基本没有影响，而对 $30°\leqslant\alpha\leqslant75°$ 试样的破裂模式影响较大，表现为随着裂隙倾角的增大，裂隙充填与非充填试样的破裂模式都由中部产生的拉张裂纹向预制裂隙尖端产生的翼裂纹转变(此处仅考虑翼裂纹的几何形态特征)，且在此转变过程中充填试样相比非充填试样存在“滞后”现象。

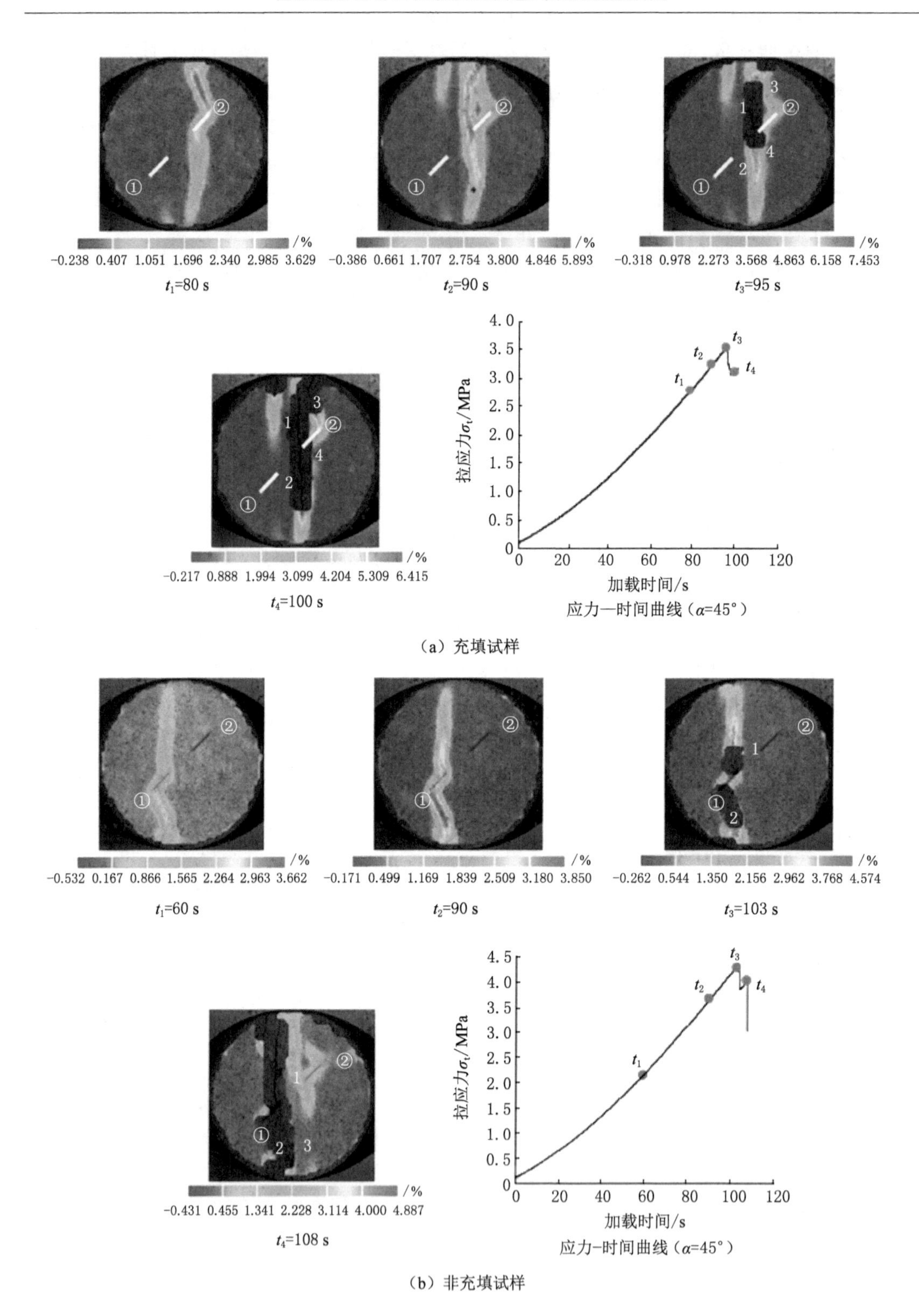

图 3-61　共面双裂隙圆盘试样应变场演化云图(α=45°)

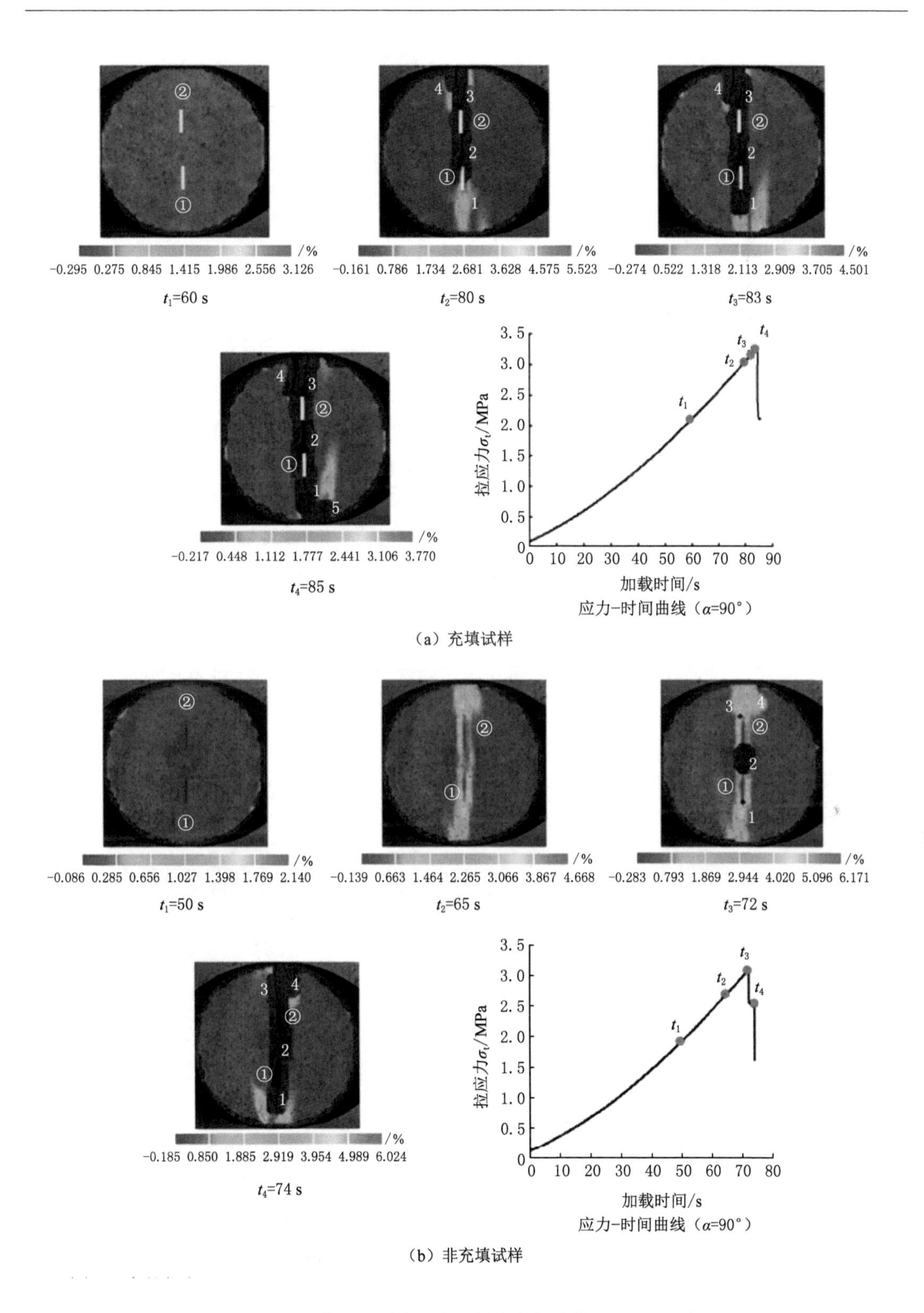

图 3-62　共面双裂隙圆盘试样应变场演化云图(α=90°)

3.6 张开与充填不平行双裂隙圆盘试样抗拉力学特性及破裂特征试验

在前述研究基础上,本节对含不平行张开与充填双裂隙圆盘试样进行巴西试验,探究不平行裂隙以及充填与否对类岩石材料拉伸强度及裂纹演化特征的影响[48]。

3.6.1 试样制作

本节类岩石材料试样使用水泥、石英砂、自来水、云母片等材料制作。水泥标号为 C75,石英砂直径在 0.106~0.212 mm 范围之间,云母片作为充填材料。先按照水泥∶石英砂∶水=1∶0.85∶0.35 的配合比,制作直径 50 mm、高度 100 mm 的圆柱形试样。采用 3D 打印的模具底座设置有插槽,以便插入云母片制作充填和非充填裂隙。在浇筑砂浆混合料前,将厚度为 0.8 mm 的云母片插入模具底座上,一部分试样中的云母片自始至终都不拔出(即留在岩样内部),而另一部分试样则在其初凝后将云母片拔出,通过这种方式制作充填与非充填裂隙试样。试样脱模后在水浴箱中养护 28 d,经切割、端面磨平后形成直径 50 mm、高度 25 mm 的巴西圆盘试样。

本次试验共制作了 3 种巴西圆盘试样,分为完整圆盘、充填与非充填单裂隙圆盘、充填与非充填双裂隙圆盘,如图 3-63 所示。单裂隙圆盘试样裂隙倾角 α 分别为 0°、15°、30°、45°、60°、75°和 90°,共 7 组;不平行双裂隙圆盘试样岩桥倾角 γ 分别为 45°、90°、180°、225°和 270°,共 5 组。单裂隙圆盘和双裂隙圆盘试样的裂隙厚度均为 0.8 mm,裂隙长度均为 8 mm,岩桥长度均为 10 mm。

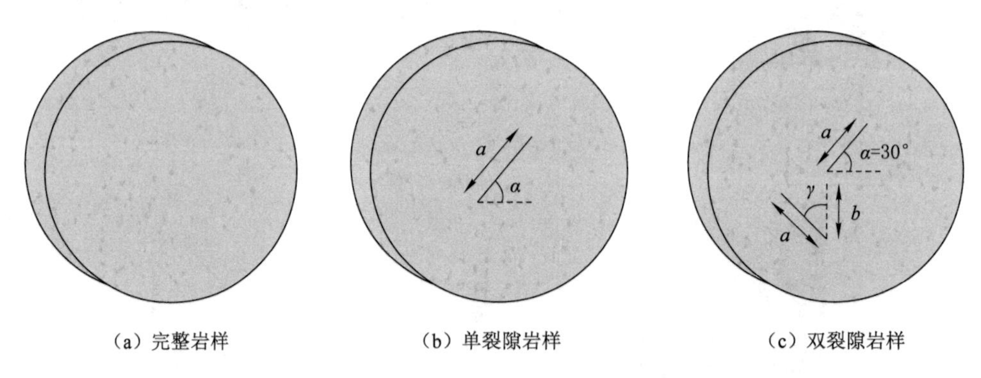

(a) 完整岩样　　(b) 单裂隙岩样　　(c) 双裂隙岩样

图 3-63 类岩石材料圆盘试样裂隙几何参数

3.6.2 试验过程及结果分析

试验在中国矿业大学深部岩土力学与地下工程国家重点实验室 SANS-300 岩石力学加载系统上完成。巴西劈裂试验采用位移加载方式,加载速率设为 0.1 mm/min。试验过程采用数字照相采集岩样破裂过程图像,采用声发射系统记录岩样变形全过程声发射信号。对完整、单裂隙、双裂隙巴西圆盘试样进行抗拉强度的测试,然后将 3 种试样的应力-位移曲线进行对比,分析完整和含预制裂隙圆盘试样的应力、位移和破裂模式。通过分析数字照相、声发射系统采集的信息，探讨完整、单裂隙和双裂隙圆盘试样破坏过程。每种裂隙类型圆盘试样重复进行 3 次试验，减少试验误差。

图 3-64 为完整类岩石材料试样单轴压缩及巴西试验结果。从图 3-64(a)中可以看出，单轴压缩下类岩石试样的轴向应力增至最大值 87.52 MPa 后跌落。在单轴压缩过程中圆柱体试样表面裂纹不断萌生、扩展，随着轴向应力增大，裂纹的数量、宽度也随之增加，且裂纹在加载过程中不断延伸，最终宏观裂纹在整个试样表面贯通。从图 3-64(b)中可以看出，完整圆盘试样应力增至峰值 6.85 MPa 后跌落。完整巴西圆盘试样表面裂纹最终贯通，在远场裂纹的共同作用下试样丧失承载力而破坏。

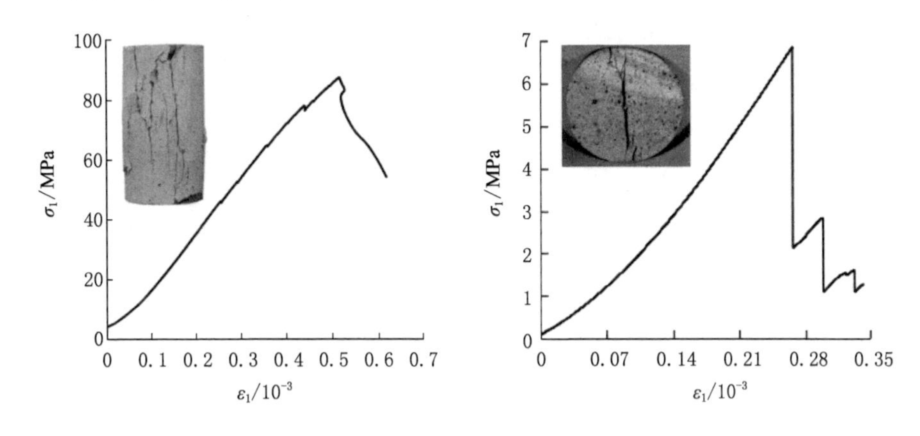

图 3-64　完整试样的力学特性及破裂模式

(1) 单裂隙试样试验结果

图 3-65 给出了不同裂隙倾角充填与非充填单裂隙圆盘试样的应力-位移曲线和抗拉强度。随着裂隙倾角的增大，单裂隙圆盘试样应力-位移曲线、峰值强度也随之发生变化。由图 3-65 可以看出，当裂隙倾角为 0°时，预制裂隙与加载方向垂直，充填单裂隙试样与完整试样的应力-位移曲线相似，且充填裂隙试样的抗拉强度与完整试样相差很小，而非充填试样抗拉强度相对较小。随着预制裂隙倾角的增大，充填裂隙试样的抗拉强度先减小，45°时最小，然后又增大，直至倾角为 75°后又开始减小，而且在倾角为 45°和 60°的时候出现了峰后脆性向延性转化的现象；非充填裂隙试样峰后大多呈现脆性破坏，抗拉强度在峰值之后迅速跌落，试样产生很小的位移之后就已经破坏，随着裂隙倾角的增大其抗拉强度峰值呈现先减小，后增大，然后又减小，最后增大的趋势，其抗拉强度变化规律和充填裂隙试样相似。当裂隙倾角为 45°和 60°时，充填与非充填裂隙试样的抗拉强度相差不大，而在其他几组裂隙倾角下二者峰值强度相差比较大。由图可见，裂隙倾角相同的情况下充填裂隙试样的抗拉强度明显要大于非充填裂隙试样。

Zhuang 等[49]对充填与非充填单裂隙试样的研究结果表明，充填裂隙试样的峰值强度比非充填试样大，且同一裂隙倾角下二者初始裂纹对应的角度也不同。通过对相同裂隙倾角下充填与非充填试样的应力-位移曲线(如图 3-66 所示)分析，进一步探讨二者间力学特性的差异。当预制裂隙倾角 α 从 0°增大至 90°时，在同一裂隙倾角下充填裂隙试样的拉应力峰值明显大于非充填裂隙试样，但随着裂隙倾角的增大，充填裂隙试样内部的充填材料与加载方向的夹角减小，同一裂隙倾角对应的拉应力峰值间的差距渐渐减小。另外，除 60°和

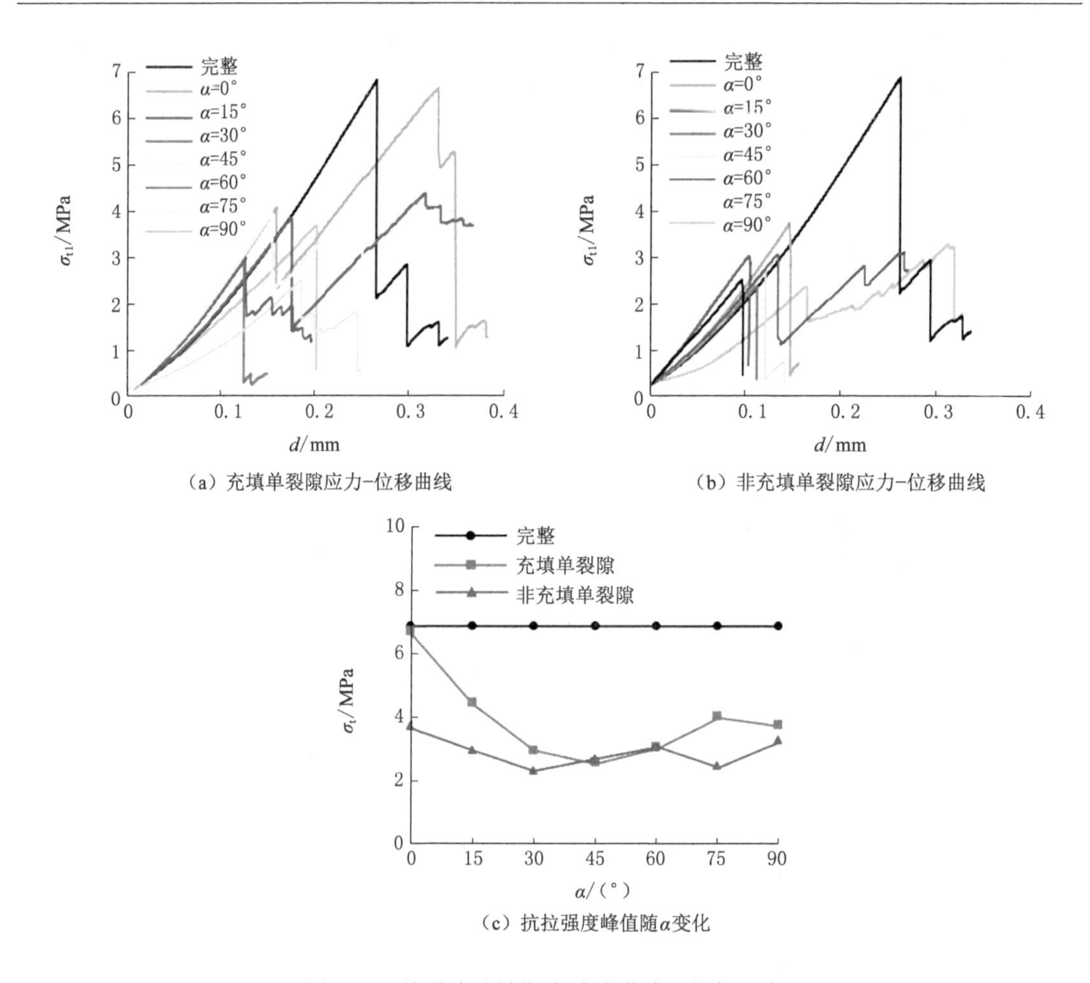

图 3-65 单裂隙试样位移-应力曲线和抗拉强度

90°倾角外，充填裂隙试样峰值应力对应的位移均大于非充填裂隙试样，非充填裂隙试样在拉应力峰值跌落后发生脆性破坏。当试样应力增至峰值后，应力出现较大的跌落，但是部分试样仍然具有较好的承载能力，因而部分试样的应力-位移曲线出现多次峰值现象（如 α 为 15°试样）。从应力-位移曲线可以看出，非充填裂隙试样与充填裂隙试样相比，脆性特征更为明显，相同加载条件下更容易发生破坏。由此可见，充填材料在一定程度上减小了预制裂隙对试样的影响，提高了裂隙圆盘试样抵抗破坏的能力。但是充填材料无法完全保证试样的完整性，随着裂隙倾角的增加充填材料与加载方向渐渐平行，充填材料抵抗破坏的能力渐渐减弱，充填与非充填试样在拉应力较小的时候就已经开始破坏，因此充填与非充填试样拉应力峰值差距渐渐减小。

图 3-67 为不同裂隙倾角充填与非充填单裂隙巴西圆盘试样最终破裂模式。从图中可以看出，在裂隙倾角变化过程中，充填与非充填裂隙试样的裂纹扩展和破裂模式发生变化。在预制裂隙倾角相同的情况下，充填与非充填裂隙试样破裂模式相似。充填与非充填裂隙试样的破坏是由于翼裂纹、远场裂纹共同作用导致的。在加载过程中预制裂隙处属于缺陷区，而试样的破坏均是从预制裂隙处开始的，随着 α 的逐渐增大预制裂隙渐渐与加载方向平行，裂隙尖端更容易萌生裂纹。非充填试样预制裂隙处在加载过程中无法传递应力，从而在

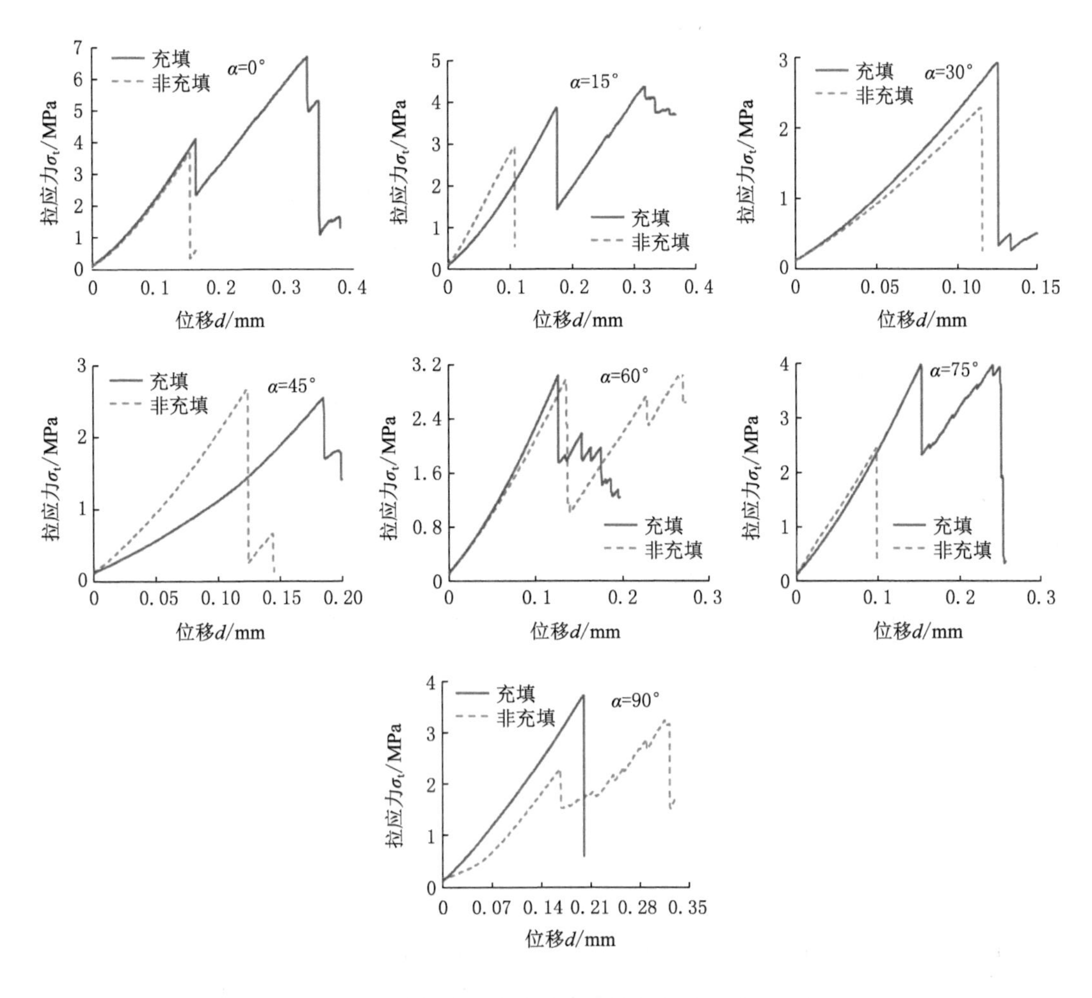

图 3-66　充填与非充填单裂隙试样应力-位移曲线比较

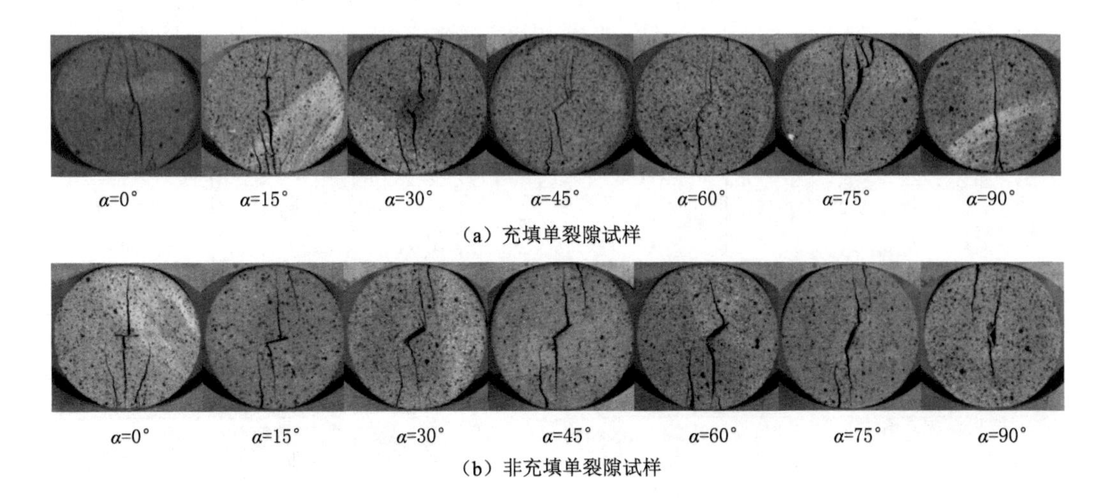

图 3-67　不同裂隙倾角单裂隙圆盘试样最终破裂模式

预制裂隙处导致应力集中，因此，预制裂隙尖端裂纹迅速萌生、贯通。而充填试样预制裂隙处含充填材料，在试样加载过程中充填材料同样会传递一部分力，然而充填材料（云母片）的强度弱于岩样本身，充填试样预制裂隙处同样会出现应力集中的情况，当加载到一定程度时预制裂隙尖端萌生翼裂纹，随着加载的继续裂纹最终贯通整个试样。从图 3-67 中可以看出，随着裂隙倾角 α 的不断增大，试样表面宏观裂纹的数量逐渐减少。当 α 为 0°时，预制裂隙与加载方向垂直，充填与非充填试样预制裂隙尖端萌生的翼裂纹无法沿着预制裂隙贯通整个试样，因此，试样此时的抗拉强度相对较高，而由于充填试样预制裂隙处存在充填材料，所以充填试样的抗拉强度较高。当预制裂隙倾角 α 大于 0°时，预制裂隙尖端的翼裂纹向试样上下两端延伸，而由于预制裂隙与加载方向的夹角逐渐减小，裂纹与预制裂隙迅速贯通，最终导致试样破坏。在裂隙倾角相同的情况下，虽然充填试样内部的充填材料能够减缓裂纹的扩展速度，但是随着 α 的不断增大，预制裂隙与加载方向逐渐平行，在试样的加载过程中充填材料对于力的承受和传递作用逐渐降低，裂纹在沿预制裂隙扩展过程中受到充填材料的阻碍随着 α 的增大而减弱。当 α 为 90°时，充填材料的作用降至最低，预制裂隙尖端的翼裂纹最终会与预制裂隙迅速贯通，因此，充填与非充填试样的抗拉强度都比较低，而由于裂纹演化受到的阻碍作用较小，试样表面产生的裂纹数目相对较少。

（2）双裂隙试样试验结果

与单裂隙试样相比，双裂隙圆盘试样裂纹扩展更为复杂。图 3-68 为充填与非充填双裂隙圆盘试样的应力-位移曲线和抗拉强度。Haeri 等[50]通过试验和模拟研究了巴西试验下含两条预制裂隙类岩石材料试样的裂纹扩展特征，结果表明预制裂隙尖端的翼裂纹在加载过程中沿着加载方向扩展、贯通最终导致试样破坏。从图 3-68 可以看出，随着 γ 的变化，充填双裂隙圆盘试样的抗拉强度先降低后增大。当 γ 为 225°时，充填双裂隙圆盘试样的抗拉强度降至最低。除 γ 为 225°试样外，其他试样均出现脆性向延性转化的现象。随着 γ 的变化，充填与非充填双裂隙试样抗拉强度呈现先减小后增大的规律。当 γ 为 180°时，充填与非充填双裂隙试样的抗拉强度最小；当裂隙倾角为 270°时，双裂隙试样抗拉强度增至最大。随着 γ 的增大，充填与非充填双裂隙试样的抗拉强度峰值的差距越来越小，当 γ 为 180°时差距最小，当 γ 为 45°时差距最大。

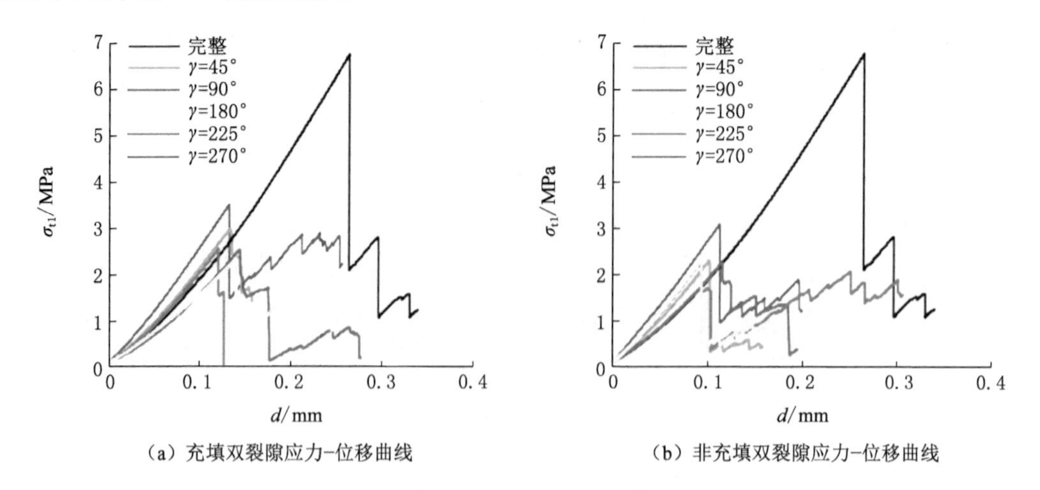

（a）充填双裂隙应力-位移曲线　　（b）非充填双裂隙应力-位移曲线

图 3-68　双裂隙试样应力-位移曲线和抗拉强度

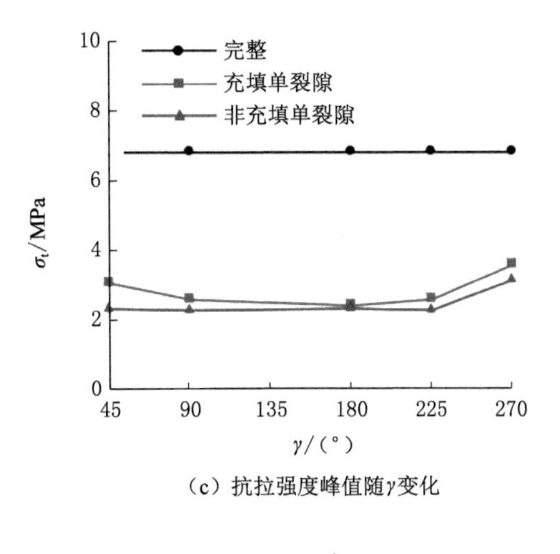

(c) 抗拉强度峰值随γ变化

图 3-68 (续)

图 3-69 将相同倾角下充填与非充填双裂隙圆盘试样的应力-位移曲线进行对比。从图中可以看出，充填与非充填双裂隙试样的应力-位移曲线形状相似，且在拉应力增至峰值后均出现多次峰值的情况。结合图 3-66 可见，虽然单裂隙试样仅含一条预制裂隙，但是由于在加载过程中预制裂隙尖端萌生的翼裂纹迅速扩展，拉应力增至峰值后裂纹已经贯通整个试样，试样呈脆性破坏，几乎无残余强度。而双裂隙试样在峰后仍然具有一定的残余强度，且出现多次峰值和脆性向延性转化的情况。由于充填与非充填双裂隙试样含两条预制裂隙，在加载过程中预制裂隙尖端萌生的翼裂纹数目较多，拉应力增至峰值后裂纹并未完全贯通整个试样，随着加载的继续部分裂纹与孔隙被压密，双裂隙试样具有一定的残余强度。当应力再次跌落后，试样内部应变能得到释放，应力进行重新调整，因此，双裂隙试样拉应力增至峰后会出现多次峰值和脆性向延性转化的情况。非充填双裂隙试样预制裂隙处无充填材料，拉应力跌落后，随着加载的继续试样再次出现应力跌落，应力重新调整，试样内部积累的应变能较多，残余强度有所提高，所以非充填试样在应力跌落后产生的应力台阶普遍呈上升趋势。充填双裂隙试样存在充填材料预制裂隙处于较密实状态，试样内积累应变能相对较少，应力再次跌落后应变能释放，应力进行重新调整，残余强度有所降低，所以充填试样在应力跌落后产生的应力台阶普遍呈下降趋势。

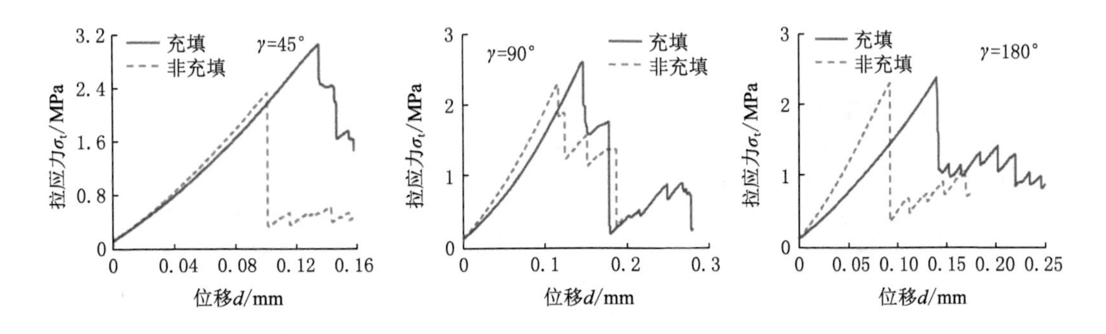

图 3-69 充填与非充填双裂隙圆盘试样应力-位移曲线比较

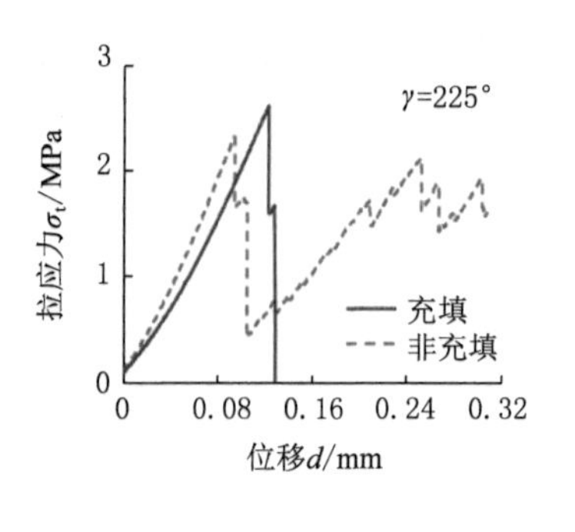

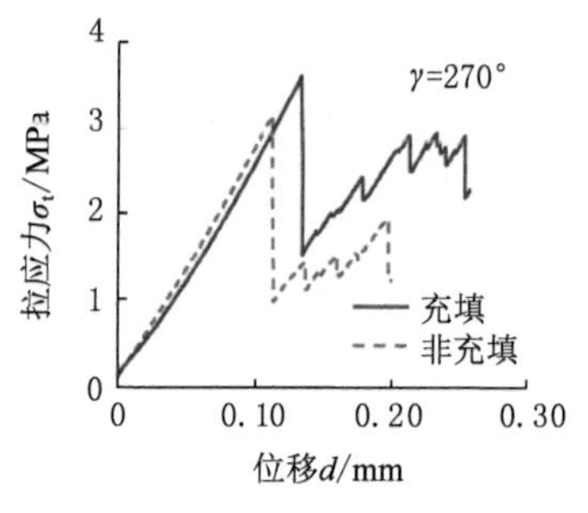

图 3-69 （续）

图 3-70 为充填与非充填双裂隙圆盘试样的最终破坏模式。随着 γ 的增加，双裂隙圆盘试样中裂纹的分布发生变化。试样的最终破坏主要是由于裂隙尖端产生的翼裂纹和预制裂隙贯通导致的。预制裂隙处属于缺陷区，充填与非充填双裂隙试样在加载过程中预制裂隙尖端均会出现应力集中。非充填双裂隙试样由于预制裂隙处无充填材料，应力集中较为迅速，试样裂纹萌生速度较快，而充填试样内部充填材料可传递和承受部分应力，因此，应力集中较为缓慢，裂纹萌生速度较慢。当 γ 为 45°时，随着试样中所受外荷载增加，在裂隙尖端萌生了翼裂纹，并在试样上、下端萌生了远场裂纹，充填材料致使翼裂纹的扩展速度减慢，而无充填材料的试样预制裂隙尖端的翼裂纹扩展比较迅速，虽然翼裂纹没有在加载方向上完全贯通，但在翼裂纹和远场裂纹的共同作用下试样最终发生破坏。随着 γ 的增大，试样下端预制裂隙的倾角不断变化，在加载过程中试样下端预制裂隙尖端翼裂纹萌生和扩展的难易程度不断变化。从 90°到 180°试样下端的预制裂隙与加载方向的夹角不断减小，裂隙尖端翼裂纹的发育和扩展所受的阻碍减弱。当 γ 为 180°时，下端预制裂隙与加载方向平行，裂隙尖端的翼裂纹扩展速度较快，沿加载方向贯通，在远场裂纹和翼裂纹的共同作用下试样最终破坏，因而相对于其他角度而言，倾角为 180°试样的抗拉强度更低。当 γ 为 270°时，由于试样

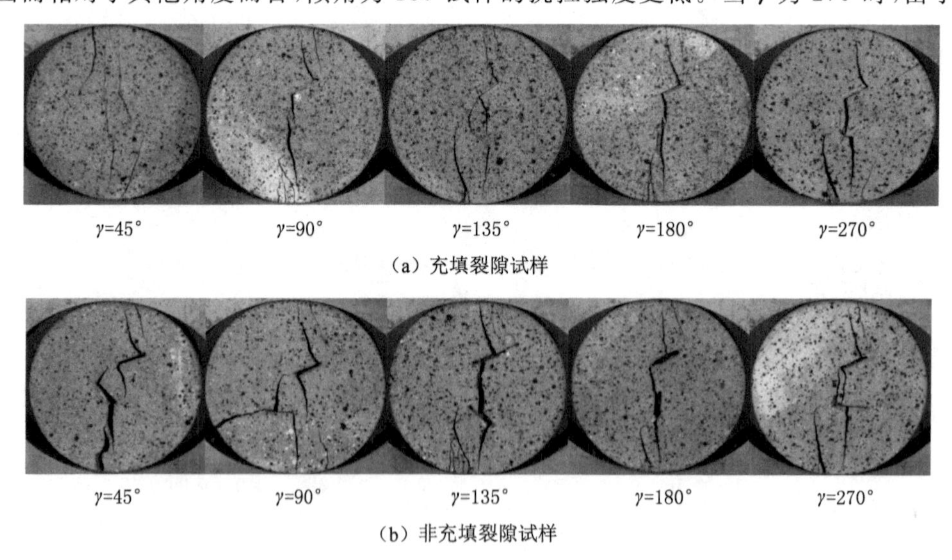

图 3-70 不同 γ 的双裂隙试样最终破裂模式

下端裂隙倾角与加载方向的夹角增大，裂隙尖端翼裂纹的扩展受到的阻碍作用增大，所以试样的抗拉强度相对而言较高。充填与非充填双裂隙试样的抗拉强度峰值相差不是很大，且当 γ 为 180°时二者的抗拉强度相差很小，相比较单裂隙试样的破坏而言，由于裂隙数量的增加和裂隙几何分布的变化充填与非充填双裂隙试样间抗拉强度差值减小，充填材料在裂隙发育和扩展过程中的阻碍作用减弱。

3.6.3　声发射特征及裂纹演化分析

本节对完整试样及含单、双裂隙充填与非充填裂隙试样进行声发射监测，探讨预制裂隙圆盘试样裂纹演化机制。

(1) 完整试样的声发射特性及裂纹演化

图 3-71 为完整试样的拉应力-时间-声发射事件曲线以及对应的裂纹萌生、扩展和贯通过程。完整试样在峰值应力前只在内部产生微观裂纹，而微观裂纹的聚集还未在试样表面以宏观裂纹的形式表现出来。在试样的拉应力达到峰值前，试样内部的损伤和缺陷较小，试样内部所释放的应变能少，所以从初始加载到试样应力跌落声发射不活跃，累计声发射曲线比较平缓。随着应力的不断增大，当拉应力达到应力曲线“1”的位置(拉应力为 6.84 MPa)时，试样表面萌生了 3 条裂纹 a、b 和 c。裂纹 a 沿加载方向贯穿试样中心，裂纹 b 从上端加载点起裂并向下延伸，而裂纹 c 从下端加载点起裂并向上扩展。在试样内产生宏观裂纹 a、b 和 c 的同时，试样释放的应变能较大，导致振铃计数急剧增加，累计声发射曲线陡增。当拉应力达到峰值 6.84 MPa 后，应力迅速跌落，随后又继续增长。当试样的拉应力再次增大至应力曲线“2”的位置(2.84 MPa)时，应力出现第 2 次跌落，在试样中产生新的裂纹 d 和 e。裂纹 d 是裂纹 a 的次生裂纹，裂纹 e 位于试样下端。在拉应力由“1”发展至“2”的过程中，试样中微裂纹不断聚集。在裂纹 d、e 产生的同时，伴随着应变能的释放，所以振铃计数第 2 次急剧增长，声发射累计曲线再次陡增。当拉应力达至应力曲线的“3”位置(1.62 MPa)时，裂纹 a、b、c、d 和 e 的宽度有所增加，并且在加载过程中试样表面有碎屑颗粒脱落，伴随着应变能的释放，振铃计数第 3 次急剧增加，累计声发射曲线进一步陡增。当应力第 3 次跌落后，圆盘试样最终破坏。

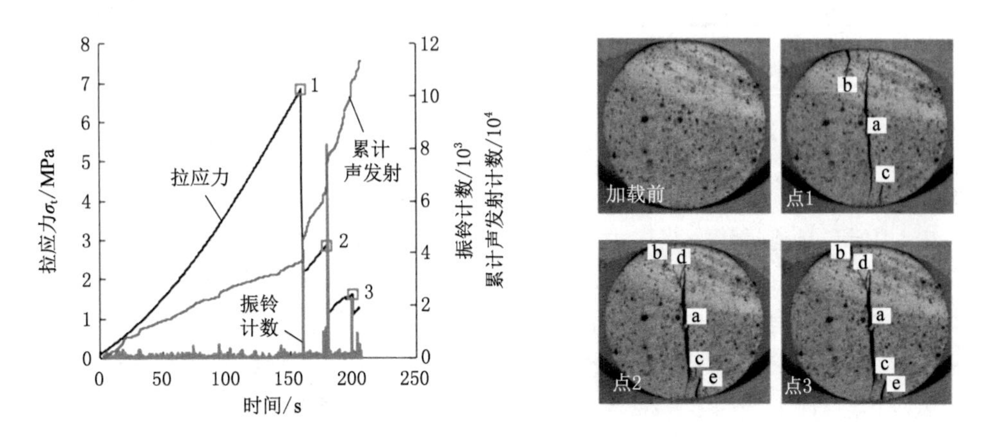

图 3-71　完整试样声发射曲线和裂纹演化过程

(2) 单裂隙试样的声发射特性及裂纹演化

以裂隙倾角45°为例,对充填和非充填单裂隙圆盘试样的声发射特性和裂纹演化过程进行分析。图3-72给出了倾角45°充填单裂隙试样的拉应力-时间-声发射事件曲线以及对应的裂纹萌生、扩展和贯通过程。在应力峰值之前,试样振铃计数较低,累计声发射曲线增长缓慢,在此阶段试样内部损伤较小,试样表面还没有形成宏观裂纹。当试样的拉应力增大至应力曲线上"1"的位置时,即拉应力峰值,试样应力即将跌落,此时预制裂隙I两端分别出现向上和向下延伸的翼裂纹a、b。此时试样内部产生较大损伤,伴随着较大应变能的释放,因此振铃计数急剧增长,累计声发射曲线此时陡增。随后试样应力跌落,当拉应力加载至应力曲线"2"的位置时,试样即将发生第2次应力跌落,试样表面产生了第3条裂纹c。c裂纹是沿加载方向向上延伸的远场裂纹,而裂纹a、b的宽度也有所增加。c裂纹的产生和a、b裂纹的延伸伴随着应变能的释放,在"2"位置处对应的振铃计数较高,声发射累计曲线出现第2次陡增。当试样加载至应力曲线的"3""4"位置时,虽然没有新的裂隙产生,但是a、b、c裂纹不断延伸,宽度增加,试样加载过程中有碎屑颗粒脱落。在"3""4"位置处,应力分别发生了第3、4次应力跌落,试样内部产生损伤所释放的应变能导致振铃计数增加,累计声发射曲线急剧增长。当拉应力加载至应力曲线"5"的位置时,试样表面产生新的裂纹d。d裂纹位于a裂纹右侧,沿加载方向向上延伸。在新裂纹d产生的同时,试样内部损伤所释放的应变能增大,导致振铃计数第5次急剧增加,累计声发射曲线进一步陡增。随后试样第5次应力跌落,试样完全破坏。

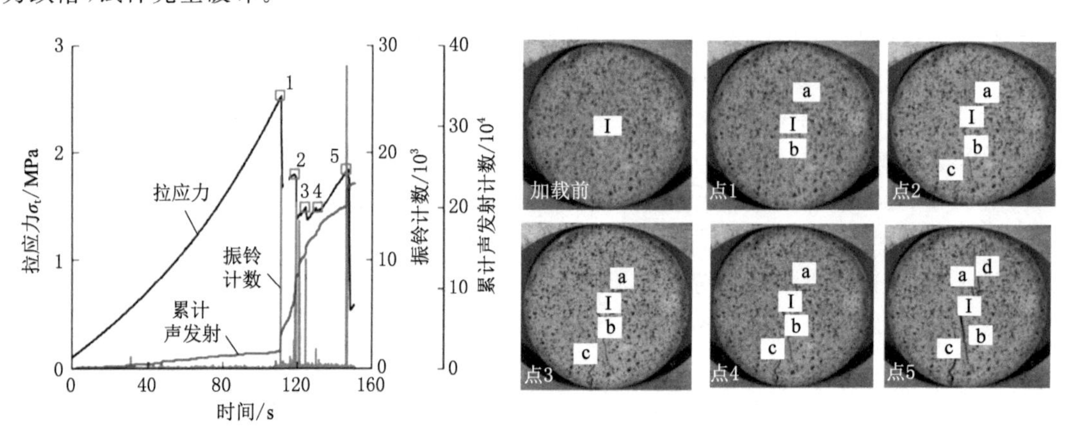

图3-72 充填单裂隙试样声发射曲线和裂纹演化过程($\alpha=45°$)

图3-73给出了倾角45°非充填单裂隙试样的拉应力-时间-声发射事件曲线以及对应的裂纹萌生、扩展和贯通过程。当应力水平低于应力曲线"1"位置时,试样内还没有宏观裂纹出现。在这个过程中试样内部损伤较小,因此声发射比较平静,振铃计数变化不大,累计声发射曲线比较平缓。当试样的拉应力增长至应力曲线"1"位置时,试样表面产生了4条裂纹a、b、c和d,其中裂纹a、b是在预制裂隙尖端萌生的翼裂纹,而裂纹c、d为试样上、下端萌生的远场裂纹,分别向下和向上扩展,大量应变能的突然释放使振铃计数突然急剧增加,而累计声发射曲线迅速增长。随着荷载的增大,当应力增大至应力曲线"2"位置时,裂纹a、b、c和d不断延伸,最终在加载方向上贯通,此时振铃计数再次激增,累计声发射曲线随之大幅度增长,随后裂纹快速扩展,试样在应力跌落后破坏。

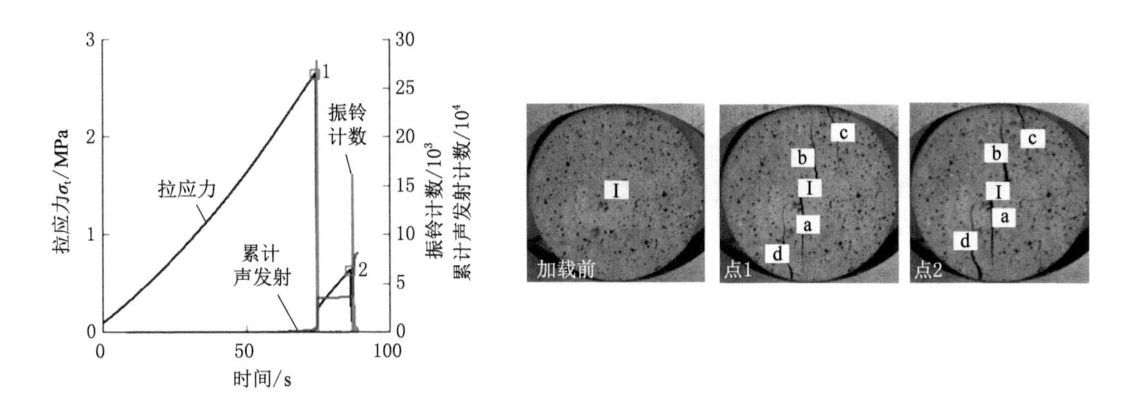

图 3-73　非充填单裂隙试样声发射曲线和裂纹演化过程($\alpha=45°$)

(3) 双裂隙试样的声发射特性及裂纹演化

以岩桥倾角 180°为例，分析充填和非充填双裂隙圆盘试样的声发射特性和裂纹演化过程。图 3-74 给出了倾角 180°充填双裂隙圆盘试样的拉应力-时间-声发射事件曲线以及对应的裂纹萌生、扩展和贯通过程。在加载初期试样表面无宏观裂纹产生，其中Ⅰ和Ⅱ为预制裂隙。当拉应力增长至应力曲线的“1”位置(拉应力达到峰值)时，在试样表面产生了 4 条宏观裂纹 a、b、c 和 d。裂纹 a 是在预制裂隙Ⅱ两端萌生的翼裂纹；裂纹 b、c 是在预制裂隙Ⅰ上、下端萌生的翼裂纹，而裂纹 d 是在试样下端萌生的远场裂纹。此时，振铃计数激增，累计声发射曲线突然上升。当拉应力跌落至应力曲线“2”“3”位置时，应力小幅度波动，虽然试样表面没有新裂纹产生，但已经产生的裂纹不断延伸。当拉应力位于应力曲线“4”位置处时，试

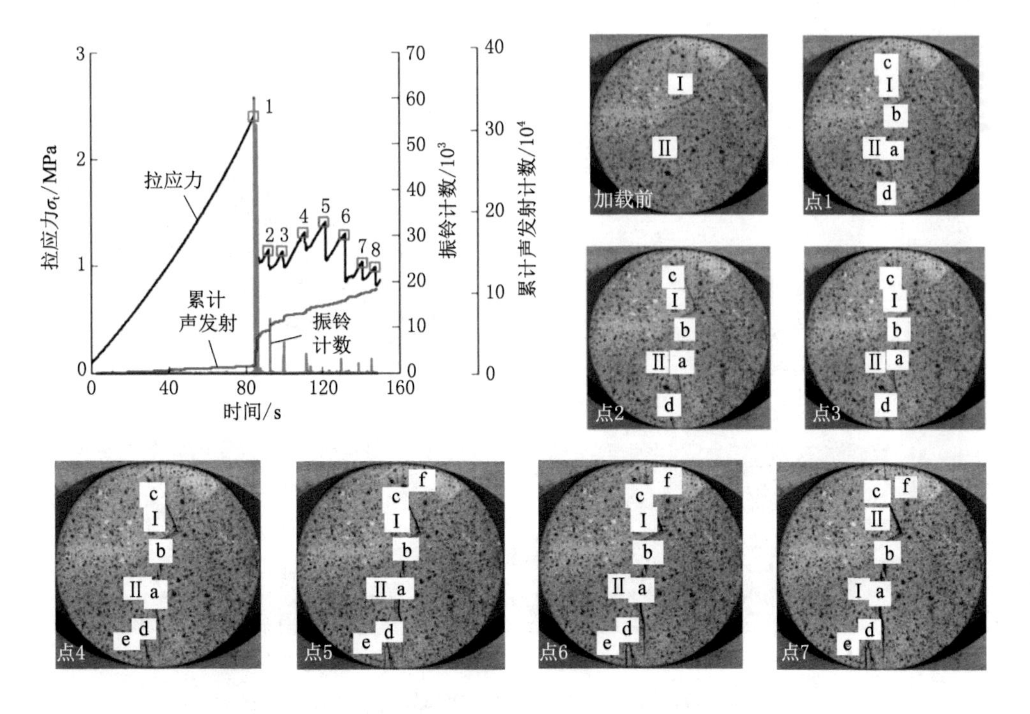

图 3-74　充填双裂隙试样声发射曲线和裂纹演化过程($\gamma=180°$)

样表面产生了新裂纹 e。裂纹 e 是在试样下端萌生的远场裂纹，沿加载方向向上扩展。当拉应力位于应力曲线“5”位置时，试样表面新生裂纹 f，且其他几条裂纹的宽度和长度有所增加。裂纹 f 是在试样右上方萌生的远场裂纹，沿加载方向向下延伸，新裂纹的产生伴随着试样内部应变能的释放，在应力曲线“5”位置处对应的振铃计数剧增，累计声发射曲线陡增。当拉应力位于应力曲线“6”“7”位置时，试样表面没有新裂纹产生。此时裂纹的宽度和长度进一步增加，试样表面有碎屑颗粒脱落，振铃计数急剧增加，累计声发射曲线迅速增长。

图 3-75 给出了倾角 180°非充填双裂隙圆盘试样的拉应力-时间-声发射事件曲线以及对应的裂纹萌生、扩展和贯通过程。加载初期试样表面无宏观裂纹出现，Ⅰ、Ⅱ是预制裂隙。当拉应力增长至应力曲线的“1”位置时，试样表面产生了 5 条裂纹 a、b、c、d 和 e。裂纹 a 是在预制裂隙Ⅰ中间位置处萌生的翼裂纹；裂纹 b 是在预制裂隙Ⅱ上部尖端萌生的翼裂纹；裂纹 c 是在预制裂隙Ⅱ下部尖端萌生的翼裂纹；裂纹 d 是在试样下端萌生的远场裂纹；裂纹 e 是在试样上端萌生的远场裂纹。裂纹 a、b、c、d 和 e 的产生伴随较大应变能的释放，振铃计数突然急剧增长，累计声发射曲线陡增。然而随着加载的继续及裂纹数目的增多，部分裂纹在荷载作用下逐渐闭合，试样在第 1 次应力跌落仍然具有较好的承载能力，因此应力曲线在第 1 次跌落后呈现台阶式的增长。当拉应力增长至应力曲线“2”位置时，即将发生第 2 次应力跌落，试样表面虽然没有新生裂纹产生，但已产生的宏观裂纹有所扩展。在应力曲线“2”位置处应力第 2 次跌落，振铃计数再次急速升高，累计声发射曲线再次陡增。同样当拉应力分别位于“3”“4”“5”位置时，试样表面没有新裂纹产生，但是裂纹的宽度和长度都有明显的增加，且加载过程中有碎屑颗粒脱落。在“3”“4”“5”位置处试样内部同样产生较大的损伤，应变能的释放导致振铃计数迅速增长，累计声发射曲线也随之大幅度增长。当增至应力曲线“5”时，试样第 5 次应力跌落后裂纹和预制裂隙贯通，在二者共同作用下试样最终破坏。

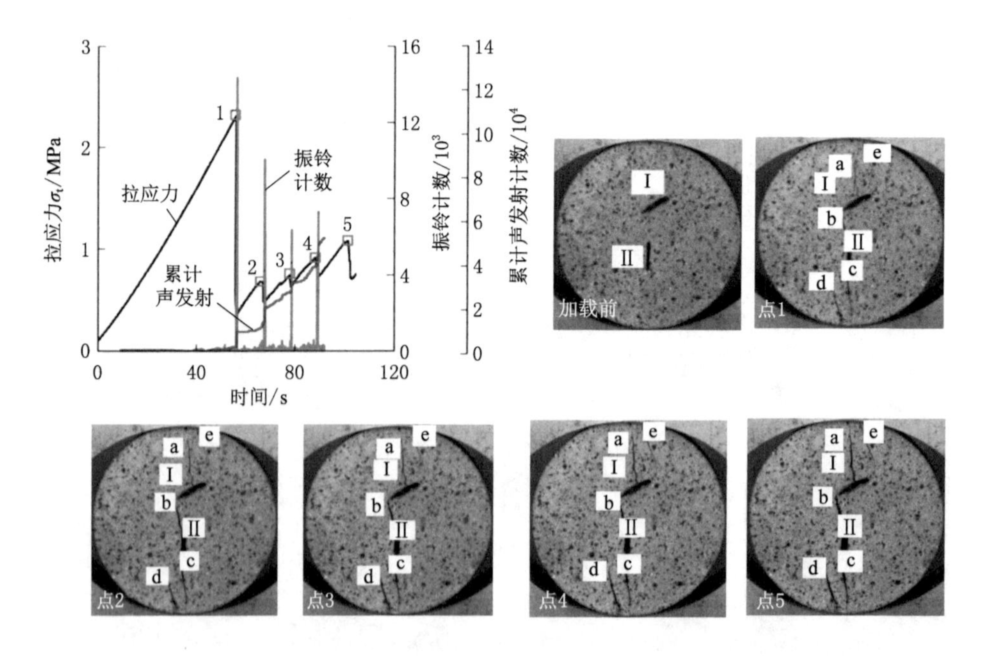

图 3-75　非充填双裂隙试样声发射曲线和裂纹演化过程($\gamma=180°$)

3.6.4 本节小结

（1）当裂隙倾角 α 为 0°时，充填单裂隙圆盘试样抗拉强度与完整试样的抗拉强度相近，且最终破坏模式相似，充填与非充填单裂隙试样的抗拉强度随着裂隙倾角增加呈先减小后增加再减小的规律。预制裂隙尖端萌生的翼裂纹不断扩展、贯通导致试样破坏，试样在应力跌落后就已经破坏，均呈现出明显的脆性特性。

（2）充填与非充填双裂隙圆盘试样的抗拉强度随着岩桥倾角增加呈先减小后增大的规律，当 γ 为 180°时抗拉强度降至最低。试样两条预制裂隙尖端萌生的翼裂纹不断扩展、贯通，以及远场裂纹的扩展导致试样最终破坏，且充填与非充填试样在应力跌落后均出现了脆性向延性转化的现象。

（3）相同条件下，充填单、双裂隙圆盘试样的抗拉强度明显大于非充填试样；双裂隙试样峰后仍有较大的残余强度，而单裂隙试样峰后几乎无残余强度；充填材料对裂纹的萌生、扩展具有一定的抑制作用，但随着充填材料与加载方向的夹角减小，充填材料的抵抗作用也随之减小；充填裂隙试样裂纹的数目明显多于非充填试样，裂纹演化的时间也相对较长。

（4）在加载初期阶段声发射比较平静，无宏观裂纹产生；当试样表面开始出现较细小的宏观裂纹时声发射明显较为活跃，试样内部损伤稳定积累；当应力增至峰值时试样内部损伤加剧，声发射异常活跃，试样表面宏观裂纹进一步扩展；当应力跌落后试样破坏或者仍保留一定的承载力，声发射仍会出现较活跃的情况，表面的裂纹加剧扩展，最终试样破坏。

3.7 张开与充填平行三裂隙圆盘试样抗拉强度和裂纹特征试验

巴西劈裂试验因其原理清晰、操作简便，被国际岩石力学学会列为测量岩石抗拉强度的推荐方法。文献[51]对含预制裂隙的圆盘试件进行巴西劈裂试验，研究表明预制裂隙会削弱试件的强度，随层理和预制裂隙角度的变化，试件的强度会表现出显著的差异性。文献[52]采用近场动力学方法对巴西圆盘劈裂破坏问题进行建模分析，实现了含不同倾角中心裂纹巴西圆盘受压劈裂破坏全过程的近场动力学数值模拟。本节对含充填与非充填平行三裂隙圆盘试样进行巴西劈裂试验，探究岩桥倾角和裂隙充填对断续裂隙圆盘试样力学特性和破裂模式的影响[53]。

3.7.1 试验过程

本次试验采用水泥、石英砂和水进行类岩石材料的浇筑。采用强度为 75 MPa 的水泥、颗粒直径为 0.106～0.212 mm 的石英砂、云母片作为充填材料参与试验。首先按照水泥：石英砂：水＝1：0.85：0.35 的配合比进行混合砂浆的配制，搅拌充分后将砂浆倒入直径 50 mm、高 100 mm 的模具中，模具的底盘上刻有三条互相平行的凹槽，如图 3-76所示，按照不同的岩桥倾角进行布置，底盘上插有云母片便于制作预制裂隙，在倒入混合砂浆时边浇筑边振捣，同时要保证云母片的位置不会变动。浇筑完毕后对于充填试样不需要将云母片取出，而对于非充填试样需要在完全凝固前将云母片取出，标准圆柱体试样初凝之后将其放入水箱中养护 28 d，养护完成后将试样自然晾干，最后将其切割、打磨成厚度为 25 mm、直径为 50 mm 的标准巴西圆盘试样。

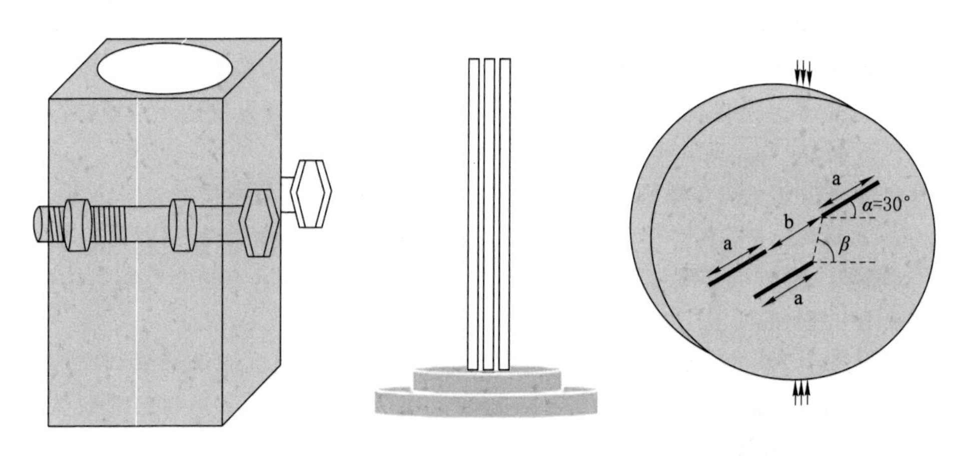

图 3-76 试验模具和预制裂隙几何分布

试验中用类岩石材料制成的巴西圆盘试样可分为充填与非充填两组，每一组试样由 5 种不同岩桥倾角的试样组成。岩桥倾角 β 分别为 60°、75°、90°、105°和 120°，每种倾角设置 3 个试样。预制裂隙的几何分布如图 3-76 所示，图中 3 条预制裂隙互相平行，每条裂隙的倾角 α 都是 30°，裂隙长度 a 为 8 mm，宽度为 0.8 mm。上端 2 条预制裂隙的岩桥①长度 b 为 10 mm，并且这 2 条裂隙在同一直线上，该直线经过圆心；最上端预制裂隙左端点与最下端预制裂隙右端点之间的岩桥②长度也为 10 mm。本书保持岩桥②长度不变，仅通过平移下端预制裂隙改变岩桥②的倾角 β 来进行研究。

本试验中用到了 SANS300 试验机、声发射监测设备和数字照相技术。本书采用 DS2 系列全信息声发射信号分析仪开展声发射监测，该系统可实现信号和相关技术指标的全自动统计记录。本试验采用由西安交通大学研制的 XTDIC 系列数字散斑应变测量系统进行试样应变场监测。该系统主要通过比较每一变形状态测量区域内各点的三维坐标的变化得到物面的位移场，进一步计算得到应变场。试验前首先对试验机的参数进行设定，采用位移加载方式，加载速度设为 0.1 mm/min，试验机接触力设为 200 N，声发射监测设备采样频率设为 3 MHz，使用一个声发射探头避开预制裂隙使用热熔胶紧密粘贴在试样底部，数字照相系统采样频率设为 1 张/秒。其中，数字图像技术主要用于帮助观察试样的破裂过程，试验初期试样中可能萌生了一些微裂纹，此时通过数字图像技术可以观察到试样在试验初期应变集中区域出现的位置，进而对裂纹萌生位置的预测提供依据。开始加载后立刻将声发射监测系统、数字照相系统同时打开进行加载过程中裂纹萌生、扩展、贯通的信息采集和图像记录。试验机的软件系统会将加载过程中应力和位移的变化绘成曲线，通过曲线的走势和位移的变化可以对试样的力学特性进行分析。试验结束后对试样的原始数据进行处理，然后绘成应力-应变曲线、声发射曲线，并对数字照相采集的图片进行观察、处理，分析充填与非充填试样间应力、应变、裂纹扩展的差异，探讨随着 β 不断增大 2 种试样应力变化的规律

3.7.2　试验结果分析

(1) 力学特性分析

本节通过试验研究岩桥倾角 β 对充填与非充填三裂隙圆盘试样强度的影响。图 3-77 是充填与非充填三裂隙圆盘试样应力-应变曲线及破坏强度。从图 3-77(a)和(b)可以看出，对于充填试样，除了 β 为 120°的试样外，充填试样在达到峰值强度后发生应力跌落，但仍然具有一定的残余强度，出现由脆性向延性转化的现象，且峰值应变随着 β 的不断增大呈先减小后增大最后又减小的变化规律。而非充填试样在达到峰值强度后迅速发生应力跌落，完全丧失承载能力，呈现明显的脆性特征；随着 β 不断增大，其峰值应变的变化规律和充填试样一致。从图 3-77(c)中可以看出，充填与非充填试样的峰值强度的变化规律也基本一致。随着岩桥倾角 β 不断增大，试样峰值强度呈现出先减小后增大然后又减小的变化规律。同时可以看出随着岩桥倾角 β 的不断增大，充填试样的峰值强度始终高于非充填试样，但随着 β 不断增大，两者差值逐渐减小。

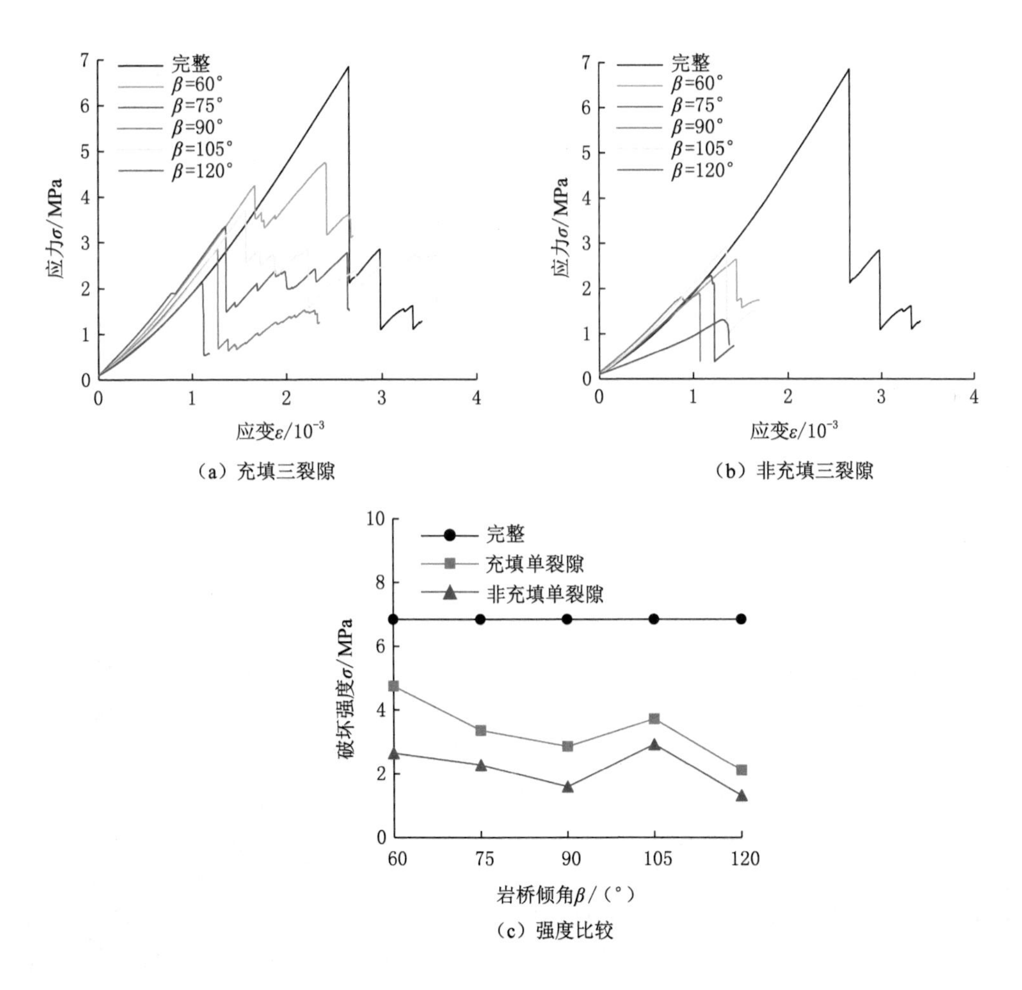

图 3-77　三裂隙圆盘试样应力-应变曲线及破坏强度

图 3-78 是同一岩桥倾角下充填与非充填试样的应力-应变曲线。从图 3-78 中可以看出在岩桥倾角 β 相同时充填试样的破坏强度明显高于非充填试样，充填试样峰后呈现延性特征，非充填试样呈现脆性破坏。由于充填试样内部含云母片，在加载过程中虽然预制裂隙位置处会出现应力集中，但是云母片具有一定的强度，可承受力的作用，力沿着云母片继续传递，所以预制裂隙周围无法在短时间内产生裂纹。在同一岩桥倾角下充填试样在产生较大的应变后才开始破坏。充填试样所受应力达到破坏强度后应力-应变曲线陡降，而随着应变增大，试样内部的缺陷被逐渐压密，造成充填试样仍具有一定的残余强度。因此，充填试样在峰后仍具有一定的承载力，呈现出延性特征。

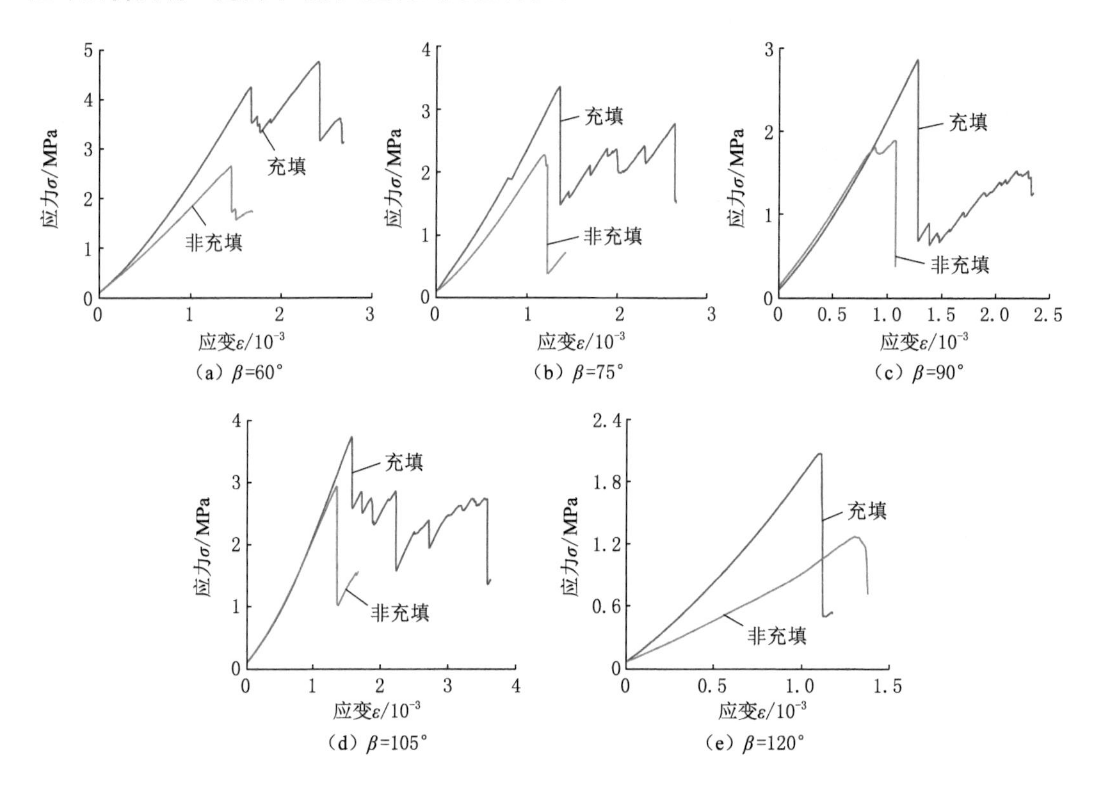

图 3-78　充填与非充填圆盘试样应力-应变曲线随 β 的变化

而随着加载的继续，充填试样再次出现应力跌落，试样内部积累的应变能得到释放，应力重新调整，试样的残余强度出现逐渐增大的趋势，进而造成充填试样在峰后出现应力上下波动式上升的情况。而非充填试样预制裂隙周围在加载过程中也出现了应力集中的情况，但非充填试样预制裂隙内无充填物，荷载无法通过预制裂隙传递下去，进而造成预制裂隙处应力集中现象更加严重，导致预制裂隙周围相对容易萌生出裂纹，尤其是裂隙尖端更容易萌生出裂纹。当荷载达到一定程度后，预制裂隙尖端开始萌生出裂纹。随着加载的继续，裂纹发生扩展和相互贯通，使预制裂隙间通过萌生出的裂纹发生贯通，进而裂纹贯穿整个试样。这又造成试样内部积累的应变能得到释放，非充填试样在发生较小应变时就出现了脆性破坏，并且其破坏强度相对较小。与充填试样相比，在同一岩桥倾角下非充填试样发生破坏时所需应变相对较小，破坏强度相对较低。随着岩桥倾角的增大，预制裂隙间的相对位置发生改变，充填试样与非充填试样的破坏强度差值逐渐减小。

(2) 破裂模式分析

图 3-79 描述了不同岩桥倾角下含充填与非充填三裂隙巴西圆盘的最终破裂模式(此处圆盘试样预制裂隙倾角 $\alpha=30°$)。从图 3-79 中可以看出试样破坏后产生的裂纹扩展贯通模式与文献[54]的研究结果相似,即导致充填与非充填试样发生失稳破坏的主要原因是从 3 条平行预制裂隙中的 2 条预制裂隙的尖端萌生出的裂纹发生扩展贯通,这 2 条预制裂隙指的是最下端的预制裂隙和上端 2 条预制裂隙中的某 1 条;而剩余的第 3 条预制裂隙周围几乎无裂纹产生。

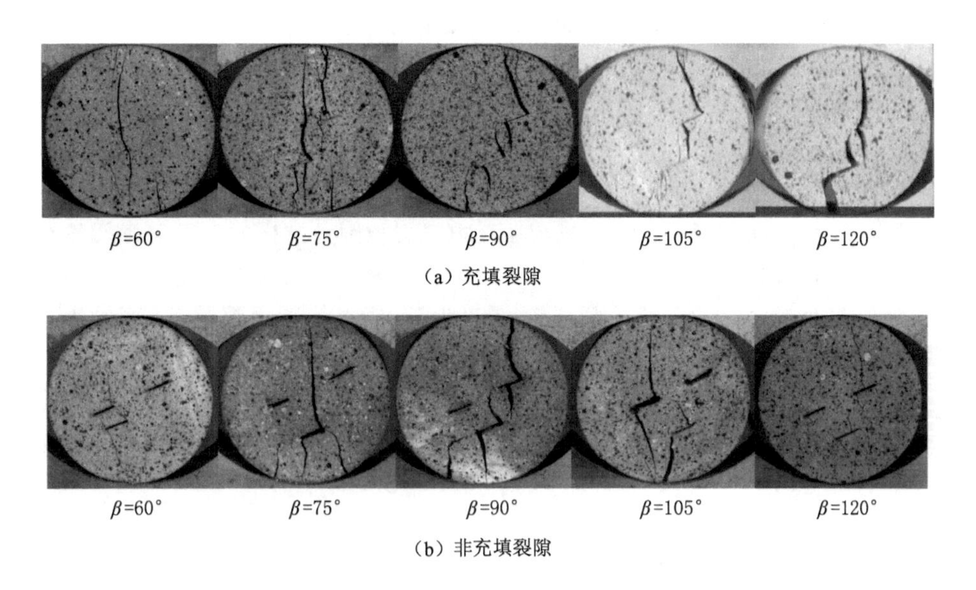

(a) 充填裂隙

(b) 非充填裂隙

图 3-79　不同岩桥倾角 β 的三裂隙圆盘试样最终破裂模式

从图 3-79 中可以看出充填与非充填试样的破坏是由于萌生出的裂纹引起 3 条预制裂隙中的 2 条发生贯通导致的,并且随着岩桥倾角的变化充填与非充填试样的裂纹扩展也有所不同。虽然充填与非充填试样的最终破坏都是由于萌生出的裂纹沿着加载方向上的扩展贯通和其他裂纹的组合造成的,但是当岩桥倾角不同时,从预制裂隙尖端萌生出的翼裂纹的位置会有所不同。在 β 为 60°时充填比非充填试样在最终破坏时产生的宏观裂纹数目要少,β 为 60°的充填试样的破坏是由于试样上下两端萌生的远场裂纹扩展贯通导致的;而 β 为 60°的非充填试样的破坏是由于试样左下端的两条平行预制裂隙尖端产生的翼裂纹在加载方向上的扩展和贯通导致的。

当 β 为 75°时,充填与非充填试样的破裂模式有所不同:非充填试样破坏的主要原因是从试样最下端的预制裂隙尖端萌生出的两条翼裂纹沿加载方向延伸并贯穿整个试样;而充填试样的破裂模式相对比较复杂,试样右上端和下端两条预制裂隙尖端产生的翼裂纹贯通试样,与非充填试样相比裂纹数目明显增多。在 β 为 90°时充填与非充填试样的破裂模式相同,都是试样右上端和最下端的预制裂隙尖端萌生的翼裂纹沿试样上下两端延伸,并在远场裂纹的共同作用下致使试样发生破坏。在 β 为 105°时充填试样的破坏是试样右上端和下端 2 条预制裂隙尖端的翼裂纹相互贯通导致试样破坏;而非充填试样的左上端和下端预制裂隙尖端位置处翼裂纹萌生,这些裂纹相互扩展贯通导致试样发生破坏。在 β 为 120°时充填试样右上端和下端预制裂隙尖端翼裂纹发生贯通导致试样破坏，而非充填试样右上端和下端预制裂隙尖端翼裂纹沿加载方向延伸，裂纹尚未贯通试样就已经发生破坏。

而且对于充填试样，当 β =60°或 75°时，圆盘试样中的 3 条预制裂隙两两之间均没有发生贯通，当 β =90°、105°或 120°时，圆盘试样中的 3 条预制裂隙中的 2 条发生了贯通，剩余的第三条预制裂隙周围几乎无裂纹产生；对于非充填试样，当 β =75°或 120°时，圆盘试样中的 3 条预制裂隙两两之间均没有发生贯通，当 β =60°、90°或 105°时，圆盘试样中的 3 条预制裂隙中的两条发生了贯通，剩余的第三条预制裂隙周围几乎无裂纹产生。通过对不同岩桥倾角下充填与非充填试样破裂模式的分析可以看出，预制裂隙尖端萌生的翼裂纹的扩展贯通是导致试样发生破坏的主要原因，随着岩桥倾角的变化，产生翼裂纹的预制裂隙的位置也有所改变。

3.7.3 声发射特性及裂纹演化分析

选取岩桥倾角 β 为 75°和 90°时充填与非充填三裂隙圆盘试样的声发射特征和裂纹演化过程进行研究。通过对加载过程中同一岩桥倾角下充填与非充填试样变形、声发射、裂纹演化的分析来研究两者之间的差异。图 3-80 是 β 为 75°时充填三裂隙圆盘试样的应力、振铃计数、声发射累计随时间变化曲线、宏观裂纹演化与不同阶段试样变形过程。其中，应力-时间曲线上的阿拉伯数字代表的状态同试样破裂过程图片下的阿拉伯数字以及散斑云图一一对应，比如：图 3-80 中应力-时间曲线上的“0 点”对应试样破裂模式图中的“0 号图”，也对应散斑云图中的“0 点”图。

在加载初期，试样内部微裂纹、原始孔洞等缺陷在荷载的作用下闭合；然后试样处于弹性变形阶段，应力-时间曲线呈线性增长；在应力-时间曲线到达 0 点时，试样表面无宏观裂纹出现，振铃计数中仅仅出现局部零星的波动，累计声发射增长缓慢，但此时结合图 3-80(c)数字散斑云图中的图“0 点”可以看出此时试样变形较小，预制裂隙Ⅲ处首先出现应变集中区域。当应力增至峰值时即应力-时间曲线“1”位置处时，试样内部积累的应变能突然释放，振铃计数突然大幅度升高，累计声发射次数陡增，试样表面出现了 a～f 共 6 条宏观裂纹，如图 3-80(a)中(1)所示。裂纹 a 萌生于预制裂隙Ⅲ右上尖端处，向试样上端延伸；裂纹 b 同样萌生于预制裂隙Ⅲ右上尖端处，向试样下端延伸；裂纹 c 萌生于预制裂隙Ⅱ中间位置处，向试样上端延伸；裂纹 d 萌生于预制裂隙Ⅱ左下尖端处，向试样下端延伸；裂纹 e 萌生于试样下端，向试样上端延伸；裂纹 f 萌生于试样上端，向试样下端延伸，且裂纹 f 与裂纹 c 已经贯通。此时试样表面出现宏观裂纹，结合散斑图 3-80(c)可以看出试样预制裂隙处变形较大，裂纹萌生位置处局部变形过大，超出软件的计算阈值而出现部分区域数字散斑云图缺失，之后监测到的散斑图像均出现部分区域缺失现象，并且越来越严重，无法进行分析，因此不再进行展示。当试样加载至应力-时间曲线“2”位置处时裂纹继续延伸、扩大，f 裂纹上端萌生次生裂纹 f^1，如图 3-80(a)中(2)所示。由于峰后试样内部应力重新调整，残余强度有所增加，呈波动式上升，当加载至应力-时间曲线“3”、“4”、“5”位置处时裂纹不断扩展、延伸，应变能释放，振铃计数变化幅度较大，累计声发射次数逐渐增大。当加载至应力-时间曲线“6”位置处时，试样右下端萌生远场裂纹 g，向试样上端延伸，如图 3-80(a)中(6)所示。当加载至应力-时间曲线“7”位置处时振铃计数陡增，应力出现跌落，裂纹贯通整个试样，试样完全破坏。

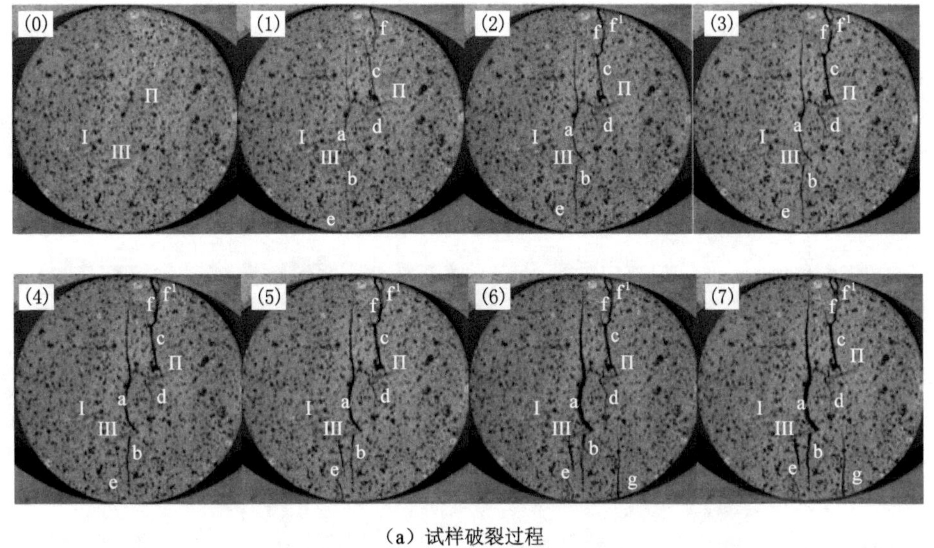

(a) 试样破裂过程

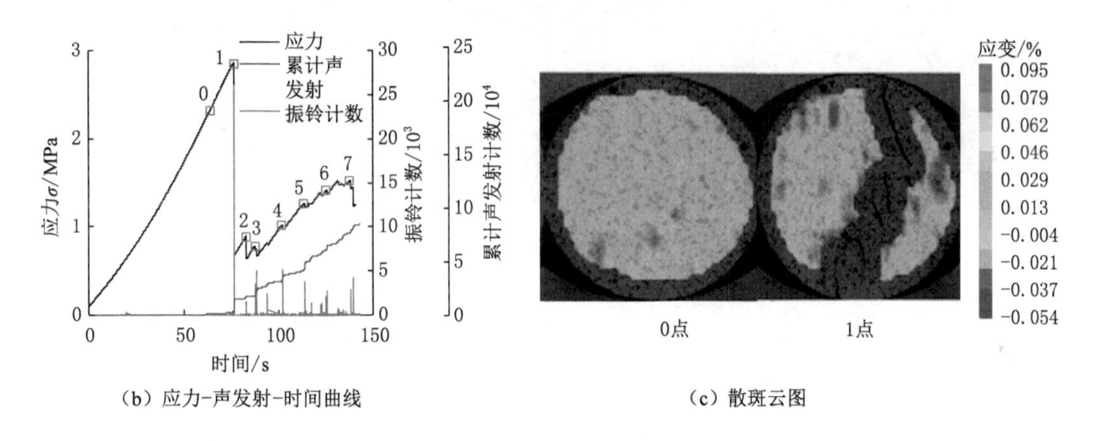

(b) 应力-声发射-时间曲线

(c) 散斑云图

图 3-80　β 为 75°充填试样声发射曲线、裂纹演化、变形过程

图 3-81 给出了 β =90°时充填三裂隙圆盘试样的应力、振铃计数、声发射累计随时间变化曲线、宏观裂纹演化与不同阶段试样变形过程。加载初期试样处于压密阶段。进入弹性阶段后，应力-时间曲线呈线性增长，振铃计数波动幅度较小，累计声发射次数增长缓慢，试样表面未出现宏观裂纹，如图 3-81(a)中(0)所示，此时应力达到“0 点”，结合图 3-81(c)数字散斑云图可以看出此时预制裂隙Ⅱ、Ⅲ尖端处最先出现应变集中区域，因此产生较大变形，其他位置处变形较小。当试样应力增至峰值(即达到“1 点”)时，表面出现 a～e 共 5 条裂纹，裂纹 a 和 b 分别萌生于预制裂隙Ⅲ右上、左下尖端处，分别沿试样上端、下端延伸；裂纹 c 和 d 分别萌生于预制裂隙Ⅱ左下、右上尖端处，并分别沿试样下端、上端延伸，如图 3-81(a)中(1)所示，此时内部积累的应变能瞬间释放，振铃计数突然升高，累计声发射大幅度增长，如图 3-81(b)所示，结合图 3-81(c)数字散斑云图可以看出在应力增至峰值时预制裂隙Ⅱ、Ⅲ周围区域内变形过大，导致散斑云图缺失，之后散斑云图监测区域丢失现象更加严重，因此不再进行分析。试样应力从峰值跌落后重新进行调整，残余强度有所升高，随着加载的继

续，试样的应力-时间曲线出现多次峰值，呈现延性特征，应力出现波动上升现象。当应力增至应力-时间曲线“2”位置处时裂纹进一步延伸，裂纹宽度增大，振铃计数波动幅度较大，如图 3-81(a)中(2)所示。当应力增至“3”“4”“5”“6”位置处时试样内部损伤加剧，裂纹继续向试样两端扩展，新裂纹产生，导致振铃计数波动幅度较大，声发射累计次数逐渐上升，同时试样变形增大。当应力增至应力-时间曲线“7”位置处时宏观裂纹贯通，试样最终破坏，丧失承载力，如图 3-81(a)中(7)所示。

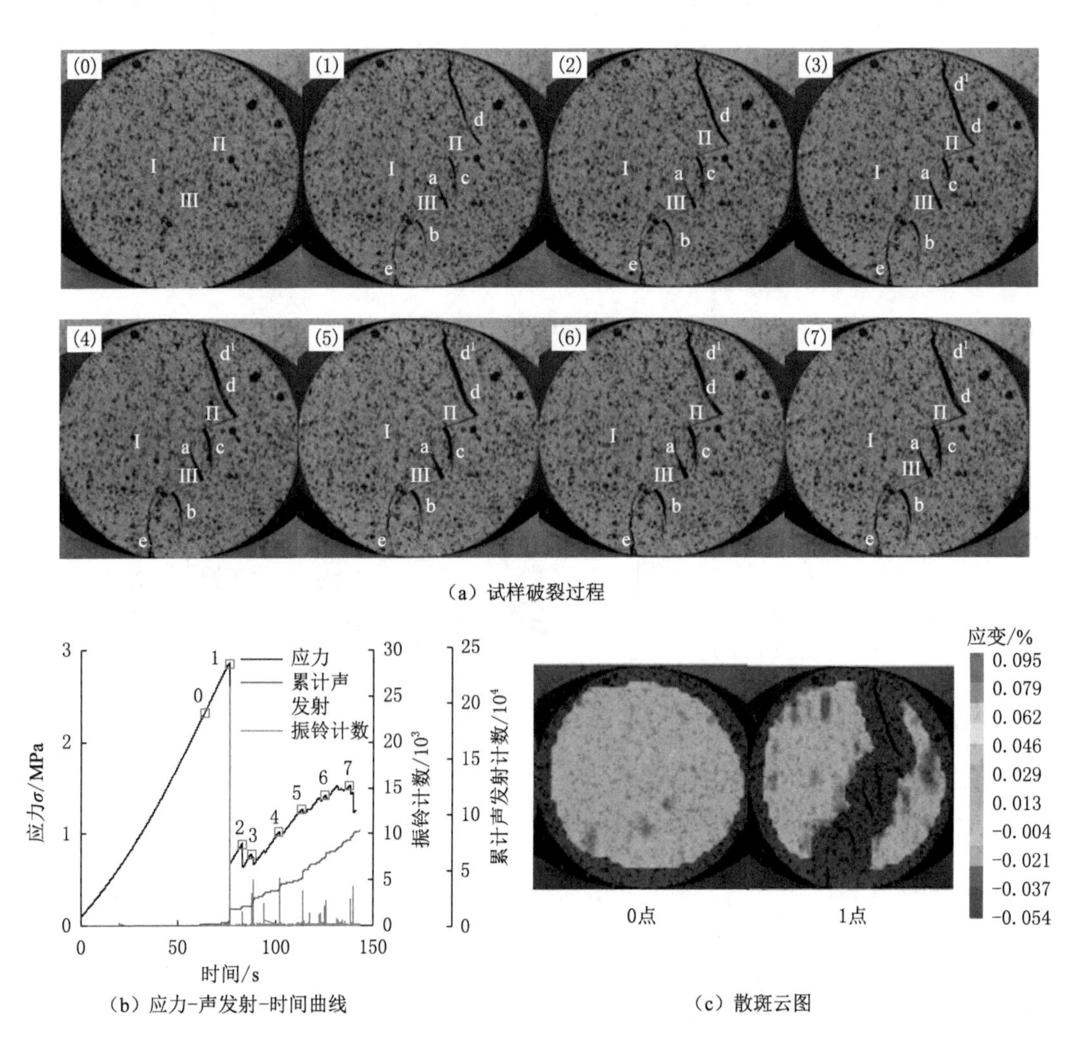

图 3-81 β为 90°充填试样声发射曲线、裂纹演化、变形过程

图 3-82 描述了 $\beta=75°$时非充填三裂隙圆盘试样的应力、振铃计数、声发射累计随时间变化的曲线和试样在不同加载阶段裂纹演化、变形情况过程。加载初期在荷载作用下试样被压密，内部损伤及变形逐渐加剧，但并无宏观裂纹产生，振铃计数较为平静，累计声发射次数曲线增长缓慢，如图 3-82(a)所示，结合图 3-82(c)数字散斑云图“0 点”可以看出应力增至峰值前试样变形较小，而预制裂隙Ⅰ、Ⅲ处产生的变形较大。当应力增至峰值时应变能释放，振铃计数大幅度增长，累计声发射次数陡增，如图 3-82(a)所示，试样表面出现 a～d 共 4

条宏观裂纹，其中裂纹 a 和 b 分别萌生于预制裂隙Ⅲ右上、左下尖端处，分别向试样上端、下端延伸；裂纹 b 和 d 均萌生于试样下端，向试样上端延伸，如图 3-82(a)所示。此时由于宏观裂纹产生，试样预制裂隙Ⅰ、Ⅲ区域内变形过大，散斑云图出现缺失，如图 3-82(c)中“1 点”，后续的散斑云图监测点丢失现象更加严重，因此不再进行展示。当达到应力-时间曲线“2”位置时，宏观裂纹贯通，试样发生破坏。与 β 为 75°充填三裂隙圆盘试样相比，非充填试样预制裂隙处无充填材料，在加载过程中预制裂隙处无法传递荷载，且无法承受力，因此应力集中迅速，变形速度较快，应力峰值跌落后应变能释放，应力不再进行重新调整，残余强度较低，在短时间内试样已经破坏，呈现明显的脆性破坏特征。

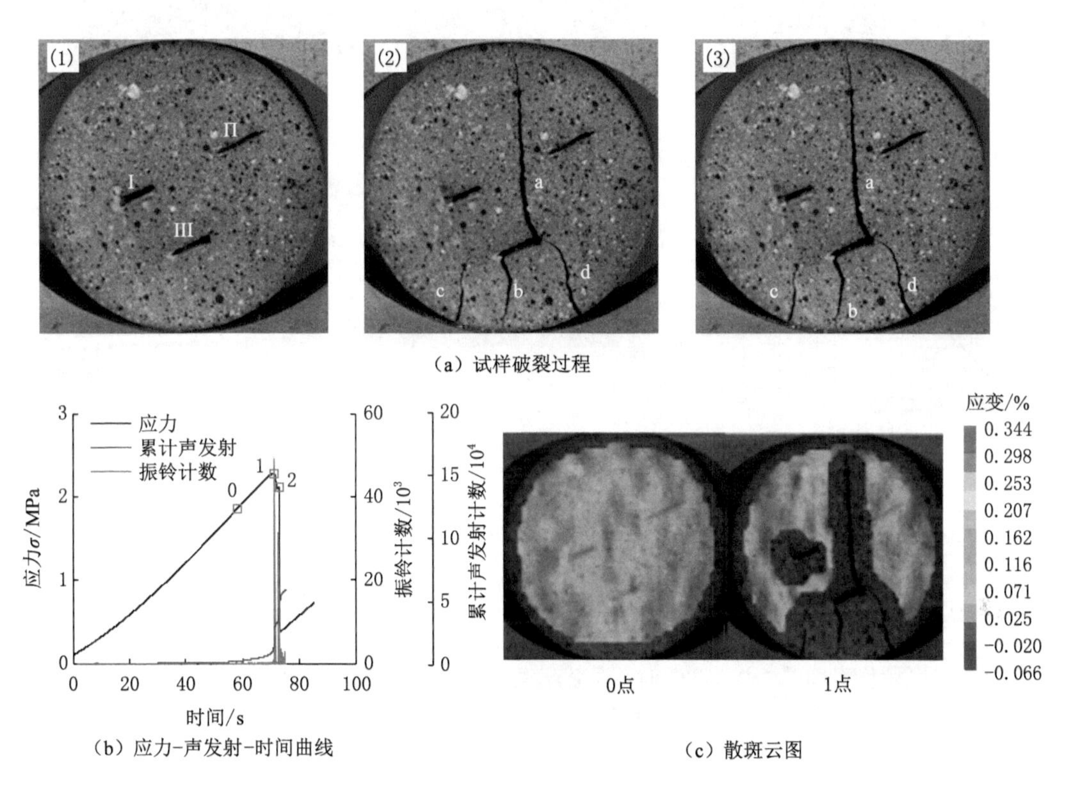

图 3-82　β 为 75°非充填试样声发射曲线、裂纹演化、变形过程

图 3-83 描绘了 $\beta=90°$时非充填三裂隙圆盘试样的应力、振铃计数、声发射累计随时间变化曲线和试样在不同加载阶段裂纹演化、变形情况过程。在加载初期，试样处于压密阶段，振铃计数波动较小，累计声发射次数增长较平缓，无宏观裂纹产生，如图 3-83(a)和(b)所示。结合图 3-83(c)数字散斑云图可以看出试样在达到“0 点”时，预制裂隙Ⅱ、Ⅲ及试样上下两端位置处变形较大，其他区域变形较小。当应力增至应力-时间曲线“1”位置处时，预制裂隙Ⅲ左下尖端位置处萌生裂纹 a，向试样下端延伸，此时对应图 3-83(c)中的“1 点”，可以发现应变较大区域增多。当应力增至峰值“2”位置处时振铃计数突增，累计声发射次数随之陡增，试样表面新增 c～e 共 3 条宏观裂纹，且此时裂纹贯通，应力跌落，试样发生破坏，对应图 3-83(c)中的“1 点”，可以看到散斑云图出现监测点丢失现象。与 $\beta=90°$时充填三裂隙圆盘试样相比，非充填试样预制裂隙处缺陷更为明显，变形速度快，仅在应力峰值时振铃计

数与累计声发射次数变化幅度较大，且在加载过程中产生的宏观裂纹数目较少，应力跌落后试样破坏，无残余强度出现。

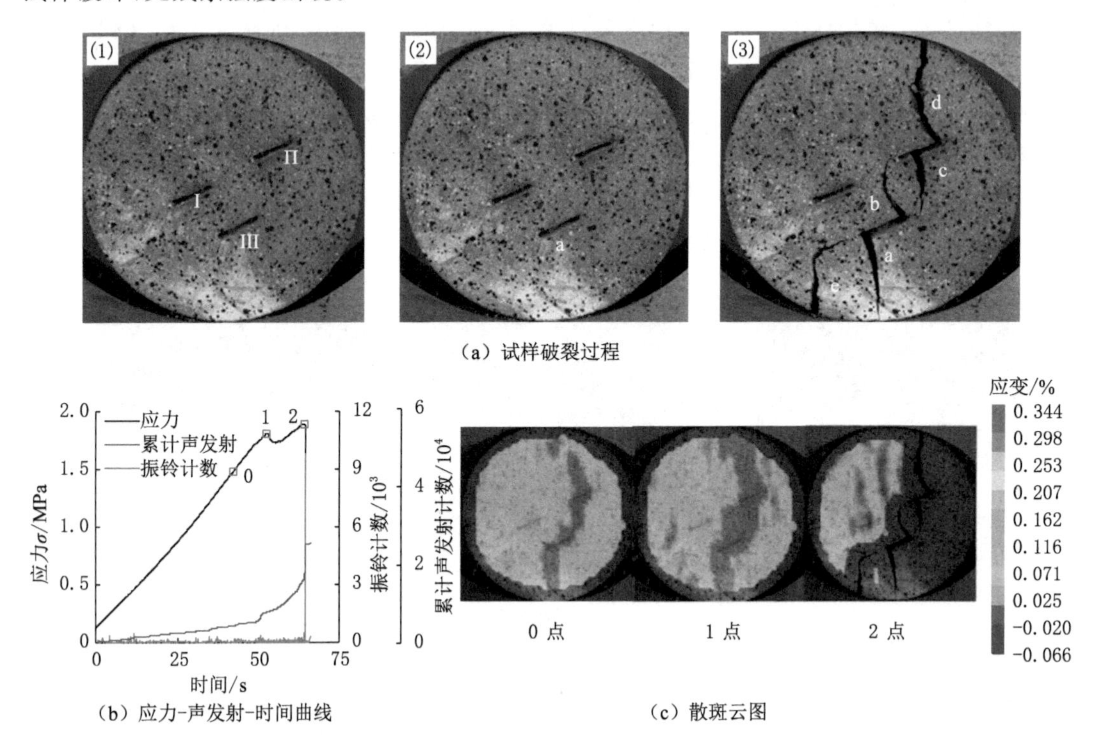

图 3-83 β 为 90°非充填试样声发射曲线、裂纹演化、变形过程

3.7.4 本节小结

(1) 当岩桥倾角 $60° \leqslant \beta \leqslant 120°$ 时，不论充填与否，三裂隙圆盘试样强度均表现为随岩桥倾角的增大而先减小后增加最后又减小；其中当 $60° \leqslant \beta \leqslant 90°$ 或 $105° \leqslant \beta \leqslant 120°$ 时，试样强度表现为随 β 的增加而逐渐减小；当 $90° \leqslant \beta \leqslant 105°$ 时，试样强度表现为随 β 的增大而增大。在加载过程中，充填试样在发生应力跌落后表现出由脆性向延性转化的特点，而非充填试样始终表现为脆性破坏。

(2) 试样的最终破坏是由 3 条预制裂隙中的 2 条预制裂隙的尖端萌生的翼裂纹发生扩展贯通导致的，且这 2 条预制裂隙指的是最下端的预制裂隙和上端 2 条预制裂隙中的某一条，而剩余的第三条预制裂隙周围几乎无裂纹产生。

(3) 当岩桥倾角 β 相同时，充填试样的破坏强度与峰值应变均大于非充填试样；充填材料一定程度上抑制了试样发生破坏，但随着 β 逐渐增大，两者之间的破坏强度差值和峰值应变差值均逐渐减小，充填材料的抑制作用逐渐减弱。

(4) 在峰前阶段，振铃计数基本不变，试样在达到峰值及峰后阶段时，其振铃计数有较大的突变出现，变化较为剧烈。

参考文献

[1] ISRM. Suggested methods for determining tensile strength of rock materials[J]. International journal of rock mechanics and mining sciences & geomechanics abstracts, 1978,15(3):99-103.

[2] LAVROV A,VERVOORT A,WEVERS M,et al. Experimental and numerical study of the Kaiser effect in cyclic Brazilian tests with disk rotation[J]. International journal of rock mechanics and mining sciences,2002,39(3):287-302.

[3] ERARSLAN N,WILLIAMS D J. Experimental,numerical and analytical studies on tensile strength of rocks[J]. International journal of rock mechanics and mining sciences,2012,49:21-30.

[4] ERARSLAN N,LIANG Z Z,WILLIAMS D J. Experimental and numerical studies on determination of indirect tensile strength of rocks[J]. Rock mechanics and rock engineering,2012,45(5):739-751.

[5] SAKSALA T,HOKKA M,KUOKKALA V T,et al. Numerical modeling and experimentation of dynamic Brazilian disc test on Kuru granite[J]. International journal of rock mechanics and mining sciences,2013,59:128-138.

[6] CHEN C S,HSU S C. Measurement of indirect tensile strength of anisotropic rocks by the ring test[J]. Rock mechanics and rock engineering,2001,34(4):293-321.

[7] WANG Q Z,JIA X M,KOU S Q,et al. The flattened Brazilian disc specimen used for testing elastic modulus,tensile strength and fracture toughness of brittle rocks:analytical and numerical results[J]. International journal of rock mechanics and mining sciences,2004,41(2):245-253.

[8] WANG Q Z,JIA X M,KOU S Q,et al. The flattened Brazilian disc specimen used for testing elastic modulus,tensile strength and fracture toughness of brittle rocks:analytical and numerical results[J]. International journal of rock mechanics and mining sciences,2004,41(2):245-253.

[9] AYATOLLAHI M R,ALIHA M R M. Cracked Brazilian disc specimen subjected to mode Ⅱ deformation[J]. Engineering fracture mechanics,2005,72(4):493-503.

[10] AYATOLLAHI M R,SISTANINIA M. Modern fracture study of rocks using Brazilian disk specimens[J]. International journal of rock mechanics and mining sciences, 2011,48(5):819-826.

[11] TUTLUOGLU L,KELES C. Effects of geometric factors on mode Ⅰ fracture toughness for modified ring tests[J]. International journal of rock mechanics and mining sciences,2012,51:149-161.

[12] 苟小平,杨井瑞,王启智. 基于P-CCNBD试样的岩石动态断裂韧度测试方法[J]. 岩土力学,2013,34(9):2449-2459.

[13] CAI M, KAISER P K. Numerical simulation of the Brazilian test and the tensile strength of anisotropic rocks and rocks with pre-existing cracks[J]. International journal of rock mechanics and mining sciences, 2004, 41: 478-483.

[14] CAI M. Fracture initiation and propagation in a Brazilian disc with a plane interface: a numerical study[J]. Rock mechanics and rock engineering, 2013, 46(2): 289-302.

[15] ZHU W C, TANG C A. Numerical simulation of Brazilian disk rock failure under static and dynamic loading[J]. International journal of rock mechanics and mining sciences, 2006, 43(2): 236-252.

[16] 朱万成,黄志平,唐春安,等.含预制裂纹巴西盘试样破裂模式的数值模拟[J].岩土力学,2004,25(10):1609-1612.

[17] 杨圣奇,黄彦华,刘相如.断续双裂隙岩石抗拉强度与裂纹扩展颗粒流分析[J].中国矿业大学学报,2014,43(2):220-226.

[18] ERARSLAN N, WILLIAMS D J. Mixed-mode fracturing of rocks under static and cyclic loading[J]. Rock mechanics and rock engineering, 2013, 46(5): 1035-1052.

[19] ZHANG Q B, ZHAO J. Effect of loading rate on fracture toughness and failure micromechanisms in marble[J]. Engineering fracture mechanics, 2013, 102: 288-309.

[20] 黄彦华,杨圣奇,鞠杨,等.岩石巴西劈裂强度与裂纹扩展颗粒尺寸效应研究[J].中南大学学报(自然科学版),2016,47(4):1272-1281.

[21] 黄彦华,杨圣奇,刘相如.类岩石材料力学特性的试验及数值模拟研究[J].实验力学,2014,29(2):239-249.

[22] ATKINSON C, SMELSER R E, SANCHEZ J. Combined mode fracture via the cracked Brazilian disk test[J]. International journal of fracture, 1982, 18(4): 279-291.

[23] 喻勇.质疑岩石巴西圆盘拉伸强度试验[J].岩石力学与工程学报,2005,24(7):1150-1157.

[24] 张志强,鲜学福.用带中心孔巴西圆盘试样测定岩石断裂韧度的研究[J].重庆大学学报(自然科学版),1998,21(2):68-74.

[25] 张志强,关宝树,郑道访.用直切槽巴西圆盘试样柔度法确定岩石的弹性模量[J].岩石力学与工程学报,1998,17(4):372-378.

[26] 王启智,贾学明.用平台巴西圆盘试样确定脆性岩石的弹性模量、拉伸强度和断裂韧度:第一部分:解析和数值结果[J].岩石力学与工程学报,2002,21(9):1285-1289.

[27] 王启智,吴礼舟.用平台巴西圆盘试样确定脆性岩石的弹性模量、拉伸强度和断裂韧度:第二部分:试验结果[J].岩石力学与工程学报,2004,23(2):199-204.

[28] 喻勇,徐跃良.采用平台巴西圆盘试样测试岩石抗拉强度的方法[J].岩石力学与工程学报,2006,25(7):1457-1462.

[29] 杨圣奇,黄彦华,刘相如.断续双裂隙岩石抗拉强度与裂纹扩展颗粒流分析[J].中国矿业大学学报,2014,43(2):220-226.

[30] JIA Z, CASTRO-MONTERO A, SHAH S P. Observation of mixed mode fracture with center notched disk specimens[J]. Cement and concrete research, 1996, 26(1): 125-137.

[31] 朱万成,黄志平,唐春安,等.含预制裂纹巴西圆盘试样破裂模式的数值模拟[J].岩土力学,2004,25(10):1609-1612.

[32] 田文岭,杨圣奇,黄彦华.非共面闭合裂隙巴西圆盘试验与颗粒流模拟研究[J].中国矿业大学学报,2017,46(3):537-545.

[33] DING X B,ZHANG L Y. A new contact model to improve the simulated ratio of unconfined compressive strength to tensile strength in bonded particle models[J]. International journal of rock mechanics and mining sciences,2014,69:111-119.

[34] CHO N,MARTIN C D,SEGO D C. A clumped particle model for rock[J]. International journal of rock mechanics and mining sciences,2007,44(7):997-1010.

[35] POTYONDY D O. PFC2D flat-joint contact model[C]//Itasca Consulting Group Inc, Mineapolis,2012.

[36] SCHOLTÉS L,DONZÉ F V. A DEM model for soft and hard rocks:role of grain interlocking on strength[J]. Journal of the mechanics and physics of solids,2013,61(2):352-369.

[37] CUNDALL P A,STRACK O D L. A discrete numerical model for granular assemblies[J]. Géotechnique,1979,29(1):47-65.

[38] 李斌,杨圣奇,田文岭.充填与非充填双裂隙巴西圆盘试样力学特性试验研究[J].应用基础与工程科学学报,2019,27(3):628-645.

[39] 张东明,尹光志,王浩,等.岩石变形局部化及失稳破坏的理论与实验[M].北京:科学出版社,2012.

[40] 张波,李术才,杨学英,等.裂隙充填对岩体单轴压缩力学性能及锚固效应的影响[J].煤炭学报,2012,37(10):1671-1676.

[41] REYES O M L. Experimental study and analytical modelling of compressive fracture in brittle materials[D]. Cambridge:Massachusetts Institute of Technology,1991.

[42] SHEN B T,STEPHANSSON O,EINSTEIN H H,et al. Coalescence of fractures under shear stresses in experiments[J]. Journal of geophysical research: solid earth, 1995,100(B4):5975-5990.

[43] 董晋鹏,杨圣奇,李斌,等.共面双裂隙类岩石材料抗拉强度试验研究[J].工程力学,2020,37(3):188-201.

[44] 刘泉声,魏莱,雷广峰,等.砂岩裂纹起裂损伤强度及脆性参数演化试验研究[J].岩土工程学报,2018,40(10):1782-1789.

[45] 秦四清,李造鼎,张倬元,等.岩石声发射技术概论[M].成都:西南交通大学出版社,1993.

[46] 秦涛,张俊文,刘刚,等.岩石加载过程中表面变形场的演化机制[J].黑龙江科技大学学报,2017,27(1):39-45.

[47] 代树红,马胜利,潘一山,等.数字散斑相关方法测定岩石Ⅰ型应力强度因子[J].岩石力学与工程学报,2012,31(12):2501-2507.

[48] 滕尚永,杨圣奇,黄彦华,等.裂隙充填影响巴西圆盘抗拉力学特性试验研究[J].岩土力学,2018,39(12):4493-4507.

[49] ZHUANG X Y,CHUN J W,ZHU H H. A comparative study on unfilled and filled crack propagation for rock-like brittle material[J]. Theoretical and applied fracture mechanics,2014,72:110-120.
[50] HAERI H,SHAHRIAR K,MARJI M F,et al. Experimental and numerical study of crack propagation and coalescence in pre-cracked rock-like disks[J]. International journal of rock mechanics and mining sciences,2014,67:20-28.
[51] 王辉,李勇,曹树刚,等. 含预制裂隙黑色页岩裂纹扩展过程及宏观破坏模式巴西劈裂试验研究[J]. 岩石力学与工程学报,2020,39(5):912-926.
[52] 秦洪远,韩志腾,黄丹. 含初始裂纹巴西圆盘劈裂问题的非局部近场动力学建模[J]. 固体力学学报,2017,38(6):483-491.
[53] 杨圣奇,张鹏超,滕尚永,等. 含三裂隙巴西圆盘抗拉强度和裂纹特征试验研究[J]. 中国矿业大学学报,2021,50(1):90-98.
[54] WONG R H C,CHAU K T,TANG C A,et al. Analysis of crack coalescence in rock-like materials containing three flaws-part Ⅰ:experimental approach[J]. International journal of rock mechanics and mining sciences,2001,38(7):909-924.

第4章　裂隙岩石三轴压缩力学特性及裂纹扩展特征离散元模拟研究

在工程岩体中普遍含有各种尺度的节理裂隙，节理裂隙对岩石的力学特性具有显著的影响，岩石的失稳破坏也与这些节理裂隙具有密切的关系。因此，研究节理裂隙对岩石强度变形特性和破坏特征的影响具有重要意义。研究者对单轴压缩下含不同裂隙密度、裂隙长度、裂隙倾角、岩桥长度和岩桥倾角等断续裂隙岩石开展了大量的研究工作[1-5]，这对初步认识裂断续隙岩石力学特性和裂纹扩展机制有很大的帮助。

实际岩体往往处于三向应力状态下，因此研究双轴及三轴作用下的裂纹贯通机制尤为重要。为此，黄凯珠等[6]采用重晶石、沙和石膏等配制了类岩石材料，并预制了3条平行裂隙进行了双轴压缩试验，试验结果表明裂纹贯通模式受侧压和裂隙分布的影响。肖桃李等[7]采用高强硅粉砂浆配制了大理岩模型材料，进行了不同围压下单裂隙岩样常规三轴压缩试验，并用断裂力学原理分析了单裂隙岩体沿结构面剪切破坏的影响因素。接着，肖桃李等[8]开展了双裂隙岩样在三轴压缩试验研究，试验结果表明在三轴压缩下反向翼裂纹为主要的裂纹类型。Yang等[9]在大理岩中预制双裂隙进行了三轴压缩试验，结果显示随着围压的增大，岩样表现脆-延-塑性转化特征，破裂模式也随着围压的变化而改变。杨圣奇等[10]分析了断续裂隙大理岩三轴压缩下峰值强度、裂纹损伤阈值、长期内摩擦角和黏聚力与围压及裂隙倾角之间的关系。Liu等[11]对含有3条共面裂隙类岩石材料进行了真三轴试验，试验结果表明在低围压作用下次生裂纹从原始预制裂隙尖端以较大的起裂角开始扩展，而高围压下裂纹的扩展更容易以平行于轴向扩展。随着计算机技术的发展，借助数值模拟方法也开展了大量的断续裂隙岩石裂纹起裂、扩展和贯通特征研究。Huang等[12]对含两条裂隙砂岩三轴试验结果采用AUTODYN进行了验证，模拟结果表明裂纹一般从裂隙内尖端起裂并引起裂隙间直接剪切贯通。Wang等[13]采用RFPA^{3D}分析了岩样非均质性和裂隙参数对岩石强度及破坏特征的影响。Manouchehrian等[14]采用PFC^{2D}进行了含单裂隙岩样双轴压缩模拟，模拟结果表明侧压会影响裂纹的起裂和贯通模式。方前程等[15]对含共面双裂隙类岩石材料进行了双轴压缩模拟，模拟结果表明在低围压下，裂隙对破裂形态占主导地位，而在高围压作用下，围压的作用逐渐增大，裂隙的作用不断减弱。

4.1　不同围压下共面双裂隙砂岩强度及破坏特征PFC^{2D}模拟

颗粒流PFC能够很好地模拟裂纹扩展过程。本书基于共面双裂隙单轴压缩试验结果，通过数值模拟研究围压对共面双裂隙脆性砂岩力学行为的影响。首先，通过“试错法”得到能够反映完整岩石宏观力学参数的细观参数；接着，在此基础上模拟含共面双裂隙砂岩试样，验证该细观参数的合理性；最后，通过对模拟结果的分析，探究围压对不同倾角共面双裂隙试样力学特性及破裂模式的影响[16]，进一步认识围压作用下裂隙岩体的力学行为。

4.1.1 颗粒流模拟方法

室内试验岩样来自山东省临沂市，主要由长石、石英组成，孔隙率为 4.61%，均质性较好。完整砂岩试样 PFC 数值模型如图 4-1(a)所示，其几何尺寸与室内试验岩样相同，长为 160 mm，宽为 80 mm。颗粒半径在 0.3～0.48 mm 之间均匀分布，PFC 接触模型选用平行黏结模型。一个完整的岩石数值试样包含 25 552 个颗粒、51 064 个接触和 66 431 个平行黏结[17]。

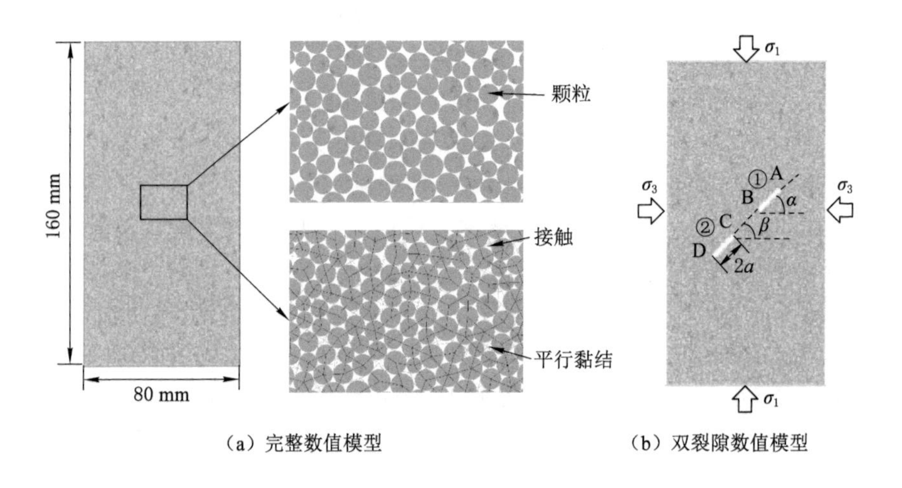

(a) 完整数值模型　　(b) 双裂隙数值模型

图 4-1　完整及共面双裂隙数值模型

采用删除颗粒的方法模拟张开裂隙，裂隙几何尺寸如图 4-1(b)所示。两条预制裂隙在试样中呈对称分布，其中保持裂隙长度 $2a$ 和岩桥长度 $2b$(裂隙尖端 C 和 D 之间距离)不变，分别为 15 mm 和 18 mm。为了研究平行共线双裂隙岩桥对试样力学行为的影响，根据文献[18]设计了 7 组模拟方案，裂隙倾角 α 和岩桥倾角 β 分别为 0°、15°、30°、45°、60°、75°和 90°。

为了模拟室内试验的加载过程，当试样达到平衡后，删除试样作用两端的墙体，给定上、下两端墙移动的恒定速度 0.05m/s，通过墙体移动对试样进行加载。本次模拟中时间步长为 3.08×10^{-8} s，每步的位移为 1.54×10^{-6} mm，试样内部的不平衡力可以基本消除，满足准静态要求。当应力跌落至峰后 70%时停止加载，一次模拟结束。

4.1.2 细观参数验证

文献[17]通过完整脆性砂岩单轴压缩试验结果标定了一组细观参数(如表 4-1 所示)，并使用该组细观参数模拟了不同岩桥倾角平行非共面双裂隙单轴压缩试验，比较了不同岩桥倾角试样的峰值强度、弹性模量及最终破裂模式。试验结果表明模拟结果与试验结果吻合较好，验证了该细观参数的合理性。

表 4-1　选用的 PFC^{2D} 细观参数[17]

参数	取值	参数	取值
颗粒最小半径/mm	0.3	摩擦系数	0.35
颗粒半径比	1.6	平行黏结模量/GPa	26
密度/(kg/m^3)	2 650	平行黏结刚度比	1.3
颗粒接触模量/GPa	26	平行黏结法向强度/MPa	145.0±18.08
颗粒刚度比	1.3	平行黏结切向强度/MPa	215.08±29.93

图 4-2 给出了含预制共面双裂隙脆性砂岩模拟获得的宏观力学参数与室内试验结果的比较。从图 4-2(a)可以看出，试验结果在裂隙倾角 0°～60°之间峰值强度变化幅度不大，而在 60°～90°之间峰值强度随倾角的增大呈现上升趋势。模拟结果与试验结果的峰值强度随裂隙倾角的增大遵循相同的规律，但是很明显，模拟峰值强度在不同倾角情况下较试验峰值强度大。发生的原因有：一是使用二维软件不能完全反映三维问题；二是数值模拟使用删除颗粒的方法预制裂隙，而室内试验采用水刀切割加工裂隙，这两种方法对裂隙周围岩体影响不同。从图 4-2(b)可以看出，共面双裂隙脆性砂岩弹性模量(取峰前直线段的斜率)随裂隙倾角的改变基本不变，试验结果弹性模量的变化范围为 31.03 GPa($\alpha=\beta=0°$)至 35.79 GPa($\alpha=\beta=75°$)，模拟结果弹性模量变化范围为 32.23 GPa($\alpha=\beta=15°$)到 34.98 GPa($\alpha=\beta=90°$)。通过分析可以看出，使用该细观参数模拟共面双裂隙试样能够反映峰值强度和弹性模量等宏观力学参数随裂隙倾角的变化规律。

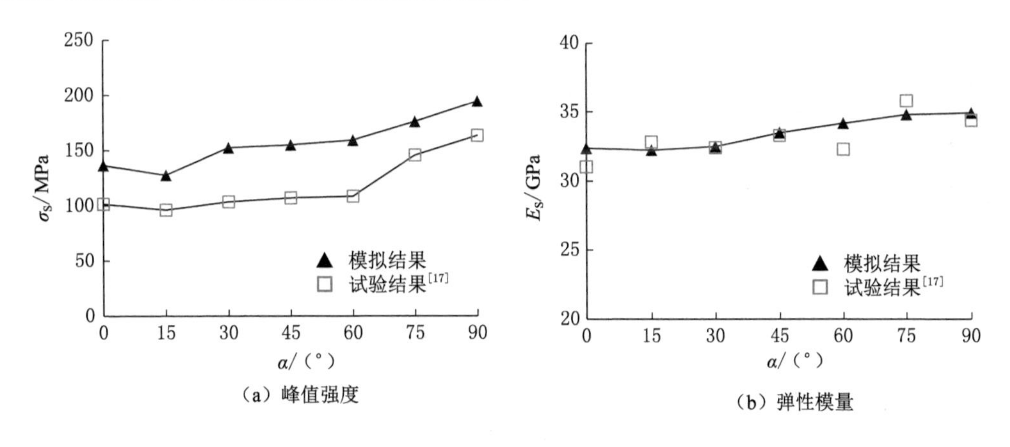

(a) 峰值强度

(b) 弹性模量

图 4-2　单轴压缩下非共面双裂隙砂岩模拟与试验值比较

图 4-3 为含预制共面双裂隙脆性砂岩模拟的最终破裂模式与试验结果对比。从图中可以看出，当裂隙倾角小于等于 45°时，两条预制裂隙之间并未出现直接贯通；而是预制裂隙尖端产生的裂纹在发展一定程度后贯通。当裂隙倾角大于等于 60°时，岩桥区域由剪切裂纹直接贯通，裂纹与预制裂隙平行。模拟结果的最终裂纹的分布虽然和试验结果不完全相同，但整体上相近。当裂隙倾角小于等于 45°时，岩桥之间是由萌生于预制裂隙尖端的裂纹在扩展到一定程度后贯通；当裂隙倾角大于等于 60°时，岩桥之间是由萌生于预制裂隙尖端并平行于预制裂隙的剪切裂纹直接贯通。通过上述分析可以看出，该组细观参数可以很好

地反映共面双裂隙砂岩试样最终破裂模式随倾角的变化规律。

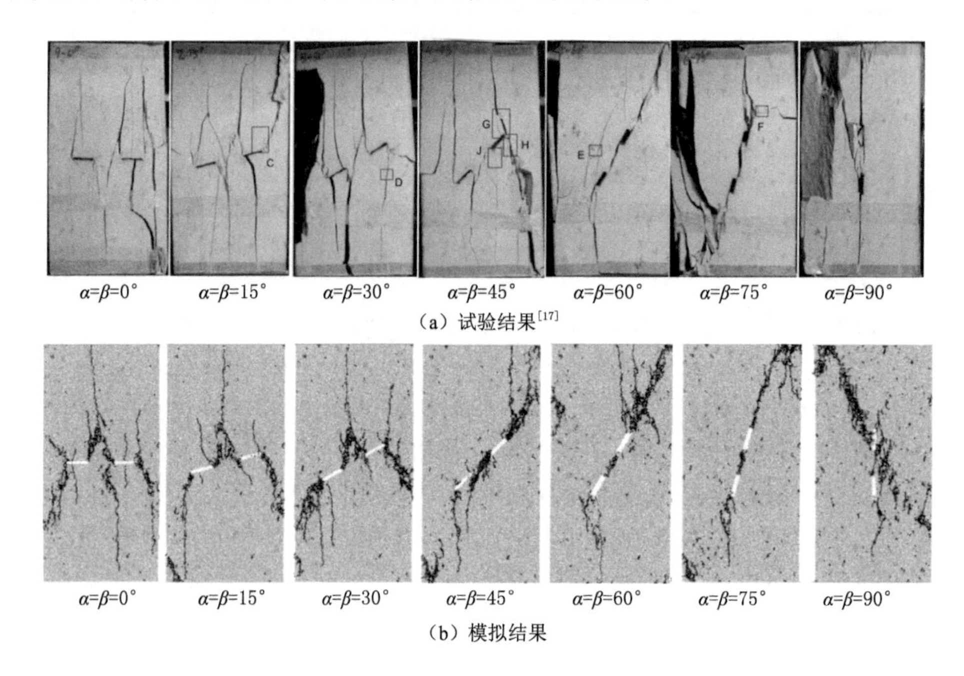

图 4-3　单轴压缩下共面双裂隙砂岩破裂模式试验与模拟对比

4.1.3　围压对模拟结果的影响

为了研究围压对预制裂隙脆性砂岩宏观力学行为的影响，基于上述细观参数对不同倾角预制裂隙脆性砂岩进行不同围压条件下的常规三轴压缩试验，围压分别设置为 3 MPa、6 MPa、9 MPa 和 12 MPa。根据数值模拟结果对试样的峰值强度、破裂模式等宏观力学行为进行分析。

(1) 围压对峰值强度的影响

图 4-4 为不同围压下共面双裂隙试样峰值强度随裂隙倾角的变化趋势图。从图中可以看出，随着裂隙倾角的增大，共面双裂隙脆性砂岩的峰值强度总体呈现增加趋势。当围压为 3 MPa 时，随着裂隙倾角由 0°增加至 15°，峰值强度由 154.7 MPa 降低至 153.8 MPa，峰值强度虽有所降低，但降低幅度较单轴压缩条件下较小；当裂隙倾角由 15°增大至 45°时，峰值强度随裂隙倾角的增大不断增大；而当裂隙倾角增大至 60°时，峰值强度降低，其后随着倾角的增大峰值强度也持续增大。当围压为 6 MPa 时，峰值强度随裂隙倾角改变的规律与围压为 3 MPa 时相似，只不过峰值强度突然降低点发生在倾角为 45°时。当围压为 9 MPa 时，峰值强度随裂隙倾角的增大而不断增大。当围压为 12 MPa 时，在倾角小于 75°时，峰值强度随裂隙倾角增大稳步增大；而当倾角由 75°增大至 90°时，峰值强度会发生降低。综合分析可以看出，虽然共面双裂隙试样峰值强度随裂隙的增大总体呈现增大趋势，但在不同围压条件下，峰值强度的变化规律也有所改变，造成这种现象的原因可能是围压的不同导致了试样的最终破裂模式发生改变，下文将进行详细分析。

(2) 围压对试样破裂模式的影响

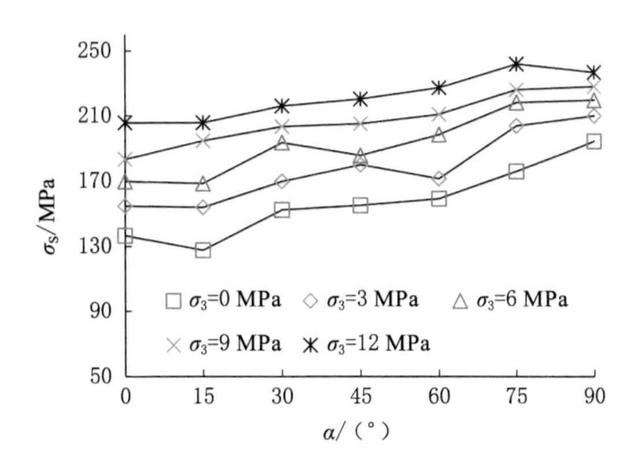

图 4-4　不同围压下共面双裂隙试样峰值强度

图 4-5 至图 4-8 为不同倾角预制共面双裂隙脆性砂岩的破裂模式随围压的变化。从图中可以看出，共面双裂隙试样的最终破裂模式不仅受到预制裂隙倾角的影响，同时还受到了围压的影响。

当围压为 3 MPa 时(图 4-5)，围压对试样的破裂模式影响较小，但其裂纹的宽度较单轴条件下有所增加。其中，倾角为 15°试样 D 尖端的裂纹由平行于最大主应力方向扩展转变为向试样侧边扩展，与倾角为 0°时的破裂模式相似；同时倾角为 45°和 60°试样的 D 尖端裂纹扩展模式也由平行于最大主应力方向转化为向试样侧边扩展。出现这种现象的原因是围压抑制了纵向拉裂纹的扩展，导致原来平行于最大主应力方向的裂纹发生偏斜。结合图 4-4可以看出，0°和 15°倾角试样的最终破裂模式比较接近时，其峰值强度也变化较小；60°倾角试样 D 尖端裂纹由平行于最大主应力方向转变为向试样侧边扩展，此时形成的剪切与预制裂隙几乎平行，所以此时的峰值强度会降低。

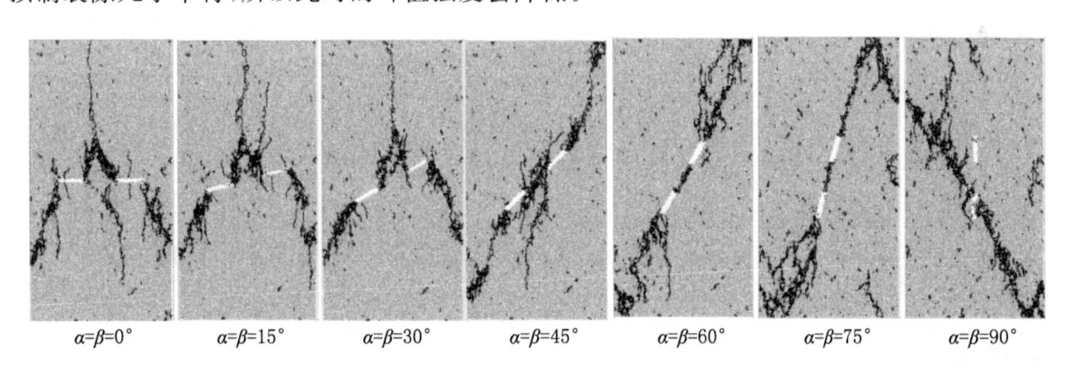

图 4-5　不同倾角共面双裂隙脆性砂岩最终破裂模式(σ_3 = 3 MPa)

当围压为 6 MPa 时(图 4-6)，与 3 MPa 围压作用下裂纹扩展模式相似，同样裂纹宽度会有所增加。其中，倾角为 30°的试样破裂模式由沿轴向劈裂破坏为主转变为剪切破坏，但此时剪切面与预制裂隙并不平行。当裂隙倾角为 45°时，其破裂模式依然为剪切破坏，但此时的剪切面倾角偏转至与预制裂隙共面。结合图 4-4 可以看出，在围压为 6 MPa 时，裂隙倾角为 30°试样的峰值强度较 3 MPa 有较大幅度的提升，对应于试样的破裂模式由轴向劈裂破坏转变为剪切破坏，说明试样的破裂模式对其峰值强度影响较大。预制裂隙倾角为 45°试样的峰值强度明显减低，较 3 MPa 围压时增加较小，这主要是因为此时剪切面与预制裂隙共面的结果。

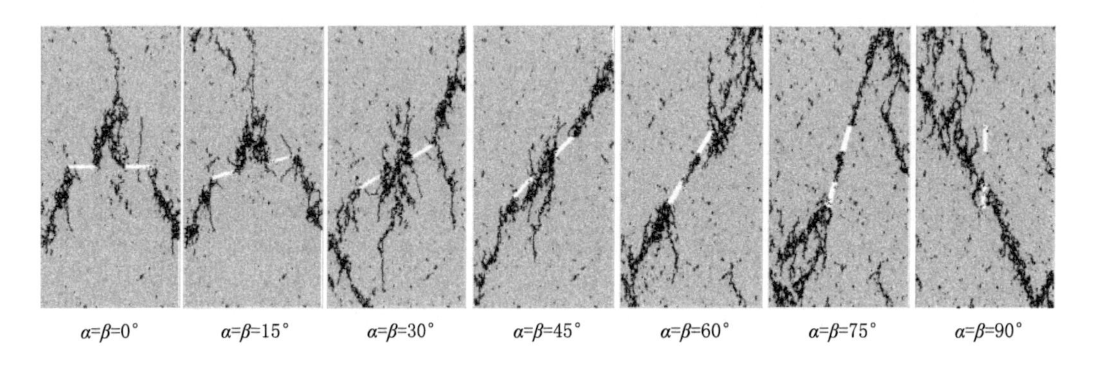

图 4-6　不同倾角共面双裂隙脆性砂岩最终破裂模式($\sigma_3=6$ MPa)

当围压为 9 MPa 时(图 4-7),共面双裂隙砂岩试样裂纹宽度较 6 MPa 时有所增大,最终破裂模式基本不变。当裂隙倾角为 45°时,剪切面发生偏转,不再与预制裂隙共面。结合图 4-4可以看出,围压为 9 MPa 时裂隙倾角为 45°试样的峰值强度较 6 MPa 围压时增加较多。

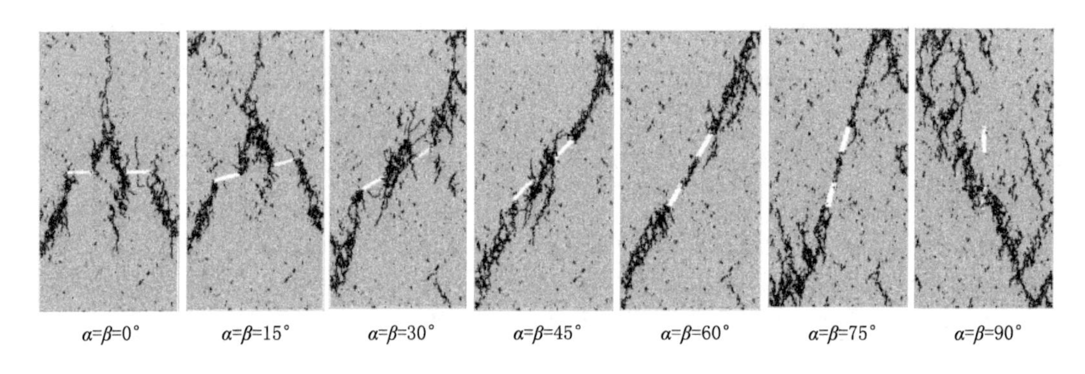

图 4-7　不同倾角共面双裂隙脆性砂岩最终破裂模式($\sigma_3=9$ MPa)

当围压为 12 MPa 时(图 4-8),预制裂隙倾角为 0°和 15°试样的裂纹分布发生较大变化,B、C 尖端的裂纹扩展一定程度后不再贯通;同时,倾角为 0°的 B 尖端裂纹的扩展方向发生改变。这是因为围压的增大导致裂纹扩展产生应力阴影效应增大,导致裂纹平行扩展更加困难,但共面双裂隙砂岩试样最终破裂模式依然以轴向劈裂破坏为主,所以此时的峰值应力不会发生较大的波动。

4.1.4　讨论

通过对峰值应力和最终破裂模式的分析,本书将共面双裂隙试样分为以下四类:第一类,试样的最终破裂模式主要为轴向劈裂破坏为主,如裂隙倾角 0°和 15°试样,该预制裂隙倾角试样的最终破裂模式不会随围压的增大而发生较大的变化。第二类,试样最终破裂模式主要为剪切破坏,且剪切面受到预制裂隙倾角和围压的共同影响,如裂隙倾角 45°～75°试样。第三类,随着围压的增大试样的最终破裂模式由轴向劈裂破坏转向剪切破坏,如裂隙倾角 30°试样。第四类,试样的最终破裂模式只与围压相关,预制裂隙对其影响较小,如裂隙倾角 90°试样。① 当共面双裂隙试样为第一类时,由于试样的最终破裂模式主要以轴向破裂破坏为主,即随着围压增大,限制轴向裂纹扩展,所以,此时试样的峰值强度会随围压的增

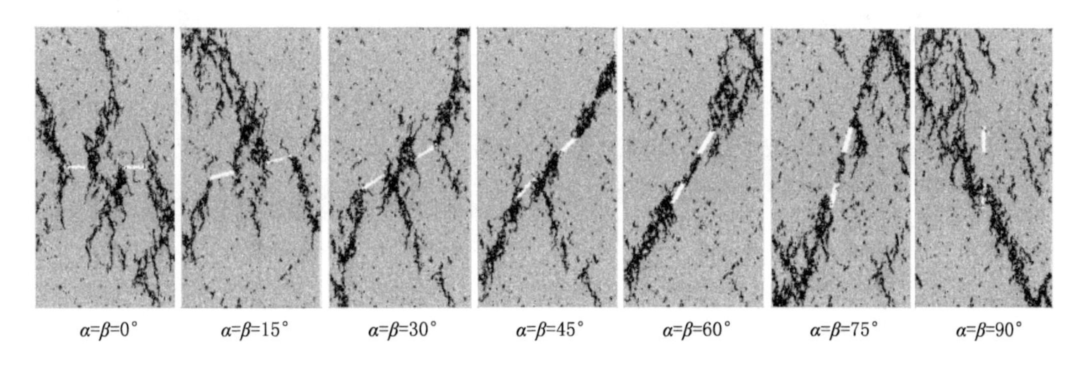

图 4-8　不同倾角共面双裂隙脆性砂岩最终破裂模式($\sigma_3=12$ MPa)

大稳定增大。② 当共面双裂隙试样属于第二类时,由于围压的增大会导致剪切面与最大主应力的夹角不断增大,而当剪切面与预制裂隙共面时,其抵抗剪切力的能力降低,会导致预制裂隙试样的强度降低。所以会出现围压为 3 MPa、裂隙倾角为 60°试样的峰值突然降低,以及围压为 6 MPa、裂隙倾角 45°试样峰值强度降低。试样在双向应力作用下,最大剪切应力面与最大主应力夹角在 45°附近。当预制裂隙倾角为 75°时,剪切面的夹角与最大主应力方向太小,虽然剪切面与预制裂隙共面,但由于剪切面与最大剪应力面距离远,此时的峰值强度还是相对较大,由于剪切面的倾角主要由预制裂隙控制,所以峰值强度随围压的增大稳定增加。③ 当共面双裂隙试样属于第三类时,由于围压的增大,试样的破裂模式会发生改变,所以此时的峰值强度也会产生突变,所以 30°预制裂隙试样的围压由 3 MPa 升高至 6 MPa 时峰值强度会有一个较大的增量。④ 当共面双裂隙试样属于第四类时,围压的增大会导致剪切面倾角的改变,使得剪切面不断向最大剪应力面靠近。尽管会出现预制裂隙试样的峰值强度随围压的增大而增大的现象,但当围压为12 MPa时,预制裂隙倾角 75°试样的峰值强度超过预制裂隙倾角 90°试样的峰值强度。

通过对相同围压下不同预制倾角试样、相同预制裂隙倾角不同围压的试样最终破裂模式、峰值强度分析,可以发现当试样的最终破裂模式主要以轴向劈裂破坏时,其峰值强度较最终破裂模式以剪切破坏为主时的峰值强度低。轴向劈裂破坏主要集中在预制裂隙倾角较小、围压较小的试样中,而剪切破坏主要集中在预制裂隙倾角较大、围压较大的试样中,所以试样的峰值强度总体上随预制裂隙倾角和围压的增大而不断增加。

图 4-9 所示是倾角为 0°、30°、45°和 90°共面双裂隙脆性砂岩在不同围压条件下裂纹数目随轴向应变的演化趋势,是 4 类裂隙试样的代表。从图中可以看出,虽然试样内的预制裂隙倾角不同,但裂纹随轴向应变的变化都遵循先稳定变化后快速增加的趋势,其中曲线的拐点对应的轴向应力为试样的峰值强度。拐点对应的轴向应变随围压的增大不断增加,且最终裂纹数目也会随围压的增大而不断增大。① 当倾角为 0°时,代表第一类倾角,由于此时试样的最终破裂模式随围压的改变基本不变,所以曲线拐点对应的轴向应变随围压的增大而增大,试样彻底破坏后裂纹数目也会随围压的增大而增大。② 当倾角为 30°时,代表第三类倾角,此时拐点对应的轴向应变虽然随围压的增大而不断增大,但围压由 3 MPa 增加到 6 MPa时,可以明显看出,轴向应变的变化幅度明显增大,对应于试样的最终破裂模式也由轴向破裂破坏转变为剪切破坏;同时,随着围压的增大试样彻底破坏后,对应的裂纹数目变

化规律不明显。③ 当倾角为 45°时,代表第二类倾角,当围压由 3 MPa 增加到 6 MPa 时,可以明显看出轴向应变的变化幅度明显减小,对应于剪切面与预制裂隙共面;同时,随着围压的增大试样彻底破坏后,对应的裂纹数目增幅也较小。④ 当倾角为 90°时,代表第四类倾角,由于此时试样的最终破裂模式受裂隙倾角的影响较小,此时曲线拐点对应的轴向应变随围压的增大而稳定增大;试样彻底破坏后,裂纹数目也会随围压的增大而稳定增大。

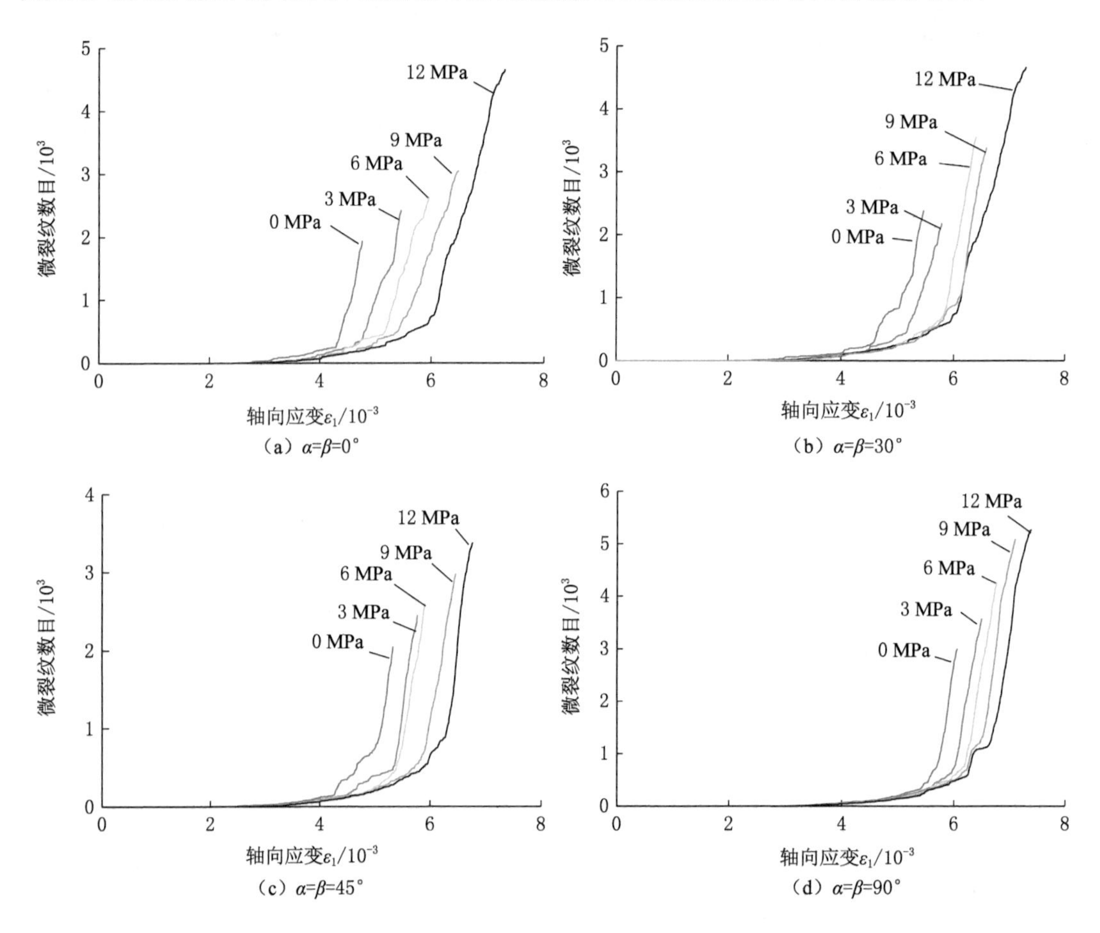

图 4-9 不同围压作用下共面双裂隙脆性砂岩微裂纹演化特性

通过分析可以看出,预制裂隙脆性砂岩的最终破裂模式主要分为轴向劈裂破坏和剪切破坏。为了进一步认识两种破裂模式的破裂机理,本节给出了当围压为 3 MPa 时,倾角为 15°和 75°两种共面双裂隙脆性砂岩的破裂过程。图 4-10(a)和图 4-11 为倾角 15°共面双裂隙砂岩试样加载过程中的微裂纹数目随应力应变曲线的演化及裂纹扩展过程。从图中可以看出,加载初期试样内无裂纹出现,其后随着加载的进行,微裂纹开始在预制裂隙区域产生。如图 4-11(a)所示,在预制裂隙的尖端和中间位置分别产生拉伸裂纹 $1^{a\sim e}$,此时裂纹扩展较稳定。当加载至 b 点时,微裂纹数目突然增加,对应于裂纹 2 在 B 尖端附近萌生。此后,随着加载的进行裂纹不断扩展,当加载至 c 点时,裂纹 1^{e} 和裂纹 2 扩展较远,试样内的损伤不断增加,弹性模量不断减小。当加载至峰值强度 d 点时,次生裂纹 3 在预制裂隙 A 尖端萌生并迅速扩展,导致试样的承载能力下降。随着轴向应变的增加,轴向应力在一定范围波动，说明此时试样还具有一定的承载能力。当加载到 e 点时，裂纹 2 沿最大主应力向试样边缘不断扩展，同时裂纹 2 扩展到试样的边缘，最终导致试样的承载能力下降。其后随着轴向应变增加，轴向应变不断下降，当加载至 f 点时，次生裂纹 4 在预制裂隙尖端 C 萌生并与裂纹 2 贯通，导致轴向应力下降速度增大。当加载至 g 点时裂纹 5 在预制裂隙 B 尖端萌生扩展，同时裂纹 6 在预制裂隙 D 尖端萌生并扩展到试样的边缘，由于此时裂纹的不断产生和扩展，导致试样彻底破坏。观察微裂纹数目随轴向应变的演化可以看出，当加载至 c 点后，微裂纹数目随轴向应变快速增加。

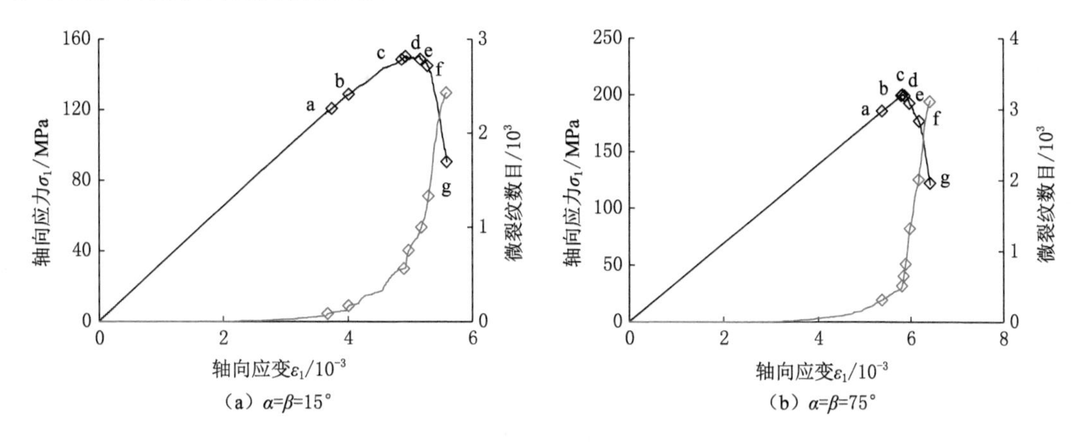

图 4-10　共面双裂隙脆性砂岩变形过程中微裂纹演化规律(σ_3＝3 MPa)

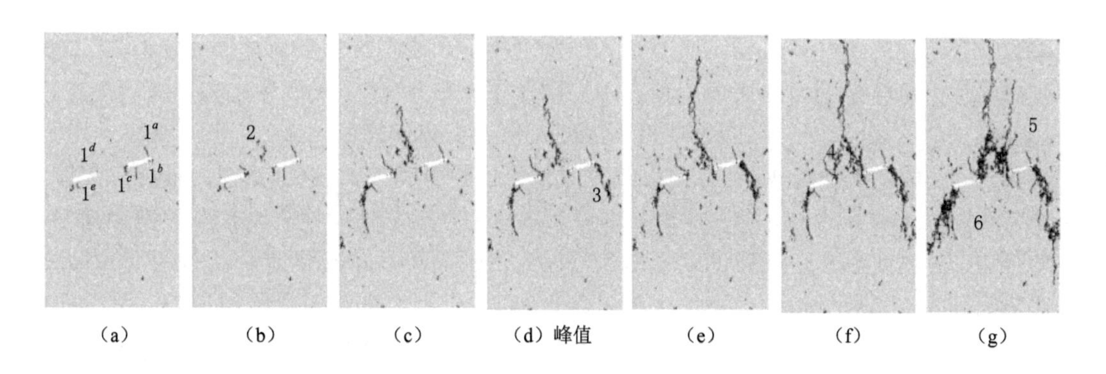

图 4-11　共面双裂隙脆性砂岩裂纹演化过程($\alpha=\beta=15°$)

图 4-10(b)和图 4-12 分别为 3 MPa 围压下，裂隙倾角 75°共面双裂隙砂岩试样微裂纹数目随应力-应变曲线的演化及裂纹扩展过程。加载初期，微裂纹数目随轴向应变缓慢增加，当加载至 a 点时，在预制裂隙 C 尖端萌生剪切裂纹 1，与倾角 15°试样不同，此时在试样的内部也会随机分布一些裂纹，但未出现裂纹贯通的现象。当加载至 b 点时裂纹 2 在预制裂隙 A 尖端萌生扩展，同时裂纹数目随轴向应变的变化出现拐点，裂纹数目迅速增加。当轴向应变稍有增加后即达到峰值强度 c 点，此时裂纹 3 迅速萌生扩展，导致岩桥贯通。随后试样的轴向应力迅速下降，当加载至 d 点时裂纹 4 在预制裂隙 D 尖端萌生，裂纹 2 长度增加。当轴向应变加载至 e 点时裂纹 2 扩展到试样的边缘，同时裂纹 4 不断向试样边缘扩展。当轴向应变加载至 f 点时裂纹 4 不断向试样边缘扩展，同时裂纹 2 周围产生裂纹 5。其后随

着轴向应变的增加，裂纹 4 扩展到试样的边缘，同时在预制裂隙 D 尖端萌生裂纹 6，并迅速扩展到试样的边缘，试样彻底破坏。观察微裂纹数目随轴向应变的演化可以看出，当加载至 b 点后，微裂纹数目随轴向应变快速增加；同时，可以发现微裂纹数目在峰值点附近的增加速率较倾角 15°试样的增加速率更大。

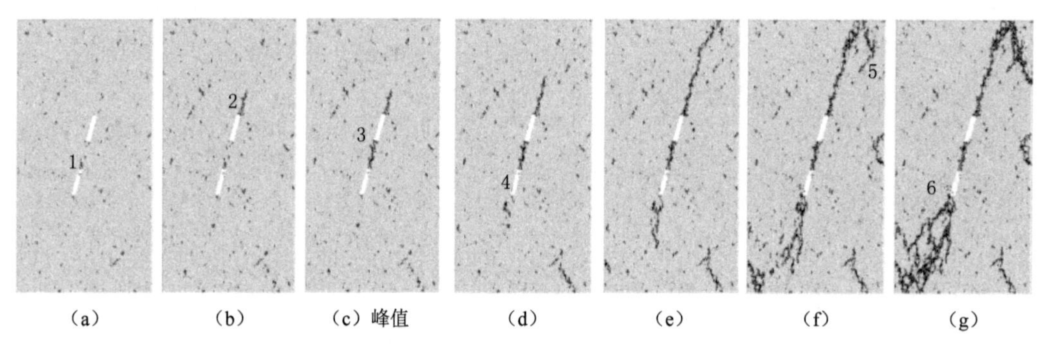

图 4-12　共面双裂隙脆性砂岩裂纹演化过程（$\alpha=\beta=75°$）

4.1.5　本节小结

基于含不同倾角共面双裂隙脆性砂岩室内单轴压缩试验，使用颗粒流程序模拟了共面双裂隙脆性砂岩在不同围压下的力学行为，本书通过对模拟结果分析，得到如下结论。

（1）通过对不同倾角共面双裂隙脆性砂岩的峰值强度、弹性模量及最终的破裂模式的试验结果与模拟结果的比较，验证了细观参数的合理性。随着围压的升高，不同倾角共面双裂隙脆性砂岩的峰值强度也在不断上升。不同围压下预制平行双裂隙试样的峰值强度随裂隙倾角的增大总体呈现增大趋势。但在不同围压条件下，峰值强度变化趋势会有所改变，并通过分析试样的最终破裂模式，对峰值强度的变化做出合理解释。

（2）根据最终破裂模式，可将共面双裂隙砂岩试样分为四类。① 试样的最终破裂模式主要以轴向劈裂破坏为主；② 试样最终以剪切破坏为主且剪切面倾角受预制裂隙倾角及围压的影响；③ 试样的最终破裂模式随围压的增大由轴向劈裂转变为剪切破坏；④ 试样最终以剪切破坏为主且剪切面倾角主要受围压的影响。同时，本书对四类预制裂隙试样的微裂纹演化趋势进行分析，发现微裂纹的演化趋势在不同类型预制裂隙试样中随围压的增大变化规律也不同。

（3）试样主要以轴向劈裂破坏和剪切破坏两种形式为主，本书选取 3 MPa 围压下倾角 15°和 75°共面双裂隙砂岩试样的裂纹演化过程进行分析。研究表明轴向劈裂破坏裂纹产生早，裂纹产生到最终破坏持续时间较长；而剪切破坏的裂纹萌生较晚，但裂纹扩展速度较快。裂纹周围位移场的分布形式与不同的破裂模式相对应。

4.2　不同围压下非共面双裂隙砂岩强度及破坏特征 PFC^{2D} 模拟

本节对断续双裂隙岩石的力学行为进行颗粒流模拟研究。首先，基于细观参数敏感性分析；然后，通过与完整红砂岩三轴压缩试验结果对比；最后，获得一组能够反映红砂岩力学行为的细观参数。在此基础上，对含不同岩桥倾角的断续双裂隙红砂岩进行三轴压缩模拟，分析围压和岩桥倾角对断续双裂隙红砂岩强度和变形特性的影响规律，揭示断续双裂隙岩石在不同围压作用下裂纹扩展的细观力学响应机制[19]。

4.2.1　数值模型构建与细观参数验证

(1) 颗粒流数值模型构建

本节针对 Yang 和 Jing[20]完成的常规三轴压缩下红砂岩的力学行为进行颗粒流模拟研究。该红砂岩采自山东临沂市，主要矿物成分为长石和石英，另含有一些岩屑。该红砂岩为中等细晶结构，粒径相对均匀，致密块状构造，宏观均匀一致，密度约为 2 375 kg/m^3。试验砂岩为孔隙式胶结，孔隙率为 8.9%。试样为直径 55 mm、高 110 mm 的圆柱形。

基于上述室内试验参数，在 PFC 中生成 55 mm ×110 mm 的岩样数值模型，共产生16 609个不同尺度的圆形颗粒，含 43 125 个接触、33 175 个平行黏结(图 4-13)。颗粒最小半径为 0.26 mm，颗粒最大与最小半径之比为 1.5，试样密度为 2 375 kg/m^3，平行黏结半径因子为 1.0。数值模拟采用位移加载方式，上下加载板以 0.05 m/s 的速率进行轴向加载，直至试样发生破坏。

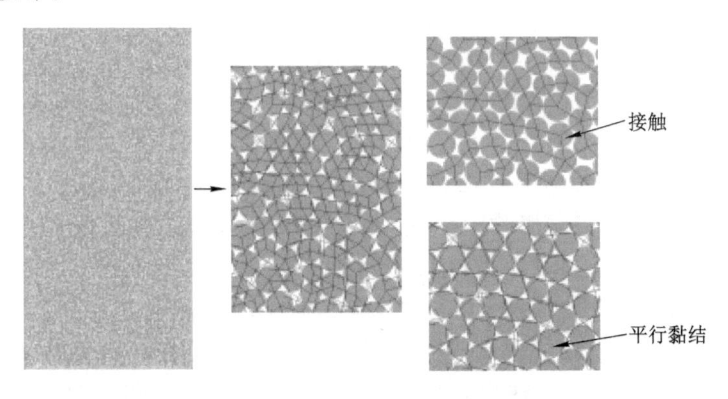

图 4-13　构建的完整红砂岩 PFC 数值模型

(2) 细观参数敏感性分析

在平行黏结模型中，材料的宏观力学响应主要由颗粒接触模量、颗粒刚度比、颗粒摩擦系数、平行黏结模量、平行黏结刚度比以及法向和切向黏结强度等细观参数决定。不同的细观参数对应不同的宏观力学响应。为了给岩石细观参数确定提供校核基准，基于构建的离散元数值模型，进行细观参数敏感性分析(加载条件为单轴压缩)，以明确细观参数对岩石材料宏观力学响应的影响规律。由于篇幅所限，本书仅列出接触模量、刚度比和黏结强度比对岩石材料宏观力学行为的影响。

保持表 4-2 中的细观参数不变，接触模量分别设定为 2、6、10、14、18 和 22 GPa，平行黏结模量取值与接触模量相同，以分析接触模量对岩石材料宏观力学参数的影响。图 4-14 为接触模量对宏观力学参数的影响。由图 4-14 可知，弹性模量随着接触模量的增大而增大，满足关系式：$E_S=1.44E_c+0.56$ ($R=0.999\ 9$)，表现出良好的线性关系。接触模量对泊松比和峰值强度也有影响，但变化规律不明显，泊松比和峰值强度上下浮动可能是由于岩石材料内部颗粒随机分布造成的。

表 4-2　PFC^{2D}模拟细观参数

颗粒刚度比	平行黏结刚度比	法向黏结强度/MPa	切向黏结强度/MPa
2.0	2.0	50.0 ± 10.0	100.0 ± 20.0

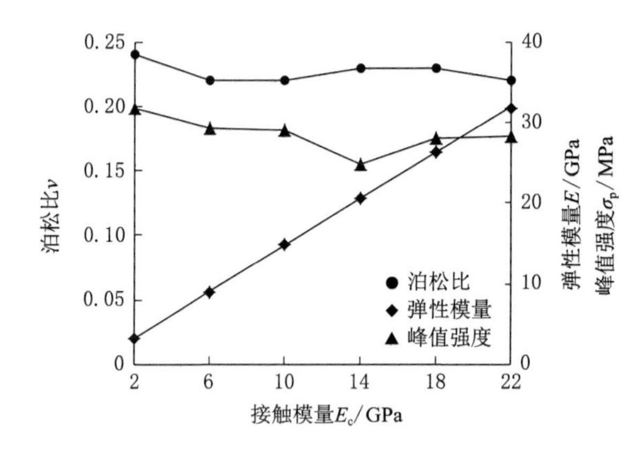

图 4-14　接触模量对宏观力学参数的影响

改变表 4-2 中的刚度比，同时保持其余细观参数不变，分析刚度比对岩石材料宏观力学行为的影响规律。接触模量和平行黏结模量均设定为 10.0 GPa，颗粒刚度比分别设定为：1.0，1.5，2.0，2.5，3.0 和 3.5，平行黏结刚度比取值与颗粒刚度比相同。图 4-15 为刚度比对宏观力学参数和破裂模式的影响。由图 4-15 可知，随着刚度比的增大，弹性模量呈减小的变化规律，满足对数关系：$E_S = -3.80\ln(k_n/k_s) + 17.41(R = 0.998\ 5)$。泊松比随着刚度比的增大而增大，满足对数关系：$\nu = -0.20\ln(k_n/k_s) + 0.08(R = 0.999\ 7)$。峰值强度随着刚度比的增大，总体上呈减小趋势，降幅不大。刚度比对破裂模式的影响显著，刚度比较小时，岩石试样主要为轴向劈裂破坏，局部伴有剪切破坏；而刚度比较大时，岩石试样主要为剪切破坏。

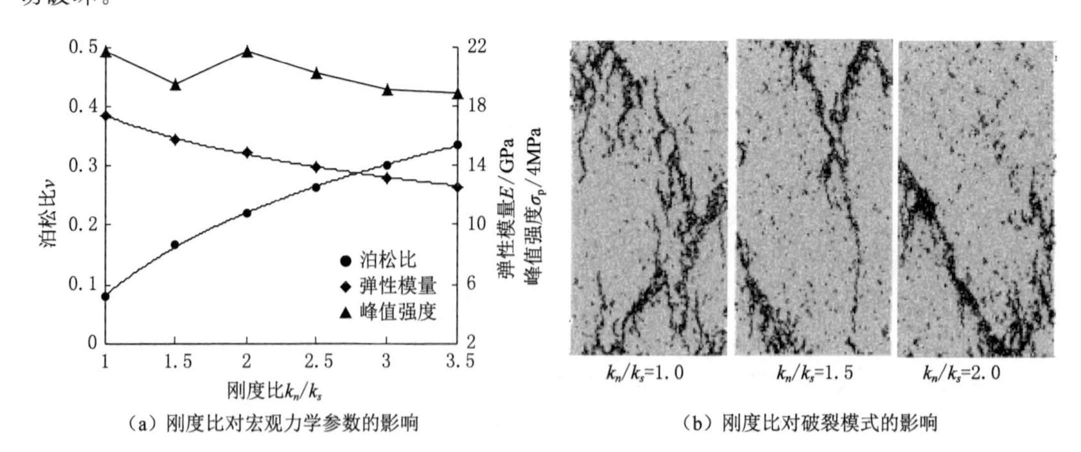

(a) 刚度比对宏观力学参数的影响　　(b) 刚度比对破裂模式的影响

图 4-15　刚度比对宏观力学参数和破裂模式的影响

改变表 4-2 中法向黏结强度 σ_c 与切向黏结强度 τ_c 比值，其余细观参数保持不变，分析黏结强度比 σ_c/τ_c 对宏观力学特性的影响。接触模量和平行黏结模量均设定为 10.0 GPa，刚度比设定为 2.0，法向黏结强度设定为 50.0 MPa，黏结强度标准差设定为 20%，σ_c/τ_c 分别设定为：1/1，1/2 和 1/5，即切向黏结强度分别取值 50.0 MPa，100.0 MPa 和 250.0 MPa。图 4-16 为黏结强度比对峰值强度包络线的影响。由图 4-16 可见，峰值强度 σ_S 与围压 σ_3 表现出良好的正线性相关性。黏结强度比 σ_c/τ_c 为 1/1，1/2 和 1/5 时，线性拟合曲线表达式分别为：$\sigma_S = 2.80\sigma_3 + 81.4$，$\sigma_S = 3.64\sigma_3 + 88.9$，$\sigma_S = 4.06\sigma_3 + 86.4$。曲线的斜率 $l_{(1/5)} > l_{(1/2)} > l_{(1/1)}$，由此可见，可以通过减小 σ_c/τ_c 来增大峰值强度包络线的斜率。

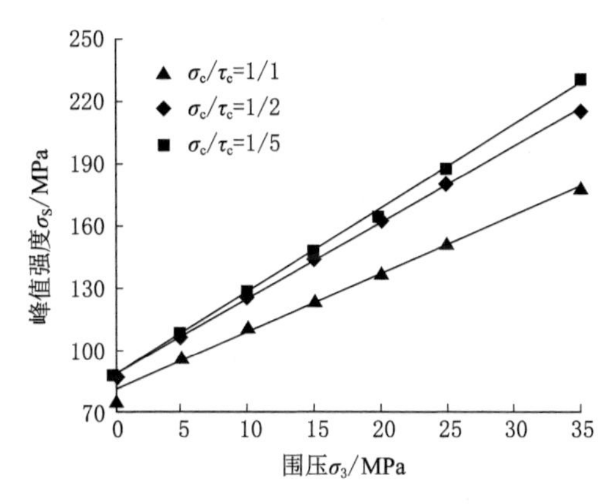

图 4-16　黏结强度比对岩石峰值强度包络线的影响

(3) 细观参数的试验验证

基于颗粒流模拟细观参数的敏感性分析结果，可以采用如下程序来校准细观参数。校准程序叙述如下：首先，通过调节颗粒接触模量和平行黏结模量获得与室内试验相近的弹性模量；然后，通过调节颗粒刚度比和平行黏结刚度比获得相近的泊松比以及宏观破裂模式；最后，通过调节平行黏结法向强度和切向强度获得相近的峰值强度包络线。校准通过“试错法”进行，经反复调试，最终获得一组颗粒流模拟细观参数，如表 4-3 所示。

表 4-3　红砂岩颗粒流模拟细观参数

参数	取值	参数	取值
颗粒最小半径/mm	0.26	平行黏结半径	1.0
颗粒半径比	1.5	平行黏结模量/GPa	14.6
密度/(kg/m^3)	2375	平行黏结刚度比	3.3
颗粒接触模量/GPa	14.6	平行黏结法向强度/MPa	62.5±18.75
颗粒刚度比	3.3	平行黏结切向强度/MPa	550±165

根据表 4-3 中细观参数可以模拟得到完整红砂岩在不同围压(5 MPa、15 MPa 和 25 MPa)作用下的应力-应变曲线，同时相应给出室内三轴压缩试验应力-应变曲线[20]（图 4-17），以便进行对比分析。由图 4-17 可见，通过颗粒流模拟获得的应力-应变模拟曲线与室内试验曲线吻合较好。在低围压下，试验曲线首先是非线性变形阶段，也是初始压密阶

段。随着围压的增大，初始裂纹闭合阶段减少且变得不明显。需要注意的是，颗粒流模拟获得的应力-应变曲线没有反映初始压密阶段。进入弹性变形后，应力随应变呈线性增大，随着轴向变形的持续增加，岩样进入屈服阶段，此时应力-应变曲线逐渐由线性向非线性转化。达到峰值强度之后，轴向应力迅速降低至残余强度阶段。此外，需要特别说明的是，数值模拟获得的残余强度值比试验值低，这可能是由于 PFC^{3D} 模拟不能完全再现三维圆柱形试验结果。但本书主要分析峰前及峰值强度附近的变形破坏特征，不考虑残余强度阶段，所以这并不影响本书的研究结论。

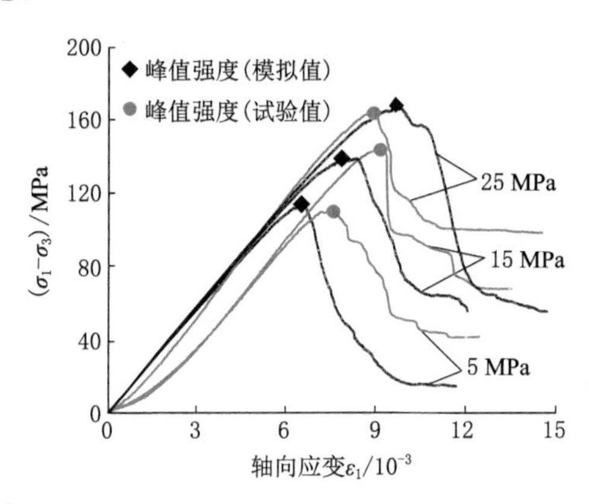

图 4-17　完整红砂岩模拟与试验应力-应变曲线对比

表 4-4 进一步给出了完整红砂岩模拟与试验获得的峰值强度及弹性模量的对比，其中，围压 5 和 35 MPa 所取得的试验值是多个重复试验的平均值。σ_S 表示峰值强度，E_S 表示弹性模量(应力-应变曲线峰前阶段近似直线段的平均斜率)，δ 表示模拟值与试验值差异(模拟值与试验值之差的绝对值与两者平均值的百分比)，下标 T 和 S 分别表示试验值和模拟值。由表 4-4 可见，颗粒流模拟与试验获得的峰值强度值差异较小，最大相差为 11.73 MPa(σ_3=35 MPa)，最大差异仅为 5.02%。弹性模量模拟值和试验值差异也较小，最大相差 3.29 GPa(σ_3=35 MPa)，最大差异为 15.50%。这表明了 PFC 模拟得到的宏观力学参数与试验值相近。

表 4-4　完整红砂岩峰值强度和弹性模量对比

σ_3/MPa	σ_{ST}/MPa	σ_{SS}/MPa	E_{ST}/GPa	E_{SS}/GPa	$\delta_{\sigma S}$/%	δ_{ES}/%
5	113.9	118.96	18.89	18.88	4.35	0.05
10	130.5	134.95	20.04	19.11	3.35	4.75
15	158.8	154.90	20.40	19.27	2.49	5.70
20	169.1	172.53	21.64	19.40	2.01	10.92
25	189.1	192.85	22.13	19.50	1.96	12.64
35	239.7	227.97	22.94	19.64	5.02	15.50

综上所述，利用 PFC 模拟红砂岩三轴压缩试验结果，能够较好地反映红砂岩的力学特性。因此，本书采用 PFC 进行断续双裂隙红砂岩三轴压缩模拟，分析围压和岩桥倾角对断

续双裂隙红砂岩宏细观力学行为的影响。

4.2.2　断续双裂隙红砂岩宏观力学行为

为分析裂隙几何分布对断续双裂隙红砂岩试样力学特性和裂纹扩展规律的影响，设计了如图 4-18 所示的裂隙分布形式。其中，裂隙长度 $2a=12$ mm，岩桥长度 $2b=16$ mm，每条预制裂隙的宽度 $d=2.0$ mm，裂隙倾角 $\alpha=30°$，岩桥倾角为 β。主要研究不同岩桥倾角 β(0°、30°、60°、90°和 120°)在不同围压 σ_3(5、10、15、20、25、35 MPa)作用下宏观强度破坏特征及其细观力学机制。

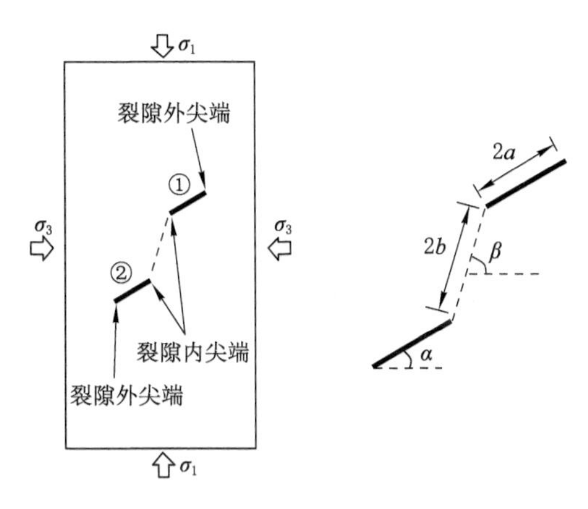

图 4-18　断续非共面双裂隙试样几何参数

图 4-19 给出了岩桥倾角对断续双裂隙红砂岩峰值强度的影响。由图可见，围压为 5 MPa时，当 β 由 0°增大到 90°时，σ_S 由 93.1 MPa 减小到 77.1 MPa；当 β 由 90°增大到 120°时，σ_S 由 77.1 MPa 增大到 91.2 MPa。而围压增大到 35 MPa 时，当 β 由 0°增大到 90°时，σ_S 由 179.9 MPa 减少到 161.4 MPa；当 β 由 90°增大到 120°时，σ_S 由 161.4 MPa 增大到 177.7 MPa。由此可见，在同等围压下，随着岩桥倾角 β 的增大，断续双裂隙红砂岩数值试样峰值强度 σ_S 呈先减小后增大的非线性变化，β 为 90°时峰值强最小。而对于相同岩桥倾角的断续双裂隙试样，围压的增大也提高了峰值强度。

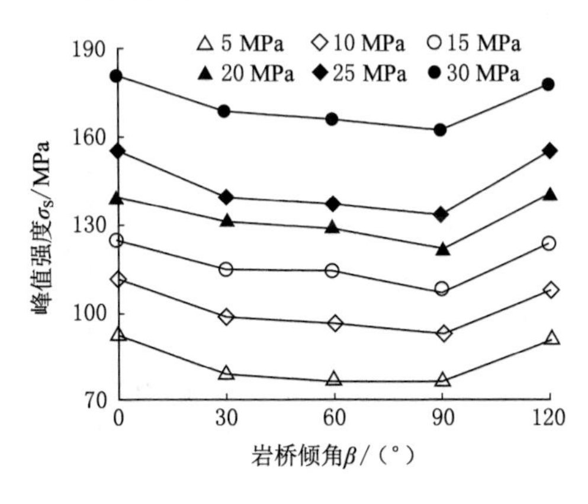

图 4-19　裂隙红砂岩峰值强度与岩桥倾角的关系

Mohr-Coulomb 准则是岩土工程中应用最广泛的强度理论之一，在以峰值强度 σ_S 和围压 σ_3 表示时，可写成 $\sigma_S = M + N\sigma_3$，简记为 $Q(M,N)$，其中，M 和 N 分别为：

$$M = 2c\cos\varphi/(1-\sin\varphi) \tag{4-1}$$

$$N = \tan^2(45+\varphi/2) \tag{4-2}$$

式中，M 和 N 均为强度准则参数。图 4-20 为断续双裂隙红砂岩数值试样峰值强度 σ_S 和围压 σ_3 的关系曲线，该曲线线性拟合相关系数 R 均近似为 1.0，这说明断续双裂隙红砂岩峰值强度 σ_S 和围压 σ_3 之间的关系能较好地采用 Mohr-Coulomb 准则来表征。基于图 4-20 的线性回归结果，结合关系式 $Q(M,N)$ 可获得基于线性 Mohr-Coulomb 准则的断续双裂隙红砂岩试样峰值强度参数。

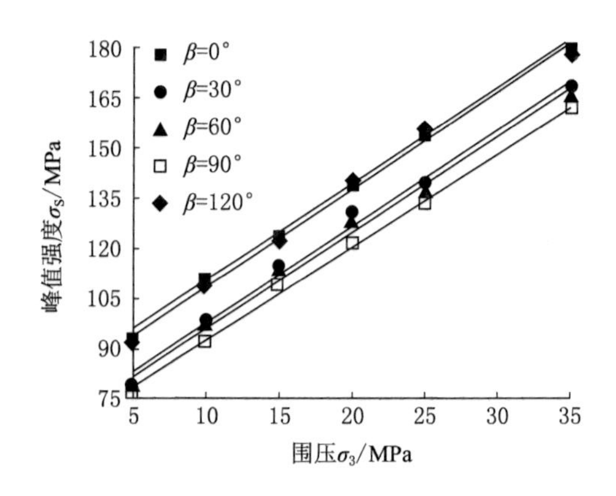

图 4-20 裂隙红砂岩峰值强度与围压之间的关系

图 4-21 给出了断续双裂隙红砂岩峰值强度参数与岩桥倾角之间的关系。断续双裂隙红砂岩黏聚力 c 和内摩擦角 φ 均小于完整试样。且黏聚力 c 和内摩擦角 φ 的降幅与岩桥倾角 β 相关，均随着 β 的增大呈非线性变化。当 β 由 0°增大到 30°时，c 由 24.28 MPa 减小到 19.78 MPa，φ 则由 28.14°增大到 29.78°；β 由 30°增大到 90°时，c 为 19.78～19.90 MPa，φ 则由 29.78°减小到 27.11°，这反映了 β 在 30°～90°范围内，岩桥倾角对断续双裂隙红砂岩黏聚力的影响不大；然而当 β 由 90°增大到 120°时，断续双裂隙红砂岩的 c 由 19.78 MPa 增大到22.93 MPa，φ 则由 27.11°增大到 29.78°。

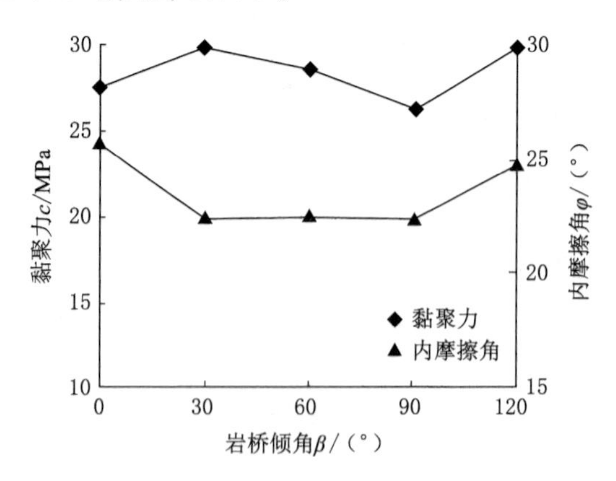

图 4-21 断续双裂隙红砂岩峰值强度参数与岩桥倾角的关系

图 4-22 给出了低围压(σ_3 = 5 MPa)作用不同岩桥倾角断续双裂隙红砂岩试样的宏观破裂模式,图中标注的数字表示裂纹扩展的先后顺序。由图 4-22 可见,当岩桥倾角 β=0°时,断续双裂隙红砂岩试样首先在预制裂隙②外尖端萌生翼裂纹 1 和反向翼裂纹 2,并沿着加载方向扩展。接着在裂隙②和①内尖端分别产生裂纹 3 和 4,在上端部产生远场裂纹 5。此后,随着轴向变形的增加,在裂隙①外尖端和内尖端分别产生裂纹 6 和 7,试样最终失稳破坏,裂隙①和②之间无贯通。当 β=30°时,断续双裂隙红砂岩试样首先在裂隙②和①外尖端产生翼裂纹 1 和 2,接着在裂隙①和②内尖端产生裂纹 3～6,裂隙①和②之间亦无贯通。当 β=60°时,断续双裂隙红砂岩试样首先在裂隙①的外内尖端分别萌生裂纹 1 和 2,然后在裂隙②的外内尖端分别萌生裂纹 3 和 4。裂纹 2 和 4 在扩展过程中汇合,使得裂隙①和②之间贯通。β=90°与 β=60°的试样宏观破裂模式相近。首先在裂隙②的外尖端产生裂纹 1,接着在裂隙①和②的内尖端分别产生裂纹 2 和 3。此后,随着轴向变形的增加,在裂隙①外尖端产生多条裂纹 4～6。在裂纹 2 和 3 扩展过程中汇合,使得裂隙①和②之间贯通。当 β=120°时,首先在裂隙①的内尖端萌生裂纹 1,接着在试样下端部产生裂纹 2。随着外载的增大,在裂隙①内尖端萌生裂纹 3,裂隙①外尖端产生裂纹 4,裂隙①和②出现两处贯通。

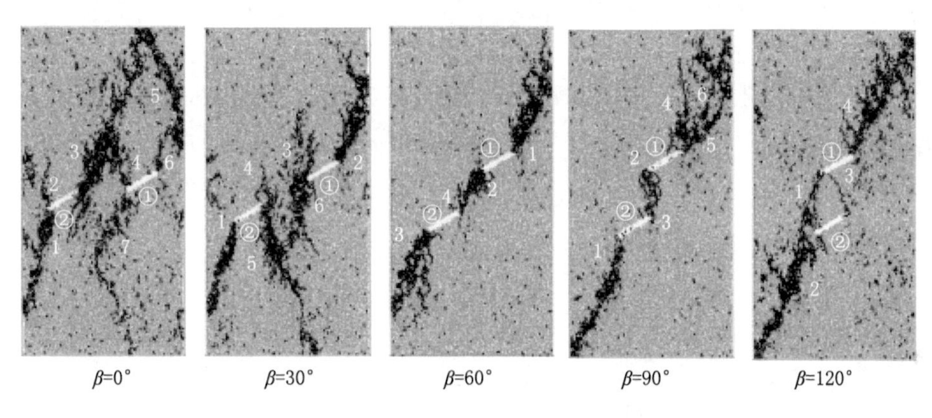

图 4-22　断续双裂隙红砂岩宏观破裂模式(σ_3 =5 MPa)

图 4-23 给出了在高围压(σ_3 =35 MPa)作用下含不同岩桥倾角的断续双裂隙红砂岩试样的宏观破裂模式。高围压作用下断续双裂隙红砂岩试样宏观破裂模式与低围压下(图 4-22)基本一致。但需要注意的是,当 β= 120°时,裂隙①和②之间只有一处贯通,这不同于低围压(σ_3 =5 MPa)作用下的贯通模式。对图 4-22 和图 4-23 中两条预制裂隙宽度的比较,不难发现,高围压作用下预制裂隙宽度变窄程度要显著高于低围压作用。同时,高围压作用下组成宏观裂纹的微裂纹密集程度要显著高于低围压作用。

综上所述,当断续双裂隙红砂岩试样 β 为 0°和 30°时,两者裂纹扩展模式相近,裂隙①和②之间无贯通;当 β 为 60°和 90°时,两者裂纹扩展模式相近,裂隙①和②之间出现一处贯通;当 β 为 120°时,在低围压下裂隙①和②之间出现两处贯通,在高围压下裂隙①和②之间只出现一处贯通。

4.2.3　断续双裂隙红砂岩细观力学响应

岩石材料宏观断裂损伤是试样细观微裂纹产生、扩展和贯通的体现。PFC 能记录模拟

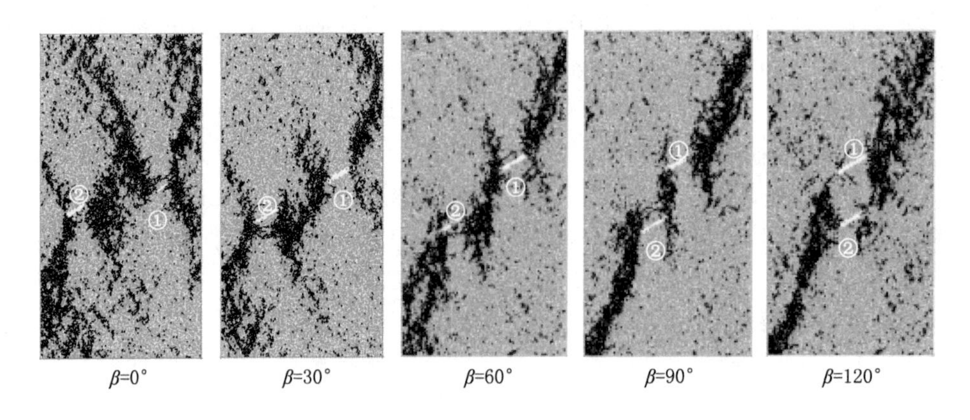

图 4-23　断续双裂隙红砂岩宏观破裂模式(σ_3＝35 MPa)

过程中微裂纹的分布和数目、接触力场及平行黏结力的分布和大小等信息。为研究不同围压作用下，断续双裂隙红砂岩试样内部微裂纹的发育特征，绘制了微裂纹与轴向应变关系曲线，如图 4-24 所示。从图中可见，不同围压作用下，随着轴向变形的增加，完整红砂岩试样内部微裂纹数目的演化规律近似，即先缓慢增长，接着快速增长，最后逐渐趋于稳定状态。在峰值应变附近，特别是峰值应变之后一定阶段内，微裂纹扩展速度最快，呈陡增趋势。而且在较高围压作用下曲线的斜率一般小于较低围压作用，这意味着高围压的存在限制了微裂纹的扩展速率。

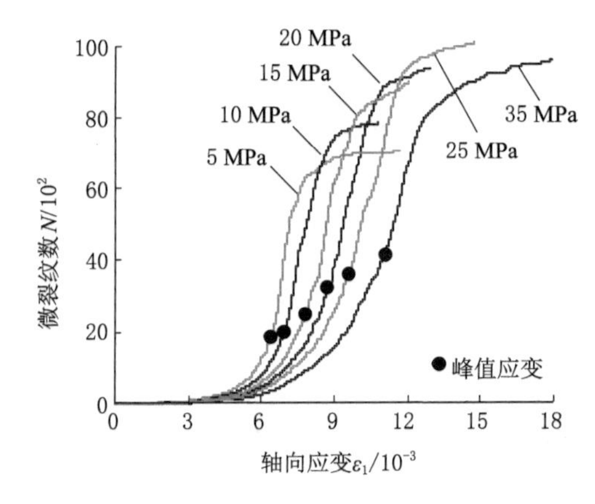

图 4-24　不同围压下完整红砂岩微裂纹数演化曲线

为揭示断续双裂隙红砂岩试样在不同围压作用下裂纹扩展的细观力学机制，对裂纹扩展过程接触力、平行黏结力分布进行跟踪和记录。表 4-5 给出了围压为 20 MPa 时，含不同岩桥倾角断续双裂隙红砂岩试样在峰值强度时，颗粒之间最大接触力和最大平行黏结力的数值。从表 4-5 中不难看出，最大接触力和最大平行黏结力均随着岩桥倾角的增大，呈先减小后增大的非线性变化规律。与图 4-19 比较不难发现，断续双裂隙红砂岩试样最大接触力和最大黏结力的变化规律与峰值强度的变化规律相同，这意味着宏观峰值强度的变化规律在细观力学上得到体现。当岩桥倾角由 0°增大到 90°时，断续双裂隙红砂岩试样最大接触力由 235.7 kN 减小到 168.9 kN，最大平行黏结力由 134.4 kN 减小到88.91 kN。由此可知，随着岩桥倾角的增大，萌生裂纹所需克服的力减小，在宏观上表现为强度减小。而当岩桥倾角由 90°°增大到 120°时，最大接触力由 168.9 kN 增大到 231.3 kN，最大平行黏结力由 88.91 kN增大到 105.1 kN，萌生裂纹所需克服的力增大，在宏观上表现为强度增大。

表 4-5　峰值阶段粒间最大接触力和平行黏结力(σ_3 = 20 MPa)

岩桥倾角 β/(°)	最大接触力/kN	最大平行黏结力/kN
0	235.7	134.40
30	226.5	123.40
60	180.8	100.80
90	168.9	88.91
120	231.3	105.10

图 4-25 给出了岩桥倾角为 60°断续双裂隙红砂岩试样在低围压(5 MPa)作用下，轴向偏应力与微裂纹总数之间的关系，并给出了对应的接触力、平行黏结力以及微裂纹的分布特征。Ⅰ属于弹性变形阶段，对应的轴向应力为 43.46 MPa(60%σ_p)和轴向应变为 2.54×10^{-3}。此时最大接触力 71.12 kN，最大平行黏结力 44.74 kN。接触力集中区和平行黏结集中区主要在裂隙的尖端，如图 4-25(b)和图 4-25(c)所示。由图 4-25(d)可知，试样中随机分布微裂纹，但在裂隙尖端分布较为密集，说明已发生局部破裂且可能会在裂隙尖端首先产生宏观裂纹。此时，试样内共产生了 67 个微裂纹。此后，随着轴向变形的增加，岩样达到峰值强度(即点Ⅱ)时，最大接触力 168.1 kN，最大平行黏结力 79.01 kN。接触力集中区和平行黏结集中区主要在裂隙的尖端。由图 4-25(d)可知，在裂隙尖端形成翼裂纹，并近似沿着轴向加载方向扩展，在岩桥位置也分布着一些裂纹。此时，试样内共产生了 763 个微裂纹。当岩样进入峰后阶段点Ⅲ时，对应的轴向应变为 5.21×10^{-3}，对应的轴向应力为50.71 MPa(70%σ_p)。此时最大接触力 243.7 kN，最大平行黏结力 103.9 kN。由图 4-25(d)可知，试样宏观破裂模式已经形成。此时，试样内共产生了 1 832 个微裂纹。

图 4-26 给出了岩桥倾角为 60°断续双裂隙红砂岩试样在高围压(35 MPa)作用时，轴向偏应力与微裂纹总数之间的关系，图中标注的Ⅰ、Ⅱ和Ⅲ点对应偏应力水平与图 4-25(a)相同。在高围压作用下，断续双裂隙红砂岩轴向偏应力、颗粒间接触力、平行黏结力和微裂纹数目都远大于低围压作用(图 4-25)。

图 4-27 给出了岩桥倾角为 60°断续双裂隙红砂岩试样在不同围压作用下微裂纹演化曲线。从图中可见，随着轴向变形的增加，不同围压作用下断续双裂隙红砂岩试样内部微裂纹数目的演化规律近似相同，即先缓慢增长，接着快速增长，最后逐渐趋于稳定状态。在峰值应变之后一定阶段内，微裂纹扩展速度最快。与图 4-24 相比，同等围压作用下，断续双裂隙红砂岩微裂纹扩展速率较低，且裂隙红砂岩微裂纹数目也远小于完整红砂岩，这说明内置裂隙会限制微裂纹扩展，从而也减少了微裂纹数目。

图 4-28 给出了在高围压(σ_3＝35 MPa)作用下，含不同岩桥倾角断续双裂隙红砂岩试样微裂纹演化情况。从图中可见，随着轴向变形的增加，在相同围压作用下，含不同岩桥倾角断续双裂隙红砂岩试样内部微裂纹数目的演化规律近似相同，即先缓慢增长，接着快速增长，最后逐渐趋于稳定状态。当岩桥倾角由 0°增大至 90°时，微裂纹数目随倾角的增大呈减

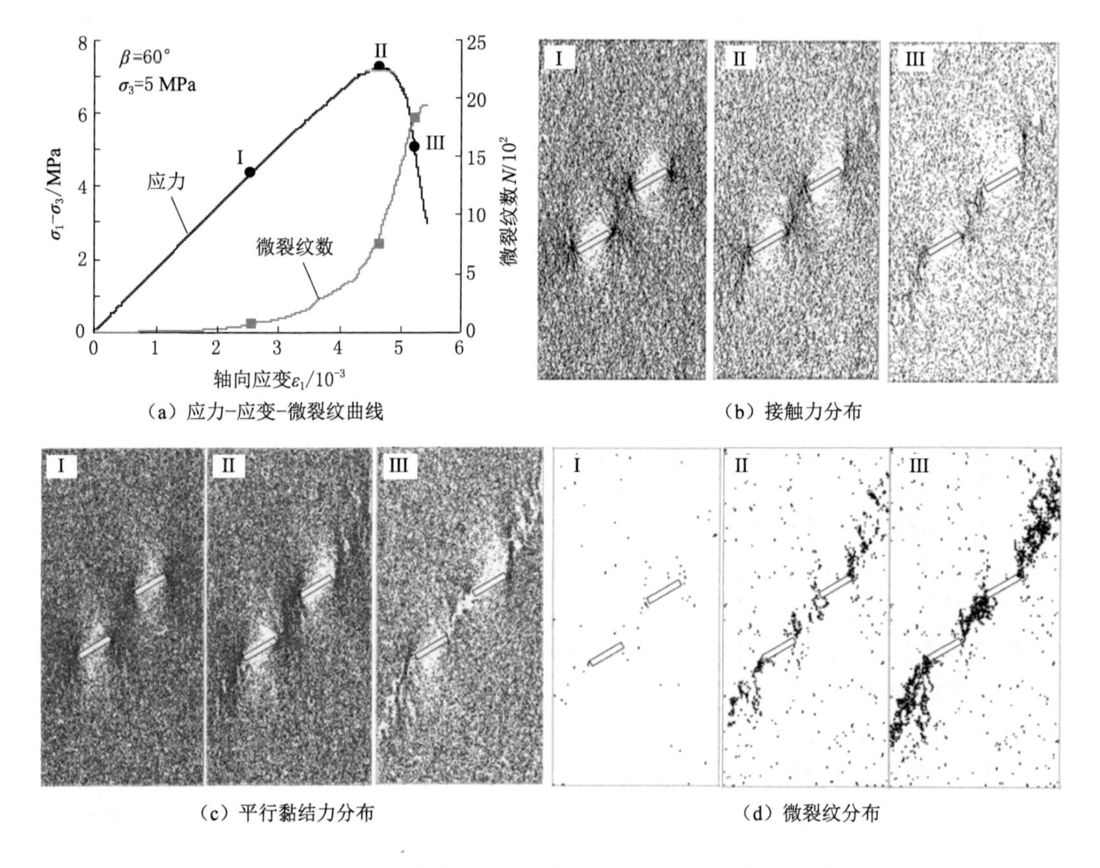

（a）应力-应变-微裂纹曲线

（b）接触力分布

（c）平行黏结力分布

（d）微裂纹分布

图 4-25　断续双裂隙红砂岩试样细观力场演化和微裂纹扩展

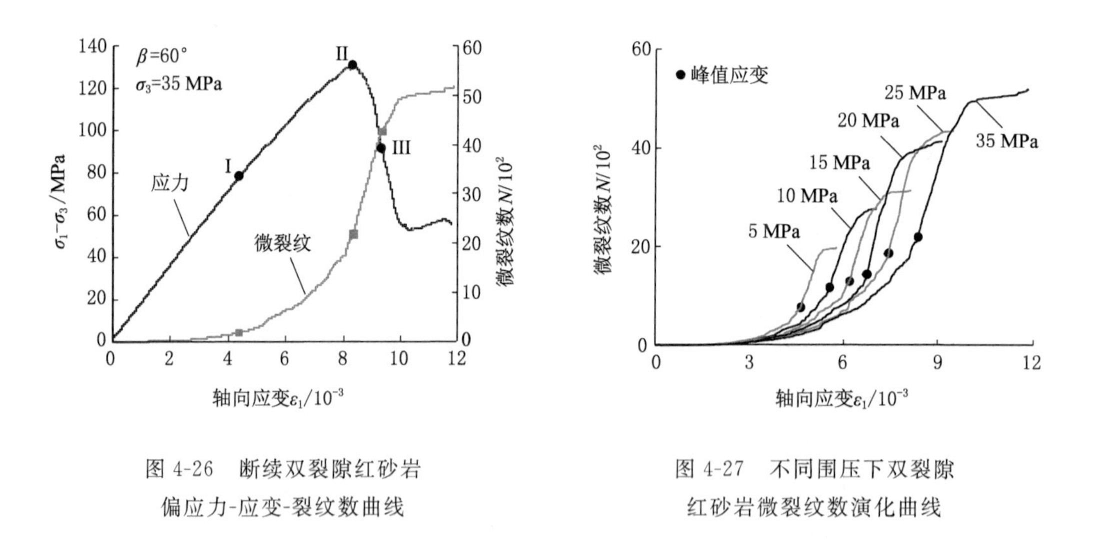

图 4-26　断续双裂隙红砂岩偏应力-应变-裂纹数曲线

图 4-27　不同围压下双裂隙红砂岩微裂纹数演化曲线

小趋势；但是，当岩桥倾角由 90°增大到 120°时，微裂纹数目随倾角的增大而增大，这意味着预制裂隙重叠会增大微裂纹数目。

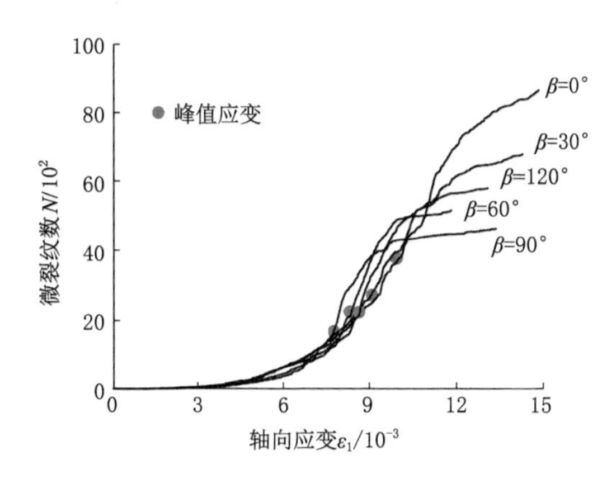

图 4-28　不同岩桥倾角断续双裂隙红砂岩微裂纹演化曲线（$\sigma_3=35$ MPa）

4.2.4　本节小结

（1）颗粒流模拟的不同围压下完整红砂岩的力学行为与试验结果吻合较好。围压的增加在细观上提高了颗粒之间的接触和黏结力，在宏观上表现为强度增大。高围压的存在限制了微裂纹的扩展速率。

（2）完整和断续双裂隙红砂岩峰值强度与围压的关系均可以用 Mohr-Coulomb 准则表征。与完整红砂岩相比，断续双裂隙红砂岩的黏聚力和内摩擦角均减小，且降幅与岩桥倾角 β 密切相关。黏聚力和内摩擦角随着岩桥倾角 β 的变化，均呈非线性变化关系。

（3）当断续双裂隙红砂岩试样 β 为 0°和 30°时，两者裂纹扩展模式相近，裂隙①和②之间无贯通；当 β 为 60°和 90°时，两者裂纹扩展模式相近，裂隙①和②之间出现一处贯通；当 $\beta=120°$时，在低围压下裂隙①和②之间出现两处贯通，在高围压下裂隙①和②之间只出现一处贯通。

（4）颗粒之间接触力和平行黏结力首先在裂隙尖端出现应力集中区，这与裂纹首先在裂隙尖端产生相一致。当应力增大到一定程度之后，颗粒之间黏结断裂，微裂纹不断产生、汇集和贯通，最终形成宏观裂纹，使得试样发生失稳破坏。

4.3　不同围压下交叉节理砂岩强度及破坏特征 PFC^{2D}模拟

在节理岩体试验及数值模拟中，含一条或一组平行节理岩体的力学行为的研究成果报道较多，但在实际中，岩石工程可能含有多条甚至多组交叉节理岩体。由于含两组及以上交叉节理真实岩石材料取样困难，Kulatilake 等[21]对含两组交叉节理岩体进行了相似材料试验及离散元模拟研究，观察到劈裂、滑移及复合破裂模式，但他们仅进行了倾角为 0°～40°较小范围节理岩体的单轴压缩试验及模拟，而没有涉及较大倾角和不同围压作用下交叉节理岩体三轴压缩试验。考虑到目前对于含两组及以上交叉节理岩体力学特性的研究还较少，因此，本节首先利用离散元方法—颗粒流程序（PFC）构建交叉节理岩体模型，采用一组经室内试验标定的细观参数模拟节理岩体，进行单轴及三轴压缩模拟，分析节理数量、节理倾角以及围压等对节理岩体强度和破坏特性的影响，并利用颗粒流程序在细观机理分析中的优势，探讨宏观破坏中细观场的演化规律[22]。

4.3.1 细观参数及节理岩体模型

(1) 细观参数选择

本节细观参数验证针对的是取自山东省临沂市的一组脆性砂岩。通过反复调试，最终获得一组能够反映脆性砂岩宏观力学特性的细观参数，如表 4-6 所示。图 4-29 给出了完整砂岩试样数值模拟和室内试验应力-应变曲线及最终破裂模式对比。模拟获得的应力-应变曲线与试验曲线较为吻合。由应力-应变曲线可知，模拟与试验获得的峰值强度和弹性模量(按峰值阶段近似直线段平均斜率取值)之间的差异很小。数值试样在单轴压缩下产生多条轴向拉伸裂纹，最终破裂模式与室内结果较为相似。数值模拟与试验结果对比表明 PFC 能够再现砂岩室内试验破裂特征，验证了表 4-6 所示细观参数的合理性。

表 4-6 完整脆性砂岩试样细观参数

参数	取值	参数	取值
颗粒最小半径/mm	0.3	摩擦系数	0.35
颗粒粒径比	1.6	平行黏结模量/GPa	24.25
颗粒密度/(kg/m^3)	2 650	平行黏结刚度比	1.3
颗粒模量/GPa	24.25	平行黏结法向强度/MPa	113±18.08
颗粒刚度比	1.3	平行黏结切向强度/MPa	180.08±29.93

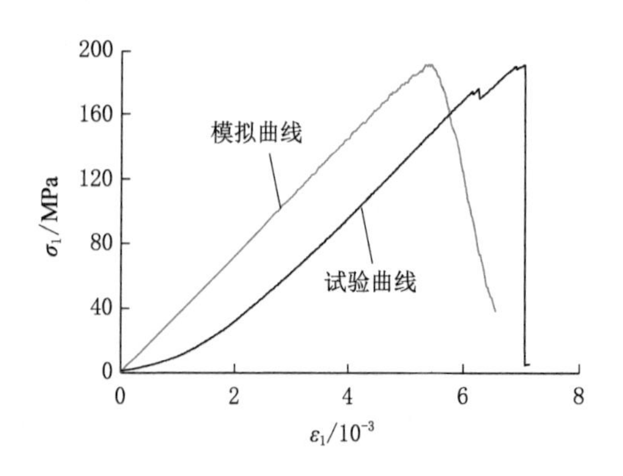

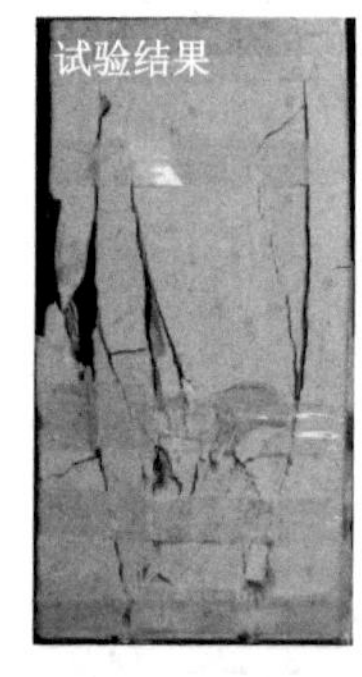

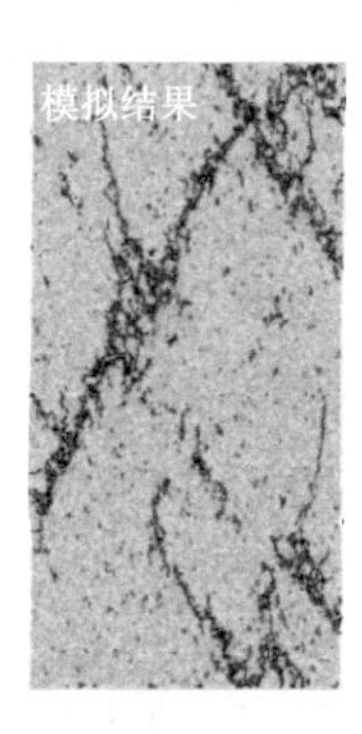

图 4-29 完整砂岩试样数值模拟与室内试验结果对比

(2) 节理岩体模型构建

在完整岩石的基础上，通过 JSET 命令可以添加节理面，构建不同分布形式的节理岩体。PFC 中节理指的是位于指定平面两侧颗粒之间的一种特殊接触。图 4-30 为本节构建的含两组交叉分布贯通节理岩体，为便于区分将节理面穿过的颗粒用粉色表示。节理间距 $2b$ 取值 15 mm，每条节理均贯穿试样。根据已有研究成果，如 Kulatilake 等[21]，宋英龙等[23]，以及 Park 和 Song[24] 为模拟出弱面效果，在数值模型中节理面参数取值很小。因此本书节理面摩擦系数取 0.1，法向和切向黏结强度取 0。

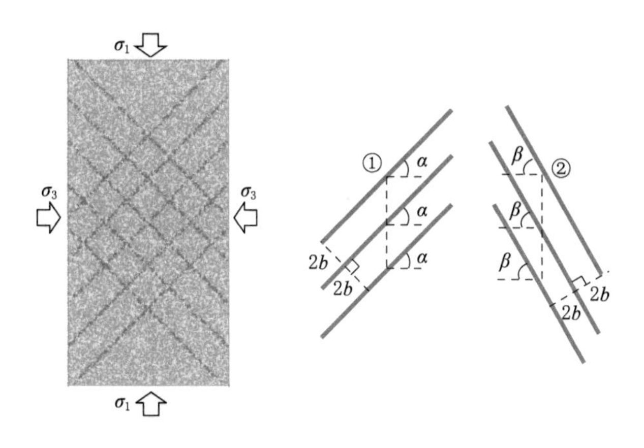

图 4-30 含两组交叉节理岩体数值模型

4.3.2 节理岩体强度分析

(1) 节理数量影响

图 4-31 给出了含不同节理数量节理岩体单轴压缩应力-应变曲线及节理数量与宏观力学参数之间的关系曲线。由图 4-31(a)可见，节理岩体与完整岩石应力-应变曲线之间的差异较大，表现在节理岩体峰前曲线的斜率小于完整岩石，说明节理面易发生变形。节理岩体峰值强度小于完整岩石，意味着岩石中含有节理会降低强度。节理岩体峰后应力降低速率小于完整岩石，这表明节理岩体更容易表现出延性破坏。为此，图 4-31(b)和图 4-31(c)进一步给出了节理数量对峰值强度和弹性模量的影响曲线。由图 4-31(b)中可知，在模拟范围内，节理岩体的峰值强度仅为完整岩石的 37.3%～65.8%，节理对峰值强度有显著的降低作用。峰值强度随着节理数量的增加近似线性减小，可用关系式 $\sigma_p=-3.73n+132.93$ 表达。而在图 4-31(c)中，弹性模量为完整岩石的 82.7%～96.3%。弹性模量随着节理数量的增大逐渐减小，线性表达式为 $E_S=-0.37n+34.48$。由此可见，节理对峰值强度衰减作用比弹性模量更为强烈。

(2) 节理倾角影响

图 4-32 给出了不同节理倾角节理岩体单轴压缩应力-应变曲线及节理倾角与峰值强度之间的关系曲线。由图 4-32(a)可见，首先节理岩体应力随着变形的增大，其近似线性增大，之后非线性增大至峰值强度，峰值强度之后应力开始跌落。从图 4-32(a)中不难看出，节理倾角对峰值强度的影响非常明显。因此，图 4-32(b)给出节理组①倾角 α 和节理组②倾角 β 与峰值强度关系三维图。由图 4-32(*b*)可见，节理岩体峰值强度同时受到倾角 α 和 β 的共同影响，且 α 和 β 对强度的影响规律相似，即峰值强度随着节理倾角 α 或 β 的增大呈先减小后增大的变化趋势，在倾角为 75°附近时有最小值。峰值强度出现这样的变化规律，与其破裂模式密切相关。当倾角为 0°～30°，试样发生张性破坏，试样主要靠完整岩石部分承载，因此其强度较高；而倾角为 45°～75°，试样主要发生沿节理滑移破坏，试样主要靠节理面承载，而节理面为弱面，强度极低，导致试样的强度较低；而当节理倾角增大到 90°时，试样易发生张性滑移破坏，试样由完整岩石和节理面共同承载，因此其强度也较高。

(3) 围压影响

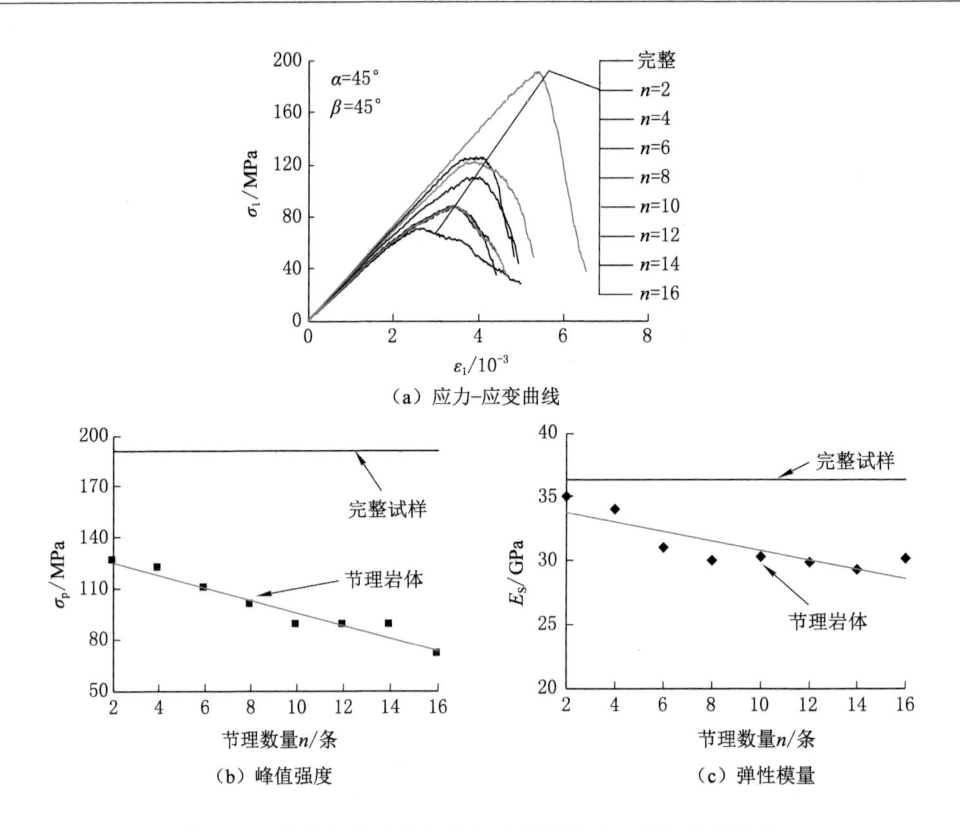

图 4-31　节理数量对应力-应变曲线和宏观力学参数的影响

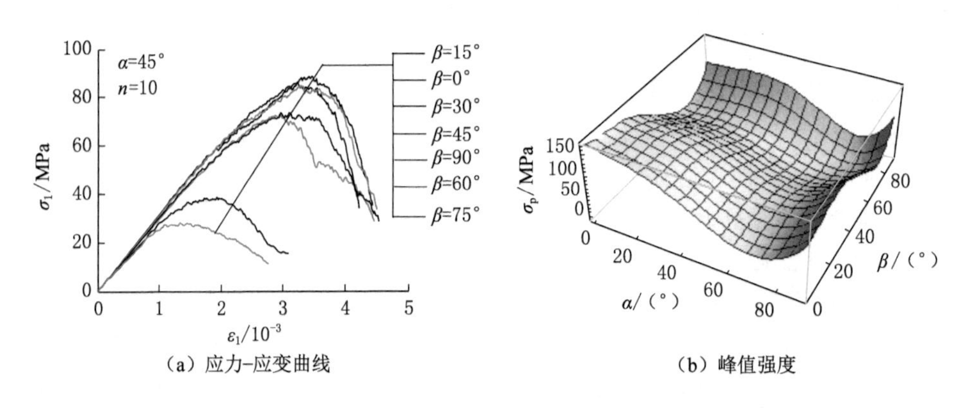

图 4-32　节理倾角对应力-应变曲线和峰值强度的影响

图 4-33 给出了不同围压作用下，节理岩体轴向偏应力-应变曲线及峰值强度与围压之间的关系曲线。由图 4-33(a)可见，节理岩体在不同围压作用下经历弹性变形、非线性变形、峰后破坏及残余强度等阶段。在围压作用下，轴向偏应力-轴向应变曲线峰前阶段和峰后阶段的斜率变化并不明显，但侧向变形随着围压的增大而逐渐减小，这意味着围压会限制试样的横向变形。此外，峰值强度受围压的影响显著。如图 4-33(b)所示，节理岩体峰值强度随着围压的增大显著提高，这与围压增大会限制节理岩体的横向变形相关；同时，由于围压增大抑制滑移摩擦特性得以改善，因此节理岩体的承载能力提高。

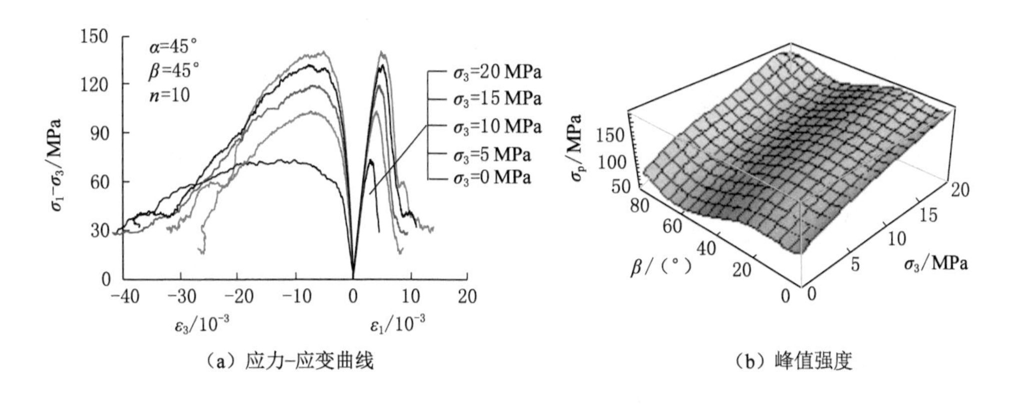

(a) 应力-应变曲线　　(b) 峰值强度

图 4-33　围压对应力-应变曲线及峰值强度的影响

4.3.3　节理岩体裂纹扩展分析

(1) 宏观破裂模式

图 4-34 给出了节理数量、节理倾角及围压对破裂模式的影响。图 4-34(a)所示为单轴压缩下节理数量对节理岩体破裂模式的影响。如果保持节理倾角($\alpha=45°$,$\beta=15°$)不变,那么含不同节理数量的节理岩体均表现为张性滑移破坏。在模拟范围内,节理数量对节理岩体的破裂模式影响不明显,这与刘红岩等[25]认为节理条数增加,没有改变单节理岩体破裂模式。但由图 4-34(a)可见,节理数量会影响节理岩体破裂程度,节理数量增大,节理岩体破裂更为严重。图 4-34(b)所示为单轴压缩下节理倾角对节理岩体破裂模式的影响。在单轴压缩下,保持节理组①倾角($\alpha=0°$)和节理数量($n=10$)不变,当节理倾角 $\beta=0°$时,节理岩体主要发生张性破坏,节理面基本不发生破裂。当倾角 $\beta=45°$时,节理岩体会发生张性滑移破坏;而当倾角 $\beta=75°$时,节理岩体主要沿节理发生滑移破坏,被分割成多块。图 4-34(c)所示为三轴压缩下不同围压对节理岩体破裂模式的影响。保持节理倾角($\alpha=45°$,$\beta=30°$)和节理数量($n=10$)不变,在单轴及较低围压($\sigma_3=5$MPa)作用下,节理岩体主要发生张性滑移破坏;而当围压增大到 20 MPa 时,节理岩体主要发生剪切滑移破坏。

苏承东等[26]、刘红岩等[27]和孙旭曙等[28]根据试验结果,将单节理岩体的破坏模式分为沿节理面破坏、穿切节理面破坏以及复合破坏模式。综上分析可知,含两组交叉节理岩体在单轴及三轴压缩下破坏形式可分为张性破坏、沿节理滑移破坏、穿节理剪切破坏、张性滑移破坏及剪切滑移破坏等 5 种模式,如图 4-35 所示。

(2) 破裂扩展过程分析

分析节理岩体裂纹扩展过程,有助于认识不同应力状态下节理岩体变形破坏特征。在室内试验中需借助照相量测、声发射等手段进行监测,特别是在三轴压缩状态下难以直观观察裂纹扩展的过程尤为重要。但在 PFC 中,通过 Fish 函数可以实时监测变形过程中节理岩体的破裂形态、微裂纹演化以及细观场分布特征等。下面将分别举例分析节理岩体 5 种不同破裂模式的裂纹扩展过程。

① 张性破坏

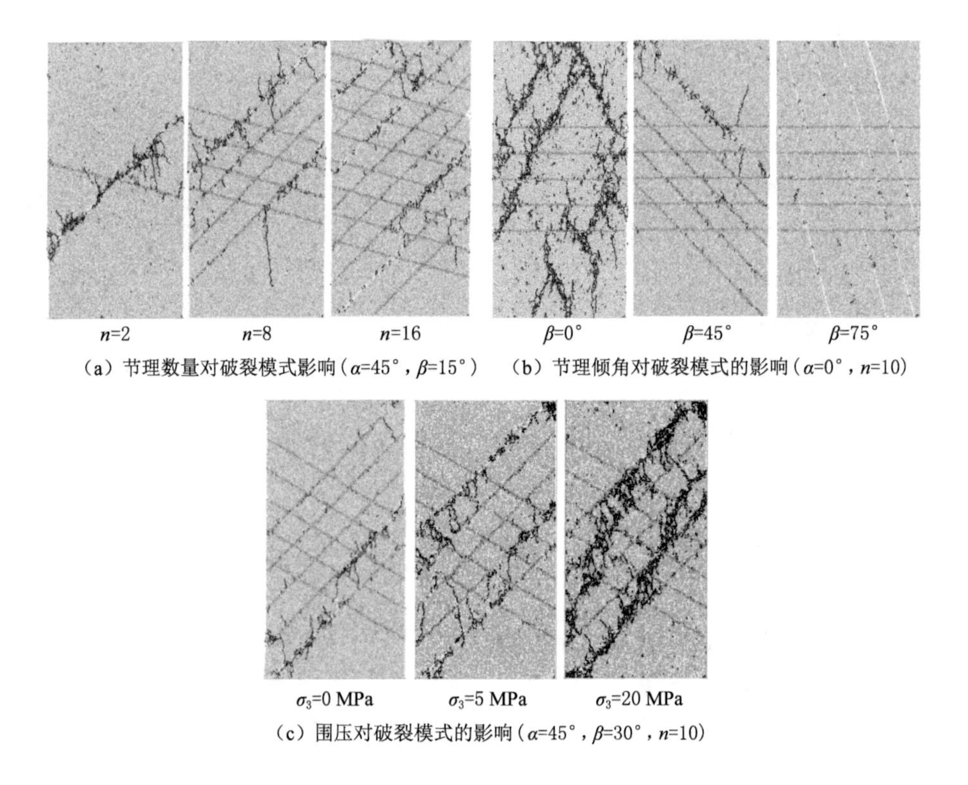

(a) 节理数量对破裂模式影响(α=45°, β=15°)　(b) 节理倾角对破裂模式的影响(α=0°, n=10)

(c) 围压对破裂模式的影响(α=45°, β=30°, n=10)

图 4-34　节理数量、节理倾角及围压对破裂模式的影响

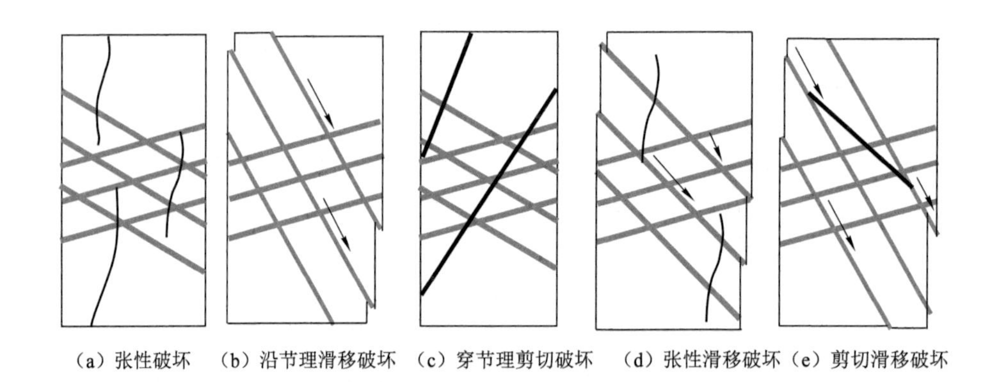

(a) 张性破坏　(b) 沿节理滑移破坏　(c) 穿节理剪切破坏　(d) 张性滑移破坏　(e) 剪切滑移破坏

图 4-35　节理岩体 5 种宏观破裂模式

图 4-36 为单轴压缩下,节理岩体在 $\alpha=0°$,$\beta=30°$时裂纹扩展过程。从图可见,在裂纹萌生初始阶段,微裂纹在试样中随机分布,当轴向应力为 106.68 MPa(约为 75%σ_p)时,试样内产生的微裂纹数约为 85 个。当轴向应力增大至峰值强度前 97%($\sigma_1=138.74$ MPa)时,微裂纹开始聚合贯通,形成宏观裂纹。在应力达到峰值强度时,试样中已经分布了多条宏观轴向拉伸裂纹。此后,不断有微裂纹萌生,宏观裂纹也不断扩展。最终,产生的拉伸微裂纹约 3 825 个,剪切微裂纹约 68 个,试样呈轴向拉伸破坏。

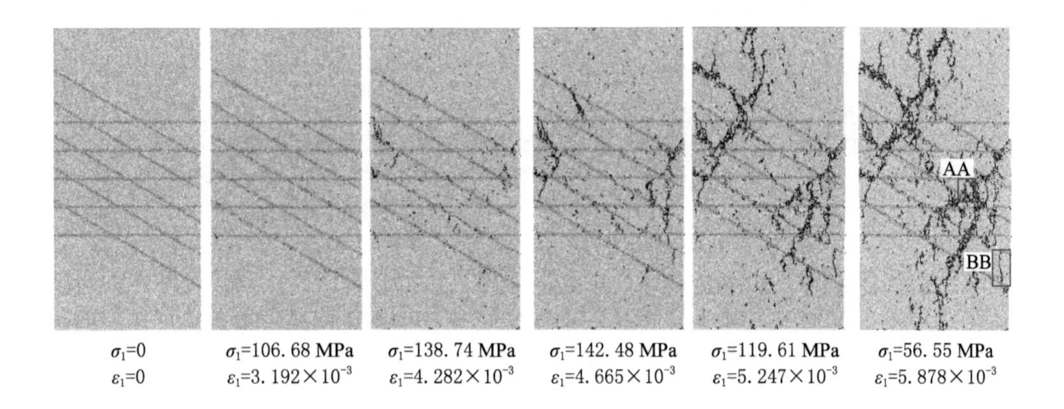

图 4-36　节理岩体单轴压缩裂纹扩展过程($\alpha=0°,\beta=30°$)

② 沿节理滑移破坏

单轴压缩下，节理岩体在 $\alpha=0°$、$\beta=75°$时裂纹扩展过程，如图 4-37 所示。在峰前阶段，试样内产生的微裂纹很少。当应力达到 29. 50 MPa 时，部分节理面开始发生破裂。随着应力增加，变形不断发展，节理面破坏更加明显。在峰后阶段 22. 59 MPa 时，试样内部分节理面发生了贯通破裂。在最终阶段时，节理组②几乎都发生贯通破坏，试样被划分成块体，但其微裂纹数很少，仅约为 197 个。

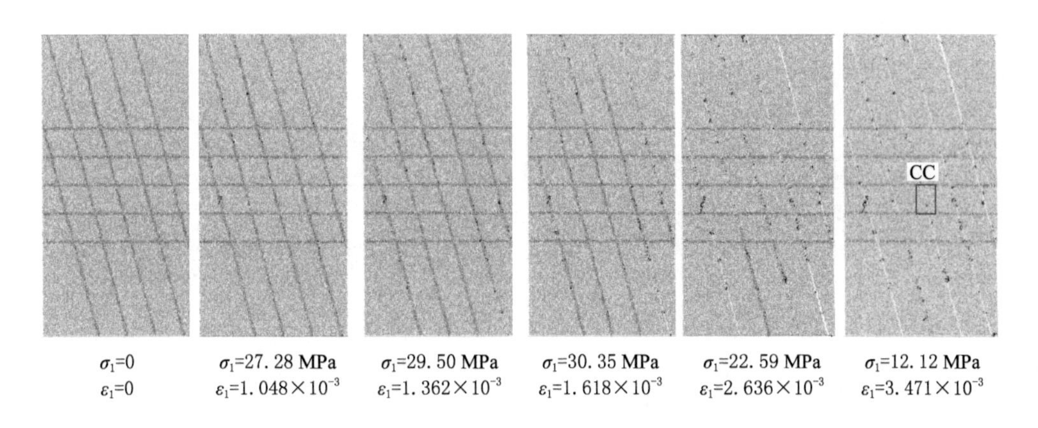

图 4-37　节理岩体单轴压缩裂纹扩展过程($\alpha=0°,\beta=75°$)

③ 穿节理剪切破坏

在围压 $\sigma_3=20$ MPa 作用和三轴压缩下节理岩体($\alpha=0°,\beta=30°$)的裂纹扩展过程，如图 4-38所示。在弹性变形阶段，试样中逐渐产生微裂纹，且随机分布。直到应力达到峰值强度 226. 28 MPa 时，部分微裂纹才开始发生贯通。当应力为峰后约 97%($\sigma_1=220.53$ MPa)时，已经形成了较为明显的宏观剪切裂纹。随着变形的继续增大，当变形增大至 7.816×10^{-3}时，对应应力为 119. 77 MPa。此时，试样中已经形成了两条交叉贯穿试样的宏观剪切裂纹，即使应力降低至残余强度阶段，节理面也未发生明显的破裂，试样最终呈穿节理剪切破坏。

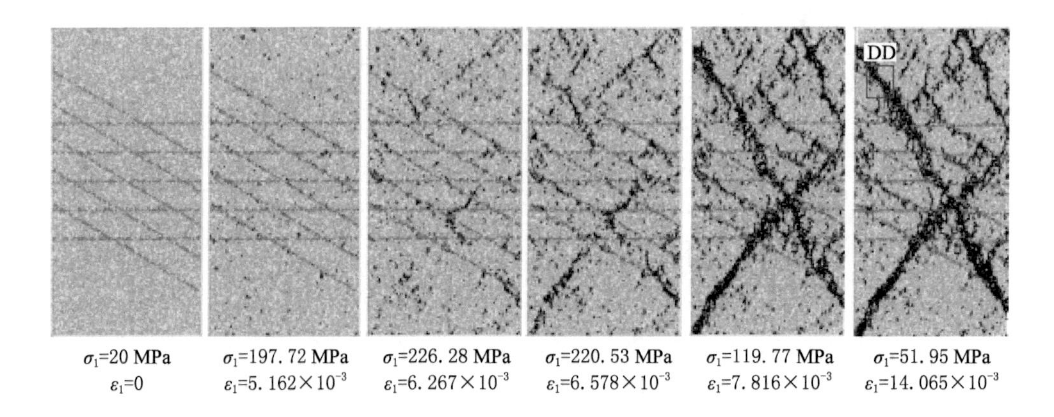

图 4-38　节理岩体三轴压缩裂纹扩展过程($\alpha=0°$,$\beta=30°$,$\sigma_3=20$ MPa)

④ 张性滑移破坏

图 4-39 为单轴压缩下,节理岩体在 $\alpha=0°$,$\beta=45°$时裂纹扩展过程。从图可知,在变形演化过程中,试样内裂纹不断扩展。在峰后 83.34 MPa 时,节理组②最上端节理开始发生破坏,轴向拉伸裂纹也开始萌生,最终表现为沿节理滑移破坏和轴向拉伸破坏。

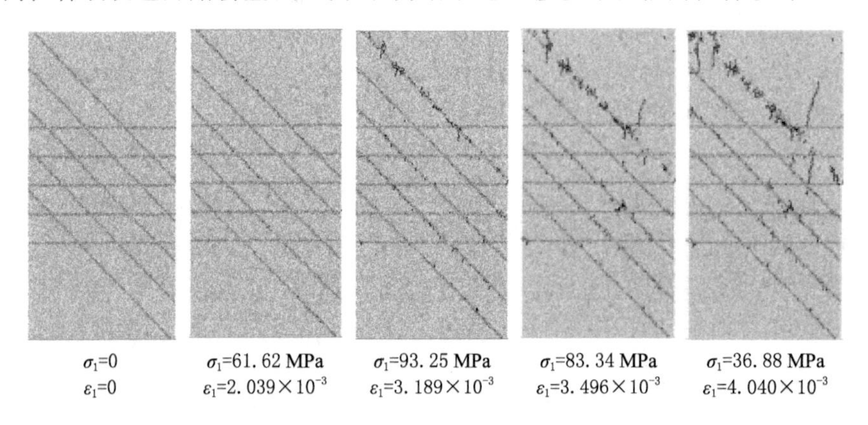

图 4-39　节理岩体单轴压缩裂纹扩展过程($\alpha=0°$,$\beta=45°$)

⑤ 剪切滑移破坏

图 4-40 为围压 $\sigma_3=20$ MPa 作用和三轴压缩下,节理岩体($\alpha=0°$,$\beta=75°$)的裂纹扩展过程。当应力在峰后 136.76 MPa 时,节理组②左下端节理开始发生破裂。随着变形的继续增大,当应力降至 106.87 MPa 时,试样中裂纹贯通使得宏观剪切裂纹形成。在残余强度阶段,剪切裂纹两端与节理面滑移破裂汇合,最终发展成为沿节理滑移以及穿节理剪切组合破坏。

4.3.4　细观位移场讨论

在 PFC 中,通过监测裂纹扩展过程中颗粒的运动发展过程,分析其细观位移分布有助于揭示裂纹扩展细观机理[29-31]。图 4-41 给出了宏观拉伸裂纹、沿节理滑移及穿节理剪切裂纹对应的细观位移分布形式。图中标注的字母对应于图 4-36 至图 4-38 中的字母,并还添加了位移趋势箭头。图 4-41(a)为第一种拉伸裂纹细观位移场分布形式,它们首先以相同的

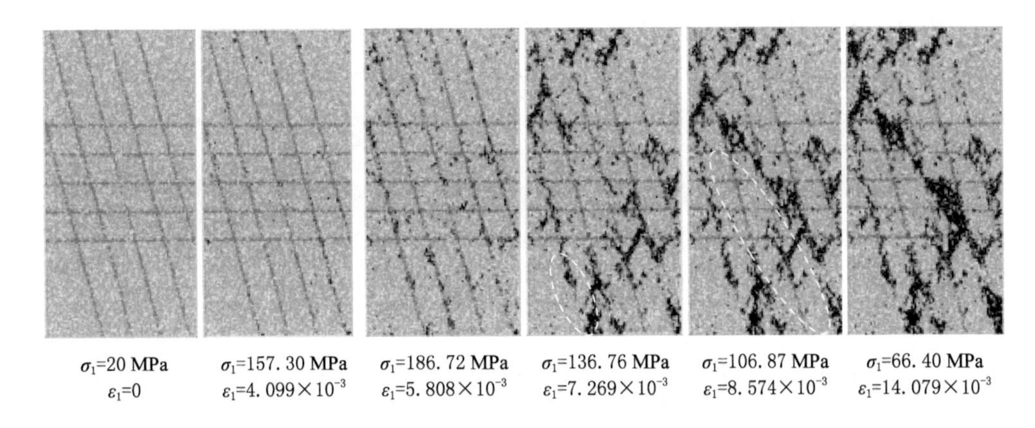

图 4-40　节理岩体三轴压缩裂纹扩展过程($\alpha=0°$，$\beta=75°$，$\sigma_3=20$ MPa)

方向运动，随后颗粒分离运动，从而产生微裂纹。图 4-41(b)为第二种拉伸裂纹细观位移场分布形式，颗粒先以相同方向运动，然后其中一部分改变运动方向，由此产生微裂纹。这两种拉伸裂纹细观位移分布形式与 Zhang 和 Wong[32] 研究结论相似。图 4-41(c)为沿节理滑移破坏细观位移场分布形式，节理面左侧的颗粒近似垂直向上运动，而节理面右侧的颗粒近似水平向右运动，它们运动方向接近垂直，这种剪切作用导致节理面发生滑移破坏。图 4-41(d)为宏观穿节理剪切裂纹细观位移场分布形式，裂纹两侧的颗粒近似平行反向运动，显著的剪切作用使得宏观剪切裂纹萌生。

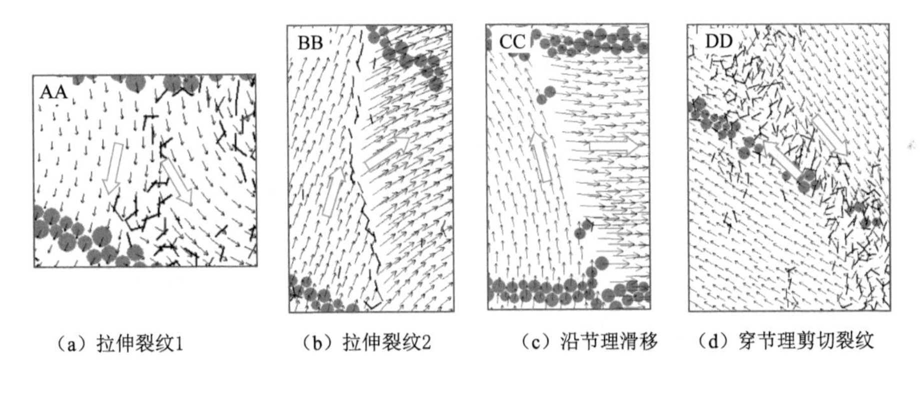

(a) 拉伸裂纹1　　(b) 拉伸裂纹2　　(c) 沿节理滑移　　(d) 穿节理剪切裂纹

图 4-41　宏观裂纹的细观位移分布形式

4.3.5　本节小结

本书开展了一系列含两组交叉节理砂岩单轴及三轴压缩数值模拟，主要分析了节理岩体的强度和破坏特性，并探讨了裂纹扩展过程细观位移场演化特征，主要得到以下结论：

(1) 与完整岩石相比，节理岩体强度明显降低。其峰值强度随着节理数量的增加，近似线性减小；随着节理倾角的增大呈先减小后增大非线性变化趋势，并随着围压的增大而提高。

(2) 节理岩体表现为张性破坏、沿节理滑移破坏、穿节理剪切破坏、张性滑移破坏及剪切滑移破坏等 5 种破裂模式。

(3) 节理岩体破裂模式主要取决于节理倾角。单轴压缩下,当节理倾角较小时主要发生张性破坏;随着倾角的增大,表现为张性剪切或沿节理面滑移破坏。在围压作用下,试样表现为剪切破坏或剪切滑移破坏。节理数量增加会加剧试样破坏程度,但不改变其破裂模式。

(4) 本次模拟观察到宏观拉伸裂纹细观位移分布有两种,即颗粒向两侧运动以及其中一侧颗粒改变运动方向。沿节理滑移破坏是由于节理面两侧颗粒运动近似垂直方向,而穿节理剪切破坏是由于节理面两侧颗粒运动近似平行反向,显著的剪切作用导致裂纹产生。

4.4 单裂隙煤样三轴压缩破裂力学行为 PFC^{3D}模拟

煤样属于沉积岩,内部存在大量空隙、裂隙和层理等缺陷,在开采过程中常作为承载结构,所以研究煤的力学行为对煤矿的安全生产至关重要。为了更加清楚地认识煤样的力学特征,已有学者已经进行了大量研究。然而,由于煤样预制节理较困难,所以关于节理的几何参数对煤样力学特性的研究较少。本节使用 PFC^{3D}程序首先对煤样常规三轴试验进行细观参数验证;然后,使用该细观参数生成试样;最后,研究不同倾角预制裂隙对煤样宏观力学行为和细观力学行为的影响。

4.4.1 细观参数验证

PFC 是一种常被用于模拟岩石力学行为的离散元软件,使用刚性球体模拟岩样中的晶体颗粒,连接模拟颗粒间的黏结。试样的强度通过赋值连接细观参数获取,试样受力过程中,当颗粒间的接触力大于黏结强度时,平行黏结断裂形成微裂纹,用来模拟试样破坏的过程。当颗粒间的黏结断裂后,颗粒间的摩擦属性激活,模拟试样中裂纹两侧的摩擦。由于细观力学参数和宏观力学参数尚无法建立有效的联系,现阶段细观参数的获取主要通过"试错法"进行反复调试。关于细观参数的调试过程,在 PFC 手册及相关文献中已经给出了详细的步骤:首先,通过改变接触模量、摩擦系数和 k_n/k_s取值,获得所需的弹性模量和泊松比;然后,在获得了弹性模量和泊松比后,通过调节平行黏结法向强度和剪切强度获得所需的内摩擦角和黏聚力;最后,确定本次模拟的细观参数标定选择的对比标准为:煤样在 5、10、15 和 20 MPa 围压条件下常规三轴压缩试验结果。采用上述细观参数标定步骤,最终获得如表 4-7所示细观参数。

表 4-7 煤样 PFC^{3D}细观参数

参数	取值	参数	取值
最小半径/mm	0.60	平行黏结模量/GPa	1.75
最大半径/mm	0.996	平行黏结刚度比	2.0
接触模量/GPa	1.75	法向黏结强度/MPa	20.0
连接刚度比	2.0	法向误差范围/MPa	2.0
颗粒间摩擦系数	0.5	切向黏结强度/MPa	20.0
平行黏结半径因子	1.0	切向误差范围/MPa	2.0

为验证该细观参数的有效性，将模拟结果与试验结果进行对比。图 4-42 给出了煤样常规三轴压缩模拟结果与室内试验结果对比。从图 4-42(a)可以看出，模拟曲线与试验曲线比较吻合。从图 4-42(b)中可以看出，不同围压下模拟得到的峰值强度与试验结果误差较小。在不同围压(5、10、15 和 20 MPa)常规三轴试验得到的峰值强度分别为 43、56.4、67.5 和 78.8 MPa，模拟得到的峰值强度分别为 44.8、56、67.4 和 79 MPa，相对误差最小值仅为 0.1%(σ_3=10 MPa)，最大误差为 4.2%(σ_3=5 MPa)。从图 4-42(c)中可以看出，试样在不同围压下主要以斜剪破坏为主。模拟最终破裂模式与试验结果相似，在低围压下试样的剪切带中以拉伸裂纹为主，随着围压的增大剪切裂纹不断增大，但都以斜剪破坏为主。综合分析，通过不断调试得到的细观参数可以较好地反映煤样的宏观力学行为。随着围压的改变，峰值强度与试验结果吻合较好，破裂模式与试验结果相似。下文使用该组细观参数进行不同倾角预制裂隙煤样不同围压常规三轴试验，研究预制裂隙对煤样力学行为的影响。

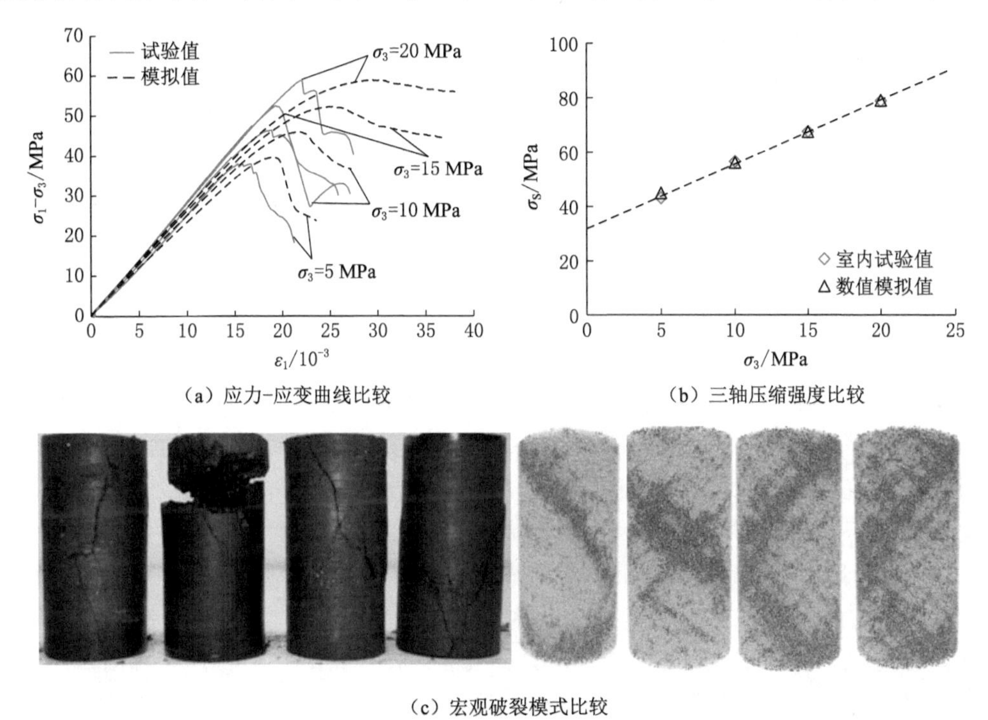

(a) 应力-应变曲线比较

(b) 三轴压缩强度比较

(c) 宏观破裂模式比较

图 4-42　完整煤样常规三轴数值模拟结果与试验结果比较

4.4.2　预制单裂隙煤样宏观力学行为

为了分析裂隙倾角对煤样力学特性的影响，本书设计了预制裂隙分布形式，如图 4-43 所示。试样为直径 50 mm、长 100 mm 的标准试样，在试样中心预制宽度 2 mm、长 12 mm，裂隙倾角为 α 的单条裂隙。为了研究不同围压下预制裂隙倾角对煤样强度破坏特征的影响，裂隙倾角 α 分别取为 0°、30°、45°、60°和 90°，围压设计为 0、5 和 15 MPa。

图 4-44 为不同围压下预制裂隙煤样峰值强度随裂隙倾角的变化。从图中可以看出，随着裂隙倾角的增大，峰值强度呈现增大趋势，其原因可能是随着裂隙倾角的增大，预制裂隙

在横断面上的投影面积不断减小，导致有效接触面积增大，试样承载能力增大。在单轴压缩条件下，当裂隙倾角由 0°增大到 90°时，峰值强度由 21.07 MPa 增大到 28.66 MPa，其规律与 Zhuang 等[33]含不同倾角单裂隙类岩材料单轴压缩得到的规律相似，但与 Yang 和 Jing[34]含单裂隙脆性砂岩单轴压缩峰值强度随裂隙倾角改变的规律不同，这可能是由于岩石的性质不同导致。当围压为 15 MPa 时，峰值强度由 59.32 MPa 增大到 61.68 MPa。可以看出，随着围压的增大，峰值强度随围压的改变变化逐渐减小，这是由于围压作用下会使预制裂隙闭合，从而预制裂隙对试样的承载能力减小。

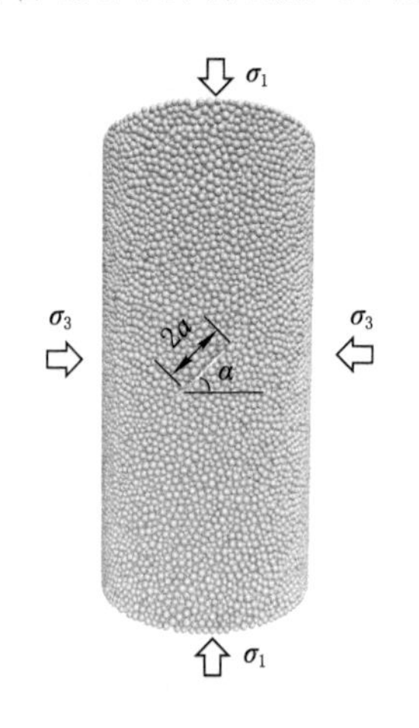

图 4-43 煤样预制裂隙分布

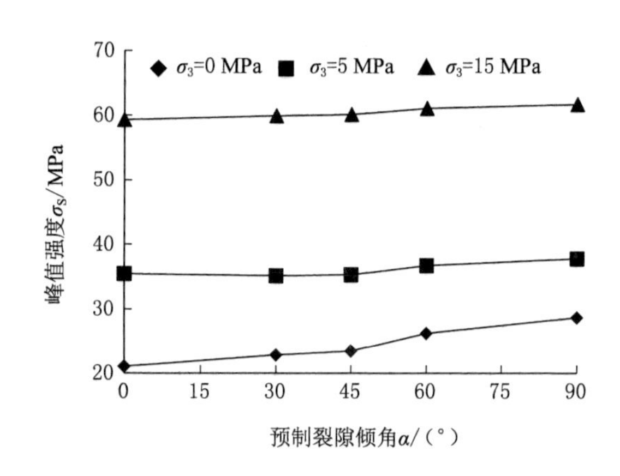

图 4-44 预制裂隙倾角对峰值强度的影响

图 4-45 为单轴压缩下不同倾角裂隙煤样最终破裂模式。从图中可以看出，煤样以拉伸破坏为主。当裂隙倾角为 0°时，如图 4-45(a)所示，裂纹由预制裂隙的两个尖端和中心萌生，在裂隙尖端萌生的裂纹与预制裂隙之间夹角大于 90°，并不断向试样的边缘扩展；在中心的裂纹垂直于预制裂隙，并沿最大主应力方向扩展。当裂隙倾角为 30°时，如图 4-45(b)所示，裂纹垂直于裂隙尖端萌生，其后不断向最大主应力方向偏移，最终裂纹平行于最大主应力方向。当裂隙倾角为 45°和 60°时，如图 4-45(c)和图 4-45(d)所示，裂纹在预制裂隙尖端沿最大主应力方向萌生，并沿最大主应力方向向试样端部扩展。当裂隙倾角为 90°时，如图 4-45(e)所示，试样发生剪切破坏，且剪切带穿过预制裂隙。

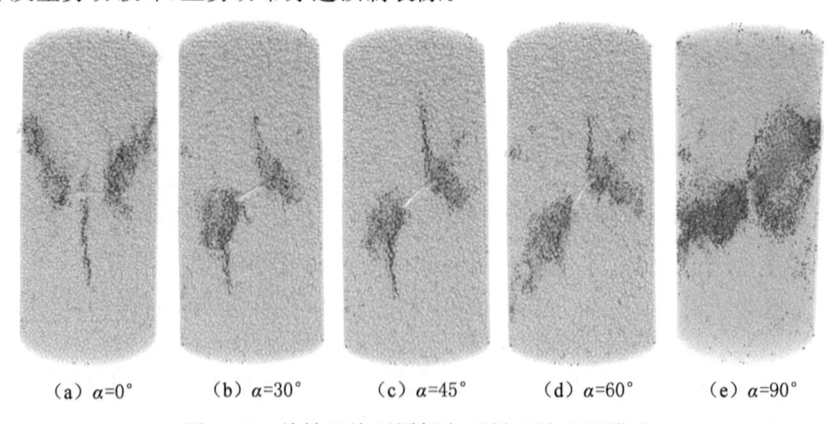

(a) α=0°　(b) α=30°　(c) α=45°　(d) α=60°　(e) α=90°

图 4-45 单轴压缩不同倾角试样最终破裂模式

图 4-46 为在围压 5 MPa 作用下试样的最终破裂模式。从图中可以看出，试样的最终破裂模式基本不受裂隙倾角的影响，试样最终沿剪切面发生剪切破坏。随着裂隙倾角的增大，在 0°～60°时，剪切带倾角几乎不变；但当裂隙倾角为 90°时，剪切带与最大主应力方向夹角有所增大，但总体以剪切破坏为主。

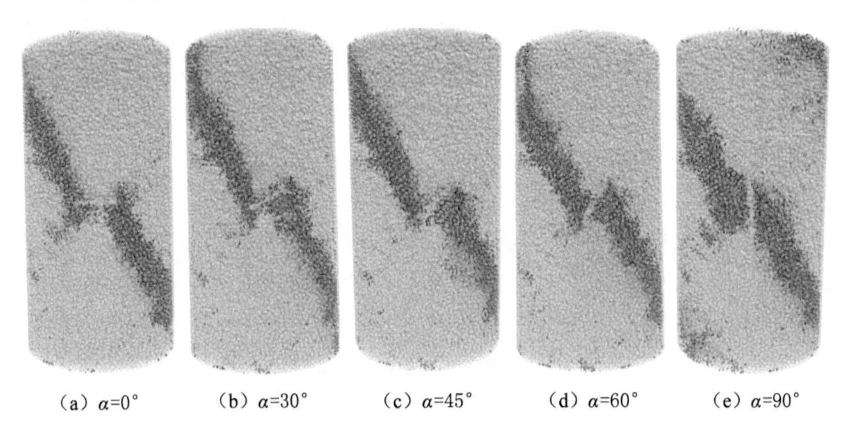

(a) α=0°　(b) α=30°　(c) α=45°　(d) α=60°　(e) α=90°

图 4-46　围压作用下不同倾角试样最终破裂模式(σ_3＝5 MPa)

图 4-47 给出了 15 MPa 围压作用下，预制单裂隙煤样的最终破裂模式。从图中可以看出，不同倾角单裂隙煤样主要以剪切破坏为主，且裂纹分布比较离散。当裂隙倾角为 0°时，裂纹主要在预制裂隙尖端萌生，并不断向试样端部扩展，试样最终呈现为共轭剪切破坏。当裂隙倾角为 30°和 45°时，裂纹在预制裂隙表面萌生，试样最终呈现为单斜面剪切破坏。当裂隙倾角为 60°和 90°时，裂纹在裂隙表面萌生扩展，试样最终表现为共轭剪切破坏。其原因主要为：煤样属于软岩(单轴压缩下变形模量仅为 2.5 GPa)，在围压作用下颗粒的塑性应变增强，导致在加压过程中预制裂隙闭合，在周围形成离散部分的裂纹。预制裂隙的闭合也导致在高围压下不同倾角预制裂隙试样的峰值强度变化不大(图 4-44)。

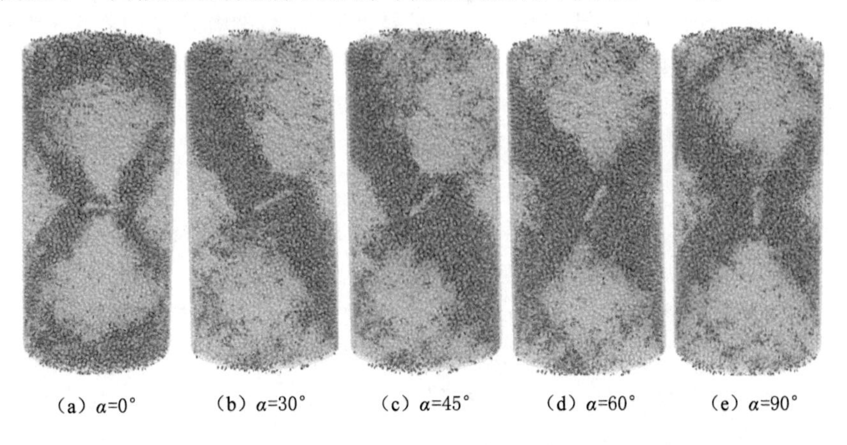

(a) α=0°　(b) α=30°　(c) α=45°　(d) α=60°　(e) α=90°

图 4-47　围压作用下不同倾角试样最终破裂模式(σ_3＝15 MPa)

综上所述，预制单裂隙试样峰值强度随着裂隙倾角的增大而增大；同时，随着围压的增大而增大的趋势逐渐削弱。这主要是由于围压作用导致预制裂隙闭合引起的。通过试样的最终破裂模式可以看出，在单轴压缩条件下试样主要以拉伸裂纹破坏为主；而当存在围压情况下，主要以剪切破坏为主，说明当围压提高时，预制裂隙对试样的最终破裂模式影响减小。

4.4.3 裂纹扩展过程分析

图 4-48 给出了单轴压缩条件下，倾角 0°单裂隙煤样微裂纹数目随应力应变的变化，微裂纹的扩展过程，接触力以及平行黏结力在试样内的分布特征。当加载位于弹性阶段时，如图 4-48(a)的Ⅰ点，对应的轴向应力为 17.75 MPa(70% σ_s)，此时裂纹数目较少，且增长缓慢。图 4-48(b)可以看出，此时只有少量微裂纹在预制裂隙的右端产生，说明少量微裂纹的萌生对试样从承载能力影响较小，其后弹性模量并未发生改变。图 4-48(c)为接触力在试样内的分布，其中红色代表拉力，蓝色代表压力，可以看出在弹性阶段拉应力主要集中在预制裂隙的中间位置。图 4-48(d)为平行黏结力在试样内的分布。从图中可以看出弹性阶段平行黏结力主要在试样的尖端。从弹性阶段接触力和平行黏结力在试样内的分布情况看，裂纹较容易在预制裂隙的尖端和中间位置萌生。随着加载的进行，当轴向应变达到Ⅱ点时，对应的轴向应力为 18.80 MPa，裂纹开始萌生，可以看出此时的裂纹数目快速增加。从图 4-48(b)可以看出，此时裂纹在预制裂隙的尖端和中间位置萌生。从图 4-48(c)可以看出，拉力的区域更加集中，并随着裂纹的扩展向试样的端部延伸；同时可以看出，随着预制裂隙端部的裂纹萌生，平行黏结力在预制裂隙尖端集中的现象减弱。当加载进入峰值强度(Ⅲ点)时，对应的应力为 21.07 MPa，裂纹数目随应变的增加速度达到最大；与Ⅱ点时的微裂纹分布对比，可以发现该阶段裂隙尖端裂纹扩展速度较预制裂隙中间位置的快。从图 4-48(c)可以看出，随着裂隙中间位置的拉裂纹不断扩展，拉力集中区域向试样的端部延伸，主要集中在裂纹的尖端；平行黏结力集中区域同样随着预制裂隙尖端裂纹的扩展不断向试样的边缘移动，主要集中在裂纹的尖端。当加载进入峰后阶段后，试样承载能力迅速降低，微裂纹数目快速增加。对应图 4-48(b)可以看出，此时裂纹迅速扩张，预制裂隙尖端的裂纹扩展到试样的边缘，中间位置的裂纹沿最大主应力方向向试样端部扩展，说明尖端裂纹的贯通是导致试样失稳的主要原因。此时的拉应力集中区域在中间裂纹的尖端，随着裂纹扩展不断延伸；平行黏结力由于尖端裂纹的贯通，在试样内分布较均匀，无较明显的集中区域。

图 4-49 给出了 5 MPa 围压下，倾角 30°单煤样微裂纹数目与应力应变的关系，微裂纹的扩展过程，接触力以及平行黏结力在试样内的分布特征。当加载位于弹性阶段时，试样内裂纹萌生数量较少，随应变的增大基本上不变，如图 4-49(a)的Ⅰ点，此时对应的轴向偏应力为 21.09 MPa(70% σ_s)，与倾角 0°裂隙煤样表现相似。同样在预制裂隙尖端有少量裂纹萌生，如图 4-49(b)所示。从图 4-49(c)接触力分布可以看出，接触力明显向预制裂隙尖端偏移。平行黏结力分布如图 4-49(d)所示，同样在试样的尖端产生应力集中。随着加载的进行，裂纹数目稳定增长，但当加载到 28.50 MPa 轴向偏应力(Ⅱ点)时，裂纹数目突然增加，同时可以看出轴向应力发生转折。此时，裂纹在试样尖端快速萌生，说明尖端裂纹的萌生对试样的承载能力产生影响，在其后的加载过程中弹性模量明显降低。随着裂纹在预制裂隙尖端萌生，拉力集中区由尖端向预制裂隙中间移动；此时平行黏结力集中区域变化不大，但已有偏离预制裂隙尖端的趋势。在此之后，轴向偏应力随加载的进行缓慢增加，裂纹数目随应变的增加速度不断变大。当到达峰值(Ⅲ点)时，裂纹数目随应变的增加速度几乎达到最大值。此时，裂纹长度明显增加，当裂纹扩展到一定长度后试样失去承载能力，轴向应力随

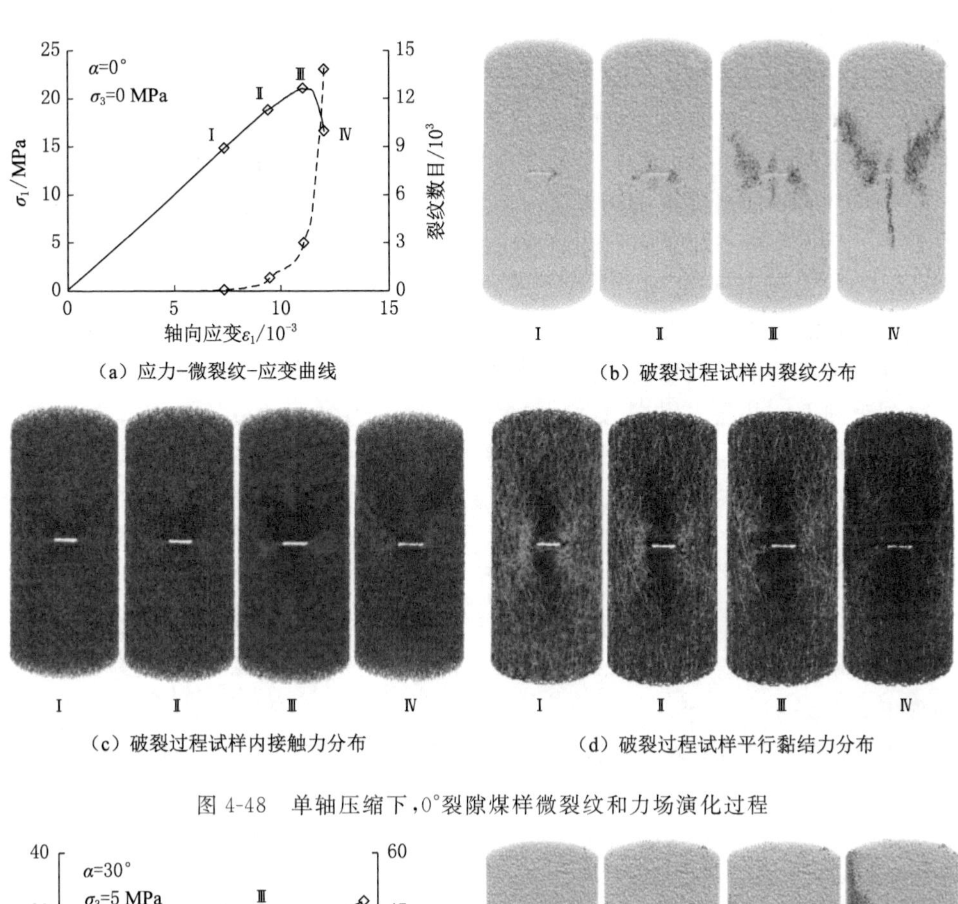

（a）应力-微裂纹-应变曲线

（b）破裂过程试样内裂纹分布

（c）破裂过程试样内接触力分布

（d）破裂过程试样平行黏结力分布

图 4-48　单轴压缩下，0°裂隙煤样微裂纹和力场演化过程

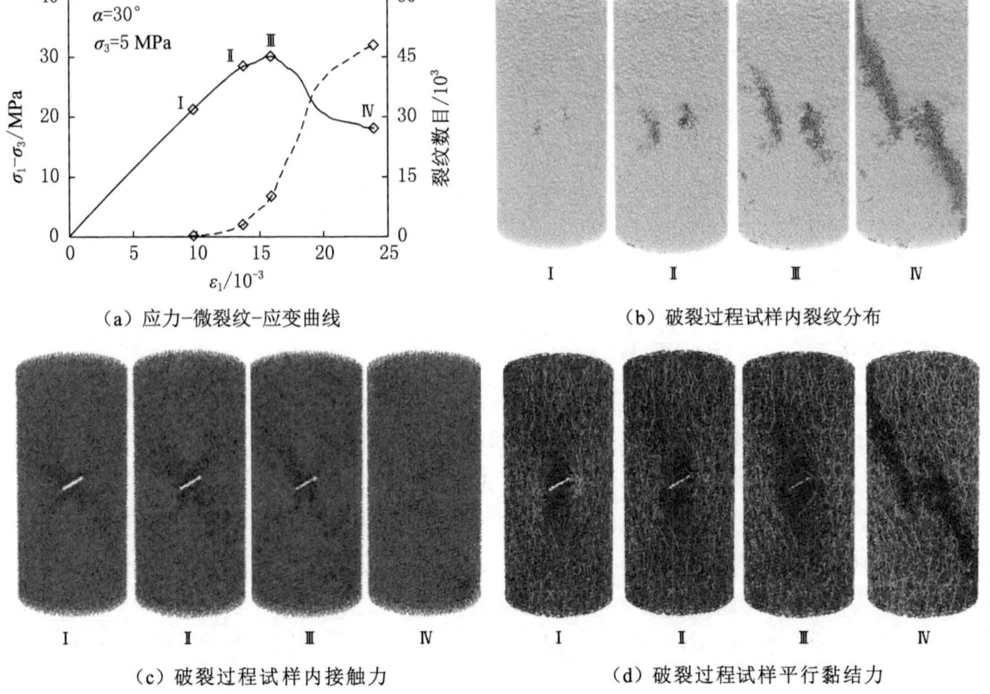

（a）应力-微裂纹-应变曲线

（b）破裂过程试样内裂纹分布

（c）破裂过程试样内接触力

（d）破裂过程试样平行黏结力

图 4-49　5 MPa 围压下，倾角 30°单裂隙煤样微裂纹和力场演化过程

应变的增加快速降低，说明在围压作用下试样同样会因为尖端裂纹的扩展导致试样失稳。虽然在点Ⅱ时接触拉力在预制裂隙中间集中，但并未产生裂纹，这可能是围压作用下导致裂纹更难扩展的结果，也可能是由于倾角存在导致裂纹在中间萌生更加困难，其后拉力集中区域不断减小。对应图 4-49(d)，平行黏结力集中区域随着裂纹的扩展不断向试样边缘移动。之后，随着加载的进行，裂纹快速稳步增长，但峰后裂纹数目增长速度减慢，并逐渐平稳，峰后裂纹数目主要由于破裂面之间的摩擦造成的。试样最终以裂纹扩展到试样的边缘而发生破坏，如图 4-49(b)所示；此时拉力和平行黏结力的集中现象明显减弱。

通过裂纹扩展过程中的裂纹数目、接触力和平行黏结力演化分析，更加深刻地认识了预制裂隙煤样的破坏特征。裂纹的萌生会使试样的承载能力降低，其后裂纹数目快速增加。由于预制裂隙和围压共同作用，虽然拉力在预制裂隙中间集中，但并未导致 5 MPa 围压下，倾角 30°单裂隙煤样在该位置产生裂纹。虽然试样最终的破裂模式不同，但最终导致试样失稳都是因为预制裂隙尖端裂纹的扩展。

4.4.4 本节小结

(1) 使用 PFC^{3D} 颗粒流程序模拟完整煤样不同围压常规三轴压缩宏观力学行为，模拟结果与试验结果相吻合。峰值强度随围压的增高线性增加，不同围压下完整煤样主要以斜剪破坏为主。

(2) 随着裂隙倾角的增大，单裂隙煤样峰值强度总体呈增加趋势；随着围压的增大，倾角对峰值强度的影响减弱，这主要是由于围压作用引起了预制裂隙闭合。

(3) 单轴压缩下预制单裂隙煤样主要以拉伸破坏为主。而在围压作用下，拉伸裂纹较难萌生扩展，试样主要以剪切破坏为主。

(4) 通过对破裂过程的分析可以发现，裂纹萌生会降低试样的承载能力，预制裂隙尖端裂纹的扩展是导致试样失稳的主要原因。

4.5 不平行双裂隙类岩石三轴压缩破裂力学行为 PFC^{3D} 模拟

上述研究中预制裂隙均为平行分布，而实际工程中裂隙往往是不平行的。Yang 等[35]、Lee 等[36]、Haeri[37] 和蒋明镜等[38] 对不平行双裂隙岩样单轴压缩进行了初步研究，张社荣等[39] 对不平行双裂隙岩样进行了双轴压缩颗粒流模拟分析。然而，对于含有不平行裂隙类岩石材料试样的三轴试验研究成果还鲜有报道。鉴于此，本节通过配制类岩石材料并预制断续不平行双裂隙，采用 MTS815 岩石试验系统进行不同围压下常规三轴压缩试验，基于试验结果分析围压和裂隙倾角对不平行双裂隙岩样强度及变形破坏特征的影响[40]。基于试验结果，采用 PFC^{3D} 构建不平行双裂隙数值模型，开展不同围压常规三轴压缩模拟，分析三轴条件下裂纹演化过程和三维裂纹特征[41]。

4.5.1 试验材料及程序

基于一系列室内配比试验，最终选用 C42.5 水泥∶石英砂∶水＝1∶0.8∶0.35 配制类砂岩试样。预制裂隙采用在浇筑混合模型材料前插入薄钢片，在混合料完全凝固前拔出预埋钢片的方法。薄钢片的宽度为 12 mm，厚度为 0.8 mm。制作的是贯穿型裂隙，而且裂隙中不充填材料，类岩石材料的详细制作流程及类岩石材料力学参数见第 2 章第 1 节。为研究裂隙试样的强度变形特征和裂纹扩展规律，设计了含两条不平行分布裂隙方案，如图 4-50所示。裂隙①水平分布，长度 $2a=12$ mm；裂隙②倾斜分布，长度 $2a=12$ mm；裂隙②与水平方向的夹角 α，分别为 30°，45°和 60°。岩桥为裂隙①中部与裂隙②上尖端之间的连线，长度 $2b=16$ mm，倾角 $\beta=90°$。

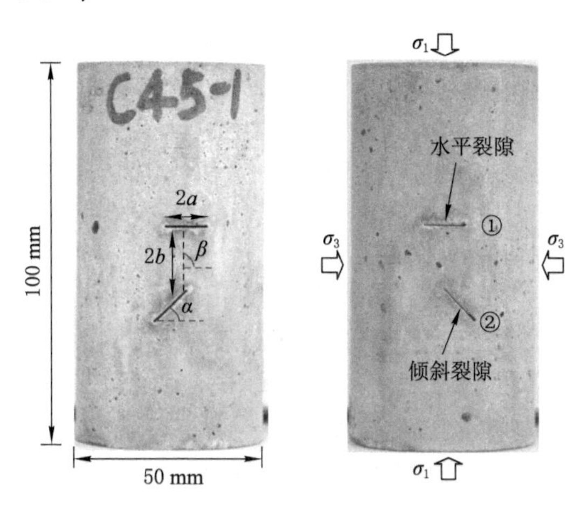

图 4-50　断续不平行双裂隙试样裂隙几何参数

完整及断续不平行双裂隙类岩石材料试样常规三轴压缩试验均是在中国矿业大学 MTS815.02 型电液伺服岩石力学试验系统上进行的。试验统一采用位移控制准静态加载方式，加载速率为 0.002 mm/s，围压分别为 5、10、15 和 25 MPa。

4.5.2　试验结果及分析

（1）应力-应变曲线

为了避免同组类岩石材料试样之间的差异引起的离散性掩盖力学特性变化规律，本次试验首先评价了类岩石材料之间的差异程度。在加工好的岩样中随机抽取两个完整岩样进行相同围压下常规三轴压缩试验。

图 4-51 给出了两个完整岩样在围压 25 MPa 作用下的应力-应变曲线。由图 4-51 可见，两条曲线之间的差异很小，具体表现为：I3 和 I5 两个岩样的最大轴向应力分别为 118.05 MPa和 115.17 MPa，其平均值为 116.61 MPa，离散度（定义为两个数值之差与平均值的百分比）为 2.50%；峰值轴向应变分别为 12.625×10^{-3} 和 12.684×10^{-3}，其平均值为 12.65×10^{-3}，离散度为 0.55%；弹性模量分别为 16.56 GPa 和 16.08 GPa，其平均值为 16.32 GPa，离散度为 2.95%。由此可见，该类岩石材料具有较好的一致性，非均质性对岩样力学参数的影响较小，可用于后续相关试验研究。还注意到，I5 岩样残余强度很小，这可能是受到浸油的影响。由于围压较大，当岩样中出现宏观裂纹后，包裹岩样的塑料薄膜易发生破裂，液压油浸入岩样。侵入的液压油一方面起润滑作用，另一方面会减小破裂面的法向应力，从而造成残余强度降低[25]。后文不再分析残余强度的变化规律。

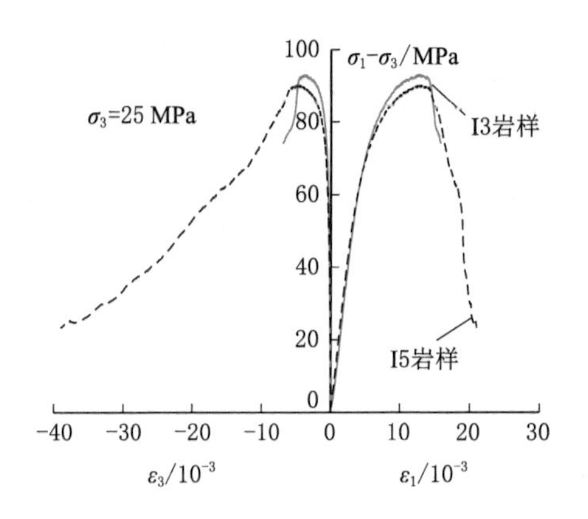

图 4-51　非均质性对类岩石材料应力-应变曲线的影响

图 4-52 给出了不同围压下完整和断续裂隙岩样三轴压缩应-应变曲线。如图 4-52(a)所示，完整岩样，由于其内部微裂隙和孔隙的闭合，应力-应变曲线首先出现一段初始压密阶段。接着进入弹性变形阶段，在该阶段应力随着应变的增大呈线性增大。之后，应变继续增大，而应力逐渐偏离直线段，进入屈服阶段。应力-应变曲线在峰值强度之后，呈应变软化状态。当应力降低至一定程度后，会到达残余强度。而且随着围压的增大，完整岩样的峰值强度逐渐增大，屈服阶段也变得更加明显。与不同围压下完整干燥砂岩三轴应力-应变曲线[43]比较可见，配制的类岩石材料在围压作用下的宏观力学响应特征与真实砂岩相似。

由图 4-52(b)～(d)可见，断续不平行双裂隙岩样三轴压缩下应力-应变曲线初始阶段和线弹性变形阶段的总体形态与完整岩样相似。受预制裂隙的影响，断续不平行双裂隙岩样应力-应变曲线屈服阶段以及峰后阶段呈现与完整岩样曲线不同的特点。首先，如图 4-52(b)所示，当裂隙倾角为 30°时，应力-应变曲线在峰值强度附近以及峰后阶段呈现锯齿状。其次，如图 4-52(c)所示，当裂隙倾角为 45°时，在围压为 5、10、15 MPa 作用下断续不平行双裂隙岩样出现双峰值现象，即应力出现小幅跌落后应力继续增大至第二个峰值点，而且随着围压的增大，应力出现跌落的幅度逐渐减小；但是到围压为 25 MPa 时，应力在峰前未发生跌落，这说明了围压有减缓应力跌落的作用，这与断续双裂隙砂岩常规三轴压缩[12]观察到的现象相同。最后，如图 4-52(d)所示，当裂隙倾角为 60°时，与裂隙倾角 45°相同，峰后阶段曲线也呈多次台阶式的应力跌落现象。

根据图 4-52(a)～(d)所示的应力-应变曲线可知，完整岩样应力-应变曲线峰后呈平滑式应变软化，而断续不平行双裂隙岩样在峰后阶段呈现锯齿状或者台阶状的应力跌落现象，这与肖桃李等[8]和 Huang 等[12]试验结果相似。分析认为，这主要是由两方面的原因造成：① 受到预制裂隙对裂纹的产生、扩展和贯通特征的影响，即应力-应变曲线上应力的跌落与裂纹扩展行为相对应[8]；② 本书配制的类岩石材料为脆性材料，应力对裂纹的萌生和扩展非常敏感，试样中一旦有裂纹的产生或扩展，体现在应力上则对应会发生一次较显著的跌落。但是需要指出的是：受试验条件的影响，目前尚无法准确观察到在封闭环境中(常规三轴压缩试验环境)裂纹的扩展顺序，还不能建立裂纹扩展过程与应力-应变曲线的对应关系。

(2) 强度特性

图 4-53 给出了完整和断续裂隙岩样三轴压缩强度与裂隙倾角及围压之间的关系曲线。

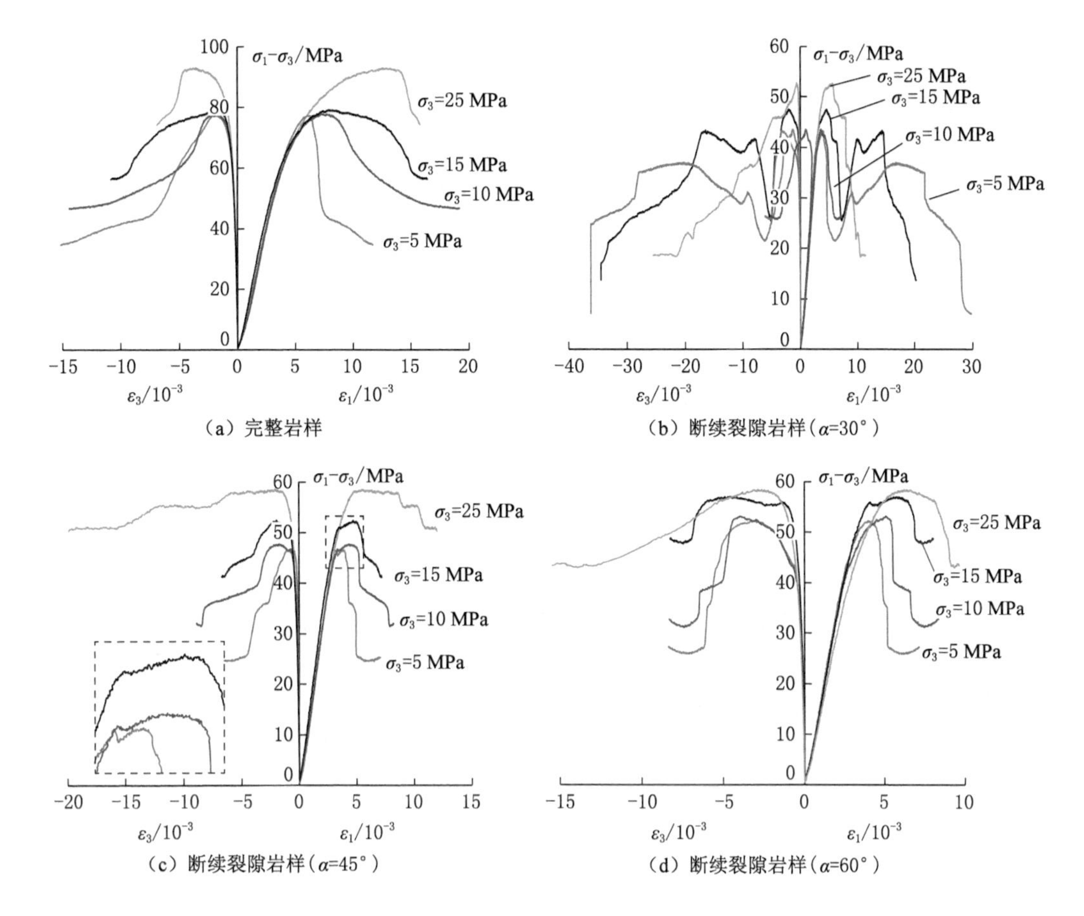

图 4-52　完整和断续裂隙岩样三轴压缩应力-应变曲线

首先，由图 4-53(a)所示的三轴压缩强度与裂隙倾角关系曲线可见，在相同围压作用下，裂隙岩样的三轴压缩强度均大幅度小于完整岩样，这说明了预制裂隙对岩样有较大的初始损伤。然而，在相同围压下，随着裂隙倾角的增大，这种降幅呈减缓趋势，即随着裂隙倾角的增大，裂隙岩样的三轴压缩强度逐渐增大，意味着裂隙岩样强度与裂隙倾角密切相关。三轴压缩强度随裂隙倾角的变化趋势与同组断续裂隙类岩石材料单轴压缩强度变化规律相同。

其次，由图 4-53(b)所示的三轴压缩强度与围压关系曲线可见，当裂隙倾角相同时，随着围压的增大，完整和断续裂隙岩样的三轴压缩强度均增大，可以用线性函数拟合，拟合关系如式(4-1)所示。线性相关系数 R^2 较高，说明完整及断续裂隙岩样三轴压缩强度均与围压呈良好的正线性相关。由拟合关系式的斜率可见，完整及断续裂隙岩样对围压的敏感程度不同。总体上表现为：完整岩样三轴压缩强度对围压的敏感程度最高；而断续裂隙岩样中由于裂隙倾角的不同，其敏感程度也有所不同。倾角为 45°岩样时围压敏感性较大，倾角 30°时次之，而倾角 60°时最小。

$$\sigma_s = \begin{cases} 72.18 + 1.74\sigma_3 & (R^2 = 0.966\,9, \text{完整}) \\ 39.81 + 1.50\sigma_3 & (R^2 = 0.994\,7, \alpha = 30^\circ) \\ 42.60 + 1.63\sigma_3 & (R^2 = 0.996\,2, \alpha = 45^\circ) \\ 50.66 + 1.33\sigma_3 & (R^2 = 0.992\,7, \alpha = 60^\circ) \end{cases} \tag{4-3}$$

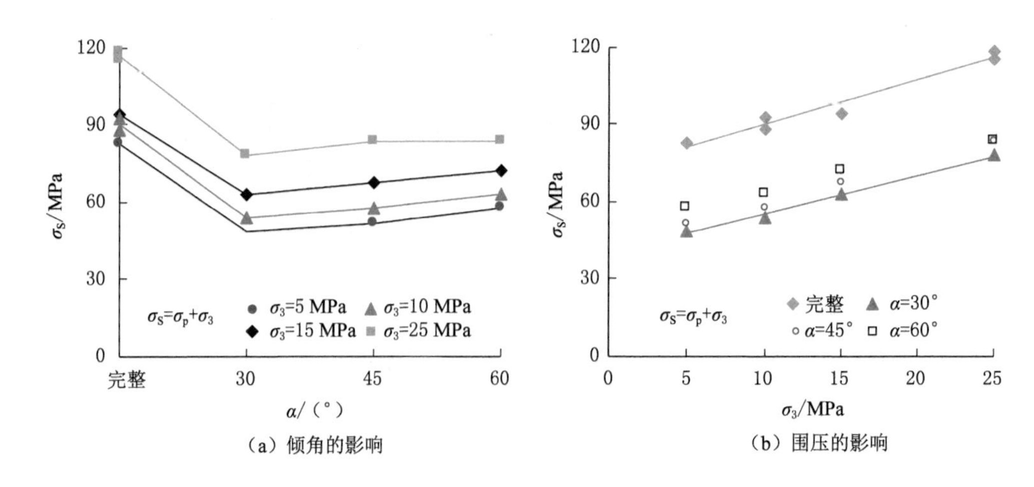

（a）倾角的影响

（b）围压的影响

图 4-53　岩样三轴压缩强度与裂隙倾角、围压关系

众所周知，Coulomb 准则是岩土工程中应用最广泛的强度理论之一。根据 Coulomb 准则可以求得黏聚力和内摩擦角。根据三轴压缩强度线性拟合关系式(4-1)，求得完整和断续裂隙岩样黏聚力和内摩擦角，如图 4-54 所示。由图 4-54 可见，断续裂隙岩样的黏聚力和内摩擦角均小于完整岩样，而且随着裂隙倾角的增大，黏聚力先增大后减小，而内摩擦角则呈增大趋势。需要说明是，图 4-54 中完整岩样黏聚力和内摩擦角与表 4-8 中有所不同，是因为单轴抗压强度未参与回归计算导致的。

根据轴向应力-体积应变曲线，可以得到裂纹损伤阈值 σ_{cd}。其中，σ_{cd} 在体积应变曲线上体现为体积压缩的最大值。图 4-55 给出了完整和断续裂隙岩样裂纹裂纹损伤阈值与围压的关系。由图 4-55 可见，裂纹损伤阈值与三轴压缩强度的变化趋势相同。断续裂隙岩样的裂纹损伤阈值小于完整岩样，而且随着裂隙倾角的增大，断续裂隙岩样的裂纹损伤阈值逐渐增大。完整及断续裂隙岩样的裂纹损伤阈值随着围压的增大而增大，表现为正线性相关。

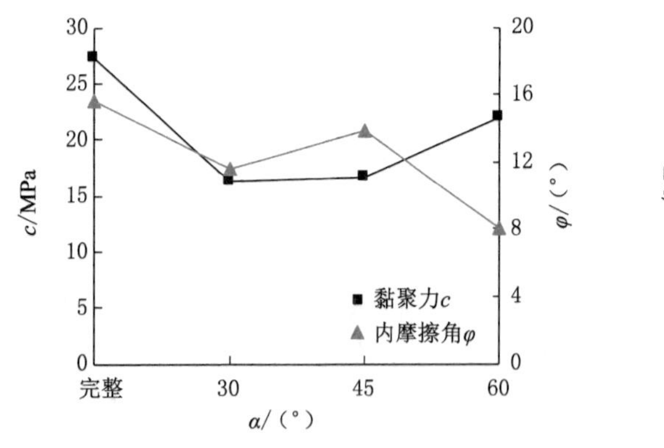

图 4-54　黏聚力及内摩擦角与裂隙倾角的关系

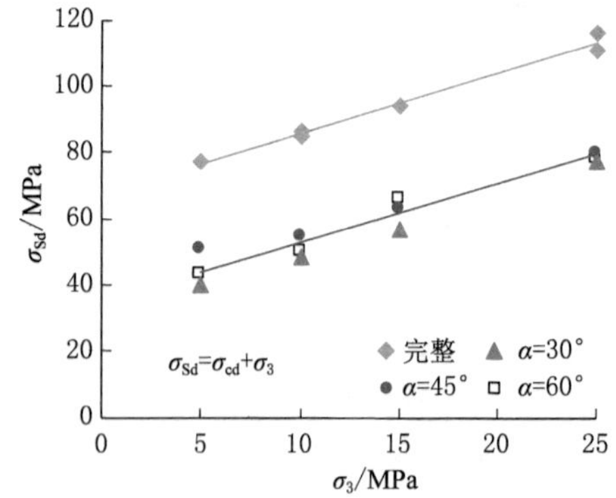

图 4-55　裂纹损伤阈值与围压的关系

（3）变形特征

图 4-56 给出了完整和断续裂隙岩样变形参数与围压、裂隙倾角之间的关系曲线。由图 4-56(a)可见，从整体上看，弹性模量受围压的影响并不明显。具体表现为在围压为 5～

15 MPa 之间，完整和断续裂隙岩样的弹性模量随着围压的增大有微幅增大趋势；而当围压为 25 MPa 时，部分弹性模量有减小的趋势，这与肖桃李等[7]和杨圣奇等[25]三轴试验部分结果相同。由图 4-56(b)可见，完整及断续裂隙岩样轴向峰值应变均随着围压的增大而增大，而且均可以用线性关系曲线拟合。其中，完整岩样在 25 MPa 围压时峰值强度突然增大，这是因为高围压作用下，完整岩样出现了一段明显的屈服阶段，如图 4-52(a)所示。根据线性拟合曲线的斜率，完整岩样轴向峰值应变对围压的敏感性大于裂隙岩样。

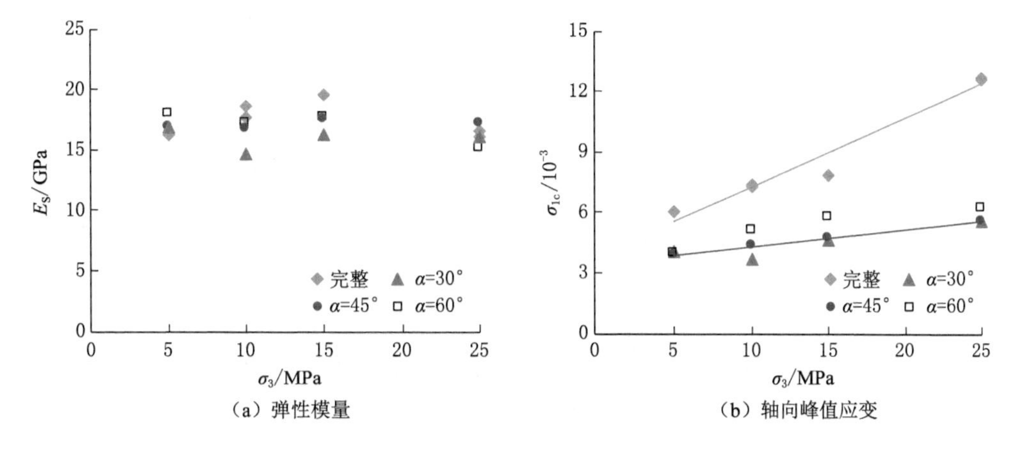

(a) 弹性模量　　(b) 轴向峰值应变

图 4-56　变形参数与围压、裂隙倾角之间关系

(4) 破坏特征

图 4-57 给出了完整岩样三轴压缩下最终破裂模式。首先，由 I4 岩样的前后面的破裂形态可见，岩样前后两面的破裂模式基本一致的，这也从一定程度上说明了本书类岩石材料非均质性对试验结果的影响较小。考虑到本书预制的裂隙为贯穿型裂隙，岩样前后两面的几何形态相同，因此后续仅分析岩样正面的破裂模式。在 5 MPa 围压作用下，岩样呈现为轴向拉伸和剪切共同破裂；在 10 MPa 围压作用下，岩样有两条剪切破裂面交汇，形成了 Y 型破裂；当围压为 15 MPa 时，呈 Y 型裂纹；而 25 MPa 围压下，呈 X 型破坏。另外，随着围压的增大，主破裂面与轴向之间的夹角有增大趋势，与 Huang 等[12]及 Wasantha 等[43]进行的真实完整砂岩三轴压缩试验结论一致。

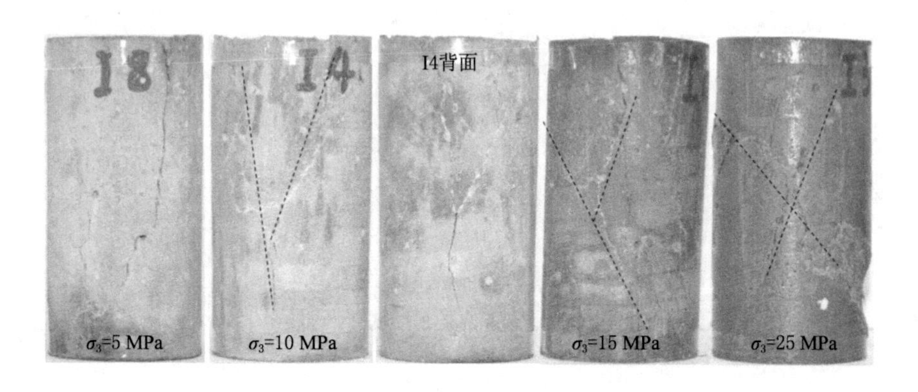

图 4-57　不同围压完整类岩石材料破裂模式

图 4-58 给出了不同裂隙倾角断续裂隙岩样在不同围压作用下三轴压缩最终破裂模式。结合黄凯珠等[6]、Zhuang 等[33]和 Yang 等[35]对裂纹类型的划分，本次试验的裂纹主要可以分为翼裂纹、反向翼裂纹、次生裂纹和远场裂纹，分别在图 4-58(a)中 C30-3 岩样上给予标示。由图 4-58(a)可见，在 5 MPa 围压作用下，C30-3 岩样中除远场裂纹外，其他裂纹均在裂隙尖端萌生，预制裂隙之间最终发生两次裂纹贯通，表现为拉伸破裂为主，局部剪切破坏。在 10 MPa 围压作用下，C30-2 的破裂模式与 C30-3 相差不大，倾斜裂隙下尖端产生的反向

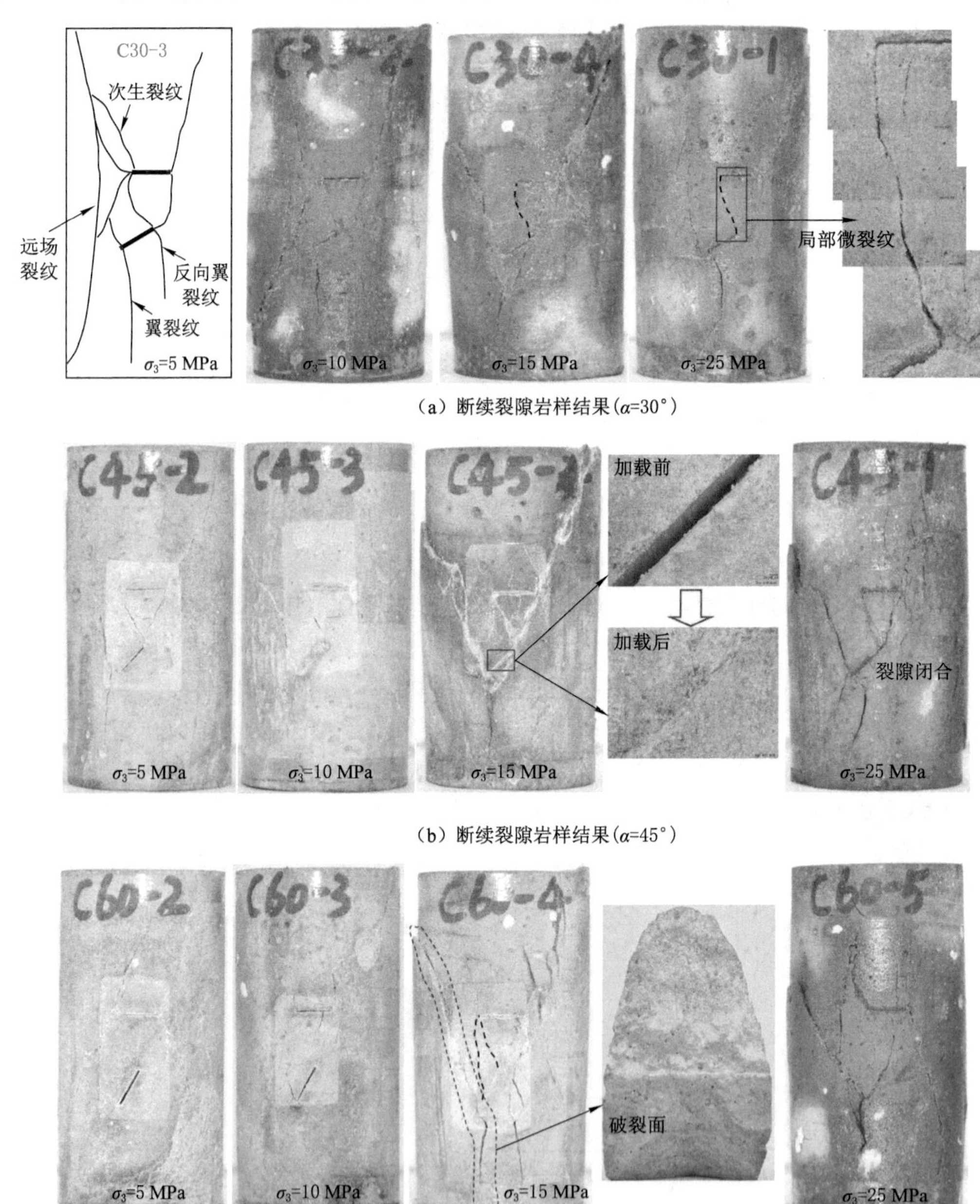

(a) 断续裂隙岩样结果(α=30°)

(b) 断续裂隙岩样结果(α=45°)

(c) 断续裂隙岩样结果(α=60°)

图 4-58 不同围压下断续裂隙岩样破裂模式

翼裂纹均被裂纹阻隔而没有扩展至岩样边界。当围压增大至 15 MPa 时，C30-4 岩样中倾斜裂隙下尖端反向翼裂纹发展至岩样边界，裂隙之间也是发生两次贯通，而岩样整体上呈 Y 型剪切破坏。在围压为 25 MPa 时，C30-1 岩样同样发生两处裂纹贯通，整体上表现为 Y 型剪切破坏模式。其中，部分微裂纹难以直接观察，对其进行了局部放大，如图 4-58(a)中 C30-1 岩样局部放大图所示。

由图 4-58(b)可见，在 5 MPa 围压作用下，C45-2 岩样中预制裂隙之间未发生贯通，倾斜裂隙下尖端也未产生裂纹。在 10 MPa 围压作用下，C45-3 岩样发生一处裂纹贯通，倾斜裂隙下尖端反向翼裂纹扩展至岩样边界。当围压增大至 15 MPa 和 25 MPa 时，C45-4 和 C45-1 岩样的破裂模式基本相同，预制裂隙之间发生两次裂纹贯通，倾斜裂隙下尖端反向翼裂纹扩展至岩样边界，最终表现为显著的剪切破裂，呈 Y 型破裂。

由图 4-58(c)可见，在 5 MPa 和 10 MPa 围压作用下，C60-2 岩样和 C60-3 岩样的破裂模式相近，主要是水平裂隙尖端萌生的翼裂纹或次生裂纹的充分扩展导致岩样的破坏，倾斜裂隙尖端未产生裂纹或扩展程度有限，而且裂隙之间均没有发生贯通。当围压为 15 MPa 时，C60-4 岩样在水平裂隙左尖端和倾斜裂隙尖端之间发生两处贯通，最终呈现为 Y 型破裂。当围压增大至 25 MPa，C60-5 岩样预制裂隙之间发生一次贯通，倾斜裂隙下尖端反向翼裂纹和水平裂隙右尖端裂纹均发展至岩样边界，最终呈现为 N 型破裂。由图 4-58(c)中 C60-4 岩样破裂面的局部放大图可见，剪切破裂带断面呈明显的滑移现象，断面上可以观察到摩擦粉末，而在其下方的拉伸裂纹断面无摩擦痕迹。

另外，预制裂隙的闭合程度也受到围压的影响。由图 4-58 可见，在较低围压下，部分预制裂隙在最终破裂时未发生闭合；而在较高围压作用下，绝大部分预制裂隙发生闭合，而且裂隙的上下面之间发生摩擦，可以观察到粉末，如图 4-58(b)中 C45-4 岩样裂隙周围局部放大图所示。

总之，断续裂隙岩样三轴压缩破裂模式受裂隙倾角和围压的共同影响。当围压较小时，破裂形态受裂隙倾角的影响较大，不同裂隙倾角岩样的破裂模式和裂纹贯通形态不同；当围压增大到一定程度后，裂隙倾角的影响逐渐减弱，围压的作用开始显现，主要为与裂隙尖端相连的剪切破裂带造成试样的最终破坏。

4.5.3　数值模拟结果

(1) 数值模型及细观参数

根据类岩石材料试样基本特征，在 PFC^{3D} 中生成直径 50 mm、高 100 mm 的圆柱模型，如图 4-59(a)所示。综合考虑计算机的运行能力，本书选择最小颗粒半径为 0.70 mm，最大颗粒半径与最小颗粒半径之比为 1.6，由此生成的圆柱形数值模型中含有 56 124 个球形颗粒。在完整类岩石数值模型的基础上，通过删除命令预制了与室内断续不平行双裂隙岩样相同几何参数的张开裂隙，如图 4-59(b)所示。其中，两条预制裂隙的长度均为 12 mm，岩桥长度为 16 mm，倾斜裂隙与水平方向之间的倾角 α 分别为 30°、45°和 60°。

在平行黏结模型中，有一系列细观参数，包括颗粒参数和平行黏结参数。这些细观参数决定了通过平行黏结模型生成的数值模型的力学特性。校准通过“试错法”进行，经反复调试，最终获得一组颗粒流模拟细观参数，如表 4-8 所示。需要注意的是，考虑到计算机的运行能力，在模拟计算时所用的球体颗粒尺寸大于实际颗粒的尺寸，这也是模拟与试验结果之

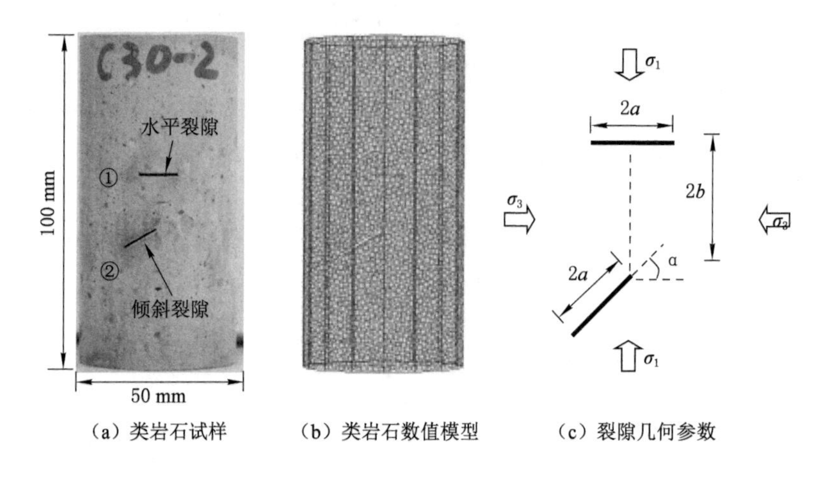

（a）类岩石试样　　（b）类岩石数值模型　　（c）裂隙几何参数

图 4-59　断续不平行双裂隙类岩石试样数值模型及几何尺寸

间存在一定差异的原因之一。

表 4-8　选用的类岩石材料 PFC^{3D} 细观参数

参数	取值	参数	取值
颗粒最小半径/mm	0.7	摩擦系数	0.35
颗粒半径比	1.6	平行黏结模量/GPa	12.3
密度/(kg/m^3)	2 120	平行黏结刚度比	1.4
颗粒接触模量/GPa	12.3	平行黏结法向强度/MPa	43.0±6.0
颗粒刚度比	1.4	平行黏结切向强度/MPa	60.0±9.0

为了评价表 4-8 中细观参数的合理性，将模拟与试验的应力-应变曲线和宏观力学特性进行比较。首先给出了完整模型单轴压缩模拟与试验的应力-应变曲线比较，如图 4-60 所示。由图 4-60 可见，PFC^{3D}模拟单轴压缩和三轴压缩得到的应力-应变曲线与试验曲线吻合度很高，模拟曲线可以反映出弹性变形阶段的近似线性特征以及峰后的脆性跌落特性，而在三轴压缩下峰后的残余强度阶段，PFC 模拟也能够较好地反映。

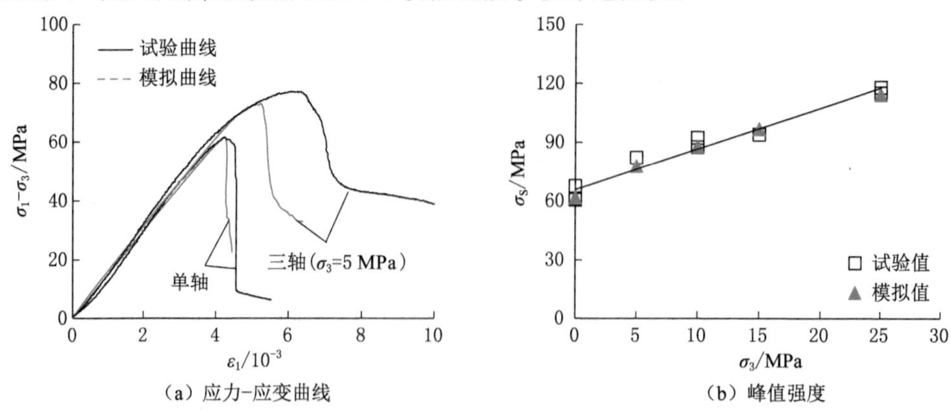

（a）应力-应变曲线　　（b）峰值强度

图 4-60　完整类岩石试样常规三轴压缩模拟与试验结果比较

(2) 模拟与试验结果比较

通过上述完整试样室内试验结果的验证，可以获得一组能够反映类岩石材料力学特性的细观参数。断续裂隙数值模型的细观参数与完整数值模型相同，不需要再对断续裂隙数值模型的细观参数进行校准。因此，采用表 4-8 所示的三维颗粒流细观参数对断续裂隙数值模型进行不同围压作用(围压分别为 0、5、10、15 和 25 MPa)下三轴压缩模拟，加载方式、条件与完整数值模型相同。本书将给出模拟的力学特性结果，包括应力-应变曲线、强度和变形参数和宏观破裂模式，并与室内试验结果进行比较。

图 4-61 给出了断续不平行双裂隙岩样三维颗粒流模拟与室内试验的应力-应变曲线，包括了轴向应力-轴向应变曲线和轴向应力-环向应变曲线。在图 4-61 中，实线为室内试验曲线，而虚线为 PFC^{3D} 模拟曲线。由图 4-61 可见，PFC^{3D} 模拟断续裂隙岩样三轴压缩获得的轴向应力-轴向应变曲线和轴向应力-侧向应变曲线均与试验结果非常吻合。在单轴压缩下，裂隙倾角为 30°、45°和 60°岩样模拟和试验曲线的弹性变形阶段几乎达到重合，峰值点也非常接近，峰后曲线呈脆性跌落特征。在三轴压缩下，裂隙倾角为 30°、45°和 60°岩样模拟和试验曲线在弹性变形阶段重合度很高。在随后的塑性变形阶段，模拟曲线的屈服程度略小于试验曲线，而对于峰值点，除 30°倾角外，45°和 60°斜角的岩样模拟和试验的峰值点均较为接近。在峰值强度之后，模拟和试验曲线之间也呈现类似特征，应力跌落至一定程度后达到残余强度；但是也有部分围压下模拟和试验的曲线存在一定的差异(部分试验受到浸油的影响减小了残余强度)。

通过应力-应变曲线定性比较了 PFC 模拟与试验之间的力学行为，进一步定量比较断续裂隙岩样模拟和试验的峰值强度和轴向峰值应变。图 4-62 给出了 PFC^{3D} 模拟的裂隙岩样在不同围压下的强度变形参数与试验值之间的对比。由图 4-62(a)～(c)可见，除裂隙倾角 30°岩样外，通过 PFC 模拟获得的 45°和 60°裂隙岩样在不同围压下的峰值强度与试验值很接近。裂隙倾角 30°岩样模拟值虽然与试验值之间存在一定的大小差异，但是两者的变化规律一样。不同倾角裂隙岩样的峰值强度随围压的变化趋势相同，均表现为随着围压的增大而增大。从图中还可以发现，当围压由 0 MPa 增大至 5 MPa 时，峰值强度的增幅明显大于 5 MPa 至 25 MPa 时的幅度。由图 4-62(d)～(f)可见，通过 PFC 模拟获得的不同倾角裂隙岩样在不同围压下的轴向峰值应变与试验值很接近。不同倾角裂隙岩样的峰值强度随围压的变化趋势相同，总体上表现为随着围压的增大而增大。

图 4-63 给出了断续不平行双裂隙岩样 PFC^{3D} 模拟与试验的宏观破裂模式比较。在平行黏结模型中，当相邻颗粒之间黏结破裂时产生一个微裂纹，微裂纹均是用一个直线段表示。拉伸微裂纹是根据裂纹受力方向是否与法向平行判断，而剪切微裂纹则是根据受力方向与平行判断，不同于宏观意义上的拉伸和剪切裂纹。由图 4-63 可见，采用 PFC 模拟获得的破裂模式总体上与试验结果相吻合。另外，断续裂隙岩样宏观破裂模式受裂隙倾角和围压的共同影响。当围压较小时，破裂形态受裂隙倾角的影响较大；当围压增大到一定程度后，裂隙倾角的影响逐渐减弱，围压的作用开始显现，呈剪切破坏模式。

通过这些比较可以说明构建的数值模型能够再现室内断续不平行双裂隙类岩石材料单轴及三轴压缩结果，即说明了所用的细观参数的合理性和准确性。

(3) 裂隙岩样破裂特征

类岩石材料试样单轴压缩模拟得到的应力-应变曲线可以分为线弹性变形、非线性变

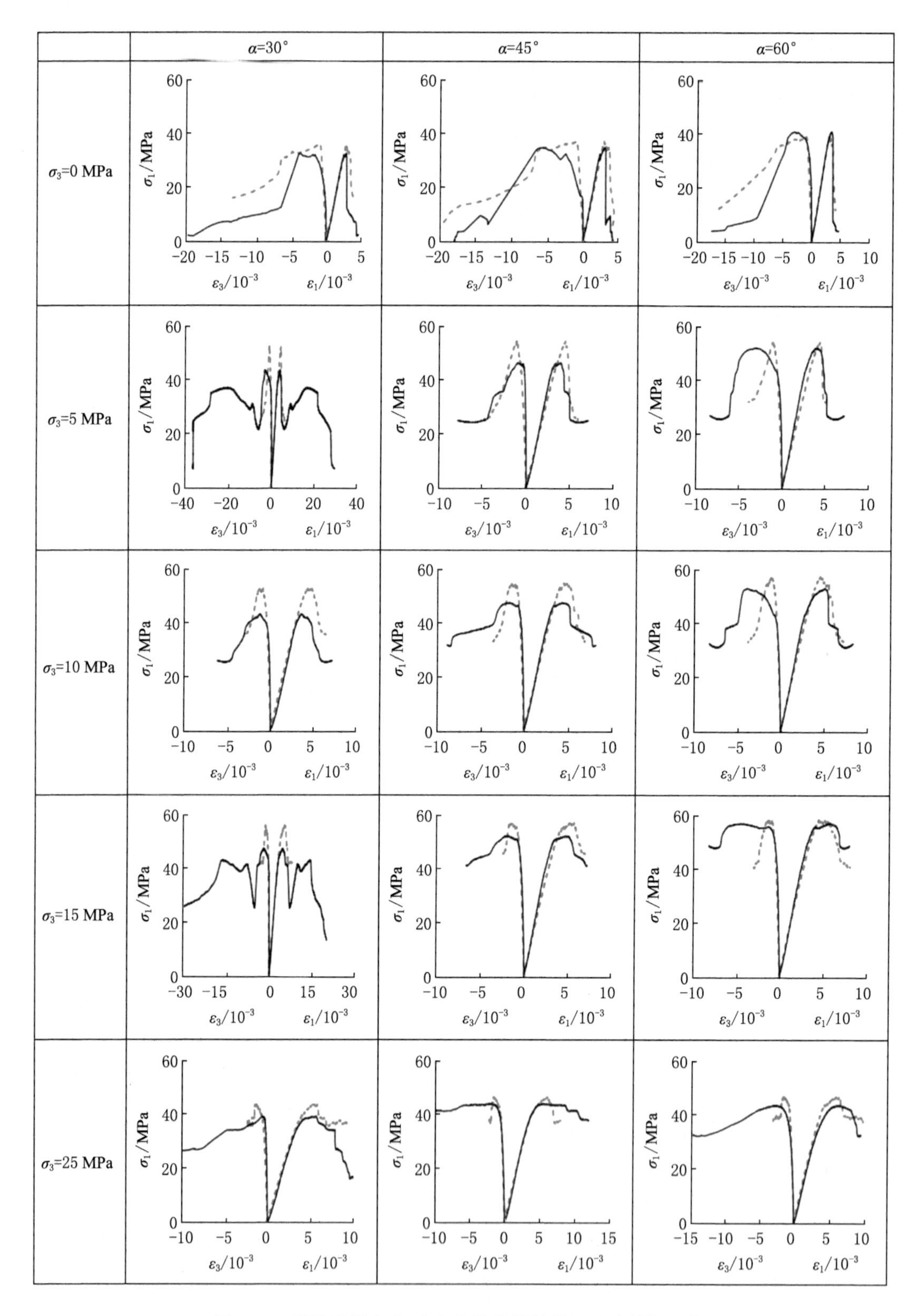

图 4-61　裂隙岩样应力-应变曲线模拟结果与试验结果比较

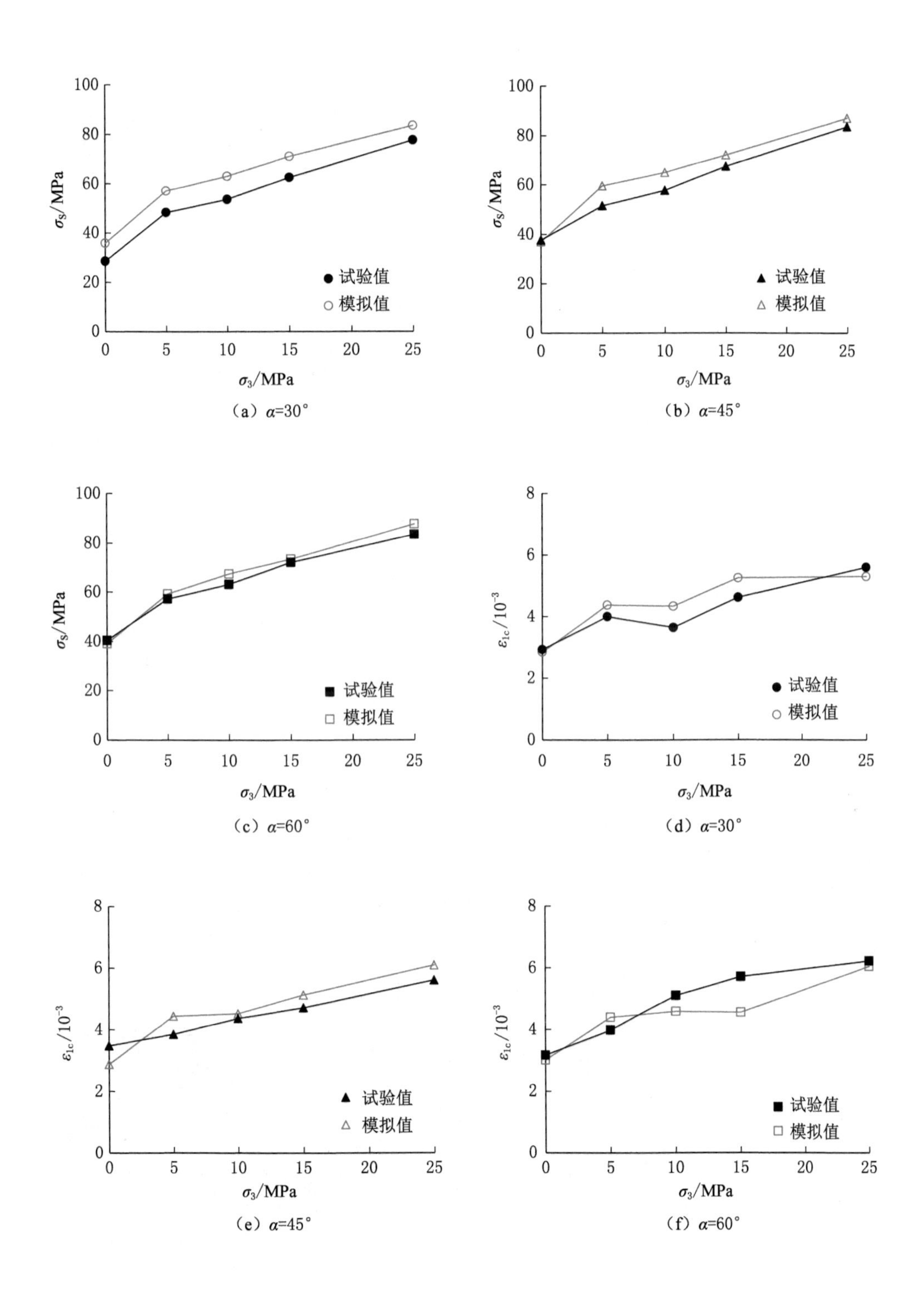

图 4-62　裂隙岩样强度变形参数模拟与试验值比较

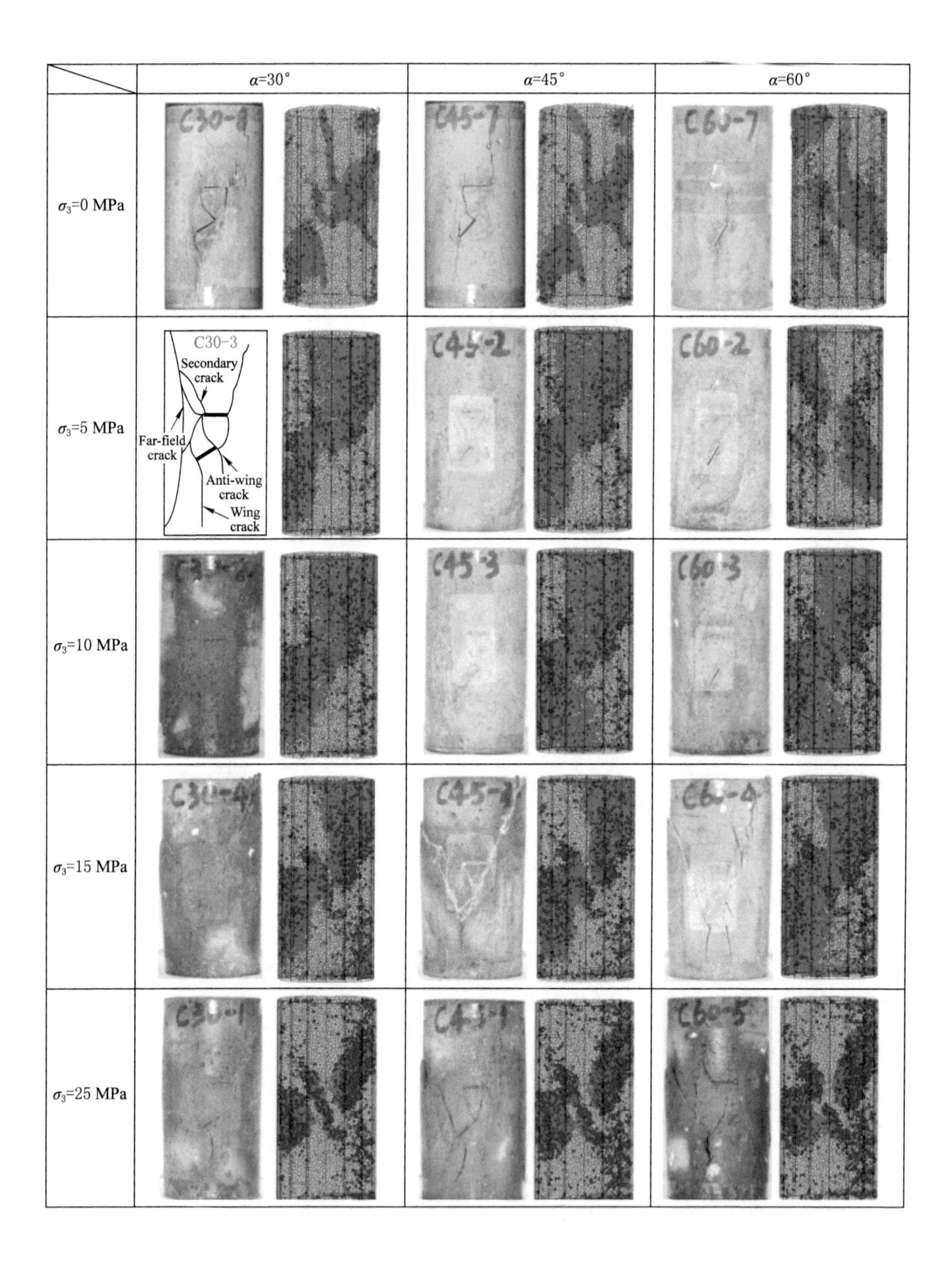

图 4-63　裂隙岩样破裂模式模拟结果与试验结果比较

形、峰后破坏、残余强度等4个阶段。在这4个阶段中,微裂纹数曲线呈现不断演化的过程,具体为:① 线弹性变形阶段。当应力水平较低时,没有明显的裂纹产生,因此该阶段几乎没有明显的微裂纹数。只有当应力到达一定程度之后,试样中开始萌生微裂纹,在宏观上体现为萌生初始宏观裂纹,而体现在微裂纹数曲线上为曲线出现小幅增长。② 非线性变形阶段。裂隙试样中微裂纹经历稳定扩展和非稳定扩展,试样中不断有微裂隙的萌生和贯通发生,微裂纹曲线继续上升。③ 峰后破坏阶段。应力随着应变的增大而减小,在该阶段前裂隙试样内已经有宏观裂纹形成,而且还会有新的宏观裂纹产生,微裂纹数明显增加,而且微裂纹增长速率显著高于前两个阶段。④ 残余强度阶段。当岩样的应力达到残余强度以后,还有部分微裂纹产生,因此裂纹数还有小幅的增长趋势,但是增幅明显低于前一阶段。

另外可见,15 MPa 围压下完整岩样[图 4-64(b)]的延性明显强于 5 MPa 围压下完整岩样[图 4-64(a)];再看对应峰后破裂阶段微裂纹演化曲线可以发现,5 MPa 下的裂纹增长速率明显大于 15 MPa 围压。对于断续裂隙岩样,在单轴及低围压下应力-应变曲线的峰后曲线斜率绝对值大于中高围压,而单轴及低围压下微裂纹曲线增幅大于中高围压。由此不难看出,裂隙岩样峰后曲线脆性特征越明显,对应的微裂纹增幅越大;反之,裂隙岩样峰后曲线延性特征越明显,对应的微裂纹增幅越小。整体上,试样中拉伸裂纹数少于剪切裂纹。

在室内三轴压缩试验中,难以直观地获得裂纹的演化过程,而裂纹的扩展过程与应力的发展息息相关,因此裂纹的扩展过程在认识断续裂隙岩样三轴压缩应力演化特征具有重要的作用。在 PFC^{3D} 平台中,能够得到三轴压缩模拟裂纹的萌生、扩展、贯通直至岩样破裂的全过程,从而建立三轴应力-应变曲线与裂纹演化过程之间的关系。图 4-65 给出了不同围压下断续裂隙岩样三轴压缩裂纹扩展过程。图中的字母表示裂纹扩展顺序,对应于图 4-64。需要注意的是,图 4-65 展示了单轴压缩下裂隙倾角 30°岩样[图 4-65(a)],5 MPa 围压下裂隙倾角 60°岩样[图 4-65(b)],15 MPa 围压下裂隙倾角 60°岩样[图 4-65(c)]以及 25 MPa 围压下裂隙倾角 45°岩样[图 4-65(d)]裂纹扩展过程。之所以选择这些岩样的裂纹扩展过程,一是因为它们分别呈现了不同的裂纹扩展形态;二是它们的组合涵盖了不同倾角(30°、45°和 60°)和不同围压(单轴、低围压 5 MPa、中等围压 15 MPa 和高围压 25 MPa)。

当围压增大至 15 MPa 和 25 MPa 时,由图 4-65(c)和图 4-65(d)可见,中高围压下裂隙之间发生了多次贯通,分别是水平裂隙左尖端与倾斜裂隙下尖端,水平裂隙左尖端与倾斜裂隙上尖端,水平裂隙右尖端与倾斜裂隙上尖端。其中,水平裂隙左尖端与倾斜裂隙上尖端之间的贯通是由于两个尖端萌生裂纹分别扩展汇合导致的,这与单轴压缩下的贯通[图 4-65(a)所示]有所区别。

由图 4-65 可见:① 裂纹扩展模式与裂隙倾角和围压密切相关。在单轴压缩条件下,裂纹通常从距水平裂隙尖端一定距离处起裂,而从倾斜裂隙尖端起裂。在三轴压缩条件下,裂纹更容易从水平和倾斜裂隙尖端起裂。随着围压的增大,倾斜裂隙下尖端易萌生反向翼裂纹,而翼裂纹受到抑制。② 裂隙间贯通模式与裂隙倾角和围压密切相关。在单轴压缩条件下,对于倾角 30°岩样,裂纹贯通发生在倾斜裂隙上尖端和水平裂隙两个尖端之间;对于倾角 45 和 60°岩样,裂隙贯通是由于倾斜裂隙尖端萌生的裂纹向水平裂隙中部扩展导致的。随着围压的增大,裂隙贯通模式逐渐发生变化。③ 破裂模式与围压相关。从宏观上看,在单轴及低围压条件下,拉伸裂纹为主,试样呈拉伸破裂。在高围压条件下,剪切裂纹多于拉伸裂纹,试样呈剪切破坏。从微观上看,随着围压的增大,拉伸微裂纹的比重逐渐减小,而剪切微裂纹逐渐增大,

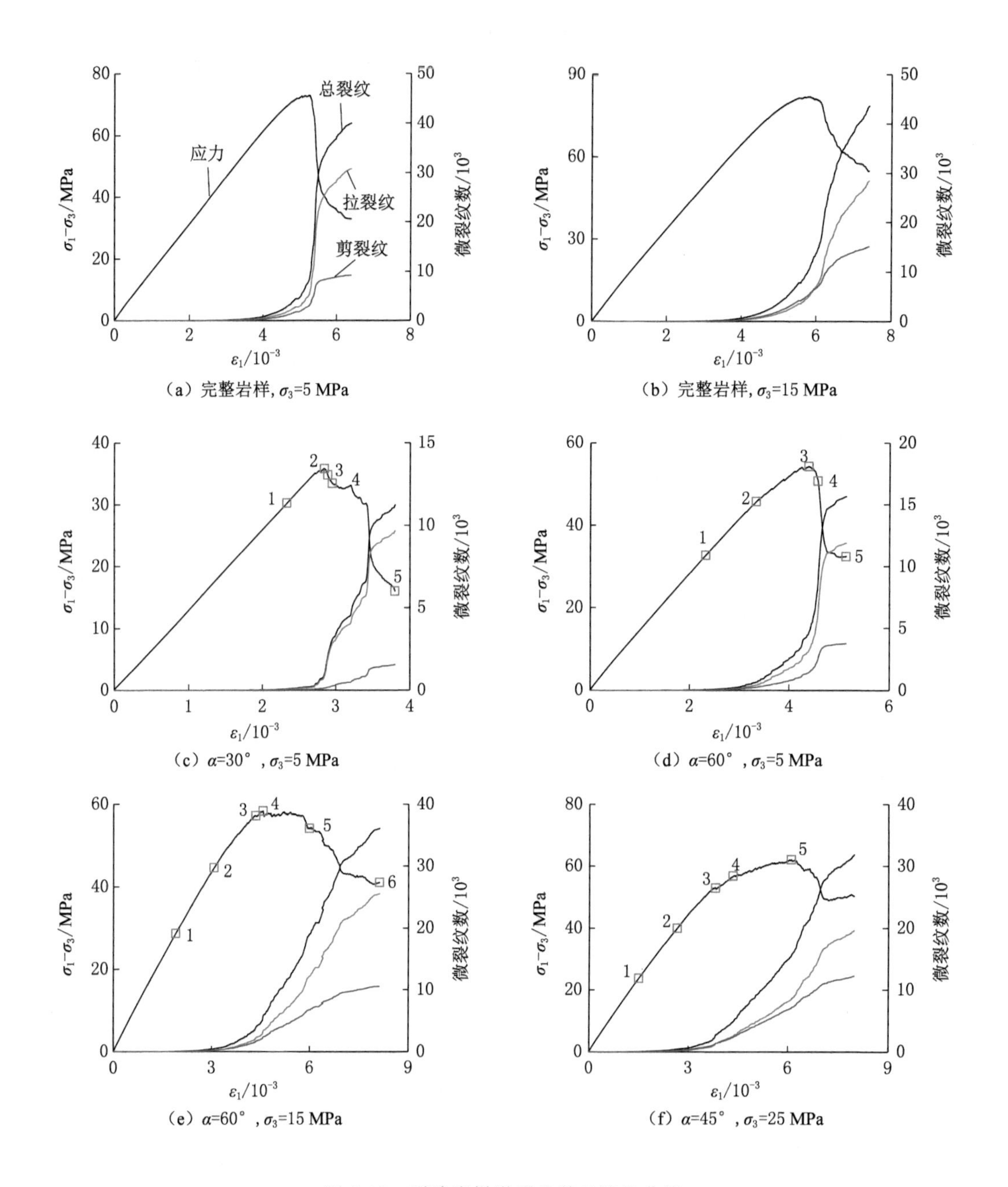

图 4-64 裂隙岩样微裂纹数目演化曲线

由于该裂纹为三维形态，分析不同位置处的裂纹，有助于进一步认识三维状态下的裂纹特征。在 PFC^{3D} 中，采用 Cluster 命令，将原试样显示成块体结构。用 Cluster 命令显示以后，可以借助显示功能将岩样在不同位置切片，得到不同高度和不同深部位置岩样破裂形态。图 4-66 给出了 cluster 试样和切片示意图。图 4-66(a)为破裂后岩样的裂纹表面形态；图 4-66(b)则为采用 cluster 显示后的岩样；图 4-66(c)为竖直切片示意（视角为从上往下看）；而图 4-66(d)为水平切片示意（视角为从前往后）。

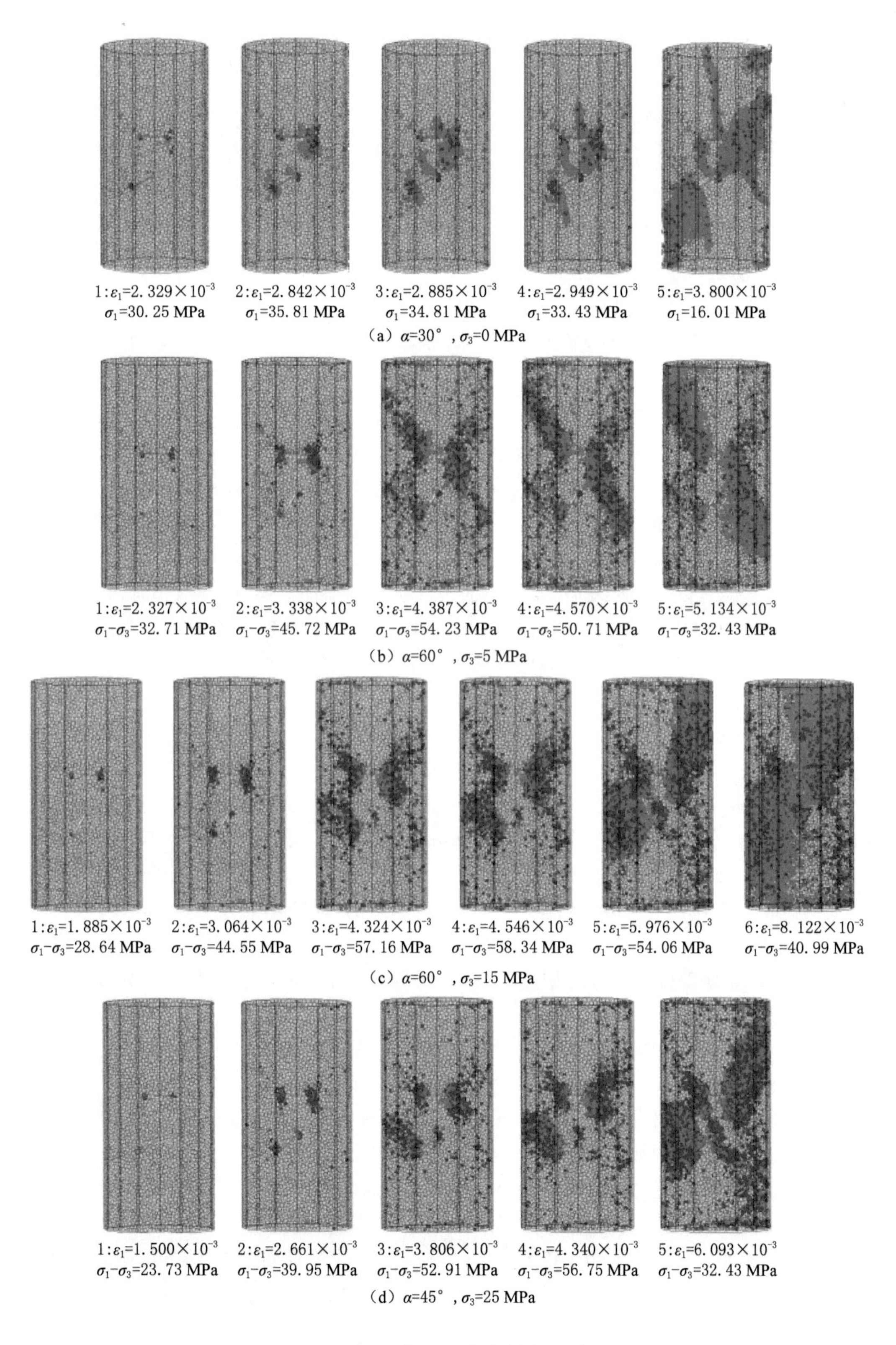

（a）α=30°，σ_3=0 MPa

（b）α=60°，σ_3=5 MPa

（c）α=60°，σ_3=15 MPa

（d）α=45°，σ_3=25 MPa

图 4-65　不同围压作用下裂隙岩样裂纹扩展过程

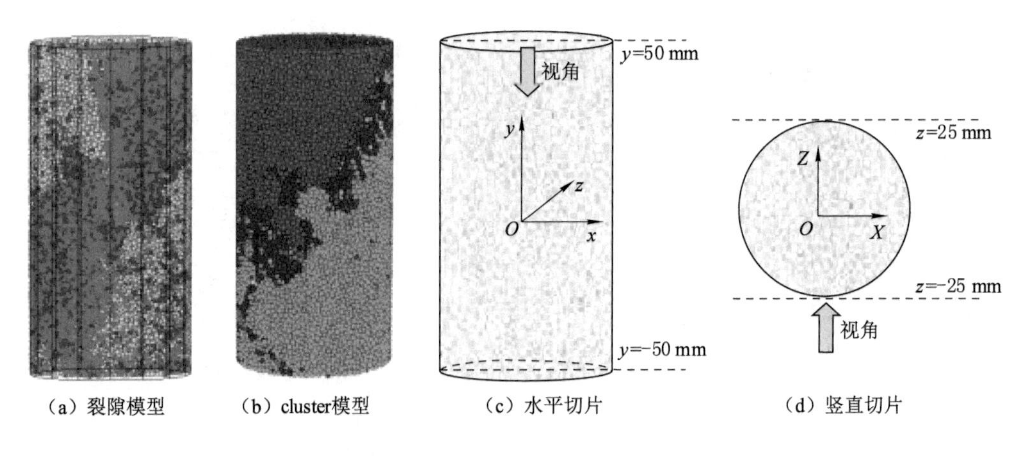

图 4-66 裂隙岩样数值模型切片示意

图 4-67 给出了 5 MPa 围压下完整岩样的切片。其中,图 4-67(a)为不同深度竖直方向切片;图 4-67(b)为不同高度水平方向切片。在图 4-67(a)中,当 $z=-25$ mm 时,该竖直方向切片即为表面上裂纹形态,裂纹主要分布在试样的上端,同时对应位置的试验结果,室内试验中裂纹也是呈上尖端破裂。在 $z=-20$ mm、-15 mm、-10 mm 和 -5 mm 时,随着深度的增加,右上端的裂纹不断发展,左下端的裂纹也逐渐增加。当 $z=0$ mm 时,显示的切片结果即为试样的中心位置裂纹形态,在该切片中同时存在主裂纹 2 和 3。在 $z=5$ mm、10 mm、15 mm 和 20 mm 时,切片的形态均为主裂纹 3 倾斜分布在试样中部。从竖直方向的切片结果说明了,不同位置处的裂纹呈现不同特征。在图 4-67(b)中,当 $y=50$ mm 时,水平切片显示的结果即为上端面裂纹形态,端面的破裂程度较为严重,其中破裂面贯穿了岩样的水平切面。在 $y=40$ mm 时,水平切片的结果显示仍有一条破裂面贯穿;而在 $y=30$ mm 时,该破裂面已接近于试样的边缘。从图中可以看出,该破裂面在竖直方向的扩展深度约为 20 mm,与图 4-67(a)观察到扩展深度约 23 mm 中相对应。而对于破裂面 2,仅分布在 $y=50\sim10$ mm 中,说明破裂面 2 仅在试样的上部。从 $y=-10$ mm 开始出现破裂面 3,而且随着高度的降低,在 $y=-10$ mm 至 $y=-30$ mm 期间内,破裂面 3 逐渐向试样中心位置扩展。从图中可以看出,在试样中除了一些主要裂纹外,还有部分小裂纹。从主裂纹的形态可以看出,主裂纹是倾斜分布于试样中,这些裂纹为剪切裂纹,进一步说明了完整岩样在围压作用下呈剪切破裂。

图 4-68 给出了 5 MPa 围压下断续裂隙岩样(60°)的切片。其中,图 4-68(a)为不同深度竖直方向切片,图 4-68(b)为不同高度水平方向切片。在图 4-68(a)中,当 $z=-25$ mm 时,在水平裂隙左尖端有向上发展破裂,水平裂隙左尖端有向下发展破裂,而倾斜裂隙附近几乎没有破裂产生,这与试验结果相同。倾斜裂隙下尖端只在 $z=-20$ mm 和 5 mm 位置出现了部分破裂,倾斜裂隙上尖端在所有的切片中均没有发展明显的破裂,水平裂隙左右尖端的裂纹 1 和裂纹 2 在所有切片中均有体现,而且在所有切片中预制裂隙之间均未发生贯通。在图 4-68(b)中,当 $y=50$ mm 和 -40 mm 时,即在试样的上端面和下端部附近,在这两个水平方向的切片中均没有明显的破裂,这说明端面位置未发生破裂。当 y 从 40 mm 减小至 10 mm 时,破裂面 1 不断向切片的中心过渡,而且破裂面均发展至试样的边缘。当 $y=10$ mm时,切片为水平裂隙位置,水平切片中同时出现了破裂面 1 和破裂面 2。当 y 从10 mm减小至

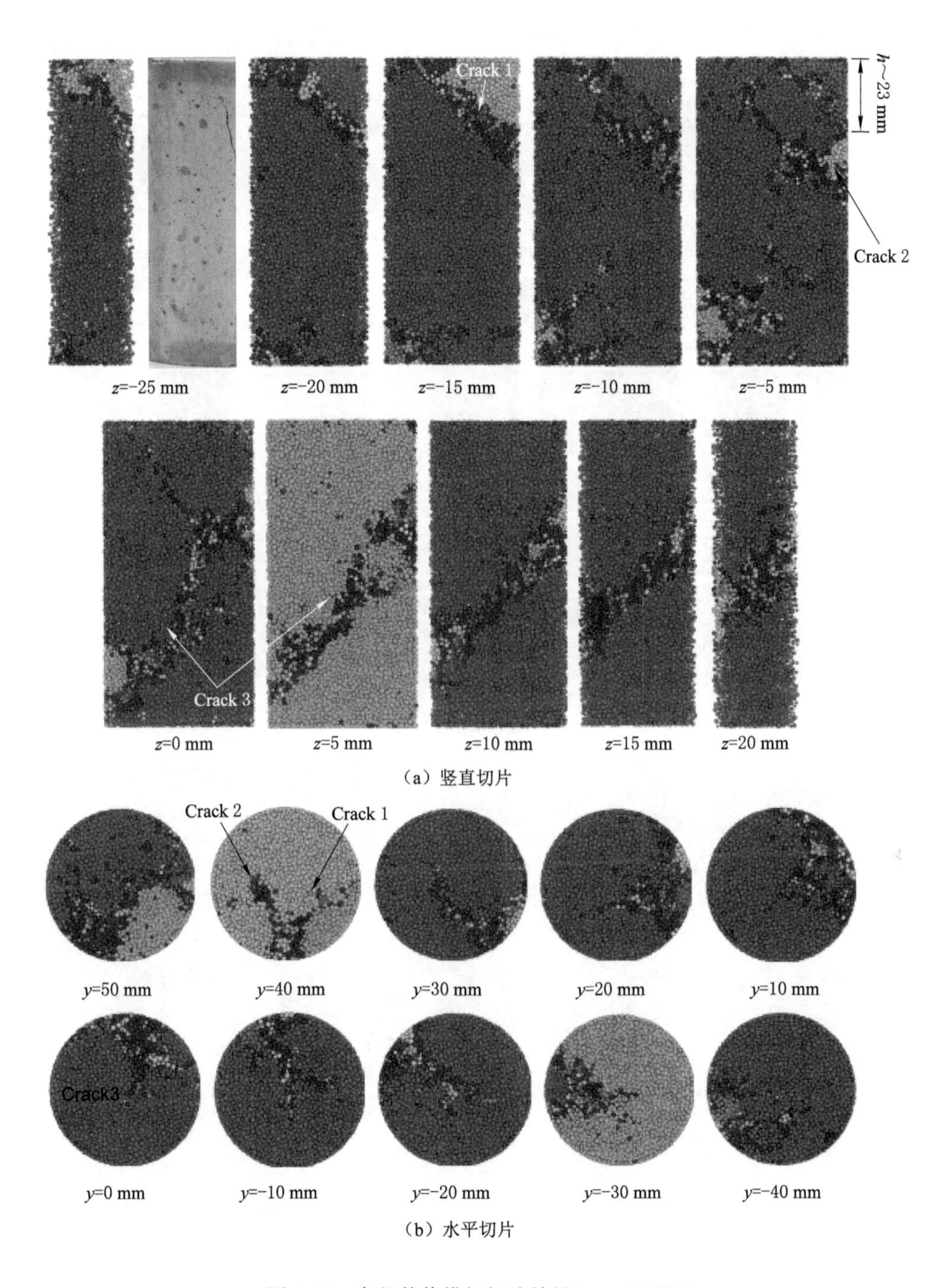

（a）竖直切片

（b）水平切片

图 4-67　完整数值模拟切片结果(σ_3 = 5 MPa)

－30 mm时，破裂面 2 不断向切片的边缘过渡，而且破裂面均发展至试样的边缘。

与相同围压(5 MPa)下完整岩样结果对比，可以发现有围压作用下完整岩样的破坏可能是试样中的一端萌生裂纹并向另一端扩展导致的。与此不同的是，断续裂隙岩样在围压作用下是从裂隙尖端首先萌生裂纹并向试样的边缘、端面扩展。

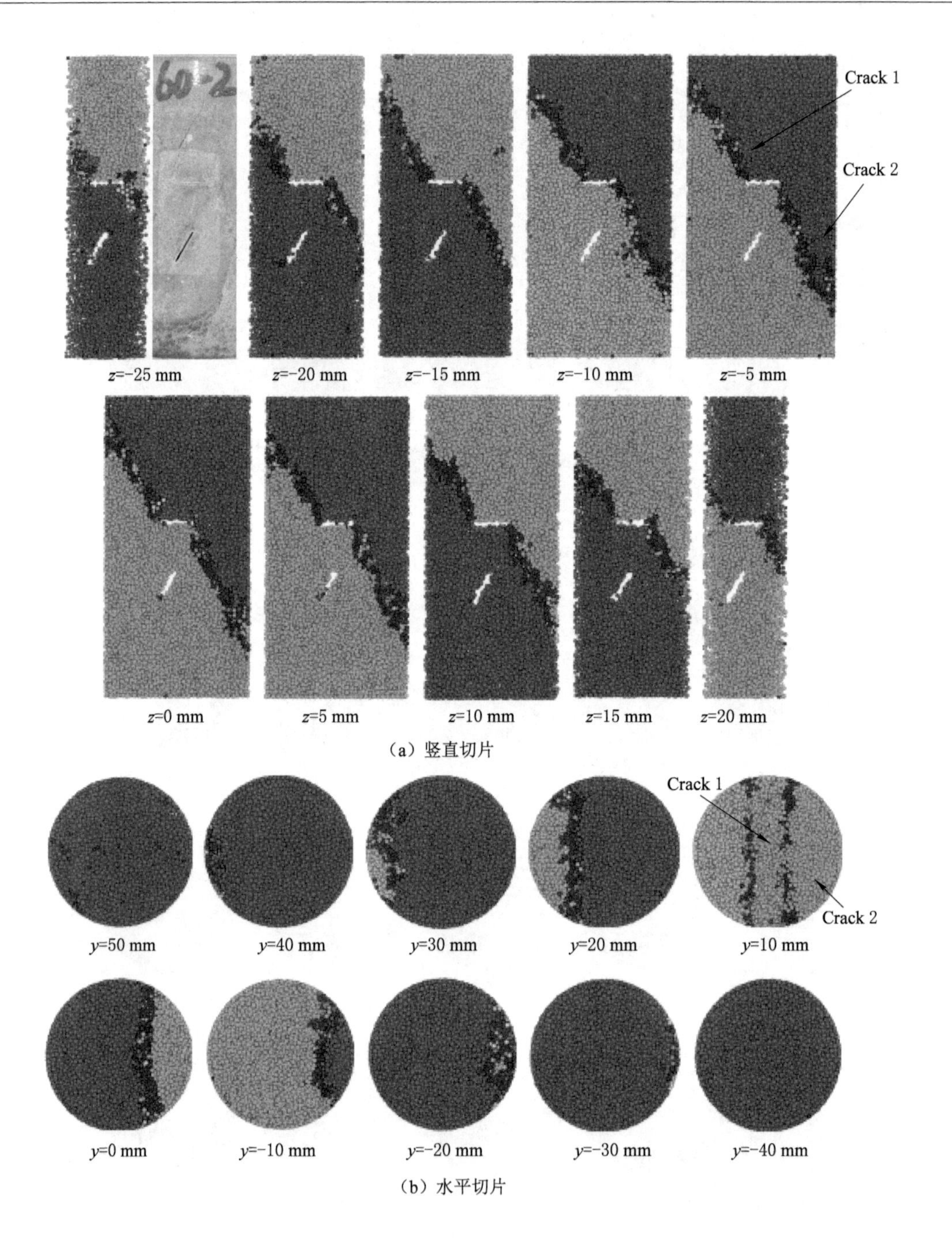

图 4-68 裂隙数值模拟切片结果($\alpha=60°$,$\sigma_3=5$ MPa)

图 4-69 给出了 15 MPa 围压下断续裂隙岩样(60°)岩样的切片。其中,图 4-69(a)为不同深度竖直方向切片,图 4-69(b)为不同高度水平方向切片。从竖直方向来看,不同深度的切片几乎呈现出相同破裂形态;对于水平方向而言,y 在 −30~50 mm 范围内的切片均有破裂产生,在靠近端部位置($y=-40$ mm)的切片中几乎无破坏。与 5 MPa 围压下断续裂隙岩样(60°)岩样的切片对比,5 MPa 围压下预制裂隙未发生贯通,在 15 MPa 围压下发生贯

通。此外，反向翼裂纹受围压的影响显著，以倾斜裂隙下尖端反向翼裂纹为例。在 5 MPa 围压下未观察到明显的反向翼裂纹，而在 15 MPa 围压下反向翼裂纹得到了充分扩展，并最终与水平裂隙尖端翼裂纹相连接。

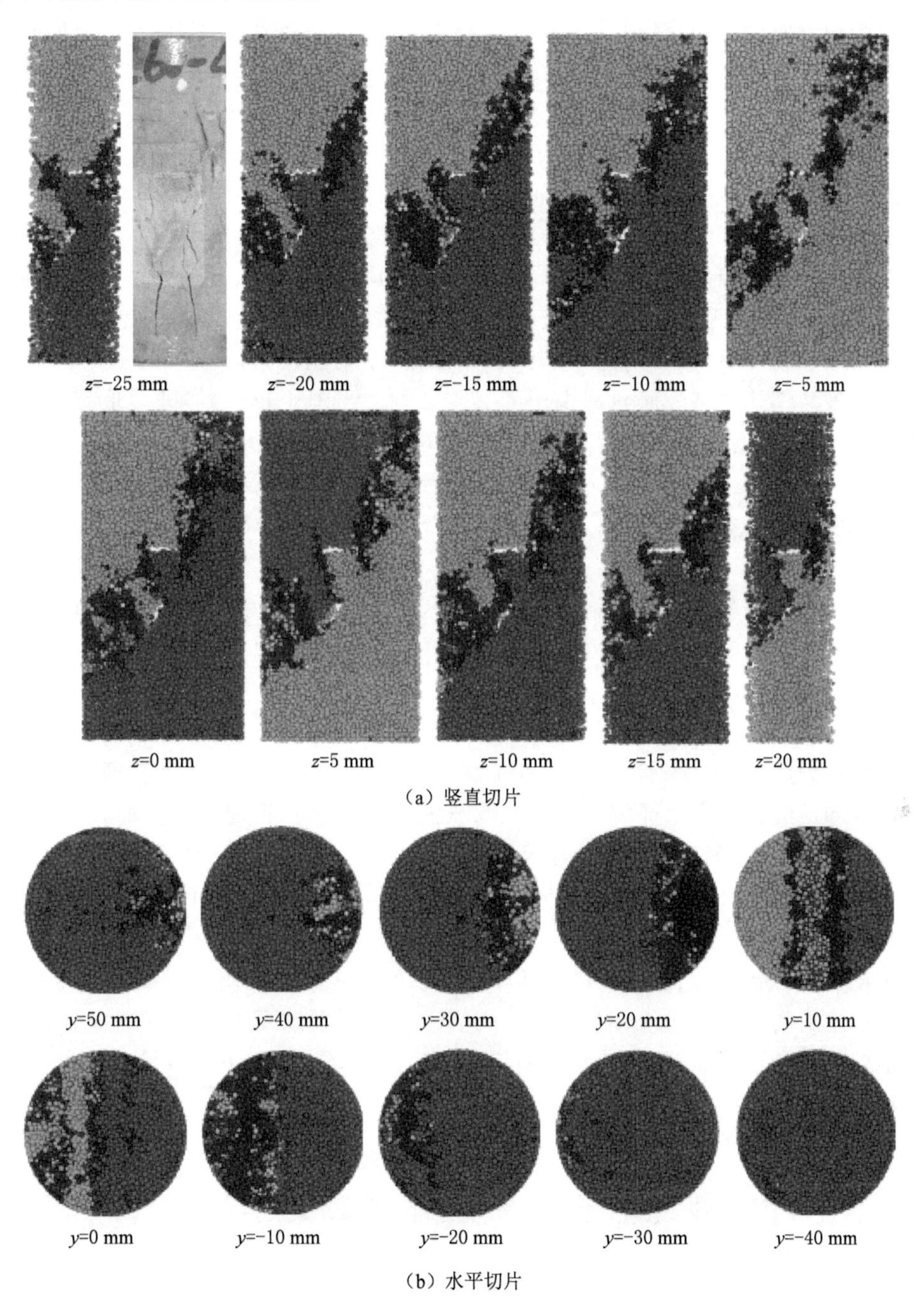

(a) 竖直切片

(b) 水平切片

图 4-69　裂隙数值模拟切片结果($\alpha=60°$，$\sigma_3=15$ MPa)

由图 4-66 至图 4-68 可知：① 在相同围压(5 MPa)条件下，完整岩样裂纹萌生于试样的一端，并扩展至另外一端。然而，对于裂隙岩样，裂隙首先萌生于裂隙尖端，并逐渐扩展至岩样端面或者边界。② 在不同围压条件下,围压对岩样内部损伤有明显的影响。在较低围压条件下,裂隙之间没有裂纹贯通;在较高围压条件下,拉伸翼裂纹和反向翼裂纹的扩展导致裂隙之间发生贯通。另外,反向翼裂纹受围压的影响,以倾斜裂隙下尖端的反向翼裂纹为例。当围压较低时,没有观察到反向翼裂纹;然而当围压增大至 15 MPa 时,反向翼裂纹萌生并延伸至水平裂隙右尖端。

4.5.4 本节小结

断续不平行双裂隙类岩石材料三轴压缩试验结果表明:① 完整岩样应力-应变曲线峰后呈平滑式应变软化,而断续裂隙岩样应力-应变曲线呈现多台阶式软化。部分裂隙岩样曲线出现双峰值现象,而且首次峰值跌落幅度随围压的增大而减小。② 完整及断续裂隙岩样的裂纹损伤阈值、峰值强度和峰值应变均随着围压的增大而呈线性增大。完整岩样峰值强度对围压的敏感程度最高,倾角为 45°时较大,倾角 30°时次之,倾角 60°时最小。③ 断续裂隙岩样宏观破裂模式受裂隙倾角和围压的共同影响。当围压较小时,破裂形态受裂隙倾角的影响较大;当围压增大到一定程度后,裂隙倾角的影响逐渐减弱,围压的作用开始显现,呈剪切破坏模式。④ 裂隙倾角和围压共同决定断续裂隙岩样裂纹贯通模式。倾角为 30°时,裂隙之间均发生两处贯通,而倾角为 45°和 60°岩样表现为随着围压的增大,由无贯通增加至一次或两次贯通。

断续不平行双裂隙类岩石材料三轴压缩 PFC^{3D}模拟结果表明:① 采用经过完整类岩石材料室内试验标定的细观参数进行断续裂隙岩样三轴压缩模拟,得到的不同围压下、不同裂隙倾角断续裂隙岩样的应力-应变曲线、强度和变形参数以及破裂模式均与室内试验结果吻合较好。② 通过 PFC 获得了断续裂隙岩样裂纹起裂、扩展、贯通直至破裂的全过程。断续裂隙岩样是在裂隙尖端首先萌生裂纹,并不断扩展贯通导致岩样的破裂。断续裂隙岩样裂纹扩展特征和最终破裂模式受裂隙倾角和围压的共同影响。当围压较小时,破裂形态受裂隙倾角的影响较大;当围压增大到一定程度后,裂隙倾角的影响逐渐减弱,围压的作用开始显现,呈剪切破坏模式。③ 借助 PFC 平台,对完整及断续裂隙岩样不同围压作用下破裂后岩样进行不同位置端面破裂形态观察。完整岩样可能是在试样的一个端部萌生裂纹并向另一个端部扩展;而断续裂隙岩样在围压作用下是从裂隙尖端首先萌生裂纹,在轴向应力和围压的共同作用下向试样的边缘、端面扩展。此外,反向翼裂纹受围压的影响显著,在低围压下未观察到明显的反向翼裂纹;而在中高围压下反向翼裂纹得到了充分扩展。最终,与水平裂隙尖端翼裂纹相连接。

4.6 不平行双裂隙砂岩三轴压缩破裂力学行为 PFC^{3D}模拟

上一节进行了不同围压作用下断续裂隙类岩石材料三轴压缩试验,讨论了预制裂隙和围压对含裂隙岩石强度变形特性和破裂模式的影响规律,对于初步认识三向应力作用下含不平行裂隙岩石力学特性有一定帮助。但是,由于真实材料存在显著的非均质性,矿物颗粒、边界效应以及胶结程度不同的影响等因素难以在类岩石材料中真正体现[9]。为了深入认识三向应力作用下含裂隙岩石力学特性,还需要开展断续裂隙真实岩石材料试样三轴压缩试验和数值模拟研究[44]。

4.6.1　砂岩数值模型及细观参数标定

(1) 数值模型及加载程序

在 PFC^{3D}中，接触黏结模型可以传递作用在接触上的力，而平行黏结模型可以传递力和力矩。在接触黏结模型中，只要颗粒保持接触黏结断裂，就可能不会严重影响宏观刚度，而在平行黏结模型中黏结断裂会导致宏观刚度衰减，因为刚度是由接触刚度和黏结刚度共同作用的。对于岩石类材料，胶结类型可以分为基底胶结、孔隙胶结、接触胶结和镶嵌胶结等，其中镶嵌胶结中，颗粒之间为线接触、凹凸接触或缝合状接触[45]。从遵义砂岩的微观结构上看，胶结类型属于镶嵌胶结，可简化为 PFC 中的平行黏结模型(图 4-70)。另外，前人的研究结果也证明了平行黏结模型颗粒能更好地模拟岩石材料的力学行为。综上所述，本书选用平行黏结模型来模拟遵义砂岩。

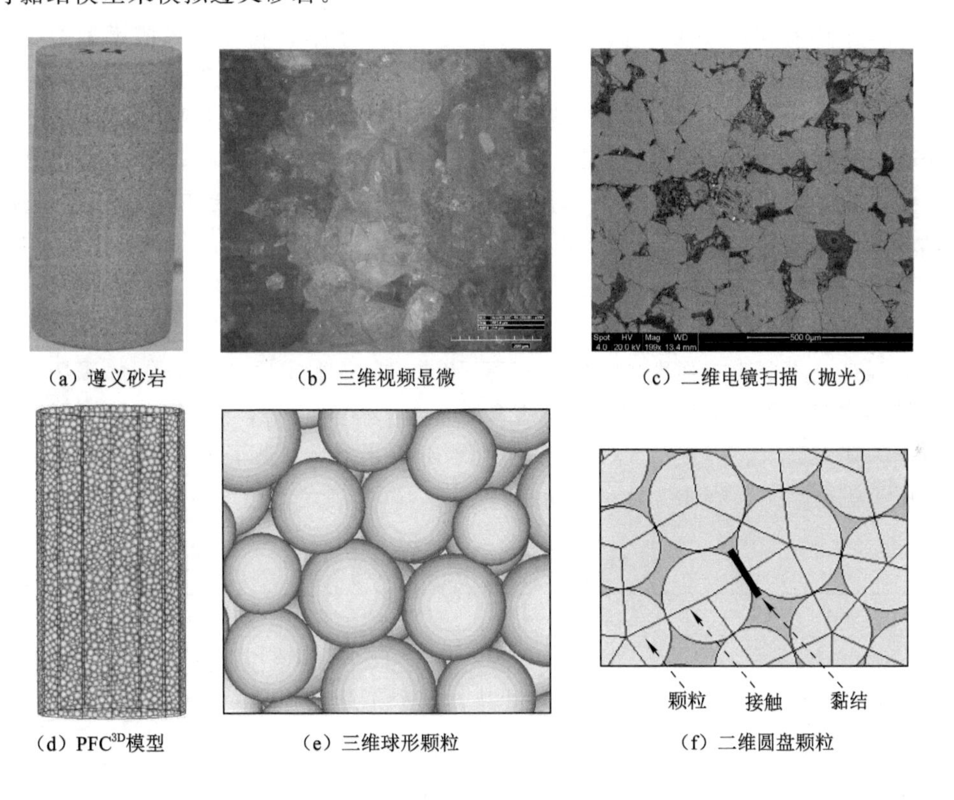

(a) 遵义砂岩　(b) 三维视频显微　(c) 二维电镜扫描（抛光）

(d) PFC^{3D}模型　(e) 三维球形颗粒　(f) 二维圆盘颗粒

图 4-70　砂岩微观结构及平行黏结模型

遵义砂岩矿物颗粒的直径在 0.15～0.3 mm 范围内。若在 PFC^{3D}中生成与该颗粒尺寸匹配的数值试样，模拟结果必然会更为接近于砂岩试样室内试验结果，但是计算量会非常庞大，难以实现。当颗粒尺寸与模型尺寸的比值在一定范围内时，颗粒尺寸对模型力学性质的影响很小，甚至可以忽略。前人研究表明：在 PFC^{3D}中，当 L/d(L 为模型的最短边长，d 为颗粒平均直径)由 5.0 增大到 62.5 时，模型的单轴压缩强度基本无变化[46]；固定试样尺寸而改变颗粒粒度对单轴压缩强度无明显影响[47]；脆性剪切破裂的间距大约是砂岩平均粒径的 5～10 倍[48]。因此，结合本书采用的数字工作站(戴尔 Precision T7910 系列工作站，主要参数为 Intel 至强 E5-2630 v3 处理器，2.4 GHz 主频和 32 GB 内存)的计算能力以及砂岩试样的几何尺寸(ϕ50 mm×100 mm)，本书数值模型球形颗粒最小半径设定为 1.0 mm，最大半径为 1.6 mm，约为砂岩试样真实尺寸的 10 倍。

墙体不仅作为生成圆柱形试样的“容器”，同时也是后续加载试样中的加载板。其中，上下方向两面墙作为轴向方向加载板，用户可以设定加载速度，模拟位移控制方式。四周的墙则用来施加环向约束，对于圆柱形试样，各个方向应力相同，通过伺服控制机制实现。本书的模拟采用位移控制方式，施加恒定围压后，上下加载板以恒定速率进行轴向加载，直至试样发生破坏，整个模拟程序与室内常规三轴试验相同。当数值试样加载至峰后时停止加载，一次模拟结束。

(2) 细观参数标定

在平行黏结模型中，包含两组细观力学参数，分别反映颗粒和黏结键性质。颗粒参数包含了颗粒最小半径及最大最小半径比、密度、摩擦系数、接触模量和刚度比等 5 个参数；而黏结参数包含了模量、刚度比以及法向和切向强度等 4 个参数。构建的数值模型宏观力学参数需要通过细观参数来确定。但是，宏观参数与细观参数之间并无对应的定量关系。一些学者也致力于建立宏观参数与细观参数的关系，用以快速确定细观参数，如 Yoon[49] 提供了一种通过单轴压缩试验确定 PFC 细观参数的方法；Guo 等[50] 等通过正交试验法以及人工智能技术确定细观参数。PFC 用户手册中推荐的“试错法”，是通过不断调试细观参数，将模拟结果与试验结果相比较，得到一组较为满意的参数。这种方法表面上看比较盲目，费时费力。但是，各细观参数均对试样宏观力学参数的影响程度具有侧重，如接触模量主要影响岩样的杨氏模量、刚度比主要影响岩样的泊松比、平行黏结法向应力主要影响峰值强度、法向与切向强度比主要影响强度包络线斜率等，用户只要掌握了这种对应关系，采用“试错法”就能够较为快速得到一组较为理想的细观参数。

本书采用“试错法”标定遵义砂岩细观参数，标定基础为常温下干燥、完整的遵义砂岩常规三轴压缩试验结果。表 4-9 为本书标定的遵义砂岩的细观参数。

表 4-9　砂岩 PFC^{3D} 数值模型细观参数

参数	取值	参数	取值
颗粒最小半径/mm	1.0	摩擦系数	1.0
颗粒半径比	1.6	平行黏结模量/GPa	13
密度/(kg/m^3)	2 130	平行黏结刚度比	0.75
颗粒接触模量/GPa	13	平行黏结法向强度/MPa	40±8
颗粒刚度比	0.75	平行黏结切向强度/MPa	500±100

图 4-71 给出了采用上述细观参数模拟的应力-应变曲线与室内遵义砂岩结果的比较。图 4-71 对比结果显示，PFC^{3D}模拟的应力-应变曲线与室内试验结果基本吻合，峰前弹性变形、塑性变形以及峰后应变软化和残余阶段均能得到反映，除了较低围压下的初始压密阶段。在较高围压下，砂岩试样的压密阶段也逐渐较小，模拟曲线与试验曲线更为接近。

图 4-72 进一步给出了 PFC^{3D}模拟的峰值强度、弹性模量以及破裂模式。由图可见，模拟得到的峰值强度与试验值非常接近，除了单轴压缩以及围压 60 MPa 条件外，两者差异程

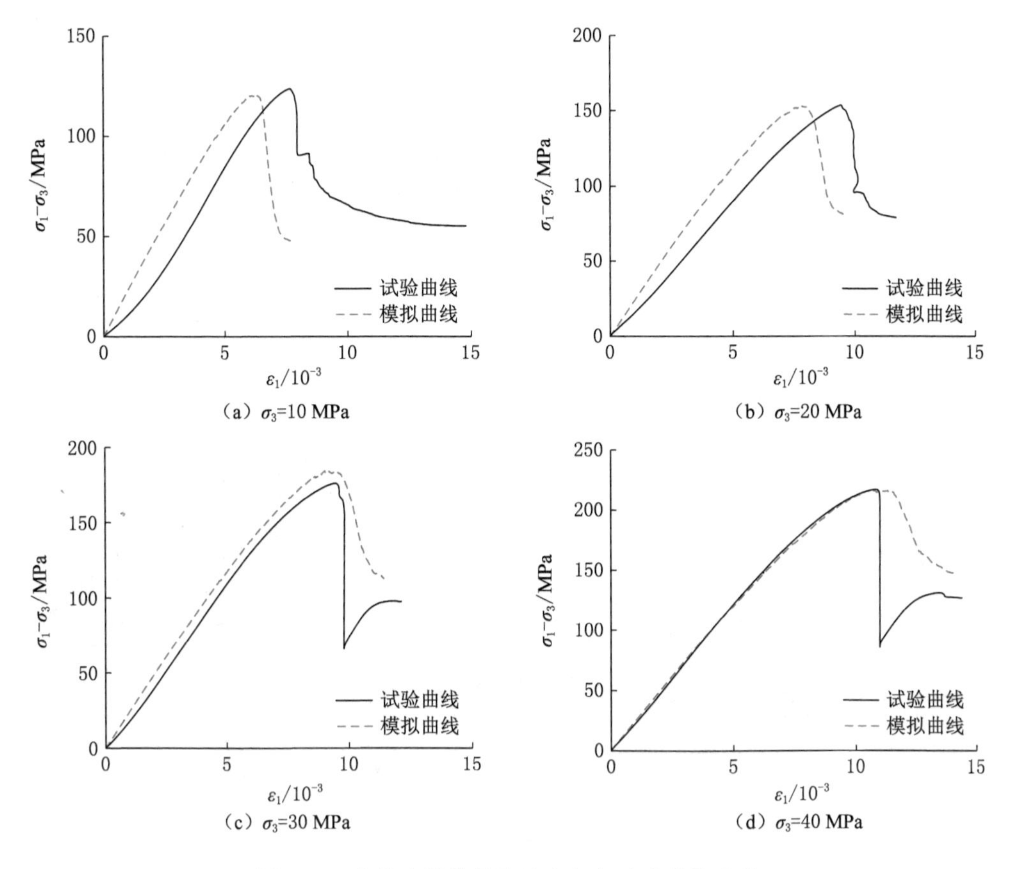

图 4-71　完整岩样模拟及试验应力-应变曲线比较

度均为 5%以内。若将单轴压缩强度参与回归的话，遵义砂岩强度包络线表现出一定的非线性特征；而 PFC^{3D}中平行黏结模型得到的强度包络线一般为线性。因此，在单轴和围压 60 MPa条件下模拟值与试验值有较大差异。采用线性摩尔-库仑准则回归得到的黏聚力和内摩擦角分别为 18.52 MPa 和 38.82°，而模拟值分别为 19.92 MPa 和 38.84°。模拟和试验弹性模量均表现为随着围压的增大而增大，两者相接近。

在室内试验中，干燥遵义砂岩单轴压缩下试样呈轴向拉伸破裂，而在围压作用下呈斜向剪切破坏。在数值模拟中，宏观裂纹是由很多微观裂纹组成的，当黏结断裂时产生微观裂纹；而在颗粒黏结模型中，黏结分布离散，因此造成了宏观裂纹也比较离散。为了更为清晰的显示宏观裂纹，图 4-72(b)中给出的结果为中心位置的裂纹形态，而不是整个圆柱形试样。总体上，数值模拟获得的宏观破裂模式与试验结果相接近。通过对应力-应变曲线、基本力学参数和最终破裂模式的比较可知，表 4-9 所示细观参数可以反映干燥遵义砂岩宏观力学特性。因此，后续的模拟工作均是以该数值模型和细观参数为基础展开的。

4.6.2　裂隙砂岩模拟结果

(1) 数值模型

在室内试验中，预制裂隙为张开、无填充状态。因此，PFC^{3D}中同样生成张开状态的预制裂隙。在完整数值模型的基础上，通过“Delete”命令删除特定区域内的颗粒，形成张开裂

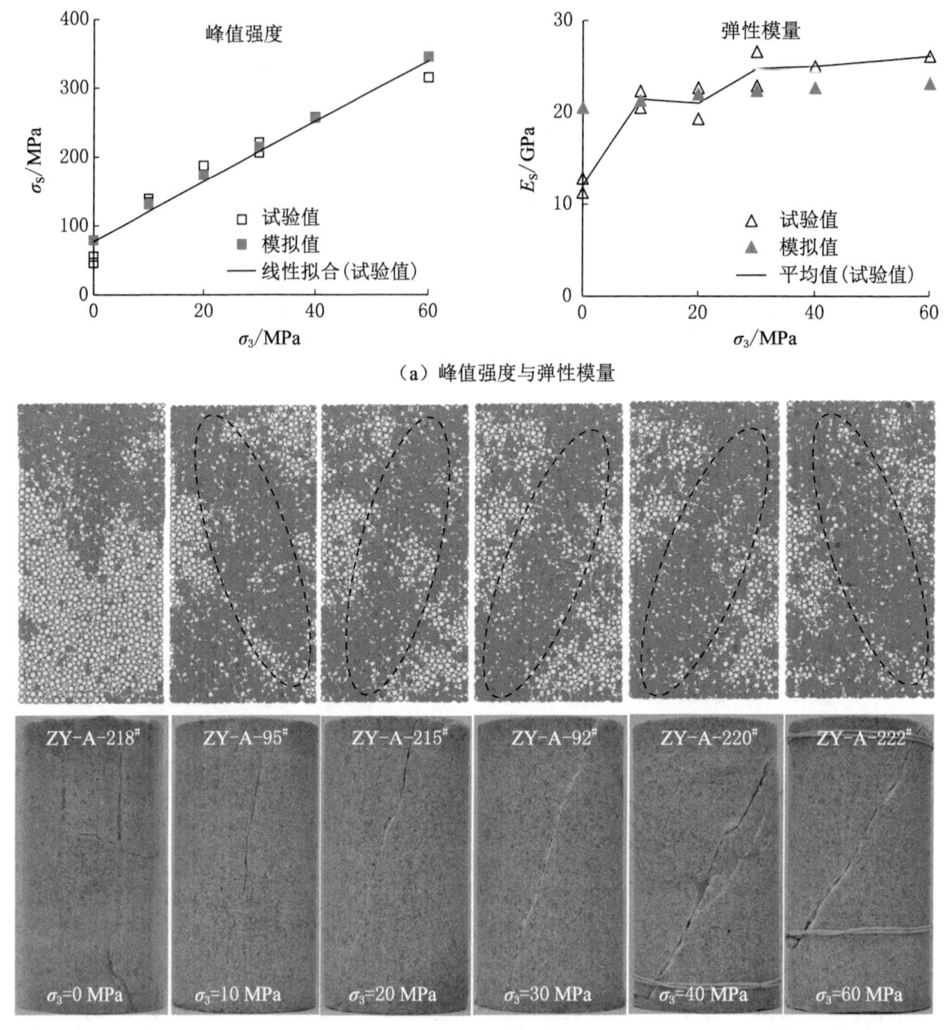

(a) 峰值强度与弹性模量

(b) 宏观破裂模式

图 4-72 完整数值模型常规三轴模拟结果

隙,该裂隙生成方法在 PFC 中得到普遍应用。但是,通过删除颗粒的方法生成裂隙,只有当颗粒的中心位于设定裂隙宽度区域内才会被删除。若颗粒中心位于区域内,但一部分在区域外,则删去后该处实际宽度要大于设计宽度;若颗粒一部分位于区域内,但中心在区域外,则该颗粒不会被删去,此处的宽度则要小于设计宽度[51]。受颗粒随机分布的影响,采用该方法得到的预制裂隙表面粗糙不平[32]。

图 4-73 为含断续双裂隙砂岩 PFC^{3D}数值模型,分别为倾角 0°、30 和 45°试样以及数值试样与真实裂隙砂岩试样的比较。数值模型中预制裂隙的参数与室内试验中相对应(主要参数 $2a=22$ mm,$2b=23$ mm)。需要说明的是,为了在数值模型得到一条完全张开的裂隙,裂隙宽度应至少大于一个颗粒直径。因此,在本次数值模拟中,裂隙宽度设置为 2.5 mm,略大于砂岩试样人工切割得到的裂隙宽度(1.5~2.0 mm)。对于含预制裂隙数值模型的细观参数,与完整数值模型完全相同,裂隙表面颗粒的细观参数也不需要重新赋值。

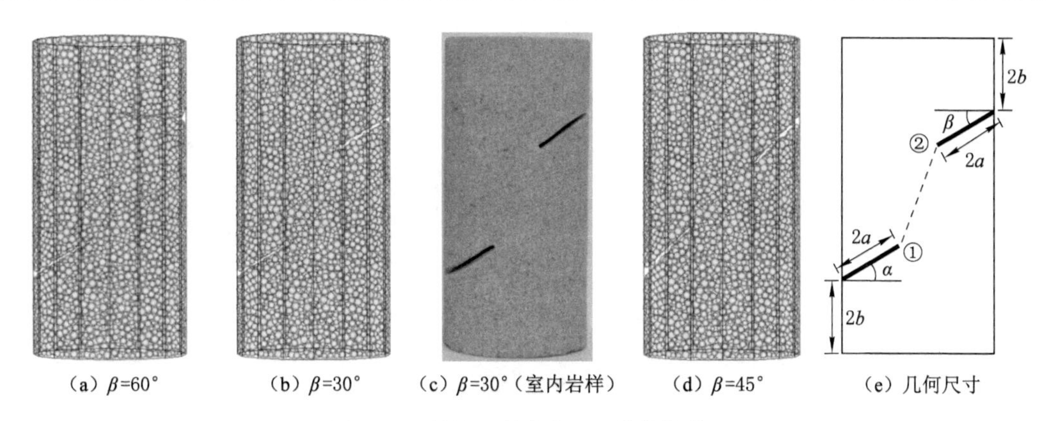

（a）β=60°　（b）β=30°　（c）β=30°（室内岩样）　（d）β=45°　（e）几何尺寸

图 4-73　断续双裂砂岩 PFC^{3D}数值模型

（2）模拟与试验结果比较

图 4-74、图 4-75 给出了 PFC^{3D}模拟得到的断续双裂隙岩样峰值强度及弹性模量。为了便于比较，图中对应给出了室内试验结果。从模拟结果上看，不管是预制裂隙岩样的峰值强度还是弹性模量，均表现为随着围压的增大而线性增大，且随着裂隙倾角 β 的增大而增大。比较数值模拟和室内试验结果可见，采用表 4-9 细观参数模拟裂隙砂岩试样得到的力学参数与室内试验具有相同的变化趋势，在数值大小上也较为接近。

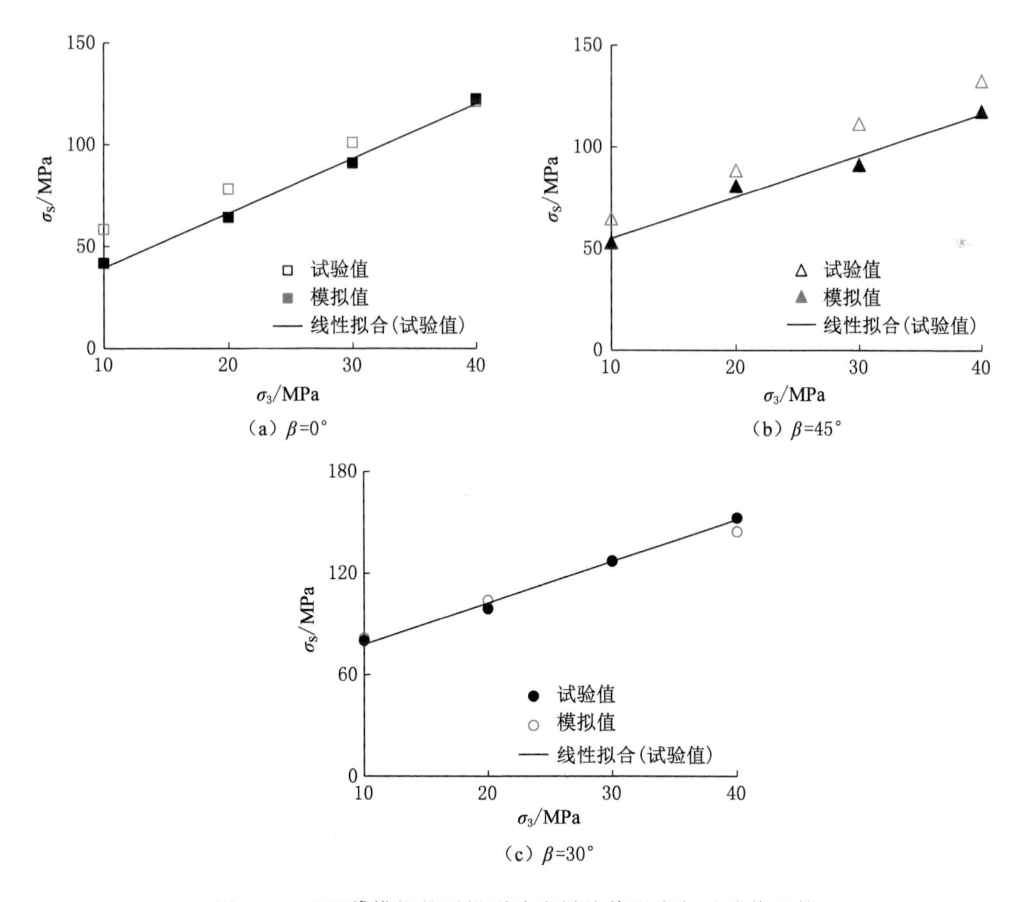

（a）β=0°

（b）β=45°

（c）β=30°

图 4-74　PFC^{3D}模拟的干燥裂隙岩样峰值强度与试验值比较

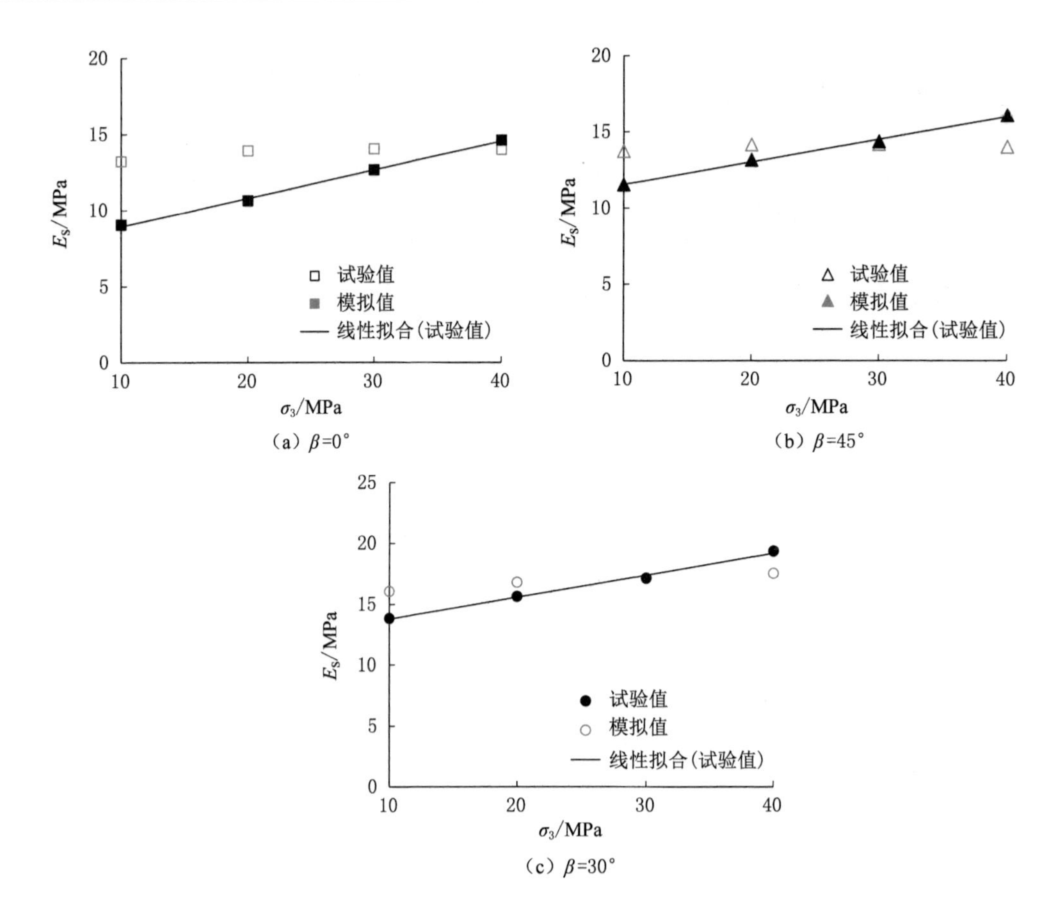

图 4-75 干燥裂隙岩样 PFC^{3D} 模拟的弹性模量与试验值比较

图 4-76 给出了裂隙岩样 PFC 模拟得到的宏观破裂模式与室内试验结果的比较。对于不同裂隙倾角数值试样在不同围压下的破裂模式均呈现为两条预制裂隙之间贯通破坏，这与室内试验结果相吻合。但是，数值模拟得到的裂纹宽度要明显大于室内试验结果，这与颗粒离散分布导致产生的微裂纹离散有关。

从上述的力学参数以及宏观破裂模式的比较中可以发现，模拟得到的强度变形参数与室内试验具有相同的变化趋势，数值上接近(但有所差异)。模拟的宏观破裂模式相近，但也有一些差别。这些差异主要来源于：① 在数值模拟方法上，本书采用三维程序，但与室内物理试验还是存在差别，如遵义砂岩材料矿物颗粒为不规则形状，而且不同矿物成分具有各自物理力学特征；然而数值模拟统一采用了球形颗粒，颗粒尺寸范围也不能与真实粒径相匹配。② 室内试验中，加载板与砂岩试样中存在摩擦；而在数值模拟中加载墙与数值模型之间不考虑摩擦。③ 室内试验切割裂隙时可能对岩样有局部损伤；而数值模拟中未考虑。

4.6.3 三维裂纹扩展特征分析

(1) 裂纹扩展过程

裂纹演化过程中蕴含了丰富的信息，分析裂纹扩展行为有助于进一步了解裂隙岩样力学行为[17,52]。在 PFC^{3D} 中，可通过编程跟踪记录三轴加载过程中破裂发展。图 4-77 给出了

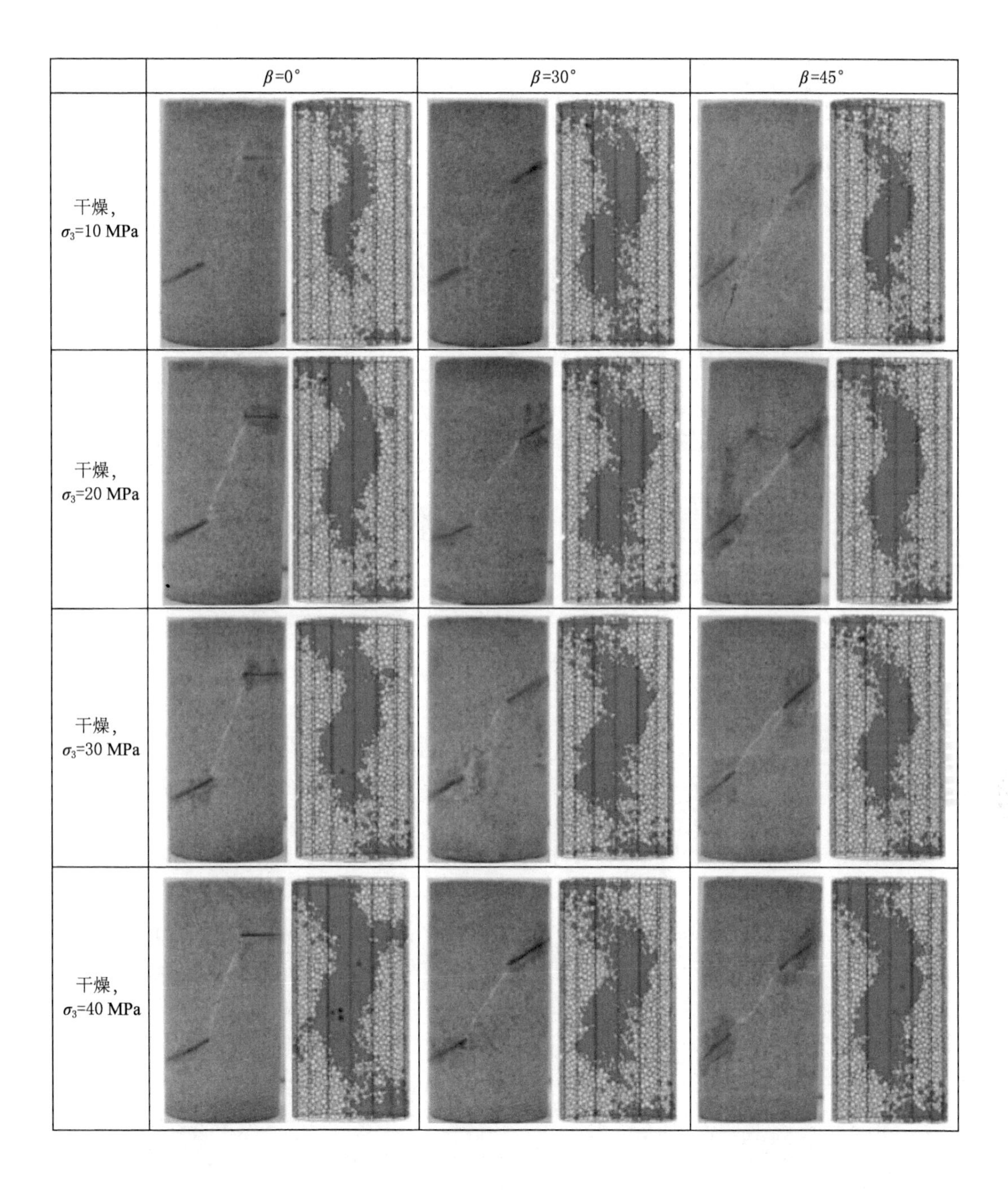

图 4-76　PFC3D模拟的裂隙岩样宏观破裂模式与试验结果比较

裂隙数值试样三轴压缩下微裂纹数演化曲线。图 4-78 给出了三轴压缩下裂隙数值试样裂纹扩展过程。图 4-77 和图 4-78 中的数字编号表示裂纹扩展顺序。

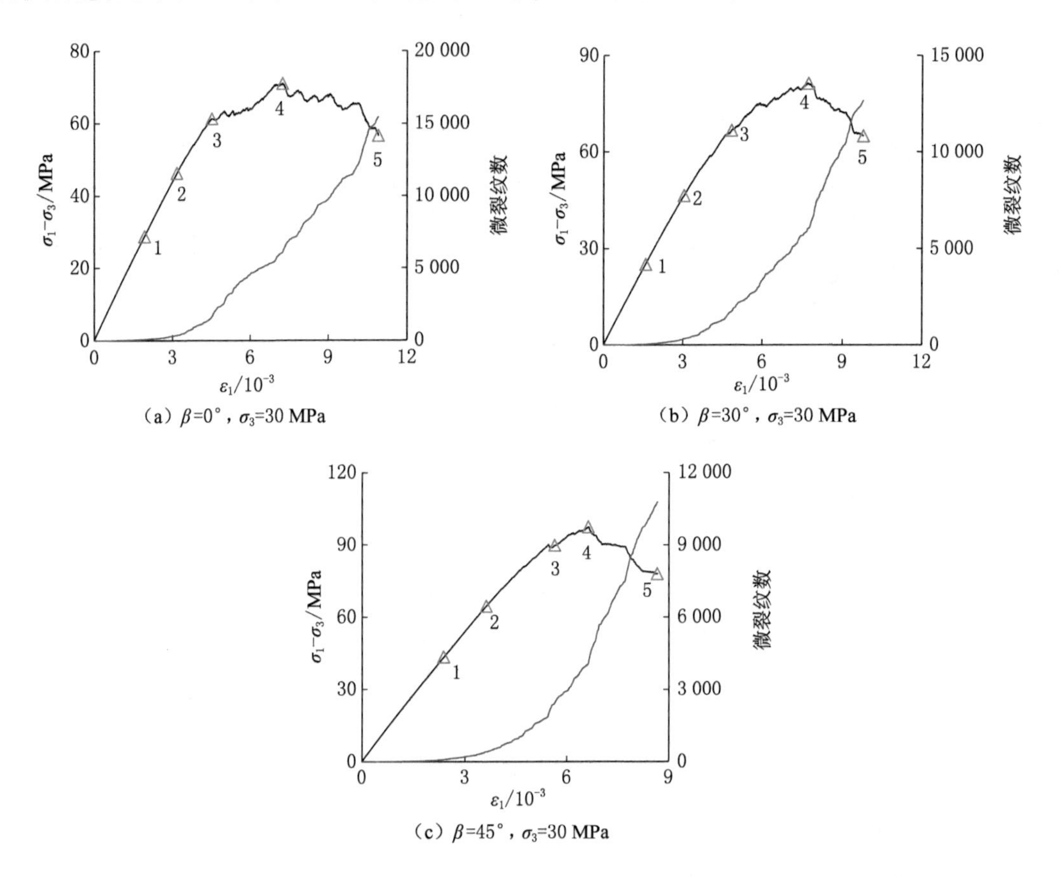

图 4-77　裂隙数值试样三轴压缩下微裂纹数演化过程

裂隙倾角 0°试样在围压 30 MPa 条件下的裂纹扩展过程如图 4-78(a)所示，对应的微裂纹数演化曲线如图 4-77(a)所示。当岩样加载至点 1 时，轴向偏应力为 28.45 MPa～40.0%σ_p，微裂纹首先在裂隙①上尖端聚集，在裂隙②左尖端也有微裂纹汇聚的趋势。此时，在试样中共产生了 78 个微裂纹，约占峰值强度时微裂纹数的 1.3%。随着轴向变形的增加，当轴向偏应力线性增大至点 2 时，在裂隙尖端集合的微裂纹逐渐发展成为宏观裂纹。裂隙①上尖端分别有向上和向下扩展的两条裂纹，同样在裂隙②左尖端也有沿着轴向方向扩展的两条裂纹，此时微裂纹数为 352 个。在此之后，随着轴向应力的增加，不断有微裂纹的萌生，而宏观裂纹也不断地扩展。在非线性阶段的点 3，对应轴向偏应力为 61.30 MPa～86.3%σ_p，宏观裂纹的扩展造成了两条预制裂隙在岩桥区域贯通，对应微裂纹数为 1 607 个。在岩样表面裂纹贯通后，应力没有达到峰值强度，还是继续增大。这是因为在圆柱形试样中，其他位置(沿厚度方向)的裂隙尖端可能还没有发生贯通。从峰值强度(即点 4)时的裂纹形态可见，上一阶段(点 3)之后微裂纹主要萌生于岩桥内，而且这个过程中应力-应变曲线有很多波动，说明局部的裂纹扩展活动导致了局部应力跌落。峰值强度后轴向应力开始跌落，但是不同于室内试验峰后脆性跌落，数值岩样延性较强。

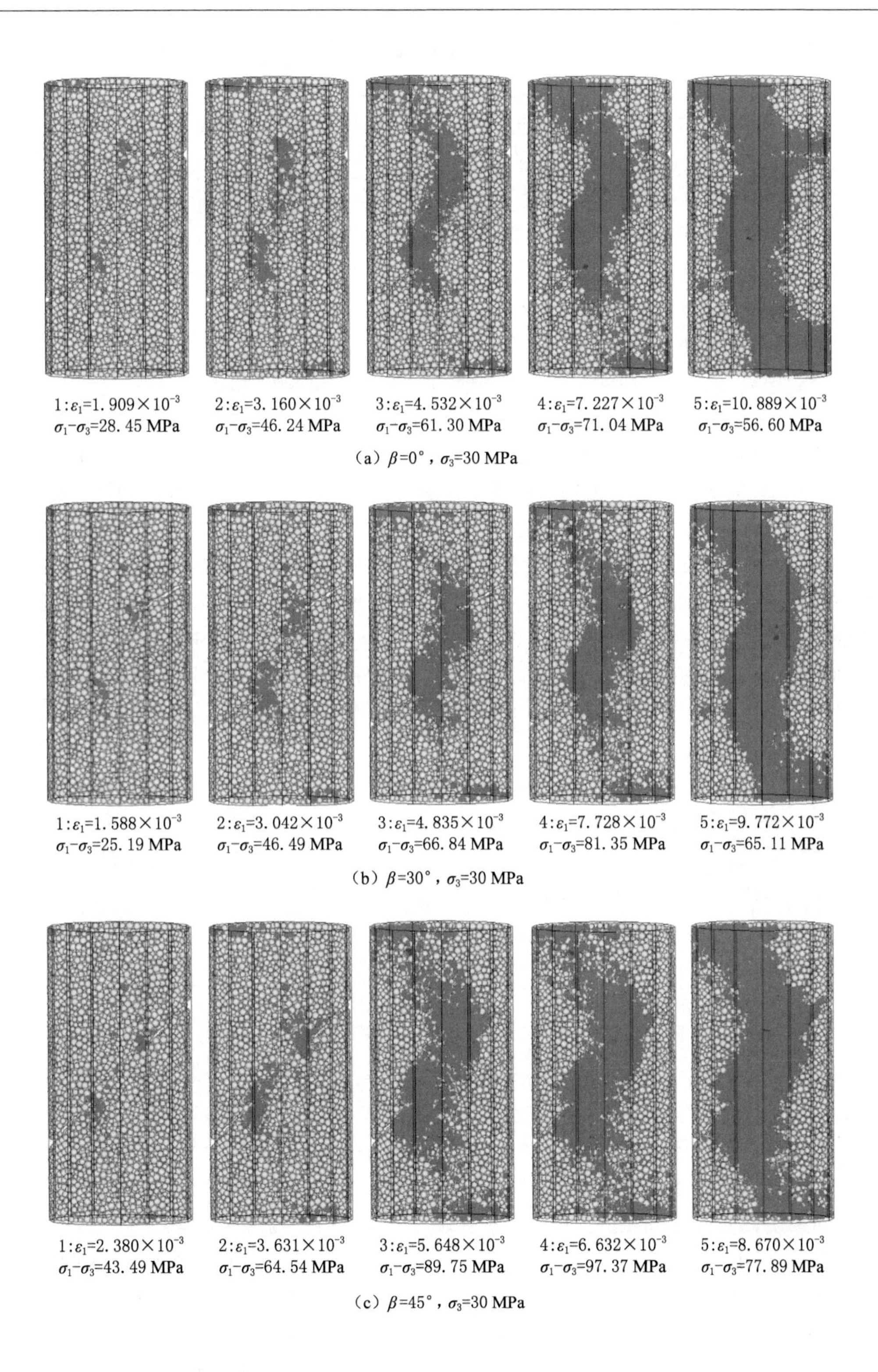

图 4-78　裂隙数值试样三轴压缩下裂纹扩展过程

裂隙倾角 30°试样在围压 30 MPa 条件下的裂纹扩展过程如图 4-78(b)所示，对应的微裂纹数演化曲线如图 7-77(b)所示。与裂隙倾角 0°试样在 30 MPa 围压作用下结果相同的是，裂隙倾角 30°试样初始微裂纹也同样萌生于预制裂隙尖端。当轴向偏应力增大至点 2 ($\sigma_1-\sigma_3=46.49$ MPa～57.1%σ_p)时，在两条预制裂隙的内尖端均有近似沿着加载方向扩展的两条裂纹，裂纹呈对称分布特征，微裂纹数为 320 个。在轴向应力增大过程中，岩桥内部的两条裂纹扩展速度明显大于岩桥外两条裂纹，这也导致了岩桥区域即将发生贯通。由加载点 3 时裂纹纹形态可见，预制裂隙表面裂纹之间发生了贯通。在岩样表面发生贯通后，应力呈现较多的波动，但岩样并未完全失稳。当应力达到峰值强度(点 4)时，岩桥内的裂纹更为致密，微裂纹数达到 6 032 个。

对于裂隙倾角 45°试样，其裂纹扩展特征与上述裂隙倾角 0°和 30°岩样相近。由图 4-78(c)可见，在轴向应变为 2.380×10^{-3}时(即点 1)，微裂纹已经产生了 91 个，而这其中大部分微裂纹均集中在了两条预制裂隙的内尖端。在岩样的线弹性阶段，随着轴向变形的增加，轴向应力也不断增大。当轴向应变增大至点 2($\varepsilon_1=3.631\times10^{-3}$)时，在预制裂隙的内尖端已经聚集了一定量的微裂纹，能够识别出宏观裂纹的主要扩展方向为岩桥区域内，可以预见预制裂隙将首先在岩桥内贯通。在点 2 之后，轴向应力已经逐渐发展到了非线性变形阶段。当轴向应变增大至点 3($\varepsilon_1=5.648\times10^{-3}$)时，预制裂隙内尖端已经发生了贯通，而岩桥区域外的裂纹长度有限，微裂纹总数为 2 440 个。在后续的发展中，微裂纹集中在岩桥内。由加载点 4(峰值强度)时的裂纹形态可见，岩桥外部裂纹的裂纹几乎没有明显变化，微裂纹数量已经增加到了 4 068 个。

(2) 内部裂纹特征

对于圆柱形试样，裂纹为三维分布，厚度方向的影响不能忽略。从裂隙岩样破裂形态上也可以发现，前后两面的裂纹模式并非完全一致。对破裂后的数值试样进行切片，观察内部裂纹分布特征，如图 4-79 至图 4-82 所示。为了对比分析，图中还给出了遵义砂岩三轴压缩破裂后在不同位置的 CT 扫描结果。

图 4-79 给出了裂隙倾角 0°试样在 10 MPa 围压作用后内部裂纹分布形态。对于水平切片，厚度为 3 mm，观察视角为从上到下；对于竖直切片，厚度为 3 mm，观察视角为从前到后。岩样在不同位置的切片结果均显示，裂纹系统非常简单，除了岩桥区域内的主裂纹外，在别的位置均无明显的裂纹产生。当切片厚度 x 为 5 mm 时，一条主裂纹倾斜分布于试样中，贯穿两个预制裂隙尖端，裂纹走向光滑。当切片厚度 x 从 5 mm 依次增大至 15 mm 的过程中，可见起裂角(定义为起裂时裂纹与预制裂隙走向之间的夹角)增大了，而且主裂纹也变得更加曲折。当切片厚度 x 达到 20 mm 时，起裂角又比 15 mm 时的大，而且起伏程度也有所增大。当切片厚度 x 增大至为 25 mm 时，主裂纹在岩桥中间位置的宽度显著小于预制裂隙尖端裂纹，这也可以推断为，预制裂隙尖端分别萌生了两条裂纹，均逐渐向试样中部位置扩展，并在岩桥位置交汇。通过对比不同位置时的 CT 扫描结果以及 PFC^{3D}模拟结果可见，模拟结果与室内试验结果非常相近。然而，在 PFC^{3D}模拟的裂纹形态中，受微裂纹离散分布影响，宏观裂纹会远大于室内试验结果。

图 4-80 为裂隙倾角 30°试样在 10 MPa 围压作用后竖直方向的内部裂纹分布形态，同样给出了对应条件下遵义砂岩破裂后 CT 扫描结果。由图可见，当切片厚度 x 为 5 mm 时，裂纹模式与表面裂纹特征一致，说明从表面至厚度 5 mm 范围内裂纹形态变化很小。从 CT

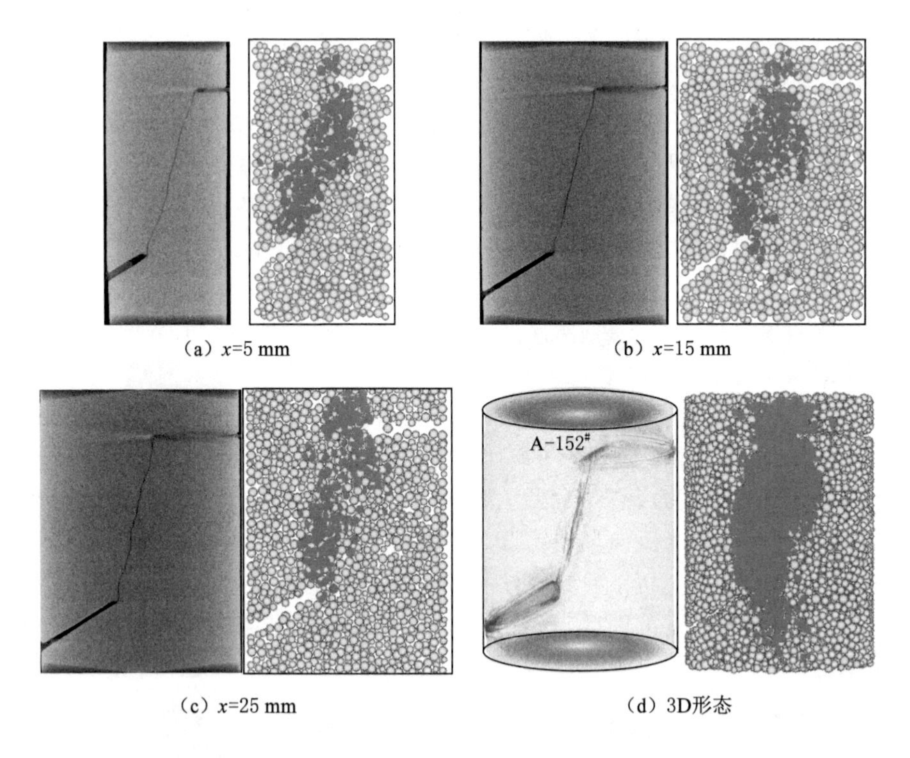

（a）x=5 mm　（b）x=15 mm
（c）x=25 mm　（d）3D形态

图 4-79　PFC^{3D}模拟的裂隙岩样竖直切片与室内 CT 结果比较（β=0°，σ_3=10 MPa）

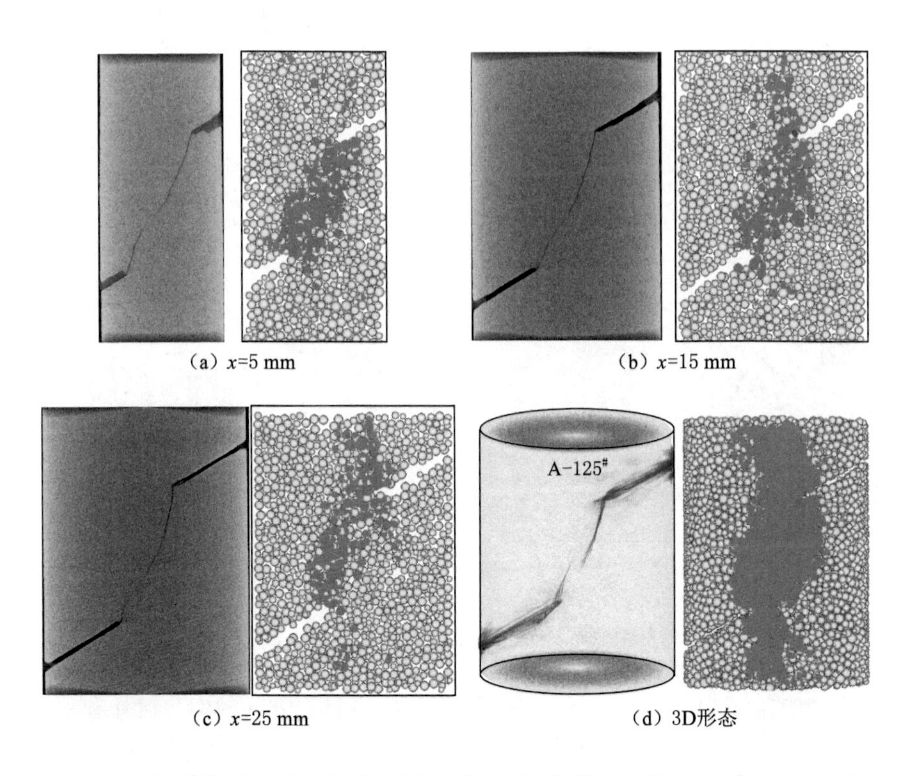

（a）x=5 mm　（b）x=15 mm
（c）x=25 mm　（d）3D形态

图 4-80　PFC^{3D}模拟的裂隙岩样竖直切片与室内 CT 结果比较（β=30°，σ_3=10 MPa）

结果上可以发现，贯通裂纹的中部宽度明显要小于两端裂纹，而且结合裂纹发展迹象上可以推断：两条预制裂隙内尖端萌生的裂纹分别在岩桥内扩展、汇合并造成了裂纹贯通。而这推断在 PFC^{3D}模拟的裂纹扩展过程中得以验证。当切片厚度 x 为 15 mm 时，从 CT 扫描结果可见，岩桥内裂纹贯通连接两个预制裂隙的内尖端，而且下端裂隙内尖端还萌生有一条次生微裂纹，这在 PFC^{3D}模拟结果中则无法分辨。当切片厚度 x 为 25 mm 时，呈现的裂纹形态为岩样中心位置特征。除了主贯通裂纹、下端裂纹尖端次生微裂纹外，在 CT 结果上还能观察到一条水平裂纹，而主贯通裂纹较厚度 $x=15$ mm 时也有所不同，主要体现在两条裂纹汇合点下移了。观察遵义砂三维 CT 重构结果可见，在裂纹连接处裂纹的宽度明显更小，以致在重构图中难以清晰显示。

图 4-81 为裂隙倾角 45°试样在 10 MPa 围压作用后竖直方向的 CT 切片和 PFC^{3D}结果。分析之前需要说明的是，扫描这个岩样的时候，外面包裹了一层橡皮套，因此在所有的切片图中呈亮色部分为橡皮套所致，裂纹为黑色部分。当切片厚度为 5 mm 时，在遵义砂岩室内结果中，下端预制裂隙尖端了反向翼裂纹，PFC^{3D}模拟结果也再现了该结果。当切片厚度为 15～25 mm 时，在 CT 结果上可以看到上端裂隙尖端产生的裂纹与下端预制裂纹萌生的反向裂纹交汇。但是，在该深度范围内，PFC^{3D}结果与室内试验结果有较大差别，不能很好地反映室内结果。

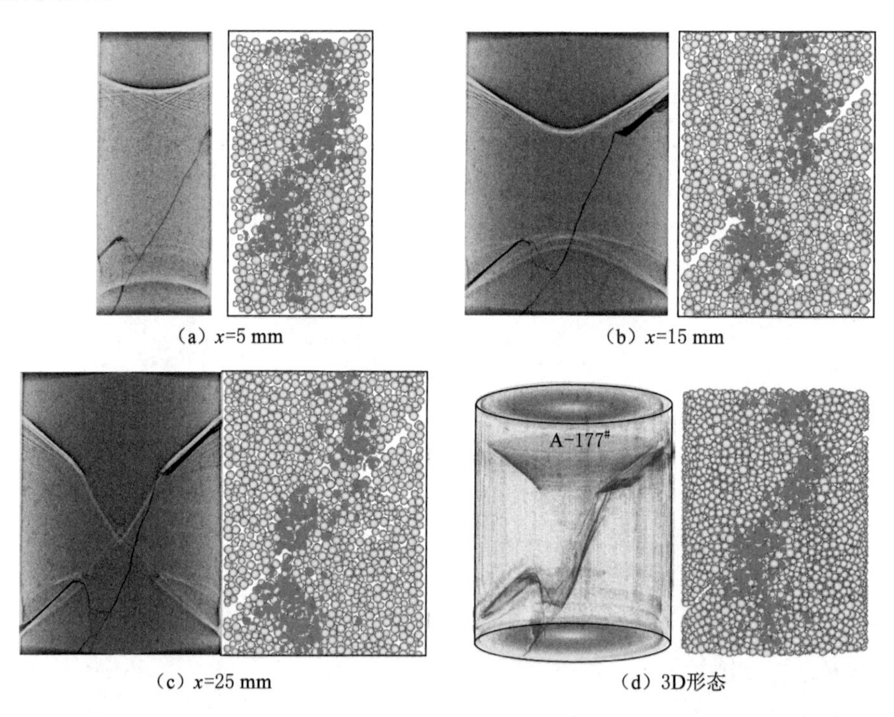

图 4-81　PFC^{3D}模拟的裂隙岩样竖直切片与室内 CT 结果比较($\beta=45°$，$\sigma_3=10$ MPa)

图 4-82 为裂隙倾角 45°试样在 40 MPa 围压作用后竖直方向的 CT 切片和 PFC^{3D}结果。与低围压 10 MPa 相比，高围压 40 MPa 下岩样裂纹形态不同之处主要体现在贯通裂纹上。当切片厚度 $x=5$ mm 时，两个裂隙内尖端萌生的裂纹并未在岩桥处贯通(CT 结果)，但是 PFC^{3D}模拟结果显示预制裂隙间已经发生了贯通。当切片厚度增大至 15 mm 时，CT 图像

显示预制裂隙之间依然是非完全贯通状态，而 PFC^{3D}图像与 CT 图像相似。在岩样的中心位置，即切片厚度 $x=25$ mm 时，数值模拟和试验结果均显示预制裂隙贯通。在室内试验中，在高围压作用下，预制裂隙尖端发生了水平断裂。

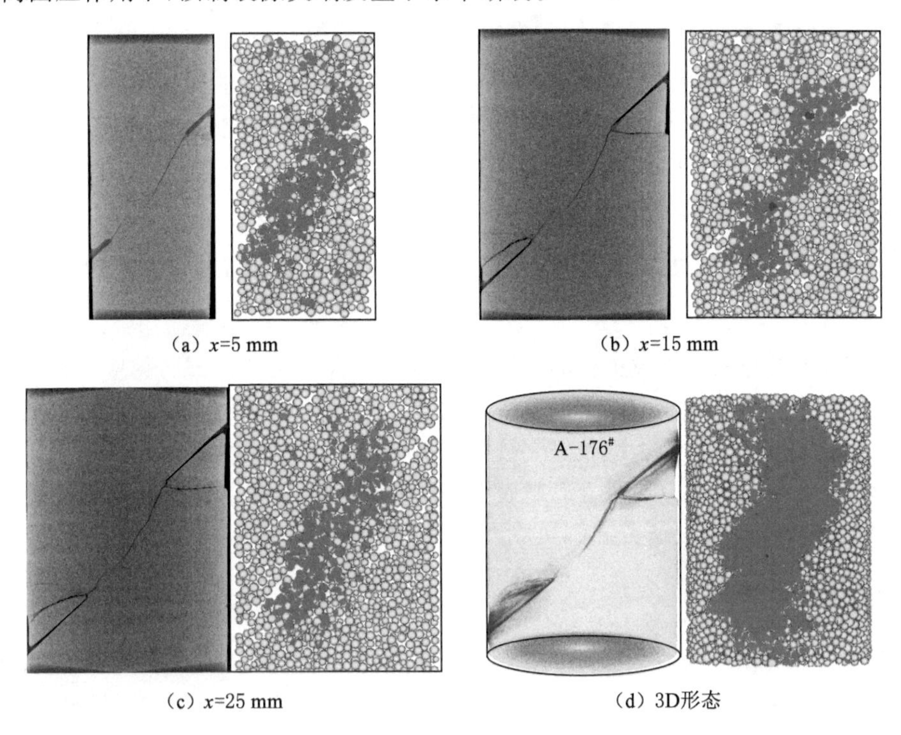

图 4-82　PFC^{3D}模拟的裂隙岩样竖直切片与室内 CT 结果比较($\beta=45°$,$\sigma_3=40$ MPa)

图 4-79 至图 4-82 中还给出了裂隙砂岩试样破裂后三维重构图像。裂纹及预制裂隙(CT 数较低)显示为黑色，而其他部位(CT 数较高)以透明状呈现。根据三维重构得到的图像可见，裂纹为一定起伏的粗糙曲面；而在岩桥中部裂纹交汇处，部分岩样并未出现贯通。除了裂纹并未在该处交汇贯通的原因外，还有可能是因为裂纹宽度较细，受限于设备的分辨率，导致了该处裂纹面不明显。

对上述室内 X-Ray 微观 CT 扫描以及 PFC^{3D}模拟的内部裂纹分布特征进行分析可以归纳如下：① 通过 CT 扫描图像及 PFC^{3D}模拟破裂模式与砂岩表面破裂特征对比可知，CT 扫描能够反映真实的裂纹形态，而 PFC^{3D}模拟也能较好地再现破裂形态，从而说明了可以借助 CT 扫描和 PFC^{3D}分析岩石内部破裂形态。② 由于预制裂隙尖端的应力集中效应，在岩样内部不同位置处的裂纹均萌生于裂隙尖端。从室内试验和模拟结果可见，裂纹的萌生、贯通类型和最终破裂模式均受到围压和预制裂隙倾角的共同影响。③ 受矿物颗粒随机分布的影响，裂纹扩展路径局部呈曲折发展。对于圆柱形试样，内部裂纹在厚度方向的不同位置表现出不同的分布特征，也就是说裂纹扩展呈三维形态。

4.6.4　本节小结

(1) 采用 PFC^{3D}平行黏结模型，构建了遵义砂岩三维数值模型，并标定了一组能够反映遵义砂岩常规三轴压缩力学行为的细观参数，模拟获得的应力-应变曲线、峰值强度、弹性模量、黏聚力和内摩擦角等力学参数以及破裂模式均与室内试验结果接近。

（2）采用删除颗粒方法，得到了含预制张开裂隙数值模型，详细分析了三轴压缩下裂纹萌生、扩展和贯通过程。初始微裂纹萌生于预制裂隙尖端，岩桥内的裂纹扩展优先于岩桥外，裂纹在岩桥内连接，造成预制裂隙尖端裂纹贯通。

（3）基于三维 CT 重构和数值模型切片分析，获得了砂岩三维裂纹形态。受矿物颗粒随机分布的影响，裂纹扩展路径局部呈曲折发展，裂纹在空间上呈三维曲面形态。裂纹的萌生以及贯通受到围压和裂隙倾角的共同影响。

4.7　卸围压下砂岩力学特性及细观机制颗粒流分析

隧洞工程、露天开采及边坡工程的开挖过程实际是岩体在某一方向的应力及应变释放过程，同时地下工程开挖后的围压也在不断变化。关于开挖卸荷引起的岩体失稳的研究很丰富，但关于岩体卸围压的细观机制研究较少。由于 PFC 颗粒流程序可以很好地记录试样的破裂过程，目前已经广泛应用于岩石破裂机制的研究中。本书在韩铁林等试验结果[53]基础上采用颗粒流模拟的方法研究卸围压应力路径下的岩石细观破坏机制[54]。

4.7.1　数值模拟方法

颗粒流法是 Cundall 等在离散元的基础上，采用分子动力学的原理开发出的数值模拟方法，主要应用于岩石类材料的基本特性、颗粒物质的动力学响应及岩石类材料的破裂过程等基本问题的研究中。颗粒流程序主要使用圆盘或者球作为基本单元模拟真实岩石材料的力学行为，由于颗粒间无法形成自锁力，无法达到较高的内摩擦角和压拉比，在此基础上开发出了 clump 单元和 cluster 单元[55]。clump 单元由不可分割的若颗粒组成，允许颗粒之间产生部分重叠，用于构建不同形状的单元，模拟岩石晶粒破坏过程中的自锁现象，但是由于 clump 单元自身无法破坏，且当围压较高时易产生脆延性转化现象。cluster 单元由相邻若干颗粒胶结而成，胶结同样为平行黏结模型，但强度参数较大，当颗粒间的法向或者切向应力达到其强度时，cluster 单元会发生破坏。本次模拟的试样内摩擦角较大，且峰后表现为脆性，为了更加真实地反映该组砂岩的力学性能，数值模拟中采用 cluster 单元。

（1）数值建模

为便于和室内试验结果进行比较，数值试样与室内岩样几何尺寸相同，即长和宽分别为 100 mm 和 50 mm。先根据颗粒的半径及属性在墙内随机生成一定数目的颗粒，颗粒半径在 0.25～0.40 mm 之间，通过半径调整法使内应力平衡，其后删除接触少于 3 的浮颗粒。当试样初步生成后划分 cluster 单元，首先选取一个颗粒作为 cluster 单元的第一个颗粒，在此基础上遍历与该颗粒接触的所有颗粒，并添加到该 cluster 单元中。当 cluster 单元中的颗粒个数未达到设定颗粒个数时，程序会自动遍历 cluster 单元中其他颗粒的接触颗粒，并将其添加到该 cluster 单元中。cluster 单元中的颗粒个数达到设定值，或者所有颗粒已经划分成功后，退出划分程序。本书设定 cluster 颗粒个数为 6，划分的结果如图 4-83 所示。

（2）细观参数验证

由于 cluster 单元依然采用平行黏结（PB）模型，其细观参数调试过程与 PB 模型相似。

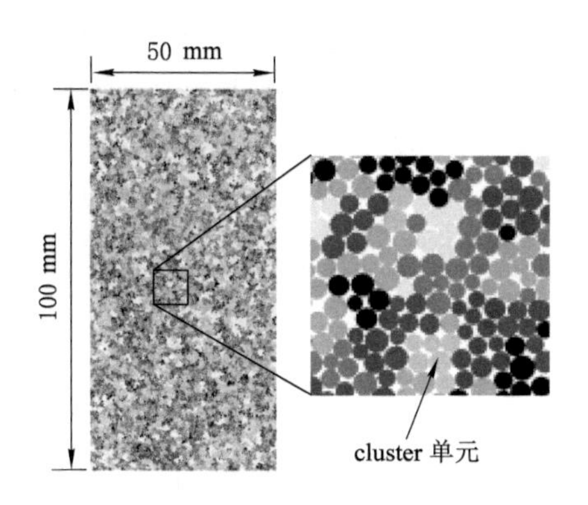

图 4-83　基于 cluster 构建的数值模型

首先，在保持刚度比和内摩擦角不变的情况下，通过调整颗粒接触模量与平行黏结模量的方法控制压缩弹性模量；然后，通过调整刚度比控制泊松比，此过程中弹性模量会发生变化，所以要反复迭代直至达到合理的弹性模量和泊松比；最后，在此基础上通过调整平行黏结法向强度和切向强度的方式调整试样的内摩擦角和黏聚力。由于 cluster 单元需要对单元内部和外部的平行黏结强度进行设置，为了简化调试过程，将 cluster 单元内部平行黏结强度设定一个较大的值，再进行外部平行黏结参数的调试，不断调试得到表 4-10 中的细观参数。

表 4-10　本节采用的 PFC^{3D} 细观参数

参数	取值	参数	取值
颗粒最小半径/mm	0.25	平行黏结模量/GPa	17.0
颗粒半径比	0.40	平行黏结刚度比	2.5
密度/(kg/m^3)	2 540	平行黏结法向强度/MPa	150±10
颗粒接触模量/GPa	17.0	平行黏结切向强度/MPa	350±10
颗粒刚度比	2.5	cluster 外部黏结法向强度/MPa	30±4
颗粒摩擦系数	0.85	cluster 外部黏结切向强度/MPa	220±10

表 4-11 为不同围压下试样峰值强度试验与模拟对比。从表中可以看出，除单轴压缩条件下试样峰值强度差别较大以外，其他围压条件下峰值强度试验与模拟结果的相对误差都小于 10%。这是由于 PFC 程序的峰值强度随围压变化遵循 Mohr-Coulomb 强度准则，而试验结果单轴压缩强度明显低于回归线。图 4-84 为不同围压下峰值强度试验与模拟对比结果，从图中可以看出试验与模拟结果吻合较好，模拟结果点距离回归线较近。总体而言，模拟结果峰值强度随围压的变化与试验结果相似，都遵循 Mohr-Coulomb 强度准则。

表 4-11　砂岩主应力峰值模拟与试验值[53]对比

围压/MPa	0	5	10	15	25
试验/MPa	76.96	128.06	133.69	170.52	217.61
模拟/MPa	86.95	118.30	140.50	168.70	210.20
相对误差	13%	8%	5%	1%	3%

图 4-85 为砂岩常规三轴应力-应变曲线模拟结果。从图中可以看出，随着围压的增大，试样的峰值强度及峰值应变都有所增加，同时弹性模量也会随着围压的增大而不断增加，其结果与文献[53]的结果相同。

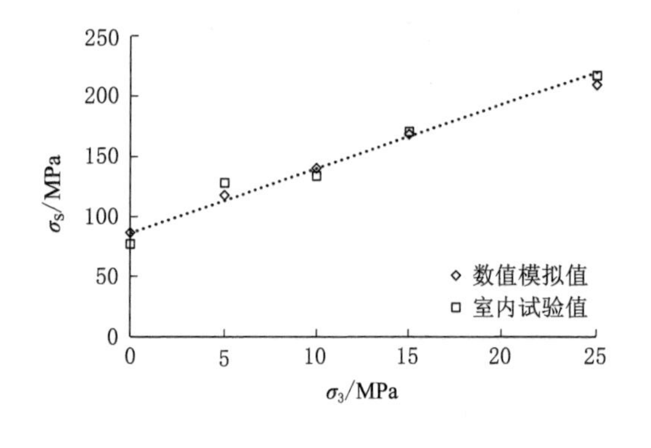

图 4-84 不同围压下砂岩主应力峰值模拟与试验值[53]对比

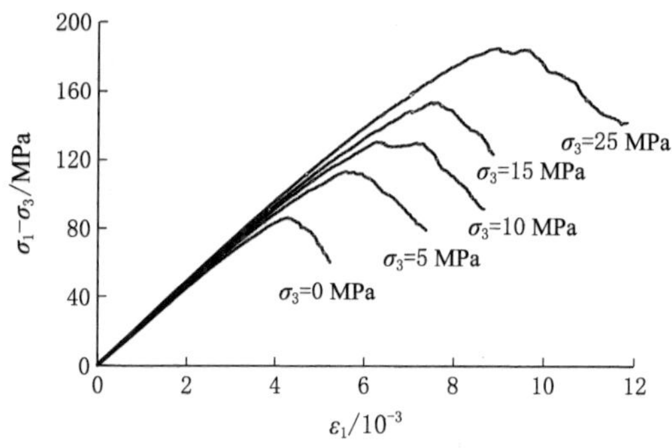

图 4-85 砂岩常规三轴压缩模拟应力-应变曲线

图 4-86 为不同围压下，砂岩最终破裂模式试验结果与模拟结果对比。试验结果表明试样在单轴压缩条件下，主要表现为沿轴向的劈裂破坏，而试样在一定围压作用下主要表现为一定倾角的剪切破坏。比较模拟结果可以看出：在单轴压缩条件下，试样同样以轴向劈裂为主，当试样围压作用下主要以剪切破坏为主，但是模拟试样往往会形成两条共轭剪切面。总体而言，试验与模拟结果相似：单轴压缩以轴向劈裂破坏为主；而围压作用下，主要以剪切破坏为主。

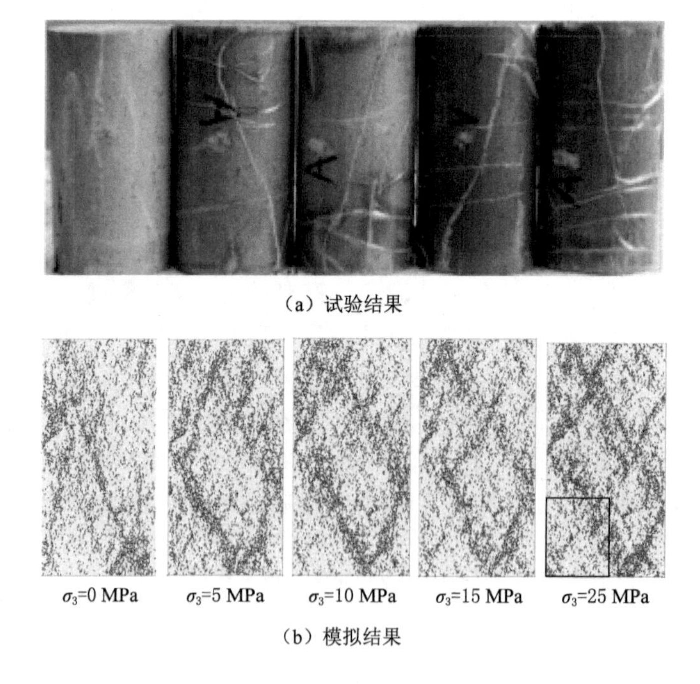

图 4-86 不同围压下砂岩试验[53]和数值模拟最终破坏模式的对比

4.7.2 不同卸荷路径离散元模拟

为了研究不同卸围压路径下岩石的细观力学响应，本书在文献[53]的试验基础上选取两个卸围压路径进行模拟，在保证模拟结果与试验结果在宏观上保持一致的情况下进行细观力学行为的分析。两条应力路径：① 当轴向应力加载至峰前某点时，保持轴向加载速度不变，以等速率进行卸围压，直至试样破坏。② 当轴向应力加载至峰前某点时，保持轴向应力不变，以等速率卸围压，直至试样破坏。

(1) 模拟与试验结果对比

图 4-87 为不同初始轴向应力加轴压、卸围压模拟的应力-应变曲线。从图中可以看出，随着初始轴向应力的增加，在保持相同卸围压速率条件下，峰值强度会随初始轴向应力的增加而不断增加，但其弹性模量随初始轴向应力的改变几乎不变。该结论与文献[53]相似。

图 4-88 为应力路径①不同初始轴向应力卸围压偏应力峰值强度试验与模拟结果对比，初始围压为 30 MPa，初始轴压分别为 17.5、25.0、32.5 MPa。从图中可以看出，模拟结果应力峰值强度随着初始轴压的增大呈现线性增大的规律。与试验结果对比可知，模拟结果可以在一定程度上反映峰值应力随初始轴压的变化规律。

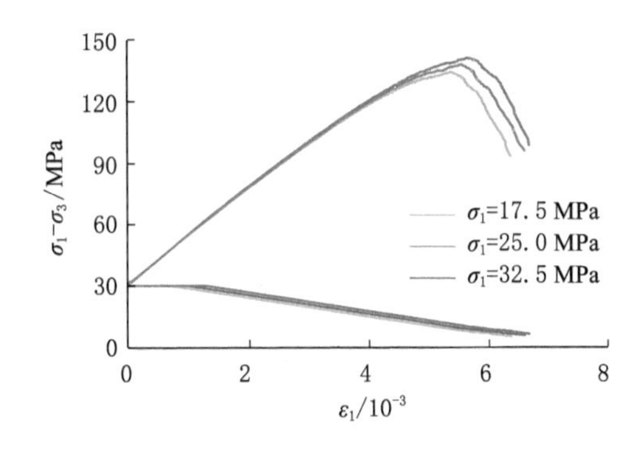

图 4-87　不同初始轴向应力加轴压卸围压模拟结果应力-应变曲线

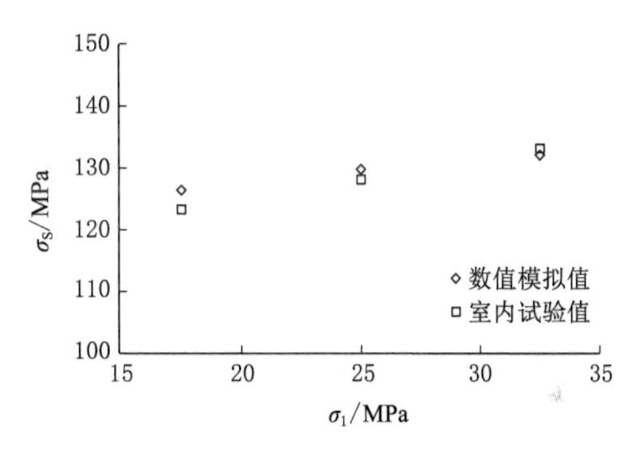

图 4-88　不同初始轴向应力卸围压偏应力峰值强度(应力路径①)

图 4-89 为不同初始轴向应力卸围压加轴压试样最终破裂模式的试验结果与模拟结果对比。从图中可以看出，试验结果试样主要表现为拉剪复合型破坏，在试样中既存在与加载轴呈一定角度的剪切裂纹，同时也存在与最大轴向应力平行的拉伸裂纹。模拟结果显示试样内同样会存在拉伸裂纹和剪切裂纹，但由于模拟离散性较小导致试样的破裂模式随初始轴向应力的变化不大。

图 4-90 为不同初始轴向应力恒定轴向应力卸围压模拟结果应力-应变曲线，包含轴向应力和环向应力随轴向应变的变化。从图中可以看出，随着卸围压的不断进行，轴向应力在恒定一段时间后开始迅速下降。观察环向应力随轴向应变的变化可以看出，后期轴向应变速率不断提高。试样峰值应变会随初始轴向应力的提高有所提高，与文献[53]的结论相同。由图 4-90 还可以看出，随着初始轴向应力的增加，试样发生破坏时的围压有所增大。换而言之，初始轴向应力的增大会降低围压的改变量，承受围压降低的能力有所降低。

图 4-91 为应力路径②不同初始轴向应力条件下，峰值强度试验与模拟结果对比。此时，初始围压为 30 MPa，当轴向应力分别加载至 110、140 和 150 MPa 时，保持轴向应力不

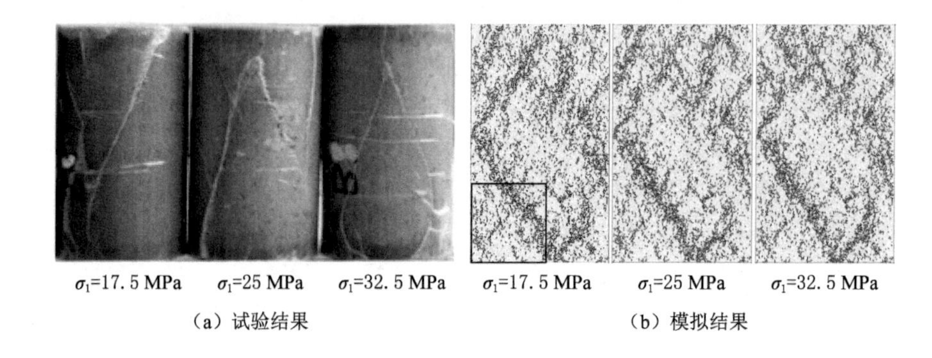

图 4-89　不同初始轴向应力卸围压加轴压试样数值模拟与试验[53]破裂模式对比

变以相同的速率进行卸围压。从图 4-91 可以看出，试验结果试样峰值强度随着初始轴向应力的增加而呈现非线性增加。对比模拟结果可以看出，随着初始轴向应力的增加峰值强度同样呈现非线性增加趋势，但较试验结果峰值强度略低。

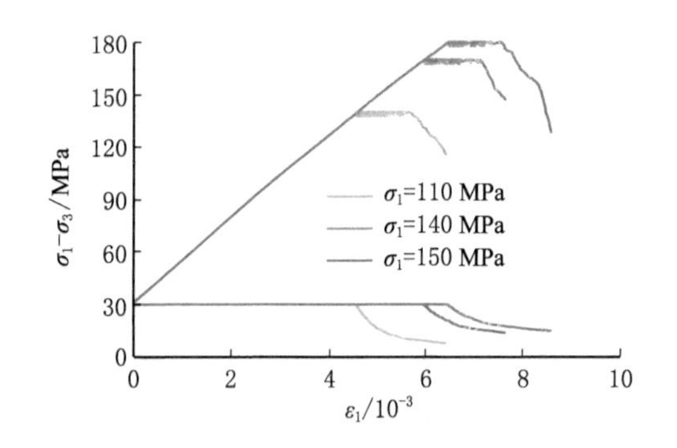

图 4-90　不同初始轴向应力加轴压卸围压模拟的应力-应变曲线

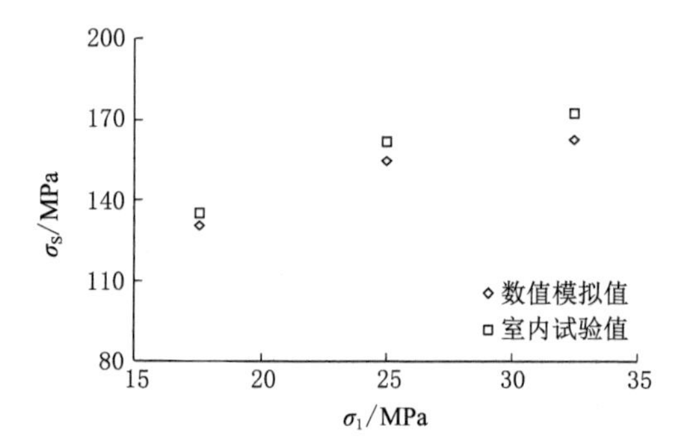

图 4-91　不同初始轴向应力恒轴压卸围压偏应力峰值强度(应力路径②)

图 4-92 为不同初始轴向应力恒轴压卸围压应力路径下，试样最终破裂模式室内试验与数值模拟结果对比。从图中可以看出，试验结果随着初始轴压的增加试样的破裂模式由拉剪复合型破坏逐渐向剪切破坏过渡；模拟结果表现为随着初始轴压的增加在试样的右上方逐渐由拉伸破坏向剪切破坏过渡。对比试验和模拟结果可以看出，破裂模式总体随初始轴向应力的增加不断由拉剪复合型破坏向剪切破坏过渡。

(2) 不同应力路径下试样颗粒流模拟细观分析

为了更加清楚地认识卸围压对试样最终破坏的影响，选取微裂纹数目及裂纹两侧位移场在不同应力路径下的变化进行分析，旨在通过细观的角度认识卸围压对试样的影响。

图 4-93 为不同初始轴向应力加轴压卸围压微裂纹数目随应力应演化曲线，初始轴向应力为 17.5、25.0、32.5 MPa。从图中可以看出，初始轴向应力对试样的弹性模量影响不大，峰值强度随初始轴向应力的增大而不断增大。其裂纹数目随初始轴向应变的增大发生明显发生变化，随着初始轴向应力的增大微裂纹数目在相同轴向应变条件下不断减小，说明围压减小对试样的损伤能力较轴向应力的增大对试样的损伤能力大。当应力达到峰值时，对应

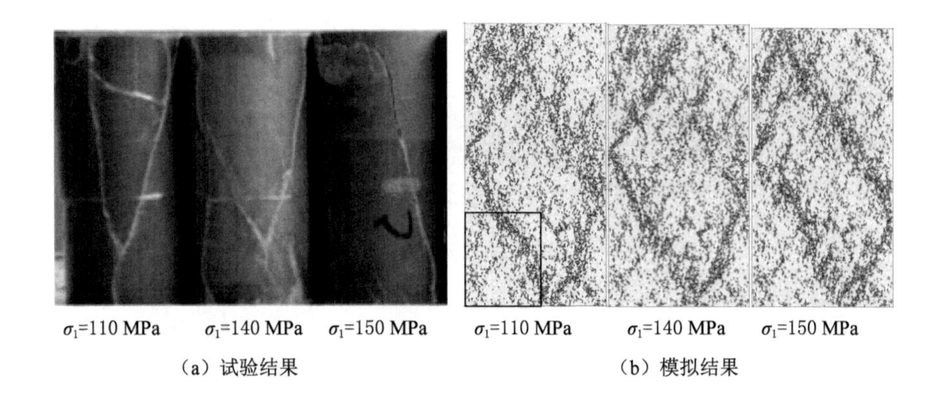

（a）试验结果　　（b）模拟结果

图 4-92　不同初始轴向应力恒轴压卸围压试样数值模拟与试验[53]破裂模式对比

的微裂纹数目由 3 244 个增加到 3 320 个，这说明初始轴压的增大也在一定程度上增加了试样承受破坏的能力。

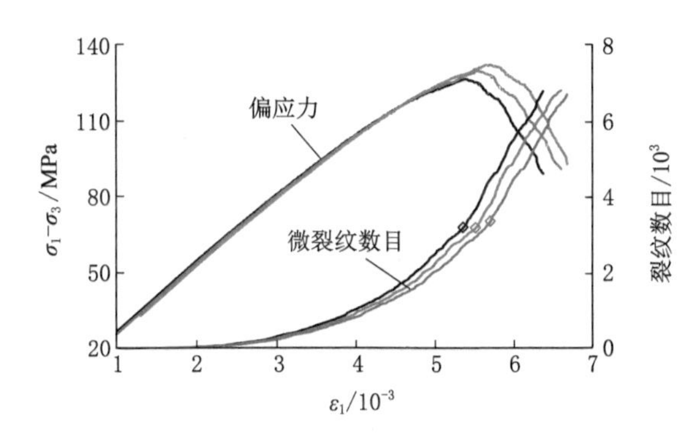

图 4-93　不同初始轴向应力加轴压卸围压微裂纹数目随应力-应变演化曲线

图 4-94 为不同初始轴向应力恒轴压卸围压微裂纹数目随应力-应变演化曲线。初始轴向应力为 110、140、150 MPa，从图中可以看出，随着初始轴向应力的增大，其峰值强度不断增大，同时峰前弹性模量明显降低，与文献[53]结论相同。与图 4-93 相似，随着初始轴向应力的增加达到峰值时，对应的裂纹数目增加，说明初始轴压的增大，一定程度上也增加了试样承受破坏的能力。

为了研究不同应力路径下试样破坏后的位移场，选取加轴压恒围压（σ_3＝25 MPa）、加轴压卸围压（σ_1＝17.5 MPa）及恒轴压卸围压（σ_1＝110 MPa）等 3 种应力路径试样进行分析。为了更具比较性，选取试样的右下端倾斜裂纹周围的位移矢量图进行分析（这 3 个试样在此处都产生裂纹，且位置相似）。图 4-95(a)为加轴压恒围压应力路径下的位移矢量图，从图中可以看出，在裂纹两侧位移的方向和大小差别较小，这是因为虽然轴向应力的增大导致裂纹的产生，但围压的存在限制的试样的横向运动，造成裂纹两侧的位移差别较小。图 4-95(b)为加轴压卸围压应力路径下的位移矢量图。从图中可以看出，在裂纹的两侧位移的大小发生较大变化，同时位移的方向在某些区域也会产生变化，这是因为在加轴压卸围

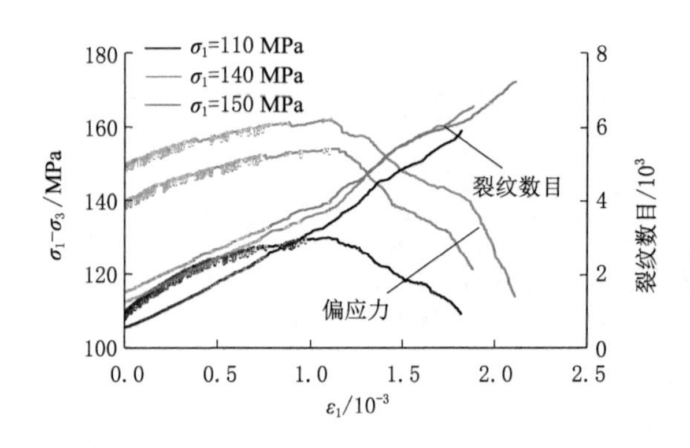

图 4-94 不同初始轴向应力恒轴压卸围压微裂纹数目随应力-应变演化曲线

压的过程中导致颗粒在横产生向位移不连续，导致裂纹的萌生和扩展。图 4-95(c)为恒轴压卸围压应力路径下的位移矢量图，从图中可以看出虽然在裂纹两侧的位移方向未发生改变，但此时裂纹两边的位移大小改变量较图 4-95(a)大，这是由于初始轴压较大，虽然卸围压增加了颗粒横向位移不连续，但较图 4-95(b)卸围压对试样的影响小。

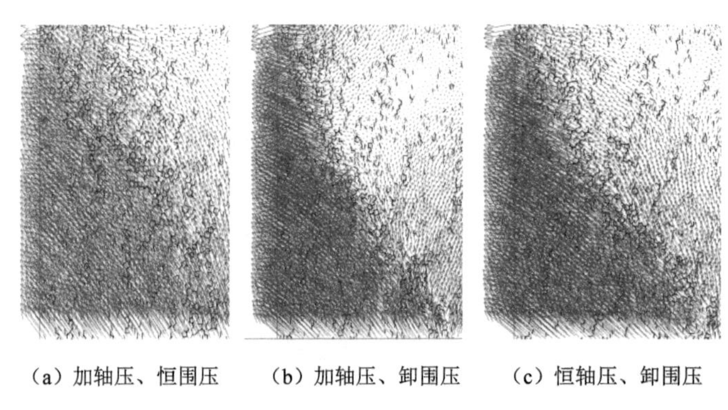

(a) 加轴压、恒围压　(b) 加轴压、卸围压　(c) 恒轴压、卸围压

图 4-95 不同加载路径试样最终破坏后位移场

4.7.3 本节小结

(1) 鉴于试验结果内摩擦大峰后脆性强的特点选用 cluster 单元，合理确定出了能够反映该组砂岩宏观特性的细观参数。

(2) 模拟了加轴压卸围压和恒轴压卸围压两种路径的试验全过程，其峰值强度随初始轴向应力的变化规律与试验相一致；同时，试样最终破裂模式也与试验结果相似，证明了使用颗粒流程序模拟两种路径卸围压的可行性。

(3) 分析了两种卸围压路径下微裂纹数目随应力-应变曲线的演化规律，结果表明卸围压对试样的损伤较加轴压对试样的损伤大；同时，初始轴向应力的增大在一定程度上提高了试样承受破坏的能力。

(4) 探讨了三种加载路径下裂纹两侧的位移矢量变化，结果表明围压的存在会限制颗粒的横向位移；而卸围压会使颗粒在横向发生不连续位移，导致裂纹的产生。

4.8　煤样三轴循环加卸载力学特征颗粒流模拟

在自然环境及工程长期的运行条件下，岩石经常受到循环荷载的作用，如地质运动、隧道及硐室的开挖与支护、煤矿的开采，而且岩土工程结构在使用过程中更是经常受到反复加卸载的作用[56]。尤其在煤矿开采时，由于不断地打眼放炮及地应力不断地重新分布，造成岩体工程不断受到循环荷载的作用。作为影响岩体工程长期稳定性的重要因素之一，正确的认识岩石在循环荷载作用下的演化规律，有助于认识岩石的破坏机理，进而合理评估工程的长期稳定性[57-58]。已有研究主要基于试验的方法研究试样在循环加卸载下的能量变化、变形特征及强度特征，从不同的角度描述了损伤变量。而鉴于试验的局限性，无法实时准确定量描述微裂纹的扩展过程。基于前人的研究，本节使用颗粒流软件，模拟煤样在循环加卸载过程中的微裂纹扩展过程，分析弹性模量及塑性应变在不同围压下随轴向应变的变化规律，结合微裂纹数目及扩展过程分析微裂纹扩展对弹性模量及塑性应变的影响，为分析煤样循环加卸载提供一种新的思路[59]。

4.8.1　煤样力学性质试验分析

（1）煤样特征及试验方案

试验煤样以半亮煤为主，具有光亮煤薄层条带，呈层状分布。煤质较好，质轻、易碎，硬度较小。密度约为 1 350 kg/m^3，对煤样的微观结构进行观察和分析，如图 4-96 所示。煤样孔隙度较大，颗粒松散，胶结不紧密，整体性差。压汞实验确定煤样的孔隙率为 12.1%。

图 4-96　煤样微观结构

为了研究煤样的力学性质，制备了四组直径 50 mm、高度 100 mm 的标准试样进行常规三轴压缩试验。制作过程中为了减小材料各向异性对试验结果的影响，钻孔方向保持一致。试样围压分别为 5 MPa、10 MPa、15 MPa 和 20 MPa，具体试样尺寸等物理参数及试验方案详见表 4-12。

表 4-12　煤样试样物理参数及试验方案

岩样编号	直径/mm	高度/mm	质量/g	密度/(kg/m³)	围压/MPa
9-C1	49.9	101.4	267.8	1 350.5	5
9-C2	49.8	101.2	270.7	1 373.3	10
9-C3	49.8	101.5	267.3	1 352.0	15
9-C4	49.9	102.2	266.7	1 334.4	20

(2) 煤样试验及结果分析

试验是在中国矿业大学深部岩土力学与地下工程国家重点实验室多功能岩石测试系统上完成的。该试验系统由法国 TOP INDUSTRY 公司生产，可完成应力-渗流-温度多场耦合下的岩石常规三轴压缩试验以及三轴压缩流变试验，最大围压为 60 MPa，最大轴压为 400 MPa。试验采用位移加载的方式进行，加载速率恒定为 0.15 mm/min。

通过对不同围压下煤样三轴压缩试验研究，得到如图 4-97 所示的不同围压下煤样应力-应变曲线。从图中可以看出煤样表现出较为显著的塑性特征，力学性质与软岩相似，峰值应变较大。其峰值强度、变形模量等参数随围压的增大呈现逐渐增大的趋势，且峰后强度的衰减是一个渐进的过程。

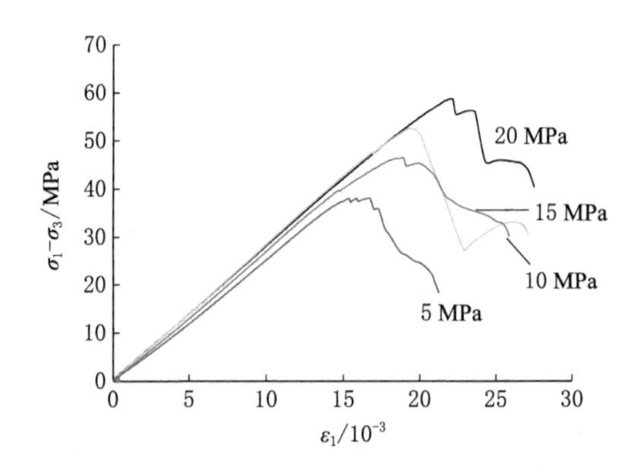

图 4-97　煤样常规三轴压缩试验应力-应变曲线

4.8.2　数值建模与参数验证

(1) PFC 建模过程

PFC^{2D}是一种二维离散元软件，它通过圆形颗粒的运动及其相互作用，在牛顿第二定律的基础上，来实现对由颗粒组成材料的计算，能够很好地模拟岩土类材料的力学行为。采用数值方法将物体离散为一定数目并被赋有特定属性颗粒单元，利用颗粒单元模型构建物体，已经广泛在岩土工程中得到应用。在岩土介质领域，则是从改变岩土介质的细观力学特征出发，把材料的力学响应问题从物理域映射到数学域内进行数值求解，能够使数值模型的宏观力学特性与材料的真实力学特性十分近似。PFC 程序中颗粒主要是接触连接和平行黏结两种接触模式，由于平行黏结不仅能传递法向和切向力，还能传递弯矩，已经被广泛应用于模拟岩石材料的力学性能。平行黏结假设颗粒之间由圆盘或者矩形连接，当拉力或者剪切力大于黏结的强度时，平行黏结破坏，产生裂纹。虽然 PFC 已经开发出三维版本，但需要较多的计算量，通过大量的模拟试验发现二维软件同样能反映岩样的力学性质，且裂纹扩展过程较清晰，对定性认识岩样的力学性质有较大的帮助。因此，PFC^{2D} 颗粒流程序便成为模拟固体力学和颗粒流复杂问题的一种有效且相对形象的程序。

为了更好地模拟岩石的特性，将颗粒间的连接模式设置为平行连接（接触连接只能承受法向和切向力，而平行接触连接可以承受弯矩）。如图 4-98 所示，在试样的上下和左右分别设置两面墙，试验过程中，左右两端的墙利用伺服机制保持围压不变，而上下两端的墙作为加载台，以控制位移的方式进行加载。

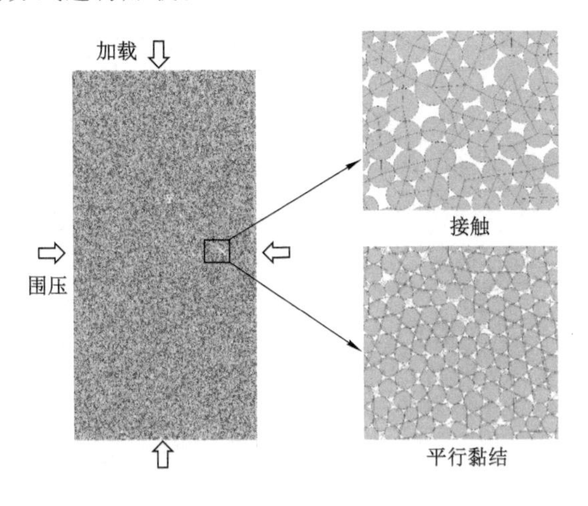

图 4-98　PFC^{2D} 数值模型

循环加卸载过程中采用位移控制加载过程，使用应力控制卸载过程。加载过程中，通过赋予墙恒定的速度不断使上下两面墙相向运动，当应变达到设定的数值后，停止加载。随后进行卸载，保持围压不变使用应力控制的方式卸载。在进行加卸载的试验过程中，程序会自动记录应力、应变、能量及微裂纹数目等参数，并能实时记录微裂纹的扩展状态。

（2）细观参数验证

本书首先对试样进行不同围压条件下常规三轴数值模拟试验，接触模式采用平行黏结。通过“试错法”，首先，保持连接刚度比、平行黏结刚度比和摩擦系数不变，通过调整接触模量、平行黏结模量获得与试验结果相似的弹性模量；然后，通过调整法向黏结强度与切向黏结强度的比值，得到与试验相同的内摩擦角；最后，在保持法向黏结强度与切向黏结强度比例不变的条件下改变其值大小，使得模拟得到的黏聚力与试验相同。根据各细观参数对宏观参数的影响规律，通过不断调试，最终确定程序各细观参数如表 4-13 所示，其中颗粒半径在最小和最大半径之间均匀分布。

表 4-13　PFC^{2D} **细观参数**

参数	取值	参数	取值
最小半径/mm	0.30	平行黏结模量/GPa	1.80
最大半径/mm	4.98	平行黏结刚度比	3.00
接触模量/GPa	1.80	法相黏结强度/MPa	18.00

表 4-13(续)

参数	取值	参数	取值
连接刚度比	3.00	法相误差范围/MPa	2.00
颗粒间摩擦系数	0.60	切向黏结强度/MPa	18.00
平行黏结半径因子	1.00	切向误差范围/MPa	4.00

为了验证模拟结果的准确性,应将模拟试验结果与试验结果进行对比。图 4-99 所示为不同围压(5、10、15、20 MPa)下煤样室内常规三轴试验应力-应变曲线和 PFC^{2D}数值模拟常规三轴压缩试验应力-应变曲线。从图中可以看出,数值模拟结果与室内试验结果比较接近,在不同围压下室内试验得到的峰值强度分别为 38、46.4、52.5、58.8 MPa,数值模拟结果分别为 35.7、42.1、50.1、60.2 MPa,最大绝对误差为 4.3 MPa(σ_3=10 MPa)。图 4-100为室内试验及数值模拟峰值强度随围压的变化。从图中可以看出,数值模拟值与室内试验结果吻合度较高,这表明 PFC^{2D}数值模拟结果与室内试验结果十分相近。

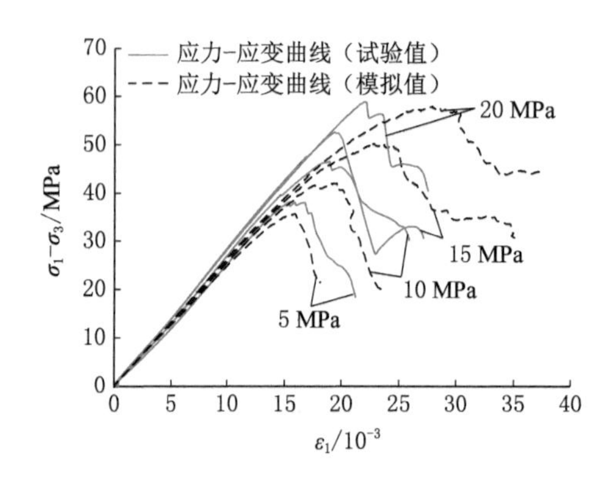

图 4-99 煤样单调加载试验与模拟结果对比

图 4-100 不同围压试验与模拟峰值强度对

图 4-101 为不同围压(5、10、15、20 MPa)下室内试验与数值模拟试样的破裂模式对比。从图中可以看出,不同围压下室内试验试样的破裂模式为拉剪破坏,并在端部局部产生拉伸裂纹。同样,数值模拟试样的破裂模式以拉剪破坏为主,并在局部产生拉破坏。

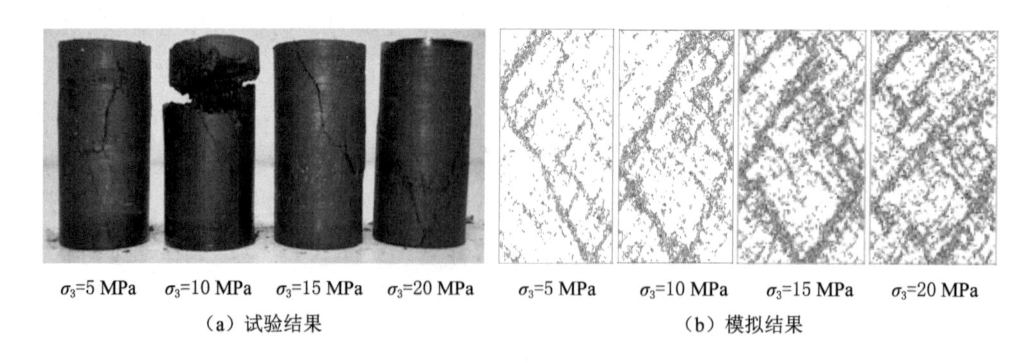

图 4-101 数值模拟与试验破裂模式对比

通过对应力-应变曲线、峰值强度及最终破裂模式的比较，说明利用颗粒流程序 PFC 可以较真实的模拟煤样的力学特性。在此基础上，利用 PFC 进行不同围压下煤样的循环加卸载模拟，分析不同围压下，试样的宏观力学参数及细观微裂纹的变化是可行的。

4.8.3　循环加卸载宏观力学响应

为了分析循环加卸载下岩石的特性，设计了围压分别为 10、15、20 MPa 的三组煤样循环加卸载模拟试验，研究其在循环加卸载作用下，岩样的宏观力学响应和细观力学响应。由图 4-102 可以看出，在不同围压下进行循环加、卸载，虽然其应力-应变曲线不同，但循环加、卸载应力-应变的包络线几乎与单调加载应力-应变曲线重合。这说明 PFC^{2D} 程序模拟循环加、卸载试验符合包络线与单调加载应力-应变曲线重合的规律。

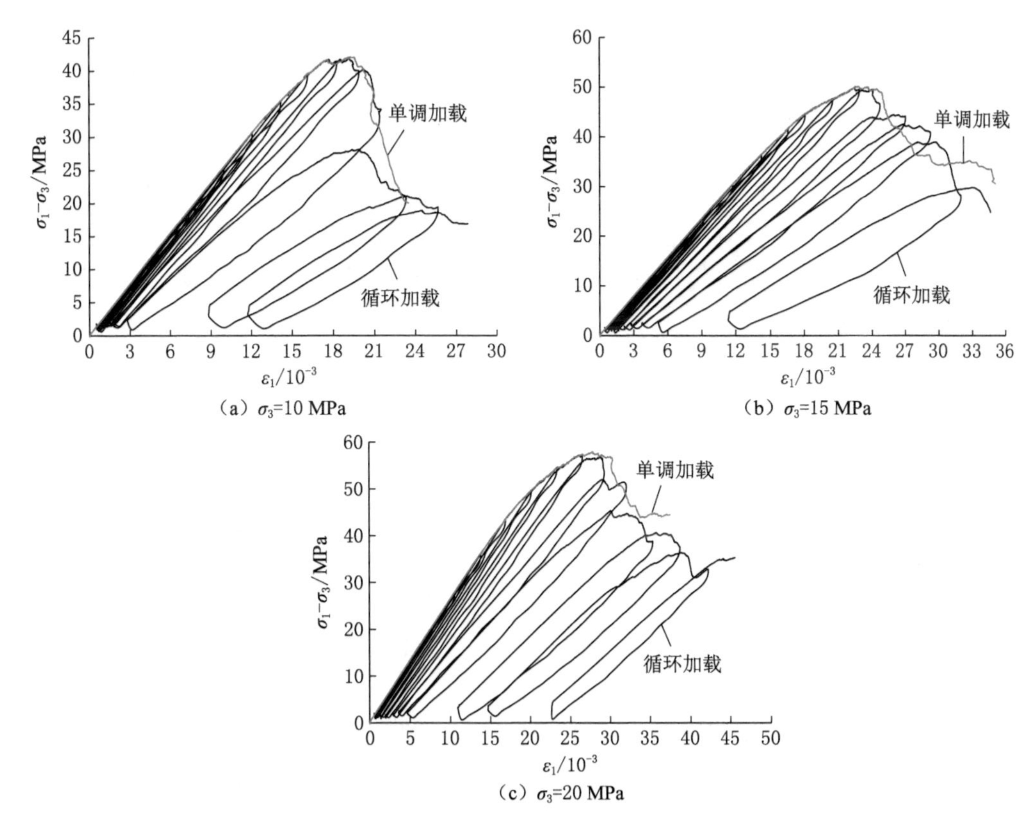

图 4-102　三轴循环加、卸载条件下煤样应力-应变曲线

(1) 弹性模量演化规律

损伤理论中的弹性模量法是一种基于应变等效性假说，是以材料损伤前后的弹性模量变化来度量损伤的方法。图 4-103 为不同围压(10、15、20 MPa)下弹性模量随轴向应变的演化曲线，弹性模量为每次循环加载峰值强度 30%到 70%应力-应变曲线区间的斜率。从图中可以看出，随轴向应变的增加，弹性模量呈现先增加后降低的变化趋势。首先，在第二次加载时弹性模量略微增加，在此阶段试样内微空隙被压密闭合；随着加载次数的增加，弹性模量稳定下降；当加载达到一定次数后，弹性模量变化不再稳定，随加载次数的增加弹性

模量快速下降，并在峰值荷载附近出现拐点。这一现象说明当加载处于峰值前，试样损伤累积缓慢，加载对试样损伤较小；当加载越过峰值后，随着加载的进行，试样内的累积损伤增长较快，加载对试样损伤较大。当加载进入残余强度阶段时，其弹性模量变化速率减缓，在围压为 10、20 MPa 时，残余强度阶段弹性模量基本不变。

从图 4-103 中还可以看出，随着围压的增加，弹性模量在各个阶段都有所增加。在加载整个阶段表现为：围压增大，弹性模量随加载轴向应变下降斜率变小。这一现象说明，围压的增大，试样弹性模量总体增大，同时说明围压有抑制试样损伤的功能。

(2) 塑性应变演化规律

在材料加载的过程中会产生弹性应变和塑性应变，塑性应变为不可恢复的应变，通过塑性应变计算损伤变量也是表征损伤的一种方法，且应用广泛。图 4-104 为不同围压(10、15、20 MPa)下煤样塑性应变随轴向应变的演化曲线。从图中可以看出，随着轴向应变增加，塑性应变先缓慢增加后迅速上升。首先在试样未进入塑性区时，随着加载的进行，塑性应变增加缓慢；当加载进入塑性区后，随着加载的进行，塑性应变变化速率增大。这说明在加载初期，试样处于弹性阶段，塑性应变较小。当加载进入塑性区后，塑性应变随加载轴向应变的增加速率变大，但未出现明显的拐点。此阶段产生塑性应变的主要原因为微裂纹的萌生贯通及缺陷的重新张开。当加载进入峰后阶段时，由于宏观裂纹的产生，造成塑性变形迅速增加，并在峰值强度后出现明显的拐点。当加载进入残余强度阶段，塑性变形主要由宏观裂隙面之间相对滑动产生。

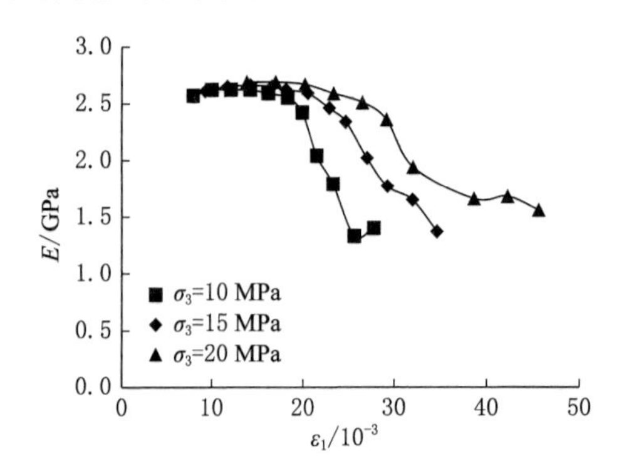

图 4-103 不同围压下弹性模量随轴向应变演化曲线

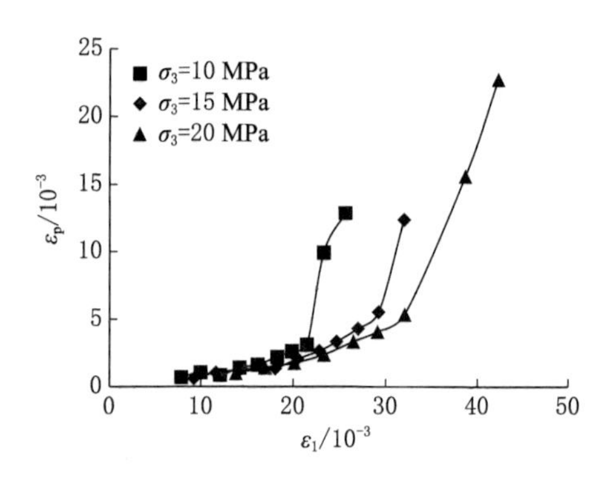

图 4-104 不同围压下塑性应变随轴向应变演化曲线

从图 4-104 中可以看出，围压的增大塑性应变拐点位置向后推移，加载后期塑性应变随加载轴向应变上升斜率逐渐减小。说明围压的增大，塑性应变受到抑制；同时，围压的增大，试样最终破坏时的塑性应变增大。说明围压的增大，试样抵抗塑性应变的能力增大。

结合图 4-103 和图 4-104 分析可知，轴向应变的增加，损伤经历先缓慢增加后快速上升的过程。当加载未进入塑性区时，损伤增加缓慢，表现为弹性模量、塑性应变的变化较平缓；当加载进入塑性区后损伤增加速率变大，表现为弹性模量、塑性应变随轴向应变的增加斜率缓慢变化；当加载到达峰后阶段，损伤变量迅速增加，表现为弹性模量、塑性应变的迅速变化。围压的增加，试样的损伤受到抑制，同时试样破坏时塑性应变有所增加。综上分析，使用 PFC 模拟循环加卸载符合客观规律，证明了使用颗粒流程序模拟循环加卸载是可行的。

4.8.4　循环加卸载细观力学响应

试样的断裂损伤是其微裂纹萌生、扩展和贯通的宏观表现，数值计算能够记录微裂纹的数目及位置，为正确认识循环加卸载过程中试样损伤过程提供了定量分析的可能。本节借助 PFC^{2D}数值软件记录微裂纹数目和位置的功能，分析试样在循环加卸载下的微裂纹数目随加卸载过程的变化及微裂纹在试样的分布位置，为正确认识试样的破坏机理提供帮助。

（1）微裂纹数目演化规律

图 4-105(a)为 $\sigma_3=15$ MPa 试样应力-应变关系及对应微裂纹数目变化曲线，该试样经历 11 次循环加卸载，与室内试验轴向应力-轴向应变关系及对应声发射特征曲线[60]相类似。从图中可以看出，微裂纹数目随循环加卸载次数呈现阶梯状增加的趋势，在加载初期和峰后随轴向应变的改变增加速率较低，而在峰值附近微裂纹数目随轴向应变的增加速率较大。与图 4-105(b)比较可以看出，该响应与单调加载曲线类似，明显表现出良好的“记忆”行为，即当卸载完成后继续加载，应力和微裂纹数目都与常规三轴试验近似，应力和微裂纹数目的变化并未受循环加卸载太大影响。

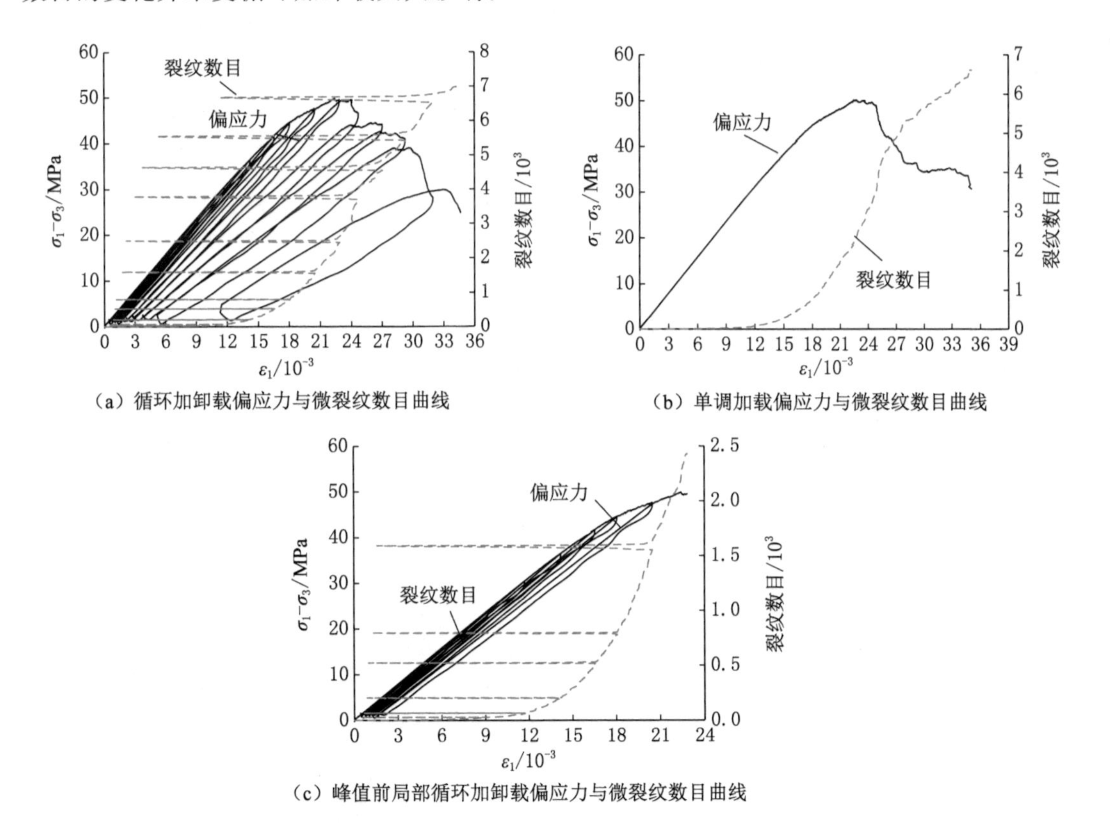

（a）循环加卸载偏应力与微裂纹数目曲线

（b）单调加载偏应力与微裂纹数目曲线

（c）峰值前局部循环加卸载偏应力与微裂纹数目曲线

图 4-105　$\sigma_3=15$ MPa 时应力与微裂纹数演化曲线

图 4-105(c)为峰值前应力-应变关系及对应微裂纹数目变化曲线，微裂纹数目随应变的增加呈现先缓慢增加后快速上升的趋势。在前两次加卸载过程中，微裂纹数目在未达到前次最大轴向应变并没有增加，保持良好的“记忆”行为。这种良好的“记忆”行为一直保持到

第 5 次循环加卸载。当第 6 次加载时，在未到达上一次最大轴向应变时即出现了微裂纹数目增加的现象，这是由于在再次加载的过程中，颗粒物质之间进行了内部调整。总体来说，在加载初期微裂纹数目发展遵循良好的“记忆”行为，说明循环加卸载在前期对试样损伤较小，试样较完整，微裂纹扩展过程较稳定。当进行第 8 次循环加卸载时，应力达到峰值，此时对应的微裂纹数目随轴向应变增加的斜率达到最大，并且在轴向应变未达到前一次加载轴向应变时微裂纹数目开始增加。在其后的加载过程中，微裂纹数目随轴向应变增加的斜率逐渐降低，同时非“记忆”行为随加载的进行越来越明显。这是因为试样损伤程度的增加，在加载和卸载过程中内部调整现象更加明显。在加载后期，由于宏观裂纹已经贯通，微裂纹主要产生于循环加卸载过程中宏观裂纹面反复摩擦，所以此时微裂纹数目增加不明显。

综上所述，加载初期，由于试样损伤较小，循环加卸载并不会对试样的“记忆”行为产生太大影响。当加载进入塑性区后，非“记忆”行为增加，主要是由于再次加载的过程中颗粒物质之间的位置进行内部调整。当加载进入峰值附近时，微裂纹随轴向应变的上升斜率达到最大，宏观表现为大量微裂纹贯通。进入残余强度阶段，宏观裂纹已经形成，微裂纹主要产生于加卸载过程中宏观裂纹面的反复摩擦。

（2）各阶段微裂纹的扩展过程分析

图 4-106 为循环加卸载作用下裂纹的扩展过程。从图中可以看出，微裂纹经历先随机分布，后不断贯通，并形成剪切带，最后在剪切带附近发生微裂纹不断增多的过程。在前 7 次加载过程中，微裂纹呈随机分布状态。结合图 4-105(c)可以看出，微裂纹数目随轴向加载应变增加的斜率呈缓慢增加的趋势，微裂纹随轴向应变遵循良好的“记忆”行为，此阶段的损伤不明显。结合图 4-103 和图 4-106 可以看出，此时弹性模量和塑性应变变化较稳定。在第 8 次加载时，试样强度达到峰值。从图中可以看出，此时试样内的剪切破裂带已经初步形成，这说明剪切带的形成对试样承载能力产生很大影响。结合图 4-103 和图 4-106 分析可知，当剪切带形成时，弹性模量及塑性应变随轴向加载应变的变化出现拐点，这说明剪切带的形成对弹性模量及塑性应变产生较大影响。其后剪切带不断贯通，剪切带的形成过程伴随微裂纹数目的大量增加。当加载到达残余强度阶段时，宏观裂纹已经形成，微裂纹的数目基本不变。结合图 4-106 中的第 11、12 次加载裂纹扩展模式图可以看出，裂纹的分布并未出现明显的改变。此时轴向应力主要靠摩擦维持，该阶段弹性模量变化较小。

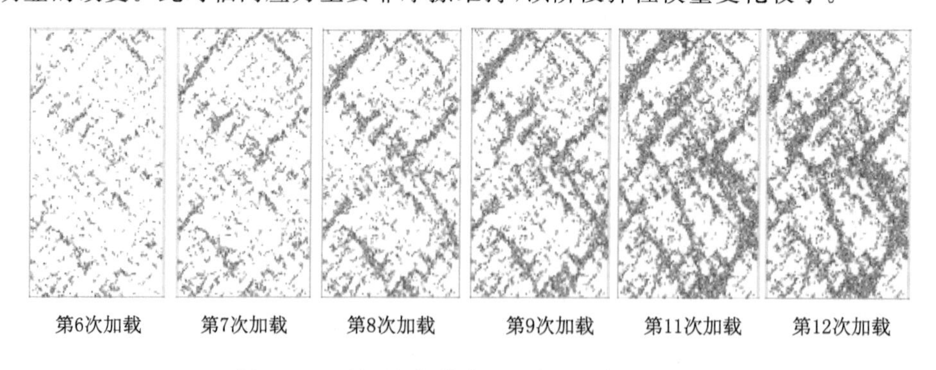

图 4-106　循环加卸载作用下微裂纹扩展过程

比较图 4-101 和图 4-106 可以明显看出，经过循环加卸载作用下的试样，最终破坏模式发生变化。试样在单调加载作用下，裂纹分布较集中，而经过循环荷载作用下裂纹分布较分散；

同时，经过循环荷载作用，试样的剪切微裂纹数目较单调加载明显减小。通过图4-105(a)可以看出峰后卸载过程中存在微裂纹数目增加的现象。由于这种应变不协调导致卸载过程中微裂纹数目增加，裂纹的扩展模式发生变化，最终破坏后微裂纹的数目有所增加。

通过分析微裂纹数目随应力的变化过程，得到与AE值随应力变化过程相同的规律[60]。在循环加卸载初期，微裂纹数目有良好的“记忆”行为。随着加载不断进行，微裂纹数目随加载轴向应变变化的“记忆”行为受到干扰，这主要是由于试样颗粒在卸载、加载过程中内部调整的结果。进入残余强度阶段，微裂纹主要由结构面之间的相互摩擦产生。同时，通过分析各阶段裂纹的扩展过程，对各阶段裂纹扩展过程有了更清楚的认识。

4.8.5 本节小结

(1) 使用颗粒流程序模拟了不同围压下煤样力学行为，结果与室内试验结果相吻合。并使用该细观参数设计了三组不同围压煤样循环加卸载试验，其强度包络线与单调加载应力-应变曲线相重合。

(2) 试样的弹性模量随轴向加载应变呈现先增加后缓慢降低后快速下降的趋势，同样塑性应变在峰值前变化缓慢，两者在峰值后出现拐点，残余强度阶段弹性模量变化不明显。围压增大有利于抑制损伤的产生，同时使得试样承受塑性应变的能力增大。

(3) 当试样未进入塑性区时，试样损伤较小。微裂纹在试样内随机产生，数目随轴向应变表现出良好的“记忆”行为，应力和微裂纹数目的变化并未受循环加卸载太大影响；进入塑性区后，微裂纹大量贯通，出现非“记忆”行为；峰值附近，剪切带形成，微裂纹增加速率最大；峰后非“记忆”行为更加明显，同时微裂纹增加的速率减小，主要为加卸载过程中宏观裂纹面反复摩擦造成的。结合循环加卸载作用下微裂纹的扩展过程分析，可以看出剪切带的形成对弹性模量及塑性应变影响较大。

参考文献

[1] 陈新，李东威，王莉贤，等. 单轴压缩下节理间距和倾角对岩体模拟试件强度和变形的影响研究[J]. 岩土工程学报，2014，36(12)：2236-2245.

[2] 刘红岩，黄妤诗，李楷兵，等. 预制节理岩体试件强度及破坏模式的试验研究[J]. 岩土力学，2013，34(5)：1235-1241.

[3] 张平，李宁，贺若兰，等. 不同应变速率下非贯通裂隙介质的力学特性研究[J]. 岩土工程学报，2006，28(6)：750-755.

[4] 席婧仪，陈忠辉，朱帝杰，等. 岩石不等长裂纹应力强度因子及起裂规律研究[J]. 岩土工程学报，2015，37(4)：727-733.

[5] YIN P，WONG R H C，CHAU K T. Coalescence of two parallel pre-existing surface cracks in granite[J]. International journal of rock mechanics and mining sciences，2014，68：66-84.

[6] 黄凯珠，林鹏，唐春安，等. 双轴加载下断续预置裂纹贯通机制的研究[J]. 岩石力学与工程学报，2002，21(6)：808-816.

[7] 肖桃李，李新平，贾善坡．深部单裂隙岩体结构面效应的三轴试验研究与力学分析[J]．岩石力学与工程学报，2012，31(8)：1666-1673.
[8] 肖桃李，李新平，贾善坡．含 2 条断续贯通预制裂隙岩样破坏特性的三轴压缩试验研究[J]．岩石力学与工程学报，2015，34(12)：2455-2462.
[9] YANG S Q，JIANG Y Z，XU W Y，et al. Experimental investigation on strength and failure behavior of pre-cracked marble under conventional triaxial compression[J]. International journal of solids and structures，2008，45(17)：4796-4819.
[10] 杨圣奇，刘相如．不同围压下断续预制裂隙大理岩扩容特性试验研究[J]．岩土工程学报，2012，34(12)：2188-2197.
[11] LIU J J，ZHU Z M，WANG B. The fracture characteristic of three collinear cracks under true triaxial compression[J]. The scientific world journal，2014，2014：459025.
[12] HUANG D，GU D M，YANG C，et al. Investigation on mechanical behaviors of sandstone with two preexisting flaws under triaxial compression[J]. Rock mechanics and rock engineering，2016，49(2)：375-399.
[13] WANG S Y，SLOAN S W，SHENG D C，et al. Numerical study of failure behaviour of pre-cracked rock specimens under conventional triaxial compression[J]. International journal of solids and structures，2014，51(5)：1132-1148.
[14] MANOUCHEHRIAN A，SHARIFZADEH M，MARJI M F，et al. A bonded particle model for analysis of the flaw orientation effect on crack propagation mechanism in brittle materials under compression[J]. Archives of civil and mechanical engineering，2014，14(1)：40-52.
[15] 方前程，周科平，刘学服．不同围压下断续节理岩体破坏机制的颗粒流分析[J]．中南大学学报(自然科学版)，2014，45(10)：3536-3543.
[16] 田文岭，杨圣奇，黄彦华．不同围压下共面双裂隙脆性砂岩裂纹演化特性颗粒流模拟研究[J]．采矿与安全工程学报，2017，34(6)：1207-1215.
[17] YANG S Q，TIAN W L，HUANG Y H，et al. An experimental and numerical study on cracking behavior of brittle sandstone containing two non-coplanar fissures under uniaxial compression[J]. Rock mechanics and rock engineering，2016，49(4)：1497-1515.
[18] YANG S Q. Crack coalescence behavior of brittle sandstone samples containing two coplanar fissures in the process of deformation failure[J]. Engineering fracture mechanics，2011，78(17)：3059-3081.
[19] 黄彦华，杨圣奇．非共面双裂隙红砂岩宏细观力学行为颗粒流模拟[J]．岩石力学与工程学报，2014，33(8)：1644-1653.
[20] YANG S Q，JING H W. Evaluation on strength and deformation behavior of red sandstone under simple and complex loading paths[J]. Engineering geology，2013(164)：1-17.
[21] KULATILAKE P H S W，MALAMA B，WANG J L. Physical and particle flow modeling of jointed rock block behavior under uniaxial loading[J]. International journal of

rock mechanics and mining sciences,2001,38(5):641-657.

[22] 黄彦华,杨圣奇.含两组交叉节理砂岩强度及破坏特征离散元分析[J].煤炭学报,2015,40(S1):76-84.

[23] 宋英龙,夏才初,唐志成,等.不同接触状态下粗糙节理剪切强度性质的颗粒流数值模拟和试验验证[J].岩石力学与工程学报,2013,32(10):2028-2035.

[24] PARK J W,SONG J J. Numerical simulation of a direct shear test on a rock joint using a bonded-particle model[J]. International journal of rock mechanics and mining sciences,2009,46(8):1315-1328.

[25] 刘红岩,邓正定,王新生,等.节理岩体动态破坏的SHPB相似材料试验研究[J].岩土力学,2014,35(3):659-665.

[26] 苏承东,吴秋红.含天然贯通弱面石灰岩试样的力学性质研究[J].岩石力学与工程学报,2011,30(S2):3944-3952.

[27] 刘红岩,黄妤诗,李楷兵,等.预制节理岩体试件强度及破坏模式的试验研究[J].岩土力学,2013,34(5):1235-1241.

[28] 孙旭曙,李建林,王乐华,等.单一预制节理试件各向异性力学特性试验研究[J].岩土力学,2014,35(S1):29-34.

[29] ZHANG X P,WONG L N Y. Displacement field analysis for cracking processes in bonded-particle model[J]. Bulletin of engineering geology and the environment,2014,73(1):13-21.

[30] 岑夺丰,黄达.高应变率单轴压缩下岩体裂隙扩展的细观位移模式[J].煤炭学报,2014,39(3):436-444.

[31] YANG S Q,HUANG Y H. Particle flow study on strength and meso-mechanism of Brazilian splitting test for jointed rock mass[J]. Acta mechanica sinica,2014,30(4):547-558.

[32] ZHANG X P,WONG L N Y. Cracking processes in rock-like material containing a single flaw under uniaxial compression:a numerical study based on parallel bonded-particle model approach[J]. Rock mechanics and rock engineering,2012,45(5):711-737.

[33] ZHUANG X Y,CHUN J W,ZHU H H. A comparative study on unfilled and filled crack propagation for rock-like brittle material[J]. Theoretical and applied fracture mechanics,2014,72:110-120.

[34] YANG S Q,JING H W. Strength failure and crack coalescence behavior of brittle sandstone samples containing a single fissure under uniaxial compression[J]. International journal of fracture,2011,168(2):227-250.

[35] YANG S Q,LIU X R,JING H W. Experimental investigation on fracture coalescence behavior of red sandstone containing two unparallel fissures under uniaxial compression[J]. International journal of rock mechanics and mining sciences,2013(63):82-92.

[36] LEE H,JEON S. An experimental and numerical study of fracture coalescence in pre-

cracked specimens under uniaxial compression[J]. International journal of solids and structures,2011,48(6):979-999.

[37] HAERI H,SHAHRIAR K,MARJI M F,et al. Experimental and numerical study of crack propagation and coalescence in pre-cracked rock-like disks[J]. International journal of rock mechanics and mining sciences,2014(67):20-28.

[38] 蒋明镜,陈贺,张宁,等. 含双裂隙岩石裂纹演化机理的离散元数值分析[J]. 岩土力学,2014,35(11):3259-3268.

[39] 张社荣,孙博,王超,等. 双轴压缩试验下岩石裂纹扩展的离散元分析[J]. 岩石力学与工程学报,2013,32(S2):3083-3091.

[40] 黄彦华,杨圣奇,鞠杨,等. 断续裂隙类岩石材料三轴压缩力学特性试验研究[J]. 岩土工程学报,2016,38(7):1212-1220.

[41] HUANG Y H,YANG S Q,ZHAO J. Three-dimensional numerical simulation on triaxial failure mechanical behavior of rock-like specimen containing two unparallel fissures[J]. Rock mechanics and rock engineering,2016,49(12):4711-4729.

[42] 杨圣奇,温森,李良权. 不同围压下断续预制裂纹粗晶大理岩变形和强度特性的试验研究[J]. 岩石力学与工程学报,2007,26(8):1572-1587.

[43] WASANTHA P L P,RANJITH P G. Water-weakening behavior of Hawkesbury sandstone in brittle regime[J]. Engineering Geology,2014(178):91-101.

[44] HUANG Y H,YANG S Q,TIAN W L. Crack coalescence behavior of sandstone specimen containing two pre-existing flaws under different confining pressures[J]. Theoretical and applied fracture mechanics,2019,99:118-130.

[45] 傅晏. 干湿循环水岩相互作用下岩石劣化机理研究[D]. 重庆:重庆大学,2010.

[46] YANG B D,JIAO Y,LEI S. A study on the effects of microparameters on macroproperties for specimens created by bonded particles[J]. Engineering computations,2006(23):607-631.

[47] FAKHIMI A,VILLEGAS T. Application of dimensional analysis in calibration of a discrete element model for rock deformation and fracture[J]. Rock mechanics and rock engineering,2006,40(2):193-211.

[48] MUHIHAUS H B,VARDOULAKIS I. The thickness of shear bands in granular materials[J]. Géotechnique,1987,37(3):271-283.

[49] YOON J. Application of experimental design and optimization to PFC model calibration in uniaxial compression simulation[J]. International journal of rock mechanics and mining sciences,2007,44(6):871-889.

[50] GUO J W,XU G A,JING H W,et al. Fast determination of meso-level mechanical parameters of PFC models[J]. International journal of mining science and technology,2013,23(1):157-162.

[51] 杨旭旭. 不同应力环境下断续节理岩体结构效应模型试验研究[D]. 徐州:中国矿业大学,2016.

[52] CAO R H,CAO P,LIN H,et al. Mechanical behavior of brittle rock-like specimens

with pre-existing fissures under uniaxial loading: experimental studies and particle mechanics approach[J]. Rock mechanics and rock engineering,2016,49(3):763-783.

[53] 韩铁林,陈蕴生,宋勇军,等. 不同应力路径下砂岩力学特性的试验研究[J]. 岩石力学与工程学报,2012,31(增刊 2):3959-3966.

[54] 田文岭,杨圣奇,黄彦华. 卸围压下砂岩力学特性及细观机制颗粒流分析[J]. 岩土力学,2016,37(增刊 2):775-782.

[55] POTYONDY D O,CUNDALL P A. A bonded-particle model for rock[J]. International journal of rock mechanics and mining sciences,2004,41(8):1329-1364.

[56] 何俊,潘结南,王安虎. 三轴循环加卸载作用下煤样的声发射特征[J]. 煤炭学报,2014,39(1):84-90.

[57] 葛修润,蒋宇,卢允德,等. 周期荷载作用下岩石疲劳变形特性试验研究[J]. 岩石力学与工程学报,2003,22(10):1581-1585.

[58] XIAO J Q,DING D X,JIANG F L,et al. Fatigue damage variable and evolution of rock subjected to cyclic loading[J]. International journal of rock mechanics and mining sciences,2010,47(3):461-468.

[59] 田文岭,杨圣奇,方刚. 煤样三轴循环加卸载力学特征颗粒流模拟[J]. 煤炭学报,2016,41(3):603-610.

[60] 赵星光,李鹏飞,马利科,等. 循环加、卸载条件下北山深部花岗岩损伤与扩容特性[J]. 岩石力学与工程学报,2014,33(9):1740-1748.

第5章　预制孔洞岩石力学特性及裂纹扩展特征离散元模拟研究

在实际工程岩体中，孔洞也是一种常见的缺陷。学者们对含孔洞岩石的强度变形及裂纹扩展规律也进行了试验和数值模拟研究。如，Tang 等[1]采用 MFPA^{2D}软件模拟了含预制圆孔试样单轴压缩，详细分析了孔洞直径、试样宽度、孔洞倾角等对含孔试样裂纹扩展过程和破裂模式的影响。Wong 和 Lin[2]采用 RFPA^{3D}再现了含预制多孔花岗岩单轴压缩室内试验结果，分析了预制孔周边应力分布，并提出了裂纹扩展准则。谢林茂等[3]模拟了含单孔洞试样单轴、双轴和三轴压缩，得到了裂纹起裂和扩展过程的三维空间分布形态。杨圣奇等[4]采用扫描电镜实时观测系统，实时观测含单孔大理岩单轴压缩下破裂演化过程，裂纹首先在孔洞周围起裂。Wang 等[5]模拟了含偏置孔圆盘试样巴西试验，研究了孔洞直径、孔心距离和非均质性等对应力-应变曲线和破裂模式等的影响。Haeri 等[6]对含预制圆孔试样进行了单轴压缩和巴西劈裂试验，获得了其强度特征、破裂特征与预制孔几何分布之间的关系，并采用数值模拟方法对室内试验结果进行了验证。研究结果表明，裂纹一般会在孔洞周围首先起裂，裂纹的扩展最终导致岩石的破裂，而且孔洞分布形式对岩石的强度变形特性也有明显的影响。

5.1　含三圆孔花岗岩试样强度特性及裂纹扩展特征试验与模拟

岩体中孔洞缺陷不完全是平行、规则分布的，而经常是不平行、非规则分布的。目前对含不规则分布孔洞缺陷岩石的研究还较少。为进一步认识含不规则分布孔洞岩石强度特性及裂纹演化机理，有必要对含不平行孔洞岩样展开研究。因不规则分布孔洞周围裂纹扩展特征较为复杂，本节先从相对简单的三圆孔分布且仅考虑一个几何参数(岩桥倾角)着手。因此，本节对含三圆孔花岗岩试样进行了单轴压缩试验，获得了裂纹扩展全过程及对应的声发射参数。采用 PFC 模拟了室内试验结果，并分析了含三圆孔试样变形过程中应力场演化规律[7]。

5.1.1　试验方法与试验程序

试验用的花岗岩采自福建省泉州市。XRD 以及薄片鉴定结果(图 5-1)显示，该花岗岩的矿物成分主要为长石、石英、白云石以及微量黏土矿物等。该花岗岩致密坚硬，颗粒尺寸较大，无明显缺陷，孔隙率较小，平均密度为 2 730 kg/m^3。

为了探究不平行分布孔洞组合对花岗岩试样强度及变形破裂特征的影响，本次试验设计了 3 个孔洞分布形式，如图 5-2 所示。将现场取的花岗岩切割为厚度 30 mm 的大块长方

图 5-1　花岗岩试样微观结构

体，再分别切割成 80 mm×160 mm×30 mm 的长方体，并将上下端面打磨光滑。接着采用高压水刀切割中心的 3 个圆孔，由计算机自动控制。孔洞参数如下：3 个预制孔洞①、②和③的直径均为 $2r$，孔洞①和②的位置固定，其中孔洞①距试样中心的距离为 $2a$，孔洞②距试样中心的距离为 $2b$，孔洞①和②圆心连线与水平方向之间夹角为 α，孔洞①和③圆心连线长度为 $2c$，连线与加载方向的倾角为 β。在本次试验中，预制孔直径 $2r$ 均为 10.5 mm，长度 $2a$ 和 $2b$ 均为 16.3 mm。倾角 β 从 0°增大至 225°，间隔 45°。需要注意的是，为了使三孔呈对称分布，当 $\beta=0°$时，$2c=2a=2b=16.3$ mm，其余情况下，$2c=2\sqrt{2}$ mm，$a=2\sqrt{2}$ mm，$b=23$ mm。

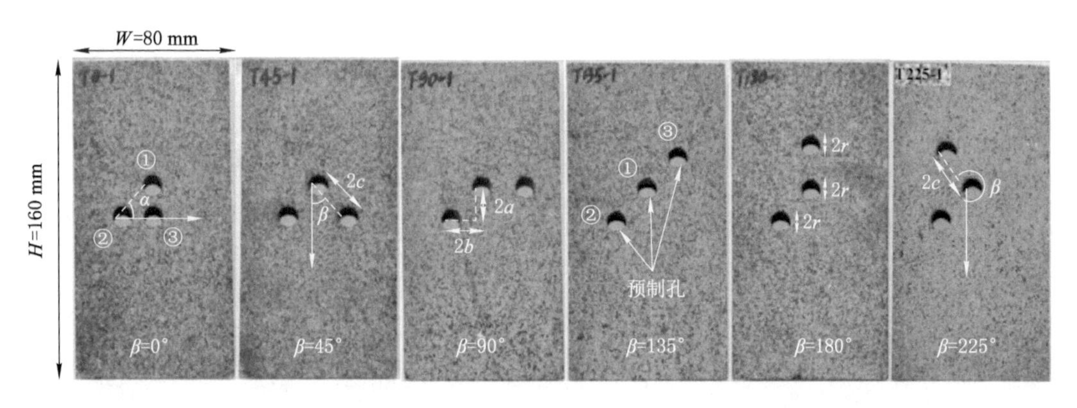

图 5-2　不同倾角分布三圆孔花岗岩试样

本次试验所有的花岗岩试样均是在 MTS816 岩石伺服试验系统上完成的。该试验系统的最大加载力为 1 459 kN，最大轴向位移为 100 mm，如图 5-3 所示。本次单轴压缩试验均采用位移控制加载方式，试验机在岩样端面上施加 0.12 mm/min 的速率（应变率约为 $1.25\times10^{-5}\ s^{-1}$）直至岩样破裂。在试验过程中，采用 DS2 全信息声发射仪实时采集岩样的声发射信息。声发射系统的采样频率为 1 MHz。采用热溶胶作为耦合，在岩样背面粘贴 2 个声发射传感器，并用透明胶带固定。为了得到裂纹扩展过程，对岩样正面采用高清摄像机连续摄像。该高清摄像机每秒可拍摄 25 帧图像，可以获得清晰的裂纹图像。

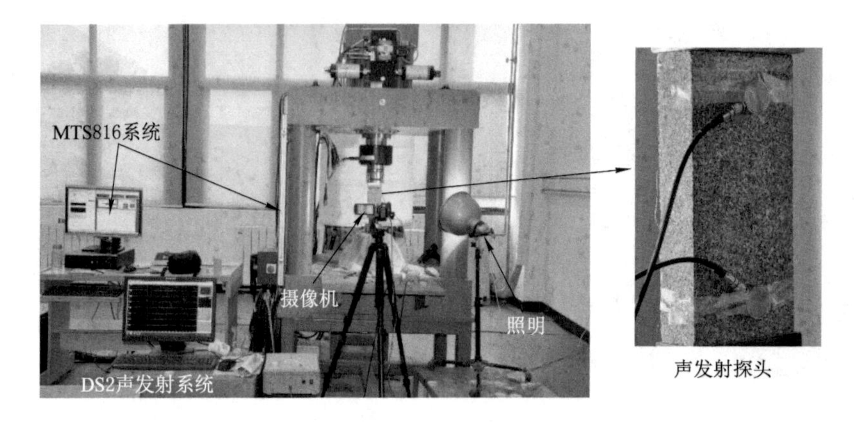

图 5-3　MTS816 岩石伺服试验系统以及 DS2 声发射系统

5.1.2　试验结果与分析

(1) 应力-应变曲线

为了得到更可靠的试验结果，对每种倾角下的含孔洞花岗岩试样进行了多次重复试验。首先讨论岩石非均质性对含孔洞花岗岩试验结果的影响。图 5-4 给出了相同条件下 3 个岩样重复试验的轴向应力-应变曲线。由图 5-4 可见，相同孔洞分布下，多个岩样重复试验结果具有较好的一致性，说明了非均质性对本试验花岗岩试样的变形行为无明显影响。

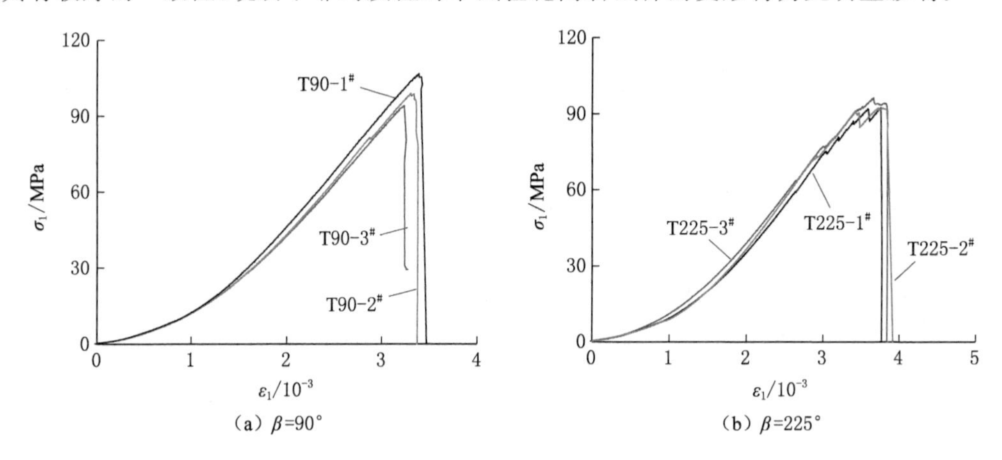

图 5-4　非均质性对含三圆孔花岗岩试样应力-应变曲线的影响

图 5-5 给出了不同倾角下含孔花岗岩试样的轴向应力-应变曲线。由图 5-5 可见，不同岩桥倾角花岗岩试样应力-应变曲线整体形状相同，但是曲线的斜率及峰值有所差别，即倾角对含孔洞花岗岩试样的强度和变形参数具有较明显的影响。

(2) 强度及变形参数

基于图 5-5 所示的应力-应变曲线，得到含孔洞花岗岩试样的峰值强度及弹性模量，如图 5-6 所示。其中，弹性模量为应力-应变曲线上近似线性阶段的斜率。显然，含孔洞花岗岩试样的力学参数均显著低于完整花岗岩试样。由图 5-6(a)可见，随着岩桥倾角的增大，含孔洞花岗试样的峰值强度也随之变化。在试验范围内，含孔洞花岗岩试样的最大值出现在

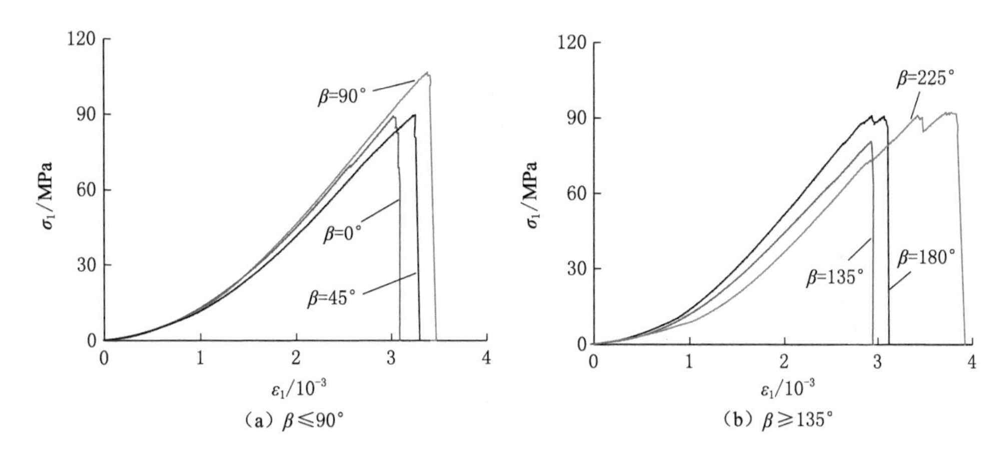

图 5-5　含三圆孔花岗岩试样单轴压缩应力-应变曲线

倾角 90°时，为 99.87 MPa(平均值，下同)；最小值出现在倾角为 135°时，为 80.03 MPa。在倾角由 0°增大至 45°及由 180°增大至 225°时，峰值强度呈微幅的减小趋势，由此可见在这两个区间内，峰值强度受倾角的影响较小。在倾角 45°至 180°范围内，峰值强度受裂隙倾角的影响显著。具体为：在倾角由 45°增大至 90°以及由 135°增大至 180°时，峰值强度呈明显的上升趋势，而在 90°至 135°区间内，峰值强度为减小趋势。由图 5-6(b)可见，在试验范围内，弹性模量的变化并不明显，含孔洞花岗岩试样的最小弹性模量为 38.23 GPa(倾角 135°)，最大弹性模量值为 40.94 GPa(倾角 90°)，所有孔洞花岗岩试样的弹性模量均值为 38.91 GPa。因此，含孔洞花岗岩试样的弹性模量差异仅在 6.96%。

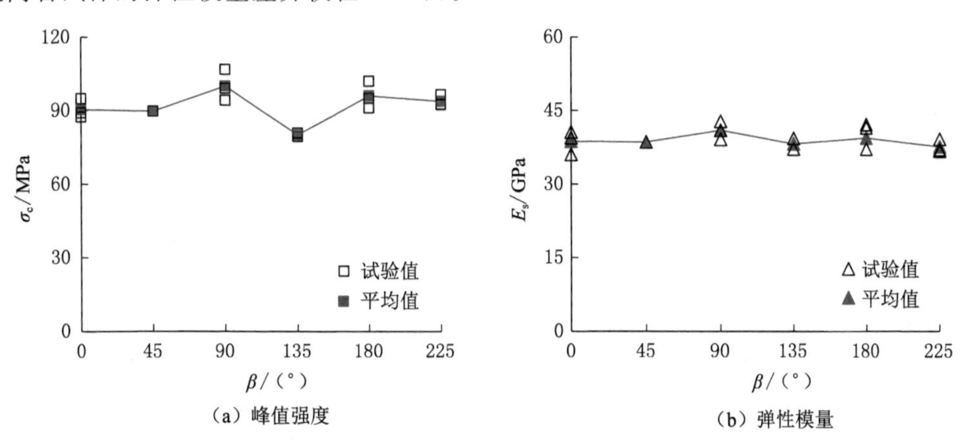

图 5-6　岩桥倾角对含三圆孔花岗岩试样力学参数的影响

(3) 声发射及裂纹扩展过程

图 5-7 给出了含不同岩桥倾角预制孔洞花岗岩试样的宏观破裂模式。首先，相同倾角的 3 个岩样($\beta=225°$)的破裂模式相近，但仍存在一定的差异。虽然本次试验的花岗岩试样之间差异较小，但是非均质性仍然会对含孔洞花岗岩试样的破裂特征产生一定的影响。与完整岩样相比，含孔洞花岗岩试样的破裂模式明显不同。含孔洞花岗岩试样更多是由于孔洞附近萌生的裂纹扩展贯通导致岩样急剧失去承载能力而破裂，而且含孔洞花岗岩试样的破裂模式与岩桥倾角密切相关。

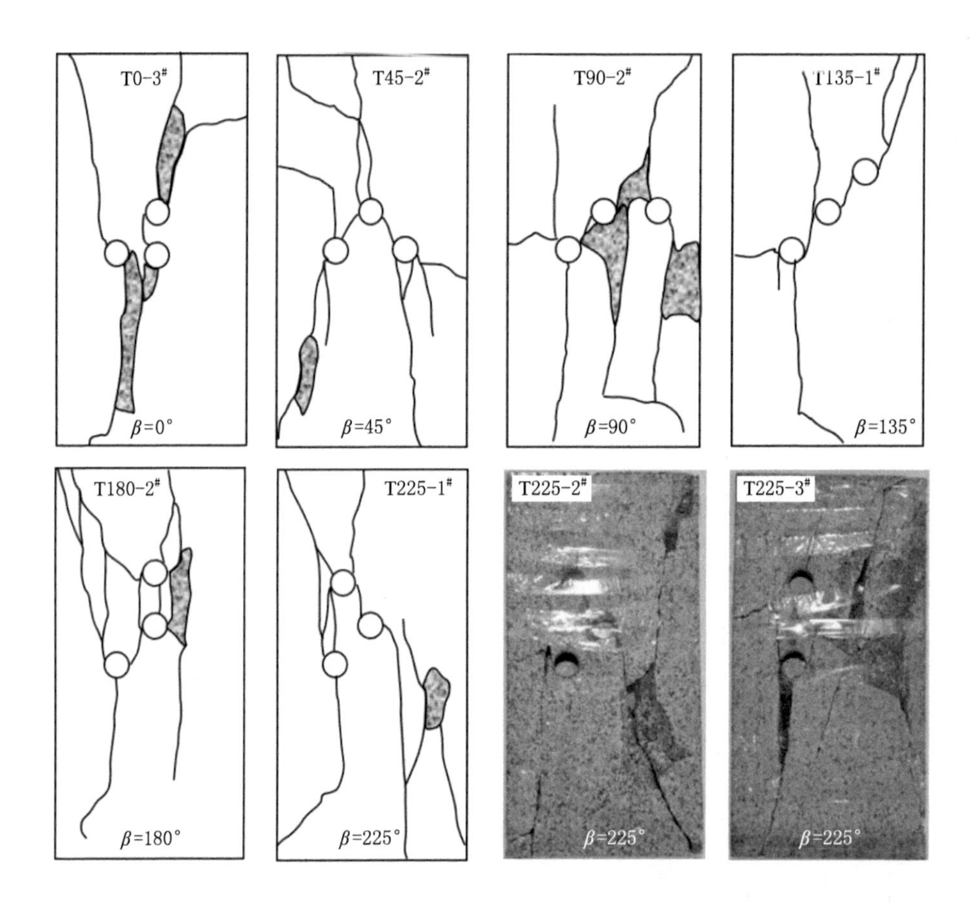

图 5-7　含三圆孔花岗岩试样最终破裂模式

基于声发射采集系统和数字照相量测技术，得到了花岗岩试样变形全过程的声发射特征及裂纹演化过程，由此建立了应力-应变曲线、声发射特征及裂纹扩展过程之间的联系。图 5-8 给出了倾角 0°含孔洞花岗岩试样应力-时间-声发射曲线以及裂纹扩展过程。由图 5-8 可见，在初始变形阶段，岩样无明显变化，也没有明显的声发射事件数。与初始压密阶段相同的是，在线弹性变形的初期，同样无明显声发射事件。当轴向应力达到 62.42 MPa（～71.4%σ_p，即点 a）时，可观察到一次大的声发射事件数，说明试样中发生了一次大的能量释放。此时在岩样上可以看到，在孔洞①上边缘萌生了一条向上发展的白色斑迹。随着轴向变形的增大，应力很快增大至点 b（轴向应力 84.77 MPa，～97.0%σ_p）。此时，第一条宏观裂纹在孔洞②下边缘产生，并沿着最大主应力方向向岩样下端部扩展。在该裂纹产生的同时，在应力-时间-声发射曲线上可以看到一次明显的声发射数，累积声发射曲线出现陡增。当轴向应力达到峰值强度 87.37 MPa 后，应力迅速跌落，伴随这次应力跌落，能够观察到最大的声发射事件数。此时，试样中产生了多条宏观裂纹，并且孔洞①与③之间发生了直接拉伸裂纹贯通，而孔洞②与③之间发生了间接贯通。同时，在孔洞①上端的白斑已经发展成为宏观裂纹。当应力跌落至点 d 时，多条裂纹迅速产生，试样最终破裂（图 5-7）。

图 5-9 给出了倾角 90°含孔洞花岗岩试样应力-时间-声发射曲线以及裂纹扩展过程。整

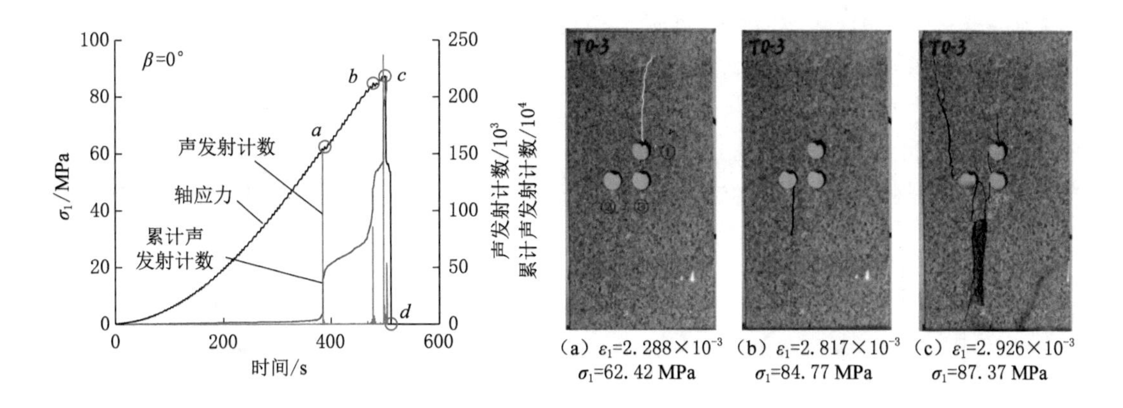

图 5-8　含三圆孔花岗岩试样声发射及裂纹演化过程($\beta=0°$)

体上，倾角90°岩样的声发射演化特征与倾角0°岩样类似，也是在裂隙压密阶段及弹性变形阶段初期无明显声发射事件，只当应力增大至弹性阶段一定应力水平时，才有突发的声发射事件。当岩样被加载至点a时，在孔洞②边缘产生一条白斑，对应可以观察到一次大的声发射。在随后的一段时间内，岩样内均无裂纹的萌生，因此声发射活动也相对平静。当应力增大至峰值强度时，在孔洞①和③上边缘分别萌生向上的白斑，在孔洞②下边缘萌生向下的裂纹，而在孔洞①和②之间也萌生了白斑。此时，最大的一次声发射事件被监测到。当应力跌落至点c时，多条轴向拉伸裂纹萌生，均近似沿着最大主应力方向扩展。除了宏观裂纹外，多处白斑可见，其中孔洞①和②之间也被白斑贯通。相比于峰前，峰后裂纹萌生的数量及速度明显加快，该时间段内的声发射活动也明显更加活跃。随着轴向变形的继续增大，应力进一步跌落至点d，岩样失去承载能力而破坏，上一时间的白斑也发展成为宏观裂纹，多条水平拉伸裂纹也可以观察到(见图5-7)。

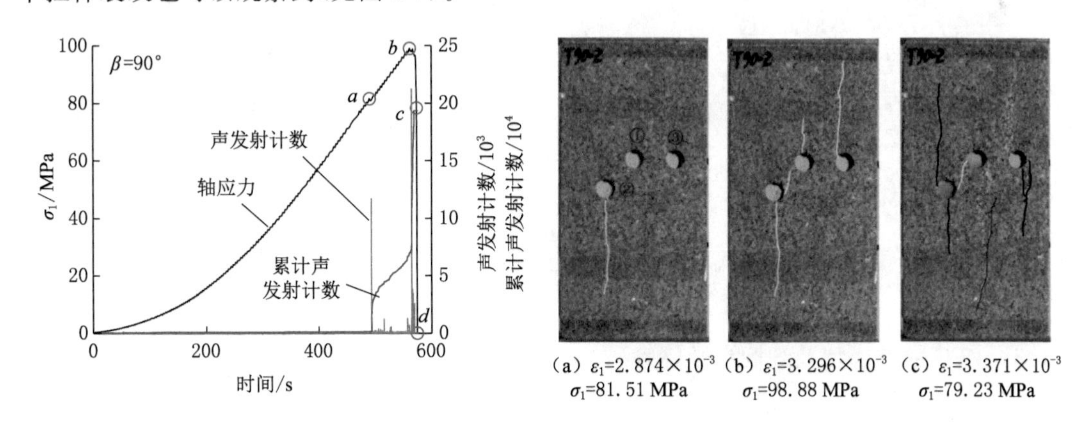

图 5-9　含三圆孔花岗岩试样岩声发射及裂纹演化过程($\beta=90°$)

倾角90°含孔洞花岗岩试样应力-时间-声发射曲线以及裂纹扩展过程如图5-10所示。当应力增大至点b(应力水平77.00 MPa)时，在孔洞的边缘有多处的白斑出现，而且在孔洞①和②之间也有白斑出现。这些白斑的出现，也伴随着一次较明显的声发射数。当应力增大至峰值强度时，没有新的白斑或者裂纹萌生，因此对应只观察到一次相对较大的声发射。

当应力跌落至点 d 时,多处白斑发展成为宏观裂纹。孔洞①和③之间首次发生贯通,而且孔洞②右边缘萌生一条轴向拉伸裂纹,此时对应的声发射也相当明显。随着应力持续跌落,裂纹扩展频繁。当应力降低至点 e 时,在试样右中部位置,发生表面剥落破坏,并有多条远场拉伸裂纹产生。同样,对应可以观察到一次大的声发射事件。随着变形的进一步发展,岩样最终失稳破裂(图 5-7)。观察全过程的声发射特征可以发现,最大一次声发射并不是发生在峰值强度位置。

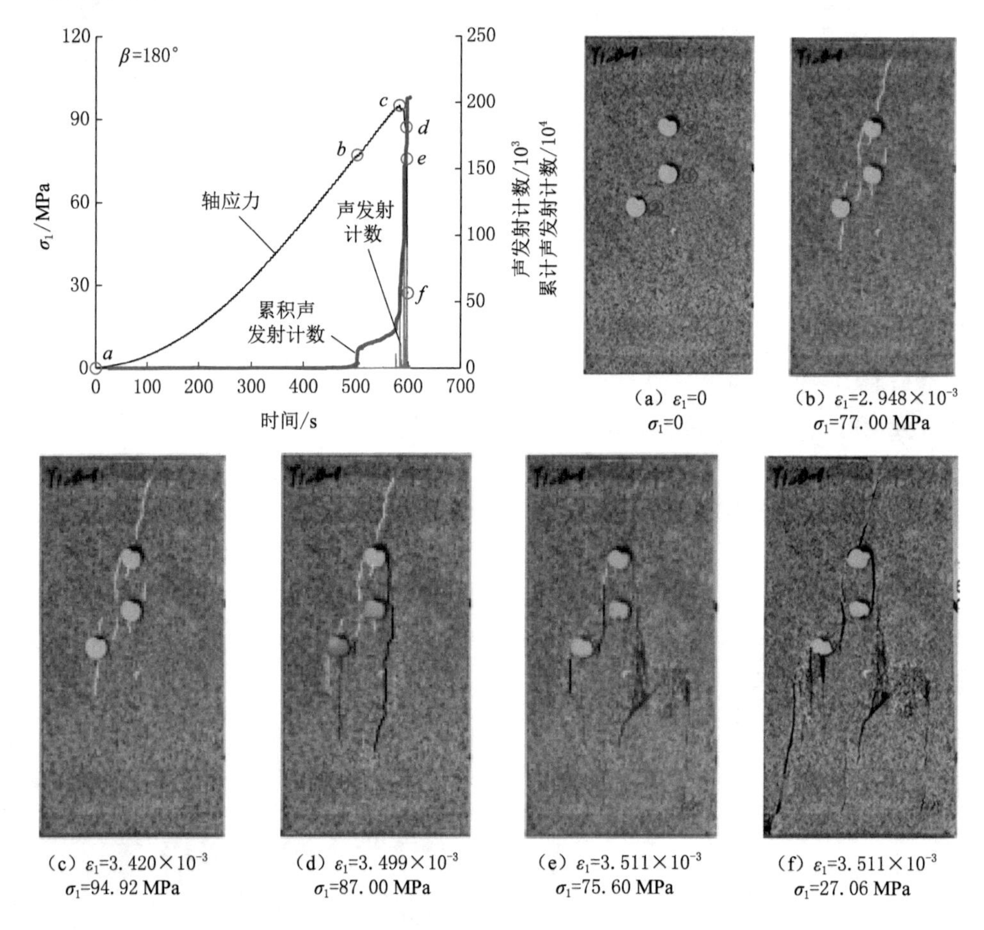

图 5-10　含三圆孔花岗岩试样声发射及裂纹演化过程($\beta=180°$)

5.1.3　PFC 数值模型及细观参数标定

(1) 数值模型及细观参数

数值模拟采用颗粒流程序(试样 PFC 细观参数见表 5-1),选择其中的平行黏结模型。首先生成与花岗岩试样尺寸相同(即 80 mm×160 mm)的颗粒集合,颗粒半径分布在 0.25～0.3 mm 范围内,共生成52 502个颗粒,105 623 个平行黏结,144 270 个接触。在完整岩样的基础上,通过删去特定区域的颗粒,生成预制圆孔,如图 5-11 所示。通过对上下两面墙施加恒定的速率以模拟室内单轴压缩,速率设为 0.05 m/s。

表 5-1　花岗岩试样 PFC 细观参数

参数	取值	参数	取值
最小半径/mm	0.25	摩擦系数	0.6
颗粒粒径比	1.2	平行黏结模量/GPa	33
密度/(kg/m³)	2 730	平行黏结刚度比	2.0
颗粒模量/GPa	33	平行黏结法向强度/MPa	81±18
颗粒刚度比	2.0	平行黏结切向强度/MPa	120±20

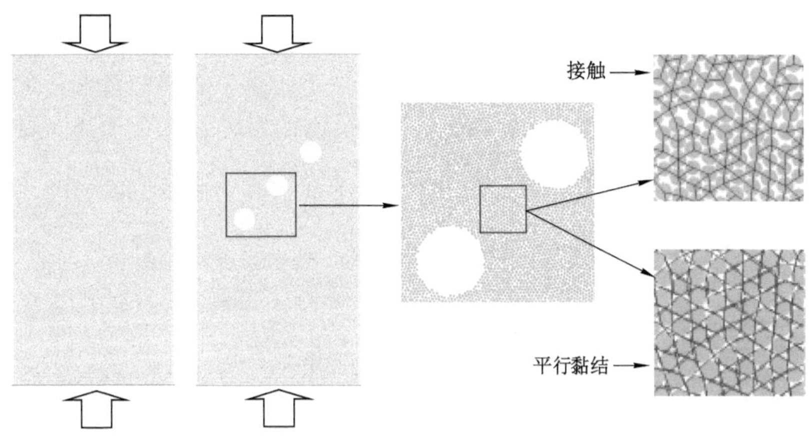

图 5-11　含三圆孔花岗岩试样 PFC 数值模型

在进行模拟分析前，需要标定一系列细观力学参数，以完整花岗岩试样室内单轴压缩结果为标定基础。图 5-12 给出了完整岩样的 PFC 模拟与室内试验结果比较，包括应力-应变曲线及宏观破裂模式。由图 5-12 可见，除初始压密阶段外，室内试验曲线的其他阶段均能够在模拟曲线上得到反映。模拟的破裂模式也与室内结果较为吻合，均以轴向劈裂破坏为主。

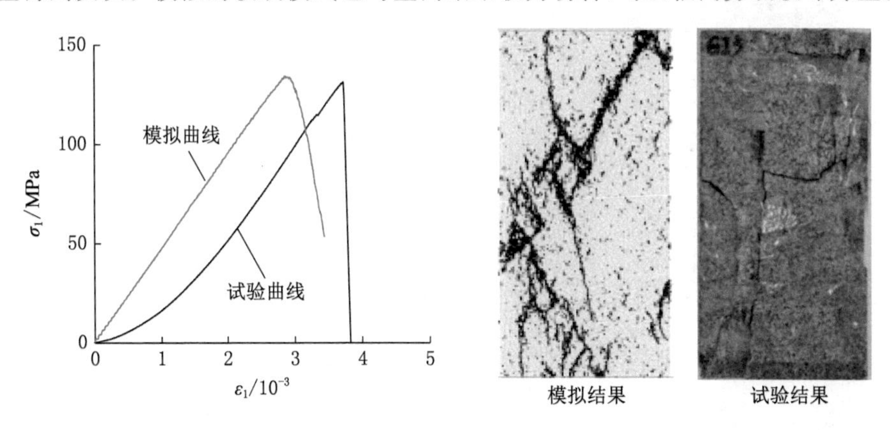

图 5-12　完整试样单轴压缩模拟与试验结果比较

进一步，完整试样数值模拟获得的力学参数与室内试验结果的比较如表 5-2 所示。由表 5-2 可见，峰值强度以及弹性模量与室内试验的结果差异分别为 0.55%及 2.68%，数值模型能够再现完整花岗岩室内试验结果。

表 5-2　完整花岗岩试样模拟与试验值比较

力学参数	试验结果	模拟结果	差异
单轴强度/MPa	133.39	134.12	0.55%
弹性模量/GPa	46.57	47.82	2.68%

(2) 模拟与试验结果比较

上述分析表明了平行黏结模型以及表 5-1 所示细观参数可以再现完整花岗岩室内单轴压缩试验结果，下面给出含预制孔洞花岗岩试样单轴压缩模拟与室内试验结果的比较，包含应力-应变曲线、强度及变形参数和破裂模式。图 5-13 给出了不同倾角含预制孔洞花岗岩试样模拟以及试验应力-应变曲线。由图 5-13 可见，模拟的应力-应变曲线与室内试样结果相吻合，除了初始裂隙压密阶段。

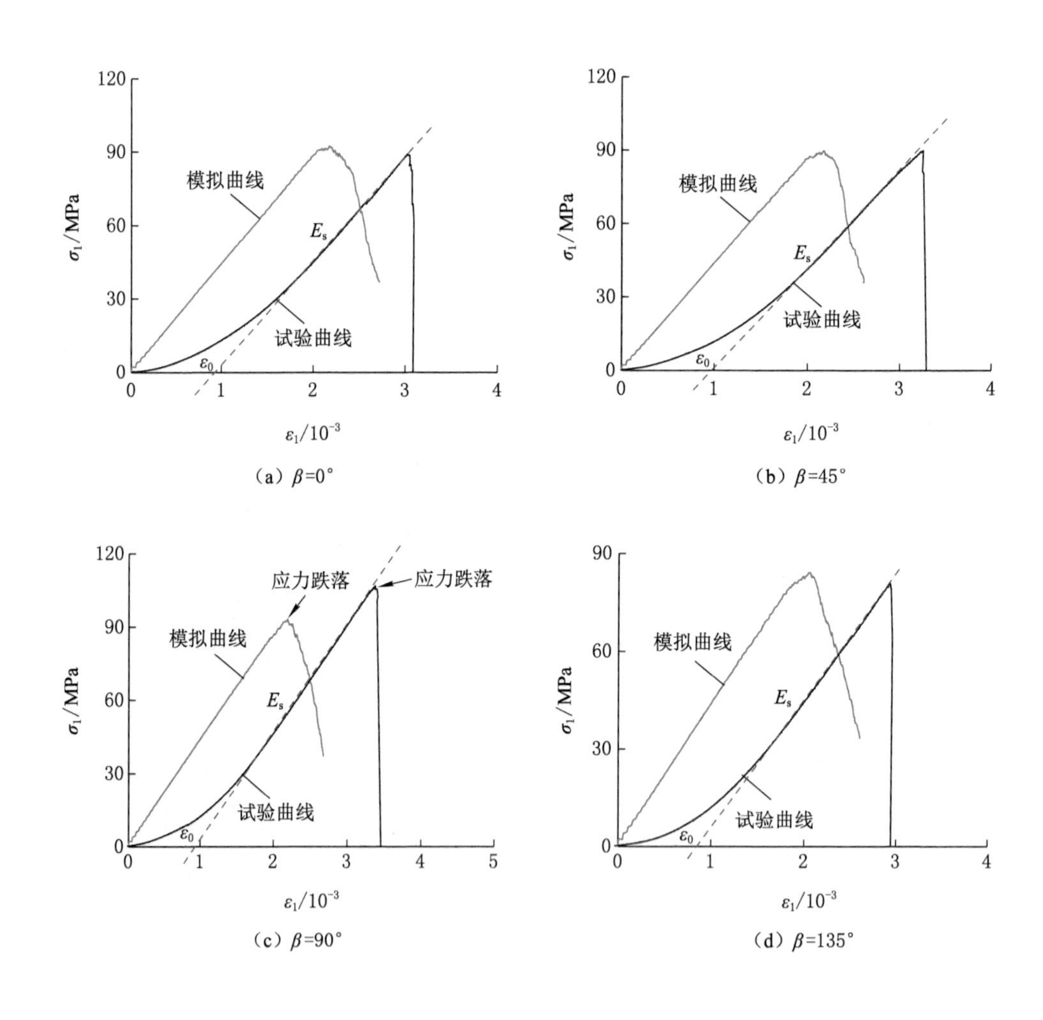

图 5-13　含三圆孔试样模拟及试验应力-应变曲线比较

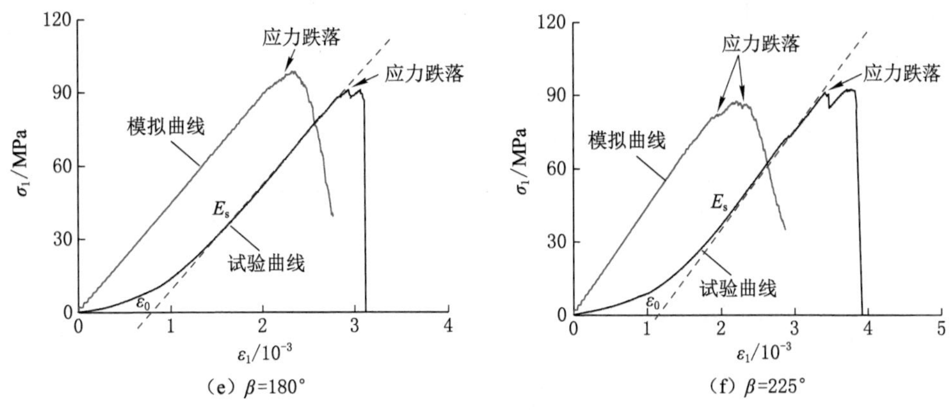

(e) β=180°　　(f) β=225°

图 5-13 （续）

基于图 5-13 所示的应力-应变曲线，可以得到含三圆孔试样数值模拟的峰值强度和弹性模量（与试验相同，均为近似线性阶段的斜率），见图 5-14。由图 5-14(a)可见，模拟得到的含三圆孔试样峰值强度变化趋势与试验结果相同。不仅如此，峰值强度模拟值也都近似等于试验值。由图 5-14(b)可见，模拟得到的弹性模量略大于试验值，弹性模量几乎不随倾角的变化而变化，这与试验现象相同。因 PFC 模拟不能反映花岗岩试样的初始压密阶段，模拟得到的峰值应变小于试验值[图 5-14(c)]。但是，把模拟值对应加上试验初始阶段应变值获得修订值，可以发现模拟得到的峰值应变修订值与试验值非常接近[图 5-14(d)]。

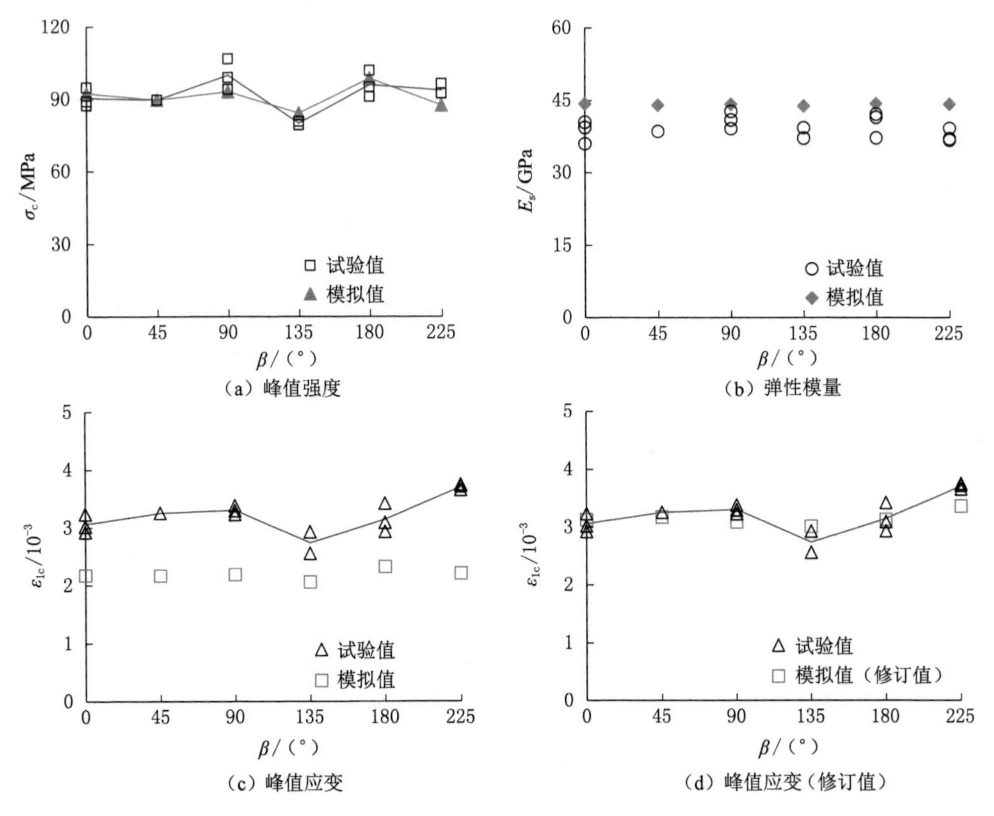

(a) 峰值强度　　(b) 弹性模量

(c) 峰值应变　　(d) 峰值应变（修订值）

图 5-14　含三圆孔试样模拟及试验力学参数比较

图 5-15 给出了含孔洞花岗岩试样单轴压缩模拟宏观破裂模式与试验结果的比较。由图可见，数值模拟获得的破裂模式与室内试验结果相近。随着岩桥倾角的增大，含孔花岗岩试样的破裂模式发生明显的变化，说明岩桥倾角对含孔试样破裂模式有较大的影响。通过一系列完整及含孔洞试样强度变形参数及破裂特征的比较，充分验证了本次模拟的可靠性。

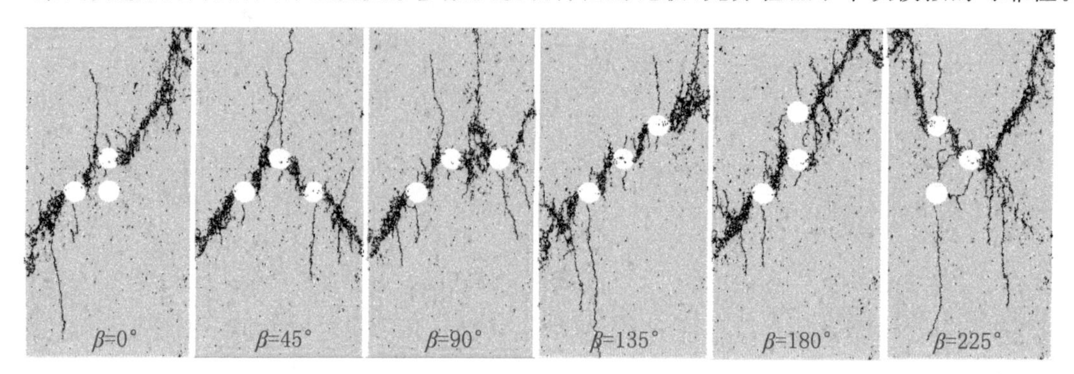

图 5-15　含三圆孔试样单轴压缩数值模拟结果

5.1.4　裂纹演化机理分析

（1）裂纹扩展过程

在 PFC 中，裂纹的萌生、扩展以及破裂全过程均可以得到，同时试样中的微裂纹数目也可以获得，借此可以详细分析含孔洞花岗岩试样破裂发展过程应力以及微裂纹数的演化特征，以倾角 180°试样为例。图 5-16 给出了倾角 180°含三圆孔数值试样应力-应变-微裂纹曲线以及裂纹扩展过程。当应力达到点 a 时，可以看到在孔洞②的上下边缘萌生初始裂纹 1^a 和 1^b，以及在孔洞①下边缘萌生初始裂纹 1^c，此时微裂纹数已增加至 175 个。当应力增大至点 b 时，在孔洞①左上边缘萌生向上发展裂纹。在之后的点 c，在孔洞③边缘也萌生裂纹 3^a 和 3^b，至此在 3 个预制孔洞边缘均产生了裂纹。应力在点 c 之后进入了非线性阶段。在点 d 萌生裂纹 4^a 和远场裂纹 4^b。在峰值强度点 e 时，孔洞②和③首次贯通，由于岩桥区域的裂纹 5 的扩展。在峰值强度之后的点 f，孔洞①和③之间也发生了裂纹贯通，同时还产生了两条裂纹 6^a 和 6^b。与倾角 180°孔洞花岗岩试样的试验结果相比可见，模拟获得的裂纹扩展过程与试验很接近。

观察微裂纹发展曲线可见，微裂纹演化特征可以分为几个阶段。在弹性变形初始阶段，试样中几乎无微裂纹产生，因此微裂纹曲线也基本没有数值。在弹性变形后期，当应力达到材料特征值时，试样中开始萌生微裂纹，但是该阶段内的增长速率很小。在岩样进入了非线性变形阶段后（点 c～点 e），这个阶段内裂纹萌生活动频繁，裂纹总数的增长速率明显增大。而在峰后阶段，含有更多的裂纹萌生与扩展，导致该阶段的微裂纹增长速率最大。

（2）裂纹贯通与应力场分析

由上述分析已知，随着倾角的变化，孔洞之间的裂纹贯通路径也发生变化。下面将结合裂纹起裂、扩展和贯通过程中的细观应力场、位移场分析不同裂纹贯通形式的演化机理。模拟过程中发现有 4 种裂纹贯通形式，如图 5-17 所示，主要为剪切模式（Type Ⅰ和 Type Ⅲ）、混合拉剪（Type Ⅱ）以及拉伸模式（Type Ⅵ）。

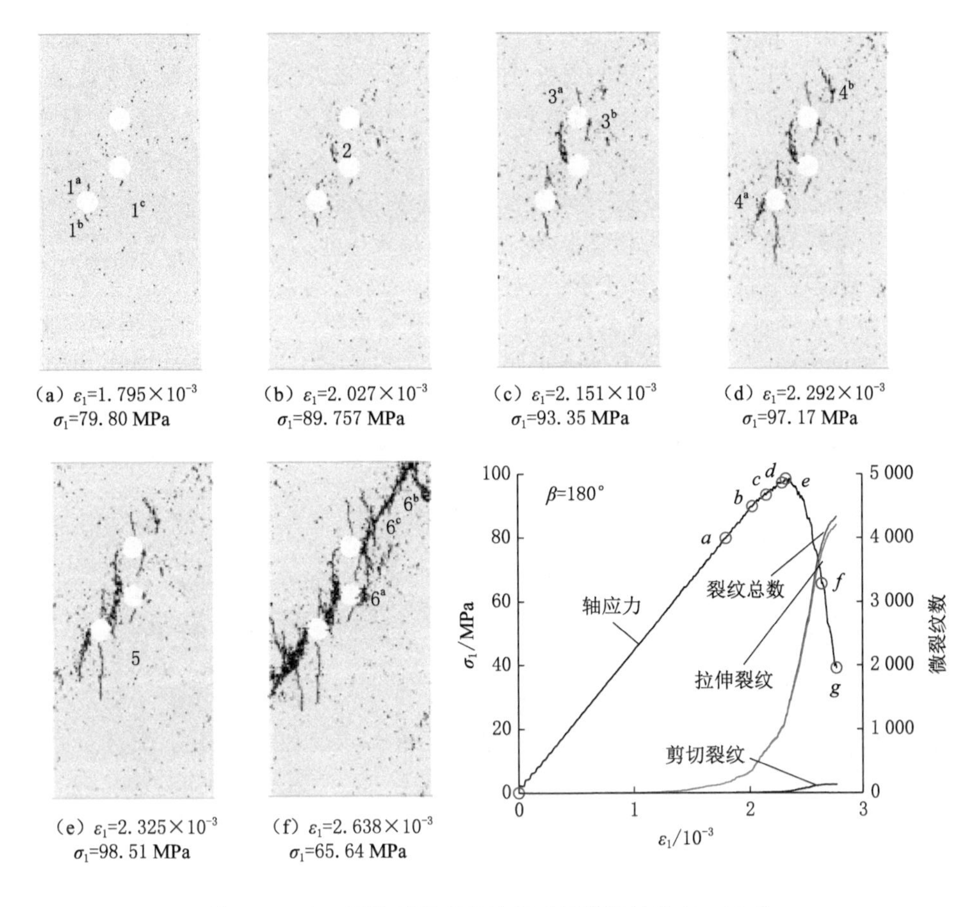

(a) ε_1=1.795×10^{-3} σ_1=79.80 MPa (b) ε_1=2.027×10^{-3} σ_1=89.757 MPa (c) ε_1=2.151×10^{-3} σ_1=93.35 MPa (d) ε_1=2.292×10^{-3} σ_1=97.17 MPa

(e) ε_1=2.325×10^{-3} σ_1=98.51 MPa (f) ε_1=2.638×10^{-3} σ_1=65.64 MPa

图 5-16 含三圆孔试样裂纹演化过程模拟结果(β=180°)

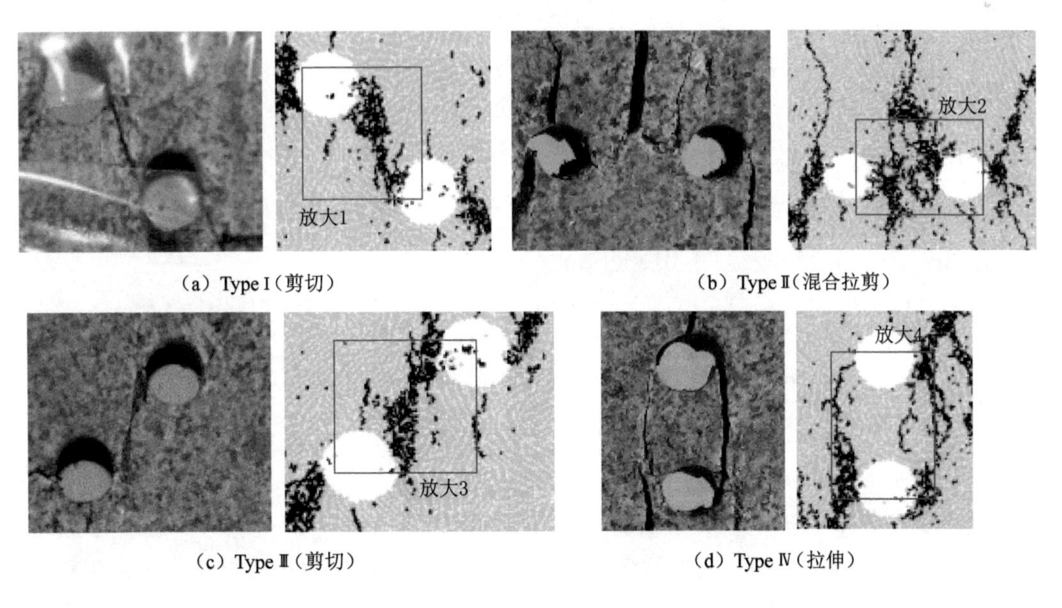

(a) Type Ⅰ(剪切) (b) Type Ⅱ(混合拉剪)

(c) Type Ⅲ(剪切) (d) Type Ⅳ(拉伸)

图 5-17 预制孔洞周围四种裂纹贯通模式

图 5-18 给出了 Type Ⅰ裂纹扩展过程中局部应力演化以及对应的位移场。在萌生裂纹之前，当应力为 42.01 MPa 时，在孔洞的周边，如孔洞①下边缘、孔洞③上边缘及左边缘，以及孔洞之间的岩桥区域，均有拉力集中区，即红色线段的密集区域。当应力增大至 86.41 MPa 时，在上述的拉应力集中区域位置分别萌生了裂纹，如图中标注的两条初始翼裂纹，以及次生裂纹，这说明了拉应力集中区易首先产生裂纹。随着变形的增加，当应力增大至87.03 MPa 时，岩桥位置的两条次生裂纹均得以扩展，而且即将发生汇合。当应力增大至89.41 MPa 时，两条次生裂纹在岩桥区域得以汇合，至此孔洞①和③之间发生贯通。这时，孔洞周围几乎无明显的拉力集中区，而从始至终压力集中区无显著变化，这意味着拉应力集中区与裂纹的萌生与扩展更为密切。再观察其对应的位移场可见，该位移模式为剪切形式（更多信息可见 Zhang 和 Wong[8]），因此该贯通形式可以为剪切贯通。裂纹起裂、扩展和贯通路径的手绘图如图 5-18(f)所示，表现为由孔洞边缘起裂的次生裂纹在岩桥区域连接贯通。

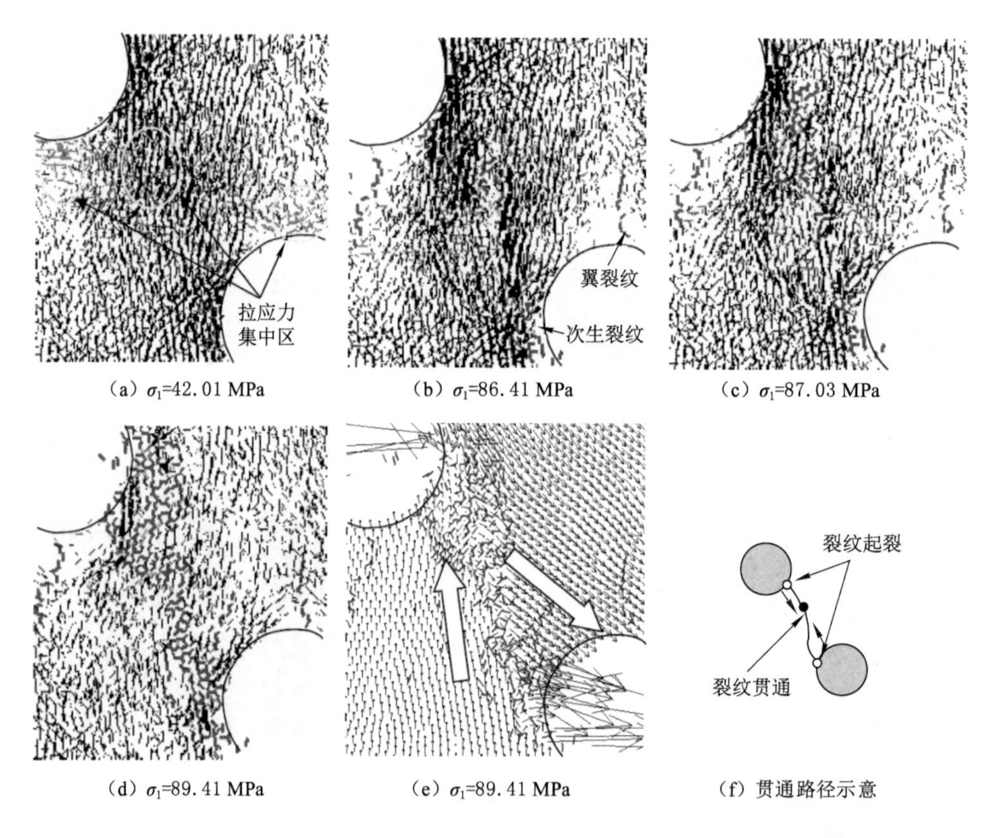

图 5-18　孔洞周围应力场及位移场演化过程（Type Ⅰ）

图 5-19 给出了倾角 90°岩样孔洞①和③之间的裂纹演化过程。当应力为 59.21 MPa 时，岩桥区域主要分布为压力集中区，只有在孔洞的边缘位置分布有拉力集中区。随着变形的增大，应力场发生变化。当应力增大至 79.60 MPa 时，孔洞左右边缘分别萌生了向下和向上扩展的宏观拉伸裂纹，且岩桥位置产生了初始裂纹。这时，岩桥区域的压力集中程度有所减弱。当应力为 49.43 MPa 时，所有已经产生的裂纹不断沿着各自的方向扩展。当应力为 48.70 MPa 时，岩桥区域产生的裂纹已分别扩展至孔洞①边缘及孔洞③左上端产生的裂

纹处，两预制孔之间发生贯通。观察对应时刻的位移场可见，孔洞边缘产生的拉伸裂纹其位移场均为模式Ⅰ，而岩桥位置裂纹的颗粒运动形式比较特殊(旋转式，混合拉剪型)。裂纹贯通路径手绘图如图 5-19(f)所示，为岩桥位置萌生的裂纹一端与孔洞边缘，另一端与拉伸裂纹连接，造成了预制孔洞之间的贯通。

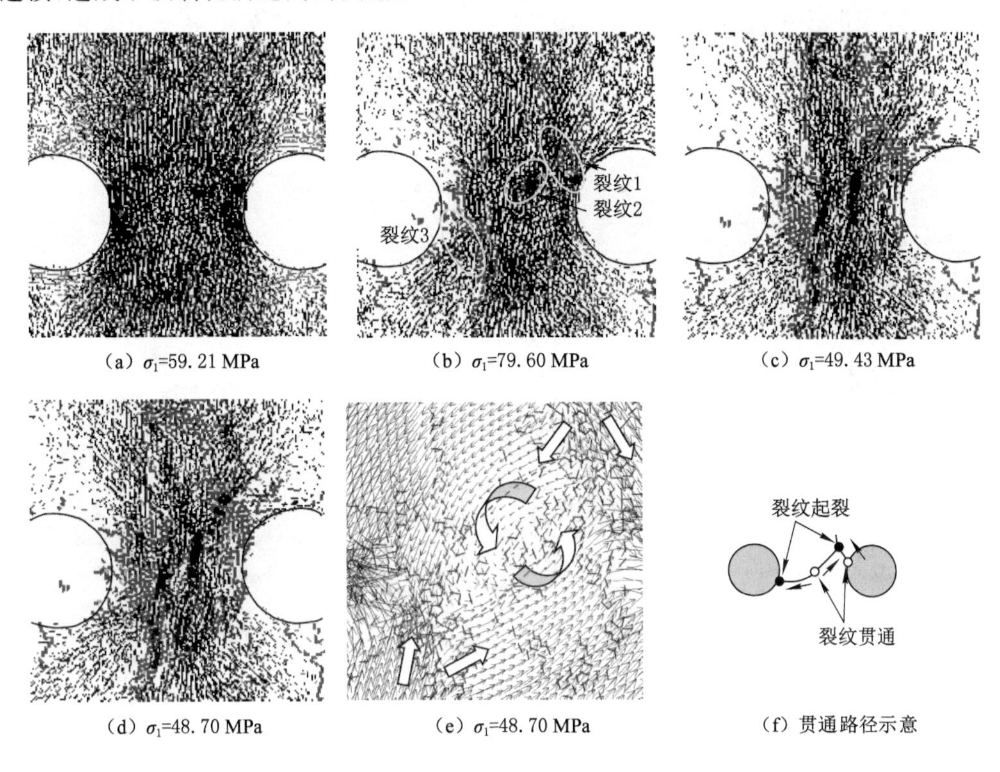

(a) σ_1=59.21 MPa　(b) σ_1=79.60 MPa　(c) σ_1=49.43 MPa

(d) σ_1=48.70 MPa　(e) σ_1=48.70 MPa　(f) 贯通路径示意

图 5-19　孔洞周围应力场及位移场演化过程(Type Ⅱ)

图 5-20 给出了倾角 135°岩样孔洞①和③之间的裂纹演化过程。由图 5-20 可见，在裂纹萌生前，孔①和孔②之间的岩桥区域为压应力和拉应力的集中区。当应力达到 83.16 MPa 时，裂纹在岩桥区域率先萌生，随着裂纹的萌生，该岩桥区域的拉应力集中明显减弱，压应力也有一定程度的减弱。当应力增大至 83.88 MPa 时，与前一时刻相比，该裂纹两端分别向孔洞①和②的边缘扩展，且即将发生贯通。再观察此时对应的应力场可见，拉应力集中程度再次减弱，而压应力场却无明显变化。随着应力的继续增大，裂纹得以进一步扩展。由图 5-20(d)可见，当应力为 80.85 MPa(峰后)时，孔①和②之间发生贯通。对应贯通时刻的位移场可见，此时的位移分布形式为剪切模式，因此可认为该裂纹贯通形式为剪切贯通。对应的裂纹贯通路径如图 5-20(f)所示，裂纹首先萌生于岩桥区域，两端分别向孔洞边缘扩展并最终造成裂纹贯通。

图 5-21 给出了 180°倾角岩样孔洞①和③之间的裂纹演化过程。在应力为 39.54 MPa 时，岩桥区域内主要为拉应力集中，压力不明显，而岩桥区域的左边则为拉应力和压力的集中，观察可见，孔洞以左上角的拉力集中略大于孔①上周集中程度(表现为红色线段更加密集)，可以预见裂纹首先在孔洞①左上角产生。当应力增大至 90.11 MPa 时，裂纹果然在孔①左上角处产生，并且可以发现裂纹尖端的拉应力集中在不断向上发展，压力集中区无明显

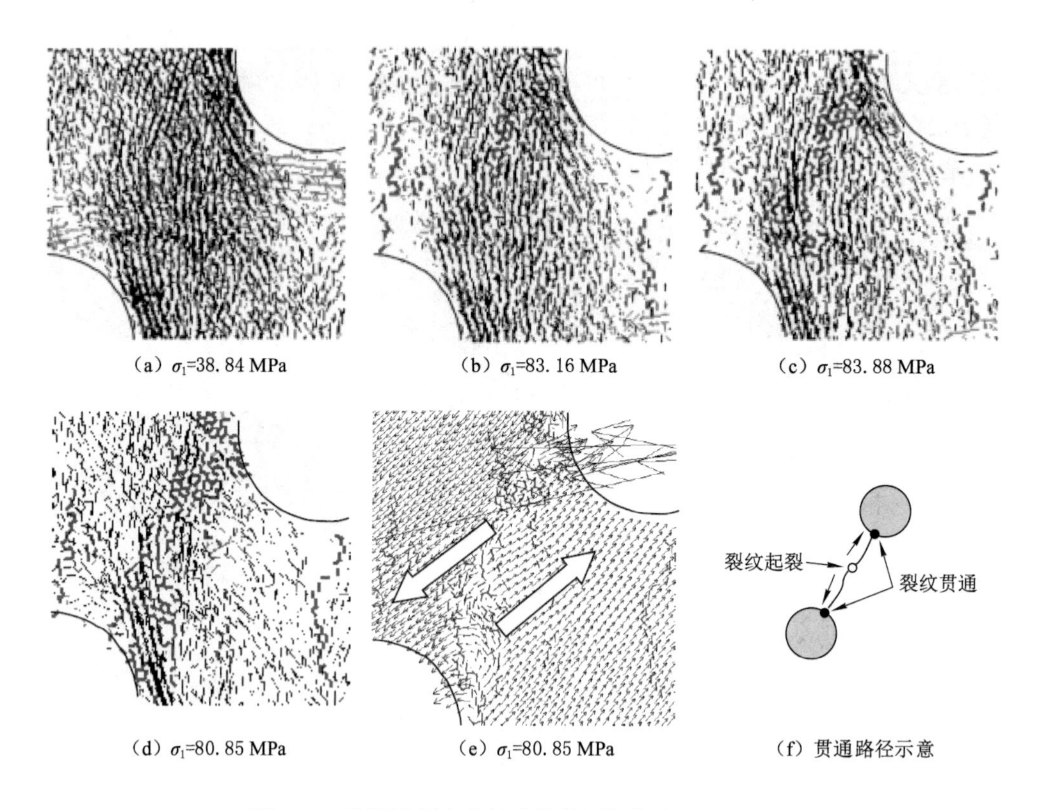

(a) σ_1=38.84 MPa (b) σ_1=83.16 MPa (c) σ_1=83.88 MPa

(d) σ_1=80.85 MPa (e) σ_1=80.85 MPa (f) 贯通路径示意

图 5-20 孔洞周围应力场及位移场演化过程(Type Ⅲ)

变化,而岩桥区域的拉力集中明显减弱。当应力增大至 91.54 MPa 时,裂纹不断向上扩展,在靠近孔③边缘时改变方向,向着孔③边缘发展,而此时岩桥区域的拉应力集中进一步减弱,压应力集中区增强,明显大于拉应力。当应力增大至 95.95 MPa 时,孔洞之间发生贯通,该贯通发生在岩桥区域外。观察此时的位移场可见,该位移模式为拉伸模式,因此该裂纹贯通行为为拉伸贯通。裂纹贯通路径如图 5-21(f)所示。

5.1.5 本节小结

(1) 含孔洞花岗岩的力学参数,如峰值强度和弹性模量,均显著低于完整花岗岩试样的。含孔洞花岗岩试样的峰值强度变化规律与岩桥倾角相关,而弹性模量与岩桥倾角之间无明显关系。

(2) 采用声发射及数字照相技术,获得了含孔花岗岩试样的声发射特征、裂纹扩展过程及应力之间的关系。花岗岩试样首先在孔洞边缘产生白斑,白斑逐渐发展成为宏观裂纹。裂纹的萌生、扩展及贯通,伴随着应力的跌落以及对应于产生一次明显的声发射事件数。

(3) 采用经室内试验标定的细观参数,模拟了与室内相同几何参数的含孔花岗岩单轴压缩。数值模拟获得的应力-应变曲线、宏观力学参数以及破裂模式均与室内试验结果相吻合,详细分析了不同孔洞组合形式下,裂纹演化过程中的应力场和位移场,获得了 4 种典型的裂纹形式。

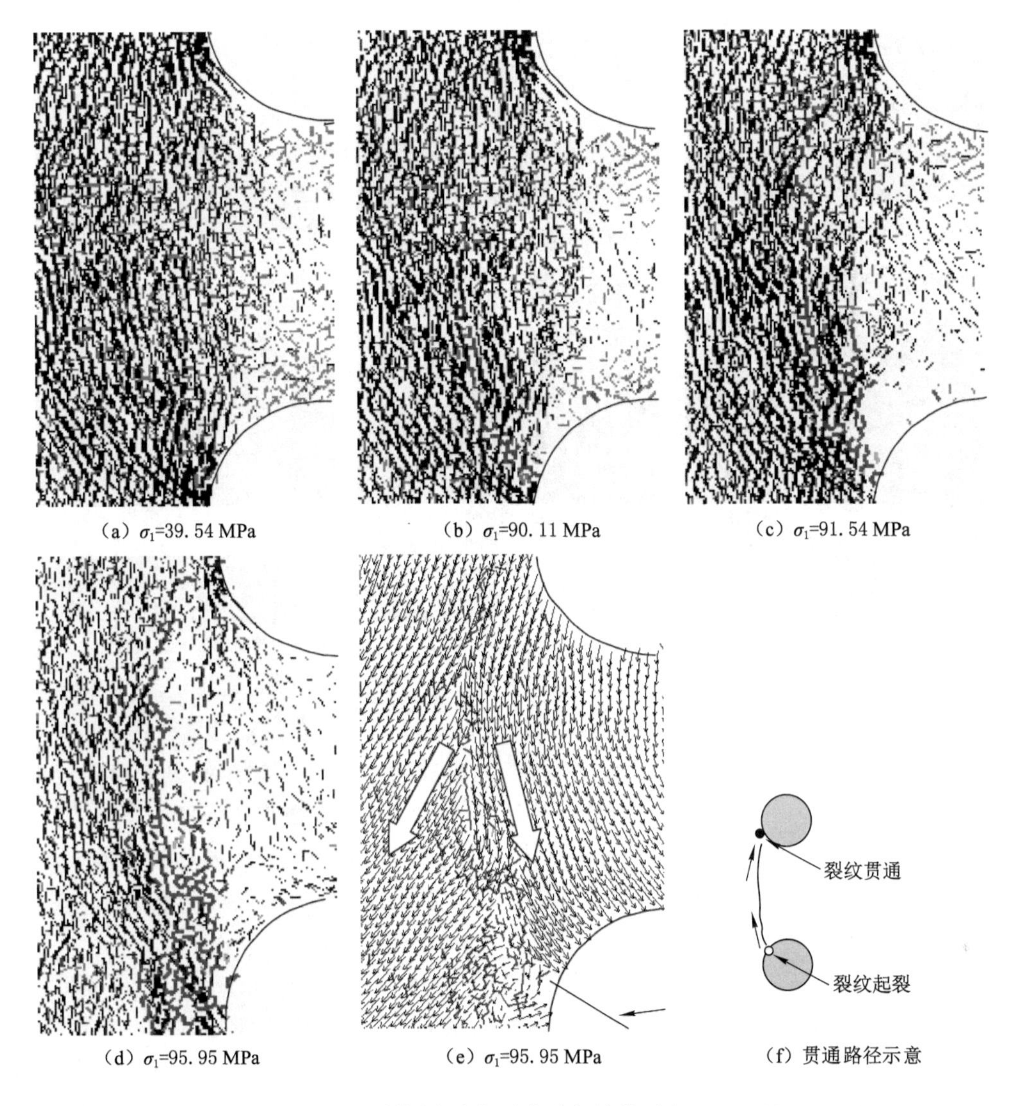

图 5-21　孔洞周围应力场及位移场演化过程(Type Ⅳ)

5.2　含多孔洞花岗岩试样强度特性及裂纹扩展特征试验与模拟

目前含多孔洞岩石裂纹贯通机制尚不清楚,仍有诸多问题值得探索。比如,在以往研究中孔洞多为水平、对角或竖直分布,其他倾角条件下较少考虑。以往研究中将裂纹简化为二维,然而实际情况中往往是呈三维形态扩展的。因此,为了进一步探究岩石中多孔洞效应以及三维裂纹扩展特征,本节开展了含多孔花岗岩试样裂纹扩展试验和数值模拟。首先,对含规则分布多孔洞花岗岩试样进行单轴压缩试验,获得花岗岩试样应力-应变曲线和裂纹扩展过程;然后基于完整花岗岩试样室内试验结果标定 PFC^{3D}细观参数,并开展含规则分布多孔洞试样单轴压缩数值模拟,获得宏观力学参数及破裂演化过程。最后,将含多孔试样数值模拟与试验结果进行对比分析,并通过不同方向切片分析内部裂纹三维特征[9]。

5.2.1 试验及模拟方法

(1) 岩性特征

试验用的花岗岩材料采自福建省泉州市。该花岗岩质地坚硬，孔隙率小，岩样平均密度约为 2 730 kg/m^3，颗粒较大。XRD 及薄片鉴定结果(图 5-22)显示，主要矿物成分为云母、石英、长石和角闪石等。为降低试样之间的离散性，所有岩样均采自同一个岩块。

(a) 偏光显微

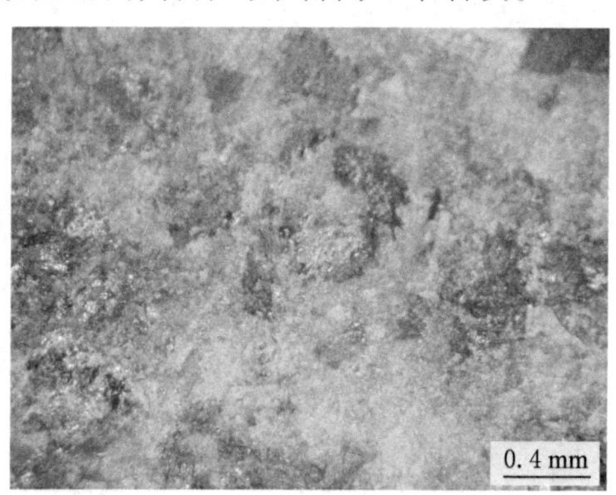

(b) 视频显微

图 5-22 花岗岩试样微观结构

数值模拟平台选用三维颗粒流程序。在颗粒流程序中用刚性球体的集合模拟岩石，刚性球体不会发生破裂。平行黏结模型是一种最常见的模型，它相当于在相邻颗粒之间有矩形板连接。因此，平行黏结模型经常被用来模拟岩石材料，而且也被证明为一种模拟岩石材料较好的模型。本节选取平行黏结模型来模拟花岗岩试样单轴压缩力学行为。

(2) 多孔花岗岩试样加工

本次试验的花岗岩试样设计为长方体状，岩样尺寸为 80 mm×160 mm×30 mm。岩样的高度与宽度的比值为 2，同时对上下端面进行打磨，以减小岩样的端部摩擦。在岩样上采用高压水射流切割圆形孔洞，孔洞的直径为 $2r$。同一排分布相邻圆孔圆心之间的距离为 $2a$，孔心连线与水平方向之间的夹角为 α。为了分析孔洞个数对试验结果的影响，本次试验还考虑了多排孔洞分布形式，排数分别为 1 排、2 排和 3 排，即孔洞个数分别为 4 个、8 个和 12 个。综合考虑花岗岩试样尺寸和孔洞个数，基本参数设计如下：$2r=4.5$ mm，$2a=15$ mm 和 $2b=30$ mm，倾角 α 由 15°依次增大至 75°，间隔 15°，如图 5-23 所示。需要注意的是，由于在同一块花岗岩加工岩样数量有限，室内试验进行了 15°、45°和 75° 3 种情况，其余倾角通过数值模拟完成。在数值模型中，贯穿型孔洞采用删除颗粒的方法获得。

(3) 试验系统

所有单轴压缩试验均在中国矿业大学 MTS816 岩石伺服试验机上进行。该系统能够自动采集试验过程中的轴向力和位移。试验采用位移控制，加载速率为 0.002 mm/s，直至岩样破坏。为了获得岩样破裂演化过程以及声发射特征，在试验过程中采用数字照相(HDR-XR550E)和声发射系统(DS2)实时记录。

(4) 数值模型参数标定

首先，建立与室内试验相同尺度的数值模型。考虑到计算机的运行能力，球体的最小半

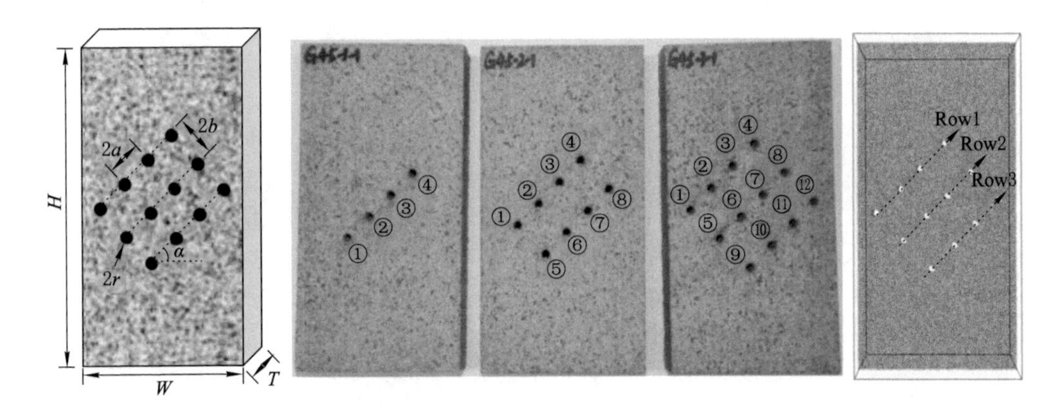

图 5-23　含多孔花岗岩试样及数值模型

径为 0.65 mm，最大与最小半径比为 1.2。在进行含孔岩样单轴压缩模拟前，首先需要标定平行黏结模型的细观力学参数。标定的基准为完整花岗岩试样室内单轴压缩试验结果，包括应力-应变曲线、峰值强度和最终破裂模式等。经过一系列调试，获得了一组能够反映完整花岗岩单轴压缩宏观力学特性的细观参数，如表 5-3 所示。

表 5-3　花岗岩试样 PFC^{3D} 细观参数

参数	取值	参数	取值
最小半径/mm	0.65	摩擦系数	0.6
颗粒粒径比	1.2	平行黏结模量/GPa	33
密度/(kg/m³)	2 730	平行黏结刚度比	2.0
颗粒模量/GPa	33	平行黏结法向强度/MPa	81±18
颗粒刚度比	2.0	平行黏结切向强度/MPa	120±20

图 5-24 给出了完整花岗岩试样数值模拟与室内试验应力-应变曲线和最终破裂模式的对比。对比结果显示，数值模拟获得的应力-应变曲线和宏观破裂模式均与室内试验结果较为吻合，说明了表 5-3 所示细观参数的合理性。因此，后文采用表 5-3 所示细观参数，进行含多孔岩样单轴压缩模拟，分析孔洞排列和孔洞数量对花岗岩试样的强度变形特性的影响。

5.2.2　试验与数值模拟结果

基于含预制多孔花岗岩试样单轴压缩室内试验和数值模拟结果，分别分析预制孔倾角以及数量对试样应力-应变曲线和宏观力学参数的影响。

(1) 宏观力学参数

图 5-25 给出了含预制多孔花岗岩试样单轴压缩数值模拟获得的应力-应变曲线。首先在图 5-25(a)和图 5-25(b)中给出了几个相同条件下花岗岩平行试验应力-应变曲线，相同条件下，含孔花岗岩试样具有较好的一致性。含预制多孔岩样试验和模拟的应力-应变曲线对比[图 5-25(b)]显示，模拟的应力-应变曲线与试验曲线具有相同的变化趋势，也就是说模拟曲线能够与试验曲线较好地吻合。不同倾角多孔岩样单轴压缩模拟的应力-应变曲线，如

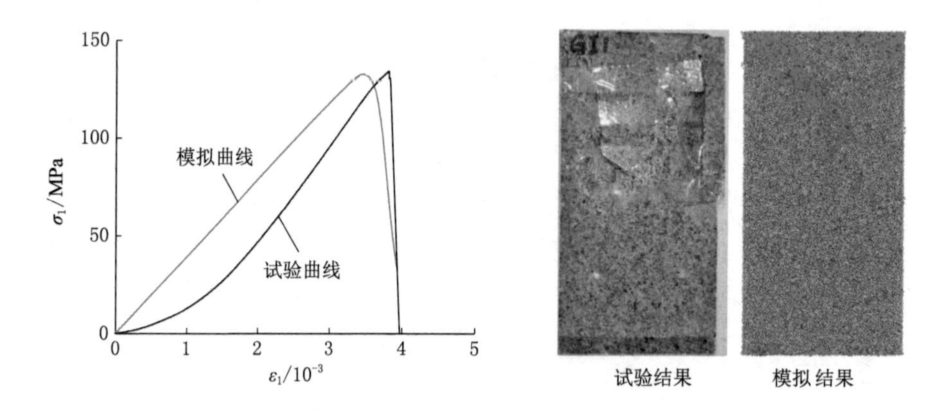

图 5-24　完整试样单轴压缩模拟与试验结果比较

图 5-25(c)所示。含有相同数量的岩样,倾角对其应力-应变曲线的影响主要体现在峰值点,对于峰前曲线和峰后曲线的斜率影响不大。不同孔洞数量多孔岩样单轴压缩模拟的应力-应变曲线,如图 5-25(d)所示。孔洞数量对含孔岩样应力-应变曲线的峰值点的影响同样显著。

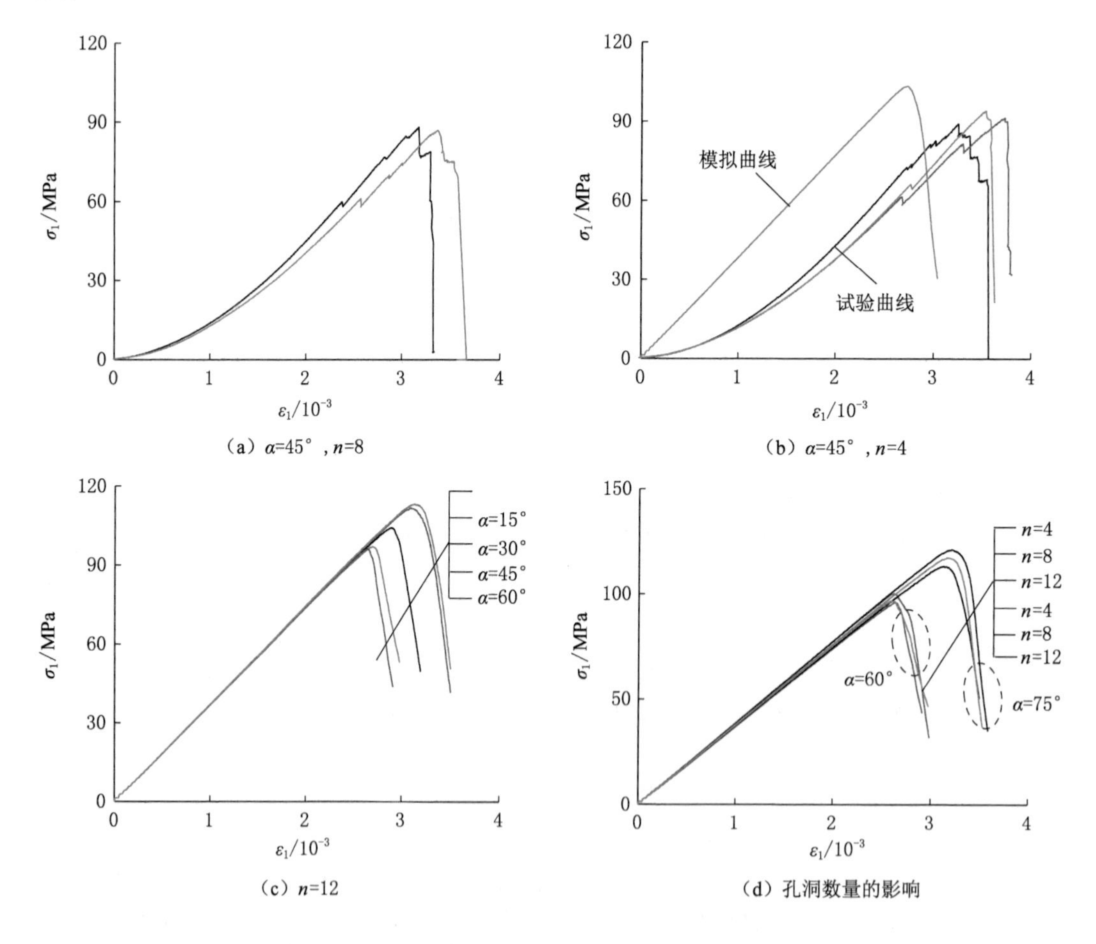

图 5-25　多孔花岗岩试样应力-应变曲线

图 5-26～图 5-27 给出了含孔花岗岩试样单轴压缩力学特征(峰值强度以及峰值应变)与岩桥倾角、孔洞密度的关系曲线。在模拟过程中发现,弹性模量几乎不受倾角的影响(如图 5-25 所示),因此,弹性模量未在图中给出。从图 5-26～图 5-27 中清晰可见,模拟和试验强度值具有相同的变化趋势,这也验证了室内试验的可靠性。

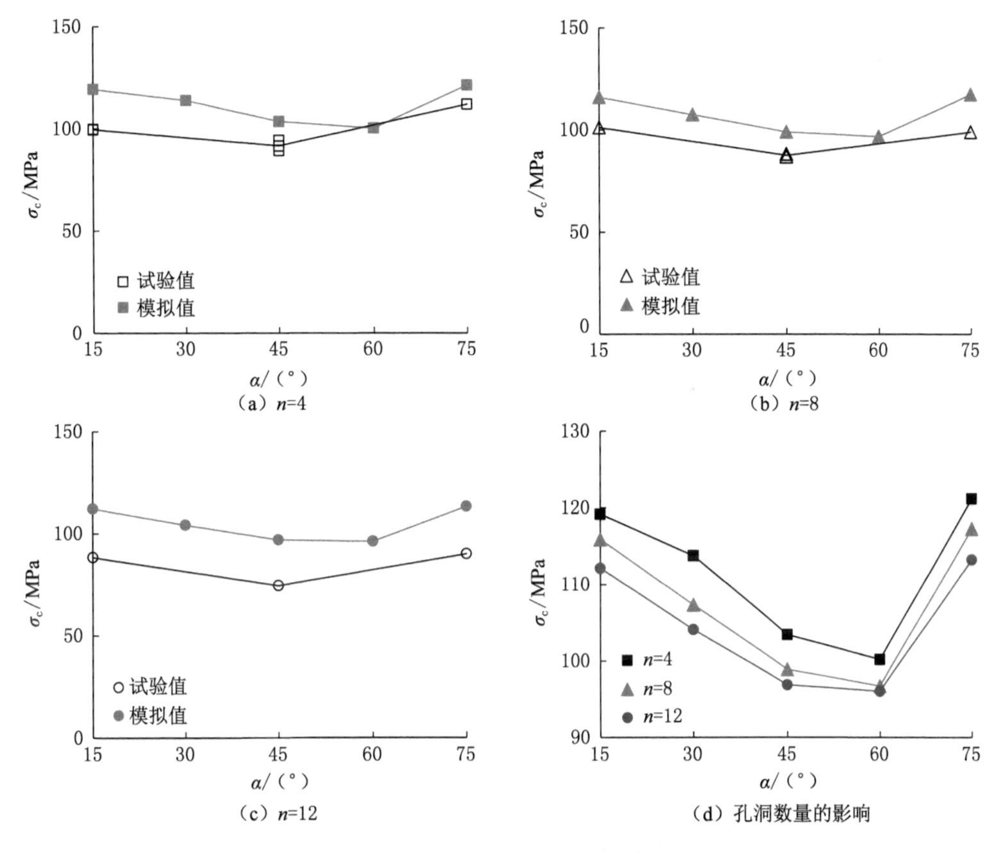

图 5-26　含多孔花岗岩试样峰值强度

由图 5-26(a)～(c)可见,随着岩桥倾角的增大,单轴压缩峰值强度呈现先减小后增大的变化规律,在 60°时有最小值,75°时有最大值。强度的变化趋势与试样的破裂模式是密切相关的。而且对于含孔岩样,在 60°时出现最小值,这与多裂隙岩样[10-12]的变化趋势是相同的。由图 5-26(d)可见,含不同数量孔洞含孔岩样单轴压缩峰值强度具有相同的演化规律,而且随着孔洞数量的增加,峰值强度会有一定程度的减小。孔洞数量为 4 个时强度最高,孔洞数为 8 个时次之,孔洞数量为 12 个时强度最小。由于不同位置的孔洞在加载方向的投影均不会完全重叠,因此当孔洞密度(数量)增多时,花岗岩试样的实际承载面积减小了,因此引起了含孔试样强度弱化。

由图 5-27 可见,含孔花岗岩试样模拟的峰值应变均略小于试验值,这是由于在 PFC 中不能反映压缩过程的初始压密阶段。由图 5-27(a)～(c)可见,当孔洞数量相同时,随着岩桥倾角的增大,峰值应变呈先减小后增大的变化规律,60°时有最小值,75°时有最大值。变化规律与峰值强度相同。由图 5-27(d)可见,孔洞数量对含孔岩样峰值应变的影响较小,总体上表现为随着孔洞数量的增多,峰值应变逐渐减小,但是减小的幅度不大。

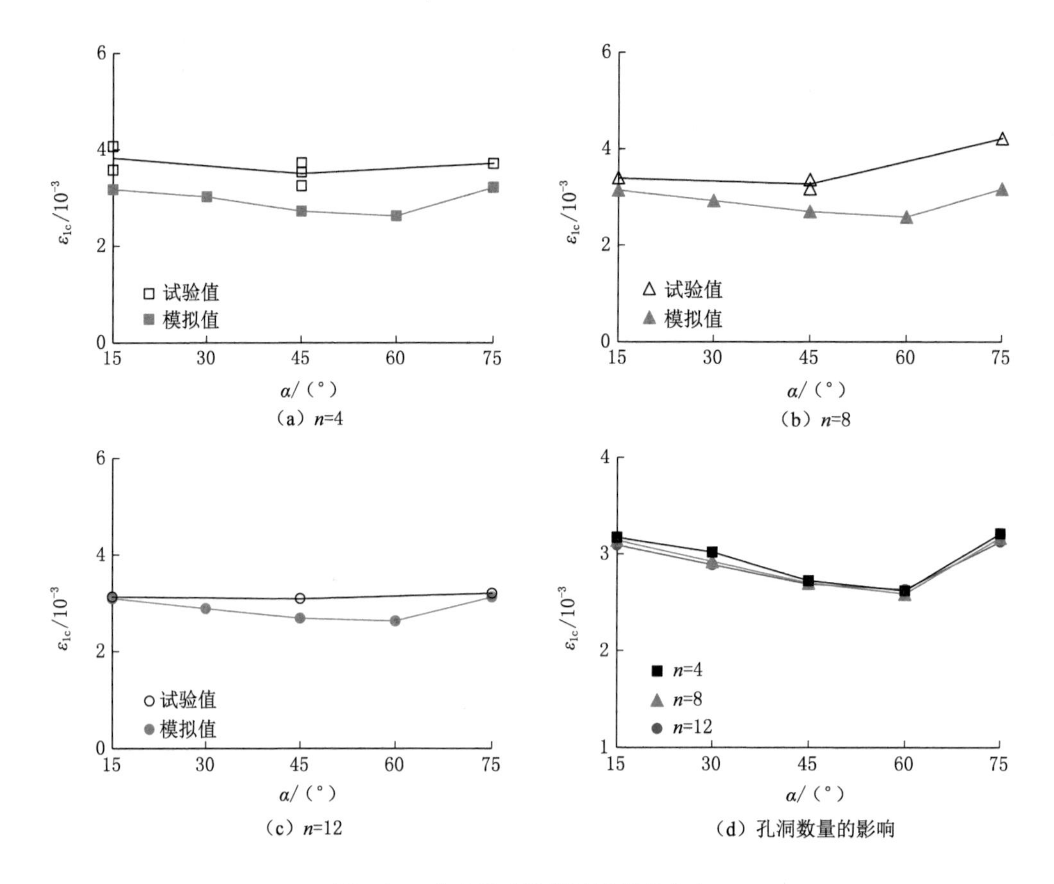

图 5-27　含多孔花岗岩试样峰值应变

虽然含孔岩样模拟值与试验值呈相同的变化趋势,但是在数值上存在着一定的差异。虽然数值模拟采用的也是三维模型,但是与室内试验条件还是存在如下不同:① 花岗岩矿物颗粒为不规则形状(见图 5-22),而数值模拟采用的是球形颗粒,颗粒尺寸大小也与真实花岗岩试样存在差别;② 数值模拟时加载板与岩样之间无摩擦,而室内试验中不可避免存在摩擦;③ 水刀切割孔洞时对花岗岩试样可能造成的损伤在数值模拟中未考虑。

(2) 裂纹贯通类型

对应于孔洞周围萌生的裂纹类型,孔洞之间的裂纹贯通形式也主要为拉贯通、剪切贯通和混合贯通三类,分别如图 5-28 所示。

① 拉贯通,是由于孔洞周围萌生的拉伸裂纹,沿着加载方向扩展导致了相邻孔洞之间发生贯通。该裂纹面较为光滑,如图 5-28(a)所示。

② 剪切贯通,是由于孔洞周围萌生的剪切裂纹,倾斜于加载方向扩展导致了相邻孔洞之间发生贯通,主要在倾角 45°试样中发生。该裂纹面较为粗糙,如图 5-28(b)所示。

③ 混合贯通,是由于孔洞周围萌生的拉伸-剪切混合裂纹扩展导致的,如图 5-28(c)所示,该裂纹扩展路径较为曲折,而且裂纹面光滑-粗糙交替呈现。

(3) 裂纹扩展过程

在试验中主要观察到 3 种典型的最终破裂模式,分别为劈裂破坏、阶梯型破坏以及平面破坏,下面分别给出 3 种破裂模式对应的裂纹起裂、扩展和贯通全过程及其对应的声发射演

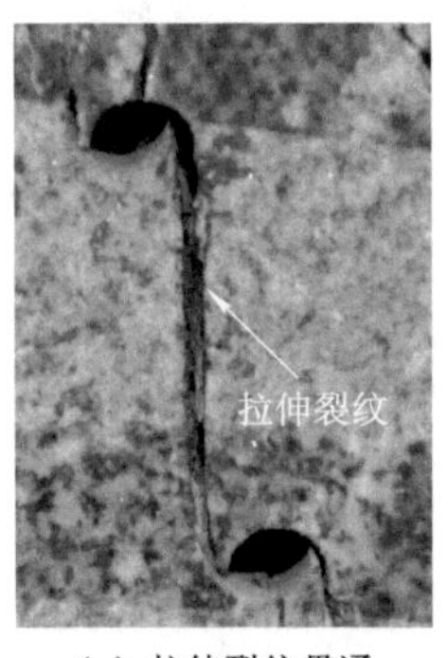

（a）拉伸裂纹贯通

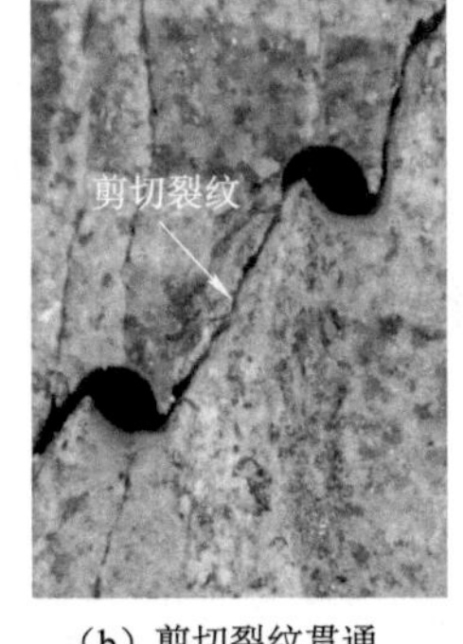

（b）剪切裂纹贯通

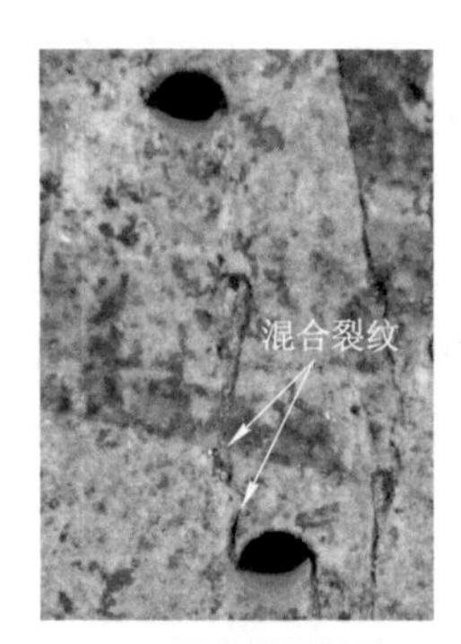

（c）混合裂纹贯通

图 5-28　试验中发现的 3 种裂纹贯通模式

化特征。

① 劈裂破坏模式

图 5-29 给出了孔洞数量为 4、岩桥倾角为 15°含孔花岗岩试样单轴压缩声发射特征以及裂纹扩展过程。在初始变形阶段，试样中几乎无明显声发射事件数，岩样中也没有裂纹产生。当应力增大至点 a 时，在声发射曲线上能够观察到一次明显的声发射数，声发射累计曲线对应出现一次陡增，而在花岗岩试样上产生一条明显轴向拉伸裂纹，几乎贯穿了岩样。在点 a 之后，当应力增大至 58.54 MPa 时，应力发生了一次跌落，也产生了一次明显声发射数，但是在岩样正面未观察到裂纹的萌生。这次跌落可能是由于在试样内部产生了破裂，但是还没有延伸至试样表面，这也从侧面说明了裂纹形态本质上还是三维的。在此之后，应力很快达到峰值强度（即点 b），此时观察到最大的声发射数，在试样上可以看到孔洞周围产生了多条轴向拉伸裂纹。当应力跌落至点 c 时，在孔洞下面萌生了多处剥落破裂。从岩样的整体破裂形态可见，含孔岩样呈劈裂破坏模式。

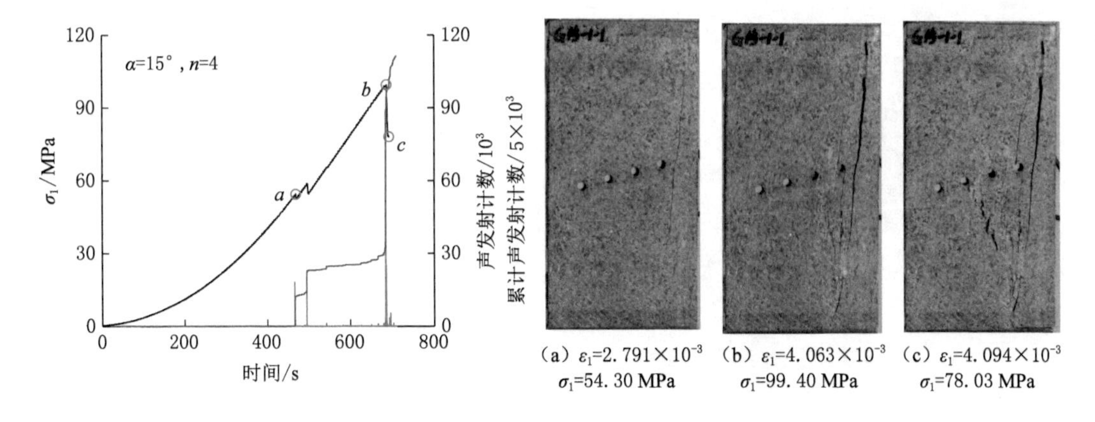

图 5-29　含多孔花岗岩试样裂纹扩展过程（劈裂破坏模式）

② 阶梯型破坏模式

图 5-30 给出了孔洞数量为 8、岩桥倾角为 15°的含孔花岗岩试样单轴压缩声发射特征以及裂纹扩展过程。在初始变形和弹性变形阶段，岩样上均没有宏观裂纹萌生，这两个阶段也无明显的声发射事件。当应力增大至峰值强度 92.65 MPa（即点 b）时，宏观裂纹开始萌生，

第一条裂纹产生在孔①下表面。这时能够观察到一次明显的声发射事件数，但不是最大的一次。应力经过峰值强度之后，开始跌落。当应力微幅跌落至点 c 时，在岩样最左端一列的孔洞（孔①、⑦和⑨）发生了贯通。该裂纹贯通产生了一次显著的声发射事件数。在随后的点 d 可见，第二列和第四列相邻孔洞之间发生裂纹贯通，而第三列孔之间也将要发生贯通。伴随着这次多条裂纹的萌生及贯通行为，引起了最大的一次声发射事件。在此之后，应力很快跌落至零，产生多条宏观裂纹，最终破裂模式形成。从裂纹扩展过程可见，岩样的破裂是由于孔洞边缘产生的裂纹在加载方向上相邻孔洞之间贯通造成的。该破裂模式为典型的阶梯型破坏模式。

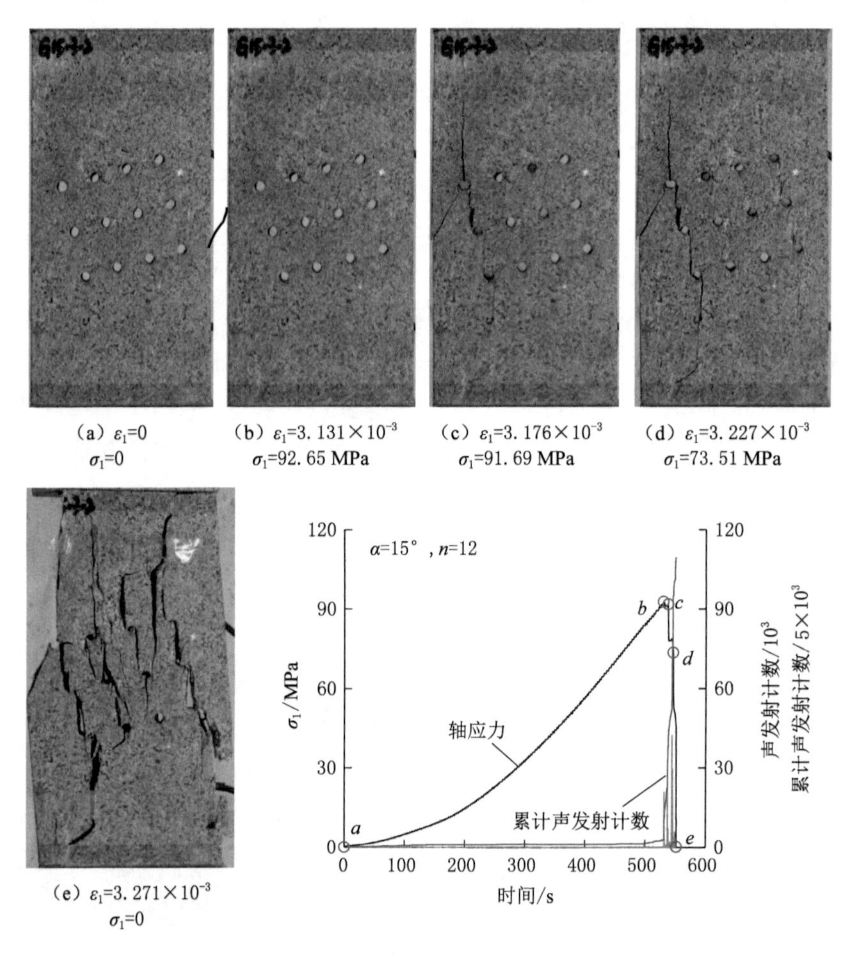

图 5-30　含多孔花岗岩试样裂纹扩展过程（阶梯型破坏模式）

③ 平面破坏模式

图 5-31 给出了孔洞数量为 8、岩桥倾角为 75°的含孔花岗岩试样单轴压缩声发射曲线以及破裂演化过程。由图 5-31 可见，当应力增大至 63.24 MPa（即点 b）时，在孔洞④上端萌生轴向拉伸裂纹并向上扩展。在点 b 之后，声发射累计曲线开始上升。当应力增大至点 c 时，在岩样产生了两条新的拉伸裂纹，分别在孔洞①下端和孔洞②左端产生向下扩展裂纹。声发射曲线上也对应产生一次突跳。当应力增大至点 d 时，两处孔洞之间裂纹贯通可以观察

到。其中，在孔洞④左边缘萌生裂纹贯通了孔洞④和③，而在孔洞②和③之间也发生了贯通。在此之后的一段时期内，岩样表面无宏观裂纹萌生。应力很快发展至峰值强度，左边一排孔洞之间均发生了贯通，在孔洞①下端右萌生一条裂纹。而在孔洞⑤下端产生拉伸裂纹，而且右边一排也产生了多处白斑，意味着右边孔也将发生贯通。最大的一次声发射事件数在峰值强度时出现。应力很快跌落至点 f，右边一排裂纹也发生宏观裂纹贯通。从裂纹扩展过程可见，该岩样是由于同一排孔洞之间相互贯通引起试样破裂。该破裂模式为典型的平面破坏模式。

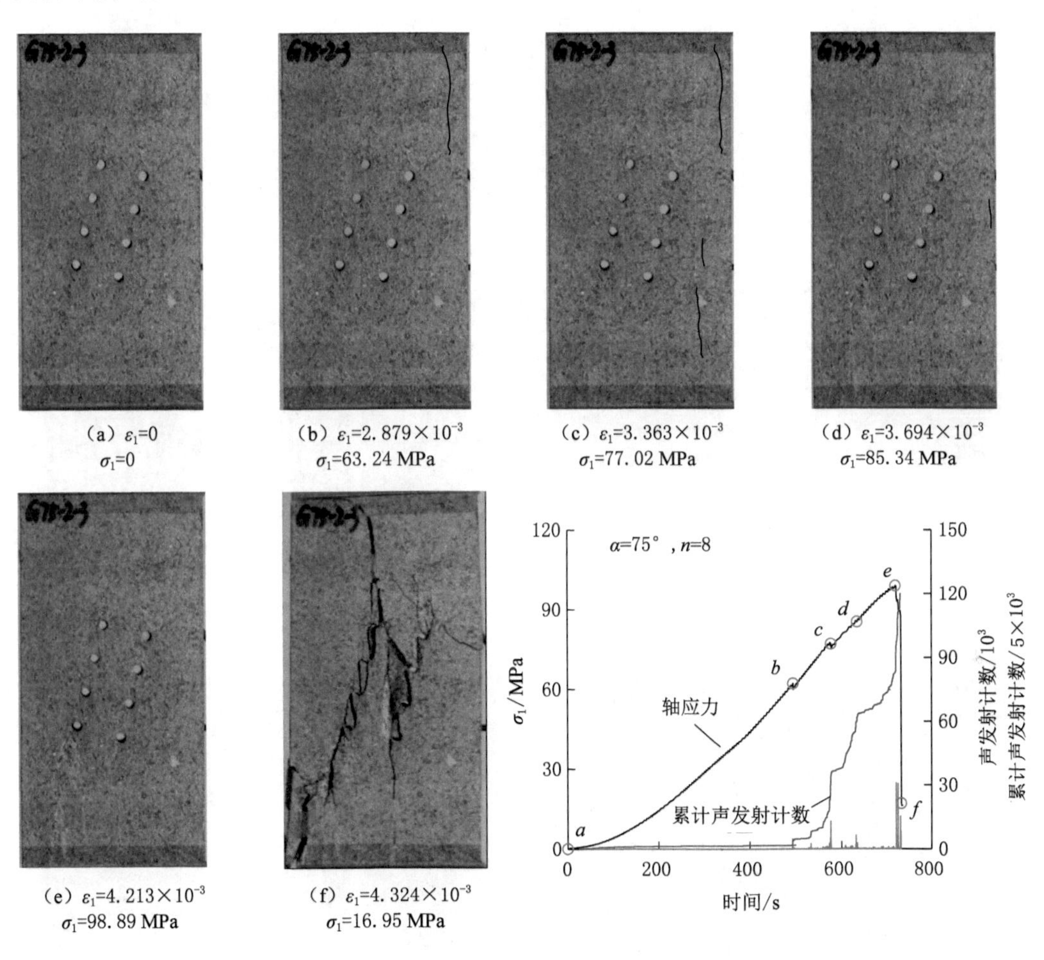

图 5-31　含多孔花岗岩试样裂纹扩展过程(平面破坏模式)

(4) 宏观破裂模式

图 5-32 给出了倾角为 15°、45°和 75°含孔花岗岩试样室内试验破裂模式及模拟结果对比。含孔花岗岩试样室内试验结果展示的是表面的裂纹形态。为了对比，PFC^{3D}模拟结果也只显示了表面的裂纹形态(图中为正面 3 mm 厚的切片)。倾角 15°含不同孔洞数量的破裂模式比较，如图 5-32(a)所示。随着孔洞数量的增大，含孔花岗岩试样单轴压缩室内试验的破裂模式分别为劈裂、阶梯型和阶梯型破裂。数值模拟结果与试验结果吻合较好。倾角 45°含不同孔洞数量的破裂模式比较，如图 5-32(b)所示。含有不同孔洞数量的花岗岩试样单轴压缩室内试验的破

裂模式均为平面破坏和劈裂混合破裂。对比结果显示，数值模拟的破裂模式能够较好地吻合室内试验结果。倾角 75°含不同孔洞数量的破裂模式比较，如图 5-32(c)所示。含有不同孔洞数量的花岗岩试样单轴压缩室内试验的破裂模式均为平面破裂。对比结果显示，数值模拟的破裂模式与室内试验结果相近。

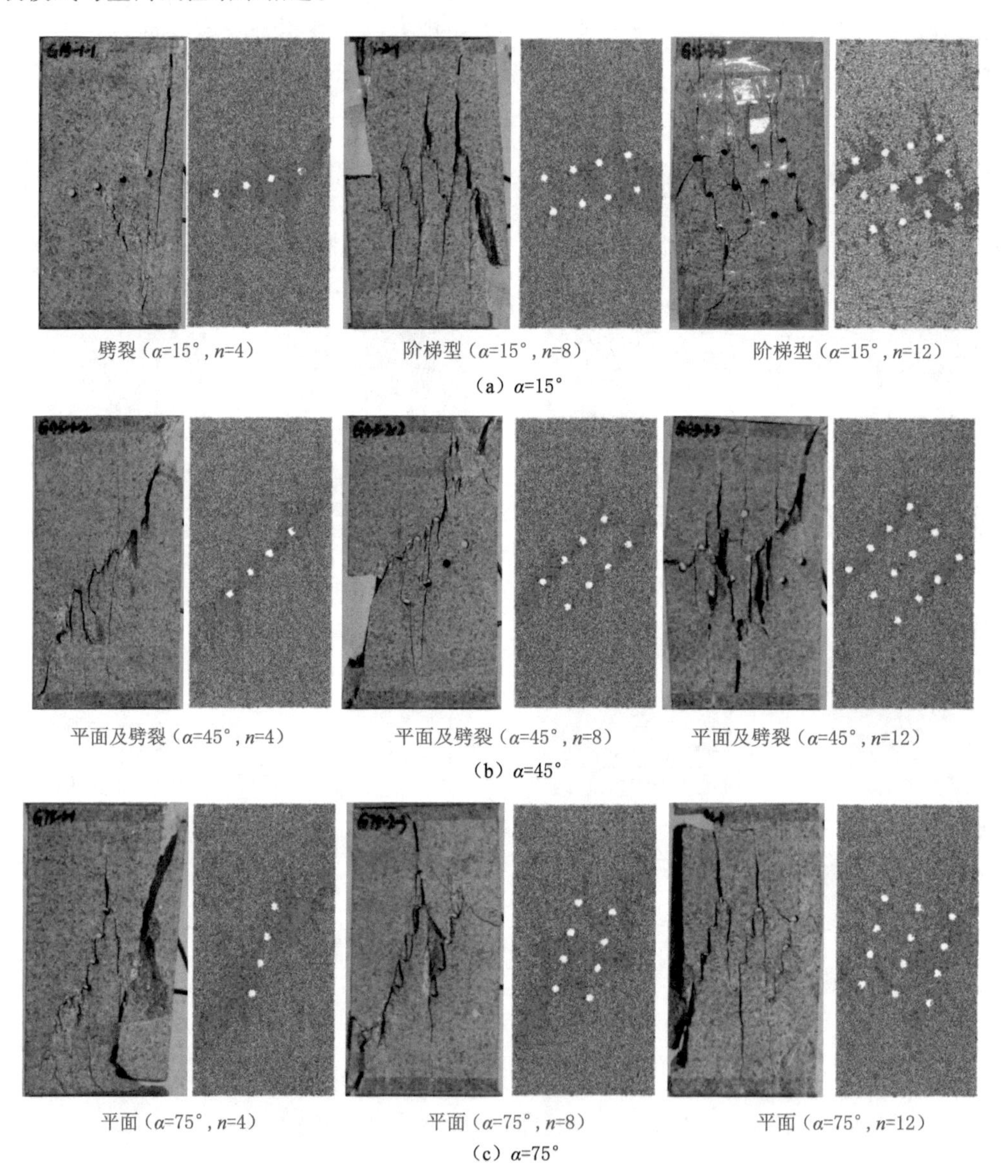

劈裂（α=15°，n=4）　阶梯型（α=15°，n=8）　阶梯型（α=15°，n=12）

(a) α=15°

平面及劈裂（α=45°，n=4）　平面及劈裂（α=45°，n=8）　平面及劈裂（α=45°，n=12）

(b) α=45°

平面（α=75°，n=4）　平面（α=75°，n=8）　平面（α=75°，n=12）

(c) α=75°

图 5-32　含多孔花岗岩试样破裂模式比较

图 5-33 给出了 PFC 模拟获得的含孔花岗岩试样单轴压缩最终破裂模式。由图 5-33 可见，岩桥倾角和孔洞密度(数量)对含孔花岗岩试样的最终破裂模式具有显著的影响。当岩桥倾角为 15°时，随着孔洞数量的增加，含孔岩样会从劈裂模式向阶梯型模式的转变。对于倾角为 30°的岩样，随着孔洞数量的增加，破裂模式从平面与劈裂混合破坏向平面与阶梯型混合破坏。对于岩桥倾角为 45°和 60°的岩样，尽管孔洞数量从 4 增大到 12 个，但是含孔岩样的

破裂模式并未发生显著的改变，均主要为平面与拉伸混合破裂。当岩桥倾角增大至 75°时，随着孔洞数量的增加，其破裂模式也未发生明显变化，均主要为平面破坏。基于上述的分析，岩桥倾角和孔洞数量对含孔花岗岩试样的影响程度不尽相同，可以归纳为：当岩桥倾角较小（如 15°～30°）时，孔洞数量对破裂模式的影响较为显著；而当岩桥倾角较大（如 45°～75°）时，破裂模式受孔洞的影响较小，主要由倾角决定。

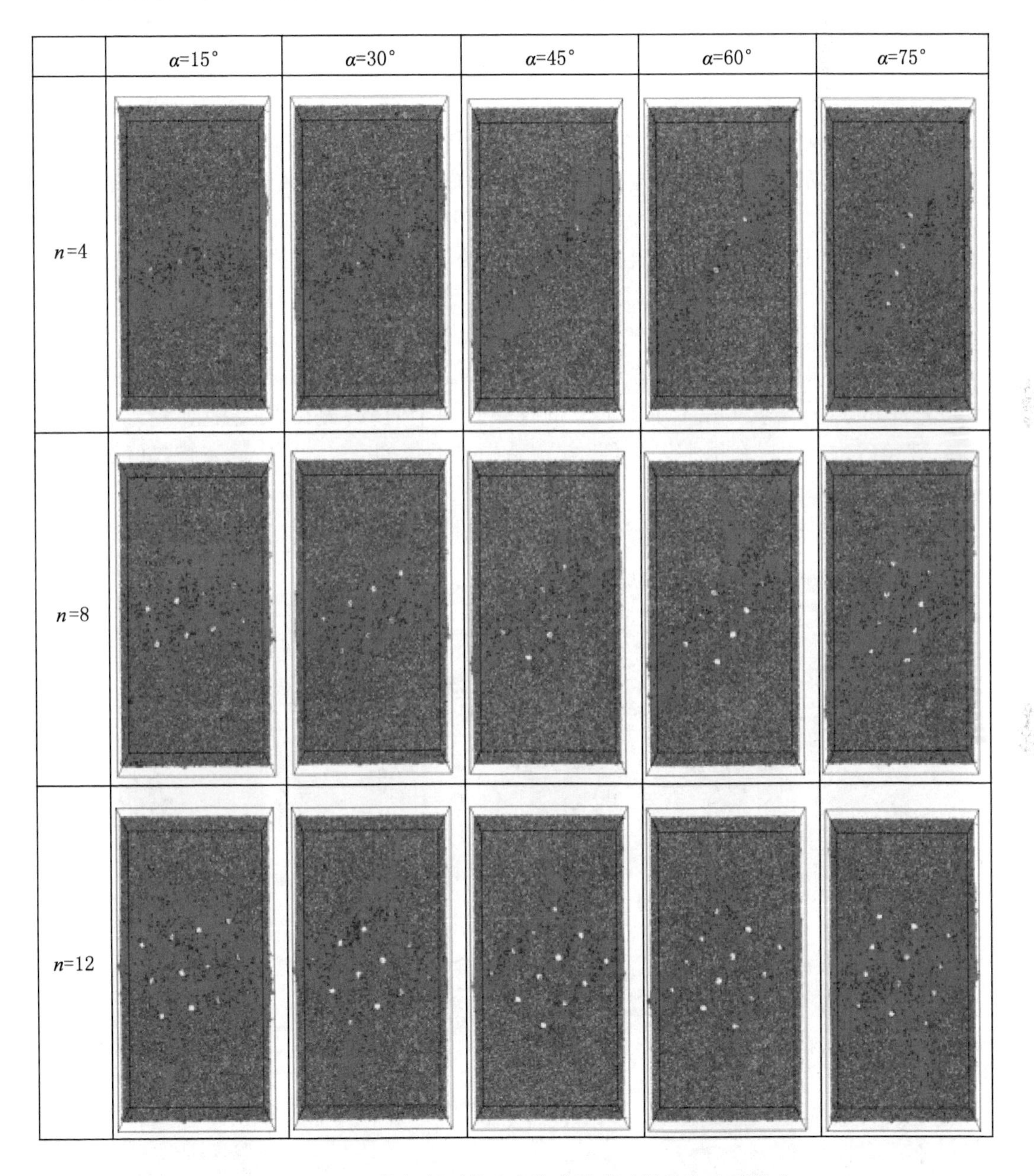

图 5-33　PFC 模拟得到的含多孔花岗岩试样最终破裂模式

5.2.3　讨论

（1）内部破裂特征

正如前文所述，虽然本次试验中岩样为平板状，但是厚度方向的影响仍然不可忽略。从表面裂纹(图 5 32)与整体裂纹(图 5-33)的比较可见，表面裂纹形态与整体裂纹并不是完全一致，这是因为裂纹在厚度方向也发生了扩展，而且从花岗岩的破裂情况上也可以发现，前后两面的裂纹形态不完全相同，因此裂纹在多孔花岗岩试样上属于三维情形[2]。在 PFC^{3D} 中可通过对破裂后的数值试样进行切片，以分析内部裂纹的形态。

图 5-34 给出了完整岩样水平和竖直方向的切片。图 5-34 中水平方向的切片间隔 6 mm，每个切片厚度为 3 mm，从上到下依次展示；竖直方向的切片间隔 16 mm，每个切片厚度为 3 mm，从前到后依次展示。如图 5-34(a)所示，当切片位置为 12～15 mm 时，显示的破裂面为表面裂纹特征，破裂发生在试样的两端，特别是试样的上端面，这与花岗岩室内试验破裂结果是相同的。该现象与端面摩擦效应相关，虽然在室内试验中岩样与加载板之间涂抹了凡士林，但是仍然不能消除摩擦作用。随着切片深度的增加，主要裂纹 1 和 2 均不断演化，特别是裂纹 2。在试样的前半部分，裂纹 2 的长度很短，然而在试样的后半部分，裂纹 2 的长度明显变长了，这体现了三维裂纹在岩样厚度方向的扩展。对于水平方向的切片，如图 5-34(b)所示，宏观裂纹集中在试样的上半部分，这在图 5-34(a)所示的竖直切片上也有直观体现。从上端面的破裂特征看，裂纹均集中在了边缘，而在试样的内部无裂纹产生。当 y=50～53 mm 时，裂纹 1 在水平方向上的投影是一个曲线，为花瓣状裂纹[13-14]。另外，这与压缩破裂后岩石试样在水平方向 CT 扫描结果是类似的[15]。总之，从完整数值试样的水平和竖直切片结果上看，试样在上下方向以及前后方向均不是对称的[16]，这说明了裂纹的三维特征，同时也体现了分析内部破裂形态的必要性。

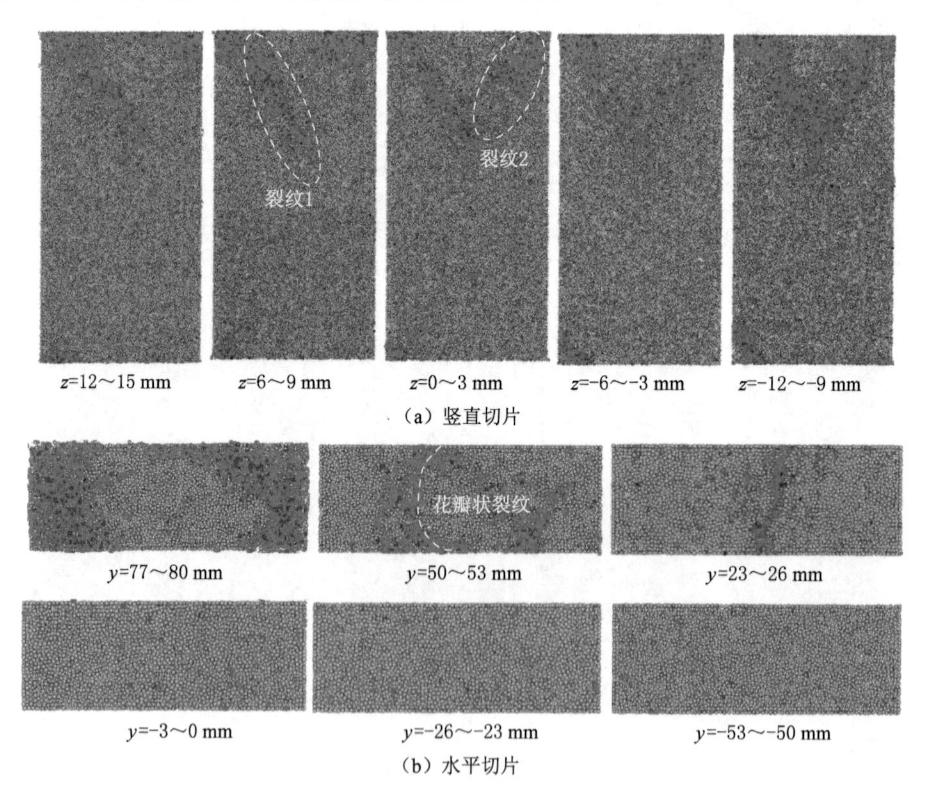

图 5-34 完整数值岩样内部切片

图 5-35 给出了倾角 45°、孔洞数量为 4 的岩样破裂后的竖直和水平方向的切片。如图 5-35(a)可见，当试样中部含有孔洞以后，裂纹起裂、扩展和贯通特征与完整岩样截然不同。由于预制孔洞周围产生应力集中，裂纹均首先萌生于孔洞周围，这与完整岩样萌生于端部明显不同。在不同位置处的切片上看，裂纹系统均非常简单，孔洞周围萌生的裂纹扩展导致相邻孔洞贯通，进而 4 个孔洞之间发生贯通，岩样发生破裂。对于水平方向的切片，在上下两端的切片中均无明显的裂纹，受预制孔洞的影响，裂纹主要集中在岩样中部位置。裂纹在水平方向的投影，近似为直线，这与图 5-34 中的花瓣状裂纹不同。

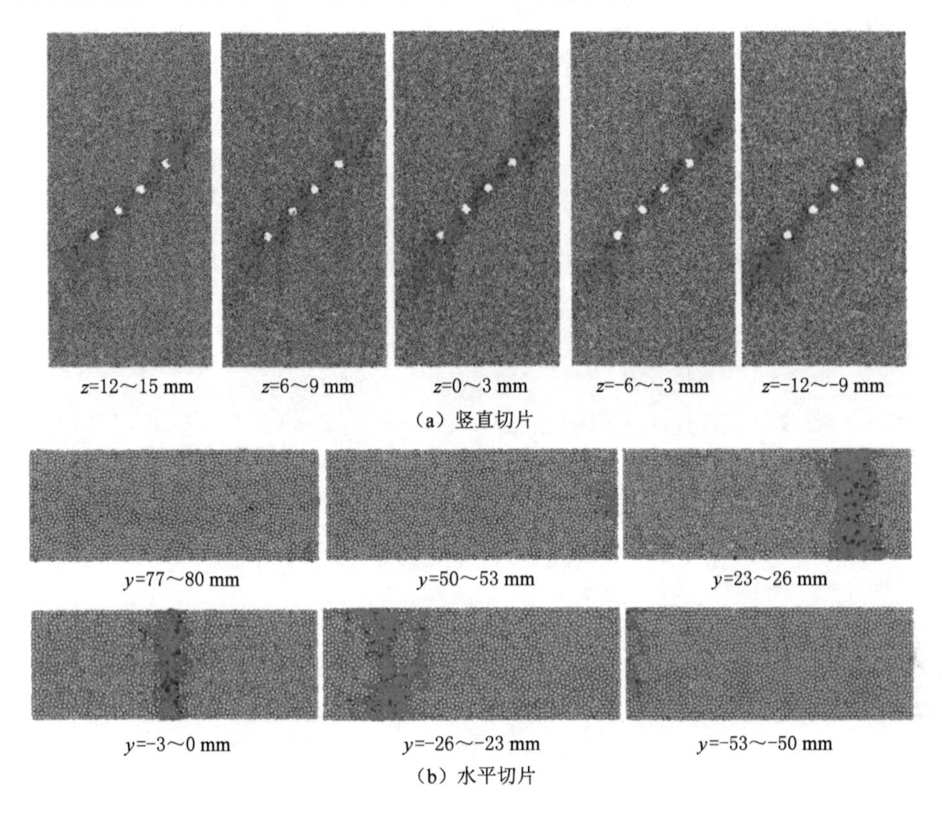

图 5-35　含多孔数值岩样内部切片（$\alpha=45°$，$n=4$）

图 5-36 给出了倾角 75°、孔洞数量为 12 的岩样破裂后的竖直和水平方向的切片。由图 5-36(a)可见，在不同位置处的竖直切片上，裂纹形态总体表现相似，但是也存在一些微小的区别。与单排含孔试样(图 5-35)相比，含多排孔洞岩样的裂纹起裂和贯通行为明显更为复杂。孔洞之间相互影响，引起裂纹交汇贯通，岩样最终破裂程度也较高。从水平方向切片可见，裂纹主要集中在岩样的中部，两端的裂纹非常少。如 $y=23\sim26$ mm 位置处，预制孔洞周围并无裂纹萌生。在岩样中分布有多孔洞时，孔洞之间的相互作用，有些孔洞周围率先萌生裂纹，而有些孔洞周围并无裂纹的萌生。在 $y=-3\sim0$ mm 位置处，可以发现花瓣状裂纹，而且该位置的裂纹数量最多，破裂程度最高。

(2) 与前人结果比较

正如引言中所述，含多孔岩石强度破坏行为的研究文献中，有不少类似的研究结果，比较具有代表性的有花岗岩室内试验[17]、RFPA^{3D}模拟[2]以及 UDEC 模拟[18]。与 Lin 等[2]的

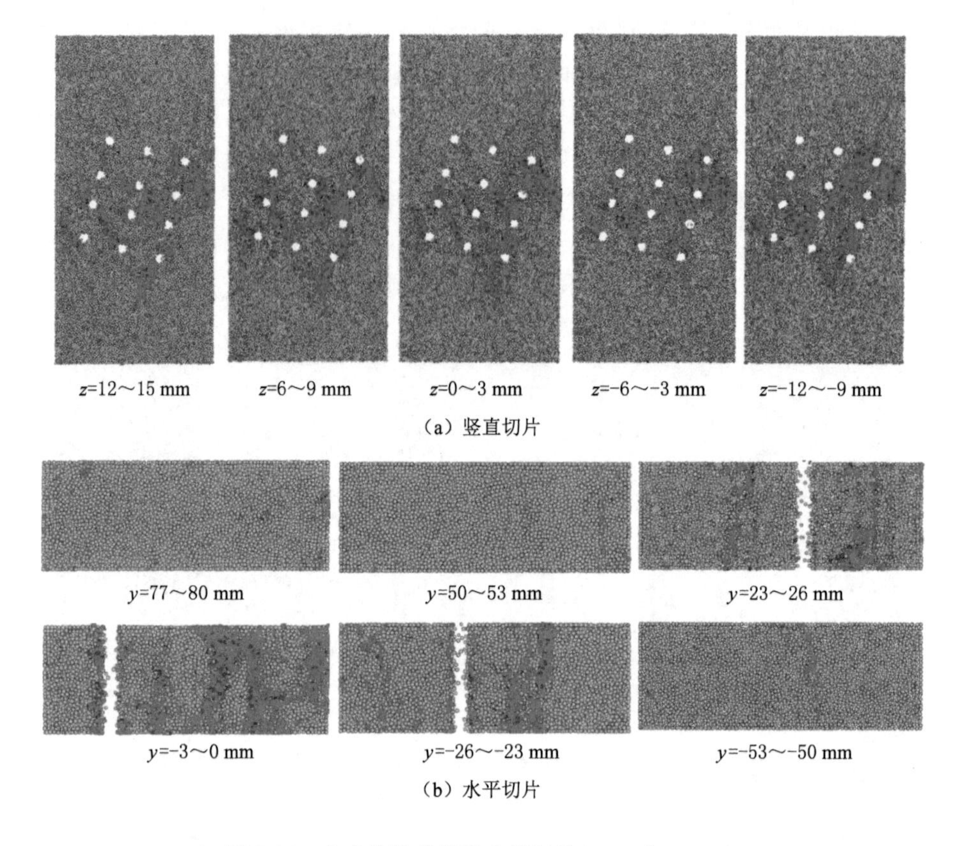

图 5-36　含多孔数值岩样内部切片($\alpha=75°$,$n=12$)

试验相比,本书采用的试样尺寸较大,目的在于尽量减小岩样边界效应对裂纹扩展的影响。Wong 等[16]分析了单轴压缩条件下孔洞直径以及试样宽度对岩石强度及裂纹扩展特征的影响,他们发现岩样越窄,裂纹的扩展更容易起裂,且扩展速度更快。因此本书的岩样宽度设置为 80 mm,而孔洞直径约为试样宽度的 1/18。Gui 等[18]采用 UDEC 模拟含孔花岗岩的强度及裂纹扩展行为,验证了 Lin 等[2]的试验结果。与 Gui 等[18]的模拟不同的是,本书采用的是三维离散元模型,这与真实岩石试样更为接近,有利于分析三维裂纹扩展行为。与 Wong 和 Lin[2]的数值模拟相比,本书的研究侧重点有所不同。Wong 和 Lin[2]着重于分析裂纹扩展过程中孔洞周围的应力场演化特征以及致力于推导裂纹贯通准则,这对于理解裂纹贯通行为具有重要意义。而本书着重于从试验角度(数值照相以及声发射监测)和三维数值模拟(水平和竖直方向切片)系统研究含孔岩样裂纹的萌生、起裂和贯通行为,直观分析三维裂纹形态。

本试验获得了不同位置处的三维裂纹面,这在相关文献中还鲜有报道。

但是,仍然还有很多问题值得进一步研究。如在室内试样中,可以采用 CT 扫描,获得真实岩样的内部微观裂纹,重构得到三维裂纹形态与数值结果进行定量比较分析。而在数值模拟中,建立更为精细的数值模型,如考虑岩样不规则性质、更为精细的尺寸以及矿物成分及含量等,使数值模拟在微观和宏观上均与室内试验更为逼近。

5.2.4　本节小结

（1）采用标定的细观参数进行了含孔花岗岩试样单轴压缩模拟。研究了含多孔花岗岩试样的峰值强度和峰值应变受岩桥倾角和孔洞数量的影响情况。在孔洞数量一定时，随着倾角的由 0°增大至 75°，峰值强度和峰值应变呈先减小后增大的变化趋势，在 60°时有最小值，75°时有最大值。在岩桥倾角相同时，峰值强度和峰值应变随着孔洞数量的增多而减小。

（2）采用声发射和数字照相技术，获得了含孔花岗岩试样在单轴压缩下的裂纹起裂、扩展和贯通过程以及对应的声发射特征，探讨了裂纹演化过程中应力、声发射演化规律。裂纹经常在孔洞周围先起裂，并且在相邻孔洞之间发生贯通，最终造成了岩样的破裂。在试验过程观察到 3 种典型的破裂模式，分别为劈裂破坏、阶梯型破裂以及平面破坏。

（3）PFC^{3D}模拟多孔花岗岩试样单轴压缩显示，15°、45°和 75°的破裂模式与室内试验结果相吻合，其他倾角试样模拟得到的破裂模式可能为 3 种典型破裂模式或者为混合破裂模式，破裂模式受岩桥倾角和孔洞数量的影响。当岩桥倾角较小（如 15°～30°）时，孔洞数量对破裂模式的影响较为显著；而当岩桥倾角较大（如 45°～75°）时，破裂模式受孔洞的影响较小，主要由倾角决定。

5.3　单孔圆盘劈裂试验宏、细观力学特性颗粒流分析

巴西劈裂假定圆盘试样首先从中心发生劈裂破坏，根据格里菲斯准则，可以由劈裂荷载换算得到岩石的间接抗拉强度[19]。然而文献[20-22]指出了受加载条件和岩石非均质、各向异性等外界和内部条件的影响，起裂点存在偏离试样中心的情况。为了克服这一缺点，文献[23-25]提出了采用圆环试样测定岩石抗拉强度的方法。此后不少学者开展了圆环试样巴西劈裂试验的研究[26-32]。目前关于含孔圆盘试样巴西劈裂试验的研究，主要是探讨圆环试样及其间接拉伸强度的影响因素，部分讨论了圆环在不同情况下的破坏模式。但上述研究集中于圆孔位于圆盘中心的情况，即圆环试样，对于圆孔中心位于圆盘水平直径上的情况，从宏细观角度开展的研究相对较少。考虑到 PFC 不仅能够从宏观角度研究含孔圆盘在劈裂荷载下力学特征和破坏模式，而且能够从细观层面分析含孔圆盘的劈裂试验结果，因此本节在前人试验的基础上，采用 PFC 构建单孔圆盘劈裂试验模型，从宏细观角度探究半径比和偏心距的影响[33-34]。

5.3.1　模拟方案

本节所采用的 PFC 模拟细观参数与第 3 章第 1 节相同。在这里为了简述方便，将单孔圆盘试样统称为圆环试样，严格来说圆环试样应指圆孔位于圆盘中心的情况。圆环试样的几何尺寸如图 5-37 所示，其中圆环外径 R=25 mm，与完整圆盘相同，圆环内径为 r，孔心到圆盘中心的距离（偏心距）为 e，根据圆环内径 r 和偏心距 e，采用如下 4 种模拟方案：

① 保持偏心距 e=0 mm，圆环内外半径比 r/R=0.05，0.10，0.20，0.30，0.40，0.50；② 保持偏心距 e=7.5 mm，圆环内外半径比 r/R=0.05，0.10，0.20，0.30，0.40，0.50；③ 固定圆环内外半径比 r/R=0.10，圆盘偏心距与外径比 e/R=0.05，0.10，0.20，0.30，0.40，0.50；④ 固定圆

环内外半径比 $r/R=0.20$，圆盘偏心距与外径比 $e/R=0.05, 0.10, 0.20, 0.30, 0.40, 0.50, 0.60$。在方案④中由于 $e/R=0.30$ 的情况与方案②重复，因而增加 $e/R=0.60$ 的情况。

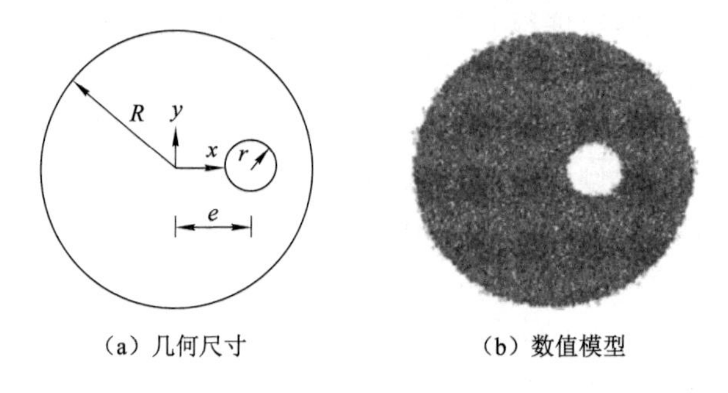

(a) 几何尺寸　　(b) 数值模型

图 5-37　圆环几何尺寸及数值模型

5.3.2　圆环劈裂试验宏观力学特征

(1) 变形与破坏特征

图 5-38 给出了不同内外半径比和偏心距的圆环试样的荷载-位移曲线。由图 5-38 可知，不同内外半径比和偏心距圆环试样的加载曲线斜率和峰值荷载都不相同。为了能够描述圆环的变形特性，本书借鉴弹性模量的定义，采用刚度 K 表示，取荷载-位移曲线直线段斜率。

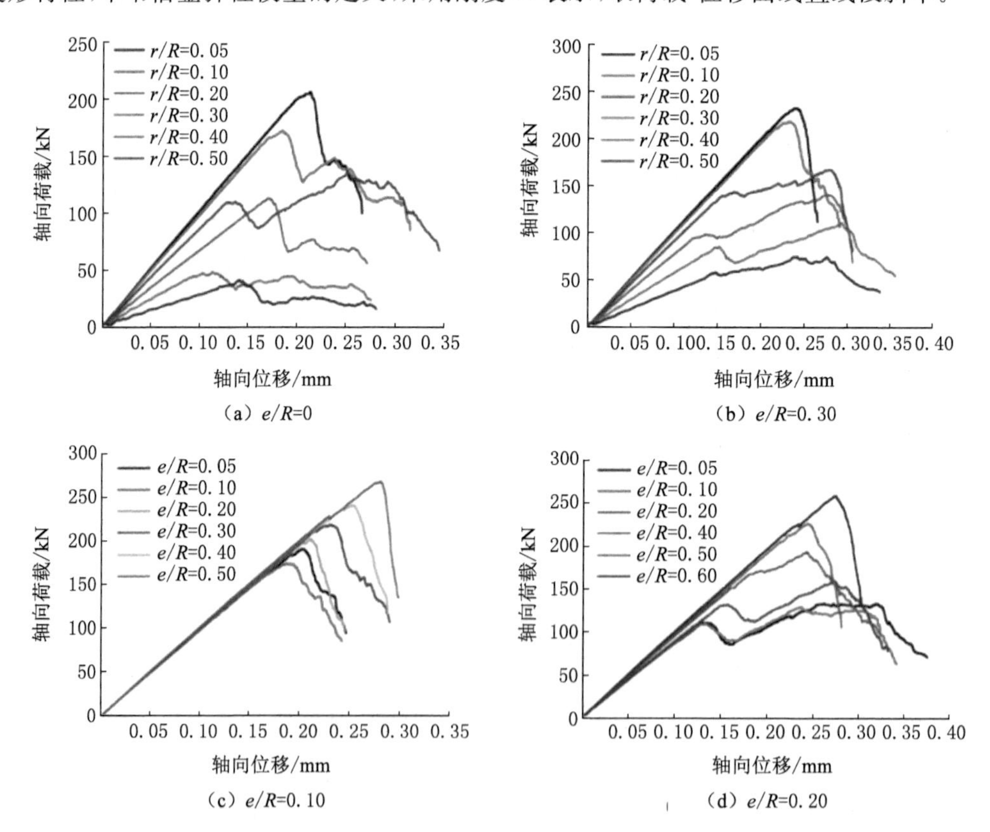

(a) $e/R=0$　　(b) $e/R=0.30$

(c) $e/R=0.10$　　(d) $e/R=0.20$

图 5-38　不同尺寸圆环的轴向荷载-位移曲线

图 5-39 中用实线给出了圆环刚度随偏心距和半径比的变化。在图 5-39(a)中，当偏心距一定时，随半径比增加圆环刚度逐渐减小，且圆环内径越大刚度越小。在图 5-39(b)中，当圆环内径保持不变时，刚度随偏心距增加近似呈线性增加，同一偏心距下，内径较小的圆环刚度较大。从刚度变化中可以看出当圆孔越靠近圆盘中心时，圆环刚度越小变形越大，当圆环内径越小时，圆环刚度越大变形越小。圆环的变形规律与文献[34]采用 Rfpa 和 Elfen 的模拟结果一致，但上述文献并未具体分析圆环的变形特性。

根据文献[23]可知，圆环的最大拉伸强度 $\sigma_{t,m}$ 计算公式如下

$$\sigma_{t,m} = \frac{P}{\pi Rt}(6 + 39\frac{r^2}{R^2}) \tag{5-1}$$

对于圆孔位于垂直荷载作用线的直径上的情况，公式如下

$$\sigma_{t,m} = \frac{P}{\pi Rt}(2 + \frac{2R}{R-r} + \frac{2R}{R+r}) \tag{5-2}$$

根据式(5-1)和式(5-2)，当圆盘内部不含孔洞时 $\sigma_{t,m}=6\sigma_t$，说明式(5-1)和式(5-2)表示圆盘内部靠近圆孔处的最大拉伸强度[23]，并不是圆环的间接抗拉强度。在图 5-39(a)～(b)中用虚线绘制了不同半径比和偏心距下圆环的最大拉伸强度。由图 5-39(a)可知，当偏心距 $e=0$ 时，随着半径比增加，最大拉伸强度降低，但在局部(如 $r/R=0.30$ 处)出现随半径比增加而最大拉伸强度增加的情况。当偏心距 $e=7.5$ mm 时，最大拉伸强度与半径比呈明显线性关系，圆环最大拉伸强度随半径比增加而降低。值得注意的是，式(5-2)中圆环内径对最大拉伸强度的影响并未直观体现出来，但从图 5-38(c)～(d)的荷载-位移曲线中可以看到，相同偏心距不同半径比的圆环对应的劈裂荷载值不同，因而不同半径比圆环试样的最大拉伸强度不同。在图 5-39(b)中用虚线给出了圆环最大拉伸强度随偏心距的变化趋势。由图 5-39(b)可见，圆环内部最大拉伸强度随偏心距增加而增大，但比较可知，在相同偏心距下圆孔半径较大的圆环，最大拉伸强度值较小。综合上述分析可以看出，圆环内部的最大拉伸强度随圆环半径比增加而减小，随偏心距的增大而增大，关于圆孔附近最大拉伸强度的变化规律与文献[35]总结的试验与模拟结果一致。

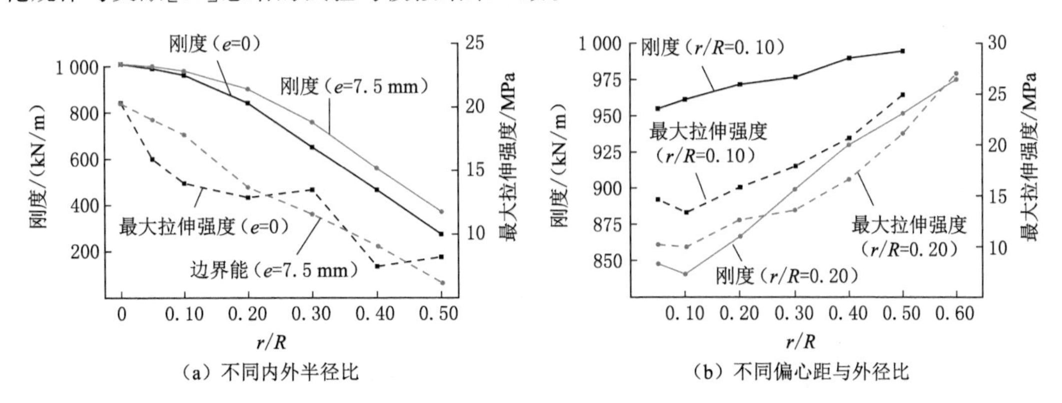

(a) 不同内外半径比　(b) 不同偏心距与外径比

图 5-39　劈裂试验下圆环的变形和强度特征

(2) 破坏模式

图 5-40 为不同半径比和偏心距圆环的最终破坏模式。当圆孔位于圆盘中心($e=0$)且圆孔较小时，破裂面穿过圆孔且与加载方向平行为典型的劈裂破坏。在内径较大($r/R\geqslant$

0.20)的情况中，圆环中不仅出现了平行于加载方向的主裂纹还有与加载方向近似垂直的次生裂纹。当偏心距保持不变($e/R=0.30$)且圆孔较小时，裂纹过圆孔中心并与上下2个加载面相连，使得宏观破裂面不再与加载方向平行。在圆孔较大的情况($r/R\geqslant 0.10$)中，圆盘中不仅出现了穿过圆孔中心与上、下加载面相连的主裂纹而且在圆孔边缘出现了与主裂纹近似平行的次生裂纹。当圆环半径比固定为 $r/R=0.10$ 且偏心距较小($e/R\leqslant 0.30$)时，裂纹穿过圆孔并与圆环上下两端相连，破坏模式与偏心距保持不变的情况相同。在 $e/R=0.40$ 的情况下，宏观裂纹靠近圆孔边缘但未穿过圆孔，而在 $e/R=0.50$ 的情况下，圆环的最终破坏模式与完整圆盘相近。从圆盘半径比固定的情况($r/R=0.10$)中可以看出，圆孔离圆盘中心较近时，破裂面穿过圆孔中心，而圆孔离圆盘中心较远时，裂纹仅仅经过圆孔边缘，孔洞的影响被削弱。当半径比固定为 $r/R=0.20$ 时，在 $e/R=0.20$ 的圆环试样中，主裂纹过圆孔中心与加载端相连，在靠近圆孔一侧，从圆盘边缘萌生的次生裂纹与加载方向垂直，在远离圆孔一侧，次生裂纹从圆盘上部加载端萌生并与主裂纹近似平行。在 $e/R=0.40$ 的情况下，主裂纹仍过圆孔中心并与圆盘上下两端相连，次生裂纹仅出现在圆盘加载端且与主

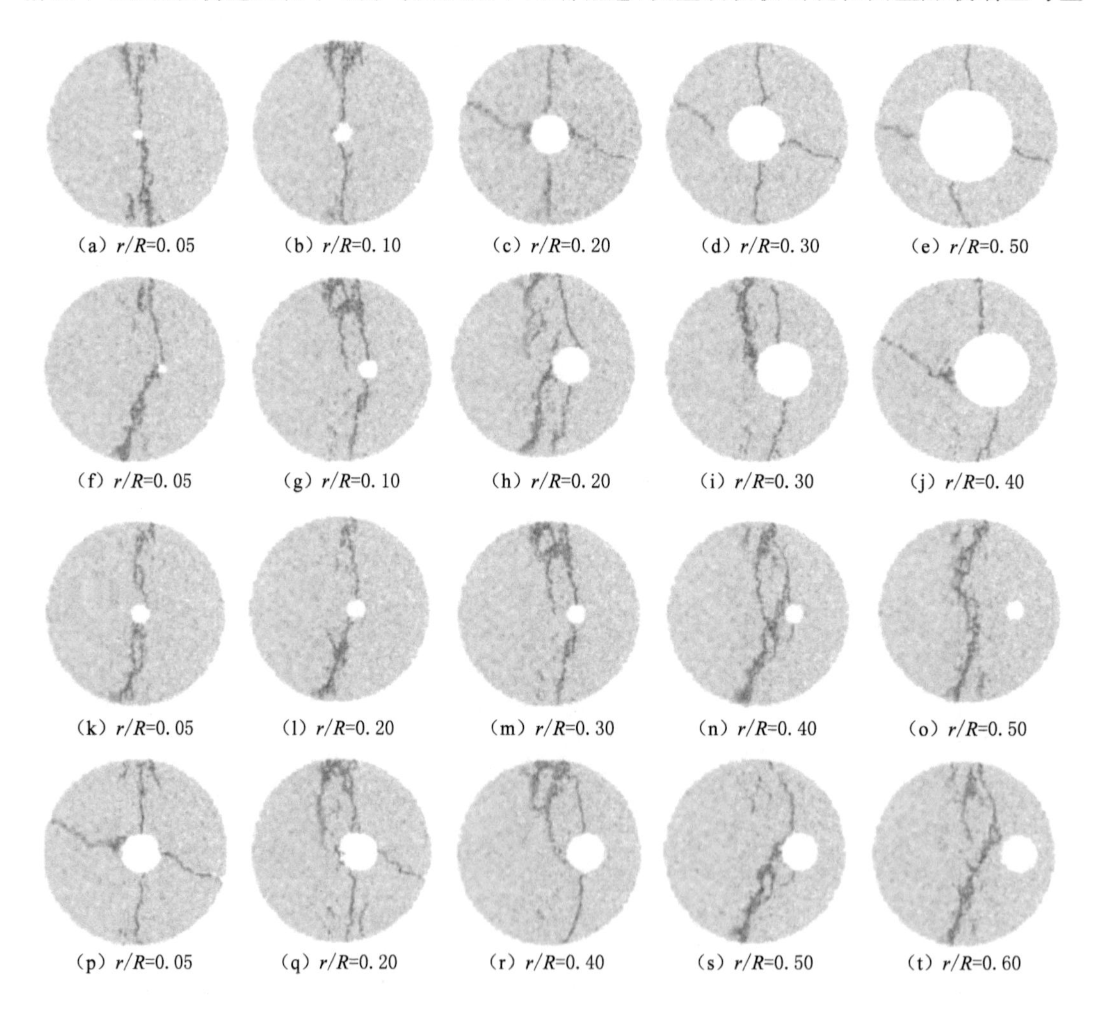

图 5-40 劈裂试验下单孔圆盘最终破坏模式

裂纹近似平行。在 $e/R=0.40$ 的情况下，次生裂纹消失，主裂纹仍与加载端相连但不再穿过圆孔中心。这说明随着偏心距增加，主裂纹逐渐远离圆孔，圆孔对宏观破裂面的影响越来越小。

5.3.3 圆环试样细观特性

（1）破坏过程和细观应力场

根据平行黏结模型的断裂准则

$$\begin{cases} \sigma > \sigma_{tc} & \text{（受拉状态）} \\ \tau > c - \sigma\tan\varphi & \text{（受剪状态）} \end{cases} \tag{5-3}$$

式中，σ_{tc}为黏结处的抗拉强度；τ 为黏结处所受切应力；c 和 φ 分别为黏结处的黏聚力和内摩擦角；σ 为黏结处所受正应力，规定受拉时为正。根据式(5-3)，当黏结断裂时，平行黏结模型将退化为线性模型，黏结处的平行黏结力消失。因此，根据平行黏结模型的细观断裂机制，从黏结力链的分布和演化情况可以分析含孔圆盘由细观到宏观的破坏过程。

图 5-41 给出了微裂纹形成前后平行黏结连接的分布图和局部放大图，用红色线段表示微裂纹，黑色线段表示平行黏结连接。如图 5-41 所示，连接断裂后形成新的微裂纹，在连接中传递的平行黏结力消失。需要注意的是，文献[36]通过直剪试验指出：连接断裂后随着颗粒之间相互运动，重新接触的颗粒会形成新的线性接触，这会引起线性接触力分布的变化，但并不会改变平行黏结力分布。因此通过加载过程中平行黏结力分布演化规律可以从细观角度探究圆环的破坏过程。

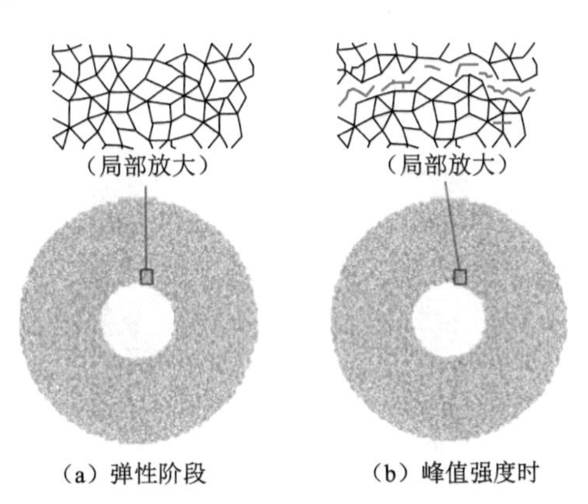

图 5-41　断裂前后连接分布（$e=0$，$r/R=0.30$）

根据模拟结果，图 5-42 给出了单孔圆盘巴西劈裂试验的典型破坏过程和黏结力链分布，红色线段表示微裂纹，蓝色线段表示拉力，黑色线段表示压力，颜色越深应力越集中。

对于完整圆盘，如图 5-42(a)所示，在没有微裂纹时，压应力集中在圆盘上下两端而拉应力集中在圆盘中部。受拉应力的影响，微裂纹首先在圆盘中部萌生，根据前述细观断裂机制，连接断裂后不再传递平行黏结力，但此时拉应力仍然在圆盘中部集中，因此裂纹继续向圆盘上下两端扩展。当圆孔较小且位于圆盘中心时，如图 5-42(b)所示，在圆孔的上下两端有明显的拉应力集中，因而微裂纹首先在圆孔上下两侧萌生。受连接断裂的影响，在微裂纹萌生后，圆孔周围集中分布的拉应力消失，在裂纹尖端和两侧出现拉应力集中，因此在拉应

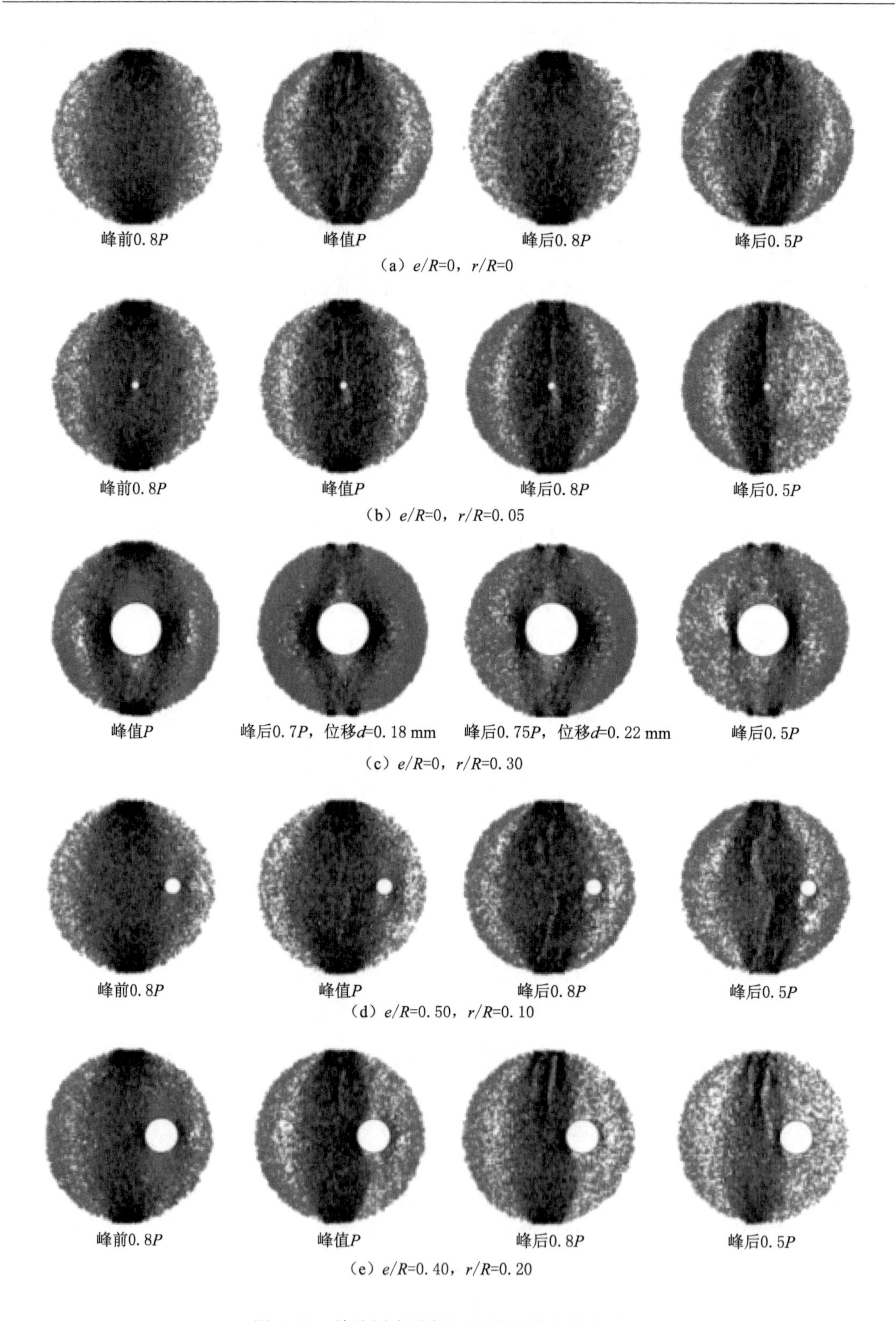

图 5-42　单孔圆盘破坏过程和黏结力链分布

力作用下裂纹逐渐向圆盘的上下两端扩展。当圆孔较大且位于圆盘中心时，如图 5-42(c)所示，不仅在圆孔的上下两侧有拉应力集中而且在圆孔左右两侧有明显的压应力集中。根据式(5-3)细观断裂准则，当连接两端的颗粒发生相对位移时，连接处法向应力增量更大，连接更易发生拉伸断裂，因此微裂纹首先从拉应力集中区萌生。当裂纹扩展至圆盘上下两端后，圆盘此时仍具有一定的承载能力，受到圆盘中部连接断裂的影响，圆盘中的应力分布发生变化，压应力仍集中在圆孔左右两侧但拉应力集中在圆盘左右两端。当拉应力达到连接处的断裂极限后，微裂纹便从圆盘左右两端的拉应力集中区萌生，形成与加载方向垂直的次生裂纹。

反观圆孔较小的圆环试样，拉应力始终没有在圆盘左右两端集中，因而没有出现自圆盘左右两端向圆盘中心扩展的次生裂纹。但如果圆盘的抗拉强度较高或峰后圆盘的承载力跌落迅速，达不到圆环内部发生细观断裂的条件，自然不会在圆盘左右两侧边缘萌生微裂纹也就不会进一步形成与加载方向垂直的次生裂纹。当圆孔较小且远离圆盘中心时，如图 5-42(d)所示，圆孔对圆盘中应力分布的影响有限，裂纹扩展过程与完整圆盘时的情况相同。当圆孔较大且远离圆盘中心时，如图 5-42(e)所示，拉应力集中在圆盘中部和圆孔上下两侧，受拉伸应力的影响，微裂纹首先从圆孔上下两侧萌生，在主裂纹扩展后，次生裂纹在圆盘中部靠近加载端处萌生并向圆孔一侧边缘扩展。文献[5]基于 RFPA 模拟结果，同样指出在半径比和偏心距较大的单孔圆盘中存在自圆环边缘向圆环中心扩展的次生裂纹，这与本书结果一致。

图 5-43(a)给出了部分试验结果[25,28]，以便与本书结果对照。对比图 5-42 和图 5-43(a)可以看出，数值模型中的破坏模式与他人试验结果相近，这在一定程度上说明了本书模拟结果的可靠性。图 5-43(b)给出了数值模型中单孔圆盘的基本破坏模式。对于圆环内部圆孔较小的情况，随偏心距增加，破裂面由穿过圆孔中心到经过圆孔边缘再到不与圆孔相连。对于圆环内部圆孔较大的情况，主裂纹存在从贯穿圆孔到仅与圆孔边缘相连的演变。次生裂纹的演变过程稍显复杂，随偏心距增加，首先在圆盘左右两侧萌生向圆盘中心扩展的次生裂纹，之后在圆盘中靠近圆孔一侧萌生与加载方向垂直的次生裂纹而在圆盘另一侧次生裂纹

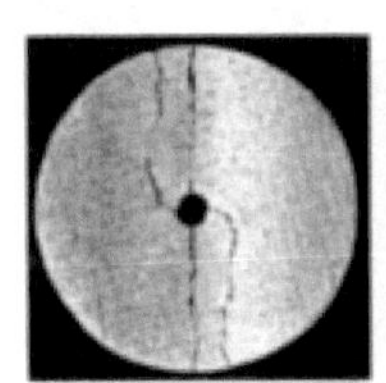 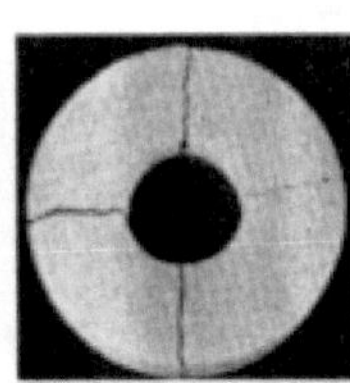 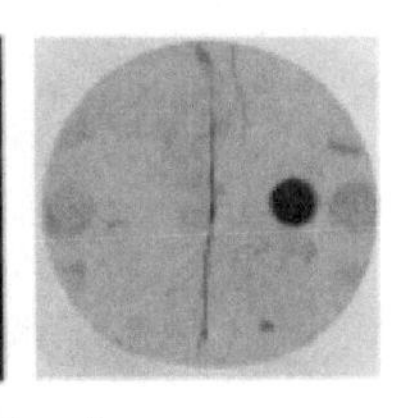

(a) 室内试验破裂模式[25,28]

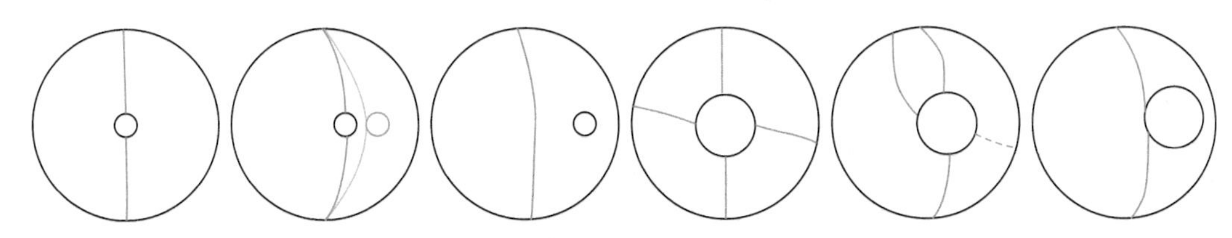

(b) 数值模拟破裂模式

图 5-43　单孔圆盘的破坏模式比较

自圆盘加载端萌生并沿与主裂纹近似平行的方向扩展，随后与加载方向垂直的次生裂纹消失，只存在与主裂纹近似平行的次生裂纹，最后次生裂纹消失，圆盘中只存在主裂纹。整体来看，主裂纹随偏心距增加而偏离圆孔，对于圆孔孔径较大的圆环试样，次生裂纹的萌生和扩展过程亦会受到圆孔的显著影响。

(2) 能量演化

在 PFC 中不仅可以研究圆盘的宏细观力学特性还可以分析加载过程中能量演化规律和微裂纹累积数量特征。根据能量在加载过程中所起的作用，将能量分为边界能、应变能和耗散能等，在 PFC 中边界能表示外力做功累积的能量，应变能为平行黏结部分提供的应变能和线性连接部分提供的应变能之和，耗散能表示黏结断裂后颗粒滑动耗散的能量。对于圆孔大小和偏心距不同的圆环，裂纹扩展过程和在加载过程中吸收的能量并不相同，而在 PFC 中能定量给出外界做功大小和微裂纹数量，因而可以从能量和微裂纹数量角度探究含孔圆盘半径比和偏心距的影响。

图 5-44 给出了边界能和微裂纹总数随半径比和偏心距的演化过程。在图 5-44(a)中，随着半径比增加，边界能首先略有增加之后一直减少，而微裂纹数的变化稍有不同，当圆孔位于圆盘中心时($e/R=0$)，随半径比增加，微裂纹总数逐渐减少，而当圆孔位于圆盘一侧时($e/R=0.30$)，微裂纹总数先增加后减少，与边界能的变化情况一致。整体来看，边界能与微裂纹总数均随半径比增加呈减小趋势。在图 5-44(b)中，边界能整体随偏心距增加而增加，但微裂纹总数的变化趋势波动性较大，整体来看与边界能的变化趋势相近，均随偏心距增加而增加，两者呈正相关。

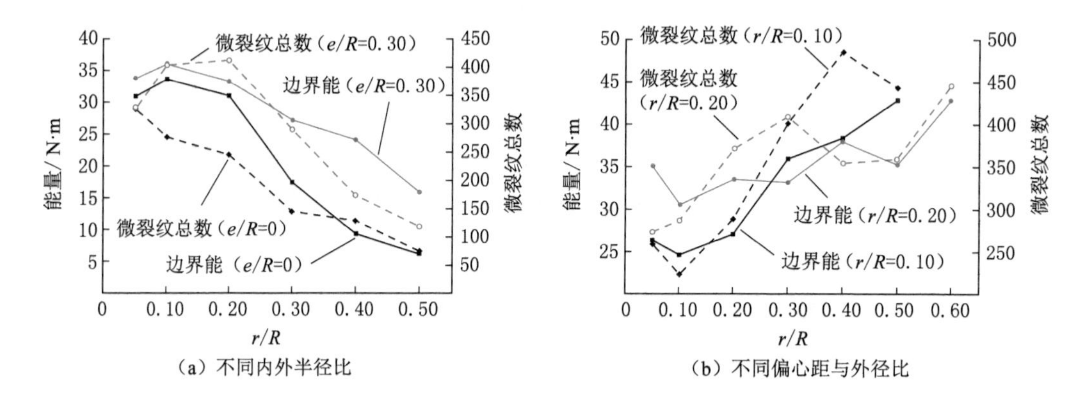

图 5-44 圆环劈裂试验中边界能和微裂纹总数变化趋势

5.3.4 本节小结

(1) 对于圆环最大拉伸强度，当偏心距不变时，随半径比增加而降低，而当圆环半径比不变时，最大拉伸强度随偏心距增加而增加。对于圆环刚度，同样随半径比增加而降低，随偏心距增加而增加。

(2) 不同偏心距和半径比下圆环破坏模式不同。随着偏心距增加，主裂纹逐渐偏离圆孔，次生裂纹交替萌生和消失。裂纹的萌生和扩展过程主要受圆盘中拉应力集中分布的影响。

(3) 边界能整体随半径比增加而减小,随偏心距增加而增加,与微裂纹总数有相近的变化趋势,二者呈正相关。

5.4　含三圆孔花岗岩试样拉伸力学特性及破坏特征试验

对于高温后含预制缺陷岩石的裂纹扩展特征研究还并不多见。文献[37]进行了高温后含预制单裂隙和双裂隙红砂岩单轴压缩试验,分析了不同温度作用后对声发射特征及裂纹演化过程的影响,对温度引起强度变化的微观机制进行了讨论。文献[38]通过单轴压缩试验研究了高温对含单裂隙砂力学特性及破裂模式的影响。然而,对于高温处理后含孔岩石在拉伸作用下的力学特性试验研究还鲜有报道。因此,本书以花岗岩为研究对象,预制 3 个圆形孔洞并进行巴西试验,以探讨温度和孔洞分布对花岗岩的物理、力学特性及裂纹演化特征的影响[39]。

5.4.1　岩性特征及试验程序

(1) 花岗岩特征

试验用的花岗岩采自福建省泉州市。根据 X 射线衍射分析以及薄片鉴定(图 5-45)显示,该花岗岩的矿物成分主要为长石、石英、白云石以及微量黏土矿物等。由图 5-45 可见,该花岗岩致密坚硬,颗粒尺寸较大,无明显缺陷,孔隙率较小,平均密度为 2 730 kg/m^3。

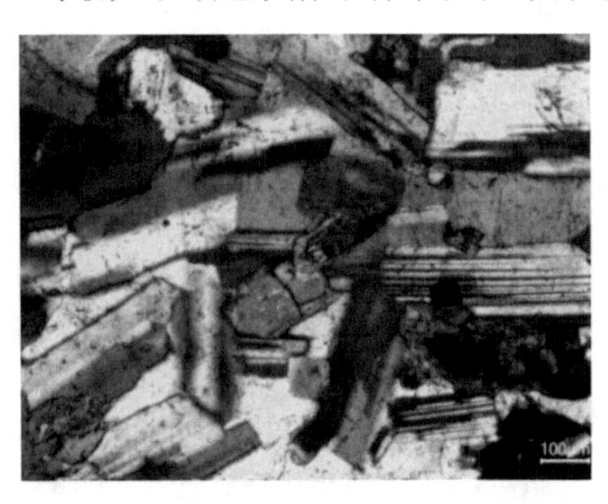

图 5-45　加温前花岗岩薄片鉴定

为了保证试样性质的均一性以及试验的可比性,所有岩样在同一块花岗岩上取出,并采用高压水射流切割。花岗岩圆盘试样的直径 $2R$ 为 60 mm,厚度 t 为 30 mm,圆盘试样的厚径比为 0.5,符合规范要求[40]。3 个预制圆孔平行分布,如图 5-46 所示。其中,圆孔直径 $2r$ 均为 8 mm,相邻两个圆孔孔心相距 $2a$ 均为 14.5 mm,孔心连线与水平方向的夹角为 α。为探讨孔洞分布方式对花岗岩圆盘试样力学特性的影响,倾角 α 设计为 0°,45°和 90°,即 3 个圆孔分别为水平(后文简称为 H 组)、对角线(D 组)和竖直(V 组)分布。

(2) 加温及试验程序

花岗岩试样采用 SGM 系列箱式电阻炉进行加温,该系统控温精度高、冲温小,炉内最

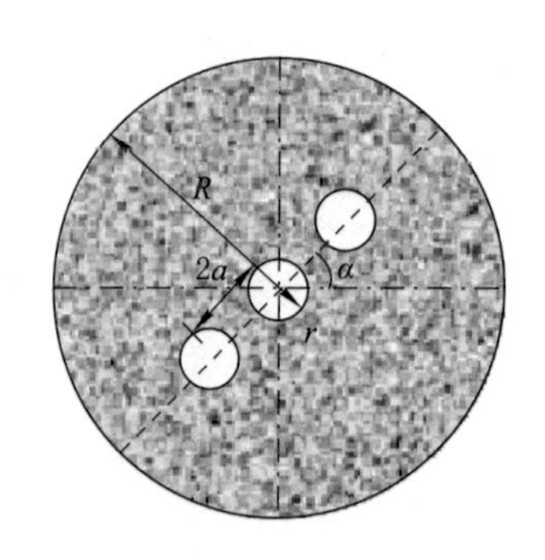

图 5-46　含三孔圆盘试样几何参数

高温度可达 1 200 ℃。将加工好的圆盘岩样放入高温炉内，按 5 ℃ /min 的升温速率缓慢加热直至设定温度。温度分别设定为 150，300，450，600，750 和 900 ℃，另外增加 1 组室温对比试验，共计 7 组温度。为保证岩样整体受热均匀，进行恒温 4 h，然后在炉内自然冷却至室温。量取加温前后花岗岩试样的尺寸及质量后，即进行巴西劈裂试验。

因进行巴西试验所需要的轴向加载力不大，而且为了保证足够的加载精度，本次所有圆盘试样均在中国矿业大学 DNS100 型电子万能试验机上进行，该试验机最大轴向力为 100 kN。试验时采用位移加载方式，加载速率为 0.10 mm/min，由计算机自动采集轴向荷载和位移值。在试验过程中，采用高清摄像机实时记录圆盘试样破裂全过程。

5.4.2　物理及力学性质分析

(1) 高温后花岗岩物理性质

经历高温后花岗岩试样的物理性质会随温度发生变化。基于岩样表面形态以及量测的尺寸、质量等，分析高温对花岗岩试样颜色、体积、质量和密度等物理性质的影响。

(2) 高温后颜色变化

图 5-47 给出了高温处理后花岗岩试样照片。由图 5-47 可观察到随着温度的增加，花岗岩试样表面颜色发生改变。花岗岩试样在室温下呈灰白色，在相对较低温度(150 ℃和 300 ℃)处理后，花岗岩试样颜色未发生明显变化，主要以灰白色为主。当温度增大至 450 ℃时，花岗岩试样表面部分显现黄棕色，这可能是由于某些矿物成分在高温作用下发生氧化。当温度增大至 600 ℃以后，花岗岩试样表面颜色发生显著变化，黄棕色逐渐覆盖了整个岩样。当温度增大至 900 ℃后，花岗岩试样表面以黄棕色为主，而且岩样之间轻微碰撞即发出清脆声响，岩样表面含有粉末状颗粒。如图 5-47(h)所示的含 3 孔花岗岩圆盘试样，经历900 ℃高温作用后产生了 1 条深层初始裂纹和多条浅层裂纹，说明高温对于改变花岗岩结构具有显著作用，进而影响其力学特性。

(3) 体积、质量和密度变化

对所有花岗岩试样加温前后的直径、厚度和质量进行量测，得到的数据可用于分析温度对花岗岩试样体积、质量以及密度的影响。需要注意的是，本书未考虑高温作用可能引起的预制孔洞形状的微小变化。体积增大率 η_v，质量减小率 η_m 和密度减小率 η_ρ 分别定义为：

$$\eta_v = \frac{V_1 - V_0}{V_0} \times 100\% \qquad \eta_m = \frac{m_1 - m_0}{m_0} \times 100\% \qquad \eta_\rho = \frac{\rho_1 - \rho_0}{\rho_0} \times 100\% \tag{5-4}$$

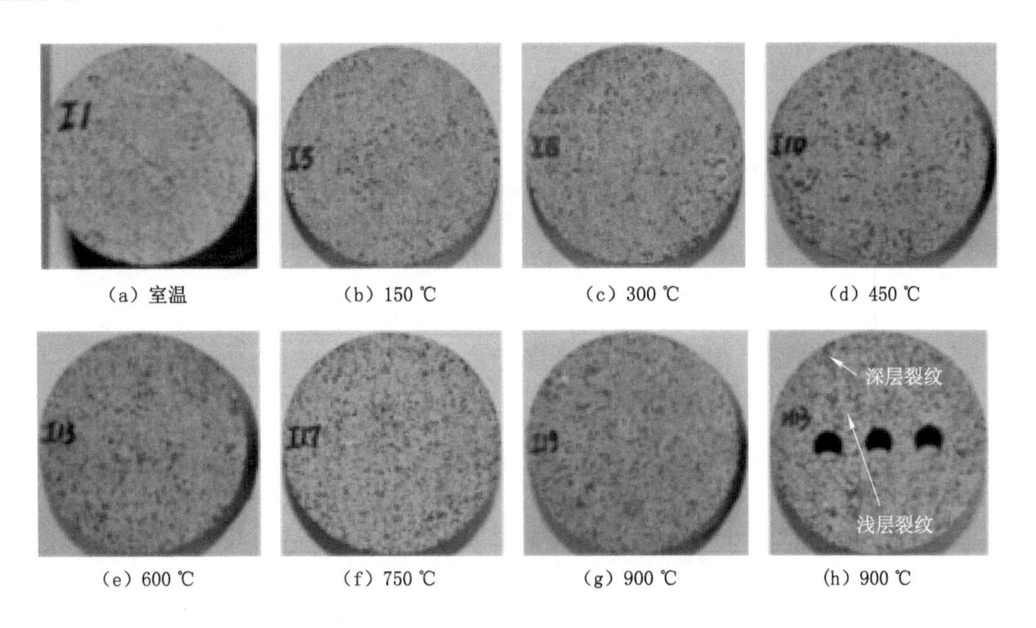

(a) 室温　(b) 150 ℃　(c) 300 ℃　(d) 450 ℃
(e) 600 ℃　(f) 750 ℃　(g) 900 ℃　(h) 900 ℃

图 5-47　高温处理后花岗岩试样颜色变化

式中，V_0，m_0 和 ρ_0 是加温之前干燥岩样体积、质量和密度；而 V_1，m_1 和 ρ_1 是加温冷却之后岩样体积、质量和密度。

图 5-48 分别给出了完整及含 3 孔圆盘试样体积增大率、质量减小率和密度减小率随温度的演化曲线。其中，含孔岩样数据为同一温度下所有水平、倾斜和竖直分布 3 孔圆盘试样的平均值。首先，如图 5-48(a)所示，完整和含孔圆盘试样的体积增大率均大于 0，说明经过高温处理后岩样的体积均有不同程度的增大。随着温度的升高，体积增大率整体上呈增大的趋势，即温度越高，岩样的体积增大越多。需要注意到的是，150 ℃温度后岩样的体积增大率(均为 1.11%)均略大于 300 ℃体积增大率(分别为 0.55%和 0.63%)，这可能是由于高温作用后矿物颗粒发生膨胀，造成体积增大；当温度升高至 300 ℃后，一方面岩样内部含有初始微孔隙和微裂隙，矿物颗粒受热膨胀，减小了内部部分原生微裂隙面积和数量，另一方面结构热应力超过极限后，试样内产生新的微裂隙，两方面作用使得 300 ℃时的体积有所增大，但是增大程度低于 150 ℃。随着温度的继续升高，岩样内部产生裂隙，矿物成分发生相变和熔融等反应，导致体积进一步增大。此外，在经历相同高温作用后，含孔圆盘试样的体积增大率略大于完整岩样的。

如图 5-48(b)所示，高温作用后完整及含孔试样的质量减小，而且随着温度的升高，质量减小率增大。岩石内部的不同类型的水会在不同的温度水平下汽化逸出[41]，岩样表层碎屑脱离，导致高温后岩样质量减小。在 150～450 ℃范围内，完整及含孔试样的质量减小率约为 0.20%。随后，完整圆盘试样质量减小率由 450 ℃时的 0.20%增大至 900 ℃时的 0.32%，而对应的含孔圆盘试样质量减小率由 0.22%增大至 0.34%。而且，在经历相同高温作用后，含孔圆盘试样的质量减小率略大于完整试样的。

如图 5-48(c)所示，花岗岩试样的密度减小率变化趋势与体积增大率相同，高温处理后花岗岩试样的密度均有不同程度的减小。随着温度的升高，密度减小率在 150 ℃后先有所减低，再持续增大，该变化趋势与文献[38]完成的花岗岩试验结果相类似。另外，在经历相同高温作用后，含孔圆盘试样的密度减小率略大于完整试样。

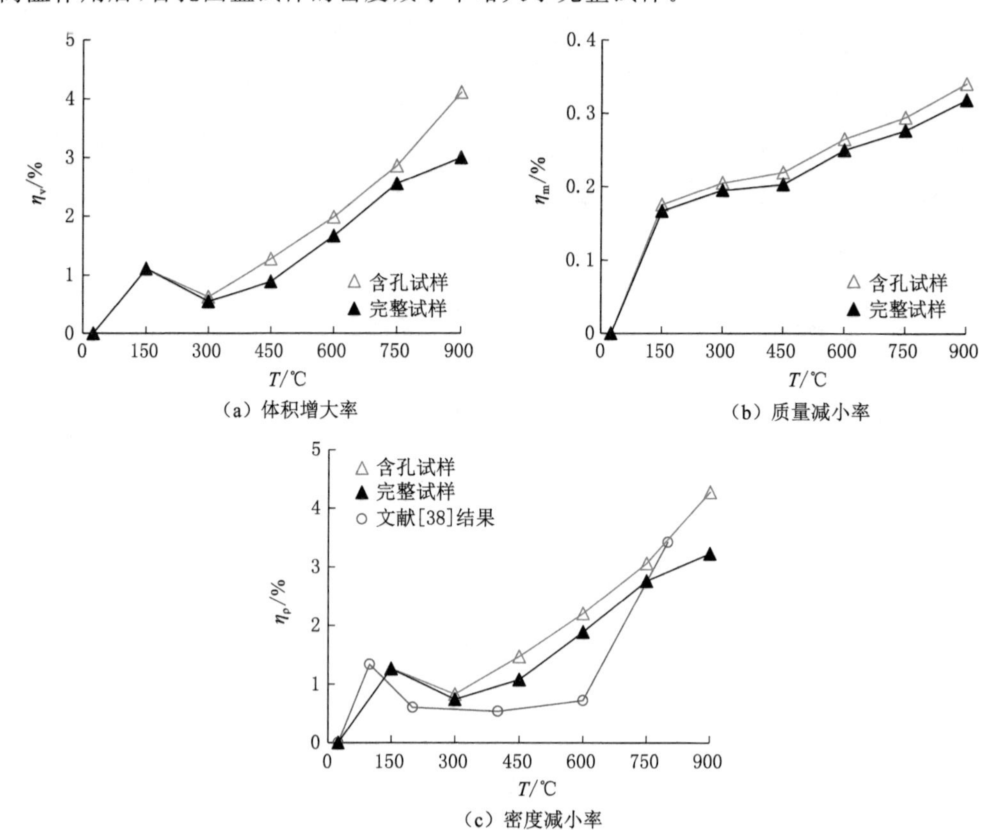

图 5-48　高温后花岗岩物理参数与温度的关系

5.4.3　力学特性分析

(1) 荷载-位移曲线

图 5-49 分别给出了完整及含不同倾角 3 孔圆盘试样巴西试验荷载-位移曲线。如图 5-49(a)所示，室温状态下完整花岗岩试样荷载-位移曲线有一段呈下凹型的初始压密阶段，这是因为花岗岩试样初始微裂隙和孔隙在外部荷载作用下被压密。随着温度的增大，初始压密阶段更为明显，主要是由于高温作用使得岩样内部结构弱化，产生更多的新裂隙。在室温～600 ℃范围内的岩样经历初始压密阶段之后，为近似线弹性变化，屈服阶段不明显，荷载很快达到峰值点，岩样突然发生破坏，荷载迅速跌落，峰后呈明显脆性。而在经历 750 ℃和 900 ℃高温作用后的岩样，屈服阶段更加明显，峰后呈延性特征。

由图 5-49(b)，(c)和(d)可见，高温后含孔花岗岩圆盘试样荷载-位移曲线的总体形态与完整岩样相同。室温～450 ℃范围内含孔花岗岩圆盘试样总体上经历了初始压密、近似线性和峰后脆性跌落阶段，而 600～900 ℃范围内含孔圆盘试样还含有峰前屈服和峰后软化阶段。分析认为，当温度升高时，岩石晶体质点的热运动增强，质点间的结合力相对减弱，质点容易位移[21]，塑性成分增加[22]，从而促进岩样由脆性向延性转化。

(2) 拉伸强度及机理分析

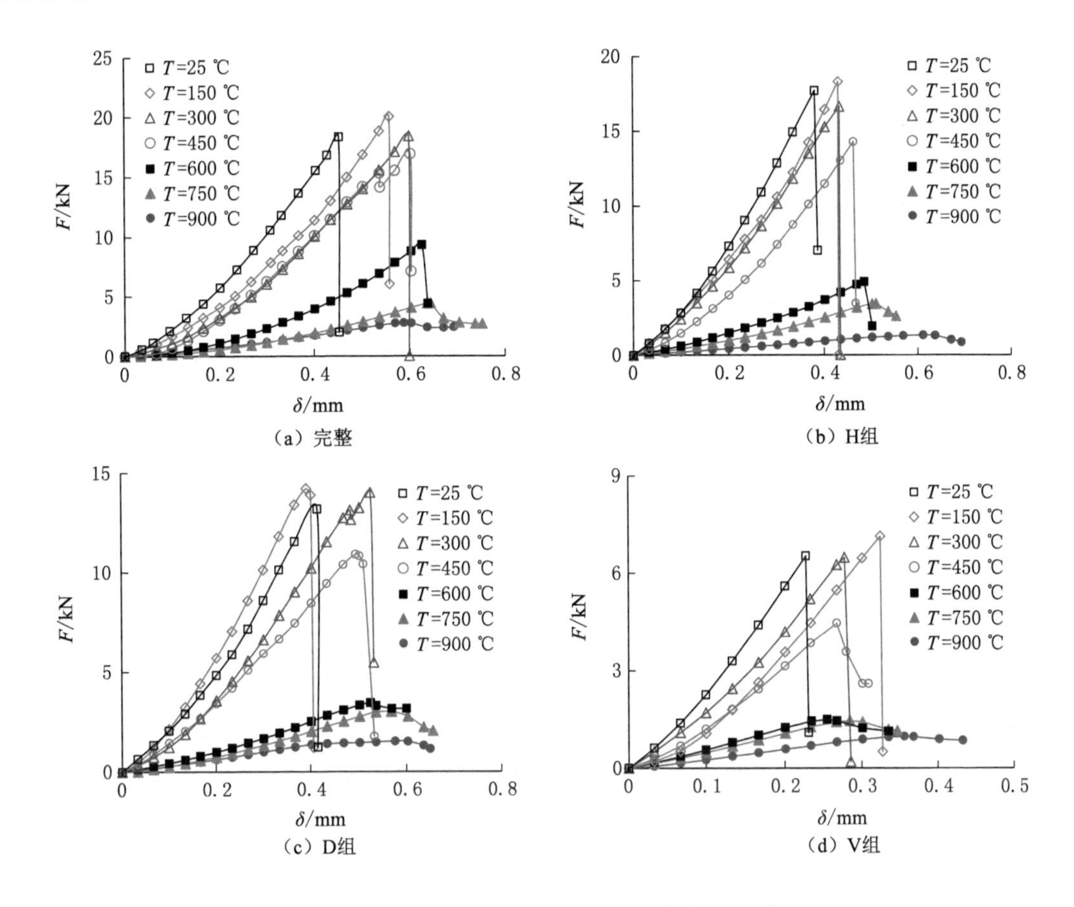

图 5-49　高温后花岗岩试样巴西劈裂荷载-位移曲线

完整圆盘试样的拉伸强度，可用公式 $\sigma_t = 2P_{max}/(\pi Dt)$ 求得，其中 P_{max} 为劈裂荷载。对于含孔花岗岩圆盘试样同样采用该公式计算其名义拉伸强度。需要特别说明的是，该计算值并非含孔岩样的真实抗拉强度，本书仅用该值与完整圆盘试样拉伸强度进行对比分析。

图 5-50 给出了完整及含孔圆盘试样拉伸强度与温度之间的关系曲线。由图 5-50(a)可见，完整圆盘试样拉伸强度随着温度的升高，呈先增大后减小变化趋势。当由室温增大至 150 ℃时，拉伸强度由 6.45 MPa 增大至 7.01 MPa，增幅为 8.7%。究其原因，一方面因为花岗岩试样在室温状态下内部已经分布有初始微孔隙和微裂隙，加温 150 ℃后，内部矿物颗粒受热发生膨胀，减小了内部原生微裂隙数量，改善了内部结构；另一方面是因为高温改变了黏土矿物等的组成结构，提高了黏土胶结物强度，因此岩样拉伸强度得以增大。随着温度的继续升高，拉伸强度不断减小，当温度由 150 ℃增大至 450 ℃时，拉伸强度由 7.01 MPa 减小至 5.82 MPa，降幅为 17.0%，这主要是因为高温作用产生新的微裂隙，使得承载能力降低。当温度由 450 ℃增大至 750 ℃时，拉伸强度由 5.82 MPa 减小至 2.79 MPa，降幅为 78.8%，原因在于当温度增大至一定程度后，部分矿物发生相变，如石英在 573 ℃附近发生 α 相到 β 相的相变，这个过程造成体积增大，微裂隙增多，结构进一步弱化，拉伸强度继续减小。当温度由 750 ℃增大至 900 ℃时，拉伸强度由 2.79 MPa 减小至 0.93 MPa，降幅为 24.6%，原因为内部矿物成分发生相变和熔融，矿物内金属键断裂[41]，导致试样内部微缺陷

增加，拉伸强度进一步降低。

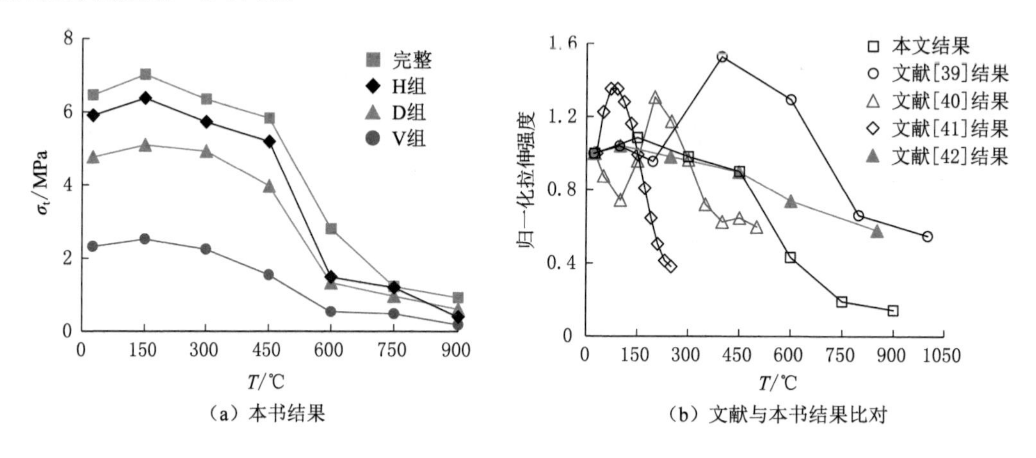

(a) 本书结果

(b) 文献与本书结果比对

图 5-50 花岗岩试样拉伸强度与温度之间的关系

此外，含孔圆盘试样拉伸强度变化趋势与完整岩样相同，即随温度升高，强度值先增大后减小。在相同温度条件下，含孔圆盘试样拉伸强度均低于完整岩样，说明预制孔洞降低了花岗岩试样的承载能力。拉伸强度与孔洞倾角相关，在试验倾角范围内，倾角为 0°含孔试样强度最大，倾角为 45°时次之，倾角为 90°时强度最小。

为了进一步说明温度对热处理后岩石拉伸强度的影响，图 5-50(b)给出了前人完成的完整岩样巴西试验结果[43-46]以及本书结果的比较。归一化拉伸强度为各温度作用后岩石拉伸强度与常温下强度的比值。受岩性特征和试验条件等的影响，不同类岩石甚至同一类岩石受温度作用后，表现出不同的变化趋势。但由图 5-50(b)可见，随着温度的升高，多种岩石的拉伸强度出现了先增大后减小变化规律，与本书花岗岩试样变化趋势相类似。

为从微观角度解释高温对花岗岩拉伸强度变化规律，选取部分代表性高温后岩样进行电镜扫描。图 5-51 分别给出了室温、150 ℃，300 ℃和 750 ℃作用后花岗岩表面电镜扫描图。在室温状态下，花岗岩试样颗粒表面含有初始微裂隙和孔洞，如图 5-51(a)所示。当花岗岩试样经历 150 ℃温度作用后[图 5-51(b)]，矿物颗粒受热膨胀部分原生微观结构面闭合，微观缺陷的数量和面积均有一定程度上的减小，因此，经历 150 ℃高温后花岗岩试样的拉伸强度略高于常温下岩样。在经历 300 ℃温度作用后的花岗岩试样[图 5-51(c)]，较室温及 150 ℃而言，微观缺陷的面积增大和数量明显增多，说明花岗岩试样内部结构被弱化了，导致了 300 ℃作用后岩样的拉伸强度低于室温及 150 ℃作用后强度值。随着温度的继续升高，微观结构严重弱化。由图 5-51(d)可见，经历 750 ℃作用后，微孔洞数量增加，并产生了较大的裂隙，从而降低了花岗岩的承载能力。

(3) 平均刚度

文献[47]指出，破坏荷载与位移的比值在一定程度上能够反映了试样的刚度，本书引用该定义对高温后花岗岩圆盘试样的刚度加以分析。图 5-52 分别给出了完整和含孔岩样平均刚度与温度之间的关系曲线。由图 5-52(a)可见，完整岩样刚度总体上随着温度的升高而减小。由图 5-52(b)所示，含孔试样的平均刚度同样随着温度的升高而减小，在不同温度区间内刚度降幅有所不同，总体变化趋势与拉伸强度规律相同。

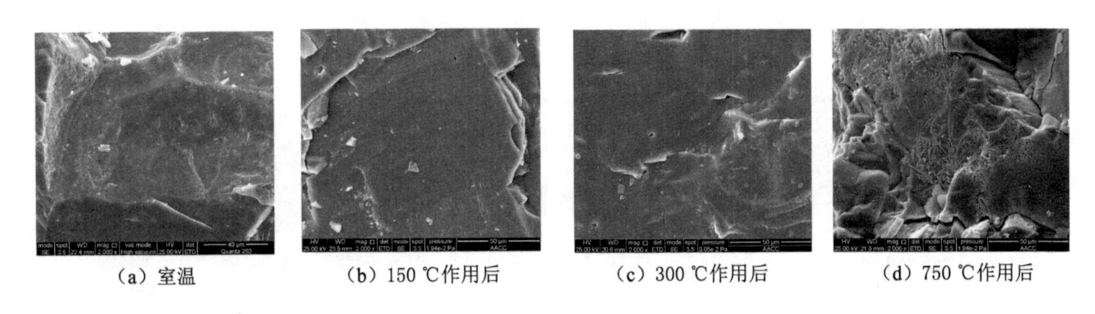

图 5-51　高温后花岗岩试样 SEM 结果

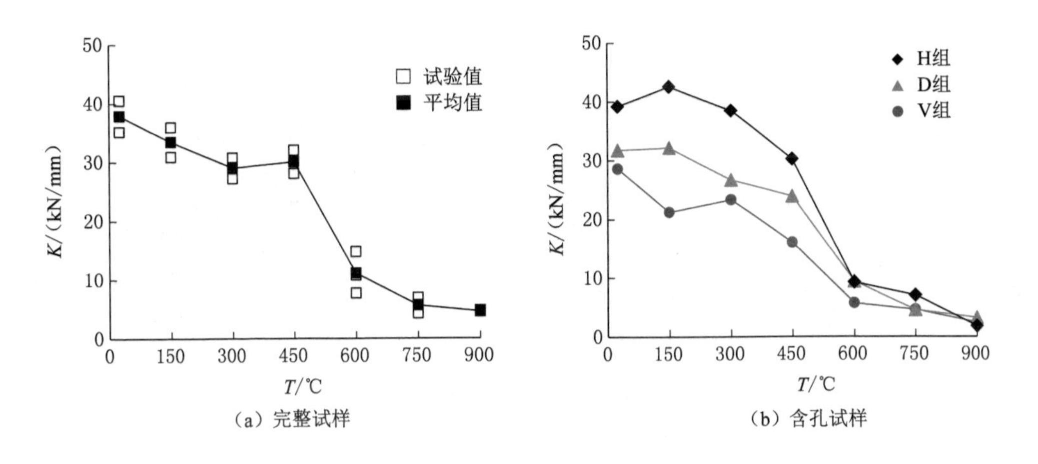

图 5-52　花岗岩平均刚度与温度之间的关系

对于高温后花岗岩试样平均刚度出现随温度增大而减小规律，主要是由于：高温后矿物成分膨胀不均，产生新裂隙；结构水和结晶水的丧失导致晶格骨架破坏[41]；石英等矿物高温后发生相变增大体积，部分矿物发生熔融等。这些因素导致岩样内部孔隙增大，结构弱化。

5.4.4　破坏特征分析

(1) 典型裂纹扩展过程

为分析温度以及预制孔分布对花岗岩试样的裂纹扩展特征的影响，分别选取高温作用后圆盘试样代表性的破裂过程，如图 5-53 所示。需要注意的是，为了更清晰地显示最终破裂形态，在图 5-53 中最终裂纹贯通的图片是破裂以后拍摄的照片，因此其颜色与破裂过程图片有所区别。

图 5-53(a)给出了 150 ℃高温作用后完整花岗岩试样巴西试验下破裂发展过程。完整岩样首先在沿径向(加载方向)产生少许的微小裂纹，在此之后在这个方向上不断有微裂纹的萌生与扩展，最终这些裂纹贯通形成径向中心主裂纹，试样被劈裂为两半。

图 5-53(b)给出了 450 ℃高温作用后含水平分布 3 孔圆盘试样的破裂演化过程。当荷载增大到峰值点时，首先在中心孔的上下边缘萌生初始裂纹，并沿着加载方向扩展，最终该两条初始裂纹延伸至岩样边界，将试样分为左右两部分。左右的两个孔边缘没有裂纹萌生，它们对花岗岩试样的破裂模式影响不大。

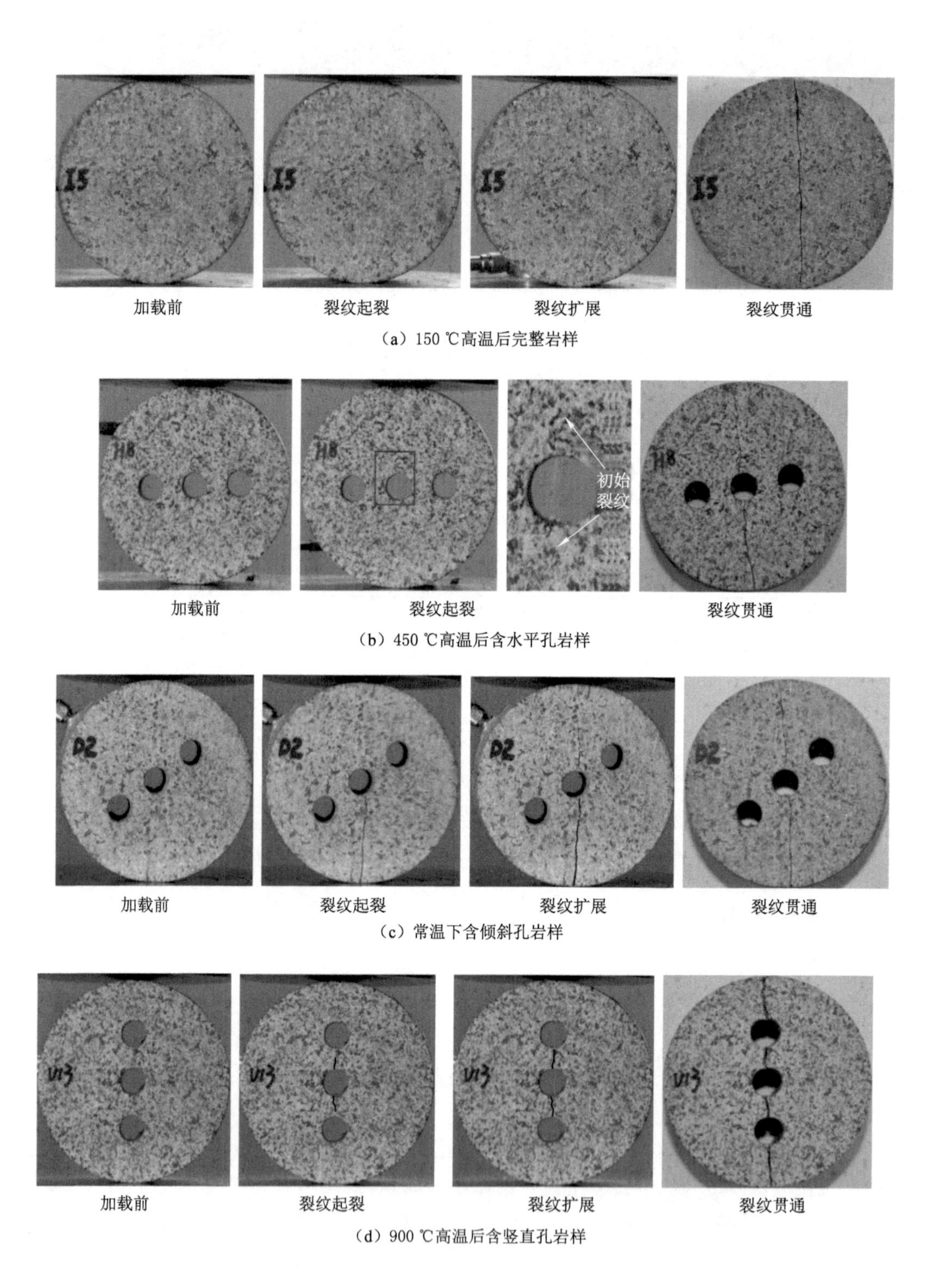

图 5-53 高温完整及含孔花岗岩试样裂纹扩展过程

图 5-53(c)给出了常温下含倾斜分布 3 孔圆盘试样的裂纹扩展过程。初始裂纹首先在中心孔上下边缘萌生，并沿着加载方向扩展，最终将含孔花岗岩试样分割为左右两部分。与水平分布 3 孔圆盘试样相同的是，边缘分布的两个孔对岩样的最终破裂模式影响不大。

图 5-53(d)给出了经历 900 ℃高温作用后含竖直分布 3 孔花岗岩试样的典型裂纹扩展过程。含竖直分布 3 孔花岗岩试样初始裂纹首先在中心孔上下边缘萌生沿加载方向扩展的初始裂纹，随着轴向位移的增大，该两条初始裂纹分别向上下扩展，造成 3 个孔洞之间发生贯通。在此之后，在最上端孔的上边缘萌生向上扩展裂纹，而在最下端孔的下边缘萌生了向下扩展的裂纹，岩样最终也被分割为左右两部分。

(2) 宏观破裂模式

图 5-54 给出不同高温后完整及 3 孔圆盘试样最终破裂模式。由图 5-54 可见，完整岩样为中心径向主裂纹扩展将岩样劈裂为两块，而水平和倾斜分布 3 孔圆盘试样是由于中心孔边缘萌生的裂纹造成岩样的劈裂破坏。对于竖直分布 3 孔圆盘试样则是由于多个孔洞边缘萌生的裂纹扩展贯通导致的岩样破裂。从花岗岩最终破裂模式可见，温度对完整及含孔圆盘试样的宏观破裂形态无明显作用。

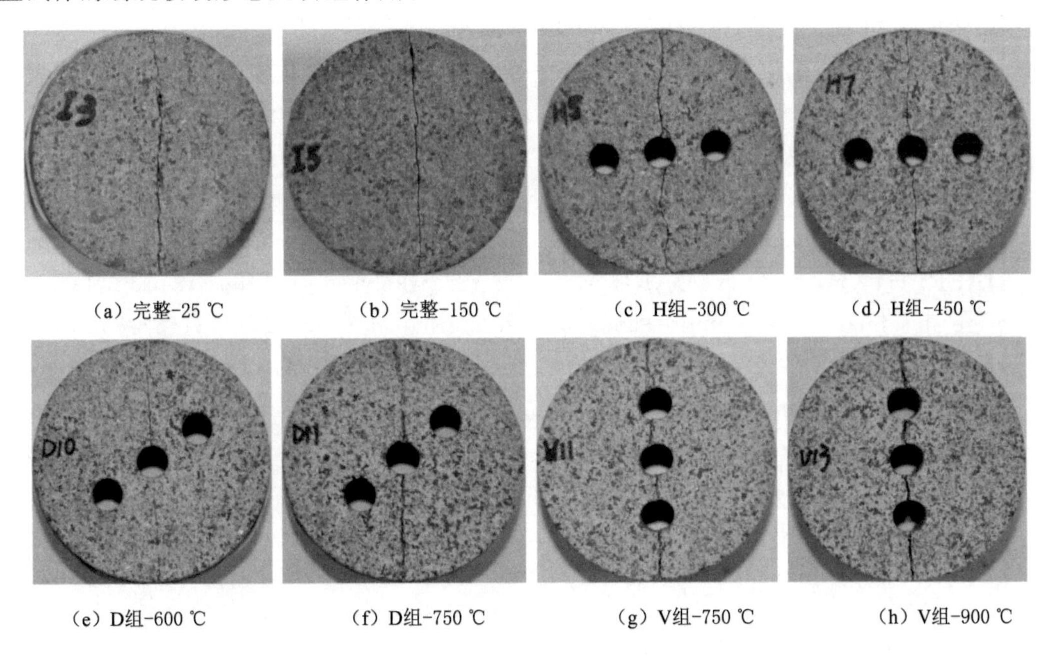

(a) 完整-25 ℃　(b) 完整-150 ℃　(c) H组-300 ℃　(d) H组-450 ℃

(e) D组-600 ℃　(f) D组-750 ℃　(g) V组-750 ℃　(h) V组-900 ℃

图 5-54　高温后花岗岩圆盘试样最终破裂模式

5.4.5　本节小结

(1) 随着温度的升高，花岗岩试样的体积增大、质量和密度减小。在试验温度范围内，体积增大率、质量减小率和密度减小率整体上随着温度升高呈上升的趋势。

(2) 在室温状态下，花岗岩呈典型脆性破坏。在经历 150～450 ℃高温后，荷载-位移曲线为峰后脆性跌落，而在经历 600～900 ℃作用后，曲线脆性减弱，延性增强。

(3) 随温度的升高，完整及含孔花岗岩拉伸强度呈先增大后减小变化，150 ℃时有最大值。在相同温度作用后，含孔试样拉伸强度低于完整岩样，而且降幅与孔洞分布相关。水平分布孔试样强度最大，倾斜分布次之，竖直分布最小。

(4) 完整花岗岩呈典型径向劈裂破坏，水平和倾斜分布3孔试样是由中心孔边缘萌生的裂纹造成的劈裂破坏，而竖直分布3孔试样是由于3个孔洞边缘萌生的裂纹贯通导致的破裂。

参考文献

[1] TANG C A, WONG R H C, CHAU K T, et al. Modeling of compression-induced splitting failure in heterogeneous brittle porous solids[J]. Engineering fracture mechanics, 2005, 72(4): 597-615.

[2] WONG R H C, LIN P. Numerical study of stress distribution and crack coalescence mechanisms of a solid containing multiple holes[J]. International journal of rock mechanics and mining sciences, 2015, 79: 41-54.

[3] 谢林茂，朱万成，王述红，等. 含孔洞岩石试样三维破裂过程的并行计算分析[J]. 岩土工程学报，2011，33(9)：1447-1455.

[4] 杨圣奇，吕朝辉，渠涛. 含单个孔洞大理岩裂纹扩展细观试验和模拟[J]. 中国矿业大学学报，2009，38(6)：774-781.

[5] WANG S Y, SLOAN S W, TANG C A. Three-dimensional numerical investigations of the failure mechanism of a rock disc with a central or eccentric hole[J]. Rock mechanics and rock engineering, 2014, 47(6): 2117-2137.

[6] HAERI H, KHALOO A, MARJI M F. Fracture analyses of different pre-holed concrete specimens under compression[J]. Acta mechanica sinica, 2015, 31(6): 855-870.

[7] HUANG Y H, YANG S Q, RANJITH P G, et al. Strength failure behavior and crack evolution mechanism of granite containing pre-existing non-coplanar holes: experimental study and particle flow modeling [J]. Computers and geotechnics, 2017, 88: 182-198.

[8] ZHANG X P, WONG L N Y. Cracking processes in rock-like material containing a single flaw under uniaxial compression: a numerical study based on parallel bonded-particle model approach[J]. Rock mechanics and rock engineering, 2012, 45(5): 711-737.

[9] HUANG Y H, YANG S Q, TIAN W L. Cracking process of a granite specimen that contains multiple pre-existing holes under uniaxial compression[J]. Fatigue & fracture of engineering materials & structures, 2019, 42(6): 1341-1356.

[10] PRUDENCIO M, JAN M V S. Strength and failure modes of rock mass models with non-persistent joints[J]. International journal of rock mechanics and mining sciences, 2007, 44(6): 890-902.

[11] VERGARA M R, VAN SINT JAN M, LORIG L. Numerical model for the study of the strength and failure modes of rock containing non-persistent joints[J]. Rock mechanics and rock engineering, 2016, 49(4): 1211-1226.

[12] BAHAADDINI M, HAGAN P, MITRA R, et al. Numerical study of the mechanical

behavior of nonpersistent jointed rock masses[J]. International journal of geomechanics,2016,16:04015035.

[13] LIANG Z Z,XING H,WANG S Y,et al. A three-dimensional numerical investigation of the fracture of rock specimens containing a pre-existing surface flaw[J]. Computers and geotechnics,2012,45:19-33.

[14] LU Y L,WANG L G,ELSWORTH D. Uniaxial strength and failure in sandstone containing a pre-existing 3-D surface flaw[J]. International journal of fracture,2015,194(1):59-79.

[15] HUANG Y H,YANG S Q. Mechanical and cracking behavior of granite containing two coplanar flaws under conventional triaxial compression[J]. International journal of damage mechanics,2018,28(3):105678951878021.

[16] WONG R H C,LIN P,TANG C A. Experimental and numerical study on splitting failure of brittle solids containing single pore under uniaxial compression[J]. Mechanics of materials,2006,38(1/2):142-159.

[17] LIN P,WONG R H C,TANG C A. Experimental study of coalescence mechanisms and failure under uniaxial compression of granite containing multiple holes[J]. International journal of rock mechanics and mining sciences,2015,77:313-327.

[18] GUI Y L,ZHAO Z Y,ZHANG C,et al. Numerical investigation of the opening effect on the mechanical behaviours in rocks under uniaxial loading using hybrid continuum-discrete element method[J]. Computers and geotechnics,2017,90:55-72.

[19]JAEGER J C,COOK N,ZIMMERMAN R W. Fundamental of rock mechanics[M]. Oxford:Black-well Publishing,2007.

[20] FAIRHURST C. On the validity of the 'Brazilian' test for brittle materials[J]. International journal of rock mechanics and mining sciences & geomechanics abstracts,1964,1(4):535-546.

[21] HOOPER J A. The failure of glass cylinders in diametral compression[J]. Journal of the mechanics and physics of solids,1971,19(4):179-188.

[22] LIN H,XIONG W,ZHONG W W,et al. Location of the crack initiation points in the Brazilian disc test [J]. Geotechnical and geological engineering, 2014, 32 (5): 1339-1345.

[23] HOBBS D. An assessment of a technique for determining the tensile strength of rock [J]. British journal of applied physics,1965,16:259-268.

[24] HUDSON J A. Tensile strength and the ring test[J]. International journal of rock mechanics and mining sciences & geomechanics abstracts,1969,6(1):91-97.

[25] MELLOR M,HAWKES I. Measurement of tensile strength by diametral compression of discs and annuli[J]. Engineering geology,1971,5(3):173-225.

[26] CHEN C S,HSU S C. Measurement of indirect tensile strength of anisotropic rocks by the ring test[J]. Rock mechanics and rock engineering,2001,34(4):293-321.

[27] COVIELLO A,LAGIOIA R,NOVA R. On the measurement of the tensile strength

of soft rocks[J]. Rock mechanics and rock engineering,2005,38(4):251-273.

[28] DE STEEN B V,VERVOORT A,NAPIER J A L. Observed and simulated fracture pattern in diametrically loaded discs of rock material[J]. International journal of fracture,2005,131(1):35-52.

[29] SUITS L,SHEAHAN T,FUENKAJORN K,et al. Laboratory determination of direct tensile strength and deformability of intact rocks[J]. Geotechnical testing journal,2011,34(1):103134.

[30] KOURKOULIS S K,MARKIDES C F. Stresses and displacements in a circular ring under parabolic diametral compression[J]. International journal of rock mechanics and mining sciences,2014,71:272-292.

[31] LI D Y,WANG T,CHENG T J,et al. Static and dynamic tensile failure characteristics of rock based on splitting test of circular ring[J]. Transactions of nonferrous metals society of China,2016,26(7):1912-1918.

[32] TORABI A R,ETESAM S,SAPORA A,et al. Size effects on brittle fracture of Brazilian disk samples containing a circular hole[J]. Engineering fracture mechanics, 2017,186:496-503.

[33] 杨圣奇,李尧,黄彦华,等.单孔圆盘劈裂试验宏细观力学特性颗粒流分析[J].中国矿业大学学报,2019,48(5):984-992.

[34] LI X B,FENG F,LI D Y. Numerical simulation of rock failure under static and dynamic loading by splitting test of circular ring[J]. Engineering fracture mechanics, 2018,188:184-201.

[35] BAI Q S,TU S H,ZHANG C. DEM investigation of the fracture mechanism of rock disc containing hole(s) and its influence on tensile strength[J]. Theoretical and applied fracture mechanics,2016,86:197-216.

[36] MEHRANPOUR M H,KULATILAKE P H S W. Improvements for the smooth joint contact model of the particle flow code and its applications[J]. Computers and geotechnics,2017,87:163-177.

[37] YANG S Q,JING H W,HUANG Y H,et al. Fracture mechanical behavior of red sandstone containing a single fissure and two parallel fissures after exposure to different high temperature treatments[J]. Journal of structural geology, 2014, 69: 245-264.

[38] ZHU T T,JING H W,SU H J,et al. Physical and mechanical properties of sandstone containing a single fissure after exposure to high temperatures[J]. International journal of mining science and technology,2016,26(2):319-325.

[39] 黄彦华,杨圣奇.高温后含孔花岗岩拉伸力学特性试验研究[J].中国矿业大学学报,2017,46(4):783-791.

[40]长江水利委员会长江科学院.水利水电工程岩石试验规程:SL264-2020[M].北京:中国水利水电出版社,2020.

[41] 孙强,张志镇,薛雷,等.岩石高温相变与物理力学性质变化[J].岩石力学与工程学报,

2013,32(5):935-942.

[42] YIN T B,SHU R H,LI X B,et al. Comparison of mechanical properties in high temperature and thermal treatment granite[J]. Transactions of nonferrous metals society of China,2016,26(7):1926-1937.

[43] 刘石,许金余,白二雷,等. 高温后大理岩动态劈裂拉伸试验研究[J]. 岩土力学,2013,34(12):3500-3504.

[44] SIRDESAI N N,SINGH T N,RANJITH P G,et al. Effect of varied durations of thermal treatment on the tensile strength of red sandstone[J]. Rock mechanics and rock engineering,2017,50(1):205-213.

[45] VISHAL V,PRADHAN S P,SINGH T N. Tensile strength of rock under elevated temperatures[J]. Geotechnical and geological engineering,2011,29(6):1127-1133.

[46] YIN T B,LI X B,CAO W Z,et al. Effects of thermal treatment on tensile strength of laurentian granite using Brazilian test[J]. Rock mechanics and rock engineering,2015,48(6):2213-2223.

[47] WONG L N Y,JONG M C. Water saturation effects on the Brazilian tensile strength of gypsum and assessment of cracking processes using high-speed video[J]. Rock mechanics and rock engineering,2014,47(4):1103-1115.

第6章　裂隙-孔洞岩石力学特性及裂纹扩展特征离散元模拟研究

岩石是一种复杂的天然介质，其内部含有各种不同尺度水平和不同分布形式的缺陷，如裂隙和孔洞，使得岩石的强度特征和变形破坏规律变得更加复杂。研究表明，岩石工程的失稳破坏通常是由内部缺陷的张开、闭合、扩展和贯通引起的[1]。因此，开展含缺陷岩石强度及变形破坏规律的相关研究，对于确保岩石工程的稳定具有重要的工程意义。基于扫描电镜、显微镜、数字照相和声发射等技术或数值模拟方法，可以对含缺陷岩石类脆性材料的力学行为进行分析研究。Zhang 等[2-3]基于颗粒流 PFC^{2D}，对含单裂隙和双裂隙类岩石材料的强度特征和裂纹扩展规律进行了详细的数值模拟分析；张平等[4-5]采用模型试验方法，对动载作用下含 2 条及 3 条不同空间位置分布断续预制裂隙类砂岩材料的贯通机制进行了分析；段进超等[6]采用 MFPA^{2D}对单轴压缩下含单孔和双孔类脆性材料的裂纹扩展特征进行了数值模拟研究。但上述研究都是采用模型试验或者数值模拟方法进行的。近年来，随着预制缺陷技术的发展，通过在真实岩石材料中预制各种不同分布的孔洞和裂隙，对含预制缺陷岩石力学性质研究取得了一些成果。郭彦双等[7]对含张开型表面裂隙辉长岩试样预制不同裂隙倾角，分析了裂隙倾角对辉长岩破裂模式的影响规律；Yang 等[8]和杨圣奇[9]通过在真实砂岩中预制 3 条裂隙，分析了岩桥倾角对断续三裂隙砂岩试样强度的影响规律，探讨了单轴压缩下断续三裂隙砂岩试样的裂纹扩展机理；李地元等[10]利用加工成双侧方形孔洞的板状花岗岩试样，开展了单轴压缩下试样的应力、应变、声发射和变形破坏特征的研究。Kobayashi 等[11]研究了单轴压缩下含单圆孔光弹材料的裂纹扩展特征，以及单孔与裂纹的相互作用机制。前述分析主要是基于裂隙或者孔洞一种缺陷对真实岩样力学行为的试验研究，但对岩样中同时分布裂隙和孔洞缺陷的研究还较少。

6.1　单孔洞-双裂隙砂岩单轴压缩力学特性试验

目前对含孔洞-裂隙组合缺陷砂岩的变形破坏及裂纹扩展特征研究还较少。鉴于此，本节基于含单孔洞-双裂隙砂岩试样单轴压缩试验结果，重点分析含孔洞裂隙砂岩试样的强度、变形、声发射以及裂纹扩展特征，并力图揭示含孔洞裂隙砂岩试样宏观变形特性与裂纹扩展演化之间的联系[12]。

6.1.1　试验概况

为了研究含孔洞裂隙岩石的强度和变形破坏等力学特性，试验选取砂岩作为研究对象，该砂岩采自山东省临沂市，主要矿物成分为长石和石英，另含有部分高岭石、绿泥石和少量的伊利石、蒙皂石、伊蒙混层、方解石等矿物。该砂岩为细晶结构，粒径相对比较均匀，呈致密块状构造，宏观均匀一致，平均密度约为 2 620 kg/m³。

采集的砂岩试块经实验室精加工，制备成完整的长方体岩样，岩样高度为 120 mm，宽度为 60 mm，厚度为 30 mm。制备岩样时，为了避免各向异性对试验结果的影响，所有岩样均沿同一个方向切割。在完整长方体岩样基础上，预制如图 6-1 所示的单孔洞-双裂隙缺陷岩样。缺陷岩样的分布考虑如下 2 种情况：

（1）含单孔洞砂岩岩样：孔洞的直径 d 分别设计了 0，5，10，15 和 20 mm 五种，其中直径为 0 的岩样实质上为完整长方体岩样。

（2）含孔洞裂隙岩样：孔洞的直径 d 均为 10 mm，裂隙的倾角 α 均为 30°，而缺陷的总长度（$d+2a+2b$）设计为 26 mm，其中 $2a$ 为裂隙①的长度，$2b$ 为裂隙②的长度。为了探讨裂隙不对称分布对砂岩力学特性的影响，考虑了 2 种不同的缺陷分布模式，一种为 $2a=2b=$ 8 mm，另一种为 $2a=12$ mm 与 $2b=4$ mm。加工含孔洞裂隙岩样时，首先在岩样中部预制一条倾角为 30°，长度为 26 mm 的裂隙，该裂隙宽度约为 2.5 mm，然后在此基础上，再加工单个孔洞，孔洞的中心位于预制的裂隙上。

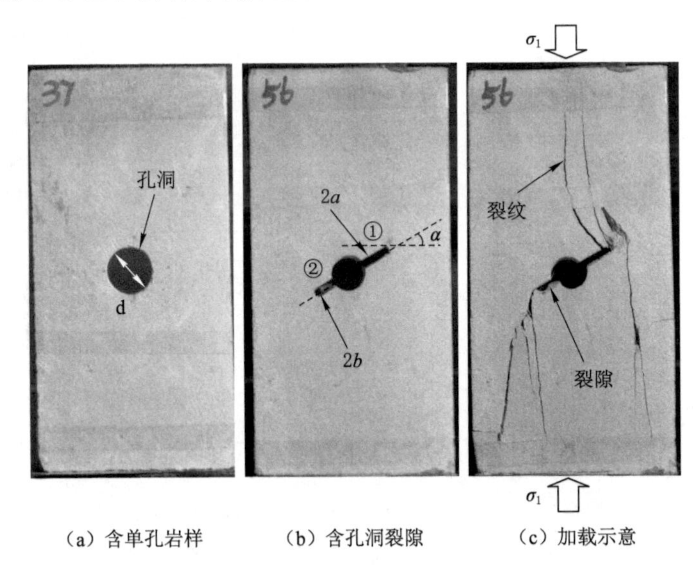

（a）含单孔岩样　　（b）含孔洞裂隙　　（c）加载示意

图 6-1　含孔洞-裂隙砂岩试样示意图

本试验是在中国矿业大学深部岩土力学与地下工程国家重点实验室 MTS815.02 岩石力学伺服控制试验机上进行的。该试验系统具有 3 套独立的闭环控制加载设备，可分别控制轴压、围压和孔隙压力，系统所能施加的最大轴向力为 2 700 kN。试验程序如下：① 将长方体岩样放在岩石试验机上；② 在两端加上与岩样端部匹配的刚性垫块，以减小端面摩擦对试验结果的影响；③ 对岩样施加单轴压缩应力使之失去承载能力而破坏。试验采用位移控制准静态加载方式，加载速率约为 2.0×10^{-5}。需要注意的是，测试岩样轴向荷载-变形曲线的同时，采用了 AE21C-06 岩石声发射仪，对部分岩样加载过程中的声发射特征进行了同步测量。该声发射系统可全自动高速采样、记录声发射信息，可直接统计单位时间内的声发射振铃计数率和能量计数率等声发射指标，试验系统经改进后，声发射探头与岩样之间直接耦合，避免了信号受缸体和缸内油液引起的信号幅度衰减和噪声干扰。

6.1.2 单孔洞砂岩力学特性

(1) 单孔洞砂岩强度和变形特性

图 6-2 为单轴压缩下含不同直径孔洞砂岩应力-应变试验曲线，其中 $d=0$ mm 的岩样为完整岩样。由图 6-2 可知，过峰值强度以后，完整岩样出现典型的脆性破坏特征，其承载能力迅速跌落至零。图 6-3 为单轴压缩下完整岩样的破裂模式[13]，也更加说明了该试验砂岩的脆性破坏特征。从图 6-2 还可以看出，该脆性砂岩具有显著的裂隙压密阶段，这主要是由于岩样内部存在着的初始裂隙发生闭合的缘故。孔洞直径 $d=5$ mm 和 $d=15$mm 的砂岩，其峰后也发生脆性跌落，而 $d=10$ mm 的砂岩并未加载至完全破坏，$d=20$ mm 的砂岩峰值强度附近出现明显的屈服平台，这可能是由于岩样沿孔洞周边逐步发生屈服破坏所致。此外，含单孔洞砂岩岩样峰前应力-应变曲线上所发生的应力跌落是由裂纹扩展所致。

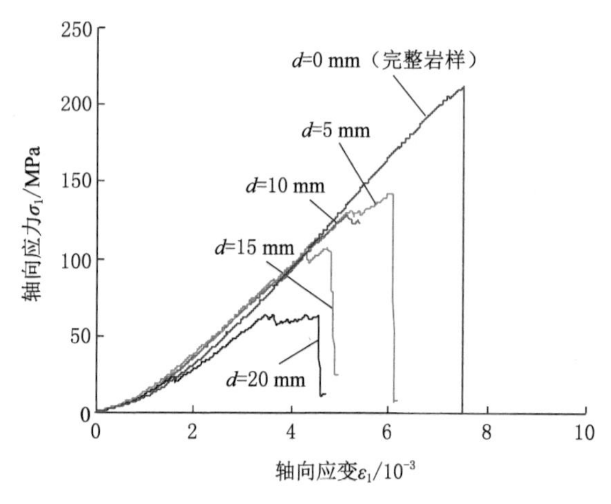

图 6-2 含不同直径孔洞砂岩应力-应变曲线

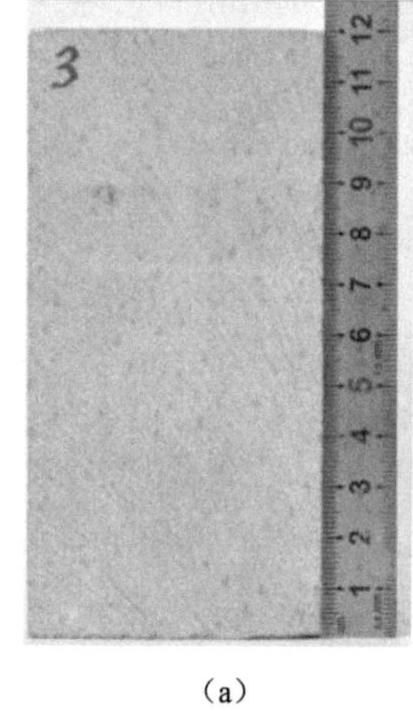

(a) (b)

图 6-3 完整岩样的脆性破坏特征[13]

为了分析孔洞直径对砂岩强度和变形破坏特性的影响，首先对 $d=15$ mm 的 2 个砂岩岩样进行了单轴压缩试验，以讨论非均质性对含单孔洞砂岩力学参数的影响程度。图 6-4 给出了 $d=15$ mm 的 2 个单孔洞砂岩试样应力-应变曲线。由图 6-4 可知，GS-37# 和 GS-38# 这 2 个砂岩试样单轴抗压强度分别为 102.71 和 107.23 MPa，平均值约为 104.97 MPa，离散系数(即最大值与最小值之差与平均值比值的百分比)约为 4.3%；而 GS-37# 和 GS-38# 这 2 个砂岩岩样峰值应变分别为 4.006×10^{-3} 和 4.717×10^{-3}，平均值约为 4.362×10^{-3}，离散系数约为 16.3%。综上所述，本次试验砂岩具有较好的一致性，图 6-4 所反映的非均质性对含单孔洞砂岩强度和变形参数的影响程度是比较小的。

图 6-5 给出了孔洞直径对试验脆性砂岩峰值强度和峰值应变的影响规律。由图 6-5 可知，完整岩样的峰值强度为 212.08 MPa，而含单孔洞砂岩岩样峰值强度分布在 62.99 MPa ($d=20$ mm) 和 142.72 MPa($d=5$ mm)范围内；完整岩样的峰值应变为 7.500×10^{-3}，而含单孔洞砂岩岩样峰值应变分布在 4.362×10^{-3}($d=15$ mm 的 2 个岩样峰值应变的平均值)和 6.042×10^{-3}($d=5$ mm)范围内。因此，含单孔洞砂岩岩样的力学参数均显著低于完整

岩样(d=0 mm),但降低幅度与孔洞直径密切相关。整体而言,随着孔洞直径的增加,含单孔洞砂岩的峰值强度与峰值应变均呈衰减趋势。

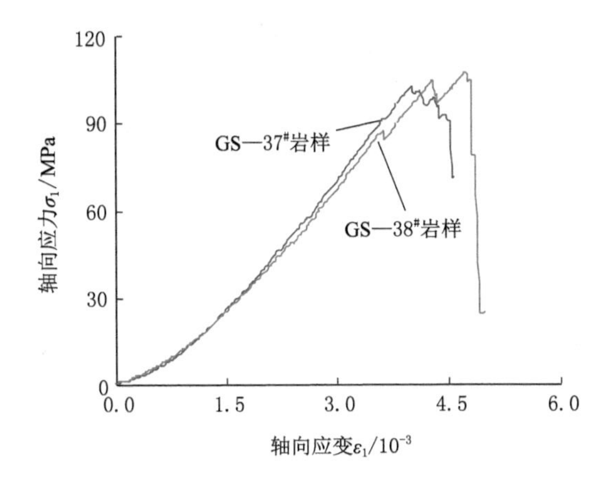

图 6-4　单孔洞砂岩应力-应变曲线的影响

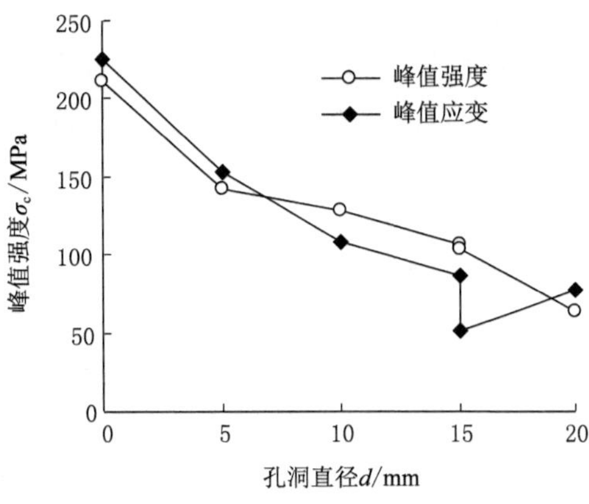

图 6-5　孔洞直径对砂岩力学参数的影响

(2) 单孔洞砂岩声发射特性

声发射是一种监测岩石材料内部实时破损过程的有效手段,目前已在许多完整岩石材料内部裂纹扩展过程分析中得到了广泛应用[14-16]。但较少应用于含缺陷岩石岩样内部裂纹扩展过程的监测分析[13,17]。图 6-6 给出了单轴压缩下含单孔洞砂岩声发射分布曲线,由图 6-6 可知,加载初期(即裂隙压密阶段),岩样中很少观察到 AE 次数。

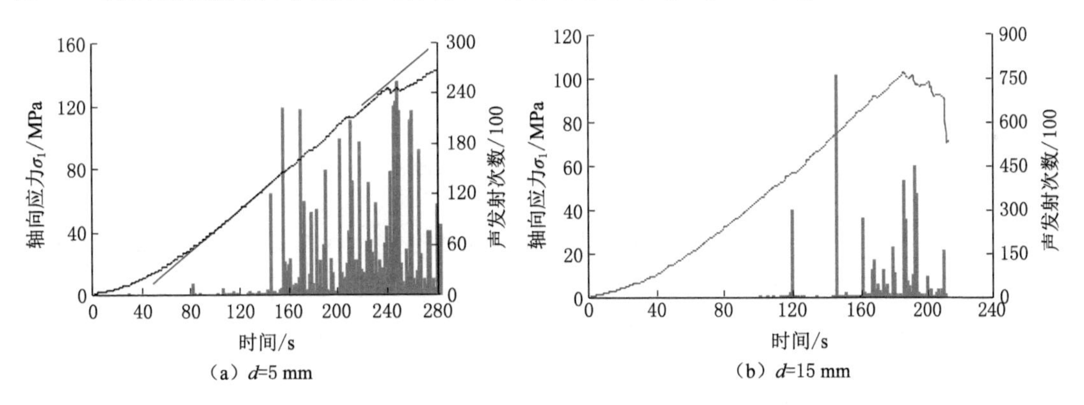

图 6-6　单轴压缩下含单孔洞砂岩声发射分布曲线

此后,随着变形的逐步增加,岩样进入弹性变形阶段。含单孔洞直径较小(d=5 mm)的岩样在弹性变形初期仅出现了一些零星的 AE 次数,在弹性变形后期声发射活动事件频繁,AE 次数急剧增加;而含单孔洞直径较大(d=15 mm)的岩样仅在弹性变形后期才出现一些较大的 AE 次数,且最大 AE 次数要显著高于 d=5 mm 的岩样,但 AE 分布要比 d=5 mm 的岩样更加离散化,这种离散化能够被解释如下:当岩样中产生一次较大的裂纹扩展,就出现了一次较大的 AE 次数,此后由于岩样中没有产生新的裂纹,因此 AE 次数相对要小很多。当岩样进入非线性变形阶段,轴向应力-轴向应变曲线逐渐偏离直线,含不同直径单孔洞砂岩均出现了大量的 AE 次数,声发射活动数量显著增加,预示着脆性砂岩的失稳破坏。

整体而言，含单孔洞直径较小($d=5$ mm)的岩样 AE 密集度要高于含单孔洞直径较大($d=15$ mm)的岩样，这主要是由于孔径较小时，孔洞不容易沿着轴向荷载出现裂纹扩展，而是在其内部积聚了较多的弹性应变能，从而也导致孔径较小的岩样峰后显著脆性破坏，而孔径较大的岩样峰后延性较强。此外，需要注意的是，含单孔洞岩样最大的 AE 次数并没有出现在最终的脆性失稳破坏，而是出现在峰值强度前的某一个变形部位。

6.1.3 孔洞裂隙砂岩力学特性

(1) 孔洞裂隙砂岩强度和变形特性

图 6-7 给出了单轴压缩下含孔洞裂隙砂岩轴向应力-轴向应变试验曲线，其中岩样 GS-55# 中裂隙长度 $2a=2b=8$ mm，缺陷为对称分布；而岩样 GS-56# 裂隙长度 $2a=12$ mm，$2b=4$ mm，缺陷为不对称分布。

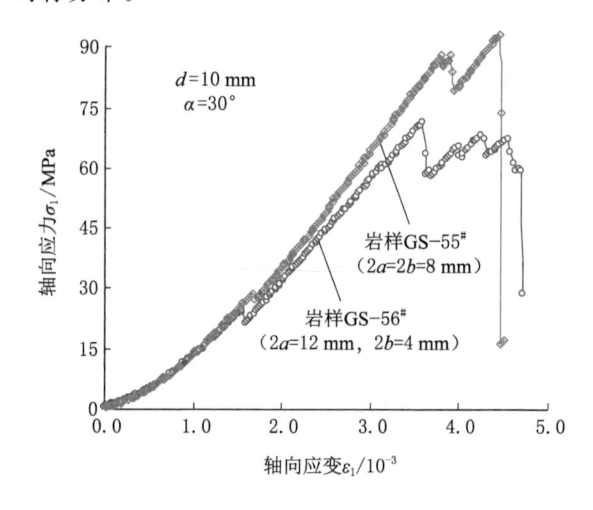

图 6-7 单轴压缩下含孔洞裂隙砂岩应力-应变曲线

由图 6-7 可见，缺陷分布的对称性对砂岩强度和变形特性存在显著影响。缺陷为对称分布的岩样 GS-55# 峰值强度和峰值应变分别为 93.20 MPa 和 4.448×10^{-3}，而缺陷为不对称分布的岩样 GS-56# 峰值强度和峰值应变分别为 71.56 MPa 和 3.589×10^{-3}；缺陷为对称分布的岩样 GS-55# 弹性模量为 29.88 GPa，也高于缺陷为不对称分布的岩样 GS-56# 弹性模量(25.79 GPa)。综上所述，不对称分布的缺陷导致了砂岩强度和变形参数的弱化。图 6-7中 2 个岩样峰值强度附近轴向应力-轴向应变曲线形状的显著差异，与岩样内部裂纹扩展过程是密切相关的。我们在后文做详细阐述。

(2) 孔洞裂隙砂岩声发射特性

图 6-8 给出了单轴压缩下含孔洞裂隙砂岩声发射分布曲线。由图 6-8 可见，缺陷的对称分布不仅影响岩样峰值强度附近轴向应力-轴向应变曲线形状，而且对岩样的 AE 分布特征也有很大影响。

含孔洞裂隙砂岩岩样在裂隙压密阶段，均没有 AE 事件被观察到，但当荷载达到点 a 时，由于岩样在裂隙的外部尖端处萌生了拉伸裂纹，因此一个较大的 AE 事件亦产生，如图 6-8所示。此后岩样进入弹性变形阶段，声发射次数并不是很活跃，只有零星的 AE 事件

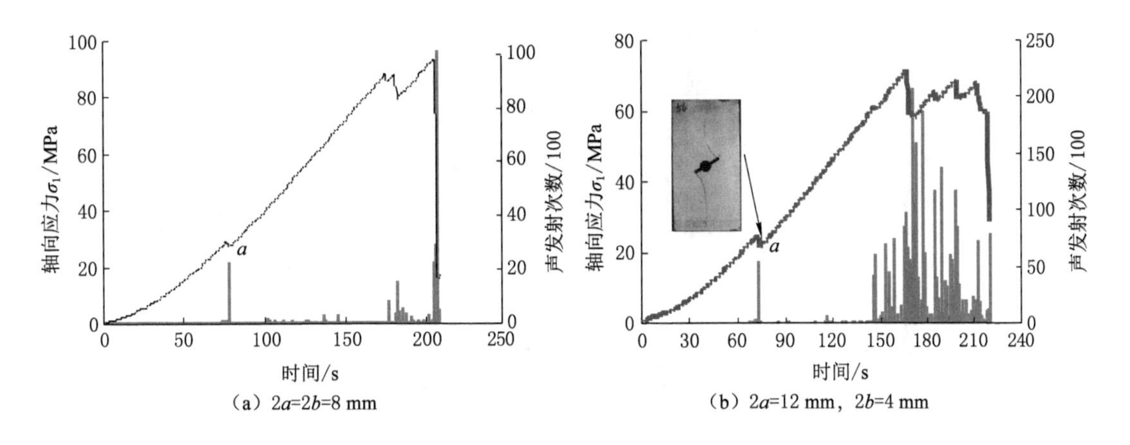

图 6-8　单轴压缩下含孔洞裂隙砂岩声发射分布曲线

发生。

图 6-8(a)所示的缺陷为对称分布的岩样中较多的裂纹扩展均发生在峰值强度之前，因此在接近峰值强度的一段应力水平时，声发射变得活跃，声发射次数在最终失稳破坏时达到最大值。图 6-8(b)所示的缺陷为不对称分布的岩样中较多的裂纹扩展均发生在峰值强度以后，尽管从点 a 到峰值强度的这段区域内，没有新的裂纹产生，但是在接近峰值强度时，由于在点 a 处所产生的裂纹宽度增大，因此岩样在峰值强度附近的声发射数也急剧增加，变得异常活跃。峰值之后，由于出现了较多的裂纹扩展，因此声发射频繁发生，每次较大的应力跌落均对应着较大的 AE 次数，声发射次数在峰值强度处的应力跌落达到最大值。

6.1.4　砂岩裂纹扩展特征

(1) 含缺陷砂岩裂纹扩展过程

图 6-9 给出了含孔洞裂隙砂岩在单轴压缩下典型的宏观破裂模式，图中数字表示的是裂纹扩展顺序，但需要注意的是，数字的上标中字母仅是为了区别岩样中不同部位出现的裂纹。由图 6-9 可见，含缺陷砂岩岩样破裂模式与图 6-3 所示的完整岩样脆性破裂特征具有显著差异，含缺陷砂岩岩样在轴向加载过程中，在孔洞附近以及裂隙尖端附近，甚至与缺陷相距较远区域，均观察到了裂纹扩展。

在外界荷载作用下，含不同直径单孔洞砂岩岩样均最先在孔洞中心上下部位附近同时萌生出 2 条拉伸裂纹 1^a 和 1^b，如图 6-9(a)所示，该拉伸裂纹 1^a 和 1^b 均近似沿着轴向应力方向朝岩样上下端部扩展延伸；而含孔洞裂隙砂岩岩样最先在裂隙的外部尖端附近的拉伸应力集中区域，萌生出 2 翼形拉伸裂纹 1^a 和 1^b，如图 6-9(c)所示，该拉伸裂纹 1^a 和 1^b 产生的方向最先与预制裂隙相垂直，然后沿着轴向荷载方向分别朝岩样下上端部迅速扩展。此后随着轴向变形的增加，岩样所承载的轴向荷载也进一步增加，由此也导致含单孔洞岩样内部裂纹的进一步萌生。含单孔洞直径较小(如 $d=5$ mm)的岩样拉伸裂纹 2 出现在岩样右侧区域，沿着轴向出现劈裂破坏，而岩样最终的失稳破坏导致远场裂纹 3^a 和侧向裂纹 3^b 的产生；含单孔洞直径较大(如 $d=15$ mm)的岩样在孔洞周边左侧中部区域萌生出了拉伸裂纹 2，并沿轴向应力方向朝岩样上端部扩展，而后在岩样左下侧区域出现了拉伸裂纹 3，裂纹也沿轴向出现了劈裂破坏，岩样最终的失稳破坏也使得在孔洞周边右侧中部区域产生了拉伸裂纹

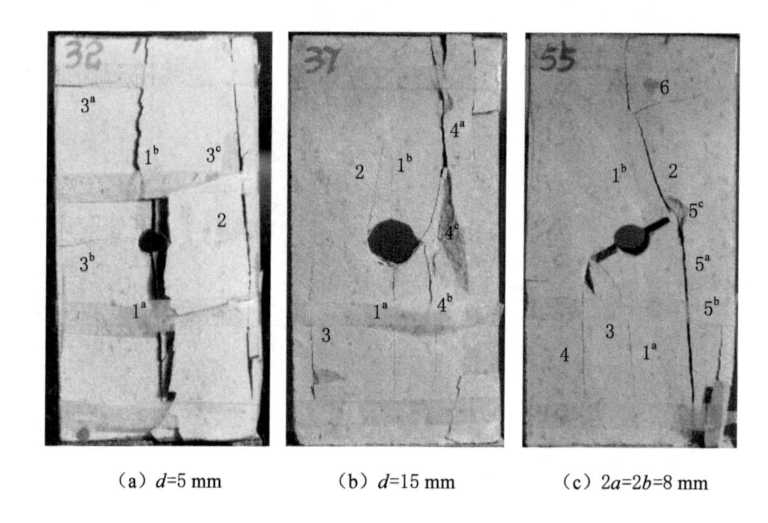

(a) d=5 mm　　(b) d=15 mm　　(c) $2a=2b$=8 mm

图 6-9　单轴压缩下含孔洞裂隙砂岩典型的宏观破裂模式

4^a和 4^b,扩展方向均近似与轴向加载方向平行。然而,含孔洞裂隙砂岩岩样在萌生出 2 条拉伸裂纹 1^a和 1^b之后,随着轴向变形的进一步增加,岩样首先在预制裂隙①的外部尖端萌生了次生拉伸裂纹 2,朝岩样上端部扩展,而后在预制裂隙②的外部尖端萌生了次生拉伸裂纹 3 和 4,朝岩样下端部扩展;其后预制裂隙①的外部尖端又出现了反向拉伸裂纹 5^a,同时在岩样右下侧出现了远场裂纹 5^b,岩样最终的失稳破坏导致了一些早先产生的裂纹宽度增加和一些远场裂纹的萌生,如裂纹 6。由于试验砂岩材料显著的脆性破坏特征,因此在加载过程中,含缺陷砂岩岩样中均观察到了一些表面剥落破坏,如图 6-9(b)中的 4^c和图 6-9(c)中的 5^c,这些表面剥落破坏可能是岩样局部区域压应力集中所致。

(2) 含缺陷砂岩裂纹扩展过程与宏观变形特性关系

图 6-10 为单轴压缩下含孔洞裂隙砂岩裂纹扩展过程与宏观变形特性的关系,图 6-10 中标注的字母对应于图 6-11 所示的每一个裂纹扩展模式,相应的裂纹扩展点对应的轴向应力与应变也在图 6-11 中给出。由图 6-10 和图 6-11 可见,在岩样加载到点 a($\sigma_1=24.39$ MPa$=34.1\%\sigma_c$,σ_c 为岩样单轴抗压强度)时,由于裂隙尖端附近区域达到了材料的抗拉强度,因此岩样在裂隙的外部尖端处萌生了 2 条翼形拉伸裂纹 1^a和 1^b,拉伸裂纹的迅速产生也使得岩样变形曲线上出现了一个应力跌落,从 24.39 MPa 跌落到了 21.19 MPa。

此后,随着轴向变形的增加,岩样的轴向应力也近似呈线性增加,在点 a 到点 c 之间,尽管没有新的裂纹产生,但是裂纹 1^a和 1^b的宽度显著增加,如图 6-11(b)所示,但由于岩样边界的限制,裂纹 1^a和 1^b的长度并没有增大。当岩样的轴向应力达到峰值强度点 c($\sigma_1=71.56$ MPa $=100\%\sigma_c$)时,在裂隙的外部尖端处萌生了 2 条次生拉伸裂纹 2^a和 2^b,这导致了一个显著的应力跌落,即在轴向应变几乎不变的情况下,轴向应力从 71.56 MPa 跌落至 58.71 MPa。该应力跌落之后,变形的持续增加又使得应力开始缓慢上升,但由于岩样已经出现些许损伤,因此应力很难再增加超过峰值强度值,当轴向应力达到点 d 时,尽管没有新的裂纹萌生,但是在预制裂隙②与孔洞交汇处出现了少许内部破坏,试验过程中一个巨大的响声能够被听到,由此也使得轴向应力出现了微小跌落,从 65.29 MPa 跌落至 62.92 MPa。虽然岩样在点 d 已经出现 4 条裂纹,但岩样仍具有较好的承载结构,因此变形的进一步增加

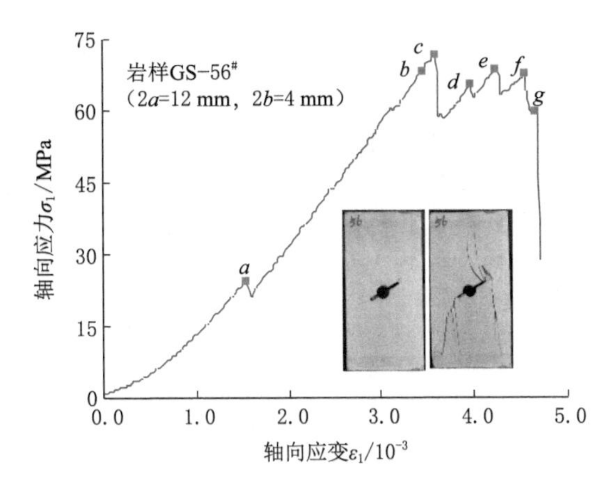

图 6-10 含孔洞裂隙砂岩裂纹扩展过程与宏观变形特性关系

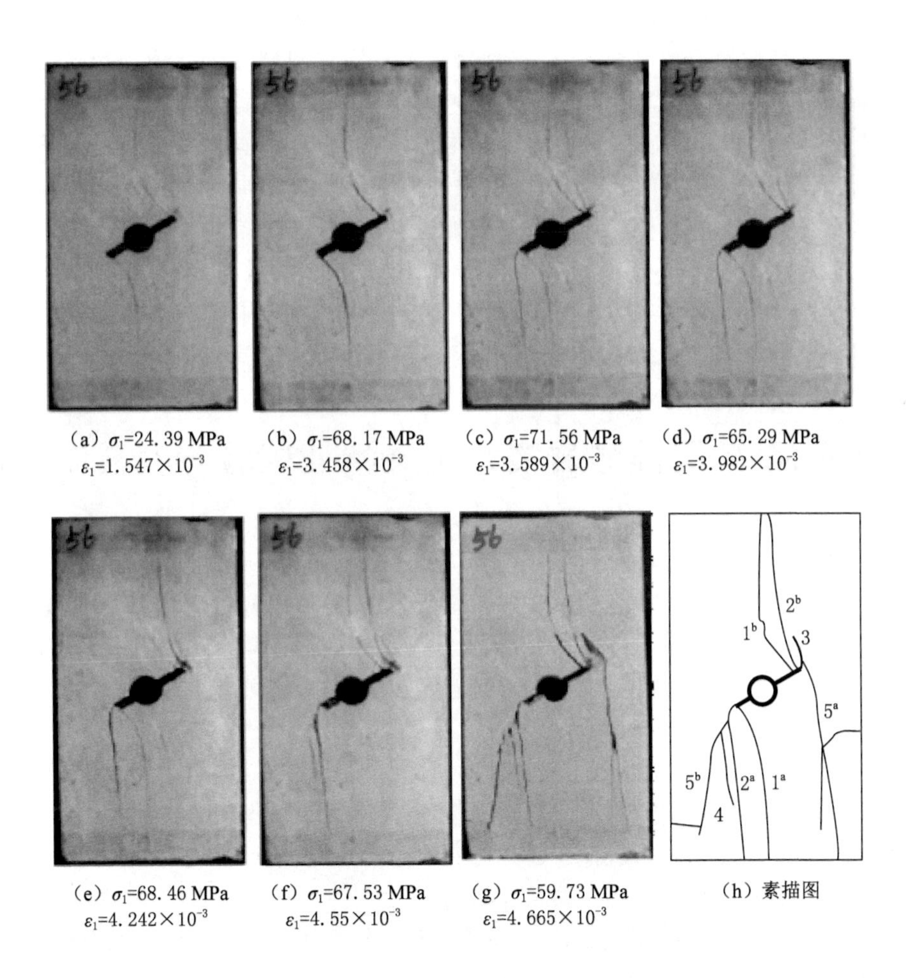

（a）σ_1=24.39 MPa $\varepsilon_1=1.547\times10^{-3}$ （b）σ_1=68.17 MPa $\varepsilon_1=3.458\times10^{-3}$ （c）σ_1=71.56 MPa $\varepsilon_1=3.589\times10^{-3}$ （d）σ_1=65.29 MPa $\varepsilon_1=3.982\times10^{-3}$

（e）σ_1=68.46 MPa $\varepsilon_1=4.242\times10^{-3}$ （f）σ_1=67.53 MPa $\varepsilon_1=4.55\times10^{-3}$ （g）σ_1=59.73 MPa $\varepsilon_1=4.665\times10^{-3}$ （h）素描图

图 6-11 典型的含孔洞裂隙砂岩裂纹扩展过程

使得岩样达到了点 e ($\sigma_1=68.46$ MPa$=95.7\%\sigma_c$)，此时在预制裂隙①的外部尖端又萌生出了1条次生拉伸裂纹3，但该裂纹并没有如次生拉伸裂纹 2^b 一样扩展至岩样边界，裂纹3的产生也导致了岩样所承受的轴向应力从68.46 MPa跌落至63.38 MPa。此后，岩样在达到点 f 时，次生拉伸裂纹4从预制裂隙②的外部尖端迅速产生，尽管岩样变形仍在不断增加，但轴向应力却持续跌落，当跌落至点 g($\sigma_1=59.73$ MPa $=83.5\%\sigma_c$)时，岩样发生了失稳破坏，应力迅速跌落至28.88 MPa，在这个过程中，岩样迅速产生了裂纹 5^a 和 5^b。综上分析可知，岩样中每一次较大的裂纹扩展也对应着轴向应力-应变曲线上较大的应力跌落，岩样轴向应力-应变曲线形状的差异也是岩样内部裂纹扩展过程不同的体现。

6.1.5 本节小结

(1) 含孔洞裂隙砂岩岩样的力学参数均显著低于完整岩样的，但降低幅度与孔洞直径及缺陷对称分布密切相关，随着孔洞直径的增加，含单孔洞砂岩的峰值强度与峰值应变均呈衰减趋势，而不对称分布的缺陷导致了砂岩力学参数的弱化。

(2) 利用岩石声发射仪，获得了整个变形过程中含孔洞裂隙砂岩的声发射特征，揭示了声发射分布显著受孔洞裂隙等缺陷分布的影响，含不同孔洞裂隙砂岩中裂纹扩展过程与声发射分布曲线密切相关。含孔洞裂隙砂岩的最大AE次数要低于含单孔洞砂岩的。

(3) 含不同直径单孔洞砂岩岩样均最先在孔洞中心上下部位附近同时萌生出2条拉伸裂纹，而含孔洞裂隙砂岩岩样最先在裂隙的外部尖端附近的拉伸应力集中区域，萌生出2条翼形拉伸裂纹。裂纹均沿着轴向荷载方向朝岩样上下端部扩展。

(4) 通过照相量测技术，探讨了含不同孔洞裂隙砂岩的裂纹扩展特征，分析了含缺陷砂岩裂纹扩展过程及其对宏观应力-应变曲线的影响规律。岩样中每一次较大的裂纹扩展也对应着轴向应力-应变曲线上较大的应力跌落。

6.2 双孔洞-单裂隙砂岩裂纹扩展特征试验与颗粒流模拟

本节首先采用真实砂岩材料切割成尺寸80 mm×160 mm×30 mm的长方体岩样，然后在岩样上加工两个圆孔和单条裂隙，制得双孔洞-单裂隙岩样。采用伺服试验机对双孔洞-单裂隙砂岩试样进行单轴压缩试验。基于试验结果，结合颗粒流程序(PFC)模拟分析，探讨裂隙倾角对双孔洞-单裂隙砂岩试样力学特性和裂纹扩展规律的影响[18]。

6.2.1 试验概况

试验砂岩采自山东省临沂市，主要矿物成分为长石和石英，另含有一些岩屑。该试验砂岩为细晶结构，粒径相对均匀，呈致密块状构造，宏观均匀一致，平均密度约为2 650 kg/m^3。试验砂岩为孔隙式胶结，填隙物主要为绿泥石等。

采集的砂岩试块经实验室精加工，制备成完整的长方体岩样，试样尺寸宽度(W)×高度(H)×厚度(T)约为80 mm×160 mm×30 mm。在完整长方体岩样的基础上，再预制两个圆孔和单条裂隙，如图6-12所示。预制的裂隙长度为 $2a$，裂隙倾角为 α，裂隙宽度为2.5 mm，孔洞①②之间的岩桥长度和岩桥倾角分别为 $2b$ 和 β，孔洞①②的直径均为 $2c$。

表 6-1列出了本次试验中的双孔洞-单裂隙岩样几何参数。

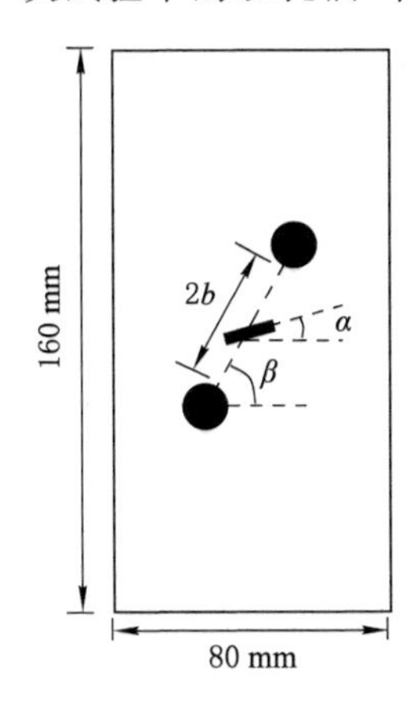

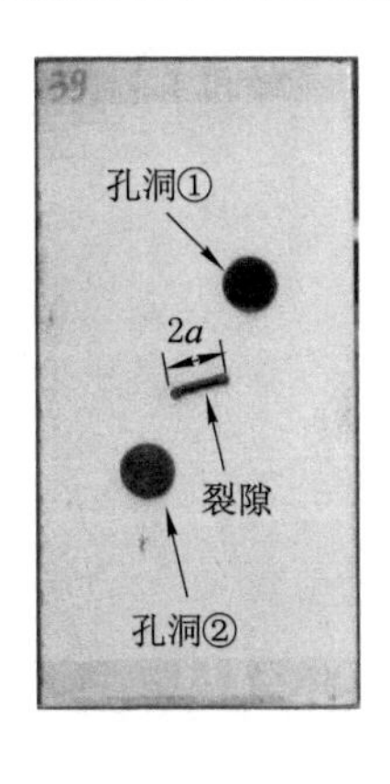

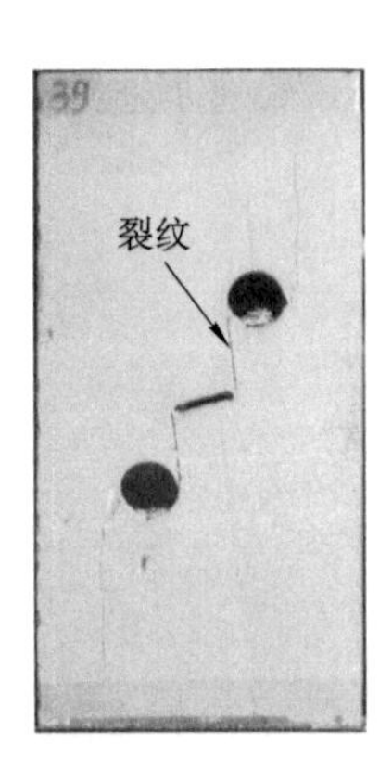

图 6-12　试验砂岩中双孔洞-单裂隙参数分布

表 6-1　双孔洞-单裂隙砂岩试样几何参数

岩样	α / (°)	β / (°)	$2a$/mm	$2b$/mm	$2c$/mm	备注
B38#	—	60	—	40	14	双孔洞
B39#	15	60	15	40	14	双孔洞-单裂隙
B41#	45	60	15	40	14	双孔洞-单裂隙

本节试验均是在 MTS815.02 岩石力学伺服控制试验机上进行的。试验程序如下：首先将试样放在岩石试验机上；然后在两端加上与岩样端部匹配的钢性垫块，以减小端面摩擦对试验结果的影响；最后对岩样施加单轴压缩应力使之失去承载能力而破坏。试验采用位移控制加载方式，加载速率约为 8.125×10^{-6}/s。

6.2.2　试验结果及分析

(1) 双孔洞-单裂隙砂岩应力-应变曲线

图 6-13 给出了双孔洞-单裂隙砂岩试样的应力-应变曲线。与完整砂岩试样的应力-应变曲线相比[8]，双孔洞-单裂隙砂岩试样的应力-应变曲线呈现出更多且显著的应力跌落，这反映了双孔洞-单裂隙砂岩试样中裂纹的逐渐扩展过程。由图 6-13 也可以看出，双孔洞砂岩试样的峰值强度(107.73 MPa)显著低于完整砂岩试样(190.80 MPa)的，而双孔洞-单裂隙砂岩试样的峰值强度(70.06 MPa 和 63.73 MPa)又显著低于双孔洞砂岩试样。由此可见，缺陷会很大程度地降低试样的强度。

(2) 双孔洞砂岩裂纹扩展特征

图 6-14 给出了单轴压缩下双孔洞砂岩试样裂纹扩展过程。图 6-14 中数字表示裂纹扩展顺序，但数字上的上标仅表示同一时间不同位置的裂纹。与完整砂岩试样裂纹扩展过程[8]相比，含双孔洞砂岩试样是由孔洞附近萌生的裂纹扩展与汇合，导致岩样的最终失稳破坏。双孔洞砂岩试样首先在孔洞①和②的上下边缘萌生了 4 条初始裂纹 $1^a\sim1^d$，该 4 条拉伸裂纹均是沿着轴向加载方向扩展，如图 6-14(a)所示。试样中产生裂纹 1 后，随着轴向变

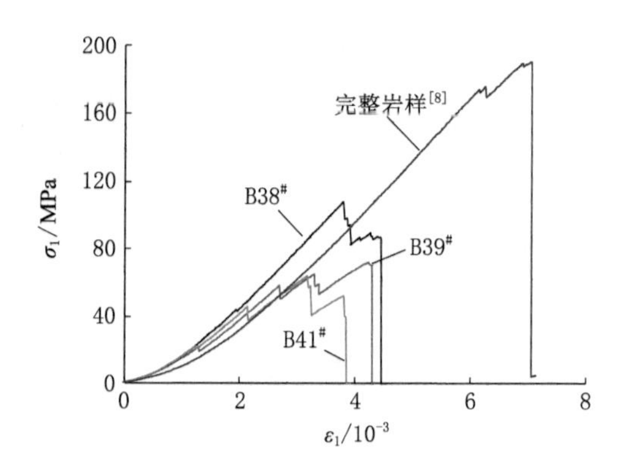

图 6-13　完整与双孔洞-单裂隙砂岩试样应力-应变曲线

形的增大，裂纹进一步萌生和扩展。在两孔洞中间区域产生拉伸裂纹 2，随后在孔洞②边缘产生拉伸裂纹 3^a 和 3^b，此时在孔洞②内发现少许岩屑。随着应力逐渐增大，在孔洞①边缘产生拉伸裂纹 4，并向试样上端扩展。此后，变形的持续增加，试样中产生的裂纹 5 连接裂纹 3 和 4^a 贯通孔洞①和②，试样表面出现轻微的剥落破坏。最后伴随试样的失稳破坏，产生了水平裂纹 6^a 和轴向拉伸裂纹 6^b～6^e。

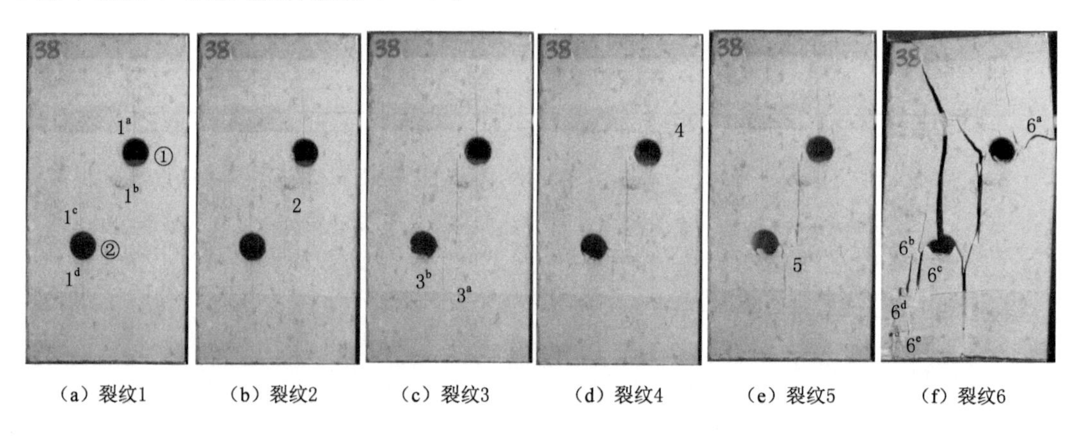

(a) 裂纹1　(b) 裂纹2　(c) 裂纹3　(d) 裂纹4　(e) 裂纹5　(f) 裂纹6

图 6-14　单轴压缩下双孔洞砂岩试样裂纹扩展过程

(3) 双孔洞-单裂隙砂岩裂纹扩展特征

图 6-15 和图 6-16 给出了单轴压缩下双孔洞-单裂隙砂岩试样裂纹扩展过程。由图 6-15 和图 6-16 可知，与完整砂岩试样裂纹扩展过程[8]相比，双孔洞-单裂隙砂岩试样是由孔洞及裂隙附近萌生的裂纹扩展与汇合导致岩样的最终失稳破坏。如图 6-15(a)所示，当裂隙倾角为 15°时首先在孔洞①和②上下边缘和裂隙尖端附近萌生初始裂纹 1^a～1^f。需要注意的是，裂纹 1^e～1^f 并不是在裂隙尖端产生的，而是与离尖端有一定距离，这可能是由裂隙倾角较小所致。而当裂隙倾角增大到 45°时，1^e 萌生于裂隙尖端，如图 6-16(a)所示。初始裂纹 1^a～1^f 均沿着轴向加载方向扩展。

由图 6-15 可见，随着轴向变形的增大，在孔洞②上边缘萌生裂纹 2^a，在裂隙左尖端萌生裂纹 2^b 并迅速扩展使得裂隙与孔洞②首先出现贯通。其次在裂隙右尖端产生裂纹 3，由此裂隙与孔洞①也出现贯通。随着轴向变形的继续增大，在孔洞②处产生裂纹 4，裂纹 4 沿试样下端

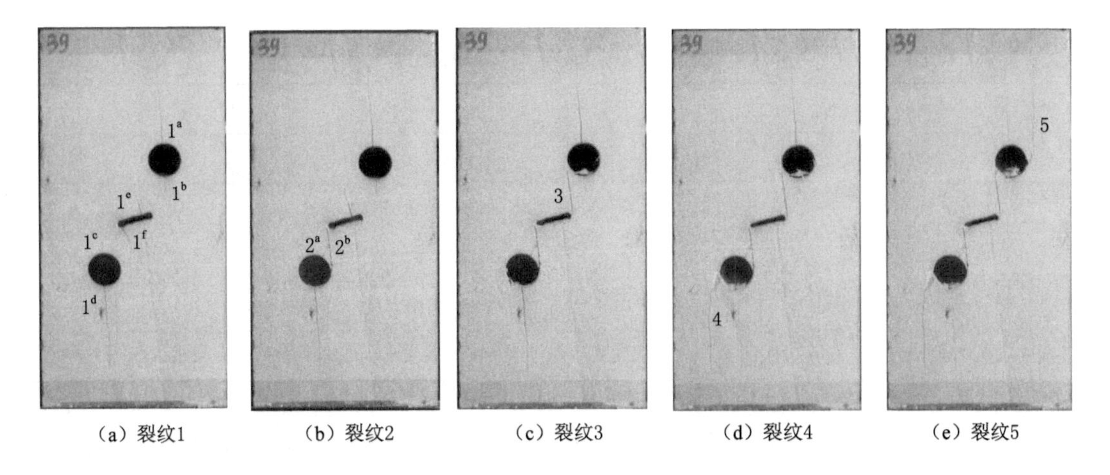

（a）裂纹1　（b）裂纹2　（c）裂纹3　（d）裂纹4　（e）裂纹5

图 6-15　双孔洞-单裂隙砂岩试样裂纹扩展过程（$\alpha=15°$）

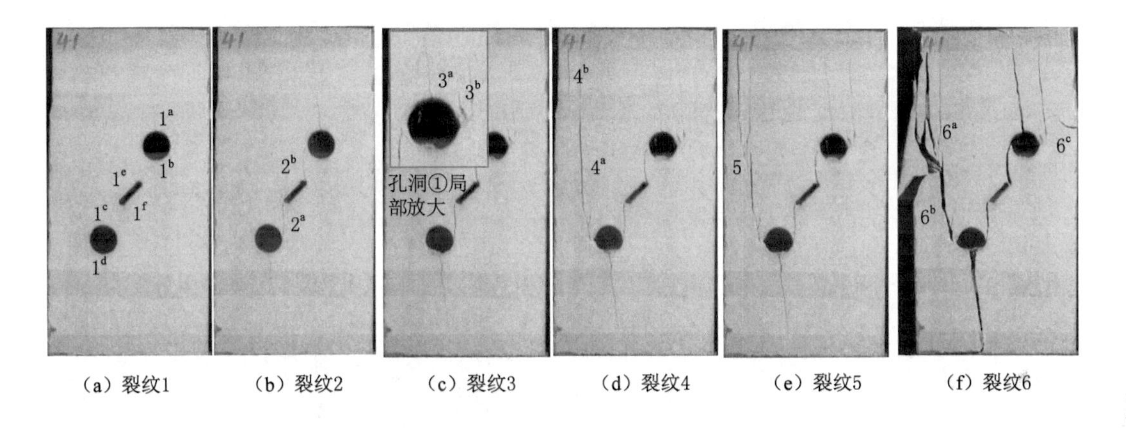

（a）裂纹1　（b）裂纹2　（c）裂纹3　（d）裂纹4　（e）裂纹5　（f）裂纹6

图 6-16　双孔洞-单裂隙砂岩试样裂纹扩展过程（$\alpha=45°$）

扩展。产生裂纹 4 之后，在孔洞①边缘产生裂纹 5，试样最终失稳破坏，破裂呈对称结构。

由图 6-16 可见，试样中萌生裂纹 1 后，在裂隙左右尖端分别产生翼裂纹 2^a 和 2^b，裂纹 2^a 和 2^b 迅速发展使得孔洞①和裂隙及孔洞②和裂隙之间同时出现贯通。随着轴向变形的增加，孔洞①边缘产生拉伸裂纹 $3^a \sim 3^b$，并在孔洞①内发现有岩屑掉落，表明孔洞内发生破裂。在裂纹 4^a 沿轴向加载方向迅速扩展的同时，试样萌生了远场裂纹 4^b。继续加载，试样内产生拉伸裂纹 5。最后随着试样的失稳破坏，产生了裂纹 $6^a \sim 6^c$。

6.2.3　颗粒流模拟及分析

（1）数值模型及计算参数

选用二维颗粒流程序（PFC^{2D}）来模拟分析双孔洞-单裂隙砂岩试样的力学特性和裂纹扩展特征。PFC 试图从微观结构角度研究介质的力学特性和行为，这为研究岩石工程的破裂和破裂发展问题提供了方便。首先进行完整砂岩试样细观参数校准。在 PFC^{2D} 中生成 80 mm×160 mm 的矩形试样，上下加载板以 0.2 m/s 的速率轴向加载，直至试样发生破坏。

表 6-2为 PFC^{2D}数值模拟细观参数。

表 6-2　砂岩试样 PFC 细观参数

参数	取值	参数	取值
颗粒最小半径/mm	0.3	颗粒摩擦系数	0.35
颗粒粒径比	1.6	平行黏结模量/GPa	24.25
颗粒密度/(kg/m^3)	2 650	平行黏结刚度比	1.3
颗粒接触模量/GPa	24.25	法向黏结强度/MPa	113±18.08
颗粒刚度比	1.3	切向黏结强度/MPa	180.08±29.93

图 6-17 给出了完整试样室内试验和数值模拟应力-应变曲线及最终破裂模式对比。由图 6-17(a)可知，室内试验峰值强度为 190.80 MPa，而数值模拟峰值强度为 191.21 MPa，相差 0.21%；室内试验弹性模量为 35.64 GPa，而数值模拟弹性模量为 36.40 GPa，相差 0.38%。由此可见，PFC 模拟完整试样宏观力学参数与室内试验结果非常相近。需要注意的是，在 PFC 中应力-应变曲线不能体现初始压密阶段，所以数值模拟的峰值应变为 5.39×10^{-3}，小于室内试验的峰值应变为 7.05×10^{-3}。

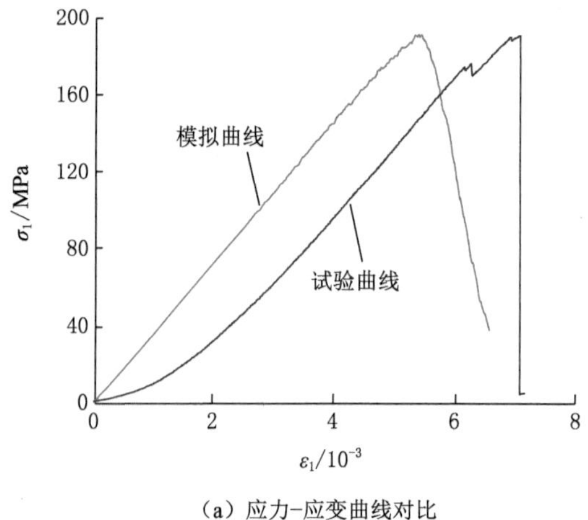

(a) 应力-应变曲线对比

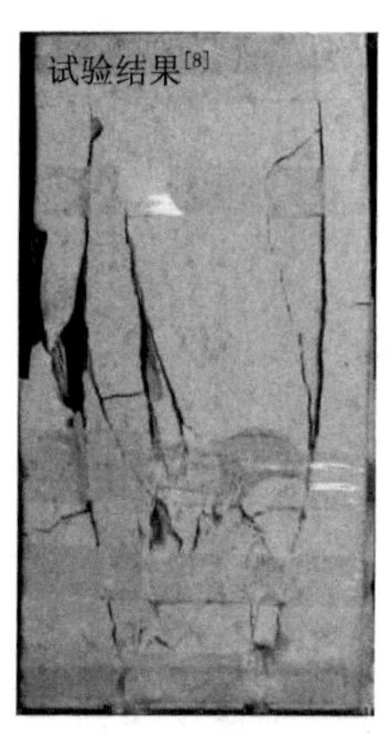

(b) 最终破裂模式对比

图 6-17　完整砂岩试样试验和模拟结果对比

由图 6-17(b)可见，完整数值试样产生多条轴向拉伸裂纹，最终破裂模式与室内结果较为吻合。模拟与试验结果对比表明，PFC 能够再现室内试验。在此基础上，采用表 6-2 细观参数进行双孔洞-单裂隙试样单轴压缩模拟。

表 6-3 给出了双孔洞-单裂隙试样试验和模拟峰值强度对比结果。由表 6-3 可知，PFC 模拟双孔洞-单裂隙试样峰值强度的变化趋势与室内试验结果相同。但是需要注意的是，PFC 模拟的双孔洞-单裂隙试样峰值强度高于室内试验，这是因为 PFC^{2D}是通过由二维圆盘组成的材料模拟岩石，并不能完全准确地再现非均质三维真实砂岩，但两者表现出相同的变化趋势，因此不影响本书对双孔洞-单裂隙试样力学参数变化规律的研究。

表 6-3　双孔洞-单裂隙砂岩试样试验和模拟峰值强度对比

编号	室内试验		数值模拟	
	强度/MPa	变化趋势	强度/MPa	变化趋势
B38#	107.73		132.68	
B39#	72.06	减小	98.08	减小
B41#	63.72	减小	92.97	减小

图 6-18 给出了双孔洞-单裂隙砂岩试样数值模拟与室内试验最终破坏模式的比较。由图 6-18 可见，双孔洞-单裂隙砂岩试样 PFC 模拟所得与室内试验结果十分吻合。裂纹首先从孔洞附近和裂隙尖端的应力集中区萌生，并沿着轴向加载方向扩展。由此也进一步验证了表 6-2 中细观参数的准确性和可靠性。

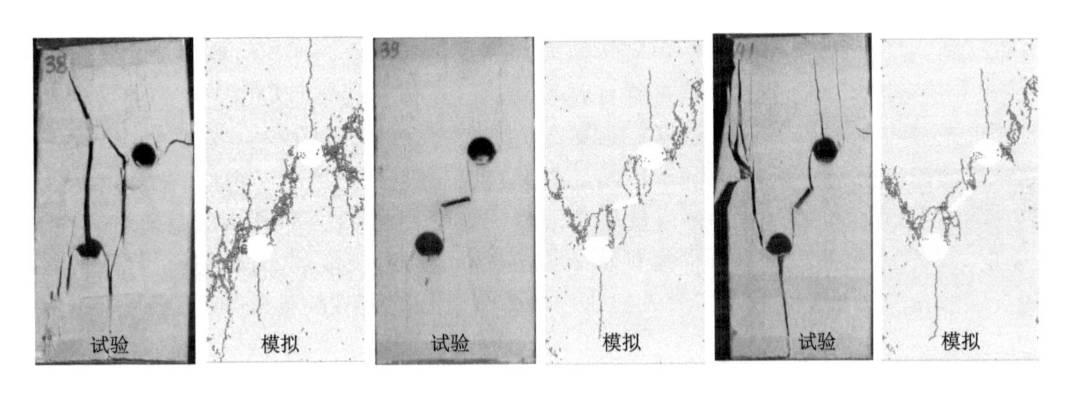

图 6-18　双孔洞-单裂隙试样试验与模拟的最终破裂模式对比

综上所述，PFC^{2D}用于模拟双孔洞-单裂隙砂岩试样单轴压缩试验是可行的。基于此，下面分析裂隙倾角 α 的变化对双孔洞-单裂隙试样力学参数和裂纹扩展特征的影响。α 设计为 0°、15°、45°、75°和 90°。

（2）数值模拟结果

图 6-19 给出了双孔洞-单裂隙数值试样应力-应变曲线。曲线呈现较多的应力跌落，反映了双孔洞-单裂隙试样的渐进破坏过程。

为进一步分析裂隙倾角对双孔洞-单裂隙试样力学参数的影响，图 6-20 给出了裂隙倾角对峰值强度、弹性模量和峰值应变的影响。完整数值试样峰值强度为 191.21 MPa，而双孔洞-单裂隙数值试样峰值强度分布在 92.97 MPa（$\alpha=45°$）和 106.09 MPa（$\alpha=90°$）范围内。很显然，双孔洞-单裂隙试样的峰值强度显著低于完整试样，且降低幅度与裂隙倾角密切相关。随着 α 从 0°增大到 45°，双孔洞-单裂隙试样峰值强度从 105.69 MPa 减小到 92.97 MPa，而当 α 从 45°增大到 90°时，双孔洞-单裂隙试样峰值强度从 92.97 MPa 增加到 106.09 MPa。由此可见，随着裂隙倾角的增大，双孔洞-单裂隙试样峰值强度呈现先减小后增大的非线性变化规律，$\alpha=45°$时峰值强度最小。

完整数值试样峰值应变为 5.39×10^{-3}，而双孔洞-单裂隙试样的峰值应变在 3.07×10^{-3}（$\alpha=75°$）～4.07×10^{-3}（$\alpha=0°$）范围内。显然，双孔洞-单裂隙试样的峰值应变显著低

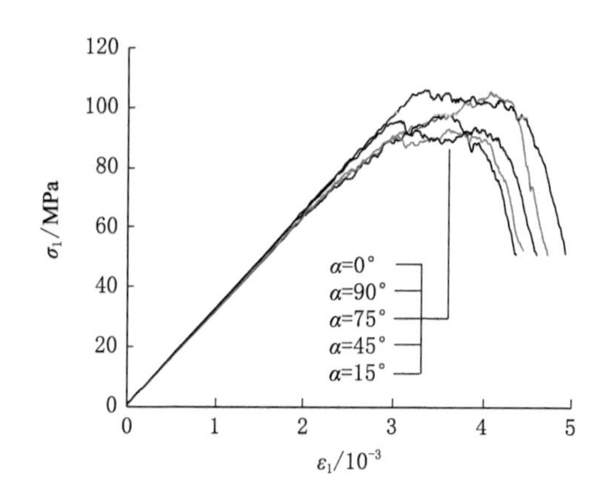

图 6-19　双孔洞-单裂隙数值试样应力-应变曲线

于完整试样，且降低幅度与裂隙倾角密切相关。随着 α 从 0°增大到 90°，峰值应变呈非线性变化，与峰值强度不同。完整数值试样弹性模量为 36.40 GPa，而双孔洞-单裂隙数值试样的弹性模量分布在 31.77 GPa($\alpha=15°$)和 32.76 GPa ($\alpha=90°$)范围内。很显然，双孔洞-单裂隙试样的弹性模量显著低于完整试样，且降低幅度与裂隙倾角密切相关。随着 α 从 0°增大到 15°，双孔洞-单裂隙试样弹性模量从 31.83 GPa 减小到 31.77 GPa，而当 α 从 15°增大到 90°时，双孔洞-单裂隙试样弹性模量从 31.77 GPa 增大到 32.76 GPa。这反映了弹性模量随裂隙倾角的增大呈先减小后增大的变化规律，$\alpha=15°$时弹性模量最小。

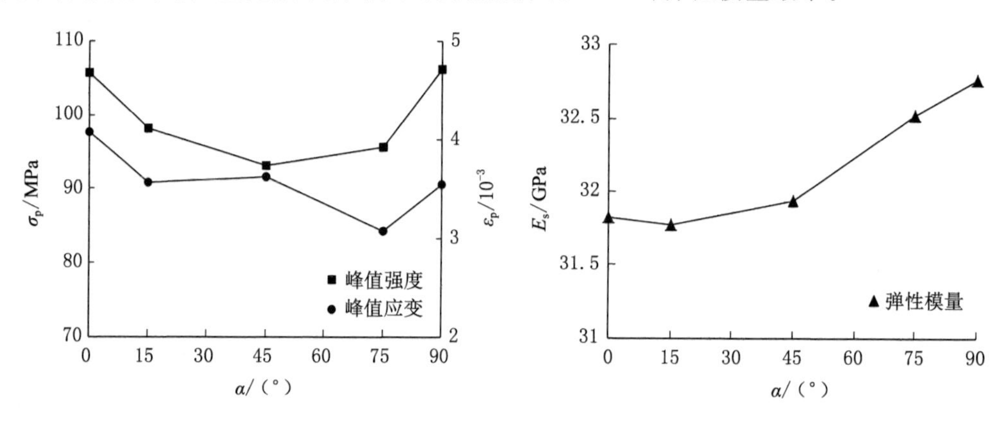

图 6-20　隙倾角对双孔洞-单裂隙试样力学参数的影响

（3）模拟的裂纹扩展过程

图 6-21～图 6-22 给出了裂隙倾角为 15°及 45°双孔洞-单裂隙试样模拟的裂纹扩展过程，以便和室内试验结果进行比较。由图可见，PFC 中能够清晰地观察到每条裂纹的萌生、扩展和汇合过程。如图 6-21 所示，在圆孔的上下边缘产生初始裂纹 1^a～1^d，而在距裂隙尖端一定距离处萌生翼裂纹 1^e～1^f，此现象与室内试验类似。随后在孔洞周围萌生裂纹 2^a～2^b。随着轴向变形的增大，裂隙尖端萌生的裂纹 3^b 迅速发展造成裂隙与孔洞②之间首先贯通。而裂纹 2^a 的扩展使得裂隙与孔洞①之间也出现贯通。最后伴随着失稳破坏，孔洞①附近产生远场裂纹 4，裂纹 2^b 和 3^a 也得以扩展。

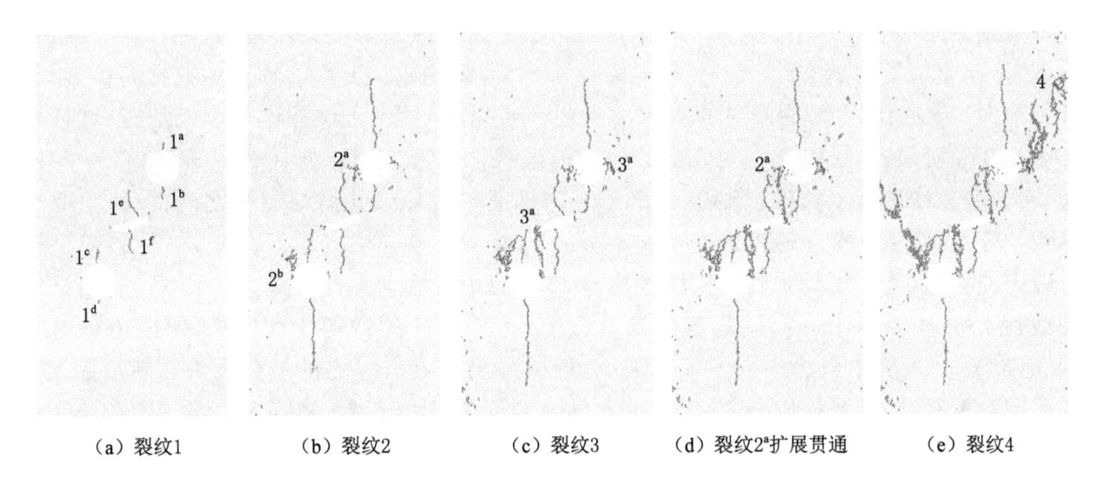

（a）裂纹1　（b）裂纹2　（c）裂纹3　（d）裂纹2ª扩展贯通　（e）裂纹4

图 6-21　单轴压缩下双孔洞-单裂隙试样裂纹扩展过程（$\alpha=15°$）

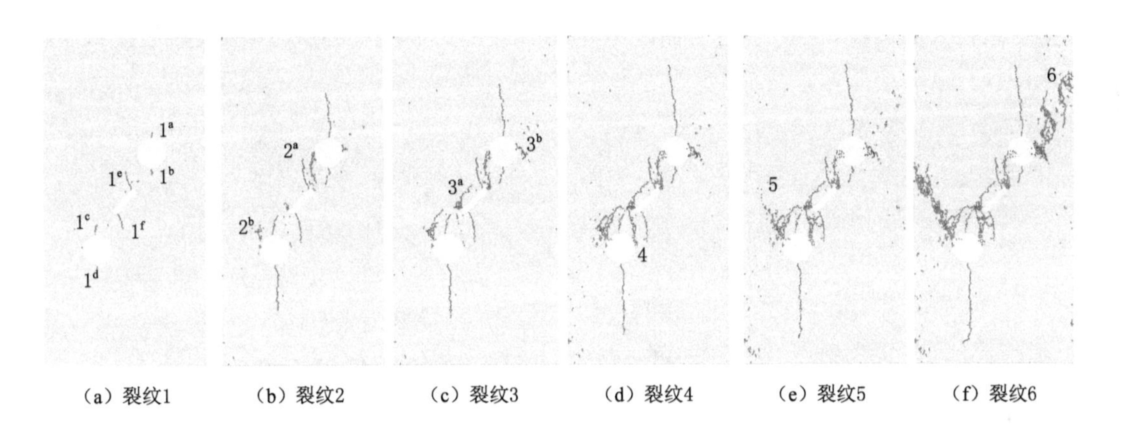

（a）裂纹1　（b）裂纹2　（c）裂纹3　（d）裂纹4　（e）裂纹5　（f）裂纹6

图 6-22　单轴压缩下双孔洞-单裂隙试样裂纹扩展过程（$\alpha=45°$）

如图 6-22 所示，在圆孔的上下边缘产生初始裂纹 $1^a \sim 1^d$，而在裂隙尖端萌生翼裂纹 $1^e \sim 1^f$，此现象与室内试验相同。试样中萌生裂纹 1 后，在裂隙右尖端产生裂纹 2^a 并迅速扩展使得裂隙和孔洞①之间出现贯通，同时在孔洞②边缘萌生了裂纹 2^b。随后在裂隙下尖端产生了拉伸裂纹 3^a 以及在孔洞①边缘萌生裂纹 3^b。轴向变形继续增大，裂纹 4 的产生使得裂隙与孔洞②之间首次出现贯通。继续加载，试样内产生裂纹 5。最后随着试样的失稳破坏，产生了远场裂纹 6。

通过对裂隙倾角为 15°及 45°双孔洞-单裂隙试样模拟的裂纹扩展过程分析可知，模拟的裂纹扩展过程与室内试验非常相似。但同时需要说明的是，由于岩石材料本身的复杂性，模拟的结果不能与室内试验结果完全一致。

6.2.4　裂纹扩展机制讨论

（1）裂纹扩展过程与宏观变形特性的关系

图 6-23 给出裂隙倾角为 45°时双孔洞-单裂隙砂岩试样室内单轴试验裂纹扩展过程对宏观变形的影响，图中标注的裂纹对应于图 5 中的裂纹扩展顺序。结合图 6-16 可见，在试

样加载到轴向应力 $\sigma_1=22.14$ MPa 时，孔洞①②上下边缘及裂隙尖端达到砂岩试样的抗拉强度，由此萌生了初始裂纹 $1^a \sim 1^d$ 和翼裂纹 $1^e \sim 1^f$，裂纹 $1^a \sim 1^f$ 均沿轴向加载方向扩展，导致了应力-应变曲线上较为明显的跌落（$\sigma_1=20.68$ MPa）。由于试样内部已经压密，试样处于弹性变形阶段，曲线以 29.09 GPa 的弹性模量线性上升。当试样加载到 $\sigma_1=45.59$ MPa 时，在裂隙尖端产生了拉伸裂纹 $2^a \sim 2^b$，$2^a \sim 2^b$ 迅速扩展导致孔洞与裂隙之间贯通，由此也导致了应力-应变曲线上显著的跌落（$\sigma_1=37.45$ MPa）。试样中产生了裂纹 1～2 后，对试样有较大的损伤，继续加载时其杨氏模量约为 25.40 GPa，低于弹性模量 29.09 GPa。当试样加载到 $\sigma_1=63.72$ MPa 时，试样达到峰值强度，此时裂纹 3^b 的萌生和发展，使应力跌落至 57.01 MPa。试样中虽然产生了多条裂纹，但试样仍然具有一定的承载能力。随后裂纹 4 的萌生和发展，同样造成应力-应变曲线上显著的跌落，由 57.78 MPa 跌落至 40.54 MPa。当应力以杨氏模量 21.27 GPa 增大至 51.87 MPa 时，试样产生裂纹 5，应力也由此跌落至 40.16 MPa。此后在轴向应变几乎不变的情况下，应力迅速发生跌落，并产生了裂纹 6。试样最终失稳破坏，失去承载能力。由此可见，在本次试验范围内双孔洞-单裂隙砂岩试样中产生一条较大的裂纹，在应力-应变曲线上体现为一个明显的应力跌落，但在数值模拟中应力跌落没有试验中明显。

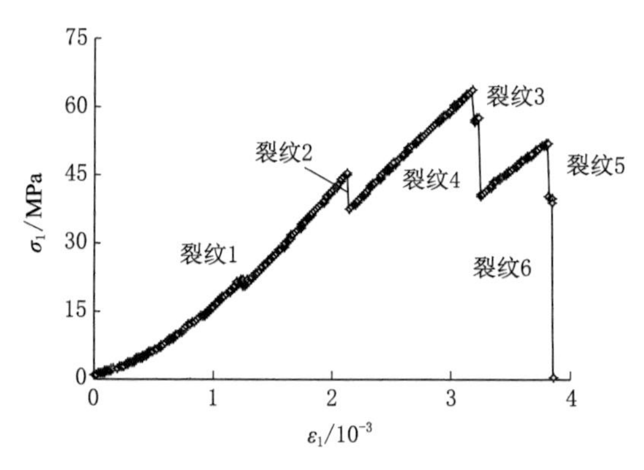

图 6-23　裂纹扩展过程对宏观变形的影响（$\alpha=45°$）

（2）裂纹扩展过程与微裂纹数的关系

PFC 能够记录试样在模拟过程中微裂纹位置和数目。图 6-24 给出了裂隙倾角为 45°双孔洞-单裂隙试样应力-应变曲线与微裂纹数目的关系，图中 a、b 和 c 三点分别代表峰前、峰值和峰后某点，且对应给出了 a、b 和 c 三点的宏观破坏模式。在峰前阶段，双孔洞-单裂隙试样产生较少的裂纹，如在峰前点 a，对应应力 60.30 MPa，此时试样内共产生微裂纹 16 个，其中拉伸和剪切微裂纹分别为 16 和 0 个。当应力到达峰值强度 92.97 MPa，即曲线上点 b 时，试样中微裂纹数目迅速增加，共产生微裂纹 594 个，其中拉伸和剪切微裂纹分别为 568 和 26 个。在峰后阶段，试样中微裂纹总数持续陡增，如在点 c，对应应力 70.05 MPa，共生成微裂纹 1 513 个，其中拉伸和剪切微裂纹分别为 1 452 和 61 个。由此可知，双孔洞-单裂隙试样产生的拉伸微裂纹远多于剪裂纹，表明试样在单轴压缩下以拉伸破坏为主。

（3）裂纹扩展过程与应力场的关系

图 6-25 给出了裂隙倾角为 45°双孔洞-单裂隙试样初始裂纹萌生前后颗粒间平行黏结力的演化情况。图中平行黏结力用线段表示，其中绿色代表拉力，黑色代表压力，线段粗细

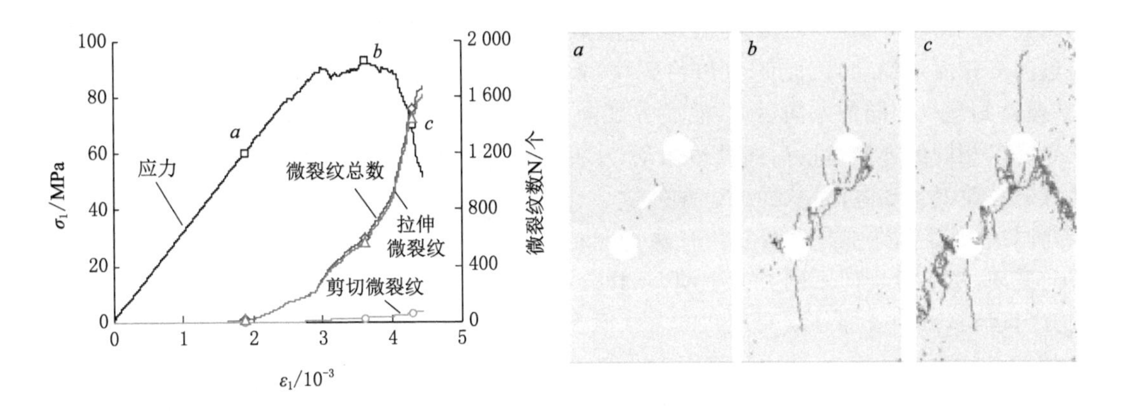

图 6-24　应力-应变曲线与微裂纹数目的关系(α=45°)

与力的大小成比例。如图 6-25 所示，孔洞①上下边缘出现拉应力集中区，左右边缘出现压应力集中区，随后在拉应力集中区萌生拉伸微裂纹，微裂纹的聚集形成宏观裂纹。孔洞②的演化情况与孔洞①类似。比较试样中裂纹萌生前后的应力场变化可知，首先在试样某区域产生应力集中区，当应力提高到一定程度，颗粒之间的黏结断裂，产生微裂纹。随着微裂纹的萌生，该区域应力集中区消失，应力集中区转移到下一个区域。在应力集中区转移过程中，不断萌生新的微裂纹，微裂纹汇集形成宏观裂纹。值得注意的是，拉应力集中区会随着裂纹的萌生而消失，而压应力集中区不会随之消失，这是因为岩石抗压强度高于抗拉强度，试样较容易发生拉伸破坏。

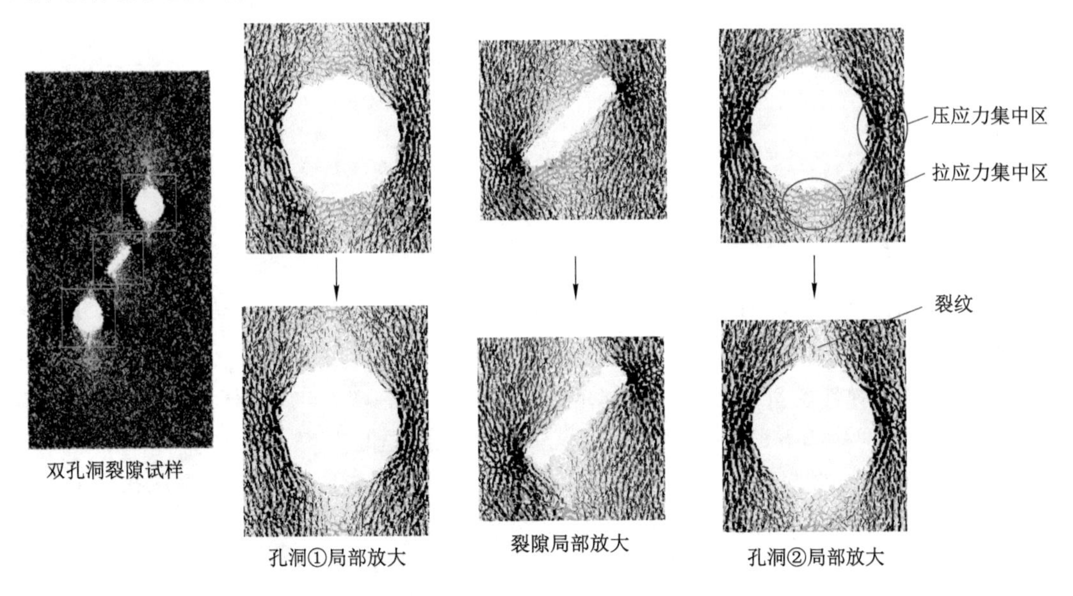

图 6-25　裂纹扩展过程平行黏结力分布(α=45°)

此外，在 PFC 中能够清楚地观察到颗粒的运动情况，可借助位移场的变化情况辅助说明裂纹扩展过程中颗粒细观力场变化。图 6-26 给出了裂隙倾角为 45°双孔洞-单裂隙试样初始裂纹萌生前后颗粒的位移演化情况。为了更形象地描述颗粒的运动，图中还手绘了位移趋势线。由图 6-26 可见，双孔洞-单裂隙数值试样首先在孔洞①②上下边缘和裂隙尖端附近的颗粒发生错动，由此萌生初始裂纹，且这些裂纹均是由拉伸微裂纹组成。在裂隙尖端，颗粒先是以相同的方向运动，然后分别向两边运动，从而产生微裂纹。孔洞①上边缘颗粒先是以相同的方向运动后向两边运动，从而产生微裂纹，而下边缘颗粒先是同向运动后一部分颗粒改变运动方向，从而产生微裂纹。孔洞②位移演化情况与孔洞①相似。由此可见，双孔洞-单裂隙试样中产生微裂纹有两种颗粒运动形式。第一种运动形式为颗粒先以相同方向运动，然后分别向不同方向运动，互相分离产生微裂纹；第二种运动形式为颗粒先以相同方向运动，然后一部分改变运动方向从而产生微裂纹。

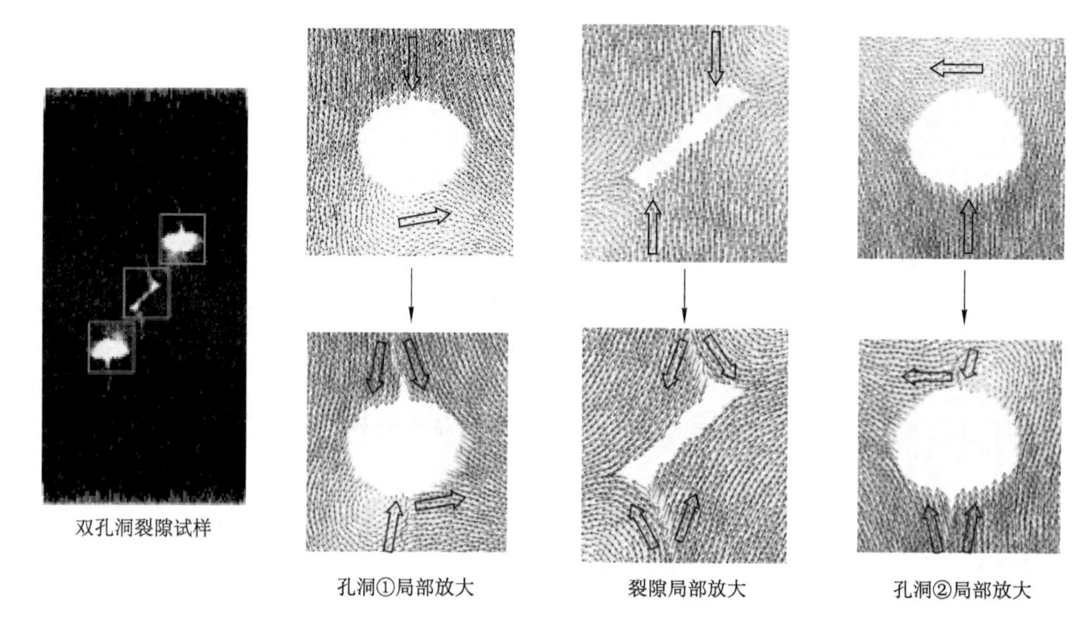

图 6-26　裂纹扩展过程颗粒位移矢量分布($\alpha=45°$)

6.2.5　本节小结

（1）与完整砂岩试样相比，双孔洞-单裂隙砂岩试样力学参数显著降低，降低程度与裂隙倾角密切相关。随着裂隙倾角的增大，峰值强度呈先减小后增大的变化规律，裂隙倾角为45°时强度最低。弹性模量也随着裂隙倾角的增大先减小后增大，裂隙倾角为 15°时弹性模量最小。而峰值应变随着裂隙倾角的变化呈非线性变化规律。

（2）完整砂岩试样呈轴向劈裂脆性破坏特征，而双孔洞-单裂隙试样首先在孔洞上下边缘及裂隙尖端附近萌生初始裂纹，多条裂纹的扩展与贯通导致了试样的最终失稳破坏。

（3）通过应力场、位移场和微裂纹演化揭示了双孔洞-单裂隙试样裂纹扩展细观机制：首先在裂隙尖端附近和孔洞边缘形成应力集中区，随着应力逐渐提高导致颗粒间黏结断裂，产生微裂纹。应力集中区转移过程中不断产生新的微裂纹，微裂纹的汇集形成宏观裂纹，宏观裂纹的扩展贯通使得试样失稳破坏。在模拟范围内，拉伸微裂纹显著多于剪切微裂纹。

6.3　孔槽式圆盘破坏特性与裂纹扩展机制颗粒流分析

对于孔槽式圆盘试样，Lambert 等[19]研究了应变速率对孔槽式圆盘试样动态断裂和强度的影响；张盛等[20]在 SHPB 压杆系统上进行了孔槽式平台圆盘试样动态冲击试验，分析了 3 种不同方法确定的动态载荷对测试岩石动态断裂韧度的影响；Chen 等[21]采用台湾 Hualien 大理岩制得孔槽式圆盘试样，研究了裂隙倾角、半径比对各向异性试样断裂韧度的影响，但没有详细分析其裂纹扩展过程。目前对于孔槽式圆盘试样的研究成果还较少，尤其是裂纹扩展过程及裂纹扩展机制，因此，有必要对孔槽式圆盘试样做进一步的分析和研究。此外，岩石受外载后，内部细观损伤连接汇合并最终引起岩石材料出现宏观贯通破坏，颗粒流程序能够从细观层面揭示岩石的变形破坏机制[22]。

有鉴于此，本节采用 PFC 研究孔槽式圆盘试样力学特性及裂纹扩展规律。首先通过标定室内试验结果，获取一组能够反映岩石力学特性的细观参数。在此基础上，利用 PFC 生成孔槽式圆盘试样，通过改变孔洞及裂隙参数研究孔槽几何参数对孔槽式圆盘试样力学特性及裂纹扩展规律的影响，最后从细观层面探讨孔槽式圆盘试样裂纹扩展机制[23]。

6.3.1　孔槽式试样巴西试验模拟

本节所采用的 PFC 模拟细观参数与第 3 章第 1 节相同。

孔槽式圆盘试样几何尺寸和孔槽参数如图 6-27 所示。其中，圆盘半径 $R=25.0$ mm，孔洞半径为 r，裂隙长度均为 a，裂隙倾角均为 α，裂隙宽度均为 $d=1.0$ mm，两条裂隙共面分布。设计如下两种模拟方案：(1) 改变裂隙倾角 α(0°、10°、20°、30°、40°、50°、60°、70°、80°、90°)，$r=3.0$ mm，$a=4.0$ mm；(2) 改变半径比 r/R(0.050、0.075、0.100、0.125、0.150、0.175、0.200、0.225、0.250 和 0.275)，$\alpha=45°$，$a=4.0$ mm。

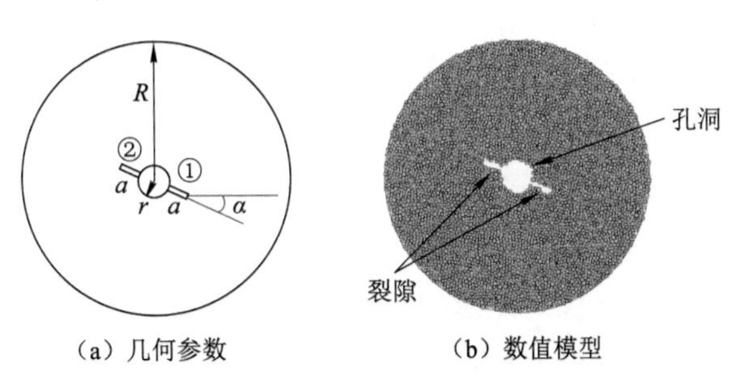

(a) 几何参数　　(b) 数值模型

图 6-27　孔槽式圆盘试样几何参数及数值模型

根据图 6-27(a)所示的试样几何形状，首先在 PFC 中生成半径 $R=25.0$ mm 的完整圆盘试样，然后在试样的中心删除孔洞和裂隙区域的颗粒形成孔槽式圆盘试样，如图 6-27(b)所示。由孔槽式圆盘数值模型可以看到孔洞和裂隙局部较为粗糙不光滑，这是因为平行黏结模型中颗粒不能再进一步划分。

6.3.2 力学特性分析

考虑到式(3-1)为完整圆盘试样间接抗拉强度公式,本书采用劈裂荷载来反映孔槽式圆盘试样的力学特征。图 6-28 给出了孔槽式圆盘试样劈裂荷载与裂隙倾角及半径比之间的关系。方案(1)中改变裂隙倾角得到的劈裂荷载值在 1.02×10^5 N($\alpha=10°$)和 1.57×10^5 N($\alpha=70°$)之间,与完整圆盘试样劈裂荷载 2.65×10^5 N 相比,降幅在 40.75%($\alpha=70°$)和 61.51%($\alpha=10°$)之间。由图 6-28(a)可见,劈裂荷载与裂隙倾角之间呈非线性变化规律。当裂隙倾角由 0°增大到 70°时,劈裂荷载呈先减小后增大的趋势,先由裂隙倾角 0°时的 1.05×10^5 N 减小到 1.02×10^5 N,再增大到裂隙倾角 70°时的 1.57×10^5 N,裂隙倾角为 10°时劈裂荷载达到最小值;而当裂隙倾角由 70°增大到 90°时,劈裂荷载呈先减小后增大的趋势,由 1.57×10^5 N($\alpha=70°$)减小到 1.41×10^5 N($\alpha=80°$),再由 1.41×10^5 N($\alpha=80°$)增大到 1.54×10^5 N($\alpha=90°$)。对于方案(2),改变半径比得到的劈裂荷载值在 0.81×10^5 N($r/R=0.275$)和 1.59×10^5 N($r/R=0.05$)之间,与完整圆盘试样劈裂荷载 2.65×10^5 N 相比,其劈裂荷载显著降低。由图 6-28(b)清晰可见,劈裂荷载随着半径比的增大而减小,可以用关系式:$P_1=-3.14(r/R)+1.66$ 表征。相关系数 $R'^2=0.934$,表现出良好的线性关系。

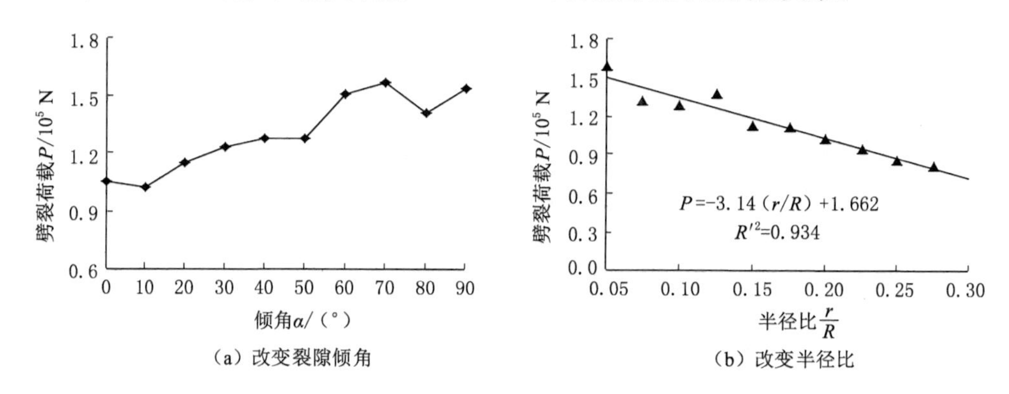

图 6-28 裂隙倾角及半径比对劈裂荷载的影响

6.3.3 裂纹扩展过程分析

PFC 可以跟踪记录在模拟过程中裂纹萌生的位置、形式和数量等信息。以方案(1)中 $\alpha=30°$为例说明孔槽式圆盘试样的变形破坏过程。图 6-29 给出了方案(1)中 $\alpha=30°$试样荷载-加载步曲线。由图可见,孔槽式圆盘试样在间接拉伸作用下呈渐进破坏过程,可分为 3 个主要阶段:①弹性变形阶段:荷载随着加载步的增大呈近似线性增长,该阶段一般不产生裂纹;②裂纹扩展阶段:荷载到达屈服强度和峰值强度,裂纹逐渐萌生、发展,荷载会呈现多次跌落的现象;③破坏阶段:裂纹贯通后试样逐渐失去承载能力,最终失稳破坏。

图 6-30 对应给出了图 6-29 所示荷载-加载步曲线上各点的裂纹模式。Ⅰ点处于弹性变形阶段,此时还没有裂纹产生。而当轴向荷载逐渐增大到 1.05×10^5 N,即Ⅱ点时,在孔洞上边缘萌生了裂纹 1。随着荷载继续增大到劈裂荷载 1.23×10^5 N,即Ⅲ点时,在孔洞下边缘萌生了裂纹 2。由图 6-30 中可见,裂纹 1 和 2 均是沿着加载方向扩展。荷载到达峰值之后,曲线发生跌落。当荷载跌落到 0.84×10^5 N 时,因为试样还具有一定的承载能力,荷载随

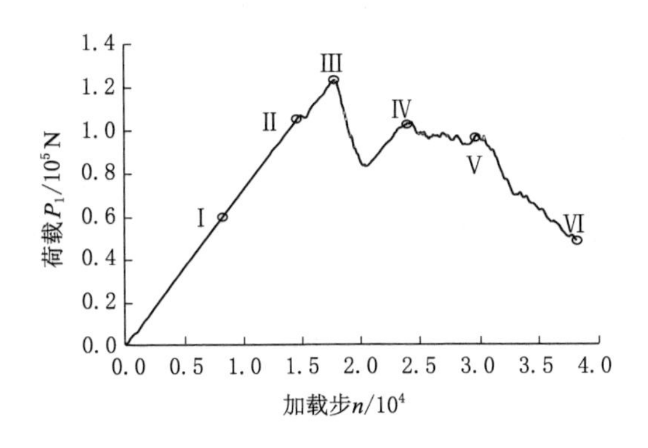

图 6-29 荷载-加载步曲线

着加载步的增大再次增大。当荷载增大到 1.03×10^5 N 时，在试样的右边缘萌生了裂纹 3，并向裂隙①尖端扩展。而荷载在此之后发生多次波动。当加载到Ⅴ点，荷载为 0.96×10^5 N 时，在试样的左边缘萌生了裂纹 4，并向裂隙②尖端扩展。此时，裂纹 3 已经扩展至裂隙①尖端。当加载至 0.49×10^5 N，即Ⅵ点时，裂纹 4 与裂隙②连接使得裂纹与裂隙贯通。

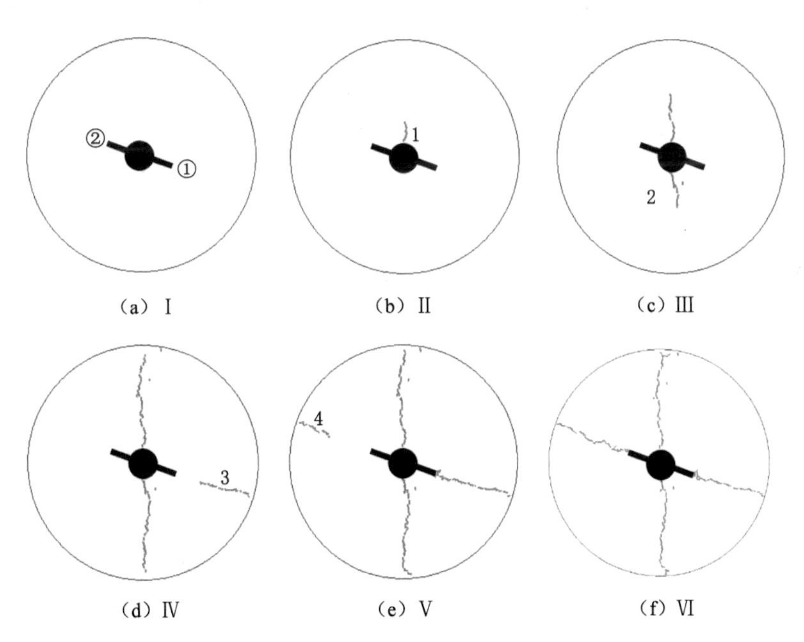

图 6-30 孔槽式圆盘试样裂纹扩展过程($\alpha=30°$)

图 6-31、图 6-32 给出了不同裂隙倾角和不同半径比孔槽式圆盘试样巴西试验的最终破裂模式。图中标注的数字表示裂纹扩展顺序。方案(1)中裂隙倾角为 0°时，试样中产生了 3 条明显的裂纹，首先在孔洞上下边缘分别萌生了裂纹 1 和 2，均沿着加载方向扩展；之后在试样右边缘萌生了裂纹 3 向裂隙①尖端扩展。与其他角度试样相比，倾角为 0°时在试样的左边缘没有产生明显的裂纹，这可能是因为在试样左边缘萌生裂纹之前试样就已经失去了承载能力。而裂隙倾角在 10°、20°和 30°时试样的裂纹扩展过程和最终破裂模式均很相近。它们首先在孔洞上下边缘分别萌生裂纹 1 和 2，沿加载方向扩展；接着在试样的右、左边缘

分别萌生裂纹 3 和 4,向裂隙尖端方向扩展。而裂隙倾角为 40°时,首先是在孔洞上边缘萌生裂纹 1 后,在距裂隙①尖端一定距离处萌生裂纹 2,接着在试样右、左边缘分别萌生了裂纹 3 和 4。对于裂隙倾角为 50°、60°和 70°试样最终破裂模式相近,但裂纹扩展顺序有一定的区别。它们首先在裂隙①和②的尖端或距尖端一定距离处萌生裂纹 1 和 2 并沿轴向扩展;它们在试样的上边缘还产生了较小的裂纹 3。在此之后,它们产生裂纹的顺序不一样。对于裂隙倾角为 50°的试样,先于试样右边缘萌生裂纹 4,再在试样上边缘萌生裂纹 5;而对于倾角为 60°和 70°的试样,先于试样上端部萌生裂纹 4,然后在试样右边缘萌生裂纹 5。当裂隙倾角增大到 80°和 90°时,首先在裂隙①和②尖端萌生裂纹 1 和 2,接着在试样的端部产生多条裂纹。方案(2)中半径比为 0.05,试样首先在距裂隙①和②尖端一定距离处萌生裂纹 1 和 2,在试样上端部萌生裂纹 3 和 4 之后,在试样右边缘萌生了裂纹 5,此外在孔槽附近产生了较多较短的裂纹。对于半径比为 0.075 和 0.100 时试样只产生了 3 条明显的宏观裂纹,均首先在裂隙②和①尖端萌生裂纹 1 和 2 之后,在试样的右边缘产生了裂纹 3。半径比为 0.125、0.150 和 0.175 时,试样的最终破裂模式相近:它们首先在裂隙尖端附近萌生裂纹 1 和 2 之后,在试样的边缘萌生裂纹 3 和 4。对于半径比 0.2 时,试样首先在孔洞的边缘萌生裂纹 1 和 2,沿着加载方向扩展,接着在试样边缘分别萌生裂纹 3 和 4,向裂隙尖端扩展。而半径比为0.225时,试样在裂隙①和②尖端萌生裂纹 1 和 2,右边缘萌生裂纹 3 之后,在试样的上端部萌生了裂纹 4。当半径比增大到 0.250 和 0.275 时,两者破坏模式相近:它们均是在孔洞边缘萌生裂纹 1 和 2 之后,在试样的边缘产生裂纹 3 和 4。

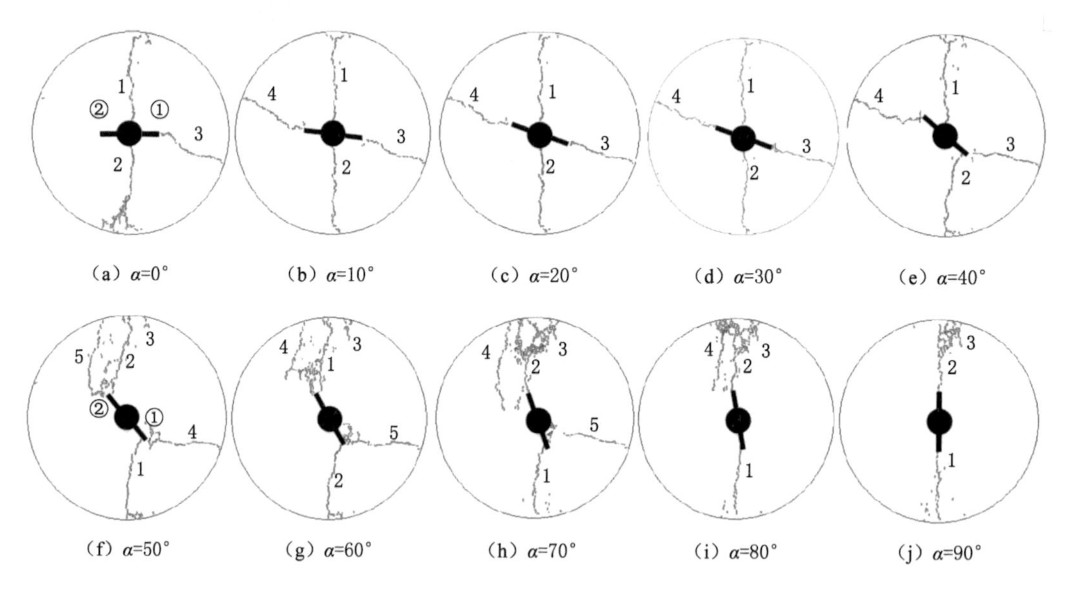

图 6-31　不同裂隙倾角下孔槽式圆盘试样裂纹扩展过程及最终破裂模式

通过对裂纹扩展过程及最终破裂模式的分析可知,宏观裂纹主要有两类。根据萌生位置和扩展方向裂纹可分为:第 1 类裂纹从预制孔洞或裂隙处起裂并沿加载方向扩展,称之为主裂纹;第 2 类裂纹从试样边缘起裂并向裂隙尖端方向扩展,称之为次生裂纹。由图 6-31、图 6-32 分析可知,主裂纹的萌生位置主要有两种情况:第 1 种情况为在孔洞边缘萌生并沿着加载方向扩展,如图 6-33(a)所示 Ⅰ 型主裂纹;第 2 种情况为在裂隙尖端附近萌生并沿着

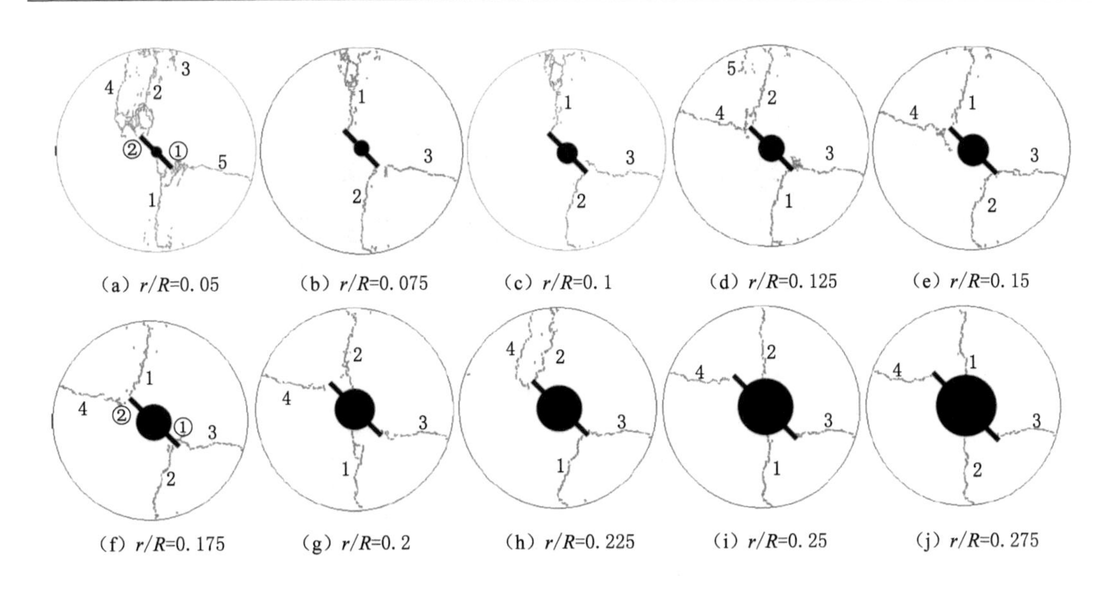

(a) r/R=0.05　(b) r/R=0.075　(c) r/R=0.1　(d) r/R=0.125　(e) r/R=0.15

(f) r/R=0.175　(g) r/R=0.2　(h) r/R=0.225　(i) r/R=0.25　(j) r/R=0.275

图 6-32　不同半径比孔槽式圆盘试样裂纹扩展过程及最终破裂模式

加载方向扩展，如图 6-34(b)所示Ⅱ型主裂纹。对于方案(1)当裂隙倾角较小($\alpha=0°\sim30°$)时，主裂纹为Ⅰ型；当裂隙倾角 $\alpha=40°$时，主裂纹为Ⅰ型和Ⅱ型混合模式；而裂隙倾角较大($\alpha=50°\sim90°$)时，主裂纹为Ⅱ型。由此可知，在试验模拟范围内，当裂隙倾角较小时，孔洞是主裂纹起裂的主要诱因；当裂隙倾角增大到一定程度后，裂隙成为主裂纹起裂的主要诱因。对于方案(2)，半径比较小($r/R=0.050\sim0.175$ 以及 0.225)时，主裂纹为Ⅱ型；而半径比较大($r/R=0.250\sim0.275$ 以及 0.200)时，主裂纹为Ⅰ型。由此可知，在试验模拟范围内，当半径比较小时，裂隙是主裂纹起裂的主要诱因；当半径比较大时，孔洞成为主裂纹起裂的主要诱因。

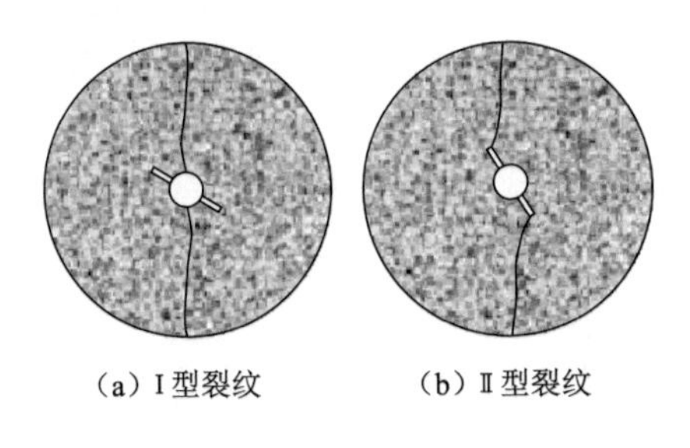

(a) Ⅰ型裂纹　(b) Ⅱ型裂纹

图 6-33　主裂纹的两种形式

6.3.4　裂纹扩展机制讨论

在平行黏结模型中，颗粒之间有接触和平行黏结分布。以方案(1)中 $\alpha=30°$为例，探讨孔槽式圆盘试样裂纹扩展机制。

图 6-34 给出了方案(1)$\alpha=30°$试样产生裂纹前后接触和平行黏结分布情况。由图可见，在试样受载过程中，接触和平行黏结随之发生演化。孔槽式圆盘试样在巴西试验过程中发生微观损伤或断裂，接触和平行黏结发生断裂，颗粒之间失去作用力，产生微观裂纹。微

观裂纹交汇贯通形成宏观裂纹。

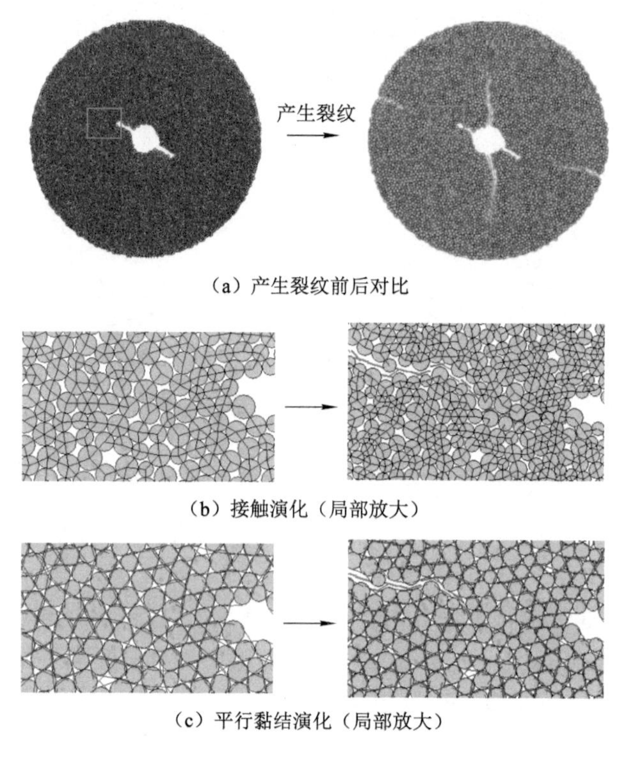

(a) 产生裂纹前后对比

(b) 接触演化（局部放大）

(c) 平行黏结演化（局部放大）

图 6-34　产生裂纹前后接触和平行黏结分布情况($\alpha=30°$)

图 6-35 给出了方案(1)$\alpha=30°$试样在加载过程中的微裂纹发育情况。由图可以看出，在线弹性阶段，试样内基本无微裂纹产生。当荷载达到峰值附近时，试样内开始萌生微裂纹，当产生了裂纹 1 后，微裂纹数量以较快的速率增长，增长到一定程度后基本保持不变。在劈裂荷载附近产生裂纹 2 后，微裂纹数量再次以较快的速率增长，一定程度后又基本保持不变。对于产生裂纹 3 和 4 微裂纹曲线也发生类似的变化。由此可见，当试样中产生一条宏观裂纹时，在细观上体现为微裂纹的快速增长，微裂纹发育情况对判断试样是否产生宏观裂纹具有参考意义。

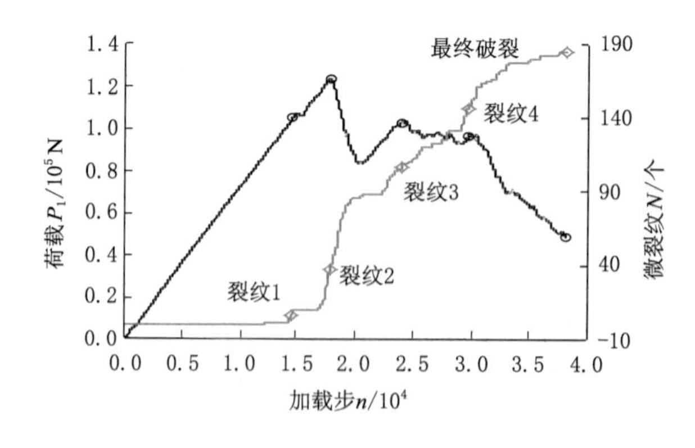

图 6-35　荷载-加载步曲线与微裂纹关系($\alpha=30°$)

图6-36对应给出了图6-35中各点试样内颗粒间接触力及黏结力分布情况。在图6-36(a)中,微裂纹用红色线段表示,接触力用黑色线段表示;图6-36(b)中黑色线段表示压力,蓝色线段表示拉力。由图6-36可看出,在裂纹扩展过程中,颗粒间接触力和平行黏结力在不断演化。在初始裂纹萌生时,接触力和平行黏结力较为密集,且分布不均匀。在裂隙尖端和孔洞边缘会出现应力集中区。从裂纹萌生过程可以清楚地看到,裂纹一般萌生在拉应力集中区,而不是在压应力集中区,这是因为岩石类脆性材料的抗拉强度显著低于抗压强度。随着拉应力集中区的转移,不断产生新的微裂纹。微裂纹的交汇贯通形成宏观裂纹。此外,在试样上下端出现较大区域的压应力集中区,这是加载板端部效应造成的。在裂纹扩展过程中,接触力和平行黏结力不断改变分布状态。当加载到终点时,观察到其接触力和平行黏结力已经处于相对均匀分布的情形。由此可知,试样破裂过程为试样内部细观力场由无规则分布向均匀分布转变的应力重分布过程。

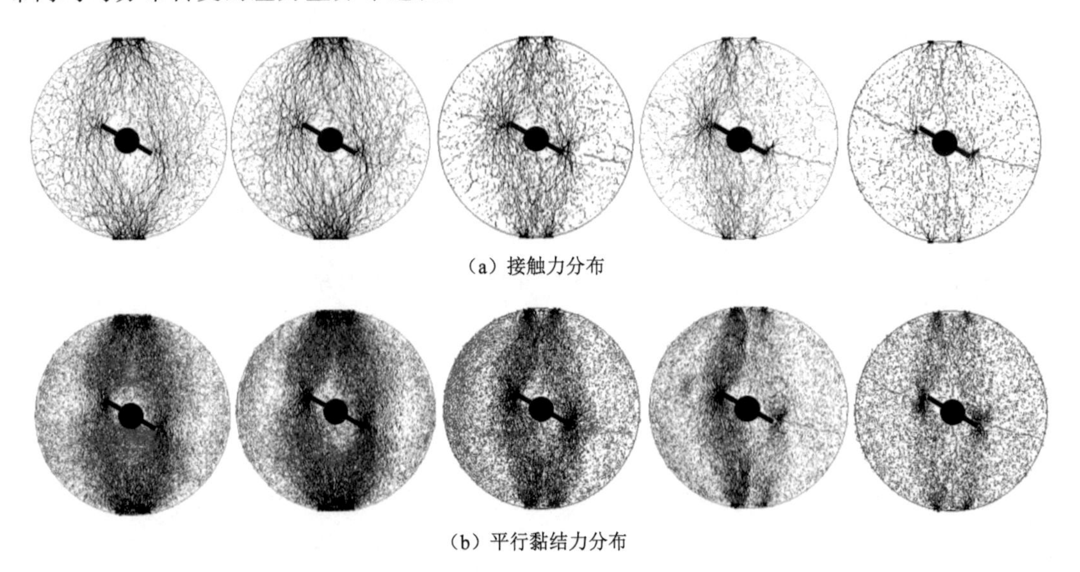

(a) 接触力分布

(b) 平行黏结力分布

图6-36　试样破裂过程微裂纹及力场分布情况($\alpha=30°$)

6.3.5　本节小结

(1) 孔槽式圆盘试样力学参数与完整圆盘相比显著降低,降幅与孔槽几何参数密切相关。劈裂荷载随裂隙倾角的增大呈非线性变化,而随着半径比的增大呈近似线性减小规律。

(2) 孔槽式圆盘试样裂纹类型主要为从预制孔洞边缘或裂隙尖端附近起裂并沿加载方向扩展的主裂纹和从试样边缘起裂并向裂隙尖端方向扩展的次生裂纹。在试验模拟范围内,保持半径比不变,当裂隙倾角较小时,孔洞是主裂纹起裂的主要诱因;当裂隙倾角较大时,裂隙成为主裂纹起裂的主要诱因。而裂隙倾角保持不变,当半径比较小时,裂隙是主裂纹起裂的主要诱因;当半径比较大时,孔洞成为主裂纹起裂的主要诱因。

(3) 试样颗粒间接触和平行黏结发生断裂,颗粒之间失去作用力,从而产生微观裂纹,微观裂纹交汇贯通形成宏观裂纹。试样的宏观破裂过程体现在细观上为内部细观力场由无规则分布向均匀分布转变的过程。

参考文献

[1] 李宁,张平,陈蕴生.裂隙岩体试验研究进展与思考[C]//中国岩石力学与工程学会.中国岩石力学与工程学会第七次学术大会论文集.北京:中国科学技术出版社,2002:63-69.

[2] ZHANG X P,WONG L N Y. Cracking processes in rock-like material containing a single flaw under uniaxial compression:a numerical study based on parallel bonded-particle model approach[J]. Rock mechanics and rock engineering,2012,45(5):711-737.

[3] ZHANG X P,WONG L N Y. Loading rate effects on cracking behavior of flaw-contained specimens under uniaxial compression[J]. International journal of fracture,2013,180(1):93-110.

[4] 张平,李宁,贺若兰,等.动载下两条断续预制裂隙贯通机制研究[J].岩石力学与工程学报,2006,25(6):1210-1217.

[5] 张平,李宁,贺若兰,等.动载下 3 条断续裂隙岩样的裂缝贯通机制[J].岩土力学,2006,27(9):1457-1464.

[6] 段进超,唐春安,常旭,等.单轴压缩下含孔脆性材料的力学行为研究[J].岩土力学,2006,27(8):1416-1420.

[7] 郭彦双,黄凯珠,朱维申,等.辉长岩中张开型表面裂隙破裂模式研究[J].岩石力学与工程学报,2007,26(3):525-531.

[8] YANG S Q,YANG D S,JING H W,et al. An experimental study of the fracture coalescence behaviour of brittle sandstone specimens containing three fissures[J]. Rock mechanics and rock engineering,2012,45(4):563-582.

[9] 杨圣奇.断续三裂隙砂岩强度破坏和裂纹扩展特征研究[J].岩土力学,2013,34(1):31-39.

[10] 李地元,李夕兵,李春林,等.单轴压缩下含预制孔洞板状花岗岩试样力学响应的试验和数值研究[J].岩石力学与工程学报,2011,30(6):1198-1206.

[11] KOBAYASHI A,JOHNSON B N,WADE B G. Crack approaching a hole[J]. Fracture analysis,1974,560:53-68.

[12] 杨圣奇,刘相如,李玉寿.单轴压缩下含孔洞裂隙砂岩力学特性试验分析[J].岩石力学与工程学报,2012,31(S2):3539-3546.

[13] YANG S Q,JING H W. Strength failure and crack coalescence behavior of brittle sandstone samples containing a single fissure under uniaxial compression[J]. International journal of fracture,2011,168(2):227-250.

[14] THAM L G,LIU H,TANG C A,et al. On tension failure of 2-D rock specimens and associated acoustic emission[J]. Rock mechanics and rock engineering,2005,38(1):1-19.

[15] LEI X L,MASUDA K,NISHIZAWA O,et al. Detailed analysis of acoustic emission

activity during catastrophic fracture of faults in rock[J]. Journal of structural geology,2004,26(2):247-258.

[16] CHANG S H,LEE C. Estimation of cracking and damage mechanisms in rock under triaxial compression by moment tensor analysis of acoustic emission[J]. International journal of rock mechanics and mining sciences,2004,41(7):1069-1086.

[17] JOUINAUX L,MASUDA K,LEI X L,et al. Comparison of the microfracture localization in granite between fracturation and slip of a preexisting macroscopic healed joint by acoustic emission measurements[J]. Journal of geophysical research: solid earth,2001,106(B5):8687-8698.

[18] 杨圣奇,黄彦华. 双孔洞裂隙砂岩裂纹扩展特征试验与颗粒流模拟[J]. 应用基础与工程科学学报,2014,22(3):584-597.

[19] LAMBERT D E,ROSS C A. Strain rate effects on dynamic fracture and strength[J]. International journal of impact engineering,2000,24(10):985-998.

[20] 张盛,李新文,杨向浩. 动载确定方法对岩石动态断裂韧度测试的影响[J]. 岩土力学,2013,34(9):2721-2726.

[21] CHEN C H,CHEN C S,WU J H. Fracture toughness analysis on cracked ring disks of anisotropic rock[J]. Rock mechanics and rock engineering,2008,41(4):539-562.

[22] 刘宁,张春生,褚卫江. 深埋大理岩破裂扩展时间效应的颗粒流模拟[J]. 岩石力学与工程学报,2011,30(10):1989-1996.

[23] 黄彦华,杨圣奇. 孔槽式圆盘破坏特性与裂纹扩展机制颗粒流分析[J]. 岩土力学,2014,35(8):2269-2277.

第7章 断续裂隙岩石滚刀作用下破裂特征离散元模拟研究

全断面岩石掘进机(tunnel boring machine,TBM)具有施工快、质量高和操作环境好等优点,已被应用于公路隧道、水利隧洞等岩石工程中。TBM 滚刀处于掘进机的最前端,与围岩直接接触,直接关系到掘进机的破岩效率。因此,研究 TBM 滚刀破岩机理对于提高滚刀使用寿命和保证高效安全隧道掘进具有重要意义。

对于滚刀破岩机理除了从理论上进行相应研究外,更为直观的是采用试验和数值模拟的方法。Innaurato 等[1]进行了石灰岩和花岗岩在无侧限和侧限作用下的单刀破岩试验,分析了岩样尺寸、岩石类别和围压对破岩的影响。谭青等[2]在原有线切割试验台的基础上设计观测试验,分析作为辅助刀具之一的球齿滚刀侵入砂岩过程,利用高速摄像仪捕捉到岩石崩裂直至整体破碎的现象,并记录了球齿下密实核的产生过程。莫振泽等[3]通过改装 RMT-150C 系统研究花岗岩在楔形刀具贯切作用下损伤劣化破坏的全过程,声发射定位显示在岩石破碎区的密实核下方存在“损伤核”,为滚刀破岩宏观破裂现象提供依据。由于条件的限制,通过大尺度的现场试验或室内试验来研究刀具破岩的机理还存在很多困难。随着计算机技术和数值计算方法的发展,数值模拟方法成为研究刀具破岩的主要手段之一。Liu 等[4]基于 RFPA 发展的 R-T2D 建立刀盘破岩模型,对单刀和双刀侵入岩石规律进行数值模拟,获得岩石破裂全过程。Gong 和 Zhao[5]采用二维离散元 UDEC 对单刀侵入花岗岩过程进行模拟,分析岩石脆性指数对破岩效率的影响,随着脆性指数的减小,岩石损伤区减小,而 TBM 贯入率也会随之减小。Cho 等[6]利用三维有限元 AUTODYN-3D 建立刀盘切割岩石模型,模拟结果与线性切割试验结果相吻合,并分析了切割速率和模型尺寸对比能的影响。谭青等[7]通过二维离散元 PFC 建立刀具与岩石相互作用模型,分析了滚刀的刀刃宽和刀刃角对破岩过程中贯入度、切削力和裂纹数的影响规律,模拟结果显示 PFC 能够有效模拟滚刀破岩过程。此外,TBM 在施工过程中会遇到各种影响破岩效率的地质因素,如节理、裂隙、断层以及高围压等。马洪素和纪洪广[8]采用 2 种不同强度的混凝土分别模拟大理岩和石灰岩,对 TBM 滚刀破岩时不同节理面与掘进方向夹角的影响效果进行了试验研究。邹飞等[9]通过改进的 RMT-150C 试验系统进行了含节理相似材料盘形滚刀破岩效果试验,分析了节理间距和节理倾角对破岩效果的影响。Gong 等[10-11]采用 UDEC 分别进行了 TBM 滚刀对不同节理方向和节理间距岩石的侵入数值模拟研究。孙金山等[12]和谭青等[13]分别利用 PFC 研究了节理特征对 TBM 盘形滚刀破岩特性的影响,模拟结果表明结构面对裂纹扩展具有显著的控制性作用。张奎等[14-15]采用 UDEC 建立双刀切削岩石模型,分析了围压对破岩的影响,模拟结果显示随着围压的增加,刀具的破岩效率与裂纹扩展能力降低。

然而,目前对岩石中含有断续张开裂隙滚刀破岩机理的研究鲜有报道,且高围压作用下破岩效果还较少涉及。鉴于此，本节采用二维离散元方法 PFC^{2D}，建立 TBM 盘形滚刀与裂隙岩石相互作用的模型，综合考虑预制裂隙以及围压作用下对滚刀破岩效率的影响[16]，并从细观层面探讨滚刀破岩机理[17]。

7.1　含单裂隙岩石单滚刀破岩过程模拟

7.1.1　细观参数选择

（1）室内试验概况

室内单轴及三轴压缩试验大理岩采自锦屏Ⅱ级水电站白山组。按照国际岩石力学与工程学会试验规程，将取自现场的岩芯进行精加工，制备成直径为 50 mm、高度为 100 mm 的标准试样，如图 7-1 所示。加工好的大理岩试样在中国矿业大学深部岩土力学与地下工程国家重点实验室多功能岩石三轴测试系统上进行不同围压常规三轴压缩试验，获得锦屏大理岩的强度、弹模、黏聚力和内摩擦角等基本力学参数，为后续 PFC 数值模拟提供标定基础。

图 7-1　锦屏Ⅱ级水电站白山组大理岩试样

（2）簇单元模型简介

为克服黏结颗粒模型(bonded-particle model，BPM)中模型颗粒形状及排列方式单一，咬合力弱的缺点，PFC 在 BPM 的基础上发展了簇单元模型(clumped-particle model，CPM)。CPM 能够很好地克服 BPM 中内摩擦角偏低等固有问题[18]，更适合于模拟高围压下岩石力学行为。另外，余华中等[19]和崔臻等[20]的研究成果显示，锦屏大理岩在不同围压作用下出现明显的脆-延-塑性转化特征，采用 CPM 能够更好地反映这一特性。簇单元(clump)考虑颗粒形状的影响，是由多个圆形颗粒组成非规则形状或块体的超级颗粒[21]，由 clump 原理控制，其参数有：组成 clump 颗粒的圆球数目、clump 的半径等，更多信息见文献[22]。

图 7-2 为本书采用簇单元模型构建的大理岩数值试样，采用的簇单元模板为“花生”(peanut)模板，即采用 3 个圆形颗粒组合成花生形状的簇单元，其几何形态如图 7-2 所示，几何参数主要包括 3 个圆盘颗粒的半径 R_1、R 和 R_2，以及两端颗粒之间的距离 L。在 PFC

中生成由 10 349 个簇单元模板，约 30 831 个圆盘颗粒组成的宽度为 50 mm、高度为100 mm 的矩形试样。采用伺服控制系统，左右两面的墙对试样施加围压，上下两面的墙对试样进行位移加载，从而实现对室内大理岩单轴及三轴压缩试验的模拟。

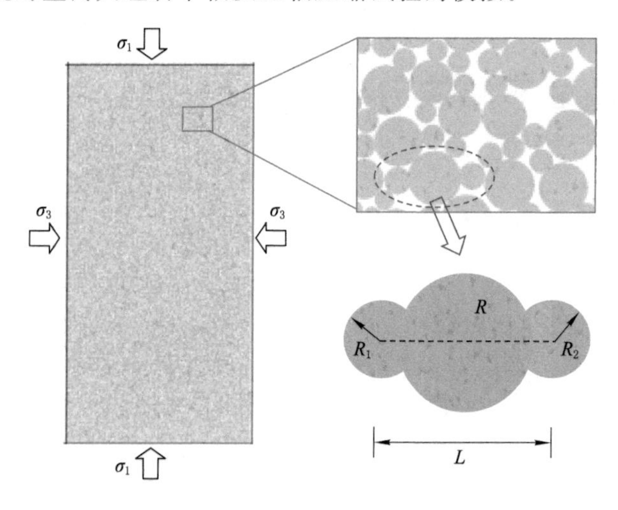

图 7-2　数值模型及簇单元模板

（3）细观参数标定

PFC 细观参数标定是一个极为费时的过程，目前主要采用的是“试错法”[23]，即首先赋予完整数值模型一组假定的细观参数，进行模拟计算；将模拟计算得到的宏观参数与室内试验结果进行对比；通过不断调整细观参数，当模拟结果与试验结果基本一致时，认为该细观参数合理。在调试细观参数前，应首先明确细观参数与岩石宏观力学参数之间的响应关系，才能较为快速地进行细观参数匹配。为此，周博等[24]、赵国彦等[25]、夏明等[26]均进行了 PFC 中细观参数对宏观力学参数的影响关系的相关研究工作，而参数调试过程可参考 PFC^{2D}用户手册[27]。经过对完整大理岩室内试验结果的反复模拟校准，最终得到一组能够反映锦屏大理岩宏观力学特性的 PFC 细观参数，如表 7-1 所示。

表 7-1　大理岩 PFC 细观参数

参数	取值	参数	取值
颗粒最小半径/mm	0.3	摩擦系数	0.45
颗粒粒径比	1.6	平行黏结模量/GPa	30.0
颗粒密度/(kg/m^3)	2710	平行黏结刚度比	2.0
颗粒模量/GPa	30.0	平行黏结法向强度/MPa	70±7.0
颗粒刚度比	2.0	平行黏结切向强度/MPa	165±16.5
平行黏结半径因子	1.0	几何参数 $L:R:R_1:R_2$	2.8∶1∶0.5∶0.5

为评价表 7-1 所示细观参数的合理性和可靠性，图 7-3 给出了不同围压作用数值模拟和试验获得的应力-应变曲线对比。由图 7-3 可见，随着围压的增大，大理岩峰后由脆性破坏逐渐向延性破坏转变。当围压增大至 40 MPa 时，峰值强度之后应力没有明显降低，接近

理想塑性变形。因此,大理岩随着围压的增大,呈现显著的脆-延-塑性转换特征。另外可见,模拟和试验获得应力-应变曲线较为相近,由此说明采用表7-1所示细观参数的簇单元模型可以较好地再现不同围压作用下锦屏大理岩变形特性。

图7-4进一步给出了不同围压模拟和试验获得的峰值强度对比。由图7-4可见,试验峰值强度与围压之间呈较好的线性关系,模拟峰值强度与试验值吻合度很高。综上所述,表7-1所示细观参数能够反映锦屏大理岩的宏观力学特征,可以用于后续相应的模拟研究。

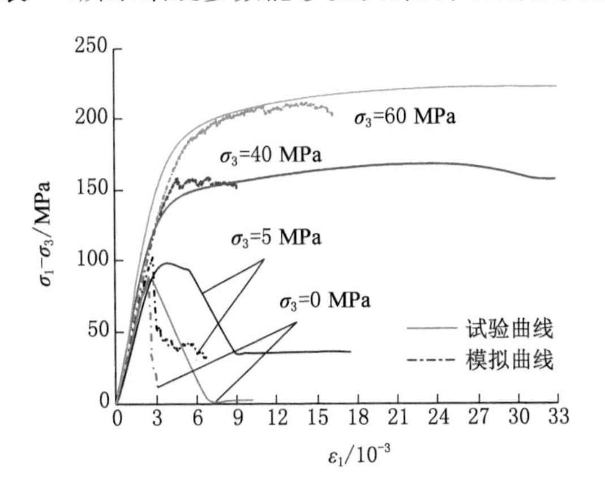

图7-3 模拟和试验应力-应变曲线对比

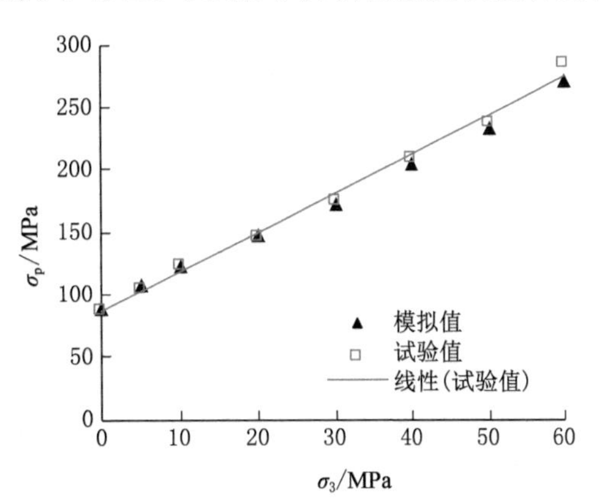

图7-4 模拟和试验峰值强度对比

7.1.2 单刀破岩过程模拟

(1) 滚刀破岩数值模型简化

TBM盘形滚刀随着刀盘的旋转,盘形滚刀绕刀盘中心轴公转,同时还绕自身轴线自转。滚刀在与岩石相互作用中受力较为复杂,作用过程会对岩石施加法向推压力、切向滚动力和侧向力。因此,采用数值模拟方法时需将模型简化,研究者一般将模型简化为二维平面问题,不考虑切向滚动,将三维滚动和压入运动简化为二维侵入运动,如Liu等[4]、Gong等[5]、孙金山等[12]、谭青等[28]、苏利军等[29]和廖志毅等[30]的模拟研究结果表明TBM滚刀破岩过程简化为平面等效模型是基本可行的。

图7-5为本书采用PFC^{2D}建立的单刀侵入大理岩数值模型。其中,刀圈的刚度和强度都非常高,因此采用PFC中刚性墙体wall来模拟。因为平刃刀圈在工程中广泛应用[7],因此本书以平刃刀圈为研究对象。建立的数值模型,长L为140 mm,高H为100 mm,刀盘的刀刃宽B为5 mm。在完整岩石的基础上,通过删除特定区域的颗粒形成张开裂隙[31-33],张开裂隙分布在岩体的中央,裂隙与水平方向的夹角为α,裂隙长度$2a$为16 mm。

(2) 裂隙倾角的影响

为分析裂隙倾角对单TBM滚刀破岩效果的影响,下面进行不同裂隙倾角破岩过程模拟。裂隙倾角α分别为0°、15°、30°、45°、60°、75°和90°。保持裂隙长度$2a$为16 mm。

图7-6给出了倾角α为45°时,裂隙岩体在单刀作用下不同加载步对应的裂纹扩展过程。由图7-6(b)可见,当刀盘侵入岩石时,与刀刃接触的岩石表面部分首先产生了少许微裂纹,说明接触处应力集中最先达到岩石破裂的临界值。随着刀盘继续贯入,在刀盘正下方产生了较多的微裂纹,并逐渐向下发展,如图7-6(c)所示。当刀盘继续向下运动时,裂隙岩

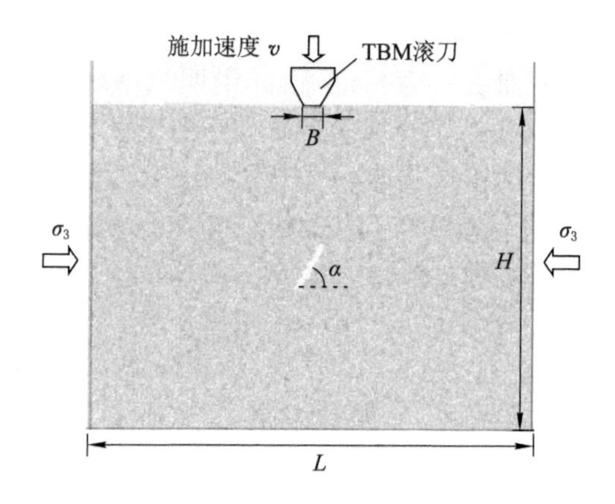

图 7-5　单滚刀破岩过程的颗粒流模型

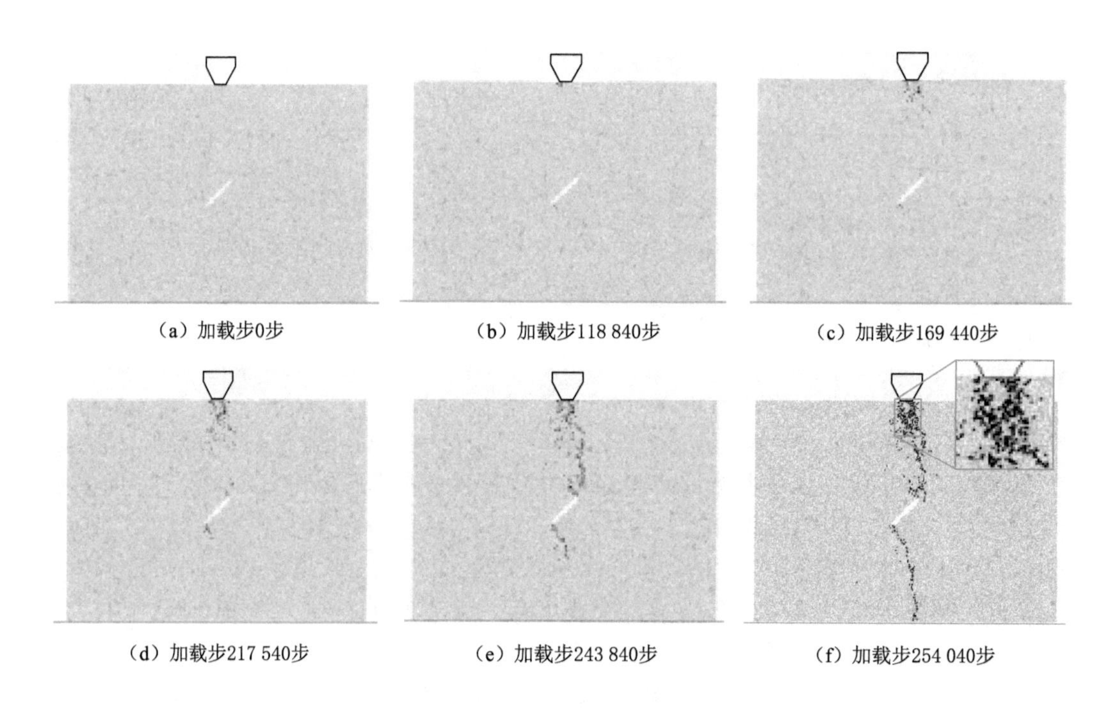

图 7-6　倾角 α 为 45°时单刀破岩过程

体的破裂形态如图 7-6(d)所示，此时，裂隙尖端开始萌生裂纹，这意味着裂隙尖端颗粒之间的黏结发生断裂损伤。随着刀盘的继续贯入，裂纹不断扩展，如图 7-6(d)所示，在刀盘正下方已经产生了一定数量的微裂纹，裂隙上下尖端产生的翼裂纹也扩展至一定长度，同时在裂隙与刀盘之间区域萌生了一条规则裂纹，与加载方向近似平行，如图 7-6(e)所示。当刀盘继续侵入裂隙岩体时，刀盘下方的微裂纹汇集形成了一个显著的损伤区，称为粉核区[7]，该部分岩体被微裂纹分割成破碎区，因此刀盘下方易出现粉碎渣土。再观察损伤区的局部放大图可见，裂纹是由拉伸微裂纹和剪切微裂纹组成(黑色线段表示拉伸微裂纹，蓝色线段表示剪切微裂纹)，如图 7-6(f)所示。此时，竖直裂纹上下两端分别向上下方向不断扩展，最终分别与裂隙尖端和刀盘下方损伤区相连，由此造成了裂纹与裂隙之间的贯通。裂隙上尖端翼裂纹扩展至一定长度后，处于"睡眠"状态即不再延伸，可能的原因是其附近的竖直裂纹的扩展抑制了该翼裂纹的扩展。但是，裂隙下尖端翼裂纹逐渐扩展至岩体下边缘，其扩展路径并不是非常光滑，但总体上平行于最大主应力方向，由此也使得试样最终失稳破坏为两块。

图 7-7 给出了不同裂隙倾角下单刀侵入裂隙岩体破裂形态，为方便比较，同时还给出了完整岩石在单刀贯入作用下的破裂模式。刀盘贯入完整岩石引起岩石的破碎过程较为简单，首先在刀盘正下方产生一系列微裂纹，微裂纹达到一定数量规模后，粉核区逐渐形成。在微裂纹不断产生和汇聚的过程中，粉核区不断扩大，同时还产生了规则裂纹。随着刀盘的继续侵入，规则裂纹不断向下延伸，最终将完整岩石分割为两半，破裂模式如图 7-7(a)所示。而对于裂隙岩体在刀盘作用下的破坏过程则较为复杂，由图 7-6 分析已经知道裂隙岩体的破坏是由粉核区、规则裂纹、张开裂隙以及翼裂纹共同作用造成的。具体对于裂隙倾角为 0°时，最大的不同在于裂隙上端裂纹萌生于裂隙的中间位置，而不在于裂隙尖端。这与水平裂隙在单轴压缩作用[34]和间接拉伸作用[35]试验中的起裂现象相同，对于倾角为 15°和 30°的裂隙岩体，上端翼裂纹萌生在距裂隙尖端一定距离处，这同样与单轴压缩作用[36]和间接拉伸作用[37]起裂相同，而对于较大裂隙倾角(45°～90°)则在裂隙尖端起裂，这可能是因为水平及较小倾角裂隙中部受到的横向拉伸作用要大于裂隙尖端的应力集中影响，所以在距裂隙尖端一定距离位置萌生初始裂纹。另外，不同裂隙倾角上端产生的翼裂纹有一个相似之处就是均生长到一定长度之后即停止扩展，随后便一直处于"睡眠"状态。

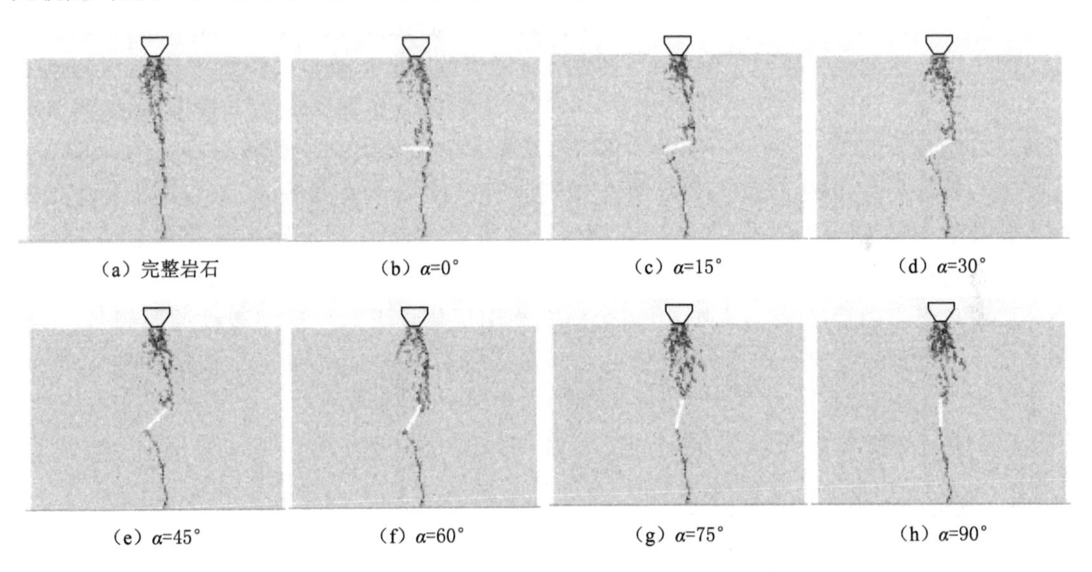

图 7-7　单刀侵入不同裂隙倾角岩体破裂模式

接着分析不同裂隙倾角岩体粉核区形态，对于完整岩石粉核区近似于竖直向下延伸发展。与完整岩石相比，裂隙岩体粉核区向下发展过程中会发生扩散，即向下延伸的同时会向左右两边扩展。但是粉核区受裂隙倾角的影响并不明显，扩散角(定义为扩展方向与水平方向之间的夹角)总体上分布在 65°～70°，粉核区的深度受裂隙倾角的影响也不显著，分布在刀盘下方一定深度内。但同时还注意到，倾角为 75°及 90°裂隙岩体的粉核区裂纹密集程度要远高于其他倾角裂隙岩体。

(3) 围压的影响

锦屏Ⅱ级水电站引水隧道处于深埋环境中,引水隧洞洞群沿线上覆岩体一般埋深 1 500～2 000 m,最大埋深达 2 525 m。因此模拟锦屏大理岩 TBM 滚刀破岩效果,需要考虑埋深的影响。为了探究不同埋深对破岩效果的影响,进行不同围压作用下单刀侵入裂隙岩体颗粒流模拟。围压分别设置为 5 MPa、10 MPa、15 MPa 和 20 MPa,保持裂隙倾角为 60°,裂隙长度为 16 mm。图 7-8 给出了不同围压作用下单刀侵入裂隙岩体最终破裂模式,倾角 60°裂隙岩体破裂模式无围压情况见图 7-7(f)。

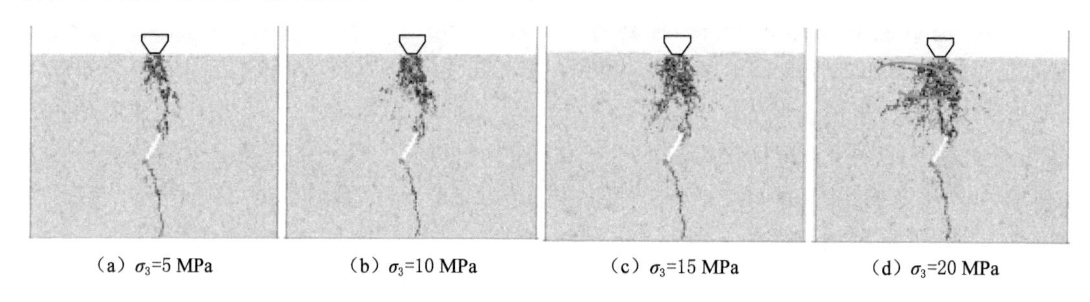

(a) σ_3=5 MPa (b) σ_3=10 MPa (c) σ_3=15 MPa (d) σ_3=20 MPa

图 7-8 不同围压下单刀侵入岩体破裂模式

由图 7-8 可见,裂隙岩体的失稳破坏是由粉核区、规则裂纹、张开裂隙及翼裂纹造成的。裂纹扩展顺序依次为:首先在刀盘下方产生微裂纹,之后在裂隙尖端产生翼裂纹,接着刀盘与裂隙之间产生的规则裂纹不断扩展,刀盘下方微裂纹不断汇聚形成粉核区,最后下端翼裂纹扩展至岩体下边缘。围压对裂隙岩体的破裂模式有较为显著的影响,具体表现为,在无围压及较低围压作用下,粉核区的微裂纹集中程度较低,随着围压的增大,微裂纹的数量及密集程度明显提高。当围压增大至 20 MPa 时,粉核区裂纹不仅向下发展,而且还形成了明显的规则裂纹向裂隙岩体自由面扩展。该侧向裂纹将该处岩体分隔开,形成脱落或崩裂的较大的岩石碎块,这是因为内部应力释放减少的能量一部分转化成碎块表面能,另一部分转化为碎块脱离母岩的动能[14]。另外,裂隙岩体在高围压作用下产生侧向裂纹的原因是:刀盘下方岩体在受到刀盘向下作用力时,颗粒之间发生断裂损伤,并不断向下扩展,同时在较大的水平应力驱使下,裂纹有沿水平方向发展的趋势,在竖直及水平方向相互作用下形成了如图 7-8(d)所示的侧向裂纹。

7.1.3 滚刀破岩细观机理讨论

与其他数值方法相比,PFC 在细观场分析中有其独到的优势,它能够实时监测岩体变形破坏过程中细观力场、微裂纹发育和能量场的演化,分析滚刀破岩过程岩体内部细观力场、微裂纹发育和能量场规律,进而揭示盘形滚刀破岩细观机制。

(1) 细观力场分布特征

图 7-9 给出了倾角 α 为 45°裂隙岩体破裂过程中细观平行黏结力演化过程。在图 7-9 中微裂纹和细观力场以颜色加以区分,粉红色线段表示拉伸微裂纹,蓝色线段表示剪切微裂纹,黑色线段表示压力,深红色线段表示拉力。由图 7-9(a)可见,当刀盘作用在裂隙岩体上时,在刀盘正下方出现一个显著的应力集中区(体现在线段分布最为密集),距离刀盘越远,应力分布越小。同样在裂隙尖端也分布有相对应力集中区,这是由裂隙尖端作用导致的。

以裂隙左尖端为例，分析裂纹扩展过程平行黏结力演化过程。如图 7-9(c)可见，在裂隙左尖端上表面被黑色线段包围，而尖端下表面被红色线段包围，说明了上表面为压力集中区，而下表面为拉力集中区。随着刀盘继续作用在岩体上，尖端开始萌生微裂纹(便于区分以粉色线段表示拉伸微裂纹)，而新的拉应力集中区往下发展，如图 7-9(d)所示。最终翼裂纹扩展至岩体下缘，如图 7-9(f)所示。

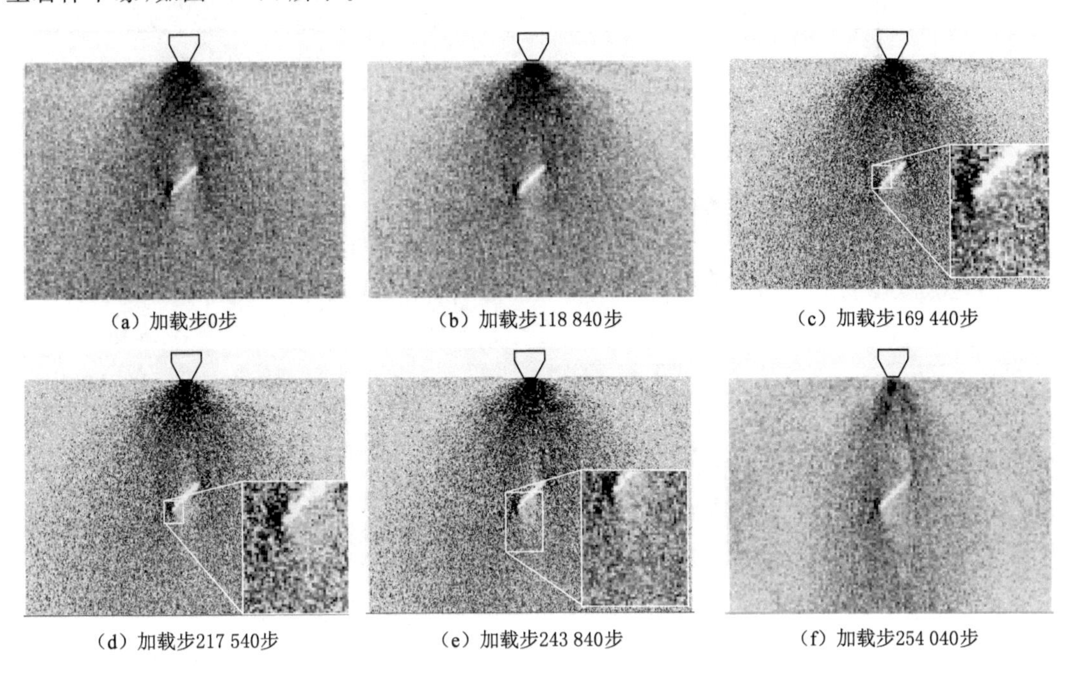

(a) 加载步0步　(b) 加载步118 840步　(c) 加载步169 440步

(d) 加载步217 540步　(e) 加载步243 840步　(f) 加载步254 040步

图 7-9　倾角 α 为 45°时单刀破岩过程平行黏结力演化

图 7-10 给出了不同裂隙倾角以及不同围压作用下裂隙岩体平行黏结力场分布图。首先分析裂隙倾角对应力分布的影响。由图 7-10(b)～(h)可知，不同倾角裂隙岩体平行黏结力受裂隙影响较大的区域在裂隙附近，而刀盘下方受影响很小。当裂隙倾角为 0°及 15°时，裂隙上下表面被红色线段包围，而裂隙尖端为黑色线段区域，即裂隙上下表面为拉力集中区，而裂隙尖端为压力集中区，如图 7-10(b)～(c)所示。随着裂隙倾角的增大，红色线段集中逐渐向裂隙尖端转移，而黑色线段集中则逐渐占据原红色线段集中区域，如图 7-10(d)～(f)所示。当倾角增大至 75°和 90°时，裂隙尖端为红色线段集中区，而裂隙左右表面则为黑色线段集中分布，如图 7-10(g)～(h)所示。

另外，与无围压作用下相比，有围压作用下平行黏结力影响较大，主要表现在围压作用后红色线段明显减小，黑色线段显著增加。这说明，在有围压作用下，裂隙岩体主要受压力作用，增加了刀盘侵入岩体的难度。

(2)微裂纹发育特征

为分析裂隙岩体在单滚刀作用下内部微裂纹发育规律，通过 FISH 函数记录滚刀侵入过程中微裂纹的产生位置、类型及数量等信息。图 7-11 给出了倾角 α 为 45°的裂隙岩体破裂过程中微裂纹数量演化过程以及不同加载步阶段微裂纹的类型及数目。由图 7-11 可见，在刀盘侵入裂隙岩体的过程中，微裂纹在不断扩大，但是微裂纹并不是平稳发育，而是呈平

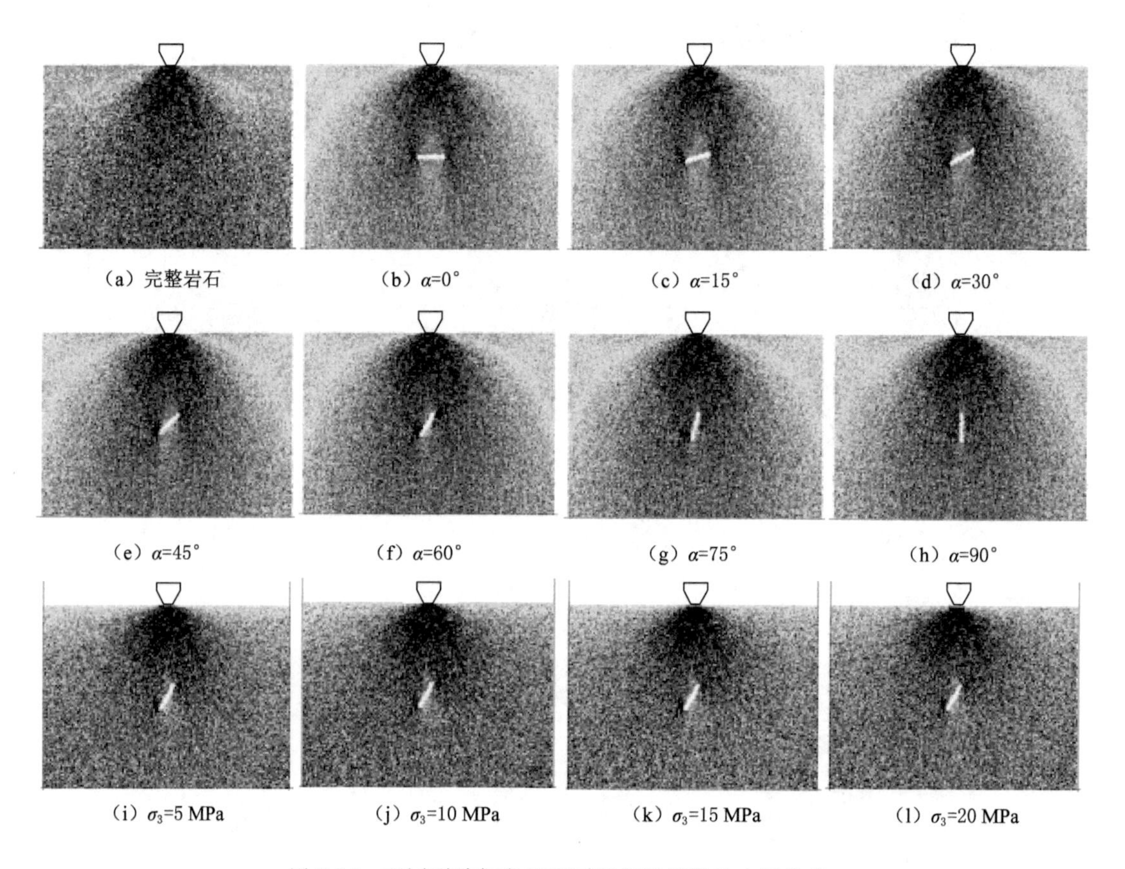

(a) 完整岩石 (b) α=0° (c) α=15° (d) α=30°

(e) α=45° (f) α=60° (g) α=75° (h) α=90°

(i) σ_3=5 MPa (j) σ_3=10 MPa (k) σ_3=15 MPa (l) σ_3=20 MPa

图 7-10 不同裂隙倾角及不同围压平行黏结力场分布

缓-陡增-平缓-陡增模式变化，这与岩石的跃进破碎相关[7]。因为在刀盘破岩过程中，当有岩石脱落后，刀盘所需的推力减小，由此裂纹的数目趋于平缓，而推力增大时裂纹数也会相应增加[7]。在最后阶段，微裂纹增长速度大幅提高，这是因为裂隙岩体越接近最终破裂时刻，其承载能力越低，在刀盘作用下越容易产生裂纹。微裂纹出现骤增的拐点为裂隙岩体发生破坏的临界值。再观察微裂纹的类型可知，在破岩过程中拉伸微裂纹的数目始终远大于剪切微裂纹，这表明：含单裂隙大理岩在单滚刀作用下细观上以张性破坏为主，剪切破坏为辅。需要说明的是谭青等[7]模拟显示张拉裂纹与剪切裂纹数目始终相差不大，本书与之不同的原因可能为：一是岩性不同，本书细观参数为经室内试验标定的硬脆大理岩，而文[7]模拟较软岩；二是与裂纹扩展程度及种类相关，剪切微裂纹主要分布在粉核区，而翼裂纹和规则裂纹主要由张性微裂纹组成。

图 7-12 给出了不同裂隙倾角及不同围压作用下微裂纹数目演化曲线。由图 7-12 可知，在无围压作用下，不同倾角裂隙岩体微裂纹发育特征相似。比较不同倾角裂隙岩体破裂临界值对应的加载步可知，15°＜45°＜60°＜0°＜30°＜90°＜75°＜完整，说明了裂隙岩体比完整岩石更容易发生破坏，而且不同倾角裂隙岩体破坏难易程度也有所不同，总体上表现为：15°＜45°＜60°＜0°＜30°＜90°＜75°破岩由易到难。

然而，在围压作用下的裂纹数明显多于无围压作用下的，而且随着围压的增大，裂纹数量增多，说明了在有围压条件下试样破坏程度更高。另外，在围压条件下裂隙岩体达到破坏

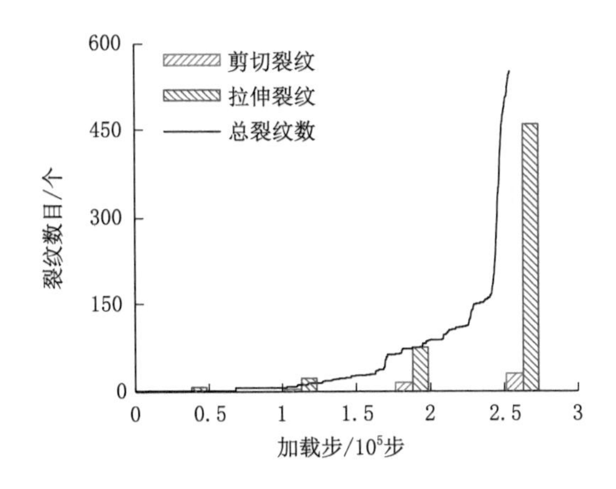

图 7-11　倾角 α 为 45°时单刀破岩过程微裂纹数量演化

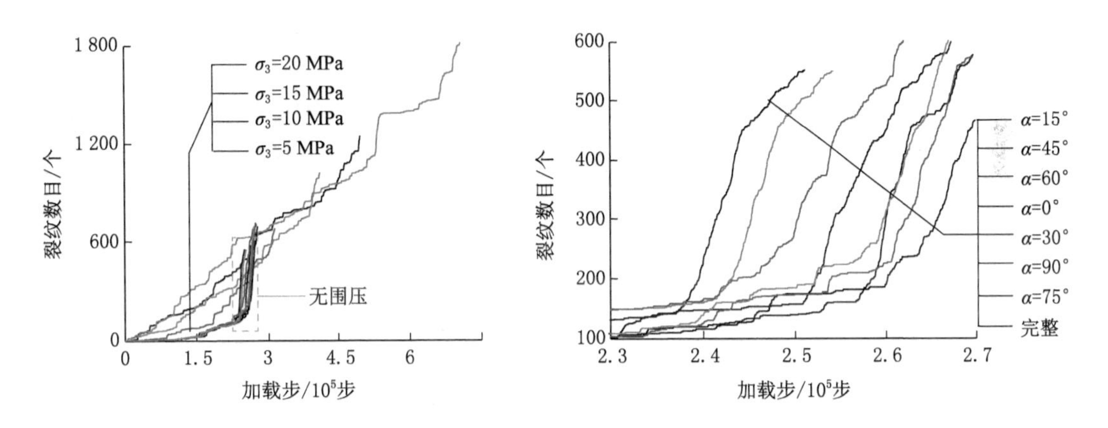

图 7-12　不同裂隙倾角及不同围压微裂纹演化曲线

时所需的加载步明显大于无围压条件，且随着围压的提高而增大，这表明了在有围压条件下破岩难于在无围压条件下，且困难程度随着围压的提高而增大。同时还注意到，在围压作用下裂纹增长速率低于在无围压作用下，不会出现裂纹骤增现象，这意味着围压会限制裂纹的扩展速率，裂隙岩体在围压情况下裂纹处于缓慢持续增长过程。

(3) 破岩过程能量演化机制

在刀盘侵入过程中，刀盘对裂隙岩体做功。在模拟过程中，对边界能(即墙体对岩体做的总功)进行跟踪记录，以探讨裂纹扩展过程能量演化规律。图 7-13 给出了倾角为 45°裂隙岩体破裂过程边界能演化曲线。由图 7-13 可见，在刀盘侵入过程中，边界能持续增长。在侵入初期，边界能还较小，同时可以看到此时边界能的涨幅较低，说明加载初期所需要的能量较低。随着刀盘继续贯入，边界能出现较大幅度的增长，因为裂纹萌生和扩展均需要消耗较大的能量。在最后破裂阶段，边界能增长速率有所减缓。

边界能的大小在一定程度上反映了刀盘破岩效率，为此对不同倾角及不同围压作用下的最终边界能进行统计，汇总于图 7-14。其中，图 7-14(a)为无围压作用下不同倾角裂隙岩体和完整岩石的边界能，而图 7-14(b)为不同围压作用下裂隙倾角为 60°岩体的边界能。首先，比较无围压作用下边界能大小可知，裂隙岩体所需的能量均小于完整岩体所需能量，说

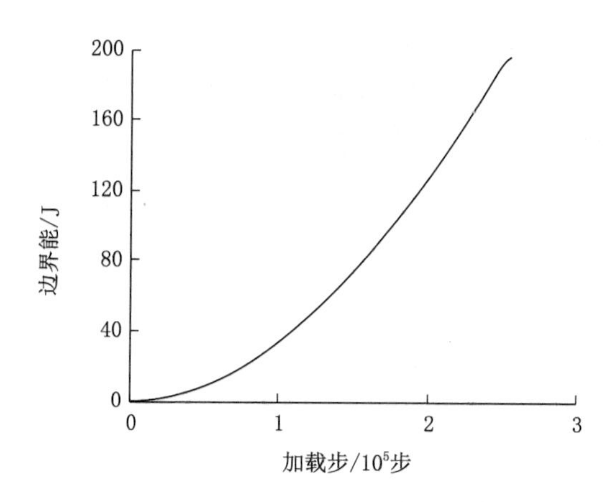

图 7-13　倾角 α 为 45°时单刀破岩过程边界能演化

明岩体中分布有张开裂隙有利于刀盘破岩。而且不同裂隙倾角边界能大小顺序为：15°＜45°＜60°＜0°＜30°＜90°＜75°，该顺序即为裂隙岩体破岩效率由高到低排序。注意到该顺序与依据微裂纹演化判别破岩难易程度得到的顺序相同。其次，观察裂隙倾角为 60°裂隙岩体在不同围压作用下边界能大小可知：随着围压的增大，边界能逐渐增大，这意味着围压越大，破岩越难。

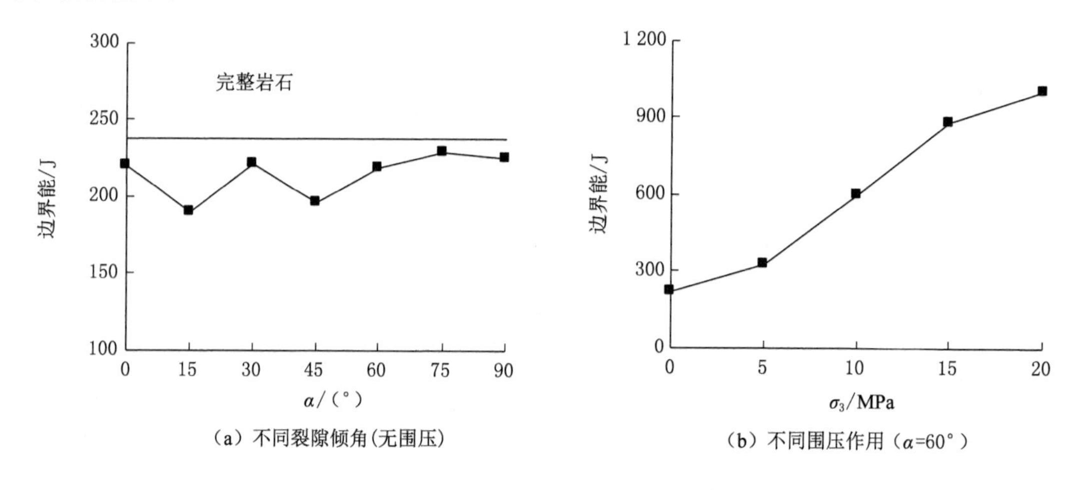

（a）不同裂隙倾角(无围压)

（b）不同围压作用（α=60°）

图 7-14　不同裂隙倾角及不同围压下的边界能

7.1.4　本节小结

本节采用二维离散元程序 PFC^{2D} 建立滚刀破岩模型，模拟了单个 TBM 滚刀侵入断续单裂隙岩体过程，重点分析了裂隙倾角和围压对滚刀破岩效果的影响规律，并试图从细观层面揭示滚刀破岩机理，主要得到了以下结论：

（1）锦屏Ⅱ级水电站大理岩在三轴压缩下表现出明显的围压相关性，采用颗粒流模拟不仅再现了大理岩的脆-延-塑性转化特征，而且峰值强度模拟值也与试验值接近。

（2）含单裂隙岩体在刀盘作用下，首先在刀盘下端产生微裂纹，随后在裂隙尖端萌生裂纹，翼裂纹不断扩展，最终发生贯通破坏。总体上表现为压缩性破坏、规则裂纹萌生与扩展、粉核区形成和主裂纹贯通 4 个阶段。

(3) 裂隙倾角主要影响翼裂纹的萌生位置：水平裂隙翼裂纹萌生于裂隙中部，倾角较小时，翼裂纹萌生于距尖端一定距离处，随着倾角的增大翼裂纹在裂隙尖端萌生。围压主要影响粉核区：随着围压的增大，粉核区的范围逐渐变大，在高围压作用下会出现侧向裂纹向自由面扩展。

(4) 细观平行黏结力场揭示了裂纹扩展细观机理：拉应力集中区处易萌生拉伸微裂纹，拉应力集中区转移过程中，微裂纹不断扩展贯通。并且水平裂隙拉应力集中区分布在中部，较小裂隙倾角裂隙拉应力集中区分布距裂隙一定距离，而较大倾角裂隙拉应力集中区分布在裂隙尖端。

(5) 从微裂纹和边界能角度分析破岩效率结果相同：裂隙岩体比完整岩石更容易发生破坏，而且不同倾角裂隙岩体表现为：$15° < 45° < 60° < 0° < 30° < 90° < 75°$破岩由易到难。有围压条件下破岩难于无围压条件，且困难程度随着围压的提高而增大。

7.2　不同加载顺序三刀具破岩过程模拟

在实际的施工过程中，单刀具对于破岩效果的作用有限，破岩过程中起主要作用的是多个刀具相互影响，协同作业。当多个刀具同时贯入岩体时，其各自产生的裂纹会和邻近刀具产生的裂纹相互引导，直至贯通，这在很大程度上增加了刀具破岩的效率。为了研究相邻刀具之间如何协同作业的，并且协同作业对于刀具破岩过程的影响，本节以三刀具为例，进行三刀具不同加载顺序破岩过程模拟。

7.2.1　加载顺序对破岩效果的影响

(1) 三刀具同时破岩过程

对于三刀具同时破岩，以围压 20 MPa 为例。在图 7-15 中，三刀具中轴线相距 60 mm。最初，每个刀具各自独立贯入岩体，其裂纹扩展情况和单刀具侵入岩体时相似，这一相似一直持续到粉核区的形成及侧向裂纹的产生。当侧向裂纹产生后，各刀具产生的裂纹各自向侧面发展，由于在裂纹尖端都存在应力集中，这些应力相互叠加，使得向两侧扩展的裂纹得以贯通，如图 7-15(e)所示。侧向裂纹贯通后，其和自由面所包裹的部分将成为岩块脱离出去，在此图中，中间刀具两侧的岩块均是剥落区域。另外，在左侧刀具的左侧也形成了一个剥落岩块。

(2) 三刀具顺次破岩过程

图 7-16 是三刀具顺次破岩过程模拟结果。对于顺次加载过程，第一个刀具侵入岩体的过程和单刀具侵入岩体过程相同，有粉核区、侧向裂纹、横向裂纹的生成，当第二个刀具侵入岩体时，其造成的裂纹扩展模式受第一个刀具产生的裂纹影响很大。第一，其产生的粉核区很小；第二，基本没有纵向裂纹的产生，侧向裂纹也很少；第三，整个粉核区的尾部向第一个刀具产生的裂纹靠近，类似于被吸引过去，几乎没有向右侧发展的趋势。观察图 7-16(b)可知，第一个刀具产生的裂纹延伸到了第二刀具的下方，第二刀具下压产生的能量无法实现大量累积，就通过该裂纹释放出去，因此，没有足够的能量使得粉核区进一步扩大，且不足以维

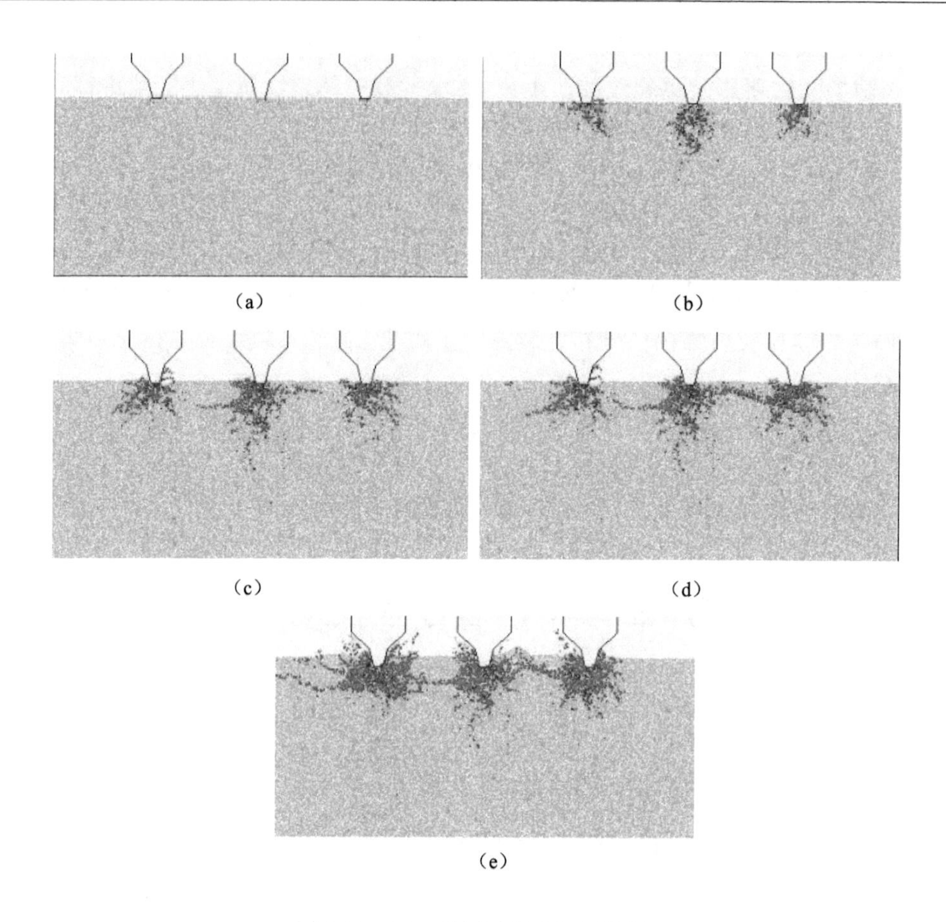

图 7-15　三刀具同时破岩过程模拟

持裂纹继续扩展。当第三个刀具入侵岩体后，产生的裂纹范围要远比第二个刀具大，但尚未达到第一个刀具的规模，可见，第二刀具对第三刀具裂纹产生具有一定的影响，但由于第二刀具产生的裂纹本身发育不足，其对第三刀具的影响也有限。从图 7-16(d)可以看出，第三刀具产生的粉核区基本按照单刀具的模式生成，只有侧向裂纹有明显向左倾斜。同样，第三刀具也没有产生右侧的侧向裂纹，这是由于第二刀具虽然没有产生裂纹直接侵入第三刀具的裂纹范围的主体部分，但也对其造成一定的扰动，导致左侧偏于软弱，裂纹优先向左侧扩展。

(3) 三刀具先中间后两边破岩过程

图 7-17 是三刀具先中间后两边加载破岩过程模拟结果。对于此种破岩方式，中间刀具加载 5 mm 后，在两个方向都形成了延伸接近于两侧刀具正下方的裂纹，根据上文分析可知，这种裂纹会对后来刀具产生的裂纹发育有较大影响，从图 7-17(b)得以验证。两侧刀具的粉核区都较小，向内发育的裂纹都是沿着原来裂纹的路线，向纵深延伸较小。中间刀具产生的左侧纵向裂纹较长，因此其对左侧裂纹的影响更严重，左侧刀具基本没有产生向外的侧向裂纹及纵向裂纹，右侧刀具则产生较短的向外发育的侧向裂纹和偏向内侧的纵向裂纹。

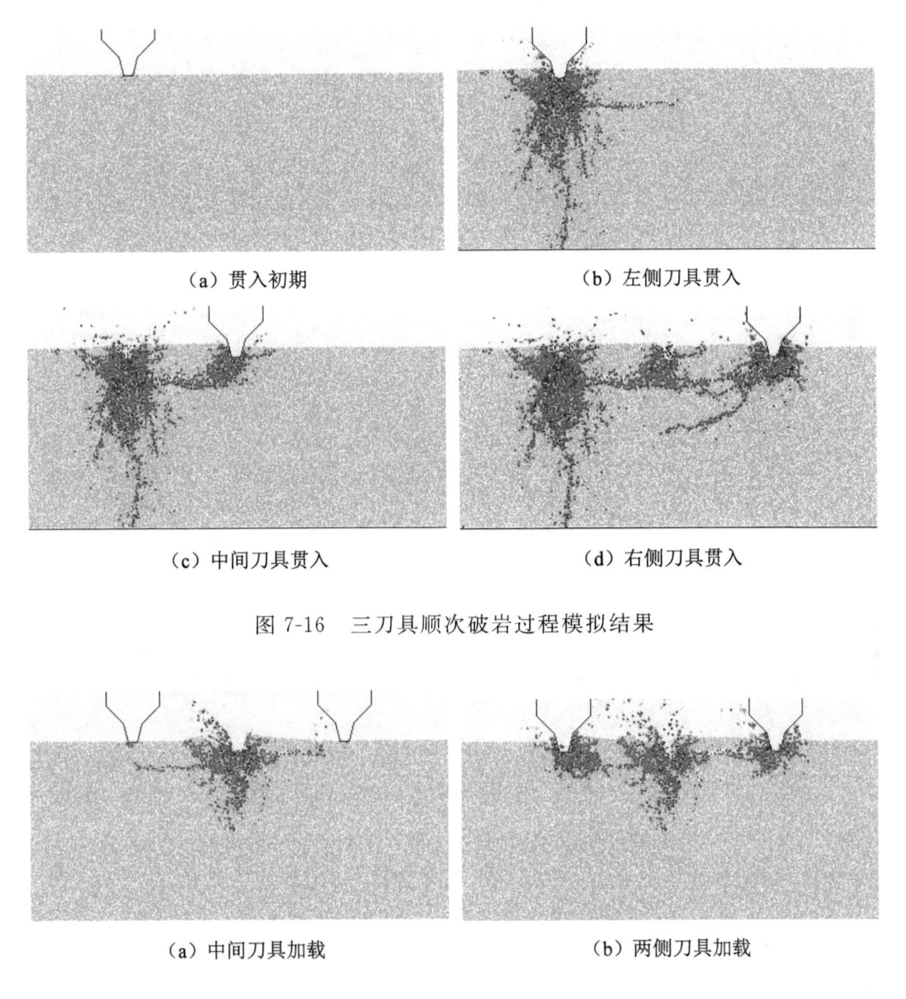

(a) 贯入初期　(b) 左侧刀具贯入

(c) 中间刀具贯入　(d) 右侧刀具贯入

图 7-16　三刀具顺次破岩过程模拟结果

(a) 中间刀具加载　(b) 两侧刀具加载

图 7-17　三刀具先中间加载破岩过程模拟结果

7.2.2　围压对破岩效果的影响

图 7-18 给出了不同围压下三刀具同时贯入大理岩过程的模拟结果。从图中可以看出，围压的存在同样会阻碍裂纹向纵向发展，同时促进侧向裂纹的扩展。但并不是存在相邻的刀具，裂纹扩展就会相互影响，这其中与刀间距相关。若刀间距过大，则各刀具产生的裂纹不会相互影响。当刀间距相同时，围压的增大可以使原来无围压条件下相互不影响的裂纹扩展变化为相互影响。无围压时，三个刀具之间几乎没有影响，各自产生的裂纹按照原来的发展轨迹扩张。当围压为 5 MPa 时，刀具之间的相互影响已经非常明显，中间的刀具所产生的裂纹和左右两侧都产生了贯通，刀具间岩体成块剥落下来，这对原来单刀具破岩来说是完全达不到的效果。围压为 10 MPa 时，左侧刀具和中间刀具之间产生了多条贯通裂纹，刀具贯入同样的深度，所产生的岩块体积大大增加。围压大于 20 MPa 时，向下发展的纵向裂纹收到抑制，刀具之间的侧向裂纹也有所限制，粉核区大小也有所降低。

同样监测三刀具同时加载时内部裂纹数，如图 7-19 所示，可以看出在围压小于 10 MPa 时，剪切裂纹数、拉伸裂纹数、总裂纹数均呈增加的趋势，而大于 20 MPa 后，剪切裂纹数随

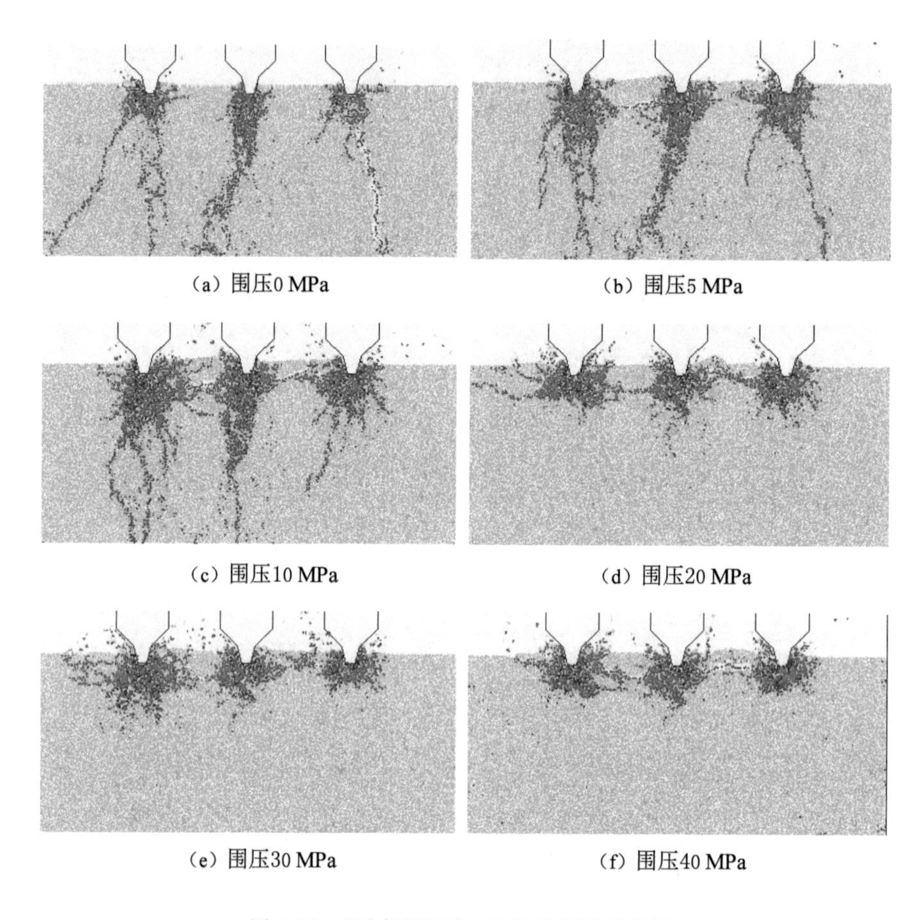

图 7-18 不同围压下三刀具破岩模拟结果

围压增大,拉伸裂纹数和总裂纹数先增后减,这个趋势和单刀具时有所不同,但是相同的是,10 MPa 的围压下,刀具贯入相同的深度所产生的裂纹数最多,即此围压下最利于刀具破岩产生裂纹。

7.2.3 裂隙对破岩效果的影响

为分析裂隙与刀具的距离对破岩效果的影响,进行了含有单裂隙岩体的三刀具同时破岩模拟,通过改变裂隙深度研究裂隙对破岩效果的影响,围压均为 20 MPa,裂隙深度分别为 10、30、50、70、90 mm。图 7-20 是含有单裂隙时的裂纹发育情况。可以发现,由于距离原因,单裂隙对两侧刀下的裂纹扩展基本没有影响,其主要影响位于上方的中刀。当裂隙深度为 10 mm 时,裂隙处于本应该是粉核区的区域,裂隙明显地阻碍了中间刀具的破岩效果,其粉核区相较其他距离时较小,并且基本阻断了裂纹向下方发育,但促进了其侧向裂纹的发育。当裂隙深度为 30 mm 时,裂隙处于原纵向裂纹处,粉核区能够正常发育成较大范围且比无裂隙时要大,但是,裂纹的规模同样在裂隙处出现突然减少的情况,说明裂隙促进了其上部裂纹发育,抑制裂纹继续向下扩展。在距离 50 mm 时,此时裂隙的位置处于无裂隙时裂纹未扩展至的区域,裂隙吸引裂纹向下扩展,中刀产生的裂纹区域形状和单刀对单裂隙岩体破岩时类似,这也说明了两侧刀的破岩效果基本未受裂隙的影响,同时两侧刀也未对裂隙

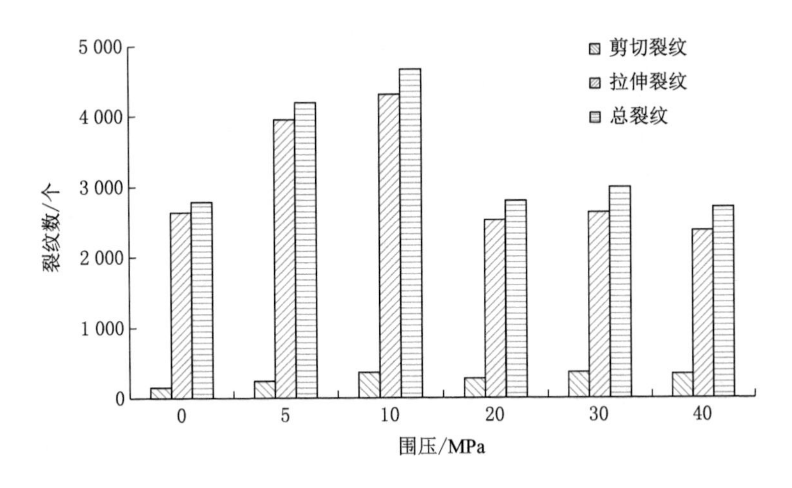

图 7-19　不同围压下三刀破岩裂纹数

附近裂纹生成产生影响。当深度大于 50 mm 后，裂隙对中刀的影响也变小。

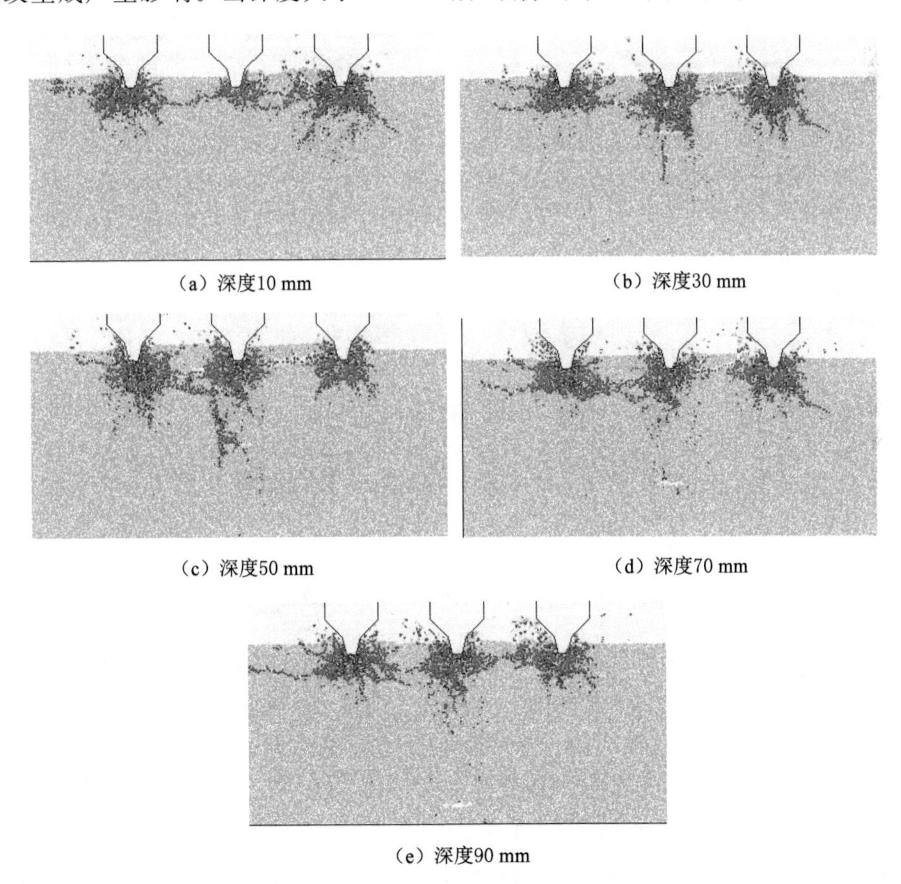

图 7-20　不同裂隙深度刀具破岩模拟

图 7-21 是当围压为 20 MPa、裂隙深度 50 mm 时，不同裂隙倾角岩体刀具破岩模拟结果。从图中可以看出，不同裂隙倾角下刀具侵入岩体破坏形态有所不同，裂隙倾角的改变对

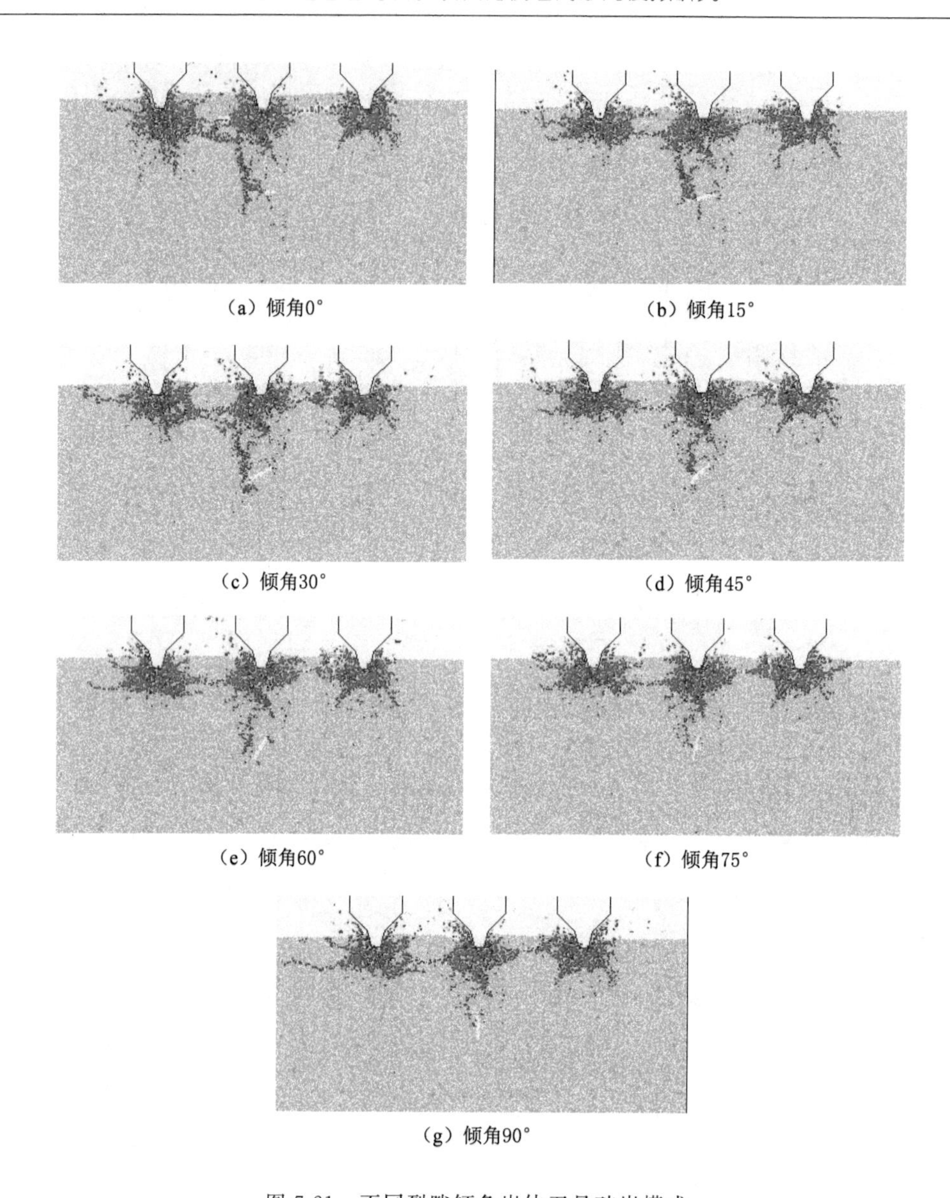

(a) 倾角0°

(b) 倾角15°

(c) 倾角30°

(d) 倾角45°

(e) 倾角60°

(f) 倾角75°

(g) 倾角90°

图 7-21 不同裂隙倾角岩体刀具破岩模式

于两边刀的破岩模式和中间刀具密实核及侧向裂纹影响不大,裂隙倾角改变主要影响了由中间刀具产生的向下延伸纵向裂纹的扩展。当倾角为 0°时,在裂隙的中间部分和左侧端部萌生了纵向裂纹,并和密实核相贯通。纵向裂纹通过裂隙中部和左端点,继续向下扩展了一小段距离。当裂隙倾角为 15°时,纵向裂纹同样通过裂隙的左端点向下扩展,但是在裂隙的中部没有裂纹生成,而裂隙的右端点处有少量裂纹生成。当裂隙倾角为 30°至 60°时,随着裂隙倾角的增大,通过裂隙左侧端点的裂纹减少,而其右侧端点处的裂纹数越来越多。当裂隙倾角为 75°和 90°时,裂隙的左端点不再有裂纹生成,裂隙附近的裂纹主要集中在裂隙的右端点和裂隙的左中部。首先,裂纹主要集中在裂隙的左侧可能是由于 PFC 程序的特点,生成的岩体数值模型更贴近于现实的岩体,其内部是非均质的,因此,刀具贯入产生的裂纹形状也是非对称的。前文中的刀具的破岩模式也说明岩体的左侧要稍弱一些,中间刀具贯入岩体时，在左侧更易产生纵向裂纹。在现实的情况下，单刀贯入岩体中，在缺陷多的一侧更易产生裂纹。其次，引起纵向裂纹分布在裂隙不同位置的原因是，当裂隙倾角较小时，裂隙中部由于弯折而受到的拉伸应力较大，和端部的应力集中效应同样易引起裂纹的产生，而当倾角变大后，这种类似三点弯曲的条件不复存在，裂隙中部受到的拉伸应力较小，端部应力集中效应对裂纹的扩展起到主要的引导作用，同时右侧端部位置逐渐上升，左侧端部位置下降，这两点共同造成了裂纹分布位置由左端点向右端点转移。

图 7-22 给出了不同裂隙倾角岩体刀具破岩力场分布。红色线段代表拉应力，黑色线段代表压应力，线段密集的地方代表应力集中。图中方框代表裂隙位置。在裂隙的上方，黑色线段较为集中，这是刀具侵入产生的压应力。在含有水平裂隙时，在裂隙的两侧几乎没有红色线段，而黑色线段较集中，红色线段主要分布在裂隙的上下区域，这说明水平裂隙的两端是压应力集中区，而中间是拉应力集中区。随着裂隙的倾角不断增大，可以看出压应力和拉应力的分布位置发生变化。首先，左侧端点的压应力逐渐减少，当倾角大于 75°时，左侧端点处的黑色线段密集程度和周围无明显差别，左侧端部不再有应力集中现象。其次，右侧端点应力集中现象增强。第三，红色线段不再仅仅局限于裂隙的上下两侧，在裂隙周围都分布有红色线段，并且两端点处的红色线段增多，即拉应力在裂隙端点处产生了应力集中。

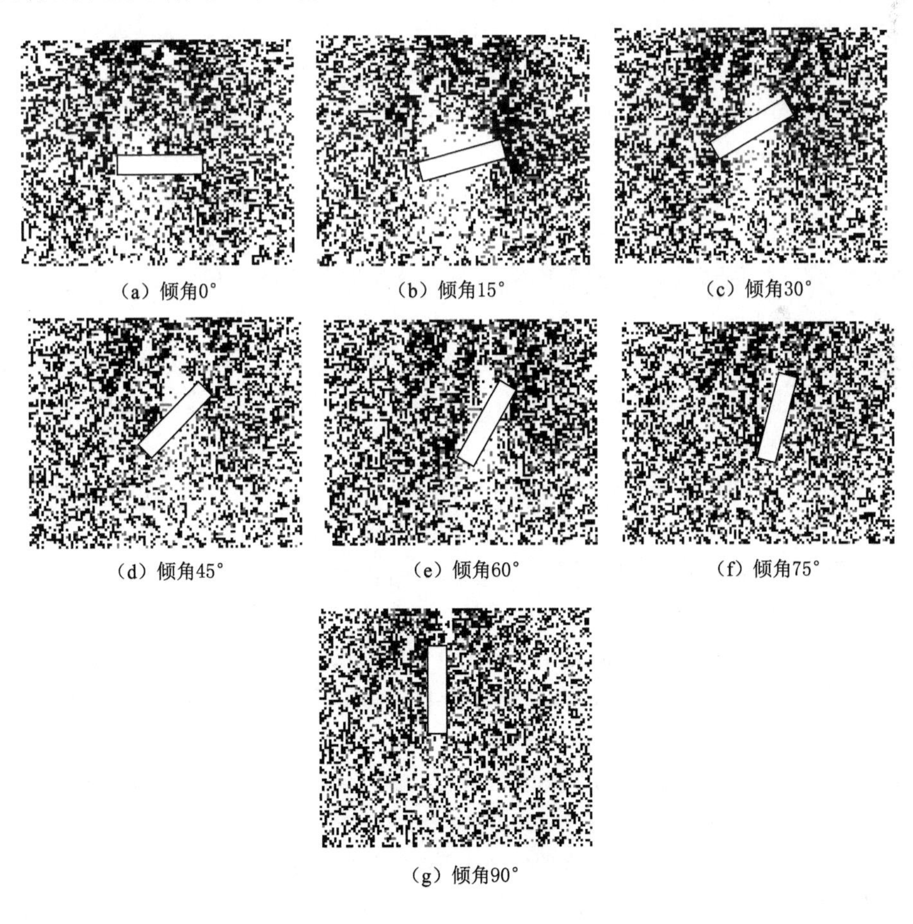

(a) 倾角0°　(b) 倾角15°　(c) 倾角30°

(d) 倾角45°　(e) 倾角60°　(f) 倾角75°

(g) 倾角90°

图 7-22　不同裂隙倾角刀具破岩力场分布

7.2.4 本节小结

(1) 多刀具同时侵入岩体时,单个刀具推力平均值要小于单个刀具侵入岩体;而多个刀具错开侵入岩体,刀盘受到的力要小于多个刀具同时侵入岩体;刀具间隔侵入岩体的效果比同时侵入岩体的效果好。

(2) 在岩体靠近工作面处存在的裂隙会对刀具破岩产生明显的影响。在裂隙位于刀具正下方时,裂隙的中部和端部都会先呈现出破坏,破坏点能够引导裂纹的扩展方向,当裂隙位于刀具的斜下方时,仅裂隙的端部会对裂纹的扩展起到引导作用。

(3) 裂隙位置对破岩效果的影响和无裂隙时裂纹发育情况有关。在本次模拟中,裂隙深度小于 30 mm 时,其对裂隙上方的裂纹发育起到促进作用,对裂纹下方的裂纹发育起到抑制作用。当裂隙深度在 30 mm 至 50 mm 时,裂隙对裂纹发育有促进作用。当深度过大时,裂隙的存在对刀具破岩基本没有影响。

参考文献

[1] INNAURATO N,OGGERI C,ORESTE P P,et al. Experimental and numerical studies on rock breaking with TBM tools under high stress confinement[J]. Rock mechanics and rock engineering,2007,40(5):429-451.

[2] 谭青,张魁,周子龙,等. 球齿滚刀作用下岩石裂纹的数值模拟与试验观测[J]. 岩石力学与工程学报,2010,29(1):163-169.

[3] 莫振泽,李海波,周青春,等. 楔刀作用下岩石微观劣化的试验研究[J]. 岩土力学,2012,33(5):1333-1340.

[4] LIU H Y,KOU S Q,LINDQVIST P A,et al. Numerical simulation of the rock fragmentation process induced by indenters[J]. International journal of rock mechanics and mining sciences,2002,39(4):491-505.

[5] GONG Q M,ZHAO J. Influence of rock brittleness on TBM penetration rate in Singapore granite[J]. Tunnelling and underground space technology,2007,22(3):317-324.

[6] CHO J W,JEON S,YU S H,et al. Optimum spacing of TBM disc cutters:a numerical simulation using the three-dimensional dynamic fracturing method[J]. Tunnelling and underground space technology,2010,25(3):230-244.

[7] 谭青,李建芳,夏毅敏,等. 盘形滚刀破岩过程的数值研究[J]. 岩土力学,2013,34(9):2707-2714.

[8] 马洪素,纪洪广. 节理倾向对 TBM 滚刀破岩模式及掘进速率影响的试验研究[J]. 岩石力学与工程学报,2011,30(1):155-163.

[9] 邹飞,李海波,周青春,等. 岩石节理倾角和间距对隧道掘进机破岩特性影响的试验研究[J]. 岩土力学,2012,33(6):1640-1646.

[10] GONG Q M,ZHAO J,JIAO Y Y. Numerical modeling of the effects of joint orientation on rock fragmentation by TBM cutters[J]. Tunnelling and underground space

technology,2005,20(2):183-191.

[11] GONG Q M,JIAO Y Y,ZHAO J. Numerical modelling of the effects of joint spacing on rock fragmentation by TBM cutters[J]. Tunnelling and underground space technology,2006,21(1):46-55.

[12] 孙金山,陈明,陈保国,等. TBM滚刀破岩过程影响因素数值模拟研究[J]. 岩土力学,2011,32(6):1891-1897.

[13] 谭青,朱逸,夏毅敏,等. 节理特征对TBM盘形滚刀破岩特性的影响[J]. 中南大学学报(自然科学版),2013,44(10):4040-4046.

[14] 张魁,夏毅敏,谭青,等. 不同围压条件下TBM刀具破岩模式的数值研究[J]. 岩土工程学报,2010,32(11):1780-1787.

[15] 张魁,夏毅敏,徐孜军. 不同围压及切削顺序对TBM刀具破岩机理的影响[J]. 土木工程学报,2011,44(9):100-106.

[16] 杨圣奇,黄彦华. TBM滚刀破岩过程及细观机理颗粒流模拟[J]. 煤炭学报,2015,40(6):1235-1244.

[17] 李庆森. 深埋大理岩力学特性及其与TBM刀具相互作用机理研究[D]. 徐州:中国矿业大学,2015.

[18] 余华中,阮怀宁,褚卫江. 大理岩脆-延-塑转换特性的细观模拟研究[J]. 岩石力学与工程学报,2013,32(1):55-64.

[19] 余华中,阮怀宁,褚卫江. 岩石节理剪切力学行为的颗粒流数值模拟[J]. 岩石力学与工程学报,2013,32(7):1482-1490.

[20] 崔臻,侯靖,吴旭敏,等. 脆性岩体破裂扩展时间效应对引水隧洞长期稳定性影响研究[J]. 岩石力学与工程学报,2014,33(5):983-995.

[21] 张超,展旭财,杨春和. 粗粒料强度及变形特性的细观模拟[J]. 岩土力学,2013,34(7):2077-2083.

[22] CHO N,MARTIN C D,SEGO D C. A clumped particle model for rock[J]. International journal of rock mechanics and mining sciences,2007,44(7):997-1010.

[23] LEE H,JEON S. An experimental and numerical study of fracture coalescence in pre-cracked specimens under uniaxial compression[J]. International journal of solids and structures,2011,48(6):979-999.

[24] 周博,汪华斌,赵文锋,等. 黏性材料细观与宏观力学参数相关性研究[J]. 岩土力学,2012,33(10):3171-3175.

[25] 赵国彦,戴兵,马驰. 平行黏结模型中细观参数对宏观特性影响研究[J]. 岩石力学与工程学报,2012,31(7):1491-1498.

[26] 夏明,赵崇斌. 簇平行黏结模型中微观参数对宏观参数影响的量纲研究[J]. 岩石力学与工程学报,2014,33(2):327-338.

[27] Itasca Consulting Group Inc. PFC2D (Particle flow code in 2D),Version 4.0[R]. Minneapolis:Itasca Consulting Group Inc.,2008.

[28] 谭青,易念恩,夏毅敏,等. TBM滚刀破岩动态特性与最优刀间距研究[J]. 岩石力学与工程学报,2012,31(12):2453-2464.

[29] 苏利军,孙金山,卢文波.基于颗粒流模型的TBM滚刀破岩过程数值模拟研究[J].岩土力学,2009,30(9):2823-2829.

[30] 廖志毅,梁正召,唐春安,等.动静组合作用下刀具破岩机制数值分析[J].岩土力学,2013,34(9):2682-2689.

[31] ZHANG X P, WONG L N Y. Cracking processes in rock-like material containing a single flaw under uniaxial compression: a numerical study based on parallel bonded-particle model approach[J]. Rock mechanics and rock engineering, 2012, 45(5): 711-737.

[32] YANG S Q, HUANG Y H, JING H W, et al. Discrete element modeling on fracture coalescence behavior of red sandstone containing two unparallel fissures under uniaxial compression[J]. Engineering geology, 2014, 178: 28-48.

[33] YANG S Q, HUANG Y H. Particle flow study on strength and meso-mechanism of Brazilian splitting test for jointed rock mass[J]. Acta mechanica sinica, 2014, 30(4): 547-558.

[34] 蒲成志,曹平,陈瑜,等.不同裂隙相对张开度下类岩石材料断裂试验与破坏机理[J].中南大学学报(自然科学版),2011,42(8):2394-2399.

[35] GHAZVINIAN A, NEJATI H R, SARFARAZI V, et al. Mixed mode crack propagation in low brittle rock-like materials[J]. Arabian journal of geosciences, 2013, 6(11): 4435-4444.

[36] YANG S Q, JING H W. Strength failure and crack coalescence behavior of brittle sandstone samples containing a single fissure under uniaxial compression[J]. International journal of fracture, 2011, 168(2): 227-250.

[37] AL-SHAYEA N A. Crack propagation trajectories for rocks under mixed mode I-II fracture[J]. Engineering geology, 2005, 81(1): 84-97.

第 8 章　结论与展望

8.1　结论

本书以含预制裂隙、孔洞以及裂隙-孔洞组合缺陷岩石材料为研究对象，采用岩石力学伺服系统、声发射系统、数字散斑系统、视频显微及 CT 扫描系统等，开展单轴压缩、巴西劈裂和常规三轴压缩等室内试验，利用 PFC^{2D} 和 PFC^{3D} 平台构建含预制缺陷岩石数值模型并开展相应的数值模拟，不仅再现了力学特性与裂纹扩展过程等室内试验结果，而且揭示了不同条件下岩石裂纹演化机理，主要得到如下结论：

(1) 裂隙岩石单轴压缩力学特性及裂纹扩展特征

① 断续不平行双裂隙类岩石材料试样峰值强度和弹性模量随着裂隙倾角的增大呈先减小后增大变化，峰值应变与裂隙倾角之间无明显相关性。应力跌落、声发射次数突变以及裂纹扩展过程存在对应关系：试样中产生一条较为明显的宏观裂纹或者发生一次裂纹贯通，对应有一次较为明显的应力跌落，体现在声发射上为声发射次数发生一次突变。

② 完整试样最大拉应力集中区处于随机分布状态，而断续不平行双裂隙对应力分布有明显的改变作用，裂隙周围为拉应力集中区，最大拉应力集中区的位置即为随之而来的裂纹起裂位置。水平裂隙及较小倾角(15°和 30°)拉应力集中区主要分布在裂隙的中部位置，倾斜裂隙随着裂隙倾角的增大，拉应力集中区逐渐向裂隙尖端转移。

③ 断续平行三裂隙砂岩试样裂隙之间的贯通程度受岩桥倾角的影响，当岩桥倾角为 0°、30°和 60°时均只有两处贯通，岩桥倾角为 90°和 120°时发生 4 处贯通，而岩桥倾角为 150°时发生 5 处贯通。不同岩桥倾角岩样呈不同的裂隙贯通形式，裂纹贯通应力随着岩桥倾角的变化趋势与峰值强度相似。

④ 石膏充填使断续四裂隙砂岩试样的应力-应变曲线的波动较小，在一定程度增加了试样的峰值强度，但不会改变峰值强度随倾角 β_1 的变化规律。裂隙之间的贯通模式受裂隙的空间分布影响较大，而石膏充填几乎不影响裂隙的贯通模式。

(2) 裂隙岩石拉伸力学特性及裂纹扩展特征

① 当切槽倾角不变时，中心直切槽圆盘试样拉伸强度总体上随着颗粒最小半径的增大而增大；而当颗粒最小半径不变时，拉伸强度总体上随着切槽倾角的增大而减小。当切槽倾角相同时，不同颗粒半径中心直切槽圆盘试样破裂模式显著不同。颗粒尺寸主要影响中心直切槽圆盘试样次生裂纹的萌生和扩展。

② 张开双裂隙试样的最终破裂模式与裂隙参数密切相关：裂隙倾角主要影响翼形裂纹萌生位置，岩桥倾角主要影响次生裂纹的萌生位置，裂隙长度主要影响试样的最终破裂程

度，岩桥长度主要影响翼形裂纹的扩展程度。

③ 非共面闭合双裂隙类岩石试样的抗拉强度随岩桥倾角的增大呈现先减小后增大的趋势。采用光滑节理模型模拟闭合预制裂隙，结果表明闭合裂隙圆盘试样的抗拉强度随岩桥倾角的变化规律与试验结果相同，且其最终破裂模式与试验结果吻合较好。

④ 张开与充填非共面双裂隙圆盘试样破坏模式主要可分为非贯通破坏、次生裂纹贯通破坏和翼裂纹贯通破坏三大类。最终发生何种破坏模式，与岩桥倾角和充填方式相关；而不同的岩桥倾角下，充填物对双裂隙圆盘试样破裂模式的影响形式也存在差异。

⑤ 相比非充填试样，充填材料一定程度上增加了共面双裂隙类岩石试样的承载能力，降低了预制裂隙尖端应力场强度使其抗拉强度有所提高。裂隙充填对裂隙倾角 $\alpha \leqslant 15°$ 和 $\alpha = 90°$ 试样的破裂模式基本没有影响，而对 $30° \leqslant \alpha \leqslant 75°$ 试样的破裂模式影响较大，表现为随着裂隙倾角的增大，裂隙充填与非充填试样的破裂模式都由中部产生的拉张裂纹向预制裂隙尖端产生的翼裂纹转变。

⑥ 充填与非充填不平行双裂隙圆盘试样的抗拉强度随岩桥倾角增加呈先减小后增大。预制裂隙尖端萌生的翼裂纹以及远场裂纹的扩展导致试样最终破坏。充填材料对裂纹的萌生、扩展具有一定的抑制作用，但随着充填材料与加载方向的夹角减小，充填材料的抵抗作用也随之减小；充填裂隙试样裂纹的数目明显多于非充填试样的。

⑦ 张开与充填平行三裂隙圆盘试样的最终破坏是由其中两条预制裂隙的尖端萌生的翼裂纹发生扩展贯通导致的，且这两条预制裂隙指的是最下端的预制裂隙和上端两条预制裂隙中的某一条，而剩余的第三条预制裂隙周围几乎无裂纹产生。填充材料一定程度上抑制了试样发生破坏，但随着 β 逐渐增大，两者之间的破坏强度差值和峰值应变差值均逐渐减小，填充材料的抑制作用逐渐减弱。

(3) 裂隙岩石三轴压缩力学特性及裂纹扩展特征

① 不同围压作用下共面双裂隙砂岩试样破裂模式分为 4 类：以轴向劈裂破坏为主、以剪切破坏为主且剪切面倾角受预制裂隙倾角及围压的影响、试样的最终破裂模式随围压的增大由轴向劈裂转变为剪切破坏、试样最终以剪切破坏为主且剪切面倾角主要受围压的影响。微裂纹的演化趋势在不同类型预制裂隙试样中随围压的增大变化规律不同。

② 当断续非共面双裂隙砂岩试样岩桥倾角 β 为 0°和 30°时，两者裂纹扩展模式相近，裂隙①和②之间无贯通；当 β 为 60°和 90°时，两者裂纹扩展模式相近，裂隙①和②之间出现一处贯通；当 $\beta = 120°$ 时，在低围压下裂隙①和②之间出现两处贯通，在高围压下裂隙①和②之间只出现一处贯通。

③ 含交叉节理砂岩试样的破裂模式主要取决于节理倾角：单轴压缩下，当节理倾角较小时主要发生张性破坏，随着倾角的增大，表现为张性剪切或沿节理面滑移破坏。在围压作用下，试样表现为剪切破坏或剪切滑移破坏。节理数量增加加剧了试样破坏程度，但不改变其破裂模式。

④ 随着裂隙倾角的增大，单裂隙煤样峰值强度总体呈增加趋势；随着围压的增大，倾角对峰值强度的影响减弱，这主要是由于围压作用引起了预制裂隙闭合。单轴压缩下预制单裂隙煤样主要以拉伸破坏为主。在围压作用下，拉伸裂纹较难萌生扩展，试样主要以剪切破坏为主。

⑤ 断续不平行双裂隙类岩石试样宏观破裂模式受裂隙倾角和围压的共同影响。当围

压较小时，破裂形态受裂隙倾角的影响较大；当围压增大到一定程度后，裂隙倾角的影响逐渐减弱，围压的作用开始显现，呈剪切破坏模式。倾角为30°时，裂隙之间均发生两处贯通，而倾角为45°和60°时岩样表现为随着围压的增大，由无贯通增加至一次或两次贯通。

⑥ 基于三维CT重构和数值模型切片获得了砂岩三维裂纹形态。受矿物颗粒随机分布的影响，裂纹扩展路径局部呈曲折发展，裂纹在空间上呈三维曲面形态。裂纹的萌生以及贯通受到围压和裂隙倾角的共同影响。

⑦ 卸围压对试样的损伤较加轴压对试样的损伤大，同时初始轴向应力的增大在一定程度上提高了试样承受破坏的能力。围压的存在会限制颗粒的横向位移，而卸围压会使颗粒在横向发生不连续位移，导致裂纹的产生。

⑧ 试样的弹性模量随轴向加载应变呈现先增加后缓慢降低后快速下降的趋势，同样塑性应变在峰值前变化缓慢，两者在峰值后出现拐点，残余强度阶段弹性模量变化不明显。围压增大有利于抑制损伤的产生，同时使得试样承受塑性应变的能力增大。结合循环加卸载作用下微裂纹的扩展过程分析，可以看出剪切带的形成对弹性模量及塑性应变影响较大。

(4) 预制孔洞岩石力学特性及裂纹扩展特征

① 采用经室内试验标定的细观参数，模拟了与室内相同几何参数的含孔花岗岩单轴压缩。数值模拟获得的应力-应变曲线、宏观力学参数以及破裂模式均与室内试验结果相吻合，详细分析了不同孔洞组合形式下，裂纹演化过程中的应力场和位移场，获得了四种典型的裂纹形式。

② PFC^{3D}模拟的15°、45°和75°的含多孔洞花岗岩试样的破裂模式与室内试验结果相吻合，其他倾角试样模拟得到的破裂模式可能为3种典型破裂模式或者为混合破裂模式，破裂模式受岩桥倾角和孔洞数量的影响。当岩桥倾角较小(如15°～30°)时，孔洞数量对破裂模式的影响较为显著；而当岩桥倾角较大(如45°～75°)时，破裂模式受孔洞的影响较小，主要由倾角决定。

③ 当偏心距不变时，圆环试样拉伸强度随半径比增加而降低，而当圆环半径比不变时，拉伸强度随偏心距增加而增加。随着偏心距增加，主裂纹逐渐偏离圆孔，次生裂纹交替萌生和消失。裂纹的萌生和扩展过程主要受圆盘中拉应力集中分布的影响。

④ 含孔花岗岩拉伸强度低于完整岩样，而且降幅与孔洞分布相关。水平分布孔试样强度最大，倾斜分布次之，竖直分布最小。水平和倾斜分布三孔试样是由中心孔边缘萌生的裂纹造成的劈裂破坏，而竖直分布三孔试样是由于3个孔洞边缘萌生的裂纹贯通导致的破裂。

(5) 裂隙-孔洞岩石力学特性及裂纹扩展特征

① 随着孔洞直径的增加，含单孔洞砂岩的峰值强度与峰值应变均呈衰减趋势，而不对称分布的缺陷导致了砂岩力学参数的弱化。含不同直径单孔洞砂岩岩样均最先在孔洞中心上下部位附近同时萌生出2条拉伸裂纹，而含孔洞裂隙砂岩最先在裂隙的外部尖端附近的拉伸应力集中区域，萌生出2条翼形拉伸裂纹。裂纹均沿着轴向荷载方向朝岩样上下端部扩展。

② 通过应力场、位移场和微裂纹演化揭示双孔洞-单裂隙试样裂纹扩展细观机制：首先在裂隙尖端附近和孔洞边缘形成应力集中区，随着应力逐渐提高导致颗粒间黏结断裂，产生微裂纹。应力集中区转移过程中不断产生新的微裂纹，微裂纹的汇集形成宏观裂纹，宏观裂纹的扩展贯通使得试样失稳破坏。在模拟范围内，拉伸微裂纹显著多于剪切微裂纹。

③ 孔槽式圆盘试样裂纹类型主要为从预制孔洞边缘或裂隙尖端附近起裂并沿加载方向扩展的主裂纹和从试样边缘起裂并向裂隙尖端方向扩展的次生裂纹。保持半径比不变，当裂隙倾角较小时，孔洞是主裂纹起裂的主要诱因；当裂隙倾角较大时，裂隙成为主裂纹起裂的主要诱因。保持裂隙倾角不变，当半径比较小时，裂隙是主裂纹起裂的主要诱因；当半径比较大时，孔洞成为主裂纹起裂的主要诱因。

(6) TBM 滚刀破岩过程及细观机理

① 水平裂隙翼裂纹萌生于裂隙中部，倾角较小时，翼裂纹萌生于距尖端一定距离处，随着倾角的增大翼裂纹在裂隙尖端萌生。围压主要影响粉核区：随着围压的增大，粉核区的范围逐渐变大，在高围压作用下会出现侧向裂纹向自由面扩展。

② 拉应力集中区处易萌生拉伸微裂纹，拉应力集中区转移过程中，微裂纹不断扩展贯通。并且水平裂隙拉应力集中区分布在中部，较小裂隙倾角裂隙拉应力集中区分布在距裂隙一定距离，而较大倾角裂隙拉应力集中区分布在裂隙尖端。

③ 在岩体靠近工作面处存在的裂隙对刀具破岩产生明显的影响。在裂隙位于刀具正下方时，裂隙的中部和端部都会先呈现出破坏，破坏点能够引导裂纹的扩展方向，当裂隙位于刀具的斜下方时，仅裂隙的端部会对裂纹的扩展起到引导作用。

8.2 展望

本书围绕含预制缺陷岩石力学行为开展了室内试验及数值模拟研究，有助于理解岩石材料裂纹起裂、扩展及贯通特征，可为分析地下工程、边坡和隧道等工程中断续节理裂隙岩石力学行为提供参考。但由于裂隙岩体介质结构、赋存环境等方面所具有的不确定性和复杂性，仍需要从以下几个方面开展工作：

(1) 室内试验方面，在预制缺陷精确加工、缺陷组合形式设计、裂纹扩展过程监测和应力路径影响等方面仍有待加强；

(2) 数值模拟方面，在含缺陷岩样精细建模、三维裂纹演化规律与损伤破裂细观机理揭示等方面有待深入研究；

(3) 理论分析方面，在裂隙岩石强度准则以及能够反映裂隙岩石力学特性本构模型的构建等方面需进一步研究。